性能之巅
洞悉系统、企业与云计算

Systems Performance: Enterprise and the Cloud

[美] Brendan Gregg 著

徐章宁 吴寒思 陈磊 译

电子工业出版社
Publishing House of Electronics Industry
北京·BEIJING

内 容 简 介

本书基于 Linux 和 Solaris 系统阐述了适用于所有系统的性能理论和方法，Brendan Gregg 将业界普遍承认的性能方法、工具和指标收集于本书之中。阅读本书，你能洞悉系统运作的方式，学习到分析和提高系统与应用程序性能的方法，这些性能方法同样适用于大型企业与云计算这类最为复杂的环境的性能分析与调优。

Authorized translation from the English language edition, entitled Systems Performance: Enterprise and the Cloud, 9780133390094 by Brendan Gregg, published by Pearson Education, Inc., publishing as Prentice Hall, Copyright©2014 Pearson Education, Inc.

All rights reserved. No part of this book may be reproduced or transmitted in any form or by any means, electronic or mechanical, including photocopying, recording or by any information storage retrieval system, without permission from Pearson Education, Inc.

CHINESE SIMPLIFIED language edition published by PEARSON EDUCATION ASIA LTD., and PUBLISHING HOUSE OF ELECTRONICS INDUSTRY Copyright©2015.

本书简体中文版专有出版权由Pearson Education培生教育出版亚洲有限公司授予电子工业出版社。未经出版者预先书面许可，不得以任何方式复制或抄袭本书的任何部分。

本书简体中文版贴有Pearson Education 培生教育出版集团激光防伪标签，无标签者不得销售。

版权贸易合同登记号　图字：01-2014-4017

图书在版编目（CIP）数据

性能之巅：洞悉系统、企业与云计算 /（美）格雷格（Gregg,B.）著；徐章宁，吴寒思，陈磊译. —北京：电子工业出版社，2015.8

书名原文：Systems Performance: Enterprise and the Cloud

ISBN 978-7-121-26792-5

Ⅰ. ①性… Ⅱ. ①格… ②徐… ③吴… ④陈… Ⅲ. ①计算机网络 Ⅳ. ①TP393

中国版本图书馆 CIP 数据核字（2015）第 172687 号

策划编辑：张春雨
责任编辑：贾　莉
封面设计：吴海燕
印　　刷：三河市鑫金马印装有限公司
装　　订：三河市鑫金马印装有限公司
出版发行：电子工业出版社
　　　　　北京市海淀区万寿路 173 信箱　　邮编：100036
开　　本：787×980　1/16　　印张：40.25　　字数：895 千字
版　　次：2015 年 8 月第 1 版
印　　次：2022 年 1 月第 22 次印刷
定　　价：149.00 元

凡所购买电子工业出版社图书有缺损问题，请向购买书店调换。若书店售缺，请与本社发行部联系，联系及邮购电话：（010）88254888，88258888。

质量投诉请发邮件至 zlts@phei.com.cn，盗版侵权举报请发邮件至 dbqq@phei.com.cn。

本书咨询联系方式：010-51260888-819，faq@phei.com.cn。

推荐序 1

大数据、云计算和人工智能都是热门概念,也是现实问题。很多团队都面对类似的技术抉择:如何用开源软件构架机群、如何选择云服务、如何设计高效的分布式 Web 服务,或者如何开发高效的分布式机器学习系统?当面对这些问题的时候,最好能从一些重要的可度量的方面给出定量分析和比较。可是哪些方面重要,以及如何度量呢?

古往今来有很多重要的系统度量问题,比如"如何度量网络繁忙程度"、"如何得知某台机器还活着吗"、"服务中断是因为某个进程死锁了,还是机器出问题了",或是"我们的机群中用 SSD 替换硬盘的比例应该多大",等等。

这些问题的答案都不简单——正确答案往往构建在对操作系统的深刻理解上,甚至构建在统计学和统计实验基础上。可是通常我们是在繁重的业务压力下应对这些问题的,所以只能尽快找一个"近似"测量办法。这终非长久之计——在我们经历了很多问题之后,可能会发现自己从未深刻理解问题,没有深入思考,没有沉淀经验,没有获得成长。

如果有意深入理解问题,借助前人经验是可以事半功倍的。只是关于操作系统的教科书却不能为我们提供足够的基础知识。操作系统是如此复杂,几乎涉及计算机科学的所有方面。学校教育往往只能基于极简化的示范系统,比如 Minix。但实际使用的操作系统,比如 Linux 和 Solaris,有更多需要学习和理解的地方。

我做分布式机器学习系统有八年了,其间很多时候要面对系统分析的问题。但是坦诚地说,大部分情况下我都只能尽快地找一个"近似"方法,处在没有时间深入琢磨上述系统问题的窘境。看到《性能之巅:洞悉系统、企业与云计算》一书之后,不禁眼前一亮。这本书从绪论之后，就开始介绍"方法"——概念、模型、观测和实验手段。作者不仅利用操作系统自带的观测工具，还自己开发了一套深入分析观测结果的脚本，这就是有名的 DTrace Toolkit（大家可以直接找来使用）。《性能之巅：洞悉系统、企业与云计算》一书介绍的实验和观测方法，包括内存、CPU、文件系统、存储硬件、网络等各个方面。而且，在介绍方法之前会深入介绍系统原理——我没法期望更多了！

很高兴看到这一经典名著的中文版问世。因为被邀作序，有幸近水楼台先得月，深受教益。感谢译者和编辑的努力。相信读者朋友们定能从中受益。

——王益 Linkedin 高级主任分析师

推荐序 2

收到侠少的邀约来写序,多少有点忐忑和紧张。忐忑是因为平时太多时间总是在解决各类问题,没有时间好好沉淀下来读一读书,总结一下发现问题和解决问题的方法;紧张是因为我好像很久没有写字了,上一次写长篇大论还是 N 年前,怀疑自己是不是能够在有限的文字内把系统性能的问题解释清楚。于是,就在这样的背景下,我从出版方那里拿到了书稿,迫不及待地读了起来。

书的作者 Gregg 先生是业内性能优化方面大名鼎鼎的人物,早年在 Sun 公司的时候是性能主管和内核工程师,也是大名鼎鼎的 DTrace 的开发人员,要知道 DTrace 可是众多 trace 类工具中最著名的,并且先后被移植到了很多别的 OS 上。书的全篇都在讨论性能优化,我想了想,我每天从事的工作不就是这个吗?SAE 上成千上万的开发者们,他们每天问的问题几乎全部和性能相关:为什么我的 App 打开比较慢,为什么我的网站访问不了,怎么才能看我的业务哪个逻辑比较慢?对于这些问题,其实难点并不在于解决它,最难的在于发现并定位它,因为只要一旦定位了故障点或者性能瓶颈点,解决起来就并不是很复杂的事情。

对于性能优化,最大的挑战就是性能分析,而性能分析要求我们对于操作系统、网络的性能要了如指掌,明晰各个部分的执行时间数量级,做出合理的判断,这部分在书中有很详细的讨论,让读者可以明确地将这些性能指标应用在 80:20 法则上。

工欲善其事,必先利其器,了解系统性能指标后,就需要找到合适的工具对可能存在的瓶颈进行分析,这要求我们具备全面的知识,涉及 CPU 性能、内存性能、磁盘性能、文件系统性能、网络协议栈性能等方方面面,好在本书详细介绍了诸如 DTrace、vmstat、mpstat、sar、

SystemTap等工具利器，如何将这些工具组合，并应用在适合的场景，是一门学问，相信读者会在书中找到答案。顺便说一句，Dtrace+SystemTap帮助SAE解决过非常多的性能疑难杂症，一定会对读者的业务分析产生帮助！

单个进程的性能分析是简单的，因为我们可以定位到system-call或者library-call级别，然后对照代码很快解决，但整个业务的性能分析是复杂的，这里面涉及多个业务单元、庞大的系统组件。最麻烦的是，往往造成性能问题的还不是单元本身，而是单元和单元相连接的网络服务。这就要求我们必须要有一套科学的分析方法论，来帮助我们找到整个系统业务中的瓶颈所在。书中就此介绍了包括随机变动、诊断循环等多个方法，并且介绍了涉及分析的数学建模和概念。不要忽视数学在性能分析中的作用，在实际应用中，我就利用方差和平均值的变化规律科学地分辨一套系统到底是否应该扩容。

找到了性能瓶颈，下一步就是解决问题。当然解决问题的最好办法就是改代码，但是，在你无法短时间内修改代码的时候，对系统进行优化也可以实现这一目的。这就要求我们对于系统的各个环节都要明白其工作原理和联系。本书第3章详细讨论了操作系统，这对于读者是很有用的。因为很多时候我们在不改代码的情况下优化系统，就是优化内存分配比例，就是优化CPU亲密度，就是尝试各种调度算法，就是做操作系统层面的各种网络参数调优。

对于上述所有问题的认识，我相信读者在通读全书后会有不一样的感觉。记住，不要只读一遍，每读一遍都必有不同的体会。不多说了，我要赶紧再去读一遍:)

——丛磊 新浪SAE创始人/总负责人

推荐序 3

人类正在用软件重构这个世界。从上世纪四十年代电子计算机出现，到个人电脑风靡、互联网大行其道，再到如今正兴旺的云计算加移动互联网，还有起步中的物联网，所有这些表面上看是计算机硬件变得无处不在，而实质上是软件一步步掌管起了这个世界。噫吁嚱，短短七十几年，软件轻松征服世界！渗透渗透再渗透，已经进入所有人的生活。

不言而喻，软件对这个世界和人类的重要性也越来越大。我很负责任地说，软件的健康与否关系着世界的安危。君不见，几多时，一个软件漏洞便让全球惊慌。不经意间，我们与软件的关系变得休戚与共。

不幸的是，软件的总体健康状况并不乐观，问题很多。

瑕疵（Bug）是软件行业的一个永恒话题，是破坏软件质量的头号大敌。但迄今为止，完全发现和彻底消除瑕疵还只是奢望，是不可能实现的目标。换句话来说，掌管着我们生活的所有软件都是在带着瑕疵运行，真正的带"病"工作。因为每个软件内部都有纵横交错的无数条道路，CPU经常奔跑的那些路径上的瑕疵早被发现和移除，所以软件大多时候并不发"病"。但也有时候，CPU会遭遇软件中的瑕疵，发生意外。目前，我们能做的只有努力多发现瑕疵，并尽可能找到根源，将其去除。但这并不是件容易的事情。

除了瑕疵，性能问题是威胁软件健康的另一个大敌。简单来说，我们把软件中的错误归入瑕疵一类。把那些在速度、资源消耗、工作量等方面的不满意表现纳入性能问题一类。用员工考核做比喻，瑕疵是把一件事做错了，而性能问题是虽然做对了，但是做得不够好，可能开销太大，用的资源太多，可能完成速度太慢，用的时间太久，可能完成的工作量太少，活干的不够多，总之是结果不令人满意，还有必要改进。

举例来说，某支付软件在性能方面就存在问题。一旦运行，会频繁触发大量的缺页异常，消耗的 CPU 时间过多，导致不必要的能源浪费。随着软件变得无处不在，软件的耗电问题已经引起越来越多的关注。在笔者写作这几行文字时，该软件的几个进程仍在一刻不停地触发着缺页异常，过去两天的累积数量已经超过千万，消耗 CPU 的净时间已经超过一小时。粗略估计，这几个进程至少已经消耗了 0.01 度电。不要忽视 0.01 这个看似微小的数字，把它乘以全国的总用户数，立刻就变成一个庞大的数字了。

与软件瑕疵类似，性能问题也可能危害巨大！更可怕的是，性能方面的问题容易触发隐藏在软件深处的瑕疵，直接导致软件崩溃或者其他无法预计的故障。

发现瑕疵根源的过程一般称为调试（Debug）。纠正性能问题，提高软件性能的努力被称为调优（Tune）。不论调试，还是调优，都不是简单的事。对软件工程师的技术要求很高。一些复杂的问题，常常需要多方面的知识，需要对系统有全面了解，既有大局观，能俯瞰全局，又能探微索隐，深入到关键的细节，可谓是"致广大而尽精微"。

如果一定要把调试和调优的难度比一下，调优的难度更大。简单的解释是，调试的主要目标是寻找瑕疵，瑕疵固定存在软件中的某一个点。因此，调试时可以通过断点等技术把软件静止下来，慢慢分析。而调优必须关注一个动态的过程，观察一段时间内的软件行为。这样一来，调优时常常不可以把软件中断下来静止分析，而需要以统计学的方法或者其他技术对软件做长时间监视。

记得两年前，曾经有一个同行以饱经沧桑的神情问我："在中国这样的软件环境里，做技术的工程师应该如何发展呢？难道都得像你那样写一本书吗？"坦率地说，我当时没能给出让这位同行很满意的回答。因为这个问题确实不太容易回答。此事之后，我常常想起这个困扰着很多同行的问题。多次思考后，我似乎有了个比较好的答案。首先要确认自己是喜欢软件技术的，愿意在技术方向上持续发展。接下来的问题是如何在技术方向上不断前进。"日日新，又日新"。我的建议是，逐级攀登软件技术的三级台阶：编码、调试和调优。

代码是软件的根本，一个好的软件工程师必须过代码这一关，写代码时如行云流水，读代码时穿梭自如，如履平川。以调试器为核心的调试技术是对抗软件瑕疵的最有力工具，是每个技术同行都应该佩戴的一把利剑。调优技术旨在发现软件的性能障碍，让软件跑得更好。随着对软件性能问题的重视，调优技术的发展也越来越快，新的工具层出不穷。调优方面的工作和创业机会也在不断增加。几年前，我写作《软件调试》时，很多人还不太重视调试，但最近几年，软件调试已经逐渐从藏在背后的隐学逐步走向前台，成为一门显学。可以预见，性能调优也会受到越来越多的重视。大家加油！

学习调优技术有很多挑战，很高兴看到有这样一本关于系统优化的好书引进到国内。好友侠少诚邀作序，盛情难却，仓促命笔，词不达意，请诸君海涵，是为序。

——张银奎 资深调试专家，《软件调试》和《格蠹汇编》作者 2015 年 7 月 22 日于上海格蠹轩

推荐序 4

性能调优是每一个系统工程师最重要的技能，也是衡量其水平高低的不二法门。Linux 是开源的操作系统，这也意味着本身可调整范围比较大。近十几年来，硬件设备日益复杂，互联网应用场景及 Web 2.0 蓬勃发展的同时，也带来了各种高并发的业务应用，有些复杂的分布式数据分析系统，单集群的物理服务器数量甚至超过 1 万台。这使得对系统运行环境的一点点优化，带来的收益都可能非常可观。

性能调优这个事情，大家往往都有话想说，技术专家们也都有些秘而不宣、甚至奉为压箱底儿的"活儿"。但这些"活儿"，往往来自 Case By Case 所获得的经验。例如解决了某大型电商网站的 Nginix 服务器问题、某 MySQL 数据库集群性能问题等。这些特定的大型案例，促使参与其中的技术人员，在某个或某些系统性能优化方面，具有较高水平、甚至一定造诣。

但即使这些技术专家，也难以解决所有性能问题。这有两方面原因，一方面自身缺乏对整个系统运行环境的全局把控能力。技术专家们能力的获得，是基于某些问题点扩散开来的，并非基于事先构建好的系统优化的全局观（这也和国内环境有关，大家往往大学毕业后就直接开始从事相关工作，缺少底层、结构性的学习，即使参与了某些培训课程）。

这种系统优化的全局观之所以难以形成，一个原因在于"未知的未知"，也就是说我们不知道自己不知道。比如，我们可能不知道设备中断其实会消耗大量 CPU 资源，因而忽略了解决问题的关键线索。再比如，作为初中级 DBA 并不知道应用程序连接 Oracle 时，每一个数据库连接（Session）实际上都非常消耗物理内存，成百上千个数据库连接长期驻留（看上去状态还是非活动的），PGA 被消耗殆尽，引起各种异常，成为性能问题的罪魁祸首。

另一方面在于性能问题的根源太过复杂。诚如作者所说，一来性能是主观的，连是否有性能问题，都因人而异。例如，磁盘平均读写相应时间为 1ms，这是好还是不好？是否需要调优？实际上取决于开发人员和最终用户（有时还包括领导）的性能预期。二来系统是复杂的。例如，本来 CPU/磁盘/内存各司其责，有了内存缓存（SWAP）机制，内存不够时可以使用部分硬盘空间来顶替。这看上去很好，但对于数据库系统而言，SWAP 是否启用，本身就是一个问题。再比如，对于云计算而言，多虚拟机共享物理机，这进一步增加了问题的复杂度。资源隔离是个技术活，现有技术很难做到磁盘 I/O 完全隔离。另外，最近非常流行的容器技术，如 Docker 等，让问题变得尤为复杂。容器即进程，不像 KVM 等虚拟机（KVM 至少还进行资源隔离）自带操作系统。容器并不是为 IaaS 而生，仅靠 cgroup 等隔离技术能做的非常有限。三是有可能有多个问题并存。有时终端用户抱怨系统慢，很可能不仅是由单个原因引起，例如，业务负载猛增，内网 1000Mps 其实已经不够，但没引起注意；或是整体对外交付能力貌似还正常，但数据库磁盘 I/O 非常繁忙；还可能正偷偷地进行大量 SWAP 交换。

这两方面原因，使得大部分技术专家，即使对系统优化的某些领域确有独到见解，但说到能否解决所有系统性能问题，其实会有些底气不足。但本书作者看起来是个例外。纵观全书，作者建立了系统性能优化的体系框架，并且骨肉丰满，很明显，他不仅擅长某方面的性能优化，而且是全方位的专家，加之作为 DTrace（一种可动态检测进程等状态的工具）主要开发者，使得本书的说服力和含金量大增。

本书首先提及性能优化的方法论和常见性能检测工具的使用，具体内容更是涉及可能影响 Linux 系统性能的方方面面，从操作系统、应用程序、CPU、内存、文件系统、磁盘到网络，无所不包。在以上这些话题的探讨中，作者的表述方法值得称道——每个章节都程式化地介绍术语、模型、概念、架构、方法、分析工具和调优建议，这对于由于长期工作形成一定强迫症的某些技术人员，如我自己，阅读起来赏心悦目，也从侧面体现了作者的深厚功底和驾驭能力。

本书提供的性能优化方法论也令人印象深刻，包括几种常见的错误思考，如街灯法、随意猜测法和责怪他人法。街灯法来自一个著名的醉汉的故事——醉汉丢了东西，就只会在灯光最亮的地方着手。这种头疼医头脚痛医脚、错把结果当原因的事情，相信很多人都过类似经验。大型业务系统上线，大家都围着 DBA 责问数据库为什么崩溃了。但数据库出问题是结果，数据库本身一定是问题根源么？是否更应该从业务负载、程序代码性能、网络等方面联合排查？在列举各种不正确的方法后，作者建议采用科学法，科学法的套路是：描述问题→假设→预测→试验→分析。这种办法的好处是，可以逐一排除问题，也可以降低对技术专家个人能力和主观判断的依赖。

本书用单独的章节系统性介绍了操作系统、性能检测方法和各种基准测试，特别是作者主导开发的 DTrace（本书例子中用 DTrace 监控 SSH 客户端当前执行的每个命令并实时输出）。

这使得本书作为工具书的价值更得以彰显。云计算的出现，对系统优化带来新的挑战。作者作为某云计算提供商的首席性能工程师，带来一个真实的云客户案例分析，包括如何利用本书提及的技术、方法和工具，一步一步分析和解决问题。

很多时候，受限于语言障碍，系统工程师往往通过国内 BBS、论坛等获得知识，只是在性能问题确实棘手时，被迫找些英文资料，寻找技术解决思路。

博文视点推出的本书中文版，对于国内广大运维同仁而言，实属幸事。这让我们有机会系统学习和掌握性能优化的各个方面，有机会建立一种高屋建瓴的全局观。这样，在面对复杂系统问题时，不至于手足无措，或只能盲人摸象般试探。另外，虽然面对日益复杂的硬件设备和高并发的业务应用，问题不是变得简化而是更为复杂，但 Linux 系统演化至今，其最基础的体系架构和关键组件并未发生多大改变，这使得这本好书即使历经多年，价值毫无衰减，反而历久弥新。

总的来说一句话：如果早些接触到本书，该有多好！

——萧田国 触控科技运维总监 高效运维社区创始人

推荐序 5

性能的话题,从一开始就是复杂的。性能是一种典型的非功能需求,然而又贯穿在任何一种功能需求中,直接影响系统运行效率和用户体验。也正是由于这一特性,性能无法简单地通过单一的、直线式的思维来度量和管理,而注定需要以系统工程的方法来掌握和调整。绝大多数的图书在谈到性能问题的时候,都是仅从片面的若干现象出发来触及问题的冰山一角,抑或干脆语焉不详甚至避而不谈。这也难怪,因为这个话题一旦展开,就会占用极大篇幅,相对于原先的论题而言就显得喧宾夺主。然而更重要的原因,也在于对性能问题有着全面认识,并且能够给出一个系统化的分析和全栈式的论述的作者实在不多。相关的要求近乎苛刻:既要对系统的每一个部件都了如指掌,又要深入理解部件之间的协作方式;既要精通系统运行的细节,又要明白取舍逻辑的大局观;既要懂得现象背后的原理,又要把握从开发部署的工作人员直至终端应用用户的需求乃至心态。

《性能之巅:洞悉系统、企业与云计算》以一种奇妙而到位的方式,把高屋建瓴的视角和脚踏实地的实践结合了起来,对性能这一复杂、微妙甚至有些神秘的话题进行了外科手术式的解析,读来真是让人感觉豁然开朗。

全书以罕见的遍历式结构,对软件系统的每一个部件都如庖丁解牛般加以剖析,几乎涉及业务的每一个细节。然而,这些细节并非简单的罗列,而是每一段论述都与具体的角色和场景紧密结合,取舍之间极见智慧。方法论更是不单说理,而是通过一个又一个的具体实例,逐步地建构起来,并反复运用于各个部件之上,使读者明白原理普适性的同时也知道怎样举一反三。

本书也是难得的 UNIX/Linux 系统管理员和运维工程师的百科全书式参考手册,相对于工作于 Windows 上的同行而言，他们获得的知识更加零碎，甚至很多场合下不得不求助于网络上的只言片语，并只能通过耗时的、高风险的生产环境实验来取得一手经验数据。本书当然提供了不少趁手的软件工具供人使用，然而其更大的价值在于心法的传授，即怎样利用工程师现在就熟悉、现在就可用的工具来迅速地进行性能建模，完成故障排除和调优的关键步骤。书中的内容非常新，作者见过大世面，是从最与时俱进的大型云计算系统为出发点来落笔的，对付日常的性能问题完全没有压力，即使最新的硬件也能找到对应的解决方案。

本书的译者团队阵容强大，皆是在底层系统有多年一线工作经验的运维工程师和开发工程师。徐章宁同志几乎是以一己之力支撑起 PB 级数据运维的明星 DevOps，而另外两位也都是手工实现过复杂生产环境中文件系统和网络协议的大牛。可以说，他们对于性能的认识是经过多年实际工作的考验的，是深刻而且务实的，这为本书翻译在专业性方面提供了坚实的保证。加上他们多年养成的认真严谨的工作习惯，和深厚的中文功底，更是为该译本的可读性锦上添花。

希望所有的 IT 从业者都能从本书受益，让天下的系统都能达到性能之巅！

——高博 青年计算机学会论坛（YOCSEF）会员，文津奖得主，《研究之美》译者

推荐序 6

性能问题一直是个热门话题，在单机时代我们就已经投入了不计其数的人力物力进行研究。但是随着互联网行业的发展，分布式系统开始大量投入应用，对于性能问题的分析、调优提出了很多前所未有的新挑战。特别是如何做到单机性能与集群整体性能的平衡，以及在各种影响性能的要素之间进行取舍，成为摆在开发运维人员面前的巨大难题。

本书采用了自下而上的结构，从底层的操作系统、CPU、磁盘等基础元素开始，到工作原理层面分析性能受到的各种不同影响，以及如何评估、衡量各项性能指标，让读者知其所以然，在面对实际情况时能够更有针对性地做出判断和决定，而不是机械地、教条地行事。本书还提供了案例，手把手地展示了实际性能问题的排查调优过程。读者可以根据案例，结合业务系统实际情况展开工作。此外，本书还对常用的性能分析工具的使用和扩展做了详细介绍，对于日常工作效率的提升也有着很大的帮助。

译者徐章宁曾与我在 EMC 的云存储部门共事多年，在系统性能排查、调优方面有着丰富的经验，很高兴他能参与此书的翻译。审稿过程中我感觉译者不仅忠实地还原了原著的精华，也融合了自己多年工作中积累的经验教训。

我坚信，本书无论对于开发还是运维人员，无论对于设计、编码或者排查调优工作，都能发挥重要的参考作用，尤其适合常备案头。在此诚挚向大家推荐。

——林应 淘宝技术部高级技术专家

译者序

作为一名运维工程师,系统出现一些"诡异"问题的情况并不罕见。有些时候面对束手无策的问题着实让人头痛,这时我总会感慨,学生时代课本上计算机科学那些诸多的概念和理论所呈现出的完美感觉更多是在书本上,在真实系统中往往更多是另外一幅更为"现实"的景象。工作多年后,我自发形成了一个简单的认知:当系统庞大到一定程度时,其复杂性会变得不容易控制是一件很正常的事情。用技术手段把这些"失控"的点妥善摆平就是工程师价值的体现。在翻译本书的过程中,我对这个问题又有了不同的认识:

"已知的已知,已知的未知,未知的未知。"

这是本书多次提到过的概念,说的是有些事情我们知道自己知道,有些事情我们知道自己不知道,还有些事情我们不知道自己不知道。这个概念就系统(特别是复杂系统,诸如云计算或大数据)而言,特别贴切:就系统内部来说,无论用到的是某一操作系统,还是某一编程语言,其实本身就已经是复杂度较高的实体,要透彻掌握并非易事,何况系统皆由这些技术组合构建而成,方方面面无所不知是不可能做到的事情,这里的未知源于技术本身的复杂;就系统外部来说,如今时事变化一日千里,现在系统要处理的外界变化,可能最初的系统设计者都从未想过,这里的未知来源于未来的不定。所以,有让你手足无措的问题出现其实是一种很正常的状态,对此的恐惧只是人施加给自己的情感层面的东西。与此相反,始终对未知心生敬畏才是对待未知正常的态度,更是本应有的觉悟。

这里并不是说我们要对未知"投降",而是说对"未知"有正确的认识才是我们取得进步的前提。其实我们多数人对"系统的未知"存在误区,我们常常将系统等同于具象的技术实体,例如某种编程语言、OS 内核、网络。总觉得系统出问题肯定是我某些技术知识有漏洞没学好。可惜"学海无涯，而吾生有涯，以有涯随无涯，殆矣"，拘泥于各种眼花缭乱的技术只会让自己迷失造成时间的浪费。技术都是末节，真正要把握的主体其实只是系统本身。道理虽简单，但舍本逐末的事情却还是屡见不鲜。

要做好这一点，首要的是要有全局的系统观。更准确地说，是要有对系统各层知识的理解和实践能力，要有对系统架构的认知和理解的能力。只有对系统了如指掌，才有希望将已知的未知转化为已知的已知，将未知的未知转化为已知的未知，进而增加对系统的掌控能力，避免盲人摸象的悲剧。事实的真相是也本应是这样：技术的价值依附于系统及其价值，没有孤立存在的技术，一切价值的体现都在于系统本身。唯有立足系统本身，工程师才能打通性能这条经脉，领略到性能之巅的风采！

回观《性能之巅》这本书，全书的安排也深有此意。本书第 1~5 章可谓是精华部分，讲述了与系统性能相关的通用模型和通用方法；第 6~12 章才落实到具体的知识细节，讲述各性能组件（CPU、内存等）的知识（第 6~10 章）、云计算的基础（第 11 章），基准测试的方法（第 12 章）。本书最后一章是一个性能分析的实例，若是让长期与系统打交道的工程师读来，必然感同身受；若是性能新手阅读，则可以对性能工作的日常状况有个基本的了解。

本书是一座桥梁，作者 Brendan 是在系统性能领域耕耘多年的技术专家，在 Sun 和 Oracle 公司有过卓越的贡献，动态跟踪工具 DTrace 就是他主力开发的，他用自己多年的经验和实践归纳并总结出了系统性能的理论和方法，这些理论和方法的作用就像桥梁，把业界可用的工具（或是你自己开发的工具）与系统内部的原理机制联通让它们有机地结合起来，让与性能相关的工作（无论是性能分析还是性能调优）做到有的放矢、有章可循！这与单纯提供知识的技术书籍截然不同，"授人以鱼不如授人以渔"，其立意确实难能可贵。

现代 IT 技术的源头并非中国，但 IT 技术在这片土地上生根发芽，欣欣向荣。如今国人日常生活中所依赖的系统服务已经比比皆是，不信者打开自己的手机数数所装的 App 自然清楚，这些 App 背后多半都有远在某个数据中心的一个或多个系统作为支撑。随着互联网技术向各行业以及生活各方面的渗透，这样的系统今后会越来越多。加之伴随着云计算和大数据技术的兴起和蓬勃发展，除了系统越来越多之外，系统自身还会变得越来越庞大和复杂。在这么一个总的大趋势下，系统性能的重要性自然不言而喻。你会发现 Brendan 所著的《性能之巅》是如此地契合我们这个时代，本书不是第一本论述系统性能的书，但本书对现有系统性能的方法和理论所做的提炼、概括和归纳，不敢说后无来者，但绝对可以称得上是前无古人的了。

全书翻译由 EMC 资深软件工程师吴寒思、点融网资深运维工程师陈磊与我共同完成，在此感谢二位的辛苦耕耘和我们作为团队三人之间彼此的精诚合作，一年多的翻译历程，大量的时间和精力的投入自是不提，但回过头来看整个过程于我们译者自觉仍是获益良多的。本书内容量大涉及面广，尽管我们付出了许多的辛苦和努力，还是难以避免错误的出现，仍会存在一些不尽如人意的地方，欢迎广大读者批评指正，以便改进。

感谢博文视点出版社主编张春雨对本书出版的大力支持，感谢编辑贾莉对本书的悉心校对；感谢高博学长在翻译道路上给予我的指引；在本书成稿过程中，感谢 EMC 蔡小华、EMC 陈立、EMC 胡世杰、百度冯玮、百度林向东、百度文立经理、淘宝的林应经理，还要感谢我所在的团队上海百度研发中心离线运维组的同事们。另外，更要感谢我的父母和女友吴颖对我的理解和支持。愿这本书的出版给你们带来快乐。

徐章宁

于百度上海研发中心

2015 年 7 月

徐章宁，1984 年生，毕业于上海交通大学，硕士毕业后一直从事软件运维工作，在云存储与虚拟化领域浸沁多年，现于百度公司担任高级运维工程师，致力于大数据方向运维。钟爱开源软件，平日热爱读书和写作，《算法谜题》《编程格调》合译者。

吴寒思，2010 年毕业于南京大学软件学院，目前就职于 EMC 公司核心技术部从事文件系统研发工作，拥有 2 项文件系统方面专利。对程序设计、系统存储、云计算和操作系统有浓厚兴趣。

陈磊，1979 年生，毕业于同济大学。从事网络、系统和 IT 管理 14 年。曾就职于 EMC 中国卓越研发集团，任实验室经理。目前在互联网金融企业负责基础架构。兴趣广泛，尤其热爱开源软件和其他各类新兴技术的探讨和研究。

目录

前言 36

致谢 42

关于作者 44

第 1 章　绪论 1

 1.1　系统性能 1
 1.2　人员 2
 1.3　事情 3
 1.4　视角 4
 1.5　性能是充满挑战的 4
  1.5.1　性能是主观的 4
  1.5.2　系统是复杂的 5
  1.5.3　可能有多个问题并存 6
 1.6　延时 6
 1.7　动态跟踪 7
 1.8　云计算 8

	1.9	案例研究 8
		1.9.1　缓慢的磁盘 9
		1.9.2　软件变更 10
		1.9.3　更多阅读 12

第 2 章　方法 13

- 2.1　术语 14
- 2.2　模型 14
  - 2.2.1　受测系统 15
  - 2.2.2　排队系统 15
- 2.3　概念 16
  - 2.3.1　延时 16
  - 2.3.2　时间量级 17
  - 2.3.3　权衡三角 18
  - 2.3.4　调整的影响 19
  - 2.3.5　合适的层级 19
  - 2.3.6　性能建议的时间点 20
  - 2.3.7　负载 vs.架构 20
  - 2.3.8　扩展性 21
  - 2.3.9　已知的未知 22
  - 2.3.10　指标 23
  - 2.3.11　使用率 24
  - 2.3.12　饱和度 25
  - 2.3.13　剖析 26
  - 2.3.14　缓存 26
- 2.4　视角 28
  - 2.4.1　资源分析 28
  - 2.4.2　工作负载分析 29
- 2.5　方法 30
  - 2.5.1　街灯讹方法 31
  - 2.5.2　随机变动讹方法 32
  - 2.5.3　责怪他人讹方法 32
  - 2.5.4　Ad Hoc 核对清单法 33

2.5.5 问题陈述法 33
2.5.6 科学法 34
2.5.7 诊断循环 35
2.5.8 工具法 35
2.5.9 USE 方法 36
2.5.10 工作负载特征归纳 42
2.5.11 向下挖掘分析 43
2.5.12 延时分析 44
2.5.13 R 方法 45
2.5.14 事件跟踪 45
2.5.15 基础线统计 47
2.5.16 静态性能调整 47
2.5.17 缓存调优 47
2.5.18 微基准测试 48
2.6 建模 49
2.6.1 企业 vs.云 49
2.6.2 可视化识别 49
2.6.3 Amdahl 扩展定律 51
2.6.4 通用扩展定律 52
2.6.5 排队理论 52
2.7 容量规划 56
2.7.1 资源极限 56
2.7.2 因素分析 58
2.7.3 扩展方案 58
2.8 统计 59
2.8.1 量化性能 59
2.8.2 平均值 60
2.8.3 标准方差、百分位数、中位数 61
2.8.4 变异系数 62
2.8.5 多重模态分布 62
2.8.6 异常值 63
2.9 监视 63
2.9.1 基于时间的规律 63
2.9.2 监测产品 65

         2.9.3　启动以来的信息统计 65
    2.10　可视化 65
         2.10.1　线图 65
         2.10.2　散点图 66
         2.10.3　热图 67
         2.10.4　表面图 68
         2.10.5　可视化工具 69
    2.11　练习 70
    2.12　参考 70

第3章　操作系统 73
    3.1　术语 73
    3.2　背景 74
         3.2.1　内核 74
         3.2.2　栈 77
         3.2.3　中断和中断线程 78
         3.2.4　中断优先级 79
         3.2.5　进程 79
         3.2.6　系统调用 81
         3.2.7　虚拟内存 83
         3.2.8　内存管理 83
         3.2.9　调度器 84
         3.2.10　文件系统 85
         3.2.11　缓存 87
         3.2.12　网络 88
         3.2.13　设备驱动 88
         3.2.14　多处理器 88
         3.2.15　抢占 89
         3.2.16　资源管理 89
         3.2.17　观测性 90
    3.3　内核 90
         3.3.1　UNIX 91
         3.3.2　基于Solaris 91

3.3.3 基于 Linux 94
3.3.4 差异 96
3.4 练习 97
3.5 参考 97

第 4 章 观测工具 99

4.1 工具类型 99
    4.1.1 计数器 100
    4.1.2 跟踪 101
    4.1.3 剖析 102
    4.1.4 监视（sar） 103
4.2 观测来源 104
    4.2.1 /proc 104
    4.2.2 /sys 109
    4.2.3 kstat 110
    4.2.4 延时核算 112
    4.2.5 微状态核算 113
    4.2.6 其他的观测源 113
4.3 DTrace 115
    4.3.1 静态和动态跟踪 116
    4.3.2 探针 117
    4.3.3 provider 117
    4.3.4 参数 118
    4.3.5 D 语言 118
    4.3.6 内置变量 119
    4.3.7 action 119
    4.3.8 变量类型 120
    4.3.9 单行命令 122
    4.3.10 脚本 122
    4.3.11 开销 123
    4.3.12 文档和资源 124
4.4 SystemTap 125
    4.4.1 探针 125

   4.4.2 tapset 126

   4.4.3 action 和内置变量 126

   4.4.4 示例 126

   4.4.5 开销 128

   4.4.6 文档和资源 129

 4.5 perf 129

 4.6 观测工具的观测 130

 4.7 练习 131

 4.8 参考 131

第 5 章 应用程序 133

 5.1 应用程序基础 133

   5.1.1 目标 134

   5.1.2 常见情况的优化 135

   5.1.3 观测性 136

   5.1.4 大 O 标记法 136

 5.2 应用程序性能技术 137

   5.2.1 选择 I/O 尺寸 137

   5.2.2 缓存 138

   5.2.3 缓冲区 138

   5.2.4 轮询 138

   5.2.5 并发和并行 139

   5.2.6 非阻塞 I/O 141

   5.2.7 处理器绑定 141

 5.3 编程语言 142

   5.3.1 编译语言 142

   5.3.2 解释语言 143

   5.3.3 虚拟机 144

   5.3.4 垃圾回收 144

 5.4 方法和分析 145

   5.4.1 线程状态分析 145

   5.4.2 CPU 剖析 148

   5.4.3 系统调用分析 150

- 5.4.4 I/O 剖析 156
- 5.4.5 工作负载特征归纳 157
- 5.4.6 USE 方法 157
- 5.4.7 向下挖掘法 158
- 5.4.8 锁分析 158
- 5.4.9 静态性能调优 161
- 5.5 练习 162
- 5.6 参考 163

第 6 章 CPU 165

- 6.1 术语 166
- 6.2 模型 166
  - 6.2.1 CPU 架构 166
  - 6.2.2 CPU 内存缓存 167
  - 6.2.3 CPU 运行队列 168
- 6.3 概念 168
  - 6.3.1 时钟频率 168
  - 6.3.2 指令 169
  - 6.3.3 指令流水线 169
  - 6.3.4 指令宽度 170
  - 6.3.5 CPI，IPC 170
  - 6.3.6 使用率 170
  - 6.3.7 用户时间/内核时间 171
  - 6.3.8 饱和度 171
  - 6.3.9 抢占 171
  - 6.3.10 优先级反转 172
  - 6.3.11 多进程，多线程 172
  - 6.3.12 字长 173
  - 6.3.13 编译器优化 174
- 6.4 架构 174
  - 6.4.1 硬件 174
  - 6.4.2 软件 182
- 6.5 方法 187

	6.5.1	工具法	187
	6.5.2	USE 方法	188
	6.5.3	负载特征归纳	189
	6.5.4	剖析	190
	6.5.5	周期分析	191
	6.5.6	性能监控	192
	6.5.7	静态性能调优	192
	6.5.8	优先级调优	192
	6.5.9	资源控制	193
	6.5.10	CPU 绑定	193
	6.5.11	微型基准测试	194
	6.5.12	扩展	194
6.6	分析		195
	6.6.1	uptime	195
	6.6.2	vmstat	197
	6.6.3	mpstat	198
	6.6.4	sar	200
	6.6.5	ps	201
	6.6.6	top	202
	6.6.7	prstat	203
	6.6.8	pidstat	204
	6.6.9	time 和 ptime	205
	6.6.10	DTrace	206
	6.6.11	SystemTap	212
	6.6.12	perf	212
	6.6.13	cpustat	218
	6.6.14	其他工具	219
	6.6.15	可视化	219
6.7	实验		222
	6.7.1	Ad Hoc	222
	6.7.2	SysBench	223
6.8	调优		223
	6.8.1	编译器选项	224
	6.8.2	调度优先级和调度类	224

	6.8.3	调度器选项	224
	6.8.4	进程绑定	226
	6.8.5	独占 CPU 组	227
	6.8.6	资源控制	227
	6.8.7	处理器选项（BIOS 调优）	227
6.9	练习		228
6.10	参考资料		229

第 7 章 内存 231

7.1	术语		232
7.2	概念		232
	7.2.1	虚拟内存	233
	7.2.2	换页	233
	7.2.3	按需换页	234
	7.2.4	过度提交	236
	7.2.5	交换	236
	7.2.6	文件系统缓存占用	236
	7.2.7	使用率和饱和度	237
	7.2.8	分配器	237
	7.2.9	字长	237
7.3	架构		237
	7.3.1	硬件	238
	7.3.2	软件	242
	7.3.3	进程地址空间	247
7.4	方法		251
	7.4.1	工具法	252
	7.4.2	USE 方法	252
	7.4.3	使用特征归纳	253
	7.4.4	周期分析	254
	7.4.5	性能监测	254
	7.4.6	泄漏检测	255
	7.4.7	静态性能调优	255
	7.4.8	资源控制	256

　　　　7.4.9 微基准测试 256
　7.5 分析 256
　　　　7.5.1 vmstat 257
　　　　7.5.2 sar 259
　　　　7.5.3 slabtop 262
　　　　7.5.4 ::kmstat 263
　　　　7.5.5 ps 264
　　　　7.5.6 top 265
　　　　7.5.7 prstat 266
　　　　7.5.8 pmap 267
　　　　7.5.9 DTrace 268
　　　　7.5.10 SystemTap 272
　　　　7.5.11 其他工具 272
　7.6 调优 273
　　　　7.6.1 可调参数 274
　　　　7.6.2 多个页面大小 276
　　　　7.6.3 分配器 277
　　　　7.6.4 资源控制 277
　7.7 练习 277
　7.8 参考资料 279

第8章 文件系统 281
　8.1 术语 282
　8.2 模型 282
　　　　8.2.1 文件系统接口 282
　　　　8.2.2 文件系统缓存 283
　　　　8.2.3 二级缓存 284
　8.3 概念 284
　　　　8.3.1 文件系统延时 284
　　　　8.3.2 缓存 285
　　　　8.3.3 随机与顺序 I/O 285
　　　　8.3.4 预取 286
　　　　8.3.5 预读 287

	8.3.6	写回缓存	287
	8.3.7	同步写	287
	8.3.8	裸 I/O 和直接 I/O	288
	8.3.9	非阻塞 I/O	288
	8.3.10	内存映射文件	289
	8.3.11	元数据	289
	8.3.12	逻辑 I/O vs.物理 I/O	290
	8.3.13	操作并不平等	291
	8.3.14	特殊文件系统	292
	8.3.15	访问时间戳	292
	8.3.16	容量	292
8.4	架构		293
	8.4.1	文件系统 I/O 栈	293
	8.4.2	VFS	294
	8.4.3	文件系统缓存	294
	8.4.4	文件系统特性	299
	8.4.5	文件系统种类	300
	8.4.6	卷和池	305
8.5	方法		306
	8.5.1	磁盘分析	307
	8.5.2	延时分析	307
	8.5.3	负载特征归纳	309
	8.5.4	性能监控	311
	8.5.5	事件跟踪	311
	8.5.6	静态性能调优	312
	8.5.7	缓存调优	313
	8.5.8	负载分离	313
	8.5.9	内存文件系统	313
	8.5.10	微型基准测试	313
8.6	分析		315
	8.6.1	vfsstat	315
	8.6.2	fsstat	316
	8.6.3	strace、truss	317
	8.6.4	DTrace	317

	8.6.5	SystemTap	326
	8.6.6	LatencyTOP	326
	8.6.7	free	327
	8.6.8	top	327
	8.6.9	vmstat	327
	8.6.10	sar	328
	8.6.11	slabtop	329
	8.6.12	mdb::kmastat	330
	8.6.13	fcachestat	330
	8.6.14	/proc/meminfo	331
	8.6.15	mdb::memstat	331
	8.6.16	kstat	332
	8.6.17	其他工具	333
	8.6.18	可视化	334
8.7	实验		334
	8.7.1	Ad Hoc	335
	8.7.2	微型基准测试工具	335
	8.7.3	缓存写回	337
8.8	调优		337
	8.8.1	应用程序调用	338
	8.8.2	ext3	339
	8.8.3	ZFS	339
8.9	练习		341
8.10	参考资料		342

第 9 章 磁盘 345

9.1	术语		346
9.2	模型		346
	9.2.1	简单磁盘	346
	9.2.2	缓存磁盘	347
	9.2.3	控制器	348
9.3	概念		348
	9.3.1	测量时间	348

9.3.2 时间尺度 350
9.3.3 缓存 351
9.3.4 随机 vs.连续 I/O 351
9.3.5 读/写比 352
9.3.6 I/O 大小 352
9.3.7 IOPS 并不平等 353
9.3.8 非数据传输磁盘命令 353
9.3.9 使用率 353
9.3.10 饱和度 354
9.3.11 I/O 等待 354
9.3.12 同步 vs.异步 355
9.3.13 磁盘 vs.应用程序 I/O 355

9.4 架构 356
9.4.1 磁盘类型 356
9.4.2 接口 361
9.4.3 存储类型 362
9.4.4 操作系统磁盘 I/O 栈 364

9.5 方法 367
9.5.1 工具法 368
9.5.2 USE 方法 368
9.5.3 性能监控 369
9.5.4 负载特征归纳 370
9.5.5 延时分析 371
9.5.6 事件跟踪 372
9.5.7 静态性能调优 373
9.5.8 缓存调优 374
9.5.9 资源控制 374
9.5.10 微基准测试 374
9.5.11 伸缩 375

9.6 分析 376
9.6.1 iostat 377
9.6.2 sar 384
9.6.3 pidstat 385
9.6.4 DTrace 386

- 9.6.5 SystemTap 394
- 9.6.6 perf 394
- 9.6.7 iotop 395
- 9.6.8 iosnoop 397
- 9.6.9 blktrace 400
- 9.6.10 MegaCli 401
- 9.6.11 smartctl 402
- 9.6.12 可视化 403
- 9.7 实验 406
  - 9.7.1 Ad Hoc 406
  - 9.7.2 自定义负载生成器 407
  - 9.7.3 微基准测试工具 407
  - 9.7.4 随机读示例 407
- 9.8 调优 408
  - 9.8.1 操作系统可调参数 408
  - 9.8.2 磁盘设备可调参数 410
  - 9.8.3 磁盘控制器可调参数 410
- 9.9 练习 411
- 9.10 参考资料 412

第10章 网络 415

- 10.1 术语 416
- 10.2 模型 416
  - 10.2.1 网络接口 416
  - 10.2.2 控制器 417
  - 10.2.3 协议栈 417
- 10.3 概念 418
  - 10.3.1 网络和路由 418
  - 10.3.2 协议 419
  - 10.3.3 封装 419
  - 10.3.4 包长度 419
  - 10.3.5 延时 420
  - 10.3.6 缓冲 422

10.3.7 连接积压队列 422
10.3.8 接口协商 422
10.3.9 使用率 423
10.3.10 本地连接 423
10.4 架构 423
10.4.1 协议 423
10.4.2 硬件 426
10.4.3 软件 428
10.5 方法 432
10.5.1 工具法 433
10.5.2 USE 方法 433
10.5.3 工作负载特征归纳 434
10.5.4 延时分析 435
10.5.5 性能监测 436
10.5.6 数据包嗅探 436
10.5.7 TCP 分析 437
10.5.8 挖掘分析 438
10.5.9 静态性能调优 438
10.5.10 资源控制 439
10.5.11 微基准测试 439
10.6 分析 440
10.6.1 netstat 440
10.6.2 sar 445
10.6.3 ifconfig 447
10.6.4 ip 448
10.6.5 nicstat 448
10.6.6 dladm 449
10.6.7 ping 450
10.6.8 traceroute 450
10.6.9 pathchar 451
10.6.10 tcpdump 451
10.6.11 snoop 452
10.6.12 Wireshark 455
10.6.13 DTrace 455

- 10.6.14　SystemTap ... 466
- 10.6.15　perf ... 466
- 10.6.16　其他工具 ... 467
- 10.7　实验 ... 468
  - 10.7.1　iperf ... 468
- 10.8　调优 ... 469
  - 10.8.1　Linux ... 470
  - 10.8.2　Solaris ... 472
  - 10.8.3　配置 ... 474
- 10.9　练习 ... 475
- 10.10　参考 ... 476

第 11 章　云计算 ... 479

- 11.1　背景 ... 480
  - 11.1.1　性价比 ... 480
  - 11.1.2　可扩展的架构 ... 480
  - 11.1.3　容量规划 ... 481
  - 11.1.4　存储 ... 483
  - 11.1.5　多租户 ... 483
- 11.2　OS 虚拟化 ... 484
  - 11.2.1　系统开销 ... 485
  - 11.2.2　资源控制 ... 487
  - 11.2.3　可观测性 ... 490
- 11.3　硬件虚拟化 ... 495
  - 11.3.1　系统开销 ... 496
  - 11.3.2　资源控制 ... 501
  - 11.3.3　可观测性 ... 504
- 11.4　比较 ... 509
- 11.5　练习 ... 511
- 11.6　参考资料 ... 512

第 12 章　基准测试 515

12.1　背景 515
12.1.1　事情 516
12.1.2　有效的基准测试 516
12.1.3　基准测试之罪 518

12.2　基准测试的类型 523
12.2.1　微基准测试 524
12.2.2　模拟 525
12.2.3　回放 526
12.2.4　行业标准 526

12.3　方法 528
12.3.1　被动基准测试 528
12.3.2　主动基准测试 529
12.3.3　CPU 剖析 531
12.3.4　USE 方法 532
12.3.5　工作负载特征归纳 533
12.3.6　自定义基准测试 533
12.3.7　逐渐增加负载 533
12.3.8　完整性检查 535
12.3.9　统计分析 536

12.4　基准测试问题 537
12.5　练习 538
12.6　参考 539

第 13 章　案例研究 541

13.1　案例研究：红鲸 541
13.1.1　问题陈述 542
13.1.2　支持 543
13.1.3　上手 544
13.1.4　选择征途 545
13.1.5　USE 方法 546
13.1.6　我们做完了吗 549
13.1.7　二度出击 549

　　　　13.1.8　基础 550
　　　　13.1.9　忽略红鲸 551
　　　　13.1.10　审问内核 552
　　　　13.1.11　为什么 553
　　　　13.1.12　尾声 555
　　13.2　结语 555
　　13.3　附加信息 556
　　13.4　参考 556

附录 A　USE 法：Linux 559

附录 B　USE 法：Solaris 565

附录 C　sar 总结 571

附录 D　DTrace 单行命令 573

附录 E　从 DTrace 到 SystemTap 583

附录 F　精选练习题答案 593

附录 G　系统性能名人录 597

前言

> 有已知的已知；有些事情我们知道自己知道。
> 我们也知道有已知的未知；这是指我们知道有些事情自己不知道。
> 但是还有未知的未知——有些事情我们不知道自己不知道。
> ——美国国防部长 唐纳德·拉姆斯菲尔德 2002 年 2 月 12 日

虽然上述的发言在新闻发布会上引来了记者的笑声，但是它总结出了一个重要的原则，适用于任何如地缘政治般复杂的技术系统：性能问题可能来源于任何地方，包括系统中因你一无所知而不曾检查的地方（未知的未知）。本书将揭示许多这样的领域，并为其分析提供方法和工具。

关于本书

欢迎来到《性能之巅：洞悉系统、企业与云计算》！本书以操作系统为背景讲解操作系统和应用程序的性能，针对企业环境和云计算环境编写而成。本书的目的是帮助你更好地利用自己的系统。

当你的工作与持续开发的应用程序软件为伍，你可能会认为内核经过几十年的开发调整，操作系统的性能已是一个解决了的问题了，但事情并非如此！操作系统是一个复杂的软件体，管理着各种不断变化的物理设备，应对着不同的新应用程序的工作负载。内核也在持续地发展，不断增加新的特性以提高特定的工作负载的性能，随着系统继续扩展，所遇到的瓶颈被逐一移除。改进操作系统性能需要不断的分析和努力，这样才能带来性能的持续提升。应用程序的性能也可以在操作系统的背景下做分析，此点本书也覆盖了。

操作系统范围

本书的重点就是系统性能的研究，所用的工具、示例，乃至可调的参数都是 Linux 系统和基于 Solaris 的系统里的。除非注明，在示例中所用到的操作系统的特定发行版并不重要。基于 Linux 的系统，示例所含的范围从各种裸机系统到虚拟化的运行着 Ubuntu、Fedora 或 CentOS 的云租户。对于基于 Solaris 的系统，示例也是裸机系统以及基于 Joyent SmartOS 或 OmniTI OmniOS 的虚拟化系统。SmartOS 和 OmniOS 用的是开源的 illumos 内核：这是 OpenSolaris 内核的一个活跃的分支，所基于的开发版本后来成为了 Oracle Solaris 11。

覆盖两种不同的操作系统给每位读者提供了一个新的视角，帮助读者可以更深入地理解这两种系统的特点，尤其是二者设计不同的地方，并且可以帮助读者更全面地理解性能，而不只局限于某个单一的系统，这样读者可以更加客观地思考操作系统。

过去，开发者对基于 Solaris 的系统做了较多的性能工作，让其成为某些情形下更好的选择。Linux 的情况也有了很大的改观。在十多年前的 *System Performance Tuning* [Musumeci 02] 出版时，作者同时介绍了 Linux 和 Solaris，但是更侧重后者。作者的理由是：

Solaris 机器更多地注重性能。我怀疑这是因为 Sun 的系统平均来说要比同等的 Linux 系统贵得多。这带来的结果是，花大价钱的人更倾向于挑剔性能，因此 Solaris 在这个领域做的工作更多。如果你的 Linux 机器性能不够好，你可以再买一台并对工作负载做切分——毕竟便宜。如果花了你几百万美金的 Ultra Enterprise 10000 性能不好，你公司也因此会每时每刻都在承受不小的损失，你会打 Sun 的服务电话寻求答案。

上面这段解释了 Sun 注重性能的历史传统：Solaris 的利润是与硬件销售绑定的，不少资金频繁地花在性能的提升上。Sun 需要，也付得起，雇用超过 100 名的全职性能工程师（包括我自己和穆苏梅奇（Musumeci Gian））。与 Sun 的内核工程师团队一起，我们在系统性能领域取得了许多进展。

Linux 在性能工作和观测工具这一块走了很长的路。尤其是现在，Linux 正在应用到大型的云计算环境之中。本书涵盖了许多 Linux 的性能特性，这些特性都是在过去五年里开发起来的。

其他内容

示例会包括性能工具的截屏，这样做不仅是为了显示数据，而且是为了对可用的数据类型做阐释。一般来说工具展现数据的方式更为直观，很多 UNIX 早期风格的工具生成的输出都是相近的，意义常常可以不言自明。这意味着屏幕截图可以很好地传递这些工具的意图，只有某些需要极少的附加说明。（如果一款工具需要费力的说明，这就很可能是一个失败的设计！）

技术的历史演化所展示出的洞察力能深化你的理解，这些都会在书中一一讲到。除此之外，了解一些这个行业的重要人物也是很用的（这个世界很小）：你很可能会碰到他们或者接触到他们在性能领域的工作成果。附录 G 是一张"谁是谁"的清单。

什么未提及

本书着眼于性能。如果你要执行所有的示例任务，有时可能需要做些系统管理员的工作，包括软件的安装或编译（这些本书没有提及）。尤其是在 Linux 上，你需要安装 sysstat 软件包，还有很多书中用到的工具也有同样的要求。

书中关于操作系统内部总结的内容会在单独的篇章中有详尽的介绍。对性能分析高阶专题的概述，是为了让你知道这些内容的存在，以便在需要的时候依靠其他的知识来源做进一步的学习。

本书的结构

本书的内容如下。

第 1 章，绪论。介绍系统性能分析，总结关键的概念并展示了与性能相关的一些例子。

第 2 章，方法。性能分析和调整的背景知识，包括术语、概念、模型、观测和实验的方法，容量规划，分析，以及统计。

第 3 章，操作系统。总结了内核内部的性能分析。对于解释和理解操作系统行为，这些是必要的背景知识。

第 4 章，观测工具。介绍系统观测工具的类型，以及构建这些工具所基于的接口和框架。

第 5 章，应用程序。讨论了应用程序性能的内容，并从操作系统的角度观测应用程序。

第 6 章，CPU。内容包括处理器、硬件线程、CPU 缓存、CPU 互联，以及内核调度。

第7章，内存。虚拟内存、换页、swapping、内存架构、总线、地址空间和内存分配器。

第8章，文件系统。文件系统 I/O 性能，包括涉及的不同缓存。

第9章，磁盘。内容包括存储设备、磁盘 I/O 工作负载、存储控制器、RAID，以及内核 I/O 子系统。

第10章，网络。网络协议、套接字、接口，以及物理连接。

第11章，云计算。介绍广泛应用于云计算的操作系统级和硬件级虚拟化方法，以及这些方法的性能开销、隔离和观测特征。

第12章，基准测试。介绍如何精确地做基准测试，如何解读别人的基准测试结果。这是一个棘手的话题，这一章会告诉你怎样避免常见的错误，并试图理解这一点。

第13章，案例研究。包含一个系统性能的案例研究，讲述了如何从始至终地分析一个真实的云客户案例。

第 1~4 章提供了必要的背景知识。阅读完这几章后，你可以根据需要参考本书的其余部分。

第 13 章的写法是不同的，该章用讲故事的方法描绘了性能工程师的工作场景。如果你是性能分析的新手，想先了解个大概，可能会想先读读这一章，当读完其他章的时候还可以再次重温。

作为未来的参考

通过着力于系统性能分析的背景知识与方法，本书的编写经得起推敲。

为了做到这一点，许多章都被分为了两个部分。一部分的内容组成是术语、概念和方法（一般附有标题），这些内容许多年后应该还依然中肯适用。另一部分的内容是前一部分如何实现的示例：架构、分析工具，还有可调参数。这部分内容即便有朝一日淘汰了，作为示例讲解也是依然有用的。

跟踪示例

我们经常需要深入探索操作系统，这项工作要用到内核跟踪工具。有很多这样的工具，它们所针对的开发阶段也各不相同，例如，ftrace、perf、DTrace、SystemTap、LTTng 和 ktap。其中有一款工具被选择用在了绝大多数的跟踪示例中，并在 Linux 和基于 Solaris 的系统上都有演示：它就是 DTrace。该工具提供了这些示例所需要的功能，并且关于它还有大量的外部参考资料，包括可以用于高级跟踪的脚本。

你可能需要或愿意选用别的跟踪工具，这很好。DTrace 的示例展示的是你能向系统掷出的问题。这些问题以及提出这些问题的方法，常常才是最困难的。

目标受众

本书的目标受众主要是系统管理员以及企业与云计算环境的运维工程师。所有需要了解操作系统和应用程序性能的开发人员、数据库管理员和网站管理员都适合参阅本书。

作为云计算提供商的首席性能工程师，我的工作会与支持人员和顾客打交道，他们经常要承受巨大时间压力去解决多个性能问题。对于许多人来说，性能并不是他们的主要工作，但却需要了解足够多的性能知识来解决手头的问题。因为清楚读者学习本书的时间会非常有限，我将本书编写得尽可能简洁。但不会简短：有太多知识需要覆盖才能保证你是准备好了的。

另一个受众群体是学生：本书适合作为系统性能课程的补充教材。在本书的编写期间（以及开始动笔的多年以前）我就曾经教授过这样的课程，并帮助学生解决仿真的性能问题（事前不会公布答案！）。这段经历帮我弄清了什么样的材料能最好地引导学生解决性能问题，这也成就了本书的部分内容。

无论你是不是学生，每章的习题都会带给你一个审视和应用知识的机会。其中有一些可选的高阶练习，可能你完成不了（也许做不到，但至少可以启发思维）。

本书涵盖了足够的知识细节，无论是大公司还是小公司，乃至雇用了不少性能专职人员的公司，本书都可以满足其需要。对于众多的小型公司，日常用到的可能只是书中的某些部分，但本书作为参考也可备不时之需。

排版约定

本书贯穿始终用到的排版约定如下：

`netif_receive_skb()`	函数名
`iostat(1)`	Man 手册
`Documentation/...`	Linux 文档
`CONFIG_...`	Linux 配置选项
`kernel/...`	Linux 内核源代码
`fs/`	Linux 内核源代码，文件系统
`usr/src/uts/...`	基于 Solaris 内核源代码

#	超级用户（root）shell 提示符
$	普通用户（non-root）shell 提示符
^C	命令被中断（Ctrl+C）
[...]	文本截断
mpstat 1	键入的命令或高亮的文字

补充材料与参考

下面选出的书籍（完整的列表见参考书目）可以作为操作系统背景知识和性能分析学习的更为深入的参考。

[Jain 91] Jain, R. *The Art of Computer Systems Performance Analysis: Techniques for Experimental Design, Measurement, Simulation, and Modeling.* Wiley, 1991.

[Vahalia 96] Vahalia, U. *UNIX Internals: The New Frontiers.* Prentice Hall, 1996.

[Cockcroft 98] Cockcroft, A., and R. Pettit. *Sun Performance and Tuning: Java and the Internet.* Prentice Hall, 1998.

[Musumeci 02] Musumeci, G. D., and M. Loukidas. *System Performance Tuning, 2nd Edition.* O'Reilly, 2002.

[Bovet 05] Bovet, D., and M. Cesati. *Understanding the Linux Kernel, 3rd Edition.* O'Reilly, 2005.

[McDougall 06a] McDougall, R., and J. Mauro. *Solaris Internals: Solaris 10 and OpenSolaris Kernel Architecture.* Prentice Hall, 2006.

[McDougall 06b] McDougall, R., J. Mauro, and B. Gregg. *Solaris Performance and Tools: DTrace and MDB Techniques for Solaris 10 and OpenSolaris.* Prentice Hall, 2006.

[Gove 07] Gove, D. *Solaris Application Programming.* Prentice Hall, 2007.

[Love 10] Love, R. *Linux Kernel Development, 3rd Edition.* Addison-Wesley, 2010.

[Gregg 11] Gregg, B., and J. Mauro. *DTrace: Dynamic Tracing in Oracle Solaris, Mac OS X and FreeBSD.* Prentice Hall, 2011.

致谢

Deirdré Straughan 再次提供了不可思议的帮助,使我对技术教育的热忱得以延伸至另一本书。从想法到手稿,从最开始就帮助我构想这本书是什么样子,到花费了无数的时间编辑和讨论每一页的内容,找出了许多我没有解释清楚的部分。至今我和她已经合作了超过了 2000 页的技术内容(加上博客),能得到如此大的帮助我深感荣幸。

Barbara Wood 作为拷贝编辑,花了大量的时间在本书的细节上,做了无数的修改,文字才有了现在的质量、可读性和连贯性。考虑到本书的长度和复杂性,这项工作绝不简单,我非常感谢 Barbara 的帮助和他辛勤的工作。

对于每一位给予本书反馈的人,我都心怀感激。这是一本深层次的技术书,有很多新内容需要严谨的审阅——经常需要频繁地反复确认和理解不同内核的内核代码。

不管是深层次的技术还是材料的组织和展示,Darryl Gove 都给予了无与伦比的反馈意见。他本身就是一个作家,看到他是如此迫切地向我们的读者提供最好的内容,我非常期待着他将来的著作。

我还非常感谢 Richard Lowe 和 Robert Mustacchi,他们通审了整本书,发现了我所缺失的内容和一些需要做更好阐述的部分。Richard 对不同内核的内部机理的理解令人震惊,厉害得甚至有点可怕。Robert 对云计算章节给予了极大的帮助,他还将自己在 KVM 上的工作专长转移到了 illumos 上。

感谢 Jim Mauro 和 Dominic Kay 的反馈意见:我曾经与他们一起出过书,理解艰深的技术内容,再把这些内容解释给读者,他们是此中的天才。

Jerry Jelinek 和 Max Bruning，两人都有着内核工程的专长，提供了多章的详尽反馈。

Adam Leventhal 对"文件系统"一章和"磁盘"一章给予了专家级建议，特别是帮我理解了闪存当前的细微差别——他在这个领域有着长期的经验，在 Sun 公司的时候就发明过不少闪存创新性的使用方法。

David Pacheco 对"应用程序"一章给予了极好的反馈，Dan McDonald 则是对"网络"那一章，我很幸运可以让他们在自己如此了解的领域把他们自己的技术展示出来。

Carlos Cardenas 看过了整本书，在统计分析方面给予了独特的建议，这些建议正是我之前一直所追寻的。

我很感激 Bryan Cantrill、Keith Wesolowski、Paul Eggleton、Marsell Kukuljevic-Pearce 和 Adrian Cockcroft，为他们的反馈和贡献。Adrian 的意见促使我重新排列章节顺序，这让读者可以更好地关联所覆盖的内容。

我感谢在我之前的作者们，他们的名字都列在了参考附录之中，是他们铺就了通往系统性能的道路并把自己的发现记录了下来。感谢与我一同工作多年的性能专家们，包括 Bryan Cantrill、Roch Bourbonnais、Jim Mauro、Richard McDougall，等等。我从他们身上学到了很多很多。

感谢 Bryan Cantrill 对这个项目的支持，感谢 Jason Hoffman 的热忱。

感谢 Claire、Mitchell 和其他家人朋友为支持我这个项目所做出的牺牲。

特别要感谢 Pearson 公司的高级总监 Greg Doench，感谢他的帮助、耐心和对项目的建议。

我很享受本书编写的过程，即使期间也有过不时的气馁。要是十年前的话，我写起来会容易得多，那时候我对复杂性和系统性能微妙的所知不及现在，我在企业、存储和云计算领域做过软件工程师、内核工程师和系统工程师。无论是栈的各个层级，还是从应用程序到硬件，在所有这些地方我都处理过性能问题。这些经历，我知道还有好多都还没有记录下来。所有这些既让我受过挫，也激励着我把它们写下来。这本书是我一直想要写就的，本书的完成是我莫大的安慰。

关于作者

Brendan Gregg 是 Joyent 公司的首席性能工程师，负责分析云计算环境的性能和扩展，覆盖从小型到大型的云计算环境和软件栈的所有级别。他是 *DTrace* 一书的主作者（Prentice Hall 出版社，2011 年），是 *Solaris Performance and Tools* 一书的合著者（Prentice Hall 出版社，2007 年），撰写了许多与系统性能相关的文章。他之前是 Sun Microsystems 公司的性能主管和内核工程师，同时也是性能顾问兼培训师。是他开发了 DTraceToolkit 和 ZFS L2ARC，他所开发的许多 DTrace 脚本都收录在 Mac OS X 和 Oracle Solaris 11 的默认发行版中。性能的可视化是他最近从事的工作之一。

第 1 章

绪论

性能是一门令人激动的,富于变化同时又充满挑战的学科。本章会引领你进入性能的领域,尤其针对系统性能,阐述涉及的人员、所做的事情、分析的视角和面临的挑战。我将介绍一项非常重要的性能指标——延时,同时还会介绍计算机领域一些的新进展:动态跟踪和云计算。为了帮助读者更好地理解,本章还提供了一些与性能相关的例子。

1.1 系统性能

系统性能是对整个系统的研究,包括了所有的硬件组件和整个软件栈。所有数据路径上和软硬件上所发生的事情都包括在内,因为这些都有可能影响性能。对于分布式系统来说,这意味着多台服务器和多个应用。如果你还没有你的环境的一张示意图,用来显示数据的路径,赶紧找一张或者自己画一张。它可以帮助你理解所有组件的关系,并确保你不会只见树木不见森林。

图 1.1 呈现的是单台服务器上的通用系统软件栈,包括操作系统(OS)内核、数据库和应用程序层。术语"全栈"(entire stack)有时一般仅仅指的是应用程序环境,包括数据库、应用程序,以及网站服务器。不过,当论及系统性能时,我们用全栈来表示所有事情,包括系统库和内核。

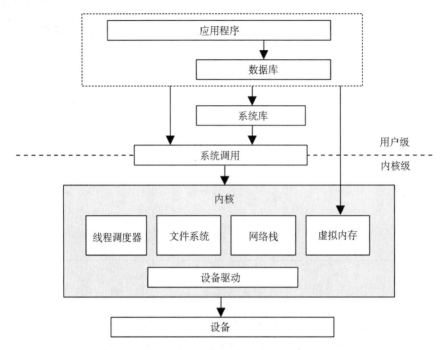

图1.1 通用系统软件栈

本书第3章"操作系统",将详细讨论这个软件栈,在后面几章里还会有更深入的研究。本章接下来的部分主要讲述系统性能和性能的概要。

1.2 人员

系统性能是一项需要多类人员参与的事务,其中包括系统管理员、技术支持人员、应用开发者、数据库管理员和网络管理员。对于他们的大多数来说,性能是一项兼职的事情,他们可能会有发掘性能的倾向,但仅限于本职工作范围内(网络团队检查网络、数据库团队检查数据库,如此等等)。然而,对于某些性能问题,要找到根本原因还需要这些团队一起协同工作才行。

一些公司会雇用性能工程师,其主要任务就是维护系统性能。他们与多个团队协同工作,对环境做全局性的研究,执行一些对解决复杂性能问题至关重要的操作。与此同时,他们会开发更好的工具,对整个环境做系统级分析(system-wide analysis),为容量规划(capacity planning)定义指标。

在性能领域也有某些专职于特定应用程序的工种，例如，Java 性能工程师和 MySQL 性能工程师。通常他们在开始使用特定的应用程序工具之前，会做一些系统性能检查，但是有限。

1.3 事情

性能领域包括了以下的事情，我按照理想的执行顺序将它们排列如下：

1. 设置性能目标和建立性能模型
2. 基于软件或硬件原型进行性能特征归纳
3. 对开发代码进行性能分析（软件整合之前）
4. 执行软件非回归性测试（软件发布前或发布后）
5. 针对软件发布版本的基准测试
6. 目标环境中的概念验证（Proof-of-concept）测试
7. 生产环境部署的配置优化
8. 监控生产环境中运行的软件
9. 特定问题的性能分析

步骤 1~5 是传统软件产品开发过程的一部分。产品发行之后，接下来要么是在客户环境中进行概念验证测试，要么直接进行部署和配置。如果在客户环境中碰到问题（步骤 6~9），这说明该问题在软件开发阶段没有得到发现和修复。

理想情况下，在硬件选型和软件开发之前，性能工程师就应该开始工作。作为工作的第一步，可以设定性能目标并建立一个性能模型。产品开发过程常常缺失了这一步，性能工程工作被推迟直到问题出现。在架构决策确定之后，随着软件开发工作的一步步推进，修复性能问题的难度会变得越来越大。

术语容量规划（capacity planning）指的是一系列事前行动。在设计阶段，包括通过研究开发软件的资源占用情况，来得知原有设计在多大程度上能满足目标需求。在部署后，包括监控资源的使用情况，这样问题在出现之前就能被预测。

能够有助于完成上述事情的方法和工具在本书中都有覆盖。

对于不同的公司和不同的产品，环境和要做的事情都各不相同，多数情况下，不需要全部执行以上的九步。你的工作可能集中于某几步或者仅仅是其中的一步。

1.4 视角

与很多事情专注于一点不同，性能是可以从不同的视角来审视的。图1.2展示了两种性能分析的视角：负载分析（workload analysis）和资源分析（resource analysis），二者从不同的方向对软件栈做分析。

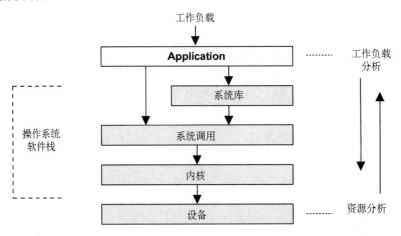

图 1.2 分析视角

系统管理员作为系统资源的负责人，通常采用资源分析视角。应用程序开发人员，对最终实现的负载性能负责，通常采用负载分析视角。每一种视角都有自身的优势，第2章将详细讨论这些。尝试从两个视角都进行分析，对于解决某些具有挑战性的问题是不无裨益的。

1.5 性能是充满挑战的

系统性能工程是一个充满挑战的领域，具体原因有很多，其中包括以下事实，系统性能是主观的、复杂的，而且常常是多问题并存的。

1.5.1 性能是主观的

技术学科往往是客观的，太多的业界人士审视问题非黑即白。在进行软件故障查找的时候，判断 bug 是否存在或 bug 是否修复就是这样。bug 的出现总是伴随着错误信息，错误信息通常容易解读，进而你就明白错误为什么会出现了。

与此不同，性能常常是主观性的。开始着手性能问题的时候，对问题是否存在的判断都有可能是模糊的，在问题被修复的时候也同样，被一个用户认为是"不好"的性能，另一个用户可能认为是"好"的。

考虑下面的信息：

磁盘的平均 I/O 响应时间是 1ms。

这是"好"还是"坏"？响应时间或者说是延时，虽然作为最好的衡量指标之一，但还是难以用来说明延时的情况。从某种程度上说，一个给定指标是"好"或"坏"取决于应用开发人员和最终用户的性能预期。

通过定义清晰的目标，诸如目标平均响应时间，或者对落进一定响应延时范围内的请求统计其百分比，可以把主观的性能变得客观化。第 2 章将介绍处理这类主观性的方法，其中就有通过统计操作延时的比例来进行延时分析的方法。

1.5.2 系统是复杂的

除了主观性之外，性能工程作为一门充满了挑战的学科，除了因为系统的复杂性，还因为对于性能，我们常常缺少一个明确的分析起点。有时我们只是从猜测开始，比如，责怪网络，而性能分析必须对这是不是一个正确的方向做出判断。

性能问题可能出在子系统之间复杂的互联上，即便这些子系统隔离时表现得都很好。也可能由于连锁故障（cascading failure）出现性能问题，这指的是一个出现故障的组件会导致其他组件产生性能问题。要理解这些产生的问题，你必须理清组件之间的关系，还要了解它们是怎样协作的。

瓶颈往往是复杂的，还会以意想不到的方式互相联系。修复了一个问题可能只是把瓶颈推向了系统里的其他地方，导致系统的整体性能并没有得到期望的提升。

除了系统的复杂性之外，生产环境负载的复杂特性也可能会导致性能问题。在实验室环境很难重现这类情况，或者只能间歇式地重现。

解决复杂的性能问题常常需要全局性的方法。整个系统——包括自身内部和外部的交互——都可能需要被调查研究。这项工作要求有非常广泛的技能，一般不太可能集中在一人身上，这促使性能工程成为一门多变的并且充满智力挑战的工作。

如同第 2 章要介绍的内容一样，多样的方法可以带我们穿越这些复杂性的重重迷雾。第 6～10 章讲的是针对特定系统资源的方法，这些系统资源包括 CPU、内存、文件系统、磁盘和网络。

1.5.3 可能有多个问题并存

找到一个性能问题点往往并不是问题本身,在复杂的软件中通常会有多个问题。为了证明这一点,试着找到你的操作系统或应用程序的 bug 数据库,然后搜索性能 *performance* 一词,对于结果你多半会很吃惊!一般情况下,成熟的软件,即便是那些被认为拥有高性能的软件,也会有不少已知的但仍未被修复的性能问题。这就造成了性能分析的又一个难点:真正的任务不是寻找问题,而是辨别问题或者说是辨别哪些问题是最重要的。

要做到这一点,性能分析必须量化(quantify)问题的重要程度。某些性能问题可能并不适用于你的工作负载或者只在非常小的程度上适用。理想情况下,你不仅要量化问题,还要估计每个问题修复后能带来的增速。当管理层审查工程或运维资源的开销缘由时,这类信息尤其有用。

有一个指标非常适合用来量化性能,那就是延时(latency)。

1.6 延时

延时测量的是用于等待的时间。广义来说,它可以表示所有操作完成的耗时,例如,一次应用程序请求、一次数据库查询、一次文件系统操作,等等。举个例子,延时可以表示从点击链接到屏幕显示整个网页加载完成的时间。这是一个对于客户和网站提供商来说都非常重要的指标:高延时会令人沮丧,客户可能会选择到别处开展业务。

作为一个指标,延时可以估计最大增速(maximum speedup)。举个例子,图 1.3 显示了一次数据库查询需要 100ms 的时间(这就是延时),其中 80ms 的阻塞是等待磁盘读取。通过减少磁盘读取时间(如通过使用缓存)可以达到最好的性能提升,并且可以计算出结果是五倍速(5x)。这就是估计出的增速,而且该计算还可以对性能问题做量化:是磁盘读取让查询慢了 5 倍。

图 1.3 磁盘 I/O 延时示例

这样的计算对其他的指标类型不一定适用。比如,每秒发生的 I/O 操作次数(IOPS),取决于 I/O 的类型,往往不具备直接的可比性。如果一个变化导致 IOPS 下降了 80%,也很难知道这带来的性能影响会是怎样的。有可能是 IOPS 小了 5 倍，但若所有这些 I/O 的数据量（字节）都变大 10 倍了呢？

若以网络作为讨论背景，延时指的是建立一个连接的时间，而不是数据传输的时间。在本书里，每一章的开头都有术语解释，以澄清这类因场景不同所造成的术语含义的差别。

虽然延时是一个非常有用的指标，但也不是随时随地都能获得。某些系统只有平均延时，某些系统则完全没有延时指标。动态跟踪（dynamic tracing）可以从任意感兴趣的点测量延时，还可以提供数据以显示延时完整的分布情况。

1.7 动态跟踪

动态跟踪技术把所有的软件变得可以监控，而且能用在真实的生产环境中。这项技术利用内存中的 CPU 指令并在这些指令之上动态构建监测数据。这样从任何运行的软件中都可以获得定制化的性能统计数据，从而提供了远超系统的自带统计所能给予的观测性。从前因为不易观测而无法处理的问题变得可以解决。从前可以解决而难以解决的问题，现在也往往可以得以简化。

动态跟踪与传统的观测方法相比是如此不同，甚至让人很难一开始就抓住动态跟踪的要领。以操作系统内核举例：分析内核好比闯进了一间黑屋，拿着蜡烛（系统自带统计）去照亮内核工程师他们觉得需要照亮的地方，而动态跟踪则像是手电筒，你可以指哪儿亮哪儿。

DTrace 是第一个适用于生产环境的动态跟踪工具，它提供了许多其他的功能，甚至包括一套自用的编程语言，D 语言。DTrace 是由 Sun Microsystems 公司开发，在 2005 年随着 Solaris 10 操作系统一同发布的。它是第一个开源的 Solaris 组件，在此之后还移植到了 Mac OS X 和 FreeBSD 上，针对 Linux 的移植现在还在进行中。

在 DTrace 之前，系统跟踪（system tracing）常常使用静态探针（static probes）：置于内核和其他软件之上的一小套监测点。这种方法的观测是有限的，一般用起来很费时，需要配置、跟踪、导出数据以及最后分析的一整套流程。

DTrace 对用户态和内核态的软件都提供了静态跟踪和动态跟踪，并且数据是实时产生的。下面的例子跟踪了 ssh 登录的进程执行过程。这次跟踪是系统级别的（不是简单地与一个指定进程 ID 相关联）。

```
# dtrace -n 'exec-success { printf("%d %s", timestamp, curpsinfo->pr_psargs); }'
dtrace: description 'exec-success ' matched 1 probe
CPU     ID                    FUNCTION:NAME
  2   1425      exec_common:exec-success 732006240859060 sh -c /usr/bin/locale -a
  2   1425      exec_common:exec-success 732006246584043 /usr/bin/locale -a
  5   1425      exec_common:exec-success 732006197695333 sh -c /usr/bin/locale -a
```

```
    5   1425   exec_common:exec-success 732006202832470 /usr/bin/locale -a
    0   1425   exec_common:exec-success 732007379191163 uname -r
    0   1425   exec_common:exec-success 732007449358980 sed -ne /^# START exclude/,/^#
FINISH exclude/p /etc/bash/bash_completion
    1   1425   exec_common:exec-success 732007353365711 -bash
    1   1425   exec_common:exec-success 732007358427035 /usr/sbin/quota
    2   1425   exec_common:exec-success 732007368823865 /bin/mail -E
   12   1425   exec_common:exec-success 732007374821450 uname -s
   15   1425   exec_common:exec-success 732007365906770 /bin/cat -s /etc/motd
```

在这个示例中，DTrace 被要求打印出时间戳（纳秒）、进程名和参数。用 D 语言可以写出更多复杂的脚本，这让我们可以创建并定制对延时的测量。

DTrace 和动态跟踪将在第 4 章中讲解。在后续各章里也会有许多基于 Linux 和 Solaris 系统的 DTrace 命令和脚本。另有一本讲解 DTrace 更高阶应用的书[Gregg 11]。

1.8 云计算

给系统性能带来影响的最新进展来自云计算和云计算的根基——虚拟技术的兴起。

云计算采用的架构能让应用程序均衡分布于数目不断增多的小型系统中，这让快速扩展成为可能。这种方法还降低了对容量规划的精确程度的要求，因为更多的容量可以很便捷地在云端添加。在某些情况下，它对性能分析的需求更高了：使用较少的资源就意味着系统更少。云的使用通常是按小时计费的，性能的优势可以减少系统的使用数目，从而直接节约成本。这和企业用户的情况不同，企业用户被一个支持协议锁定数年，直到合同终结都可能无法实现成本的节约。

云计算和虚拟化技术也带来了新的难题，这包括，如何管理其他租户（tenant，有时被称作性能隔离（performance isolation））带来的性能影响，以及如何让每个租户都能对物理系统做观测。举个例子，除非系统管理得很好，否则磁盘 I/O 性能可能因为同邻近租户的竞争而下降。在某些环境中，并不是每一个租户都能观察到物理磁盘的真实使用情况，这让问题的甄别变得困难。

这些内容都在第 11 章中有介绍。

1.9 案例研究

案例研究会讲述什么时候该做什么事和为什么要做这些事，如果你刚接触系统性能，把这些关联到自己当前的环境会对你有所帮助。接下来是两个虚构的示例；一个是与磁盘 I/O 相关的性能问题，另一个是软件新版本的性能测试。

这些案例研究中所做的事情在本书的其他章节能找到相关解释。此处并不是为了表现方法的正确性或是唯一性，而是为了展示一种执行性能研究的方式，对此你可以好好思考。

1.9.1 缓慢的磁盘

Scott 是一家中型公司里的系统管理员。数据库团队报告了一个支持 ticket（工单），抱怨他们有一台数据库服务器"磁盘缓慢"。

Scott 首要的任务是多了解问题的情况，收集信息形成完整的问题陈述。ticket 中抱怨磁盘慢，但是并没解释这是否由数据库引发的。Scott 的回复问了以下这些问题：

- 当前是否存在数据库性能问题？如何度量它？
- 问题出现至今多长时间了？
- 最近数据库有任何变动吗？
- 为什么怀疑是磁盘？

数据库团队回复："我们的日志显示有查询的延时超过了 1000ms，这并不常见，就在过去的一周这类查询的数目达到了每小时几十个。AcmeMon 显示磁盘在那段时间很繁忙。"

可以肯定确实存在数据库的问题，但是也可以看出关于磁盘的问题更多的是一种猜测。Scott 需要检查磁盘，同时他也要快速地检查一下其他资源，以免这个猜测是错误的。

AcmeMon 是公司服务器的基础监控系统，基于 `mpstat(1)`、`iostat(1)` 等其他的系统工具，提供性能的历史图表。Scott 登录到 AcmeMon 上自己查看问题。

一开始，Scott 使用了一种叫做 USE 的方法来快速检查系统瓶颈。正如数据库团队所报告的一样，磁盘的使用率很高，在 80%左右，同时其他资源（CPU、网络）的使用率却低得多。历史数据显示磁盘的使用率在过去的一周内稳步上升，而 CPU 的使用率则持平。AcmeMon 不提供磁盘饱和（或错误）的统计数据，所以为了使用 USE 方法，Scott 必须登录到服务器上并运行几条命令。

他在/proc 目录里检查磁盘错误数，显示是零。他以一秒钟作为间隔运行 `iostat`，对使用率和饱和率观察了一段时间。AcmeMon 报告 80%的使用率是以一分钟作为间隔的。在一秒钟的粒度下，Scott 看到磁盘使用率在波动，并且常常达到 100%，造成了饱和，加大了磁盘 I/O 的延时。

为了进一步确定这是阻塞数据库的原因——延时相对于数据库的查询不是异步的——他利用动态跟踪脚本来捕捉时间戳和每次数据库被内核取消调度时数据库的栈跟踪。他发现数据库在查询过程中常常被一个文件系统读操作阻塞，一阻塞就是好几毫秒。对于 Scott 来说，这些证据已经足够了。

接下来的问题是为什么。磁盘性能统计显示负载持续很高。Scott 对负载进行了特征归纳以便做更多了解，使用 `iostat(1)` 来测量 IOPS、吞吐量、平均磁盘 I/O 延时和读写比。从这些结果，他计算出了平均 I/O 的大小并对访问模式做了估计：随机或者连续。Scott 可以通过 I/O 级别的跟踪来获得更多的信息，然而，他觉得这些已经足够表明这个问题是一个磁盘高负载的情况，而非磁盘本身的问题。

Scott 在 ticket 中添加了更多的信息，陈述了自己检查的内容并上传了检查磁盘所用到的命令截屏。他目前总结的结果是由于磁盘处于高负载状态，从而使得 I/O 延时增加，进而延缓了查询。但是，这些磁盘看起来对于这些负载工作得很正常。因此他问道，难道有一个更简单的解释：数据库的负载增加了？

数据库团队的回答是没有，并且数据库查询率（AcmeMon 并没有显示这个）始终是持平的。这看起来和最初的发现是一致的，CPU 的使用率也是持平的。

Scott 思考着还会有什么因素会导致磁盘的高 I/O 负载而又不引起 CPU 可见的使用率提升，他和同事简单讨论了一下这个问题。一个同事推测可能是文件系统碎片，碎片预计会在文件系统空间使用接近 100% 时出现。Scott 查了一下发现，磁盘空间使用率仅仅为 30%。

Scott 知道他可以进行更为深入的分析来了解磁盘 I/O 问题的根源，但这样做太耗时。基于自己对内核 I/O 栈的了解，他试图想出其他简单的分析，以此来做快速的检查。他想到这次的磁盘 I/O 是由文件系统缓存（页缓存）未命中导致的。

Scott 进而检查了文件系统缓存的命中率，发现当前是 91%。这看起来还是很高的（很好），但是他没有历史数据可与之比较。他登录到其他有相似工作负载的数据库服务器上，发现它们的缓存命中率超过了 97%。他同时发现问题服务器上的文件系统缓存大小要比其他服务器大得多。

于是他把注意力转移到了文件系统缓存大小和服务器内存使用情况上，发现了一些之前忽视的事情：一个开发项目的原型应用程序不断地消耗内存，虽然它并不处于生产负载之下。这些被占用的内存原本可以用作文件系统缓存，这使得缓存命中率降低，让磁盘 I/O 负载升高，损害了生产数据库服务器的性能。

Scott 联系了应用程序开发团队，让他们关闭该应用程序，并将其放到另一台服务器上，作为数据库问题的参照。随后在 AcmeMon 上 Scott 看到了磁盘使用率的缓慢下降，同时文件系统缓存恢复到了它原先的水平。被拖慢的数据库查询数目变成了零，他关闭了 ticket 并将它置为"已解决"。

1.9.2 软件变更

Pamela 在一家小公司做性能扩展工程师，负责所有与性能相关的事务。应用程序开发人员开发了一个新的核心功能，但是他们不确定引入这个功能会不会影响性能。在部署到生产环境之前，Pamela 决定对这个应用程序的新版本执行一次非回归性测试。（非回归性测试是用来确认软件或硬件的变更并没有让性能倒退的。）

为了这个测试，Pamela 需要一台空闲的服务器和一台客户负载的模拟器。应用程序团队之前写过一个模拟器，虽然这个模拟器还有诸多限制和一些已知的 bug，她还是决定一试，但要确定它能够充分地模拟生产环境的工作负载。

她依照生产环境的配置设置好服务器，从另一个系统向目标开启客户端工作负载模拟器。客户工作负载可以通过研究访问日志来进行分析，不过公司里已经有一个工具在做这件事情，她直接就用了。她还用这个工具来分析同一天不同时间段的生产环境日志，这样来对两个工作负载进行比较。她发现客户负载模拟器虽然可以提供一般性的生产环境工作负载，但是对负载的多样性无能为力。Pamela 记下了这一点后继续她的分析。

这时，Pamela 知道有很多方法可以用。她选择了最简单的那个：增加客户模拟器的负载直至达到一个极限。客户负载模拟器可以设定每秒钟执行的客户数目，其默认值是 1000，她之前使用的就是这个值。Pamela 决定从 100 客户请求开始，以每次 100 为增量逐步增加负载，直至达到极限，每一个测试级别都测试一分钟。她写了一个 shell 脚本来执行这个测试，将结果收集到一个文件里供其他工具绘图。

随着负载不断增加，她通过执行动态基准测试来判定限制因素。服务器资源和服务器的线程看起来有大量空闲。客户模拟器显示完成的请求数稳定在大约每秒 700 客户请求。

她切换到了新的软件版本并重复相同的测试。这次也是到了 700 客户请求就稳定不动了。她分析了服务器，试图寻找限制的原因，但是一无所获。

她把结果绘成图，画出了请求完成率相对于负载的变化情况，以此来观察不同软件版本的扩展特性。新旧两个软件版本都有一个很突兀的上限。

虽然看起来两个软件版本所拥有的性能特性是相似的，但 Pamela 还是很失望，因为她找不到是什么因素制约客户数的扩展。她知道她检查的只有服务器资源，限制的原因可能出在应用程序的逻辑上，也可能是其他地方：网络或者客户模拟器上。

Pamela 想知道是不是需要采取一种不同的方法，例如，跑一个固定量的操作，然后记录资源使用的汇总情况（CPU、磁盘 I/O、网络 I/O），这样就可以表示出单一客户请求的资源使用量。她针对当前的和新的软件版本，按照每秒 700 客户的请求量来运行客户模拟器，并测量了资源的消耗情况。当前的软件版本对于给定负载，跑在 32 个 CPU 上的使用率达到了 20%。新的软件版本对于同样的负载，在相同 CPU 数目上则是 30% 的使用率。看得出这确实是一个性能倒退，占用了更多的 CPU 资源。

为了理解 700 的上限，Pamela 运行了一个更高的负载并研究了在数据路径上的所有组件，包括网络、客户系统和客户工作负载产生器。她还对服务端和客户端软件做了向下挖掘分析。

她把所做的检查都做了记录，包括屏幕截图，以作为参考。

为了研究客户端软件，她执行了线程状态分析，发现这是一个单线程的软件。单线程100%的执行时间都花在了一个CPU上。这使得她确认这就是测试的限制因素所在。

作为验证实验，她在不同客户系统上并行运行客户端软件。用这种方式，无论当前版本软件还是新版本的软件，她都让服务器达到了100%的CPU使用率。这样，当前版本达到了每秒3500请求，新版本则是每秒2300请求，这与之前资源消耗的发现是一致的。

Pamela通知应用软件开发人员新的软件版本有性能倒退，她打算对CPU的使用做剖析来查找原因：看看是哪条代码路径导致的。她强调指出一般性的生产工作负载已被测试过了，但多样性的工作负载还未曾测过。她还发了一个bug，说明客户工作负载生成器是单线程的，这是会成为瓶颈的。

1.9.3 更多阅读

第13章提供了一个更为详尽的案例研究，记录了一个我如何解决特定云计算性能问题的故事。下一章将介绍性能分析方法，其余各章会讲述必要的知识背景和细节。

第 2 章

方法

在取得数据之前就把事情理论化是一个严重的错误。不理智的人扭曲事实来适应理论，而不是改变理论来适应事实。

——夏洛克·福尔摩斯 "波西米亚丑闻" 柯南·道尔 著

面对一个性能不佳且复杂的系统环境时，首先需要知道的挑战就是从什么地方开始分析、收集什么样的数据，以及如何分析这些数据。正如我第 1 章中介绍的，性能问题可能出现在任何地方，包括软件、硬件，以及数据路径上所有组件。

方法对于复杂系统的性能分析是有帮助的，告诉你从哪里开始工作，用什么步骤来定位和分析性能问题。对于新手来说，方法告诉你从什么地方开始，并列举了如何继续下去的步骤。对于部分用户或专家，方法作为检查清单来使用，确保没有遗漏什么细节。对发现进行量化和确认的方法都包括在内，从而分辨出最紧要的性能问题。

本章包括以下三部分内容。

- **背景**：介绍术语、基本模型、关键性能概念，以及审视问题的视角。
- **方法**：讨论性能分析方法，即观察法和实验法；建模；容量规划。
- **指标**：介绍性能统计、监控和数据可视化。

本章介绍的方法大部分在之后的章节中会有更详尽的讨论，包括第 5～10 章的方法部分。

2.1 术语

下面是关于系统性能的一些关键术语。之后的章节中还会覆盖更多的术语，并会对其中的一部分在不同情况下进行讲解。

- **IOPS**：每秒发生的输入/输出操作的次数，是数据传输的一个度量方法。对于磁盘的读写，IOPS 指的是每秒读和写的次数。
- **吞吐量**：评价工作执行的速率，尤其是在数据传输方面，这个术语用于描述数据传输速度（字节/秒或比特/秒）。在某些情况下（如数据库），吞吐量指的是操作的速度（每秒操作数或每秒业务数）。
- **响应时间**：一次操作完成的时间。包括用于等待和服务的时间，也包括用来返回结果的时间。
- **延时**：延时是描述操作里用来等待服务的时间。在某些情况下，它可以指的是整个操作时间，等同于响应时间。例子参见 2.3 节。
- **使用率**：对于服务所请求的资源，使用率描述在所给定的时间区间内资源的繁忙程度。对于存储资源来说，使用率指的就是所消耗的存储容量（例如，内存使用率）。
- **饱和度**：指的是某一资源无法满足服务的排队工作量。
- **瓶颈**：在系统性能里，瓶颈指的是限制系统性能的那个资源。分辨和移除系统瓶颈是系统性能的一项重要工作。
- **工作负载**：系统的输入或者是对系统所施加的负载叫做工作负载。对于数据库来说，工作负载就是客户端发出的数据库请求和命令。
- **缓存**：用于复制或者缓冲一定量数据的高速存储区域，目的是为了避免对较慢的存储层级的直接访问，从而提高性能。出于经济考虑，缓存区的容量要比更慢一级的存储容量要小。

如有需要，书后的术语汇编囊括了所有供参考的基本术语。

2.2 模型

下面的简易模型阐述了系统性能的一些基本原则。

2.2.1 受测系统

受测系统（SUT，system under test）的性能如图 2.1 所示。

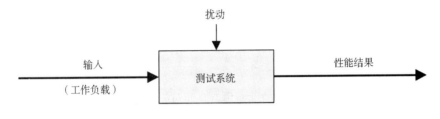

图 2.1　受测系统

需要知道的很重要的一点是，扰动（perturbation）是会影响结果的，扰动包括定时执行的系统活动、系统的其他用户以及其他的工作负载。扰动的来源可能不是很清楚，需要细致的系统性能研究才能加以确定。在某些云环境中，这会变得尤其困难，从单个客户 SUT 的视角无法观察到物理宿主系统的其他活动（由其他租户引起的）。

现代环境的另一个困难是系统很可能由若干个网络化的组件组成，都用于处理输入工作负载，包括负载平衡、Web 服务器、数据库服务器、应用程序服务器，以及存储系统。映射这个环境可能有助于发现之前所忽视的扰动源。这个环境也可以模型化成排队系统，以用于分析研究。

2.2.2 排队系统

某些组件和资源可以模型化成排队系统。图 2.2 展示了一个简易的排队系统。
2.6 节介绍的排队理论会涵盖排队系统和排队系统网络的内容。

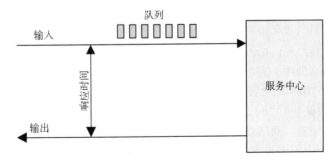

图 2.2　简易的排队模型

2.3 概念

下面是系统性能的一些重要概念,这些概念将贯穿本章的剩余内容以及本书始终。此处会用概括的方式进行讲解,详细的内容会出现在架构和后续各章的分析部分。

2.3.1 延时

对于某些环境,延时是唯一关注的性能焦点。而对于其他环境,它会是除了吞吐量以外,数一数二的分析要点。

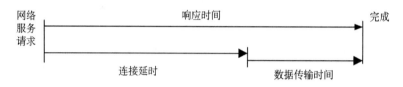

图 2.3 网络连接延时

延时是操作执行之前所花的等待时间。在这个例子里,所说的操作是网络服务的传输数据请求。在这个操作发生之前,系统必须等待网络连接建立,这即是这个操作的延时。响应时间包括了延时和操作时间。

因为延时可以在不同点测量,所以通常我们会指明延时测量的对象。例如,网站的载入时间由三个从不同点测得的不同时间组成:DNS 延时、TCP 连接延时和 TCP 数据传输时间。DNS 延时指的是整个 DNS 操作的时间。TCP 连接延时仅仅指的是初始化(TCP 握手)。

在一个更高的层级,所有这些,包括 TCP 数据传输时间,会被当作另外一种延时。例如,从用户点击网站链接起到网页完全载入都可以当作延时,其中包括了浏览器渲染生成网页的时间。

由于延时是一个时间上的指标,因此可能有多种计算方法。性能问题可以用延时来进行量化和评级,因为延时都用的是相同的单位来表达的(时间)。通过考量所能减少或移除的延时,预计的加速也可以计算出来。这两者都不能用 IOPS 指标很准确地描述出来。

时间的量级和缩写列在了表 2.1 中,作为参考。

如果可能,其他的指标也会转化为延时或者时间,这样就可以进行比较。如果你必须在 100 个网络 I/O 和 50 个磁盘 I/O 之间做出选择,你怎样才能知道哪个性能更好?这是一个复杂的选择,因为包含了很多因素:网络跳数、网络丢包率和重传、I/O 的大小、随机或顺序的 I/O、磁盘类型,等等。但是如果你比较的是 100ms 的网络 I/O 延时和 50ms 的磁盘 I/O 延时,差别就很明显了!

表 2.1　时间单位

单位	简写	与 1 秒的比例
分	m	60
秒	s	1
毫秒	ms	0.001 或 1/1000 或 1×10^{-3}
微秒	μs	0.000001 或 1/1000000 或 1×10^{-6}
纳秒	ns	0.000000001 或 1/1000000000 或 1×10^{-9}
皮秒	ps	0.000000000001 或 1/1000000000000 或 1×10^{-12}

2.3.2　时间量级

我们可以用数字来作为时间的比较方法，同时可以用时间的长短经验来判断延时的源头。系统各组件的操作所处的时间量级差别巨大，大到了难以体会的地步。表 2.2 提供的延时示例，从访问 3.3GHz 的 CPU 寄存器的延时开始，阐释了我们所打交道的时间量级的差别，表中是发生单次操作的时间均值，等比放大成为想象的系统，一次寄存器访问 0.3ns（十亿分之一秒的三分之一）相当于现实生活中的 1 秒。

表 2.2　系统的各种延时

事件	延时	相对时间比例
1 个 CPU 周期	0.3 ns	1 s
L1 缓存访问	0.9 ns	3 s
L2 缓存访问	2.8 ns	9 s
L3 缓存访问	12.9 ns	43 s
主存访问（从 CPU 访问 DRAM）	120 ns	6 分
固态硬盘 I/O（闪存）	50–150 μs	2–6 天
旋转磁盘 I/O	1–10 ms	1–12 月
互联网：从旧金山到纽约	40 ms	4 年
互联网：从旧金山到英国	81 ms	8 年
互联网：从旧金山到澳大利亚	183 ms	19 年
TCP 包重传	1–3 s	105–317 年
OS 虚拟化系统重启	4 s	423 年
SCSI 命令超时	30 s	3 千年
硬件虚拟化系统重启	40 s	4 千年
物理系统重启	5 m	32 千年

正如你所见，CPU 周期的时间是很微小的。这段时间光只能走 0.5 米。很可能你眼睛到这页书的距离，光大约走了 1.7ns。这段时间里，现代的 CPU 已经执行了 5 个 CPU 循环，处理了若干个指令。

关于 CPU 循环和延时的更多信息，参见第 6 章、第 9 章。因特网延时的内容在第 10 章中有更多的示例。

2.3.3 权衡三角

你应该知道某些性能权衡三角关系。图 2.4 展示的是好/快/便宜"择其二"的权衡三角，旁边是对应于 IT 项目的术语。

图 2.4　权衡三角：择其二

许多的 IT 项目选择了及时和便宜，留下了性能在以后的路上解决。当早期的决定阻碍了性能提高的可能性，这样的选择会变得有问题，例如，选择了非最优的存储架构，或者使用的编程语言或操作系统缺乏完善的性能分析工具。

一个常见的性能调整的权衡是在 CPU 与内存之间，因为内存能用于缓存数据结果，降低 CPU 的使用。在有着充足 CPU 资源的现代系统里，交换可以反向进行：CPU 可以压缩数据来降低内存的使用。

与权衡相伴而来的通常的是可调参数。下面是一些例子。

- 文件系统记录尺寸（或块的大小）：小的记录尺寸，接近应用程序 I/O 大小，随机 I/O 工作负载会有更好的性能，程序运行的时候能更充分地利用文件系统的缓存。选择大的记录尺寸能提高流的工作负载性能，包括文件系统的备份。
- 网络缓存尺寸：小的网络缓存尺寸会减小每一个连接的内存开销，有利于系统扩展，大的尺寸能提高网络的吞吐量。

当对系统做调整的时候，寻找这类权衡。

2.3.4 调整的影响

性能调整发生在越靠近工作执行的地方效果最显著。对于工作负载驱动的应用程序，所执行的工作就是应用程序本身。表 2.3 展示了一个软件栈的例子，说明了性能调整的各种可能。

应用程序层级的调整，可能通过消去或减少数据库查询获得很大的性能提升（例如，20 倍）。在存储设备层级做调整，也可以精简或提高存储 I/O，但是性能提升的大头是在更高层级的系统栈代码，所以存储设备层级的调整能够达到的应用程序性能提升有限，是百分比量级（例如，20%）。

表 2.3 调整示例

层级	调优对象
应用程序	执行的数据库请求
数据库	数据库表布局、索引、缓冲
系统调用	内存映射、读写、同步或异步 I/O 标志
文件系统	记录尺寸、缓存尺寸、文件系统可调参数
存储	RAID 级别、磁盘类型和数目、存储可调参数

在应用程序层级寻求性能的巨大提升，还有一个理由。如今许多环境都致力于特性和功能的快速部署，因此，应用程序的开发和测试倾向于关注正确性，留给性能测量和优化的时间很少甚至没有。之后当性能成为问题时，才会去做这些与性能相关的事情。

虽然发生在应用程序层级的调整效果最显著，但这个层级不一定是观测效果最显著的层级。数据库查询缓慢要从其所花费的 CPU 时间、文件系统和所执行的磁盘 I/O 方面来考察最好。使用操作系统工具，这些都是可以观测到的。

在许多环境里（尤其是云计算），应用程序承受的是快速部署，每周或每天都有软件变更发生在生产环境。大的性能增长点（包括修复回归问题）和软件变化一样频繁地被发现。在这些系统里，操作系统的调整以及从操作系统层面观测问题这两点都容易被忽视。谨记一点操作系统的性能分析能辨别出来的不仅是操作系统层级的问题，还有应用程序层级的问题，在某些情况下，甚至要比应用程序视角还简单。

2.3.5 合适的层级

不同的公司和环境对于性能有着不同的需求。你可能加入过这样的公司，其分析标准要比你之前所见过的深得多，或者甚至可能听都没听过。或者是这样的公司，你觉得很基本的分析被认为很高端甚至从未使用过（这是好消息：事情简单轻松！）。

这并不意味着某些公司做的是对的，某些做的是错的。这取决于性能技术投入的投资回报率（ROI）。拥有大型数据中心或者云环境的公司可能需要一个性能工程师团队来分析所有事情，包括内核内部和 CPU 性能计数器，并且经常使用动态跟踪技术（dynamic tracing）。这些中心或公司也会正式建立性能模型对将来的增长做预测。小的创业公司可能只能做到浅层次的检查，用第三方的监控方案来检测性能和提供报警。

最极端的环境，像股票交易所和高交易率的电商，性能和延时对它们很关键，值得投入大量的人力和财力。举一个例子，一条新的横跨大西洋的连接纽约交易所和伦敦交易所的光缆正在规划之中，花费预计 3 亿美金，用以减少 6ms 的传输延时[1]。

2.3.6 性能建议的时间点

环境的性能特性会随着时间改变，更多的用户、新的硬件、升级的软件或固件都是变化的因素。一个环境，受限于速度 1Gb/s 网络基础设施，当升级到 10Gb/s 时，很可能会发现磁盘或 CPU 的性能变得紧张。

性能推荐，尤其是可调整的参数值，仅仅在一段特定时间内有效。一周内从性能专家那里得到的好建议，可能到了下一周，经过一次软件或硬件升级，或者用户增多后就无效了。

通过网上搜索找到的可调参数值对于某些情况能快速见效。如果它们对于你的系统或者工作负载并不合适，它们也会损害性能，可能合适过一次，就不合适了，或者只是作为软件的某个 bug 修复升级之前暂时的应急措施。这和从别人的医药箱里拿药吃很像，那些药可能不适合你，或者可能已经过期了，或者只适合短期服用。

如果仅仅是出于要了解有哪些参数可调以及哪些参数在过去是需要调整的，那么浏览这些性能推荐是有用的。针对你的系统和工作负载，这项工作就变成了考虑这些参数是不是要调，以及调整成什么值。如果其他人不需要调整那个值，或者调整了但并未将经验分享出来，那么你是可能漏掉重要参数的。

2.3.7 负载 vs.架构

应用程序性能差可能是因为软件配置和硬件的问题，也就是它的架构问题。另外，应用程序性能差还可能是由于有太多负载，而导致了排队和长延时。负载和架构见图 2.5。

如果对于结构的分析只是显示工作任务的排队，处理任务没有任何问题，那么问题就可能出在施加的负载太多。在云计算环境里，这是需要引入更多的节点来处理任务的征兆。

举个例子，架构的问题可能是一个单线程的应用程序在单个 CPU 上忙碌，从而致使请求排队的情况，但是其他的 CPU 却是可用且空闲的。在这个例子里，性能就被应用程序的单一线程架构限制住了。

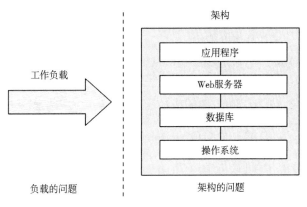

图 2.5　负载 vs.架构

负载的问题可能会是一个多线程程序在所有的 CPU 上都忙碌，但是请求依然排队的情况。在这个例子里，性能可能限制于 CPU 的性能，或者说是，负载超出了 CPU 所能处理的范围。

2.3.8　扩展性

负载增加下的系统所展现的性能成为扩展性。图 2.6 是一个典型的系统负载增加下的吞吐量变化曲线。

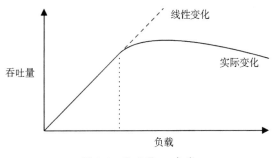

图 2.6　吞吐量 vs.负载

在一定阶段，可以观察到扩展性是线性变化的。随着到达某一点，用虚线标记，此处对于资源的争夺开始影响性能。这一点可以认为是拐点，作为两条曲线的分界。过了这一点后，吞吐量曲线随着资源争夺加剧偏离了线性扩展，内聚性导致完成的工作变少而且吞吐量也减小了。

这个情况可能发生在组件达到 100%使用率的时候——饱和点。也可能发生在组件接近 100%使用率的时候，这时排队频繁且比较明显。

一个可以用于说明这种情况的系统示例是执行大量计算的应用程序，更多的负载由线程承担。当 CPU 接近 100%使用率时，由于 CPU 调度延时增加，性能开始下降。在性能达到峰值后，在 100%使用率时，吞吐量已经开始随着更多线程的增加而下降，导致更多的上下文切换，这会消耗 CPU 资源，实际完成的任务会变少。

如果把 X 轴的"负载"替换成资源（诸如 CPU），你会看见一样的曲线。关于这一点更多的内容见 2.6 节。

性能的非线性变化，用平均响应时间或者是延时来表示，参见图 2.7[Cockcroft 95]。

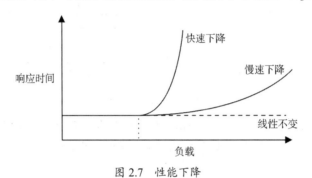

图 2.7　性能下降

当然，过长的响应时间不是好事情。发生性能"快速"下降可能是由于内存的负载，就是当系统开始换页（或者使用 swap）来补充内存的时候。发生性能"慢速"下降则可能是由于 CPU 的负载。

还有一个"快速"性能下降的情况是磁盘 I/O。随着负载（和磁盘使用率）的增加，I/O 可能会排队。空闲的旋转的磁盘可能 I/O 服务响应时间约 1ms，但是当负载增加，响应时间会变成 10ms。这种情况在 2.6.5 节中有建模，在 M/D/1 和 60%使用率的情况下。

如果资源不可用，应用程序开始返回错误，响应时间是直线变化的，而不是将工作任务排队。举个例子，Web 服务器很可能会返回 503 "Service Unavailable" 而不是添加请求到排队队列中，这样服务的请求能用始终如一的响应时间来执行。

2.3.9　已知的未知

我们在前言中介绍过，已知的已知、已知的未知、未知的未知在性能领域是很重要的概念。下面是详细的解释，并有系统性能分析例子。

- **已知的已知**：有些东西你知道。你知道你应该检查性能指标，你也知道它的当前值。举个例子，你知道你应该检查 CPU 使用率，而且你也知道当前均值是 10%。
- **已知的未知**：有些东西你知道你不知道。你知道你可以检查一个指标或者判断一个子系统是否存在，但是你还没去做。举个例子，你知道你能用 profiling 检查是什么致使

CPU 忙碌，但你还没去做这件事。
- **未知的未知**：有些东西你不知道你不知道。举个例子，你可能不知道设备中断可以消耗大量 CPU 资源，因此你对此并不做检查。

性能这块领域是"你知道的越多，你不知道的也就越多"。这和学习系统是一样的原理：你了解的越多，你就能意识到未知的未知就越多，然后这些未知的未知会变成你可以去查看的已知的未知。

2.3.10 指标

性能指标是由系统、应用程序，或者其他工具产生的度量感兴趣活动的统计数据。性能指标用于性能分析和监控，由命令行提供数据或者由可视化工具提供图表。

常见的系统性能指标如下。

- **IOPS**：每秒的 I/O 操作数。
- **吞吐量**：每秒数据量或操作量。
- **使用率**
- **延时**

吞吐量的使用取决于上下文环境。数据库吞吐量通常用来度量每秒查询或请求的数目（操作量）。网络吞吐量度量的是每秒比特或字节数目（数据量）。

IOPS 度量的是吞吐量，但只针对 I/O 操作（读取和写入）。再次重申，上下文很关键，上下文不同，定义可能会有不同。

开销

性能指标不是免费的，在某些时候，会消耗一些 CPU 周期来收集和保存指标信息。这就是开销，对目标的性能会有负面影响。这种影响被称为观察者效应（observer effect）。（这通常与海森堡测不准原理混淆，后者描述的是对于互为共轭的物理量所能测量出的精度是有限的，诸如位置和动量。）

问题

我们总是倾向于假定软件商提供的指标是经过仔细挑选，没有 bug，并且有很好的可见性的。但事实上，指标可能会是混淆的、复杂的、不可靠的、不精确的，甚至是错的（由 bug 所致）。有时在某一软件版本上对的指标，由于没有得到及时更新，而无法反映新的代码和代码路径。

关于指标更多的问题，参见第 4 章内容。

2.3.11 使用率

术语"使用率"经常用于操作系统描述设备的使用情况，诸如 CPU 和磁盘设备。使用率是基于时间的，或者是基于容量的。

基于时间

基于时间的使用率是使用排队理论做正式定义的。例如[Gunther 97]：

服务器或资源繁忙时间的均值

相应的比例公式是：

$U = B/T$

此处 U 是使用率，B 是 T 时间内系统的繁忙时间，T 是观测周期。

操作系统性能工具得到的"使用率"也是这个。磁盘监控工具 `iostat(1)` 调用的指标 `%b`，即忙碌百分比，这个术语更好地诠释了指标 B/T 的本质。

这个使用率指标告诉我们组件的忙绿程度：当一个组件达到 100%使用率，资源发生竞争时性能会有严重的下降。这时可以检查其他的指标以确认该组件是不是已经成为了系统的瓶颈。

某些组件能够并行地为操作提供服务。对于这些组件，在 100%使用率的情况下，性能可能不会下降得太大，因为它们能接受更多的工作。要理解这一点，可以大楼电梯为例思考一下，当电梯在楼层间移动时，它是被使用的，当它闲置等待的时候，它是不用的。然而，即便当它在 100%忙碌的时候，即达到 100%使用率的时候，它依然还是能够接受更多的乘客的。

100%忙碌的磁盘也能够接受并处理更多的工作，例如，通过把写入的数据放入磁盘内部的缓存中，稍后再完成写入，就能做到这点。通常存储序列运行在 100%的使用率是因为其中的某些磁盘在 100%忙碌时，序列中依然有足够的空闲磁盘来接受更多的工作。

基于容量

使用率的另一个定义是在容量规划中由 IT 专业人员使用的[Wong 97]：

系统或组件（例如硬盘）都能够提供一定数量的吞吐。不论性能处于何种级别，系统或组件都工作在其容量的某一比例上。这个比例就称为使用率。

这是用容量而不是时间来定义使用率的。这意味着 100%使用率的磁盘不能接受更多的工作。若用时间定义，100%的使用率只是指时间上 100%的忙碌。

100%忙碌不意味着 100%的容量使用。

回到电梯的例子，100%容量意味着电梯满载，装不下更多的乘客了。

在理想的世界里，我们应该对设备做两种使用率的测试，这样做，你就能知道何时磁盘100%忙碌，性能开始下降，也能知道何时达到100%的容量，磁盘无法再接受更多的工作。不幸的是，这通常是不可能的。对于磁盘而言，这不仅需要了解主板的磁盘控制器的行为，还要对磁盘的容量使用有预测。目前，磁盘并不提供这一信息。

本书中，使用率通常指的是基于时间的定义。基于容量的定义会用于某些基于容量的指标，诸如内存使用。

非空闲时间

定义使用率的问题是我们公司开发一个云监控项目时碰到的。首席工程师Dave Pacheco问我如何定义使用率，我做了上述的回答。由于对可能造成的混淆不满，他创造了一个新的术语来让事情不言自明：非空闲时间。

虽然这更加精确，但是现在用得还并不普遍（参照对比之前说的指标，忙碌百分比）。

2.3.12 饱和度

随着工作量增加而对资源的请求超过资源所能处理的程度叫做饱和度。饱和度发生在100%使用率时（基于容量），这时多出的工作无法处理，开始排队。图2.8描绘了这种情况。

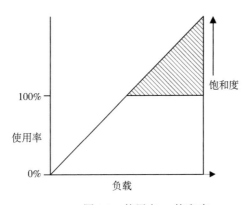

图2.8 使用率 vs.饱和度

随着负载的持续上升，图中的饱和度在超过基于容量的使用率100%的标记后线性增长。因为时间花在了等待（延时）上，所以任何程度的饱和度都是性能问题。对于基于时间的使用率（忙碌百分比），排队和饱和度可能不发生在100%使用率时，这取决于资源处理任务的并行能力。

2.3.13 剖析

剖析（profiling）本意指对目标对象绘图以用于研究和理解。在计算机性能领域，profiling 通常是按照特定的时间间隔对系统的状态进行采样，然后对这些样本进行研究。

不像之前讲过的指标（包括 IOPS 和吞吐量），采样所能提供的对系统活动的观察比较粗糙，当然这也取决于采样率的大小。

举一个 profiling 的例子，对 CPU 程序计数器采样，以一定频率间隔进行栈回溯跟踪来收集消耗 CPU 资源的代码路径的统计数据，通过这样的方式我们才能了解 CPU 的使用。这个专题可以参见第 6 章。

2.3.14 缓存

缓存被频繁使用来提高性能。缓存是将较慢的存储层的结果存放在较快的存储层中。把磁盘的块缓存在主内存（RAM）中就是一例。

一般使用的都是多层缓存。CPU 通常利用多层的硬件作为主缓存（L1、L2 和 L3），开始是一个非常快但是很小的缓存（L1），后续的 L2 和 L3 就逐渐增加了缓存容量和访问延时。这是一个在密度和延时之间经济上的权衡。缓存的级数和大小的选择按 CPU 芯片内可用空间为准以达到最优的性能。

在系统中还有不少其他的缓存，许多都是利用主内存做存储软件实现的。参见第 3 章的 3.2.11 节，那里有一张系统缓存的列表。

一个了解缓存性能的重要指标是每个缓存的命中率——所需数据在缓存中找到的次数（hits，命中）相比于没有找到的次数（misses，失效）。

命中率 = 命中次数/(命中次数 + 失效次数)

命中率越高越好，更高的命中率意味着更多的数据能成功地从较快的介质中访问获得。图 2.9 表示的是随缓存命中率上升，性能预期的提升曲线。

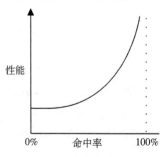

图 2.9　缓存命中率和性能

98%和99%之间的性能差异要比10%和11%之间的性能差异大很多。由于缓存命中和失效之间的速度差异（两个存储层级），导致了这是一条非线性曲线。两个存储层级速度差异越大，曲线倾斜越陡峭。

了解缓存性能的另一个指标是缓存的*失效率*，指的是每秒钟缓存失效的次数。这与每次缓存失效对性能的影响是成比例（线性）关系的，比较容易理解。

举个例子，工作负载A和B执行相同的任务，但用的是不同的算法，都用内存作为缓存以避免直接从磁盘读取数据。工作负载A的命中率为90%，工作负载B的命中率是80%。单独分析这个信息会觉得工作负载A执行得更好。但如果A的失效率是200/s，B的失效率是20/s呢？这样看的话，B执行的磁盘读取次数比A少10倍，这会使得B完成任务的时间远远少于A。可以确定的是，工作负载总的运行时间可以用以下公式计算：

运行时间 =（命中率×命中延时）+（失效率×失效延时）

这里用的是平均命中延时和平均失效延时，并且假定工作是串行发生的。

算法

缓存管理算法和策略决定了在有限的缓存空间内存放哪些数据。

"最近最常使用算法"（MRU）指的是一种缓存保留策略，决定什么样的数据会保留在缓存里：最近使用次数最多的数据。"最近最少使用算法"（LRU）指的是一种回收策略，当需要更多缓存空间的时候，决定什么数据需要移出缓存。此外，还有"最常使用算法"（MFU）和"最不常使用算法"（LFU）。

你可能碰到过"不常使用算法"（NFU），这个是LRU的一个花费不高但吞吐量稍小的版本。

缓存的热、冷和温

下面这些词通常用来表达缓存的状态。

- **冷**：冷缓存是空的，或者填充的是无用的数据。冷缓存的命中率为0（或者接近0，当它开始变暖的时候）。
- **热**：热缓存填充的都是常用的数据，并有着很高的命中率，例如，超过99%。
- **温**：温缓存指的是填充了有用的数据，但是命中率还没达到预想的高度。
- **热度**：缓存的热度指的是缓存的热度或冷度。提高缓存热度的目的就是提高缓存的命中率。

当缓存初始化后，开始是冷的，过一段时间后逐渐变暖。如果缓存较大或者下一级的存储较慢（或者两者皆有），会需要一段较长的时间来填充缓存使其变暖。

例如，我工作过的一个存储服务器，有 128GB 的 DRAM 作为文件系统的缓存，600GB 的闪存作为二级缓存，物理磁盘作为存储。在随机读取的工作负载下，磁盘每秒的读操作约有 2000 次。按照 8KB 的 I/O 大小，这意味着缓存的变暖速度仅为 16MB/s（2000 x 8KB）。两级缓存从冷开始，需要 2 小时来让 DRAM 缓存变得温起来，需要超过 10 小时来让闪存缓存变暖。

2.4 视角

性能分析有两个常用的视角，每个视角的受众、指标以及方法都不一样。这两个视角是工作负载分析和资源分析，可以分别对应理解为对系统软件栈自上而下和自底向上的分析，如图 2.10 所示。

2.5 节会论述实施的策略，并对这两种视角做更详尽的论述。

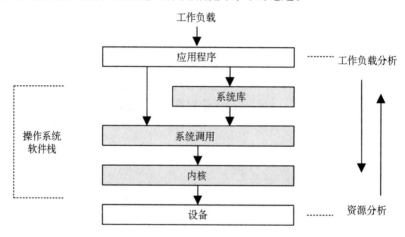

图 2.10　分析视角

2.4.1 资源分析

资源分析以对系统资源的分析为起点，涉及的系统资源有：CPU、内存、磁盘、网卡、总线以及之间的互联。执行资源分析的通常是系统管理员——他们负责管理物理环境资源。

操作如下：

- **性能问题研究**：看是否某特定类型资源的责任。
- **容量规划**：为设计新系统提供信息，或者对系统资源何时会耗尽做预测。

这个视角着重于使用率的分析，判断资源是否已经处于极限或者接近极限。对于某些资源类型，如 CPU，使用率的指标是即有的。其他资源的使用率也可以通过即有的指标来进行计算。举个例子，通过将每秒发出和接收的数据量（吞吐量）与已知的最大带宽做比较就可以估算出网卡的使用率。

适合资源分析的指标如下：

- IOPS
- 吞吐量
- 使用率
- 饱和度

这些指标度量了在给定负载下资源所做的事情，显示资源的使用程度乃至饱和的程度。其他类型的指标，包括延时，也会被使用，来度量资源对于给定工作负载的响应情况。

资源分析是性能分析的常用手段。关于这个主题有着广泛的文档，诸如针对操作系统的"统计"工具：vmstat(1)、iostat(1)、mpstat(1)。当你阅读这类文档时，要知道这是一种视角，但并非唯一的视角，这很重要。

2.4.2 工作负载分析

工作负载分析（见图 2.11）检查应用程序的性能：所施加的工作负载和应用程序是如何响应的。通常执行工作负载分析的是应用开发人员和技术支持人员——他们负责应用程序软件和配置。

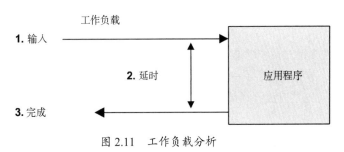

图 2.11 工作负载分析

工作负载分析的对象如下。

- **请求**：所施加的工作负载
- **延时**：应用程序的响应时间
- **完成度**：查找错误

研究工作负载请求一般会涉及检查并归纳负载的特点，即归纳工作负载属性的过程（在第 2.5 节中有更为详尽的内容）。对于数据库，这些属性包括客户端机器、数据库名、数据表，以及查询字符串。这些信息可能会有助于识别不必要的工作或者是不均衡的工作。即便是工作执行得很好的情况（低延时），通过检查这些属性，也可能会找到减少或消除所施加的工作负载的方法（最快的查询是你根本不需要做查询）。

延时（响应时间）是体现应用程序性能最为重要的指标。对于 MySQL 数据库来说，是查询延时，对于 Apache 来说，是 HTTP 请求延时，诸如此类。在这些上下文里，术语"延时"所表达的和响应时间是一个意思（参见 2.3.1 节）。

工作负载分析的任务包括辨别并确认问题——举个例子，通过查找超过可接受阈值的延时，来定位延时的原因（向下挖掘分析），并确认在修复之后延时会有提升。需要注意的是分析的起始点是应用程序。为了研究延时，通常需要深入到应用程序中，程序用的库，乃至操作系统（内核）。

一些系统问题可以通过研究事件完成的特征来识别，比如，错误码。虽然请求完成得很迅速，但返回的错误码会导致该请求被重试，从而增加了延时。

适合资源分析的指标如下。

- 吞吐量（每秒业务处理量）
- 延时

这些指标分别度量了请求量的大小和在其之下系统表现出的性能。

2.5 方法

本节将讲述许多针对系统性能分析和性能调整的方法和步骤，其中一些方法很新，尤其是 USE 方法。此外，本节还囊括了一些讹方法（anti-methodologies）。

为了便于总结，这些方法已经被归类成了不同的类型，例如观测分析和实验分析，详见表 2.4。

表 2.4 通用的系统性能方法

方法	类型
街灯讹方法	观测分析
随机变动讹方法	实验分析
责怪他人讹方法	假设分析
Ad Hoc 核对清单法	观测与实验分析

续表

方法	类型
问题陈述法	信息收集
科学法	观测分析
诊断循环	生命周期分析
工具法	观测分析
USE 方法	观测分析
工作负载特征归纳	观测分析，容量规划
向下挖掘分析	观测分析
延时分析	观测分析
R 方法	观测分析
事件跟踪	观测分析
基础线统计	观测分析
性能监控	观测分析，容量规划
排队论	统计分析，容量规划
静态性能调整	观测分析，容量规划
缓存调优	观测分析，调优
微基准测试	实验分析
容量规划	容量规划，调优

性能监测、排队理论，以及容量规划会在本章后面部分有所覆盖。后面的各章会在不同的环境中使用这些方法，对于特殊的性能分析领域还会使用一些特定的方法。

从下一节起，将开始进行通用方法的介绍和比较。对于分析性能问题，在使用其他方法之前，你首先应该尝试的方法是问题陈述法。

2.5.1 街灯讹方法

这个方法实际并不是一个深思熟虑的方法。用户选择熟悉的观测工具来分析性能，这些工具可能是从互联网上找到的，或者是用户随意选择的，仅仅想看看会有什么结果出现。这样的方法可能命中问题，也可能忽视很多问题。

性能调整可以用一种试错的方式反复摸索，对所知道的可调参数进行设置，熟悉各种不同的值，看看是否有帮助。

这样的方法也能揭示问题，但当你所熟悉的工具及所做的调整与问题不相关时，进展会很缓慢。这个方法用一类观测偏差来命名，这类偏差叫做街灯效应，出自下面这则寓言：

一天晚上，一个警察看到一个醉汉在路灯下的地面上找东西，问他在找什么。醉汉回答说他钥匙丢了。警察看了看也找不到，就问他："你确定你钥匙是在这儿丢的，就在路灯下？"醉汉说："不，但是这儿的光是最亮的"。

这相当于查看 `top(1)`，不是因为这么做有道理，而是用户不知道怎么使用其他工具。

用这个方法找到的问题可能是真的问题，但未必是你想要找的那个。有一些其他的方法可以衡量发现的结果，能很快地排除这样的"误报"。

2.5.2 随机变动讹方法

这是一个实验性质的讹方法。用户随机猜测问题可能存在的位置，然后做改动，直到问题消失。为了判断性能是否已经提升，或者作为每次变动结果的判断，用户会选择一项指标进行研究，诸如应用程序运行时间、延时、操作率（每秒操作次数），或者吞吐量（每秒的字节数）。整个方法如下：

1. 任意选择一个项目做改动（例如，一项可变参数）。
2. 朝某个方向做修改。
3. 测量性能。
4. 朝另一个方向修改。
5. 测量性能。
6. 步骤 3 或步骤 5 的结果是不是要好于基准值？如果是，保留修改并返回步骤 1。

这个过程可能最终获得的调整仅适用于被测的工作负载，方法非常耗时而且可能做出的调整不能保持长期有效。例如，一个应用程序的改动规避了一个数据库或者操作系统的 bug，其结果是可以提升性能，但是当这个 bug 被修复后，程序这样的改动就不再有意义，关键是没有人真正了解这件事情。

做不了解的改动还有另一个风险，即在生产负载的高峰期可能会引发更恶劣的问题，因此还需为此准备一个回退方案。

2.5.3 责怪他人讹方法

这个讹方法包含以下步骤：

1. 找到一个不是你负责的系统或环境的组件。
2. 假定问题是与那个组件相关的。
3. 把问题扔给负责那个组件的团队。

4. 如果证明错了，返回步骤 1。

也许是网络问题。你能和网络团队确认一下是不是发生了丢包或其他事情么？

不去研究性能问题，用这种方法的人把问题推到了别人身上，当证明根本不是别人的问题时，这对其他团队的资源是种浪费。这个讹方法只是一种因缺乏数据而造成的无端臆想。

为了避免成为牺牲品，向指责的人要屏幕截图，图中应清楚标明运行的是何种工具，输出是怎样中断的。你可以拿着这些东西找其他人征求意见。

2.5.4　Ad Hoc 核对清单法

当需要检查和调试系统时，技术支持人员通常会花一点时间一步步地过一遍核对清单。一个典型的场景，在产品环境部署新的服务器或应用时，技术支持人员会花半天的时间来检查一遍系统在真实压力下的常见问题。该类核对清单是 Ad Hoc 的，基于对该系统类型的经验和之前所遇到的问题。

举个例子，这是核对清单中的一项：

运行 `iostat -x 1` 检查 await 列。如果该列在负载下持续超过 10（ms），那么说明磁盘太慢或是磁盘过载。

一份核对清单会包含很多这样的检查项目。

这类清单能在最短的时间内提供最大的价值，是即时建议（参见 2.3 节）而且需要频繁更新以保证反映当前状态。这类清单处理的多是修复方法容易记录的问题，例如设置可调参数，而不是针对源代码或环境做定制的修复。

如果你管理一个技术支持的专业团队，Ad Hoc 核对清单能有效保证所有人都知道如何检查最糟糕的问题，能覆盖到所有显而易见的问题。核对清单能够写得清楚而又规范，说明了如何辨别每一个问题和如何做修复。不过当然，这个清单应该时常保持更新。

2.5.5　问题陈述法

明确问题如何陈述是支持人员开始反映问题时的例行工作。通过询问客户以下问题来完成：

1. 是什么让你认为存在性能问题？
2. 系统之前运行得好吗？
3. 最近有什么改动？软件？硬件？负载？
4. 问题能用延时或者运行时间来表述吗？

5. 问题影响其他的人和应用程序吗（或者仅仅影响的是你）？
6. 环境是怎么样的？用了哪些软件和硬件？是什么版本？是怎样的配置？

询问这些问题并得到相应的回答通常会立即指向一个根源和解决方案。因此问题陈述法作为独立的方法收录在此处，而且当你应对一个新的问题时，首先应该使用的就是这个方法。

2.5.6 科学法

科学法研究未知的问题是通过假设和试验。总结下来有以下步骤：

1. 问题
2. 假设
3. 预测
4. 试验
5. 分析

问题就是性能问题的陈述。从这点你可以假设性能不佳的原因可能是什么。然后你进行试验，可以是观测性的也可以是实验性的，看看基于假设的预测是否正确。最后是分析收集的试验数据。

举个例子，你可能发现某个应用程序在迁移到一个内存较少的系统时其性能会下降，你假设导致性能不好的原因是较小的文件系统缓存。你可以使用观测的试验方法分别测量两个系统的缓存失效率，预测内存较小的系统缓存失效率更高。用实验的方法可以增加缓存大小（加内存），预测性能将会有所提升。另外，还可以更简单，实验性的测试可以人为地减少缓存的小大（利用可调参数），预计性能将会变差。

下面还有一些更多的例子。

示例（观测性）

1. 问题：什么导致了数据库查询很慢？
2. 假设：噪声邻居（其他云计算租户）在执行磁盘 I/O，与数据库的磁盘 I/O 在竞争（通过文件系统）。
3. 预测：如果得到在数据库查询过程中的文件系统 I/O 延时，可以看出文件系统对于查询很慢是有责任的。
4. 试验：跟踪文件系统延时，发现文件系统上等待的时间在整个查询延时中的比例小于 5%。
5. 分析：文件系统和磁盘对查询速度慢没有责任。

虽然问题还没有解决，但是环境里的一些大型的组件已经被排除了。执行调查的人可以回到第 2 步做一个新的假设。

示例（实验性）
1. 问题：为什么 HTTP 请求从主机 A 到主机 C 要比从主机 B 到主机 C 的时间长？
2. 假设：主机 A 和主机 B 在不同的数据中心。
3. 预测：把主机 A 移动到与主机 B 一样的数据中心将修复这个问题。
4. 试验：移动主机 A 并测试性能。
5. 分析：性能得到修复——与假设的一致。

如果问题没有得到解决，在开始新的假设之前，要恢复之前试验的变动！（对于此例，就是把 host A 移回去）

示例（实验性）
问题：为什么随着文件系统缓存尺寸变大，文件系统的性能会下降？
假设：大的缓存存放更多的记录，相较于较小的缓存，需要花更多的计算来管理。
预测：把记录的大小逐步变小，使得存放相同大小的数据需要更多的记录，性能会逐渐变差。
试验：用逐渐变小的记录尺寸，试验同样的工作负载。
分析：结果绘图后与预测一致。向下分析现在可以研究缓存管理的程序。
这是一个反向测试——故意损害性能来进一步了解目标系统。

2.5.7 诊断循环

诊断周期与科学方法相似：

假设→仪器检验→数据→假设

就像科学方法一样，这个方法也通过收集数据来验证假设。这个循环强调数据可以快速地引发新的假设，进而验证和改良，以此继续。这与医生看病是很相似的，用一系列小检验来诊断病情，基于每次检验的结果来修正假设。

上述的两个方法，理论和数据都有很好的平衡。从假设发展到数据的过程很快，那么不好的理论就可尽早地被识别和遗弃，进而开发更好的理论。

2.5.8 工具法

工具为导向的方法如下：

1. 列出可用到的性能工具（可选的，安装的或者可购买的）。
2. 对于每一个工具，列出它提供的有用的指标。
3. 对于每一个指标，列出阐释该指标可能的规则。

这个视角的核对清单告诉你哪些工具能用、哪些指标能读，以及怎样阐释这些指标。虽然这相当高效，只依赖可用的（或知道的）工具，就能得到一个不完整的系统视野，但是，与街灯讹方法类似，用户不知道他或她的视野不完整——而且可能自始至终对此一无所知。需要定制工具（如动态跟踪）才能发现的问题可能永远不能被识别并解决。

在实践中，工具法确实在一定程度上辨别出了资源的瓶颈、错误，以及其他类型的问题，但通常不太高效。

当大量的工具和指标可被选用时，逐个枚举是很耗时的。当多个工具有相同的功能时，情况更糟，你要花额外的时间来了解各个工具的优缺点。在某些情况下，比如要选择做文件系统微基准的工具的场合，工具相当多，虽然这时你只需要一个[1]。

2.5.9 USE 方法

USE 方法（utilization、saturation、errors）应用于性能研究，用来识别系统瓶颈[Gregg 13]。一言以蔽之，就是：

对于所有的资源，查看它的使用率、饱和度和错误。

这些术语定义如下。

- **资源**：所有服务器物理元器件（CPU、总线……）。某些软件资源也能算在内，提供有用的指标。
- **使用率**：在规定的时间间隔内，资源用于服务工作的时间百分比。虽然资源繁忙，但是资源还有能力接受更多的工作，不能接受更多工作的程度被视为饱和度。
- **饱和度**：资源不能再服务更多额外工作的程度，通常有等待队列。
- **错误**：错误事件的个数。

某些资源类型，包括内存，使用率指的是资源所用的容量。这与基于时间的定义是不同的，这在之前的 2.3.11 节做过解释。一旦资源的容量达到 100% 的使用率，就无法接受更多的工作，资源或者会把工作进行排队（饱和），或者会返回错误，用 USE 方法也可以予以鉴别。[1]

---

[1] 我听到过的支持多个功能重叠工具的言论是"竞争是好的"，对此我的反驳是开发这些工具会分散资源，这些资源放在一起能做更多的事情，而且当最终用户要在工具中做挑选时，这也会浪费他们的时间。

错误需要调查，因为它们会损害性能，如果故障模式是可恢复的，错误可能难以立即察觉。这包括操作失败重试，还有冗余设备池中的设备故障。

与工具法相反的是，USE 方法列举的是系统资源而不是工具。这帮助你得到一张完整的问题列表，在你寻找工具的时候做确认。即便对于有些问题现有的工具没有答案，但这些问题所蕴含的知识对于性能分析也是极其有用的：这些是"已知的未知"。

USE 方法会将分析引导到一定数量的关键指标上，这样可以尽快地核实所有的系统资源。在此之后，如果还没有找到问题，那么可以考虑采用其他的方法。

过程

图 2.12 描绘了 USE 方法的流程图。错误被置于检查首位，要先于使用率和饱和度。错误通常容易很快被解释，在研究其他指标之前，把它们梳理清楚是省时高效的。

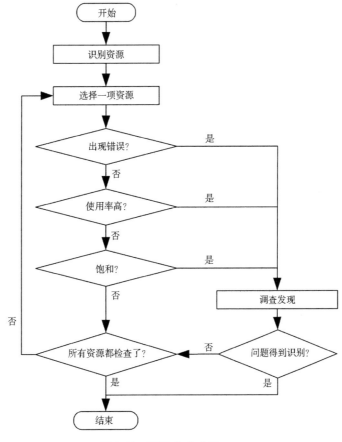

图 2.12　USE 方法流程

这个方法辨别出的很可能是系统瓶颈问题。不过，一个系统可能不只面临一个性能问题，因此你可能一开始就能找到问题，但所找到的问题并非你关心的那个。在根据需要返回 USE 方法遍历其他资源之前，每个发现可以用更多的方法进行调查。

指标表述

USE 方法的指标通常如下。

- **使用率**：一定时间间隔内的百分比值（例如，"单个 CPU 运行在 90%的使用率上"）。
- **饱和度**：等待队列的长度（例如，"CPU 的平均运行队列长度是 4"）。
- **错误**：报告出的错误数目（例如，"这个网络接口发生了 50 次滞后冲突"）。

虽然看起来有点违反直觉，但即便整体的使用率在很长一段时间都处于较低水平，一次高使用率的瞬时冲击还是能导致饱和与性能问题的。某些监控工具汇报的使用率是超过 5 分钟的均值。举个例子，每秒的 CPU 使用率可以变动得非常剧烈，因此 5 分钟时长的均值可能会掩盖短时间内 100%的使用率，甚至是饱和的情况。

想象一下高速公路的收费站。使用率就相当于有多少收费站在忙于收费。使用率 100%意味着你找不到一个空的收费站，必须排在别人的后面（饱和的情况）。如果我说一整天收费站的使用率是 40%，你能判断当天是否有车在某一时间排过队吗？很可能在高峰时候确实排过队，那时的使用率是 100%，但是这在一天的均值上是看不出的。

资源列表

USE 方法的第一步是要建一张资源列表，要尽可能完整。下面是一张服务器通常的资源列表，配有相应的例子。

- **CPU**：插槽、核、硬件线程（虚拟 CPU）
- **内存**：DRAM
- **网络接口**：以太网端口
- **存储设备**：磁盘
- **控制器**：存储、网络
- **互联**：CPU、内存、I/O

每个组件通常作为一类资源类型。例如，内存是一种容量资源，网络接口是一类 I/O 资源（IOPS 或吞吐量）。有些组件体现出多种资源类型：例如，存储设备既是 I/O 资源也是容量资源。这时需要考虑到所有的类型都能够造成性能瓶颈，同时，也要知道 I/O 资源可以进一步被当作排队系统来研究，将请求排队并被服务。

某些物理资源，诸如硬件缓存（如 CPU 缓存），可能不在清单中。USE 方法是处理在高使用率或饱和状态下性能下降的资源最有效的方法,当然还有其他的检测方法。如果你不确定清单是否该包括一项资源,那就包括它,看看在实际指标中是什么样的情况。

原理框图

另一种遍历所有资源的方法是找到或者画一张系统的原理框图,正如图 2.13 所示的那样。这样的图还显示了组件的关系,这对寻找数据流动中的瓶颈是很有帮助的。

CPU、内存、I/O 互联和总线常常被忽视。所幸的是,它们不是系统的常见瓶颈,因为这些组件本身就设计有超过吞吐量的余量。可能你需要升级主板,或者减小负载,例如,"零拷贝"就减轻了内存和总线的负载。

要了解互联的内容,参见第 6 章 6.4.1 节中的 CPU 性能计数器介绍。

指标

一旦你掌握了资源的列表,就可以考虑这三类指标:使用率、饱和度,以及错误。表 2.5 列举了一些资源和指标类型,以及一些可能的指标(针对一般性的 OS)。

这些指标要么是一定时间间隔的均值,要么是累计数目。

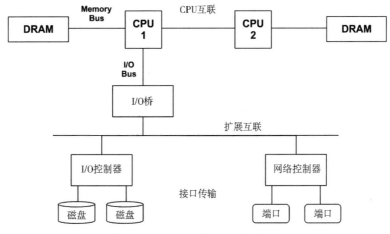

图 2.13 双 CPU 系统原理框图示例

表 2.5 USE 方法指标示例

资源	类型	指标
CPU	使用率	CPU 使用率(单 CPU 使用率或系统级均值)
CPU	饱和度	分配队列长度(又名运行队列长度)
内存	使用率	可用空闲内存(系统级)

续表

资源	类型	指标
内存	饱和度	匿名换页或线程换出（页面扫描是另一个指标），或者 OOM 事件
网络接口	使用率	接收吞吐量/最大带宽，传输吞吐量/最大带宽
存储设备 I/O	使用率	设备繁忙百分比
存储设备 I/O	饱和度	等待队列长度
存储设备 I/O	错误	设备错误（"硬错误"、"软错误"）

重复所有的组合，包括获取每个指标的步骤，记录下当前无法获得的指标，那些是已知的未知。最终你得到一个大约 30 项的指标清单，有些指标难以测量，有些根本测不了。所幸的是，常见的问题用较简单的指标就能发现（例如，CPU 饱和度、内存容量饱和度、网络接口使用率、磁盘使用率），所以这些指标要首先测量。

一些较难的组合示例可见表 2.6。

表 2.6 USE 方法指标的进阶示例

资源	类型	指标
CPU	错误	例如，可修正的 CPU 缓存 ECC 事件，或者可修正的 CPU 故障（如果操作系统加上硬件支持）
内存	错误	例如，失败的 `malloc()`（虽然这通常是由于虚拟内存耗尽，并非物理内存）
网络	饱和度	与饱和度相关的网络接口或操作系统错误，例如，Linux 的 overrun 和 Solaris 的 nocanput
存储控制器	使用率	取决于控制器，针对当前活动可能有最大 IOPS 或吞吐量可供检查
CPU 互联	使用率	每个端口的吞吐量/最大带宽（CPU 性能计数器）
内存互联	饱和度	内存停滞周期数，偏高的平均指令周期数（CPU 性能计数器）
I/O 互联	使用率	总线吞吐量/最大带宽（可能你的硬件上有性能计数器，例如，Intel 的"非核心"事件）

上述的某些指标可能用操作系统的标准工具是无法获得的，可能需要使用动态跟踪或者用到 CPU 性能计数工具。

附录 A 是针对 Linux 系统的一个 USE 方法核对清单的范例，囊括了硬件资源和 Linux 观测工具集的所有组合。附录 B 提供的内容一样，不过针对的是基于 Solaris 的系统。两个附录还包含了一些软件资源。

软件资源

某些软件资源的检测方式可能相似。这里指的是软件组件，而不是整个应用程序，示例如下。

- **互斥锁**：锁被持有的时间是使用时间，饱和度指的是有线程排队在等锁。
- **线程池**：线程忙于处理工作的时间是使用时间，饱和度指的是等待线程池服务的请求数目。
- **进程/线程容量**：系统的进程或线程的总数是有上限的，当前的使用数目是使用率，等待分配认为是饱和度，错误是分配失败（例如，"cannot fork"）。
- **文件描述符容量**：同进程/线程容量一样，只不过针对的是文件描述符。

如果这些指标在你的案例里管用，就用它们；否则，用其他方法也是可以的，诸如延时分析。

使用建议

对于使用上述这些指标类型，这里有一些总体的建议。

- **使用率**：100%的使用率通常是瓶颈的信号（检查饱和度并确认其影响）。使用率超过60%可能会是问题，基于以下理由：时间间隔的均值，可能掩盖了100%使用率的短期爆发，另外，一些资源，诸如硬盘（不是 CPU），通常在操作期间是不能被中断的，即使做的是优先级较高的工作。随着使用率的上升，排队延时会变得更频繁和明显。有更多关于60%使用率的内容，参见 2.6.5 节。
- **饱和度**：任何程度的饱和都是问题（非零）。饱和程度可以用排队长度或者排队所花的时间来度量。
- **错误**：错误都是值得研究的，尤其是随着错误增加性能会变差的那些错误。

低使用率、无饱和、无错误：这样的反例研究起来容易。这点要比看起来还有用——缩小研究的范围能帮你快速地将精力集中在出问题的地方，判断其不是某一个资源的问题，这是一个排除法的过程。

云计算

在云计算环境，软件资源控制在于限制或给分享系统的多个租户设定阈值。在 Joyent 公司我们主要用 OS 虚拟技术（SmartOS Zones），来设定内存限制、CPU 限制，以及存储 I/O 的门限值。每一项资源的限定都能用 USE 方法来检验，与检查物理资源的方法类似。

举个例子，"内存容量使用率"是租户的内存使用率与他的内存容量的比值。"内存容量饱和"出现于匿名的分页活动，虽然传统的页面扫描器此时可能是空闲的。

2.5.10 工作负载特征归纳

工作负载特征归纳是辨别这样一类问题简单而又高效的方法——由施加的负载导致的问题。这个方法关注于系统的输入，而不是所产生的性能。你的系统可能没有任何架构或配置上的问题，但是系统的负载超出了它所能承受的合理范围。

工作负载可以通过回答下列的问题来进行特征归纳：

- 负载是**谁**产生的？进程 ID、用户 ID、远端的 IP 地址？
- 负载**为什么**会被调用？代码路径、堆栈跟踪？
- 负载的特征是**什么**？IOPS、吞吐量、方向类型（读取/写入）？包含变动（标准方差），如果有的话。
- 负载是**怎样**随着时间变化的？有日常模式吗？

将上述所有的问题都做检查会很有用，即便你对于答案会是什么已经有很强的期望，但还是应做一遍，因为你很可能会大吃一惊。

请思考这么一个场景：你碰到一个数据库的性能问题，数据库请求来自一个 Web 服务器池。你是不是应该检查正在使用数据库的 IP 地址？你本认为这些应该都是 Web 服务器，正如所配置的那样。但你检查后发现好像整个因特网都在往数据库扔负载，以摧毁其性能。你正处于拒绝服务（denial-of-service，DoS）攻击中！

最好的性能来自消灭不必要的工作。有时候不必要的工作是由于应用程序的不正常运行引起的，例如，一个困在循环的线程无端地增加 CPU 的负担。不必要的工作也有可能来源于错误的配置——举个例子，在白天运行全系统的备份——或者是之前说过的 DoS 攻击。归纳工作负载的特征能识别这类问题，通过维护和重新配置可以解决这些问题。

如果被识别出的问题无法解决，那么可以用系统资源控制来限制它。举个例子，一个系统备份的任务压缩备份数据会消耗 CPU 资源，这会影响数据库，而且还要用网络资源来传输数据。用资源控制来限定备份任务对 CPU 和网络的使用（如果系统支持的话），这样虽然备份还是会发生（会慢得多），但不会影响数据库。

除了识别问题，工作负载特征归纳还可以作为输入用于仿真基准设计。如果度量工作负载只是用的均值，理想情况，你还要收集分布和变化的细节信息。这对于仿真工作负载的多样性，而不是仅测试均值负载是很重要的。关于更多的均值和变化（标准方差）的内容，参见 2.8 节和第 12 章的内容。

工作负载分析通过辨识出负载问题，有利于将负载问题和架构问题区分开来。负载与架构在 2.3 节中有过介绍。

执行工作负载特征归纳所用的工具和指标视目标而定。一部分应用程序所记录的详细的客户活动信息可以成为统计分析的数据来源。这些程序还可能提供了每日或每月的用户使用报告，这也是值得关注的。

2.5.11 向下挖掘分析

深度分析开始于在高级别检查问题，然后依据之前的发现缩小关注的范围，忽视那些无关的部分，更深入发掘那些相关的部分。整个过程会探究到软件栈较深的级别，如果需要，甚至还可以到硬件层，以求找到问题的根源。

在《Solaris 性能与工具》（*Solaris Performance and Tools* [McDougall 06b]）一书中，针对系统性能，深度分析方法分为以下三个阶段。

1. **监测**：用于持续记录高层级的统计数据，如果问题出现，予以辨别和报警。
2. **识别**：对于给定问题，缩小研究的范围，找到可能的瓶颈。
3. **分析**：对特定的系统部分做进一步的检查，找到问题根源并量化问题。

监测是在公司范围内执行的，所有服务器和云数据都会聚合在一起。传统的方法是使用 SNMP（简单网络管理协议），监控支持该协议的网络设备。数据可以揭示长期的变化特点，这些是无法由短时间段内运行的命令行工具获得的。如果发现怀疑的问题，多数的监测方案会报警，此时及时分析并进入下一个阶段。

问题的识别在服务器上是交互执行的，用标准的观测工具来检查系统的组件：CPU、磁盘、内存，等等。通常是用诸如 `vmstat(1)`、`iostat(1)` 和 `mpstat(1)` 这样的工具起一个的命令行会话来完成的。还有一些较新的工具通过 GUI 支持实时的性能分析（例如，Oracle 的 Oracle ZFS Storage Appliance Analytics）。

有些分析工具还具备 tracing 或 profiling 的功能，用以对可疑区域做更深层次的检查。做这类深层的分析可能需要定制工具乃至检查源代码（如果可以的话）。大量研究的努力就花在这里，按需要对软件栈的层次做分离来找出问题的根本原因。执行这类任务的工具包括 `strace(1)`、`truss(1)`、perf 和 DTrace。

五个 Why

在分析阶段，你还有一个能用的方法，叫做"五个 Why"技巧：问自己"why？"然后作答，以此重复五遍。下面是一个例子：

1. 查询多了数据库性能就开始变差。Why？
2. 由于内存换页磁盘 I/O 延时。Why？
3. 数据库内存用量变得太大了。Why？
4. 分配器消耗的内存比应该用的多。Why？
5. 分配器存在内存碎片问题。Why？

这是一个真实的例子，但出人意料的是要修复的是系统的内存分配库。是持续的质问和对问题实质的深入研究使得问题得以解决。

2.5.12 延时分析

延时分析检查完成一项操作所用的时间，然后把时间再分成小的时间段，接着对有着最大延时的时间段做再次的划分，最后定位并量化问题的根本原因。与深度分析相同，延时分析也会深入到软件栈的各层来找到延时问题的原因。

分析可以从所施加的工作负载开始，检查工作负载是如何在应用程序中处理的，然后深入到操作系统的库、系统调用、内核以及设备驱动。

举个例子，MySQL 的请求延时分析可能涉及下列问题的回答（回答的示例已经给出）：

1. 存在请求延时问题吗？（是的）
2. 请求时间大量地花在 CPU 上吗？（不在 CPU 上）
3. 不花在 CPU 上的时间在等待什么？（文件系统 I/O）
4. 文件系统的 I/O 时间是花在磁盘 I/O 上还是锁竞争上？（磁盘 I/O）
5. 磁盘 I/O 时间主要是随机寻址的时间还是数据传输的时间？（数据传输时间）

对于这个问题，每一步所提出的问题都将延时划分成了两个部分，然后继续分析那个较大可能的部分：延时的二分搜索法，你可以这么理解。整个过程见图 2.14。

一旦识别出 A 和 B 中较慢的那个，就可以对其做进一步的分析和划分，依此类推。

数据库查询的延时分析是 R 方法的目的。

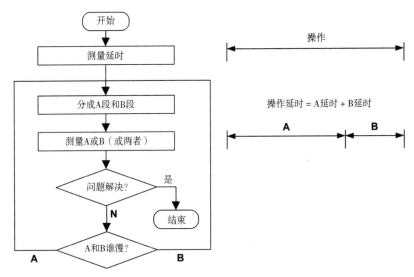

图 2.14 延时分析过程

2.5.13 R 方法

R 方法是针对 Oracle 数据库开发的性能分析方法,意在找到延时的根源,基于 Oracle 的 trace events[Millsap 03]。它被描述成"基于时间的响应性能提升方法,可以得到对业务的最大经济收益",着重于识别和量化查询过程中所消耗的时间。虽然它是用于数据库研究领域,但它的方法思想可以用于所有的系统,作为一种可能的研究手段,值得在此提及。

2.5.14 事件跟踪

系统的操作就是处理离散的事件,包括 CPU 指令、磁盘 I/O,以及磁盘命令、网络包、系统调用、函数库调用、应用程序事件、数据库查询,等等。性能分析通常会研究这些事件的汇总数据,诸如每秒的操作数、每秒的字节数,或者是延时的均值。有时一些重要的细节信息不会出现在这些汇总之中,因此最好的研究事件的方法是逐个检查。

网络排错常常需要逐包检查,用的工具有 `tcpdump(1)`。下面这个例子将各个网络包归纳汇总成了一行行的文字:

```
# tcpdump -ni eth4 -ttt
tcpdump: verbose output suppressed, use -v or -vv for full protocol decode
listening on eth4, link-type EN10MB (Ethernet), capture size 65535 bytes
00:00:00.000000 IP 10.2.203.2.22 > 10.2.0.2.33986: Flags [P.], seq
1182098726:1182098918, ack 4234203806, win 132, options [nop,nop,TS val 1751498743
ecr 1751639660], length 192
```

```
00:00:00.000392 IP 10.2.0.2.33986 > 10.2.203.2.22: Flags [.], ack 192, win 501,
options [nop,nop,TS val 1751639684 ecr 1751498743], length 0
00:00:00.009561 IP 10.2.203.2.22 > 10.2.0.2.33986: Flags [P.], seq 192:560, ack 1,
win 132, options [nop,nop,TS val 1751498744 ecr 1751639684], length 368
00:00:00.000351 IP 10.2.0.2.33986 > 10.2.203.2.22: Flags [.], ack 560, win 501,
options [nop,nop,TS val 1751639685 ecr 1751498744], length 0
00:00:00.010489 IP 10.2.203.2.22 > 10.2.0.2.33986: Flags [P.], seq 560:896, ack 1,
win 132, options [nop,nop,TS val 1751498745 ecr 1751639685], length 336
00:00:00.000369 IP 10.2.0.2.33986 > 10.2.203.2.22: Flags [.], ack 896, win 501,
options [nop,nop,TS val 1751639686 ecr 1751498745], length 0
```

`tcpdump(1)`按照需要可以输出各类信息（参见第 10 章）。

存储设备 I/O 在块设备层可以用 `iosnoop(1M)`来跟踪（DTrace-based，参见第 9 章）：

```
# ./iosnoop -Dots
STIME(us)       TIME(us)        DELTA   DTIME   UID     PID D   BLOCK       SIZE  COMM ...
722594048435    722594048553    117     130     0       485 W   95742054    8192  zpool-...
722594048879    722594048983    104     109     0       485 W   95742106    8192  zpool-...
722594049335    722594049552    217     229     0       485 W   95742154    8192  zpool-...
722594049900    722594050029    128     137     0       485 W   95742178    8192  zpool-...
722594050336    722594050457    121     127     0       485 W   95742202    8192  zpool-...
722594050760    722594050864    103     110     0       485 W   95742226    8192  zpool-...
722594051190    722594051262    72      80      0       485 W   95742250    8192  zpool-...
722594051613    722594051678    65      72      0       485 W   95742318    8192  zpool-...
722594051977    722594052067    90      97      0       485 W   95742342    8192  zpool-...
722594052417    722594052515    98      105     0       485 W   95742366    8192  zpool-...
722594052840    722594052902    62      68      0       485 W   95742422    8192  zpool-...
722594053220    722594053290    69      77      0       485 W   95742446    8192  zpool-...
```

这里打印出了一些时间戳，包括起始时间（STIME）、终止时间（TIME）、请求和完成之间的时间（DELTA），以及服务这次 I/O 的估计时间（DTIME）。

系统调用层是另一个跟踪的常用层，工具有 Linux 的 `strace(1)` 和基于 Solaris 系统的 `truss(1)`（参见第 5 章）。这些工具也有打印时间戳的选项。

当执行事件跟踪时，需要找到下列信息。

- **输入**：事件请求的所有属性，即类型、方向、尺寸，等等。
- **时间**：起始时间、终止时间、延时（差异）。
- **结果**：错误状态、事件结果（大小尺寸）。

有时性能问题可以通过检查事件的属性来发现，无论是请求还是结果。事件的时间戳有利于延时分析，一般的跟踪工具都会包含这个功能。上述的 `tcpdump(1)` 用参数 -ttt，输出所包含的 DELTA 时间，就测量了包与包之间的时间。

研究之前发生的事件也能提供信息。一个延时特别差的事件，通常叫做延时离群值，可能是因为之前的事件而不是自身所造成的。例如，队列尾部事件的延时可能会很高，但这是由之前队列里的事件造成的，而并非该事件自身。这种情况只能用事件跟踪来加以辨别。

2.5.15 基础线统计

把当前的性能指标与之前的数值做比较，对分析问题常常有启发作用。负载和资源使用的变化是可见的，可以把问题回溯到它们刚发生的时候。某些观测工具（基于内核计数器）能显示启动以来的信息统计，可以用来与当前的活动做比较。虽然这比较粗糙，但总好过没有。另外的方法就是做基础线统计。

基础线统计包括大范围的、系统观测并将数据进行保存以备将来参考。与启动以来的信息统计不同，后者会隐藏变化，基础线囊括了每秒的统计，因此变化是可见的。

在系统或应用程序变化的之前和之后都能做基础线统计，进而分析性能变化。可以不定期地执行基础线统计并把它作为站点记录的一部分，让管理员有一个参照，了解"正常"是什么样的。若是作为性能监测的一部分，可以每天都按固定间隔执行这类任务。（参见 2.9 节）。

2.5.16 静态性能调整

静态性能调整处理的是架构配置的问题。其他的方法着重的是负载施加后的性能：动态性能[Elling 00]。静态性能分析是在系统空闲没有施加负载的时候执行的。

做性能分析和调整，要对系统的所有组件逐一确认下列问题：

- 该组件是需要的吗？
- 配置是针对预期的工作负载设定的吗？
- 组件的自动配置对于预期的工作负载是最优的吗？
- 有组件出现错误吗？是在降级状态（degraded state）吗？

下面是一些在静态性能调整中可能发现的问题。

- 网络接口协商：选择 100Mb/s 而不是 1Gb/s。
- 建立 RAID 池失败。
- 使用的操作系统、应用程序或固件是旧的版本。
- 文件系统记录的尺寸和工作负载 I/O 的尺寸不一致。
- 服务器意外配置了路由。
- 服务器使用的资源，诸如认证，来自远端的数据中心，而不是本地的。

幸运的是，这些问题都很容易检查。难的是要记住做这些事情！

2.5.17 缓存调优

从应用程序到磁盘，应用程序和操作系统会部署多层的缓存来提高 I/O 的性能。详细内容参见第 3 章的 3.2.11 节。这里介绍的是各级缓存的整体调优策略：

1. 缓存的大小尽量和栈的高度一样，靠近工作执行的地方，减少命中缓存的资源开销。
2. 确认缓存开启并确实在工作。
3. 确认缓存的命中/失效比例和失效率。
4. 如果缓存的大小是动态的，确认它的当前尺寸。
5. 针对工作负载调整缓存。这项工作依赖缓存的可调参数。
6. 针对缓存调整工作负载。这项工作包括减少对缓存不必要的消耗，这样可以释放更多空间来给目标工作负载使用。

要小心二次缓存——比如，消耗内存的两块不同的缓存块，把相同的数据缓存了两次。

还有，要考虑到每一层缓存调优的整体性能收益。调整 CPU 的 L1 缓存可以节省纳秒级别的时间，当缓存失效时，用的是 L2。提升 CPU 的 L3 缓存能避免访问速度慢得多的主存，从而获得较大的性能收益。（这些关于 CPU 缓存的内容可参考第 6 章的内容。）

2.5.18 微基准测试

微基准测试测量的是施加了简单的人造工作负载的性能。微基准测试可以用于支持科学方法，将假设和预测放到测试中验证，或者作为容量规划的一部分来执行。

这与业界的基准定标是不同的，工业的基准定标是针对真实世界和自然的工作负载。这样的基准定标执行时需要工作负载仿真，执行和理解的复杂度高。

微基准测试由于涉及的因素较少，所以执行和理解会较为简单。可以用微基准测试工具来施加工作负载并度量性能。或者用负载生成器来产生负载，用标准的系统工具来测量性能。两种方法都可以，但最稳妥的办法是使用微基准测试工具并用标准系统工具再次确认性能数据。

下面是一些微基准测试的例子，包括一些二维测试。

- **系统调用**：针对 `fork()`、`exec()`、`open()`、`read()`、`close()`。
- **文件系统读取**：从缓存过的文件读取，读取数据大小从 1B 变化到 1MB。
- **网络吞吐量**：针对不同的 socket 缓冲区的尺寸测试 TCP 端对端数据传输。

微基准测试通常在目标系统上的执行会尽可能快，测量完成大量上述这类操作所要的时间，然后计算均值（平均时间 = 运行时间/操作次数）。

后面的章节中还有微基准测试的特定方法，列出了测试的目标和属性。关于基准测试的更多内容参见第 12 章。

2.6 建模

建立系统的分析模型有很多用途，特别是对于可扩展性分析：研究当负载或者资源扩展时性能会如何变化。这里的资源可以是硬件，如 CPU 核，也可以是软件，如进程或者线程。

除对生产系统的观测（"测量"）和实验性测试（"仿真"）之外，分析建模可以被认为是第三类性能评估方法[Jain 91]。上述三者至少择其二可让性能研究最为透彻：分析建模和仿真，或者仿真和测量。

如果是对一个现有系统做分析，可以从测量开始：归纳负载特征和测量性能。实验性分析，如果系统没有生产环境负载或者要测试的工作负载在生产环境不可见，可以用工作负载仿真做测试。分析建模基于测试和仿真的结果，用于性能预测。

可扩展性分析可以揭示性能由于资源限制停止线性增长的点，即拐点。找到这些点是否存在，若存在，在哪里，这对研究阻碍系统扩展性的性能问题有指导意义，帮助我们在碰到这些问题之前就能将它们修复。

更多内容可参考 2.5.10 节和 2.5.18 节。

2.6.1 企业 vs. 云

虽然建模可以让我们不用实际拥有一个大型的企业系统就可以对其进行仿真，但是大型环境的性能常常是复杂并且难以精确建模的。

利用云计算技术，任意规模的环境都可以短期租用——用于基准测试。不用建立模型来预测性能，工作负载可以在不同尺寸的云上进行特征归纳、仿真和测试。某些发现，如拐点，是一样的，但现在更多地是基于测试数据而非理论模型，在真实的环境中测试，你会发现一些制约性能的点并未收纳在你的模型里。

2.6.2 可视化识别

当通过实验收集到了足够多的数据结果，就可以把它们绘制成性能随规模变化的曲线，这样的曲线往往可以揭示一定的规律。

图 2.15 显示了某一应用程序随着线程数增加而出现的吞吐量变化。从图中可以看出，在 8 个线程处像是存在一个拐点，此处曲线的斜度发生了变化。现在可以研究这个点，比如查看该点附近的应用程序和系统的各种配置信息。

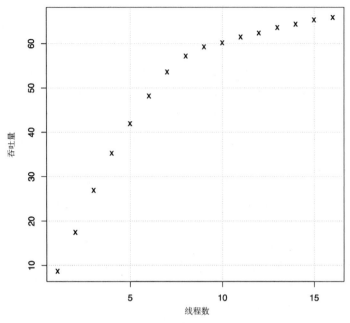

图 2.15 可扩展性测试结果

上例是一个八核系统,每一个核有两个硬件线程。为了进一步确定这与 CPU 核数的关系,需要研究在少于八核和多于八核时 CPU 产生的影响(例如,CPI,参见第 6 章)。或者,在一个不同核数的系统上重复相同的扩展性测试,验证拐点发生如预期般的变动。

下面是一系列性能扩展性曲线,没有严格的模型,但用视觉可以识别出各种类型,详见图 2.16。

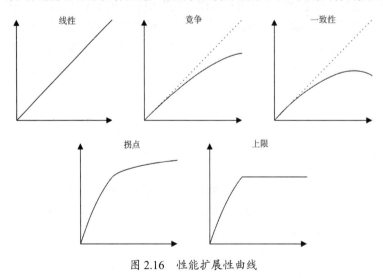

图 2.16 性能扩展性曲线

对于每一条曲线，X 轴是扩展的维度，Y 轴是相应的性能（吞吐量、每秒事务数，等等）。曲线的类型如下。

- **线性扩展**：性能随着资源的扩展成比例地增加。这种情况并非永久持续，但这可能是其他扩展情况的早期阶段。
- **竞争**：架构的某些组件是共享的，而且只能串行使用，对这些共享资源的竞争会减少扩展的效益。
- **一致性**：由于要维持数据的一致性，传播数据变化的代价会超过扩展带来的好处。
- **拐点**：某个因素碰到了扩展的制约点，从而改变了扩展曲线。
- **扩展上限**：到达了一个硬性的极限。该极限可能是设备瓶颈，诸如总线或互联器件到了吞吐量的最大值，或者是一个软件设置的限制（系统资源控制）。

虽然可视化识别曲线很简单且有效，但通过数学模型的方法你能更多地了解系统的扩展性。模型用意想不到的方式从数据中衍生出来，这对于研究很有用处：要么是模型里呈现的问题与你对系统的理解不一致，要么是这问题在系统扩展中是真实存在的。下一节我们会介绍 Amdahl 扩展定律、通用扩展定律和排队理论。

2.6.3　Amdahl 扩展定律

由计算机架构师 Gene Amdahl [Amdahl 67]的名字命名，该定律对系统的扩展性进行了建模，所考虑的是串行构成的不能并行执行的工作负载。这个定律可以用于 CPU、线程、工作负载等更多事物的扩展性研究。

Amdahl 扩展定律认为早期的扩展特性是竞争，主要是对串行的资源或工作负载的竞争。可以描述成为[Gunther 97]：

$C(N) = N/1 + \alpha(N - 1)$

容量是 $C(N)$，N 是扩展的维度，如 CPU 数目或用户负载。系数 α（其中 $0 <= \alpha <= 1$）代表着串行的程度，即偏离线性扩展的程度。

Amdahl 扩展定律的应用步骤如下：

1. 不论是观测现有系统，还是实验性地使用微基准测试，或者用负载生成器，收集 N 范围内的数据。
2. 执行回归分析来判断 Amdahl 系数（α）的值，可以用统计软件做这件事情，如 gnuplot 或 R。
3. 将结果呈现出来用于分析。收集的数据点可以和预测扩展性的模型函数画在一起，看看数据和模型的差别。这件事也可以用 gnuplot 或 R 来完成。

下面是 Amdahl 扩展定律回归分析的例子，看看这一步骤是怎样做到的。

```
inputN = 10                     # rows to include as model input
alpha = 0.1                     # starting point (seed)
amdahl(N) = N1 * N/(1 + alpha * (N - 1))
# regression analysis (non-linear least squares fitting)
fit amdahl(x) filename every ::1::inputN using 1:2 via alpha
```

用 R 语言处理这个所需要的代码量也大致相同，使用 `nls()` 函数，利用非线性最小二乘拟合法来计算系数，然后用得到的系数绘图。详见本章最后性能扩展模型工具集参考，其中附有 gnuplot 和 R 语言的完整代码[2]。

在后面有一个 Amdahl 扩展定律函数的例子。

2.6.4　通用扩展定律

通用扩展定律（Universal Scalability Law，USL），之前被称为超串行模型[Gunther 97]，由 Neil Gunther 博士开发并引入了一个系数处理一致性延时。这个定律用于描述一致性扩展的曲线，竞争的影响也包含在内。

USL 定义为：

$C(N) = N/1 + \alpha(N - 1) + \beta N(N - 1)$

$C(N)$、N 和 α 与 Amdahl 扩展定律是一致的。β 是一致性系数。当 $\beta = 0$ 时，该定律就变成了 Amdahl 扩展定律。

USL 和 Amdahl 扩展定律的示例曲线可见图 2.17。

输入的数据集的方差较大，给扩展曲线的形状判断带来一定的困难。输入模型的起始一组的十个数据点用圆圈做标记，额外一组十个数据点用叉形做标记，这样能检验模型对于现实的预测能力。

关于 USL 分析的更多内容，可参考[Gunther 97]和[Gunther 07]。

2.6.5　排队理论

排队理论是用数学方法研究带有队列的系统，提供了对队列长度、等待时间（延时）、和使用率（基于时间）的分析方法。在计算领域的许多组件，无论硬件还是软件，都能建模成为队列系统。多条队列系统的模型叫做队列网络。

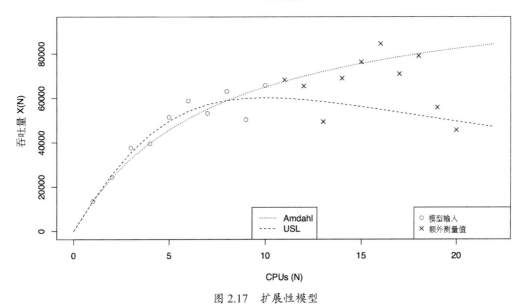

图 2.17 扩展性模型

本节会简单阐述排队理论的作用,还会给出一个示例以助理解。如有需要,这一领域有着大量的研究,可以参考其他文档([Jain 91]、[Gunther 97])。

排队理论是建立在数学和统计的很多领域之上的,包括概率分布、随机过程、Erlang 的 C 公式(是 Agner Krarup Erlang 创立的排队理论)和 Little's 定律。Little's 定律可以表述为:

$$L = \lambda W$$

系统请求的平均数目 L 是由平均到达率 λ 乘以平均服务时间 W 得到的。

利用排队系统可以回答各种各样的问题,也包括下面这些问题:

- 如果负载增加一倍,平均响应时间会怎样?
- 增加一个处理器会对平均响应时间有什么影响?
- 当负载增加一倍时,系统的 90%响应时间能在 100ms 以下吗?

除了响应时间之外,排队理论还研究其他因素,包括使用率、队列长度,以及系统内的任务数目。

一个简单的排队系统模型见图 2.18。

图中有一个单点的服务中心在处理队列里的任务。排队系统可以有多个服务中心并行地处理工作。在排队理论中,服务中心通常称为服务器。

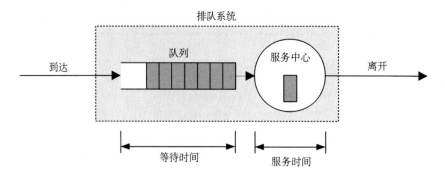

图 2.18 排队模型

排队系统能用以下三个要素进行归纳。

- **到达过程**：描述的是请求到达排队系统的间隔时间，这个时间间隔可能是随机的、固定的，或者是一个过程，如泊松过程（到达时间的指数分布）。
- **服务时间分布**：描述的是服务中心的服务时间，可以是确定性分布、指数型分布，或者其他的分布类型。
- **服务中心数目**：一个或者多个。

这些要素可以用 Kendall 标记法表示。

Kendall 标记法

该标记法为每一个属性指定一个符号，格式如下：

A/S/m

到达过程 *A*、服务时间分布 *S*，以及服务中心数目 *m*。Kendall 标记法还有扩展格式以囊括更多的要素：系统中缓冲数目、任务数目上限和服务规则。

通常研究的排队系统如下。

- **M/M/1**：马尔科夫到达（指数分布到达），马尔科夫服务时间（指数分布），一个服务中心。
- **M/M/c**：和 M/M/1 一样，但是服务中心有多个。
- **M/G/1**：马尔科夫到达，服务时间是一般分布，一个服务中心。
- **M/D/1**：马尔科夫到达，确定性的服务时间（固定时间），一个服务中心。

M/G/1 模型通常用于研究旋转的物理硬盘性能。

M/D/1 和 60%使用率

作为排队理论的一个简单示例，假定磁盘响应工作负载的时间是固定的（这是一个简化）。响应的模型是 M/D/1。

现在的问题是：随着使用率的增加，磁盘的响应时间是如何变化的？

依据排队理论，M/D/1 的响应时间可以计算如下：

$r = s(2 - \rho)/2(1 - \rho)$

此处的响应时间 r，由服务时间 s 和使用率 ρ 决定。

对于 1ms 的服务时间，使用率为 0%~100%，响应时间和使用率的关系如图 2.19 所示。

使用率超过 60%，平均响应时间会变成两倍。在 80%时，平均响应时间变成了三倍。磁盘 I/O 延时通常是应用程序的资源限制，两倍或更多的平均延时增加会给应用程序带来显著的负面影响。排队系统内的请求是不能被打断的（通常而言），必须等到轮到自己，这就是磁盘使用率在达到 100%之前就会变成的问题的原因。CPU 资源与之不同，更高优先级的任务是可以抢占 CPU 的。

图 2.19 回答了之前的问题——如果负载增倍，平均响应时间会如何变化——此时使用率和负载是相关的。

这是一个简单的模型，在某些方面它显示出最佳的情况。服务时间的变化使得平均响应时间变高（例如，使用 M/G/1 或 M/M/1）。有一部分的响应时间分布在图 2.19 中没有显示出来，例如 90% ~ 99%的性能下降要比使用率 60%时快得多。

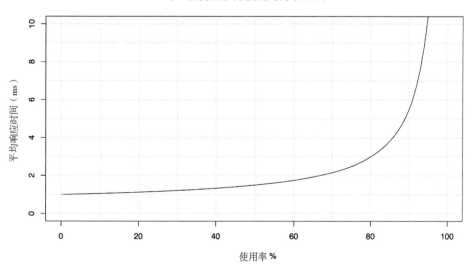

图 2.19　M/D/1 模型平均响应时间随使用率变化的曲线

正如之前 Amdahl 扩展定律的 gnuplot 的例子一样，用实际的代码展示会更直观，看看涉及因素。这次我们用的是 R 统计软件[3]。

```
svc_ms <- 1                     # average disk I/O service time, ms
util_min <- 0                   # range to plot
util_max <- 100                 # "
ms_min <- 0                     # "
ms_max <- 10                    # "
# Plot mean response time vs utilization (M/D/1)
plot(x <- c(util_min:util_max), svc_ms * (2 - x/100) / (2 * (1 - x/100)),
    type="l", lty=1, lwd=1,
    xlim=c(util_min, util_max), ylim=c(ms_min, ms_max),
    xlab="Utilization %", ylab="Mean Response Time (ms)")
```

之前说过的 M/D/1 的等式被传到了 `plot()` 函数里。这段代码中的大部分是在定义图的边界、线条的属性，以及轴上的标签。

2.7 容量规划

容量规划可以检查系统处理负载的情况，以及系统如何随着负载的增加而扩展。做容量规划有很多方法，包括研究资源极限和因素分析。本节还包括了扩展的解决方案，包括负载均衡器（load balancers）和分片（sharding）。关于这个专题的更多内容，参见 *The Art of Capacity Planning* [Allspaw 08]。

针对某一应用程序做容量规划，这对制定其量化的性能目标是有帮助的。第 5 章的前半部分有关于这一内容的讨论。

2.7.1 资源极限

该方法是指研究在负载之下会成为系统瓶颈的资源，步骤如下：

1. 测量服务器请求的频率，并监视请求频率随时间的变化。
2. 测量硬件和软件的使用。监视使用率随时间的变化。
3. 用资源的使用来表示服务器的请求情况。
4. 根据每个资源来推断服务器请求的极限（或用实验确定）。

开始时要识别服务器种类，以及服务器所服务的请求种类。例如，Web 服务器服务 HTTP 请求、NFS 服务器服务 NFS 协议请求（操作）、数据库服务器服务查询请求（或者是命令请求，把查询作为子集）。

下一个步骤是判断请求会消耗哪些系统资源。对于现有系统，与资源使用率相应的当前请求率是可以测量出来的。先推断出哪个资源先达到100%的使用率,然后看看那时候请求率会是怎样的。

对于未来的系统,可以用微基准测试或者负载生成工具在测试环境里仿真要施加的请求,同时测量资源的使用情况。给予充足的客户负载,你能够通过实验的方式找到极限。

要监视的资源如下。

- **硬件**:CPU使用率、内存使用、磁盘IOPS、磁盘吞吐量、磁盘容量(使用率)、网络吞吐量。
- **软件**:虚拟内存使用情况、进程/任务/线程、文件描述符。

比如,你现在正在看的系统当前每秒执行1000个请求。最繁忙的资源是16个CPU,平均使用率是40%,你预测当CPU处于100%使用情况时会成为工作负载的瓶颈。问题就变成了:在那时每秒的请求率是多少?

每个请求的 CPU% = 总的 CPU% / 请求总数 = 16 x 40% / 1000 = 每个请求消耗 0.64% CPU
每秒请求最大值 = 100% x 16 CPU / 每个请求消耗的 CPU% = 1600 / 0.64 = 每秒 2500 个请求

在CPU 100%忙碌时,预测请求会达到每秒2500个。这是一个粗略的最好估计,在达到该速率之前可能会先碰到其他的限制因素。

上述做法只用了一个数据点:应用程序1000的吞吐量(每秒的请求数)和设备40%的使用率。如果监视过一段时间,可以收集到多个不同的吞吐量和使用率的数据值,这样就可以提高估计的精确性。图2.20所示的是处理数据并推断应用程序吞吐量最大值的一个可视化方法。

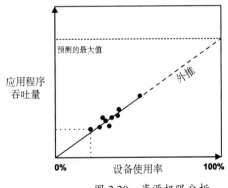

图2.20 资源极限分析

每秒2500个请求的性能足够吗?回答这个问题需要理解什么是工作负载的峰值,通常按每日的访问来显示。对于既有系统而言,只要你监视过一段时间,就应该会有峰值是什么样的概念。

想象一下一台 Web 服务器每天处理 100 000 次网站点击。这看起来可能挺多的，但平均下来，差不多每秒只有一次请求——并不多。然而，可能 100 000 次网站点击的大多数都发生在新内容更新后的一秒，那样的话峰值就很高了。

2.7.2 因素分析

在购买和部署新系统时，通常有很多因素需要调整以达到理想的性能。这些调整包括磁盘和 CPU 的数目、RAM 的大小、是否采用闪存设备、RAID 的配置、文件系统设置，以及诸如此类的事情。一般是用最小的成本来实现需要的性能。

对所有可能的组合做测试，可以决定哪个组合具有最佳的性价比。但是，真这样做的话很快就会失控：八种两个可能的因素就需要 256 次测试。

解决方法是测试一个组合的有限集合。基于对系统最大配置的了解有下面这么一个方法：

1. 测试所有因素都设置为最大时的性能。
2. 逐一改变因素，测试性能（应该是对每一个因素的改动都会引起性能下降）。
3. 基于测量的结果，对每个因素的变化引起性能下降的百分比以及所节省的成本做统计。
4. 将最高的性能（和成本）作为起始点，选择能节省成本的因素，同时确保组合后的性能下降仍满足所需的每秒请求数量。
5. 重新测试改变过的配置，确认所交付的性能。

对于八种因素的系统，这个方法只需要十次测试。

举个例子，对一个新的存储系统做容量规划，需要 1GB/s 的读取吞吐量和 200GB 的工作数据集。最高的配置可以达到 2GB/s，需要四个处理器、256GB 的 RAM、两个双口 10GbE 的网卡、巨型帧，而且不启用压缩和加密（启用这两点会降低性能）。换成两个处理器，性能会降低 30%，换成一块网卡下降 25%，非巨型帧下降 35%，加密下降 10%，压缩下降 40%，减少 90% 的 DRAM 会使得工作负载无法全部缓存。考虑到这些性能下降和对应的成本节省，能满足要求的最高性价比的系统是能够计算出来的，结果是系统带有两个处理器和一块网卡，能够满足吞吐量的需要：预估是 $2 \times (1 - 0.30) \times (1 - 0.25) = 1.04$ GB/s。测试一遍这套配置会是明智的举措，以防这些组件放在一起使性能和所预期的不同。

2.7.3 扩展方案

要满足更高的性能需要，常常意味着建立更大的系统，这种策略叫做垂直扩展（vertical scaling）。把负载分散给许许多多的系统，在这些系统前面放置负载均衡器（load balancer），让这些系统看起来像是一个，这种策略叫做水平扩展（horizontal scaling）。

云计算把水平扩展更推进了一步，云计算构建在许多较小的虚拟化系统之上而不是构建一个整个的系统。当用户购买计算来处理所需要的负载时，云计算能够提供更好的颗粒度，支持系统小规模且有效的扩展。与企业的大型机（包含支持承诺合同）相较而言，云计算没有一开始的大型的申购，在项目的早期也不需要严格的容量规划。

一个常见的数据库扩展策略叫做分片（sharding），把数据切分成一个个逻辑组件，每个组件由自己的数据库（或冗余的数据库组）来管理。举个例子，用户数据库可以根据顾客名字按字母范围来划分成几个。

扩展性设计很大程度上取决于你需要处理的负载和你所选用的应用程序。关于这方面的更多内容，可以参考 *Scalable Internet Architectures* [Schlossnagle 06]。

2.8 统计

理解如何使用统计并且了解统计的局限性是很重要的。本章讨论的是用统计（指标）的方法量化性能问题，统计的类型包括平均值、标准方差，以及百分位数。

2.8.1 量化性能

要比较问题和对于问题排优先级，需要对问题和问题修复后所带来的性能的潜在提升做量化。这件事情一般用观测或者实验的方式做。

基于观测

用观测法量化性能问题：

1. 选择可靠的指标
2. 估计解决问题带来的性能收益

举个例子如下。

- 观测到：应用程序请求需要 10ms 的时间。
- 观测到：其中，9ms 是磁盘 I/O。
- 建议：配置应用程序将 I/O 缓存到内存里，预期 DRAM 的延时将在 10μs 左右。
- 估计性能收益：10 ms → 1.01 ms (10 ms - 9 ms + 10 μs)大约为 9 倍的收益。

在 2.3 节里介绍过，延时就是一个很适合做量化的指标，可以在不同的组件之间做比较，也适合进行计算。

当要测量延时时，应确保是作为应用程序请求的一个同步组件来计时的。有些事件是异步发生的，如后台磁盘的 I/O（数据写回磁盘），这些都不直接影响应用程序的性能。

基于实验

用实验来量化性能问题：

1. 实施修复
2. 用可靠的指标量化做前后对比

举个例子如下。

- 观测到：应用程序事务平均延时 10ms。
- 实验：增加应用程序线程数，允许更多的并发，减少排队。
- 观测到：应用程序事务平均延时 2ms。
- 性能增益：10 ms → 2 ms = 5 倍。

如果在生产环境做此类实验代价很高昂的话，这种方法就不适合了！

2.8.2 平均值

平均值就是用单个数据代表一组数据：数据集中趋势的指标。最常见的平均值类型是算术平均值（或者简称平均），就是数据的总值除以数据的个数。其他的均值类型还有几何平均值和调和平均值。

几何平均值

几何平均值是数值乘积的 n 次方根（n 是数值的个数）。[Jain 91]有论述，还包含一个网络性能分析的例子：如果内核网络栈的每一层的性能提升都能分别测量出来，那么平均的性能提升是多少？由于网络的各层是共同作用于同一个包的，因此性能提升会有"相乘"的效果，那么用几何平均值来求解是最好的。

调和平均值

调和平均值是数值的个数除以所有数值的倒数之和。这种平均方法更适用于利用速率求均值，例如，计算传输 800 MB 数据的平均速率，当第一个 100 MB 以 50 MB/s 传输，剩下的 700MB 按 10 MB/s 的门限传输时，答案是采用调和平均值，800/(100/50 + 700/10) = 11.1 MB/s。

随着时间变化的平均值

在性能度量中，很多我们研究的指标都是随着时间变化的平均值。CPU 不会永远处在"50%

的使用率",而是在某些时间间隔内 50%的时间 CPU 处于使用,该时间间隔可以是一秒、一分钟,或者一小时。每当涉及平均值的时候,有必要确认一下时间间隔的长度。

举个例子,顾客有一个由 CPU 饱和(调度器延时)造成的性能问题,但是他们的监测工具显示 CPU 使用率从来没有超过 80%。该监测工具显示的是 5 分钟内的平均值,掩盖了 CPU 在该周期内有持续几秒钟的 100%的使用率的事实。

衰退均值

衰退均值偶尔会在系统性能中使用。例子有 uptime(1)所汇报的系统"负载均值",和基于 Solaris 的系统的每个进程的 CPU 使用率。

衰退均值也是用时间间隔测量,但是最近时间的权重要比之前时间的权重高。这样做减小(衰减)了短期波动给平均值带来的影响。

关于这一内容的更多信息可参考第 6 章的 6.6 节中的负载均值部分。

2.8.3 标准方差、百分位数、中位数

标准方差和百分位数(例如,第 99 百分位数)是提供分布数据信息的统计技术。标准方差度量的是数据的离散程度,更大的数值表示着数据偏离均值(算术平均值)的程度越大。第 99 百分位数显示的是该点在分布上包含了 99%的数值。图 2.21 显示的是正态分布,有最小值和最大值。

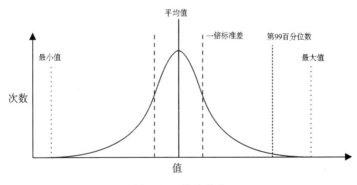

图 2.21 统计数值

诸如第 99、第 90、第 95 和第 99.9 百分位数都会在请求延时的性能监测时使用,对请求分布的最慢部分做量化。这些也可以用在服务水平协议(SLA)中,作为大多用户所能接受性能的衡量方法。

第 50 百分位数,叫做中位数,用以显示数据的大部分在哪里。

2.8.4 变异系数

标准方差是相对平均值而言的,当同时考虑方差和平均值时,变异就可以理解了。单独的标准方差 50 能告诉我们的很少,加上一个平均值 200 能告诉我们的就很多了。

还有一种方法是用一个指标表示变异的程度:标准方差相对于平均值的比例,称为变异系数(CoV 或 CV)。对于上述例子,CV 是 25%。更小的 CV 意味着数据更小的变异。

2.8.5 多重模态分布

前一节中有一个问题很明显:平均值、标准方差,以及百分位数都是针对正常分布或者说是单模态分布而言的。系统性能常常出现双模态的情况,对快速的代码路径是低延时、缓慢的代码路径是高延时的,或者对于缓存命中的情况是低延时、缓存失效的情况是高延时,也会有多于两种模态的情况。

图 2.22 显示的是读写混合(包含随机 I/O 和顺序 I/O)的工作负载下,磁盘 I/O 延时的分布情况。

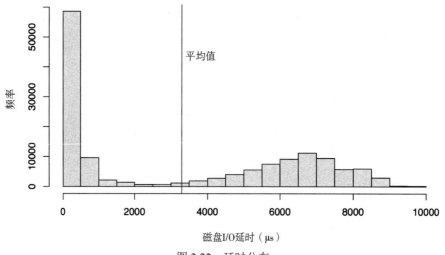

图 2.22 延时分布

直方图显示了两个模态。最左侧的模态是小于 1ms 的延时,这是磁盘缓存命中的情况。右侧的在 7ms 处有一个峰值,是磁盘缓存失效的情况:随机读。I/O 延时的平均值(算术平均)是 3.3ms,用垂直的线绘出。这个平均值并不是中心趋势的指向(像之前所述的那样),实际上,恰恰相反。对于这个分布,平均值这个指标有严重的误导性。

> 有人在渡平均深度 6 英寸的河流时淹死。
>
> W.I.E. 盖茨

每当你看到性能指标中的平均值,尤其是平均延时的时候,要问一下:分布是什么样的?在 2.10 节中有另一个例子,展示如何有效地用各种图和指标来显示分布。

2.8.6 异常值

统计的另一个问题是异常值的存在:有非常少量的极其高或低的数值,看起来并不符合所期望的分布(单一模态或多重模态)。

磁盘的 I/O 延时的异常值就是一个例子——当大多数磁盘 I/O 在 0 和 10ms 之间时,很偶然的情况磁盘 I/O 会出现超过 1000ms 的延时。像这样的异常延时会导致严重的性能问题,但是这些异常值的存在,除了最大值,很难用常用的指标类型识别出来。

对于正态分布,异常值的存在很可能会让平均值偏移一点,但是对中位数没什么影响(此点考虑可能有用)。用标准方差和第 99 百分位数能更好地识别异常值,但这还要取决于异常值出现的频率。

要更好地了解多重模态分布、异常值,以及其他复杂但是常见的现象,要用诸如直方图这样的办法来审视分布的整体情况。关于做这件事情更多的方法,可参考 2.10 节。

2.9 监视

系统性能监视记录一段时间内(一段时间序列)的性能统计数据,过去的记录可以和现在的做比较,这样能够找出基于时间的使用规律。这对容量规划、量化增长及显示峰值的使用情况都很有用。通过了解什么是"正常的"范围和过去曾经的平均值,历史数据还能够为理解性能指标的当前值提供上下文背景。

2.9.1 基于时间的规律

图 2.23、2.24 和 2.25 所绘的是云计算服务器文件系统不同时间跨度的操作数目读取的曲线,是基于时间规律的例子。

这些曲线单天的规律是在大约早上 8:00 的时候缓慢上升,在下午的时候会稍微下降一点,然后在晚上逐渐消退。长时间跨度的曲线显示的规律是周末读操作数目较低。在 30 天的曲线上能看到一些尖峰存在。

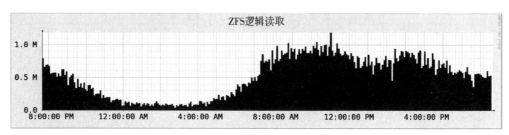

图 2.23　监视活动：一天

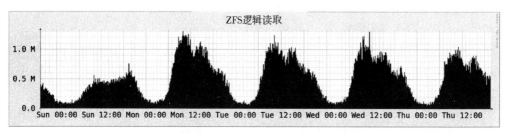

图 2.24　监视活动：五天

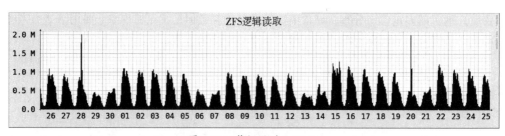

图 2.25　监视活动：30 天

从上面这些图里能看到的各种各样的活动周期通常也能在历史数据里找到，包括以下一些。

- **每小时**：应用程序环境每小时都会有事情发生，诸如监视和报告任务。这些事情以每 5 或 10 分钟周期执行也是很常见的。
- **每天**：每天使用规律会和工作时间（早 9:00 至晚 5:00）一致，如果服务是针对多个时区的话，时间会拉长。对于互联网服务，规律与世界范围内的用户活动的时间有关。其他每天的事务可能包括晚间的日志回滚以及备份。
- **每周**：和每天的规律一样，基于工作日和周末的每周的规律也可能存在。
- **每季度**：财务报告是按季度如期完成的。

负载的非规律性增长可能源于其他因素，例如在网站上发布新的内容。

2.9.2 监测产品

有很多的第三方性能监测产品。典型的功能包括数据存档和数据图表通过网页交互显示，还有提供可配置的警报系统。

一部分这样的操作是通过在系统上运行代理软件收集统计数据实现的。这些代理软件运行操作系统的监测工具（如 sar(1)）并处理输出（被认为是低效的，甚至会引起性能问题），或者直接链接到操作系统库和接口来读取统计数据。

还有的监测方法是用 SNMP 协议。系统只要支持 SNMP，就避免了在系统上运行客户端程序。

随着系统变得越来越分布式以及随着云计算的增长，你越发地需要监视大量的系统，很可能成千上万。这样的话，一个集中化的系统就变得尤其有用，可以通过一个界面监测到整个环境。

部分公司更倾向于开发自己的监测系统解决方案，这样可以更好地适应自身的客户环境和需求。

2.9.3 启动以来的信息统计

如果没有执行监测，至少还可以检查系统自带的自启动以来的信息统计，这些统计信息可以用于比对当前值。

2.10 可视化

可视化用看得见的方式来对数据做检查。这让我们能够识别规律并对规律做匹配。这是一种有效的方法，可确定不同指标源之间的相关性，这点难以用编程实现，但是用视觉的方法来做却很简单。

2.10.1 线图

线图是一类常见的基本的数据可视化方法。通常用于检查一段时间的性能指标，X 轴上标记显示的是时间。

图 2.26 就是一例，显示的是 20 秒内的磁盘 I/O 延时的平均值。这是在云生产环境运行 MySQL 数据库的服务器上测量得到的，此处的磁盘 I/O 延时怀疑是导致查询缓慢的原因。

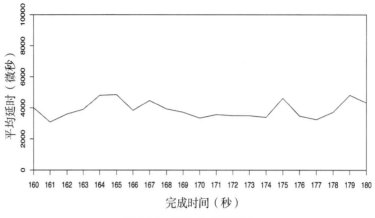

图 2.26　平均延时的线图

该线图显示的读取延时相对一致，都是在 4ms 左右，这个延时比对这些磁盘的预计值要高。

可以画多条线，在同一条 X 轴上显示相关的数据。每一块磁盘都可以单独画一条线，看看它们的性能是否相似。

统计的值也可以画在上面，以提供更多的数据分布信息。图 2.7 是同一时间段内的磁盘 I/O 情况，不过多了按每秒统计出的中位数、标准方差和百分位数的线。注意现在的 Y 轴值区间比之前的线图要大得多（8 倍）。

这就揭示了平均值比预期要大的原因：分布中含有高的延时 I/O。尤其是，如第 99 百分位数线所示，1% 的 I/O 超过了 20ms，中位数线也显示了所期望的 I/O 延时，在 1ms 左右。

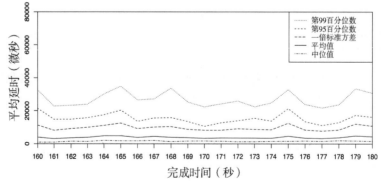

图 2.27　中位数、平均值、标准方差、百分位数

2.10.2　散点图

图 2.28 展示的是同一时间段内的磁盘 I/O 散点图，能看到所有的数据。每一次磁盘 I/O 都

按照对应 X 轴的完成时间和 Y 轴的延时值标记为一个点。

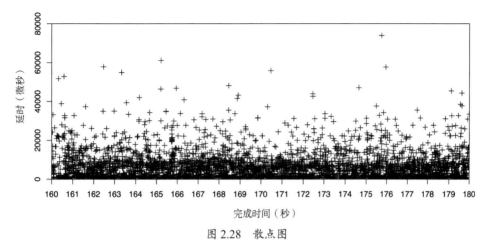

图 2.28 散点图

现在，延时的平均值要高于预期的原因就一目了然了：有许多磁盘 I/O 的延时是 10ms、20ms，甚至超过了 50ms。散点图显示了所有的数据，揭示了这些异常值的存在。

绝大多数 I/O 都是毫秒级别的，接近 X 轴。这里散点图的解析度就有问题了，点和点重叠在一起难以分辨。数据越多问题就变得越糟：想象一下为云计算绘图的情景，会有成千上万的数据点画在散点图上。还有就是对这些点都要做收集和处理：对应每一次 I/O 的 X 轴和 Y 轴坐标。

2.10.3 热图

热图通过把 X 和 Y 轴的区域分组量化，能够解决散点图的扩展问题，所分成的组称为"桶"。这些"桶"是涂色的，颜色是依据落在 X 和 Y 轴区域内的事件数目而定的。这样量化既解决了散点图可视化密度上的限制，又使得热图不管显示的是单个系统还是成千上万个系统，都可以用一样的方法。热图还能用来分析延时、使用率，以及其他指标[Gregg 10a]。

与之前同样的数据集用热图来显示，如图 2.29 所示。

高延时的异常值位于热图高处的块内，因为淡色表示 I/O 较少（通常只有单个 I/O）。大量数据包含的规律开始呈现，这是散点图无法看到的。

完整版的秒级别的磁盘 I/O 跟踪统计数据(并非之前那个)展示在图 2.30 的热图中。

虽然时间范围扩展到了原来的九倍，热图依然具有可读性。在大部分范围内可以看的出双模态的分布，一部分的 I/O 返回近乎零延时（磁盘缓存命中），其他的是略小于 1ms 的延时（磁盘缓存失效）。

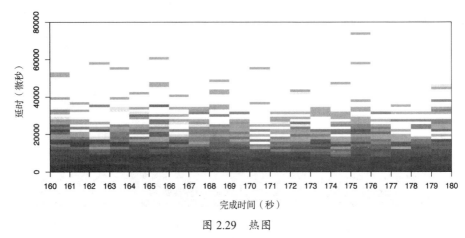

图 2.29　热图

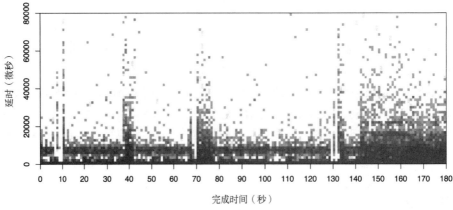

图 2.30　热图：完整版

热图的一个问题是它并不像线图那么直观，因此，用户需要对其有一定的了解才能有效地使用它们。

在本书后面部分还会有其他各种热图的例子。

2.10.4　表面图

表面图是一种三维的表示，呈现的是一个三维的平面。当三维值从一个点到另一个点不会频繁剧烈变动的时候，表面图效果最好，表面会有起伏的山丘。表面图的效果常常像是一个线框模型。

图 2.31 展示的是一个线框状的 CPU 使用率的表面图。这是一个 60s 时长的 CPU 每秒使用率值，来自于许许多多的服务器（这是一个数据中心 300 台物理服务器和 5312 颗 CPU 图的局部）。

每一台服务器都是由 16 颗 CPU 作为行在表面图上表示的，60 秒的每秒使用率的测量值作为列，表面的高度就是使用率的值。也可以用颜色来反映使用率的值。如果需要的话，色度和饱和度也能被用上，为可视化增加第四和第五维度的数据值。（如果有足够的分辨率，还有办法显示第六个维度）。

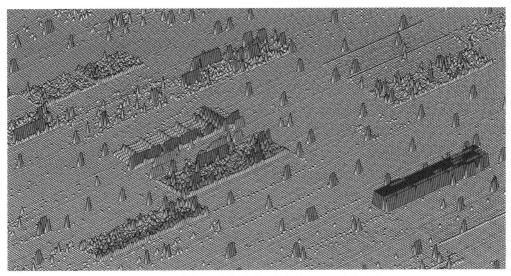

图 2.31 线框形的表面图：数据中心 CPU 使用率

这些 16×60 的服务器矩形，在表面映射为一个棋盘。即使没有标记，一些服务器的矩形也能在图像上识别出来。右侧的一块凸起的高地显示这些 CPU 几乎都处于 100%使用率的状态。

用网格线强调了高度的细微变化。可以看到一些淡淡的线，表示单个 CPU 恒定地处于低使用率的状态（很小的百分比）。

2.10.5 可视化工具

由于图形支持有限，UNIX 的性能分析过去总是着重于使用基于文本的工具。这类工具可以用一个登录会话很快执行并且实时汇报数据。过去的可视化很耗时，而且通常需要一个跟踪-汇报的周期。当处理紧急的性能问题时，你能得到性能指标的速度会变得很关键。

现代的可视化工具可以通过浏览器和移动设备实时地展现系统的性能。有许多产品能做到这一点，还有很多产品能够监视你的整个云环境，如 Joyent 公司的云分析、基于 DTrace 的云分析工具，这些产品都提供了包括延时热图的实时可视化功能。

2.11 练习

1. 回答下列关键性能术语的问题：
   - 什么是 IOPS？
   - 什么是使用率和饱和度？
   - 什么是延时？
   - 什么是微基准？
2. 选择五种方法应用到你的环境里（或者是构想的环境）。确定它们执行的顺序，并且解释选择这些方法的原因。
3. 总结把平均延时作为唯一的性能指标会有哪些问题。这些问题能够通过加入第 99 百分位数得到解决吗？

2.12 参考

[Amdahl 67]	Amdahl, G. "Validity of the Single Processor Approach to Achieving Large Scale Computing Capabilities." AFIPS, 1967.
[Jain 91]	Jain, R. *The Art of Computer System Performance Analysis: Techniques for Experimental Design, Measurement, Simulation and Modeling.* Wiley, 1991.
[Cockcroft 95]	Cockcroft, A. *Sun Performance and Tuning.* Prentice Hall, 1995.
[Gunther 97]	Gunther, N. *The Practical Performance Analyst.* McGraw-Hill, 1997.
[Wong 97]	Wong, B. *Configuration and Capacity Planning for Solaris Servers.* Prentice Hall, 1997.
[Elling 00]	Elling, R. *Static Performance Tuning.* Sun Blueprints, 2000.
[Millsap 03]	Millsap, C., and J. Holt. *Optimizing Oracle Performance.* O'Reilly, 2003.
[McDougall 06b]	McDougall, R., J. Mauro, and B. Gregg. *Solaris Performance and Tools: DTrace and MDB Techniques for Solaris 10 and OpenSolaris.* Prentice Hall, 2006.

[Schlossnagle 06]	Schlossnagle, T. *Scalable Internet Architectures*. Sams Publishing, 2006.
[Gunther 07]	Gunther, N. *Guerrilla Capacity Planning*. Springer, 2007.
[Allspaw 08]	Allspaw, J. *The Art of Capacity Planning*. O'Reilly, 2008.
[Gregg 10a]	Gregg, B. "Performance Visualizations." USENIX LISA invited talk, 2010.
[Gregg 13]	Gregg, B. "Thinking Methodically about Performance," *Communications of the ACM*, February 2013.
[1]	www.telegraph.co.uk/technology/news/8753784/The-300m-cable-that-will-save-traders-milliseconds.html
[2]	https://github.com/brendangregg/PerfModels
[3]	www.r-project.org
[4]	http://dtrace.org/blogs/brendan/2011/12/18/visualizing-device-utilization

第 3 章

操作系统

了解操作系统和它的内核对于系统性能分析是至关重要的。你会经常需要进行针对系统行为的开发和测试，如系统调用是如何执行的、CPU 是如何调度线程的、有限大小的内存是如何影响性能的，或者是文件系统是如何处理 I/O 的，等等。这些行为需要你应用自己掌握的操作系统和内核知识。

本章提供了一个关于操作系统和内核知识的概览，为本书的后面章节做知识储备。如果你没有学过操作系统课程，那么这一章就是你的突击课。留心你所缺失的知识，因为在最后还有一门考试（我开玩笑的，仅仅是测试而已）。关于更多的内核知识，可以参考本章的引用和本书的参考文献。

本章分为两部分：

- **背景知识** 介绍术语和操作系统基础。
- **内核** 总结 Linux 和基于 Solaris 的内核。

与性能相关的事情，包括 CPU 调度、内存、磁盘、文件系统、网络和众多的性能工具，在后续各章有更为详尽的阐述。

3.1 术语

作为参考，下面是本书会用到的与操作系统相关的核心术语。

- **操作系统**：这里指的是安装在系统上的软件和文件，使得系统可以启动和运行程序。操作系统包括内核、管理工具，以及系统库。
- **内核**：内核是管理系统的程序，包括设备（硬件）、内存和 CPU 调度。它运行在 CPU 的特权模式，允许直接访问硬件，称为内核态。
- **进程**：是一个 OS 的抽象概念，是用来执行程序的环境。程序通常运行在用户模式，通过系统调用或自陷来进入内核模式（例如，执行设备 I/O）。
- **线程**：可被调度的运行在 CPU 上的可执行上下文。内核有多个线程，一个进程有一个或多个线程。
- **任务**：一个 Linux 的可运行实体，可以指一个进程（含有单个线程），或一个多线程的进程里的一个线程，或者内核线程。
- **内核空间**：内核的内存地址空间。
- **用户空间**：进程的内存地址空间。
- **用户空间**：用户级别的程序和库（/usr/bin、/usr/lib……）。
- **上下文切换**：内核程序切换 CPU 让其在不同的地址空间上做操作（上下文）。
- **系统调用**：一套定义明确的协议，为用户程序请求内核执行特权操作，包括设备 I/O。
- **处理器**：不要与进程混淆[1]，处理器是包含有一颗或多颗 CPU 的物理芯片。
- **自陷**：信号发送到内核，请求执行一段系统程序（特权操作）。自陷类型包括系统调用、处理器异常，以及中断。
- **中断**：由物理设备发送给内核的信号，通常是请求 I/O 服务。中断是自陷的一种类型。

如果需要，关于本章，还有更多的术语以供参考，包括：地址空间、缓冲、CPU、文件描述符、POSIX，以及寄存器。

3.2 背景

后面的各节将讲述操作系统的概念和内核的一般性知识。具体的内核间的差异会在后面介绍。

3.2.1 内核

内核管理着 CPU 调度、内存、文件系统、网络协议，以及系统设备（磁盘、网络接口，等

---

[1] 译者注——处理器为 processor，进程为 process，原文本意为两者英文形似。

等）。通过系统调用提供访问设备和内核服务的机制。图 3.1 就是内核的角色图。

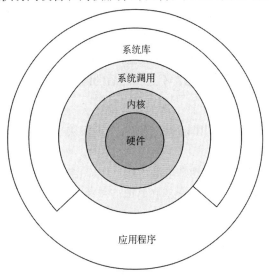

图 3.1　操作系统内核的角色

从图中还可以看到系统库，较之只使用系统调用，系统库提供的编程接口通常更为丰富和简单。应用程序包括所有运行在用户级别的软件，有数据库、Web 服务器、管理员工具和操作系统的 shell。

此处系统库所画的环有一个缺口，表示应用程序是可以直接进行系统调用的（如果操作系统允许）。传统意义上，这张图的环是封闭的，表示从位于中心的内核起，特权级别逐层降低（该模型源于 Multics[Graham 68]，是 UNIX 的前身）。

内核执行

内核是一个庞大的程序，通常有几十万行代码。内核的执行主要是按需的，例如，当用户级别的程序发起一次系统调用，或者设备发送一个中断时。一些内核线程会异步地执行一些系统维护的工作，其中可能包括内核时钟程序和内存管理任务，但是这些都是轻量级的，只占用很少的 CPU 资源。

I/O 执行频繁的工作负载，如 Web 服务器，会经常执行在内核上下文中。计算密集型的工作负载则会尽量地不打扰内核，因此它们能不中断地在 CPU 上运行。你很可能会想内核是无法影响到这些工作负载的性能的，但是在许多情况下，确实会影响。最明显的例子就是 CPU 竞争，这时其他的线程在争夺 CPU 资源，而内核调度器需要决定哪个线程会运行、哪个会等待。内核还要选择线程运行在哪颗 CPU 上，内核会选择硬件缓存更热或者对于进程内存本地性更好的 CPU，以显著地提升性能。

时钟

经典的 UNIX 内核的一个核心组件是 clock() 例程，从一个计时器中断执行。历史上它每秒执行次数为 60 100 或 1000 次，[2] 每次执行称为一次 tick。功能包括更新系统时间、计时器和线程调度时间片的到时结束、维护 CPU 统计数据，以及执行 callout（内核调度例程）。

有关时钟曾经存在过一些性能问题，不过在之后的内核中都得到了改进。

- **tick 延时**：对于 100Hz 的时钟，因为要等待下一个 tick 做处理，遇到的延时可能会长达 10ms。这一问题已经用高精度的实时中断解决了，执行可以立即发生而不需要等待。
- **tick 开销**：现代的处理器有动态电源功能，可以在空闲的时候降低耗能。clock 例程会打断这个过程，空闲的系统也会不必要地消耗功率。Linux 采用了动态 tick，这样当系统空闲时，计数器例程（clock）不启动。

现代内核已经把许多功能移出了 clock 例程，放到了按需中断中，这是为了努力创造无 tick 内核。包括 Linux 在内，clock 例程，即系统计时器中断，除了更新系统时钟和更新 jiffies 计数器之外，执行的工作很少（jiffies 是 Linux 的时间单元，与 tick 类似）。

内核态

内核是唯一运行在特殊 CPU 模式的程序，这一特殊的 CPU 模式叫做内核态，在这一状态下，设备的一切访问以及特权指令的执行都是被允许的。由内核来控制设备的访问，用以支持多任务处理，除非明确允许，否则进程之间和用户之间的数据是无法彼此访问的。

用户程序（进程）运行在用户态，对于内核特权操作（例如 I/O）的请求是通过系统调用传递的。执行系统操作，执行会做上下文切换从用户态到内核态，然后用更高的特权级别执行，如图 3.2 所示。

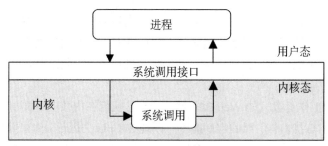

图 3.2 系统调用执行模式

---

2 其他的频率还有 Linux 2.6.13 的 250 次，以及 OSF/1 的 1024 次 [RFC 1589]。

无论是用户态还是内核态，都有自己的软件执行上下文，包括栈和寄存器。在用户态执行特权指令会引起异常，这会由内核来妥善处理。

在这些状态切换上下文是会耗时的（CPU 周期），这对每次 I/O 都增加了一小部分的时间开销。有些服务，如 NFS，会用内核态的软件来进行实现（而不是用户态的守护进程），这样从设备来回执行 I/O 的时候才无须上下文切换到用户态。

上下文切换也会发生在不同进程之间，例如 CPU 调度时。

3.2.2 栈

栈用函数和寄存器的方式记录了线程的执行历史。使用栈令 CPU 可以高效地处理函数执行。

当函数被调用时，CPU 当前的寄存器组（保存 CPU 状态）会存放在栈里，在顶部会为线程的当前执行添加一个新的栈帧。函数通过调用 CPU 指令 "return" 终止执行，从而清除当前的栈，执行会返回到之前的栈，并恢复相应的状态。

栈检查是一个对于调试和性能分析非常宝贵的工具。栈可以显示通往当前的执行状态的调用路径，这一点常常可以解释为什么某些事情会被执行。

如何读栈

下面的内核栈示例（来自 Linux）显示了 TCP 传输的调用路径，正如调试工具打印出来的信息那样：

```
kernel`tcp_sendmsg+0x1
kernel`inet_sendmsg+0x64
kernel`sock_aio_write+0x13a
kernel`do_sync_write+0xd2
kernel`security_file_permission+0x2c
kernel`rw_verify_area+0x61
kernel`vfs_write+0x16d
kernel`sys_write+0x4a
kernel`sys_rt_sigprocmask+0x84
kernel`system_call_fastpath+0x16
```

栈的顶部通常出现在第一行。在这个例子里，第一行包含了 `tcp_sendmsg`——当前执行函数的名字。函数名字的左侧和右侧是调试器提供的细节信息：内核模块的位置（`kernel`）和指令的偏移量（0x1，这指的是函数内指令的地址）。

函数称为 `tcp_sendmsg()`，它的父函数能在它下面看到：`inet_sendmsg()`。这个函数的父函数也在它下面：`sock_aio_wirte()`。通过自上而下阅读栈，能看到全部的调用历史：函数、父函数、祖父函数，依此类推。或者，自下而上阅读，你能跟踪执行到当前函数的路径：我们是怎么到这里的。

由于栈揭示出的内部路径源于源代码，除了代码之外，这些函数没有任何文档。对应这个例子里栈的是 Linux 内核的源代码。除非，函数是某一 API 的一部分而且有公开的文档。

用户栈和内核栈

在执行系统调用时，一个进程的线程有两个栈：一个用户级别的栈和一个内核级别的栈，它们的范围如图 3.3 所示。

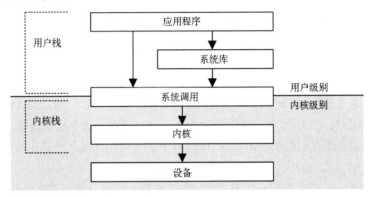

图 3.3 用户栈和内核栈

线程被阻塞时，用户级别的栈在系统调用期间并不会改变，当执行在内核上下文时，线程用的是一个单独的内核级别的栈。（此处有一个例外，信号处理程序取决于其配置，可以借用用户级别的栈。）

3.2.3 中断和中断线程

除了响应系统调用外，内核也要响应设备的服务请求，这称为中断，它会中断当前的执行，如图 3.4 所示。

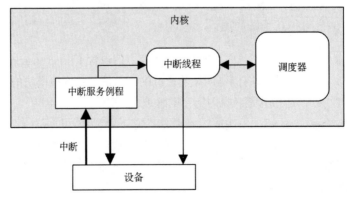

图 3.4 中断处理

中断服务程序（interrupt service routine）需要通过注册来处理设备中断。这类程序的设计要点是需要运行得尽可能快，以减少对活动线程中断的影响。如果中断要做的工作不少，尤其是还可能被锁阻塞，那么最好用中断线程来处理，由内核来调度。

怎样实施取决于内核的版本。对于 Linux 而言，设备驱动分为两半，上半部用于快速处理中断，到下半部的调度工作在之后处理[Corbet 05]。上半部快速处理中断是很重要的，因为上半部运行在中断禁止模式（interrupt-disabled mode），会推迟新中断的产生，如果运行的时间太长，就会造成延时问题。下半部可以作为 *tasklet* 或者工作队列，之后由内核做线程调度，如果需要也可休眠。如果有较多的工作要做，基于 Solaris 的系统会把中断放在中断线程里[McDougall 06a]。

从中断开始到中断被服务之间的时间叫做中断延时（interrupt latency），这主要取决于实现。有专门研究实时或低延时系统的学科。

3.2.4 中断优先级

中断优先级（interrupt priority level，IPL）表示的是当前活跃的中断服务程序的优先级。中断优先级是在中断信号发出时从处理器读取的，如果读到的级别要高于当前执行的中断（如果有），那么该中断成功；否则，该中断会排队以待之后运行。这就避免了高优先级的工作被低优先级的工作打断的问题。

图 3.5 显示的是一个 IPL 范围的示例，内核服务作为中断线程的 IPL，范围为 1～10。

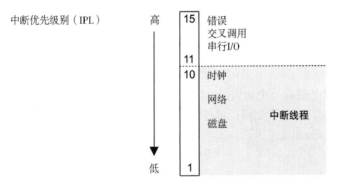

图 3.5 中断优先级范围

串行 I/O 的中断优先级很高，这是因为硬件的缓冲通常很小，需要快速服务以避免溢出。

3.2.5 进程

进程是用以执行用户级别程序的环境。它包括内存地址空间、文件描述符、线程栈和寄存器。从某种意义上说，进程像是一台早期电脑的虚拟化，里面只有一个程序在执行，用着自己的寄存器和栈。

进程可以让内核进行多任务处理，使得在一个系统中可以执行着上千个进程。每一个进程用它们的进程 ID 做识别（process ID，PID），每一个 PID 都是唯一的数字标示符。

一个进程中包含有一个或多个线程，操作在进程的地址空间内并且共享着一样的文件描述符（标示打开文件的状态）。线程是一个可执行的上下文，包括栈、寄存器，以及程序计数器。多线程让单一进程可以在多个 CPU 上并发地执行。

进程创建

正常情况下进程是通过系统调用 fork( ) 来创建的。fork( ) 用自己的进程号创建自身进程的一个复制，然后调用系统调用 exec( ) 才能开始执行不同的程序。

图 3.6 展示的一个 shell（sh）执行 ls 命令的进程创建过程。

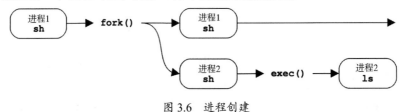

图 3.6　进程创建

系统调用 fork( ) 可以用写时拷贝（copy-on-write，COW）的策略来提高性能。这会添加原有地址空间的引用而非把所有内容都复制一遍。一旦任何进程要修改被引用的内存，就会针对修改建立一个独立的副本。这一策略推迟甚至消除了对内存拷贝的需要，从而减少了内存和 CPU 的使用。

进程生命周期

图 3.7 展示的就是进程的生命周期。这是一个简化的示意图，对于现代多线程操作系统还会有线程的调度和执行，关于如何把这些映射成进程状态还有一些实现的细节（作为参考，可阅读你内核代码的 proc.h 文件）。

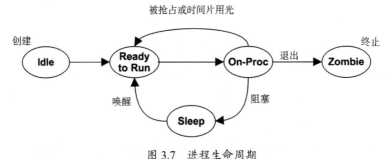

图 3.7　进程生命周期

on-proc 状态是指进程运行在处理器（CPU）上。ready-to-run 状态是指进程可以运行，但还在 CPU 的运行队列里等待 CPU。I/O 阻塞，让进程进入 sleep 状态直到 I/O 完成进程被唤醒。zombie 状态发生在进程终止，这时进程等待自己的进程状态被父进程读取，或者直至被内核清除。

进程环境

图 3.8 展示的是进程环境，包括进程地址空间内的数据和内核里的元数据（上下文）。

内核上下文包含了各种进程的属性和统计信息：它的进程 ID（PID）、所有者的用户 ID（UID），以及各种类型的时间。这些通常用 ps(1) 命令来检查。还有一套文件描述符，指向的是打开的文件，这些文件为线程之间所共享（通常来说）。

图 3.8 画了两个线程，每一个线程都有一些元数据，包括在内核上下文里自己的优先级以及在用户地址空间里自己的栈。这幅图并没有按比例绘制，相对于进程地址空间内核上下文的大小是很小的。

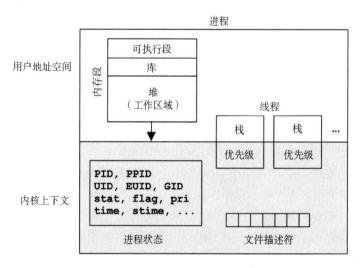

图 3.8　进程环境

用户地址空间包括进程的各种内存段：可执行文件、库和堆，参见第 7 章。

3.2.6　系统调用

系统调用请求内核执行特权的系统例程。可用的系统调用数目是数百个，但需要努力确保这一数目尽可能地小，以保持内核简单（UNIX 的理念，[Thompson 78]）。更为复杂的接口应该作为系统库构建在用户空间中，在那里开发和维护更为容易。

需要记住的关键的系统调用列在了表 3.1 中。

表 3.1 关键系统调用

系统调用	描述
read()	读取字节
write()	写入字节
open()	打开文件
close()	关闭文件
fork()	创建新进程
exec()	执行新程序
connect()	连接到网络主机
accept()	接受网络连接
stat()	获取文件统计信息
ioctl()	设置 I/O 属性，或者做其他事情
mmap()	把文件映射到内存地址空间
brk()	扩展堆指针

系统调用都有很好的文档，每个系统调用都有一个 Man 手册，通常随操作系统一起。一般而言，它们的接口简单且一致，接口里包括设置一个特殊的变量，`errno`，出现错误时可用以指示错误及其类型。

这些系统调用的目的都很明显。下面是一些常见但可能不太明显的用法。

- `ioctl()`：这个系统调用用于向内核请求各种各样的操作，特别是针对系统管理工具，这是另一个系统调用不适合的。参见下面的例子。
- `mmap()`：这个系统调用通常用来把可执行文件和库以及内存映射文件映射到进程的地址空间。有时候会替代基于 `brk()` 的 `malloc()` 对进程的工作内存做分配，以减少系统调用的频率，提升性能（并不总是这样，内存映射管理会做一些权衡）。
- `brk()`：这个系统调用用于延伸堆的指针，该指针定义了进程工作内存的大小。这个操作通常是由系统内存分配库执行的，当调用 `malloc()`（内存分配）不能满足堆内现有空间时发生。参见第 7 章。

如果你对某个系统调用不熟悉，可以从它的 Man 手册了解更多信息（Man 手册的第 2 节：syscalls 中）。

系统调用 `ioctl()` 是学习起来最困难的，因为它本身用法太过多样。举一个例子，Linux 的 `perf(1)` 工具（在第 6 章中有介绍）执行特权指令来协调性能监测点。并非对每一个行为都添加一个系统调用,而是只添加一个系统调用:perf_event_open(),它会用ioctl()返回一个文件描述符。用不同的参数调用ioctl()会执行不同行为。例如,ioctl(fd, PERF_EVENT_IOC_ENABLE)能开启监测点。在这种情况下,开发人员可以很容易地对参数 PERF_EVENT_IOC_ENABLE 做添加和修改。

3.2.7 虚拟内存

虚拟内存是主存的抽象,提供进程和内核,它们自己的近乎是无穷的和私有的主存视野。支持多任务处理,允许进程和内核在它们自己的私有地址空间做操作而不用担心任何竞争。它还支持主存的超额使用,如果需要,操作系统可以将虚拟内存在主存和二级存储(磁盘)之间映射。

图 3.9 显示的是虚拟内存的作用。一级存储是主存(RAM),二级存储是存储设备(磁盘)。

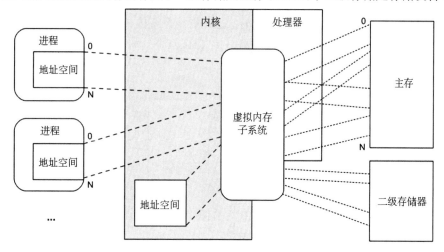

图 3.9 虚拟内存地址空间

是处理器和操作系统的支持使得虚拟内存成为可能,它并不是真实的内存。多数操作系统仅仅在需要的时候将虚拟内存映射到真实内存上,即当内存首次被填充(写入)时。

关于更多虚拟内存的内容,参考第 7 章。

3.2.8 内存管理

当虚拟内存用二级存储作为主存的扩展时,内核会尽力保持最活跃的数据在主存中。有以下两个内核例程做这件事情。

- **交换**：让整个进程在主存和二级存储之间做移动。
- **换页**：移动称为页的小的内存单元（例如，4KB）。

swapping 是原始的 UNIX 方法，会引起严重的性能损耗。paging 是更高效的方法，经由换页虚拟内存的引入而加到了 BSD 中。两种方法，最近最少使用（或最近未使用）的内存被移动到二级存储，仅在需要时再次搬回主存。

在 Linux 里，术语 swapping 用于指代 paging。Linux 内核是不支持（老的）UNIX 风格的整体线程和进程的 swapping 的。

关于 paging 和 swapping，可参考第 7 章。

3.2.9 调度器

UNIX 及其衍生的系统都是分时系统，通过划分执行时间，让多个进程同时运行。进程在处理器上和 CPU 间的调度是由调度器完成的，这是操作系统内核的关键组件。图 3.10 展示了调度器的作用，调度器操作线程（Linux 中是任务（task）），并将它们映射到 CPU 上。

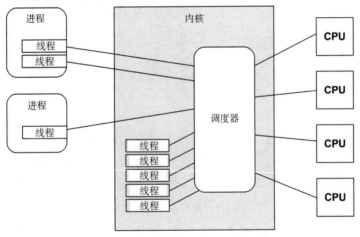

图 3.10　内核调度器

调度器基本的意图是将 CPU 时间划分给活跃的进程和线程，而且维护一套优先级的机制，这样更重要的工作可以更快地执行。调度器会跟踪所有处于 ready-to-run 状态的线程，传统意义上每一个优先级队列都称为运行队列 [Bach 86]。现代内核会为每个 CPU 实现这些队列，也可以用除了队列以外的其他数据结构来跟踪线程。当需要运行的线程多于可用的 CPU 数目时，低优先级的线程会等待直到轮到自己。多数的内核线程运行的优先级要比用户级别的优先级高。

调度器可以动态地修改进程的优先级以提升特定工作负载的性能。工作负载可以做以下分类。

- CPU 密集型：应用程序执行繁重的计算，例如，科学和数学分析，通常运行时间较长（秒、分钟、小时）。这些会受到 CPU 资源的限制。
- I/O 密集型：应用程序执行 I/O，计算不多，例如，Web 服务器、文件服务器，以及交互的 shell，这些需要的是低延时的响应。当负载增加时，会受到存储 I/O 或网络资源的限制。

调度器能够识别 CPU 密集型的进程并降低它们的优先级，可以让 I/O 密集型工作负载（需要低延时响应）更快地运行。计算最近的计算时间（在 CPU 上执行时间）与真实时间（逝去时间）的比例，通过降低高（计算）比例的进程的优先级就可以达到这一目的[Thompson 78]。这一机制更优先选择那些经常执行 I/O 的短时运行进程，包括与人类交互的进程在内。

现代内核支持多类别调度，对优先级和可运行线程的管理实行不同的算法。其中包括实时调度类别，该类别的优先级要高于所有非关键工作的优先级（甚至包括内核线程）。还有抢占的支持（稍后会讲述），实时调度级别对实时系统提供低延时的调度。

关于内核调度和其他调度级别的内容，可参考第 6 章。

3.2.10 文件系统

文件系统是作为文件和目录的数据组织。有一个基于文件的接口用于访问，该接口通常是基于 POSIX 标准的。内核能够支持多种文件系统类型和实例。提供文件系统支持是操作系统最重要的作用之一，曾经被描述为是最为重要的作用[Ritchie 74]。

操作系统提供了全局的文件命名空间，组织成为一个以根目录（"/"）为起点，自上而下的拓扑结构。通过挂载（mounting）可以添加文件系统的树，把自己的树挂在一个目录上（挂载点）。这使得遍历文件命名空间对于终端用户是透明的，不用考虑底层的文件系统类型。

图 3.11 是一个典型的操作系统的组织图。

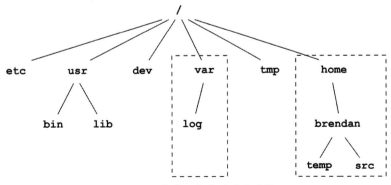

图 3.11 操作系统文件的层次结构

顶层的目录包括：etc 放系统配置文件，usr 是系统提供的用户级别的程序和库，dev 是设备文件，var 是包括系统日志在内的各种文件，tmp 是零时文件，home 是用户的 home 目录。在图中所示的示例中，var 和 home 可以是在自身的文件系统实例里，位于不同的存储设备中；然而，它们能像这个树的其他部分一样，做同样的访问。

多数文件系统使用存储设备（磁盘）来存放内容。某些文件系统类型是由内核动态生成的，诸如/proc 和/dev。

VFS

虚拟文件系统（virtual file system，VFS）是一个对文件系统类型做抽象的内核界面，起源于 Sun Microsystems 公司，最初的目的是让 UNIX 文件系统（UFS）和 NFS 能更容易地共存。VFS 的作用见图 3.12。

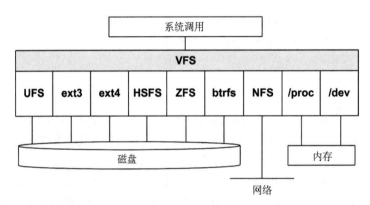

图 3.12　虚拟文件系统

VFS 接口让内核添加新的文件系统时更加简单。之前的图中也表述过，VFS 也支持全局的文件命名空间，用户程序和应用程序能透明地访问各种类型的文件系统。

I/O 栈

基于存储设备的文件系统，从用户级软件到存储设备的路径被称为 I/O 栈。这是之前说过的整个软件栈的一个子集。一般的 I/O 栈如图 3.13 所示。

第 8 章会详细地介绍文件系统和各文件系统的性能，关于它们所构建其上的存储设备的内容将在第 9 章介绍。

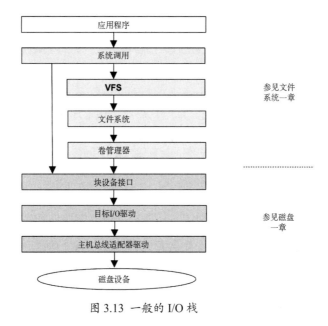

图 3.13 一般的 I/O 栈

3.2.11 缓存

由于磁盘 I/O 的延时较长，软件栈中的很多层级通过缓存读取和缓存写入来试图避免这一点。可以包括的缓存如表 3.2 所示（按可以用于核对的顺序排列）。

表 3.2 磁盘 I/O 缓存层级示例

缓存	实例
应用程序缓存	—
服务器缓存	Apache 缓存
缓存服务器	memcached
数据库缓存	MySQL 缓冲区高速缓存
目录缓存	DNLC
文件元数据缓存	inode 缓存
操作系统缓冲区高速缓存	segvn
文件系统主缓存	ZFS ARC
文件系统次缓存	ZFS L2ARC
设备缓存	ZFS vdev
块缓存	缓冲区高速缓存
磁盘控制器缓存	RAID 卡缓存

续表

缓存	实例
存储阵列缓存	—
磁盘内置缓存	—

举个例子，缓冲区高速缓存是主存的一块区域，用于存放最近使用的磁盘块，如果请求的块在，磁盘读取就能立即完成，避免了高延时的磁盘 I/O。

基于不同的系统和环境，缓存的类型会有较大的不同。

3.2.12　网络

现代内核提供一套内置的网络协议栈，能够让系统用网络进行通信，成为分布式系统环境的一部分。栈指的是 TCP/IP 栈，这个命名源自最常用的 TCP 协议和 IP 协议。用户级别应用程序通过称为套接字的编程端点跨网络通信。

连接网络的物理设备是网络接口，一般使用网络接口卡（network interface card，NIC）。系统管理员的一个常规操作就是把 IP 地址关联到网络接口上，这样才能用网络进行通信。

网络协议不经常变化，但是协议的增强和选项会变化，诸如新的 TCP 选项和新的 TCP 阻塞控制算法需要内核支持。另一个可能的变化是对于不同的网络接口卡的支持，需要内核有新设备的驱动。

关于网络和网络性能更多的内容，可参考第 10 章。

3.2.13　设备驱动

内核必须和各种各样的物理设备通信。这样的通信可以通过使用设备驱动达成。设备驱动是用于设备管理和设备 I/O 的内核软件。设备驱动常常由开发硬件设备的厂商提供。某些内核支持"可插拔"的设备驱动，这意味着不需要系统重启就可以装载或卸载这些设备驱动。

设备驱动提供给设备的接口有字符接口也有块接口。字符设备，也称为原始设备，提供无缓冲的设备顺序访问，访问可以是任意 I/O 尺寸的，也可以小到单一字符，取决于设备本身。这类设备包括键盘和串行口（对于最早的 UNIX，还有纸带和行打印机）。

块设备所执行的 I/O 以块为单位，从前一直是一次 512B。基于块的偏移值可以随机访问，偏移值在块设备的头部以 0 开始计数。对于最早的 UNIX，块设备接口还为设备的缓冲区提供缓存来提升性能，这相对于主存来说，称为缓冲区高速缓存。

3.2.14　多处理器

支持多处理器使得操作系统可以用多个 CPU 实体来并行地执行工作。通常实现成为对称多处理结构（symmetric multiprocessing，SMP），对所有的 CPU 都是平等对待的。这在技术上是很难实现的，因为并行运行的线程间访问与共享内存和 CPU 会遇到不少问题。关于调度和线程同步的细节，可参考第 6 章，关于内存访问和架构的细节，参考第 7 章。

CPU 交叉调用

多处理器的系统，时常会出现 CPU 需要协调的情况，如内存翻译条目的缓存一致性（通知其他 CPU，如果缓存了这一条目，现在失效了）。CPU 可以通过 CPU 交叉调用去请求其他 CPU，或者所有 CPU 去立即执行这类工作。交叉调用被设计成了能快速执行的处理器中断，以最小化对其他线程中断的影响。

抢占也可以使用交叉调用。

3.2.15 抢占

支持内核抢占让高优先级的用户级别的线程可以中断内核并执行。这让实时系统成为可能——这些系统有着严格的响应时间要求。支持抢占的内核称为完全可抢占的，虽然实际上还是会有少量的关键代码路径是不能中断的。

Linux 所支持的一种方法是自愿内核抢占，在内核代码中的逻辑停止点可以做检查并执行抢占。这就避免了完全抢占式内核的某些复杂性，对于常见工作负载提供低延时的抢占。

3.2.16 资源管理

操作系统会提供各种各样可配置的控制，用于精调系统资源，如 CPU、内存、磁盘，以及网络等。这些资源控制，能用在跑不同应用程序的系统或者租户环境（云计算）上来管理性能。这类的控制可以对每个进程（或者进程组）设定固定的资源使用限制，或者采用更灵活的方法——允许剩余的资源用于共享。

UNIX 和 BSD 的早期版本有基本的基于每个进程的资源控制，包括用 `nice(1)` 调整 CPU 优先级和用 `ulimit(1)` 对某些资源做限定。

基于 Solaris 的系统从 Solaris 9（2002）起就提供了先进的资源管理，其文档参见 `resources_controls(5)` 的 Man 手册。

Linux 则是开发了控制组（control groups，cgroups）并将其整合进了 2.6.24（2008 年），还为此添加了各种控件，这些都记录在内核源码的 Documentation/cgroups 中。

后续各章会在合适的时候讲述具体的资源控制。第 11 章就有一个关于管理 OS 虚拟化租户性能的用例。

3.2.17 观测性

操作系统由内核、库和程序组成。这些程序包括观测系统活动和性能分析的工具,通常安装在/usr/bin 和/usr/sbin 目录下。用户也可以安装第三方工具到系统上以提供额外的观测。

观测工具,以及基于操作系统组件构建的观测工具会在下一章做介绍。

3.3 内核

本节介绍基于 Solaris 系统的内核和 Linux 的内核(按照年代顺序),它们的历史以及特点,以性能为着重点探讨两者的区别。UNIX 作为背景知识也会有所介绍。

现代内核之间有一些显著的区别,包括它们支持的文件系统(参见第 8 章)和它们所提供的观测框架(参见第 4 章)。还有就是它们的系统调用(syscall)界面、网络栈的架构、对实时的支持,以及 CPU、磁盘和网络 I/O 的调度。

表 3.3 展示的是近期的一些内核版本,以及在它们系统 man 页码第 2 部分的系统调用的数目。这是一个粗略的比较,但是足以看出区别。

表 3.3 内核版本和系统调用数目

内核版本	系统调用总数
Linux 2.6.32-21-server	408
Linux 2.6.32-220.el6.x86_64	427
Linux 3.2.6-3.fc16.x86_64	431
SunOS 5.9	221
SunOS 5.10	218
SunOS 5.11	142

其中有文档记录的系统调用,通常更多的系统调用是内核提供给操作系统软件私用的。除了内核之间的区别,还有一个随时间变化的规律:Linux 一直在增加系统调用,Solaris 一直在减少系统调用。

UNIX 初期只有 20 个系统调用,而今天的 Linux——作为一个嫡系——有上千个……我只是担心复杂性和事情发展的规模。

Ken Thompson,ACM 图灵百年纪念,2012

这两个内核确实越来越复杂,亦或增加了新的系统调用,亦或通过使用其他的内核界面,这个复杂性以不同的方式在用户空间有所体现。

3.3.1　UNIX

UNIX 是由 Ken Thompson、Dennis Ritchie，以及其他 AT&T 贝尔实验室的同仁，在 1969 年以及之后的岁月里开发的。关于 UNIX 确切起源的描述在 *The UNIX Time-Sharing System* [Ritchie 74] 一书里：

当我们的一员（Thompson），不满意现有的计算机设备，发现了一个很少使用的 PDP-7，便着手开始创造一个更适宜的系统环境，第一个版本便诞生了。

UNIX 的开发人员之前是工作在 Multics（Multiplexed Information and Computer Services）操作系统上的。UNIX 的开发是作为一个轻量的多任务的操作系统和内核，命名自 UNICS（UNiplexed Information and Computing Service），是 Multics 的双关语。摘自 *UNIX Implementation* [Thompson 78]：

内核只能是 UNIX 的代码，不能出于用户的喜好而被替换。基于这个原因，内核应该尽可能少地做真正的决定。这不是意味着做一样的事情，用户可以有成千上万种选择。而是说，做一件事情只允许有一种方法，这种方法是所有可供选择的方法的最小公约数。

当时内核很小，但还提供了一些用于高性能的功能。进程有调度优先级，更高优先级的任务运行队列的延时会更小。为了效率，磁盘 I/O 执行是用大块（512B），每个设备前都有置于内存中的缓冲区高速缓存，块会缓存在其中。空闲的进程会被交换到存储器里，让更忙的进程运行在主存里。而且，当然该系统是多任务处理的——允许多个进程并行运行，以提升吞吐量。

为了支持网络、多文件系统、换页，和其他我们现在认为是标准的东西，内核必然会增长。加上多个衍生，包括 BSD、SunOS（Solaris），以及之后的 Linux，内核的性能变得有竞争力，也推动着加入更多的功能和代码。

3.3.2　基于 Solaris

Solaris 内核不仅是衍生自 UNIX，甚至还有一些留下的代码直接来自最初 UNIX 的内核。Solaris 开始于由 Sun Microsystems 公司创造在 1982 年的 SunOS。基于 BSD，SunOS 保持了系统的小和紧凑，在 Sun 工作站上运行得很好。到了 20 世纪 80 年代后期，Sun 开发了新的操作系统功能，连同一些从 BSD 和 Xenix 来的功能，贡献到了 AT&T 的 UNIX System V 的 Release 4（SVR4）中。随着 SVR4 成为了 UNIX 的标准，Sun 在此之上创造了一个新的内核和操作系统：SunOS 5。Sun 的销售称之为 Solaris 2.0，并把之前的 SunOS 更名为 Solaris 1.0。不过，工程师还是在内核里保留着 SunOS 的名字。

Sun 的内核开发，尤其是与性能相关的内容如下。

- **NFS**：NFS 协议让文件可以通过网络共享，并且可以透明地作为全局文件系统树的一部分（挂载）。现在广泛应用的 NFS 是版本 3 和版本 4，这两个版本都引入了很多性能的提升。
- **VFS**：虚拟文件系统（VFS）是一个抽象，这个界面让多种文件系统很容易共存。Sun 最初开发它是为了让 NFS 和 UFS 可以共存。VFS 的内容在第 8 章中有介绍。
- **页缓存**：页缓存用于缓存虚拟内存页，自从它出现以来，就成为了多数操作系统的文件系统缓存的首选（ZFS ARC 是一个例外）。页缓存是 SunOS 4 在重写虚拟内存时引入的，同时也支持共享页。关于更多页缓存的内容，参见第 8 章。
- **内存映射文件**：能够用于减少文件 I/O 的开销，是为 SVR4 重写 SunOS 的虚拟内存时引入的。
- **RPC**：远程过程调用接口。
- **NIS**：网络信息服务是一个简单的平面框架，用于在网络里共享信息，包括密码和 hosts 文件。它曾经广泛应用了多年，现在正让位于 LDAP。
- **CacheFS**：缓存文件系统，Solaris 2.4（1994）引入，用于在访问缓慢的 NFS 服务器时提升性能。之后，NFS 服务器的性能提升，CacheFS 便不再被广泛使用和考虑了。
- **完全抢占内核**：一个早期的 Sun 系统的变种是完全抢占内核，保证了包括实时工作在内的高优先级工作的低延时。
- **调度器级别**：多个调度器级别可以对不同类型工作负载的性能做调整。包括分时（time-sharing，TS）、交互（interactive，IA）、实时（real-time，RT）、系统（system，SYS）、固定（fixed，FX）和公平份额调度器（fair-share scheduler，FSS）。参见第 6 章。
- **多处理器支持**：在 20 世纪 90 年代早期，Sun 大量地投入于多处理器操作系统的研发，开发出了既支持非对称多处理也支持对称多处理的内核（ASMP 和 SMP）[Mauro 01]。
- **slab 分配器**：替代了 SVR4 的 buddy 分配器，这个内核 slab 分配器通过让每个 CPU 缓存预分配的缓冲区能更快地重用，提供了更好的性能。这一分配器类型，以及它的衍生，已经成为了操作系统的标准。
- **crash 分析**：Sun 开发了一套成熟的内核 crash dump 分析框架，而且缺省是对整个系统开启的，还包含了 modular debugger，可以用于 crash dump、内核，以及应用程序的分析。
- **M:N 线程调度**：为了线程的高效调度目的，在线程和进程之间实现了一个对象，这个对象成为轻量进程（lightweight process，LWP），区别于内核调度，LWP 可以有自己的用户级别的调度行为。后来发现 Sun 的实现存在问题而且不值得那么复杂[Cantrill 96]，在 Solaris 9 中就被移除了，但是术语 LWP 和一些数据结构还是留在了 Solaris 的某些部分里。

- **STREAMS 网络栈**：Sun 在 AT&T 的 STREAMS 接口上搭建了自己的 TCP/IP 网络栈，用以提供用户空间与内核空间的通信。最终，STREAMS 网络栈并没有随网络同步发展，在 Solaris 10 之前，大多数的 STREAMS 管道都被移除了。
- **64 位支持**：Solaris 7 的内核（1998）提供了对 64 位处理器的支持。
- **锁统计**：Solaris 7 引入了锁性能的统计。
- **MPSS**：多种页面尺寸支持让 OS 可以使用处理器提供的不同尺寸的内存页，包括大页（或者巨型页），以提升内存操作的效率。
- **MPO**：Solaris 9 加入了内存位置优化（Memory Placement Optimization），根据处理器架构（本地性）改进了内存分配的方法，可以显著地提高内存访问性能。
- **资源控制**：一个用进程或进程组来对各种资源使用做限制的工具，称为 projects（之后被 Zones 使用）。
- **FireEngine**：针对 Solaris 10 的一套高性能 TCP/IP 栈的增强，包括 vertical perimeters，对处理包的 CPU 和内存的本地性做了提升，以及 IP fanout，在 CPU 之间做分散负载。
- **Dtrace**：一套静态和动态跟踪的框架和工具，可以对整个软件栈做近乎无限的观测，实时并且可以应用于生产环境。随 Solaris 10 在 2005 年发布，DTrace 是第一次动态跟踪的广泛成功实现，已经移植到了其他操作系统，包括 Mac OS X 和 FreeBSD，现在是正在移植到 Linux 的过程中。在第 4 章中会介绍 DTrace。
- **Zones**：一种基于 OS 的虚拟化技术，允许创建可以共享宿主内核的操作系统实例。在 Solaris 10 发布，不过这个概念是由 FreeBSD 的 jails 在 1998 年首次完成的。相较于其他的虚拟化技术，这两个技术更轻量级且提供高的性能，参见第 11 章。
- **Crossbow**：一个提供高性能虚拟网络接口和网络带宽资源控制的架构。这一功能对于构建可靠的高性能的云至关重要。
- **ZFS**：ZFS 文件系统提供企业级的特性，随着 Solaris 10 的 update 1 一同发布，同时也是开源的。现在可为其他操作系统所用，并成为了许多文件服务器的基础文件系统。具体内容参见第 8 章。

上述许多的功能已经移植到了 Linux，或者在 Linux 上重新进行了实现，还有一些现在还在开发中。

迫于 Linux 的压力，Sun 在 2005 年以 OpenSolaris 项目开源了 Solaris。直到 2010 年 Oracle 收购 Sun 之前还是开源的，收购之后关于源代码更新的发布就停止了。OpenSolaris 最后的发布版本，是 Solaris 11 开发版本的镜像。现在还有若干的操作系统基于 illumos 内核，包括 Joyent 公司的 SmartOS，在本书中的许多基于 Solaris 的例子里都有用到 SmartOS。

3.3.3 基于 Linux

Linux 诞生于 1991 年，由 Linus Torvalds 开发，当时是作为针对英特尔个人电脑的一款 free（免费、自由）的操作系统。他在 Usenet 的帖子里宣布了这个项目：

> 我正在做一个（免费的）操作系统（只是个爱好，不会变得很大很专业，不会像 gnu 一样），针对的是 386（486）AT 平台。从四月起就开始酝酿，现在马上就准备好了。我希望得到大家所有对 minix 的喜欢/不喜欢的反馈，因为我的操作系统有点像它（文件系统是一样的物理布局（有实际的原因）还有一些其他事情）。

这个系统参考了 MINIX 操作系统，MINIX 是针对小型计算机的 free 的小型 UNIX 版本。BSD 也试图提供一个 free 的 UNIX 版本，不过在当时存在法律上的问题。

Linux 内核开发的总体思路来自于许多前辈，如下。

- **Unix**（和 Multics）：操作系统层级、系统调用、多任务处理、进程、进程属性、虚拟内存、全局文件系统、文件系统权限、设备文件、缓冲区高速缓存。
- **BSD**：换页虚拟内存、按需换页、快文件系统（fast file system，FFS）、TCP/IP 网络栈、套接字。
- **Solaris**：VFS、NFS、页缓存、统一页缓存、slab 分配器，以及 ZFS 和 DTrace（在进行中）。
- **Plan 9**：资源 forks（rfork）、为进程间和线程（任务）间的共享设置不同的级别。

Linux 内核的功能，尤其是那些与性能相关的，包含如下。多数功能还标记了第一次引入 Linux 时的内核版本。

- **CPU 调度级别**：各种先进的 CPU 调度算法都有开发，包括调度域（2.6.7），对于非一致存储访问架构（NUMA）能做出更好的决策，参见第 6 章。
- **I/O 调度级别**：开发了不同的块 I/O 调度算法，包括 deadline(2.5.39)、anticipatory(2.5.75) 和完全公平队列（CFQ）（2.6.6），参见第 9 章。
- **TCP 拥塞**：Linux 内核支持更新的 TCP 拥塞算法，允许按需选择。此外，还有许多对 TCP 的增强，参见第 10 章。
- **Overcommit**：有 out-of-memory（OOM）killer，该策略用较少内存做更多的事情，参见第 7 章。
- **Futex**（2.5.7）：fast user-space mutex 的缩写，用于提供高性能的用户级别的同步原语。
- **巨型页**（2.5.36）：由内核和内存管理单元（MMU）支持大型内存的预分配，参见第 7 章。

- **Oprofile**（2.5.43）：研究 CPU 使用和其他活动的系统剖析工具，内核和应用程序都适用。
- **RCU**（2.5.43）：内核所提供的只读更新同步机制，支持伴随更新的多个读取的并发，提升了读取频繁的数据的性能和扩展性。
- **epoll**（2.5.46）：可以高效地对多个打开的文件描述符做 I/O 等待的系统调用，提升了服务器应用的性能。
- **模块 I/O 调度**（2.6.10）：Linux 对调度块设备 I/O 提供可插拔的调度算法，参见第 9 章。
- **DebugFS**（2.6.11）：一个简单的非结构化接口，用该接口内核可以将数据暴露到用户级别，通常为某些性能工具所用。
- **Cpusets**（2.6.12）：进程独占的 CPU 分组。
- **自愿内核抢占**（2.6.13）：这个抢占过程，提供了低延时的调度，并且避免了完全抢占的复杂性。
- **inotify**（2.6.13）：文件系统事件的监控框架。
- **blktrace**（2.6.17）：跟踪块 I/O 事件的框架和工具（后来迁移到了 tracepoints 中）。
- **splice**（2.6.17）：一个系统调用，将数据在文件描述符和管道之间快速移动，而不用经过用户空间。
- **延时审计**（2.6.18）：跟踪每个任务的延时状态，参见第 4 章。
- **IO 审计**（2.6.20）：测量每个进程的各种存储 I/O 统计。
- **DynTicks**（2.6.21）：动态的 tick，当不需要时（tickless），内核定时中断不会触发，这样可以节省 CPU 的资源和电力。
- **SLUB**（2.6.22）：新的 slab 内存分配器的简化版本。
- **CFS**（2.6.23）：完全公平调度算法，参见第 6 章。
- **cgroups**（2.6.24）：控制组可以测量并限制进程组的资源使用。
- **latencytop**（2.6.25）：观察操作系统的延时来源的仪器和工具。
- **Tracepoints**（2.6.28）：静态内核跟踪点（也称静态探针）可以组织内核里的逻辑执行点，用于跟踪工具（之前是内核标记）。跟踪工具在第 4 章中介绍。
- **perf**（2.6.31）：perf 是一套性能观测工具，包括 CPU 性能计数器剖析、静态和动态跟踪。关于该内容的介绍，参见第 6 章。
- **透明巨型页**（2.6.38）：这是一个简化巨型（大型）内存页面使用的框架，参见第 7 章。
- **Uprobes**（3.5）：用户级别软件动态跟踪的基础设施，为其他软件所用（perf、SystemTap，等等）。

- **KVM**：基于内核的虚拟机（Kernel-based Virtual Machine，KVM）技术是 Qumranet 公司为 Linux 开发的，该公司在 2008 年被 Red Hat 公司收购。KVM 使得可以创建虚拟的操作系统实例，并运行虚拟机自己的内核，参见第 11 章。

上述的一部分功能，包括 epoll 和 KVM，都已经移植到了基于 Solaris 的系统上，或者在基于 Solaris 的系统上做了重新实现。

由于其具有广泛的设备驱动支持，Linux 还间接地贡献给了许多其他的操作系统，并且推动了这些系统的开源。

3.3.4 差异

虽然两个系统都是 UNIX 的后代并且拥有着相同的操作系统理念，Linux 和基于 Solaris 的内核还是有很多的不一样的地方，差异有大也有小，没办法很简洁地回答这一复杂的问题。

基于 Linux 的系统的优势并非来自内核和操作系统本身，而是来自应用程序包的支持、设备驱动的支持、大型的社区，本质上就是它是开源的。多数基于 Solaris 的系统也是开源的（Oracle Solaris 现在不是），但是它们并没有同样广泛的驱动支持（这对笔记本使用是个问题）。

基于 Solaris 的系统提供 ZFS 作为企业级的文件系统，DTrace 作为近乎无限的观测工具。虽然这些都正在移植到 Linux，但它们在基于 Solaris 的系统上直接就是成熟可用的，自从 2003 年就已经用在了生产环境中。Linux 取得了很多新的审计和跟踪的框架，提供扩展的观测能力（下一章会介绍），但是这些框架并没有缺省安装或者还没有被广泛启用。

除了这些主要的差异，这两个内核还有很多很小的不同点，尤其是在性能优化方面。要了解这些差异是否会影响你，分析预期的工作负载看看是否与之相关。

举一个小差异的例子，POSIX 的 `fadvise()` 调用当前在 Linux 上是实现了的，但是在基于 Solaris 的系统中却没有。这个调用是应用程序用来通知内核不要缓存与文件描述符相关的数据的，这样 Linux 内核的缓存能更有效率，性能就提高了。下面是一个使用实例，来自 MySQL 数据库：

```
storage/innobase/row/row0merge.c:
        /* Each block is read exactly once.  Free up the file cache. */
        posix_fadvise(fd, ofs, sizeof *buf, POSIX_FADV_DONTNEED);
```

像这类小的差异会变化得很快，你看到本书时，上述这个特殊的问题可能已经在基于 Solaris 的系统内核里修正了。[3]

---

[3] 关于这一点已经提交了工单，并分配给了我。

两个系统所提供的性能会有小的差异，取决于工作负载，最大的差异还是性能的观测工具，特别是对动态跟踪的支持。如果一个内核在你生产环境里可以让你找到 10 倍乃至更高的性能提升，任何之前找到的 10%左右的差别就看起来不那么重要了。

观测工具会在下一章介绍。

3.4 练习

1. 回答下面关于 OS 术语的问题：

    - 进程、线程和任务之间的区别是什么？
    - 什么是上下文切换？
    - paging 和 swapping 之间的区别是什么？
    - I/O 密集型和 CPU 密集型工作负载之间有什么区别？

2. 回答下面概念性的问题：

    - 描述一下内核的作用。
    - 描述一下系统调用的作用。
    - 描述一下 VFS 的作用和它在 I/O 栈里所处的位置。

3. 回答下面更深层的问题：

    - 列出线程离开 CPU 的原因。
    - 描述一下虚拟内存和按需换页的优点。

3.5 参考

[Graham 68]   Graham, B. "Protection in an Information Processing Utility," *Communications of the ACM*, May 1968.

[Ritchie 74]   Ritchie, D. M., and K. Thompson. "The UNIX Time-Sharing System," *Communications of the ACM* 17, no. 7 (July 1974), pp. 365–75.

[Thompson 78]   Thompson, K. *UNIX Implementation*. Bell Laboratories, 1978.

[Bach 86]   Bach, M. J. *The Design of the UNIX Operating System*. Prentice Hall, 1986.

[Cantrill 96]   Cantrill, B. *Runtime Performance Analysis of the M-to-N Scheduling Model* (Thesis). Brown University, 1996.

[Mauro 01]   Mauro, J., and R. McDougall. *Solaris Internals: Core Kernel Architecture*. Prentice Hall, 2001.

[Corbet 05]   Corbet, J., A. Rubini, and G. Kroah-Hartman. *Linux Device Drivers, 3rd Edition*. O'Reilly, 2005.

[McDougall 06a]   McDougall, R., and J. Mauro. *Solaris Internals: Solaris 10 and OpenSolaris Kernel Architecture*. Prentice Hall, 2006.

[RFC 1589]   *A Kernel Model for Precision Timekeeping*, 1994.

内核是一个迷人而广泛的话题，本章只总结了要点。除了本章中所提到的参考来源，以下也是内核内容的优秀参考：

[Goodheart 94]   Goodheart, B., and J. Cox. *The Magic Garden Explained: The Internals of UNIX System V Release 4, an Open Systems Design*. Prentice Hall, 1994.

[Vahalia 96]   Vahalia, U. *UNIX Internals: The New Frontiers*. Prentice Hall, 1996.

[Neville-Neil 04] Neville-Neil, G. V., and M. K. McKusick. *The Design and Implementation of the FreeBSD Operating System*. Addison-Wesley, 2004.

[Bovet 05]   Bovet, D., and M. Cesati. *Understanding the Linux Kernel, 3rd Edition*. O'Reilly, 2005.

[Singh 06]   Singh, A. *Mac OS X Internals: A Systems Approach*. Addison-Wesley, 2006.

[Love 10]   Love, R. *Linux Kernel Development, 3rd Edition*. Addison-Wesley, 2010.

第 4 章

观测工具

历史上操作系统提供过许许多多的工具来观测系统的软件和硬件。对于新手来说，这些工具所覆盖的广阔范围就相当于所有——或者至少是所有重要的事情——都能被观测。在实践中，距此还是有不少差距的，系统性能专家利用推论和解释：用间接的工具和统计来弄清楚系统的活动。

举个例子，对网络包可以做单个的检查（网络嗅探），但是磁盘 I/O 做不到（至少远程很难）。相反的是，磁盘的使用率（繁忙的百分比）用操作系统工具很容易观测，但是网络接口的使用率就很难。

随着追踪框架的引入，尤其是动态跟踪，现在能观测所有的事情，甚至所有的系统活动都能被直接看到。这对系统性能有着巨大的影响，使得创造成百上千个新的观测工具成为可能（潜在的总数是无穷大）。

本章将介绍操作系统观测工具的类型和相关的关键示例，以及作为这些工具建造基础的框架。本章的重点是框架，包括/proc、kstat、/sys、DTrace 和 SystemTap。更多使用这些框架的工具会在之后的章节中介绍，如第 6 章中的 Linux 性能事务（LPE）。

4.1 工具类型

性能观测工具可以按照系统级别和进程级别来分类，多数的工具要么基于计数器要么基于跟踪。我们把这些属性放在图 4.1 中，连同一些工具一起作为示例。

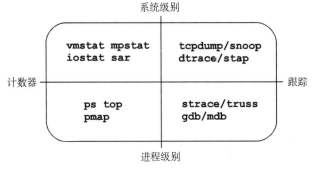

图 4.1 观测工具类型

有一些工具不止适合一个象限，例如，`top(1)` 还有一个系统级别的视图，DTrace 也有进程级别的能力。

还有一些性能工具是基于剖析（profiling）的。对系统或进程做一系列快照，以此来进行观测。

下面的各节会对用计数器、跟踪和剖析的工具以及执行监控的工具做总结和归纳。

4.1.1 计数器

内核维护了各种统计数据，称为计数器，用于对事件计数。通常计数器实现为无符号的整型数，发生事件时递增。例如，有网络包接收的计数器，有磁盘 I/O 发生的计数器，也有系统调用执行的计数器。

计数器的使用可以认为是"零开销"的，因为它们默认就是开启的，而且始终由内核维护。唯一的使用开销是从用户空间读取它们的时候（可以忽略不计）。下面介绍的两类工具的读取分别是系统级别的和进程级别的。

系统级别

下面这些工具利用内核的计数器在系统软硬件的环境中检查系统级别的活动。

- `vmstat`：虚拟内存和物理内存的统计，系统级别。
- `mpstat`：每个 CPU 的使用情况。
- `iostat`：每个磁盘 I/O 的使用情况，由块设备接口报告。
- `netstat`：网络接口的统计，TCP/IP 栈的统计，以及每个连接的一些统计信息。
- `sar`：各种各样的统计，能归档历史数据。

这些工具通常是系统全体用户可见的（非 root 用户）。统计出的数据也常常被监控软件用来绘图。

这些工具有一个使用惯例，即可选时间间隔和次数，例如，vmstat(8)用一秒作为时间间隔，输出三次：

```
$ vmstat 1 3
procs -----------memory---------- ---swap-- -----io---- -system-- ----cpu----
 r  b   swpd   free    buff  cache   si   so    bi    bo   in   cs us sy id wa
 4  0      0 34455620 111396 13438564    0    0     0     5    1    0  2  0 100  0
 4  0      0 34458684 111396 13438588    0    0     0  2223 15198 13 11 76  0
 4  0      0 34456468 111396 13438588    0    0     0  1940 15142 15 11 74  0
```

输出的第一行是自启动以来的信息统计，显示的是系统启动后整个时间的均值。随后的一行是一秒时间间隔的总结，显示的是当前的活动。至少，意图是这样：这个 Linux 版本在第一行对自启动以来的信息统计和当前值不做严格区别。

进程级别

下面这些工具是以进程为导向的，使用的是内核为每个进程维护的计数器。

- `ps`：进程状态，显示进程的各种统计信息，包括内存和 CPU 的使用。
- `top`：按一个统计数据（如 CPU 使用）排序，显示排名高的进程。基于 Solaris 的系统对应的工具是 `prstat(1M)`。
- `pmap`：将进程的内存段和使用统计一起列出。

一般来说，上述这些工具是从/proc 文件系统里读取统计信息的。

4.1.2 跟踪

跟踪收集每一个事件的数据以供分析。跟踪框架一般默认是不启用的，因为跟踪捕获数据会有 CPU 开销，另外还需要不小的存储空间来存放数据。这些开销会拖慢所跟踪的对象，在解释测量时间的时候需要加以考虑。

日志，包括系统日志，可以认为是一种默认开启的低频率跟踪。日志包括每一个事件的数据，虽然通常只针对偶发事件，如错误和警告。

以下是系统级别和进程级别的跟踪工具的例子。

系统级别

利用内核的跟踪设施，下面这些跟踪工具在系统软硬件的环境中检查系统级别的活动。

- `tcpdump`：网络包跟踪（用 libpcap 库）。

- **snoop**：为基于 Solaris 的系统打造的网络包跟踪工具。
- **blktrace**：块 I/O 跟踪（Linux）。
- **iosnoop**：块 I/O 跟踪（基于 DTrace）。
- **execsnoop**：跟踪新进程（基于 DTrace）。
- **dtruss**：系统级别的系统调用缓冲跟踪（基于 DTrace）。
- **DTrace**：跟踪内核的内部活动和所有资源的使用情况（不仅仅是网络和块 I/O），支持静态和动态的跟踪。
- **SystemTap**：跟踪内核的内部活动和所有资源的使用情况，支持静态和动态的跟踪。
- **perf**：Linux 性能事件，跟踪静态和动态的探针。

DTrace 和 SystemTap 都是可编程环境，在它们之上可以构建系统级别的跟踪工具，在前面的列表中已经包括了一些。本书中还有更多的例子。

进程级别

下面这些跟踪工具是以进程为导向的，基于的是操作系统提供的框架。

- **strace**：基于 Linux 系统的系统调用跟踪。
- **truss**：基于 Solaris 系统的系统调用跟踪。
- **gdb**：源代码级别的调试器，广泛应用于 Linux 系统。
- **mdb**：Solaris 系统的一个具有可扩展性的调试器。

调试器能够检查每一个事件的数据，不过做这件事情时需要停止目标程序的执行，然后再启动。

诸如 DTrace、SystemTap 和 perf 这样的工具，虽然更适合归纳到系统级别一类中，但是它们都支持对单个进程做检查。

4.1.3 剖析

剖析（profiling）通过对目标收集采样或快照来归纳目标特征。一个常见的例子就是 CPU 的使用率，对程序计数器采样，或跟踪栈来找到消耗 CPU 周期的代码路径。这些样本采集对于所有的 CPU 都是按固定频率进行的，如 100Hz 或 1000Hz（每秒）。剖析工具，或者说剖析器（profiler），有时会稍微改变这一频率，避免采样与目标活动同一步调，因为这样可能会导致多算或少算。

剖析也能基于非计时的硬件事件，如 CPU 硬件缓存未命中或者总线活动。这可以显示出哪条代码路径负责任，这类信息尤其可以帮助开发人员针对系统资源的使用来优化自己的代码。

系统级别和进程级别

下面是一些剖析器的例子,这些工具所做的剖析都是基于时间并基于硬件缓存的。

- **oprofile**:Linux 系统剖析。
- **perf**:Linux 性能工具集,包含有剖析的子命令。
- **DTrace**:程序化剖析,基于时间的剖析用自身的 `profile` provider,基于硬件事件的剖析用 `cpc` provider。
- **SystemTap**:程序化剖析,基于时间的剖析用自身的 `timer` tapset,基于硬件事件的剖析用自身 `perf` tapset。
- **cachegrind**:源自 valgrind 工具集,能对硬件缓存的使用做剖析,也能用 kcachegrind 做数据可视化。
- **Intel VTune Amplifier XE**:Linux 和 Windows 的剖析,拥有包括源代码浏览在内的图形界面。
- **Oracle Solaris Studio**:用自带的性能分析器对 Solaris 和 Linux 做剖析,拥有包括源代码浏览在内的图形界面。

编程语言通常有自己的专用分析器,可以检查语言上下文。

关于剖析工具更多的内容参见第 6 章。

4.1.4 监视(sar)

本书第 2 章介绍了监视。最广泛用于监视单一操作系统的工具是 `sar(1)`,来源于 AT&T 的 UNIX。`sar(1)` 是基于计数器的,在预定的时间(通过 cron)执行以记录系统计数器的状态。`sar(1)` 工具支持用命令行来查看这些数据,例如:

```
# sar
Linux 3.2.6-3.fc16.x86_64 (web100)    04/15/2013    _x86_64_    (16 CPU)
05:00:00        CPU     %user    %nice   %system   %iowait    %steal     %idle
05:10:00        all     12.61     0.00      4.58      0.00      0.00     82.80
05:20:00        all     21.62     0.00      9.59      0.93      0.00     67.86
05:30:00        all     23.65     0.00      9.61      3.58      0.00     63.17
05:40:00        all     28.95     0.00      8.96      0.04      0.00     62.05
05:50:00        all     29.54     0.00      9.32      0.19      0.00     60.95
Average:        all     23.27     0.00      8.41      0.95      0.00     67.37
```

默认状态下,`sar(1)` 读取自己统计信息的归档数据(若开启)来打印历史统计信息。你可以指定时间间隔和次数,按照所指定的频率检查当前的活动。

本书的后面部分有 `sar(1)` 的具体使用,参见第 6、7、8、9 和 10 章。附录 C 是 `sar(1)` 选项的总结。

虽然 `sar(1)` 可以报告很多的统计数据，但可能它并不能覆盖所有你真正想要的东西，有时还会有误导（特别在基于 Solaris 的系统上[McDougall 06b]）。有替代它的选择，比如 System Data Recorder 和 Collectl。

在 Linux 中，`sar(1)` 是通过 sysstat 包提供的，第三方的监视产品往往建立在 `sar(1)` 上，或者用的是和它相同的观测统计数据。

4.2 观测来源

本节介绍给观测工具提供统计数据的各种接口和框架。表 4.1 是它们的汇总。

系统性能统计的主要来源是：/proc、/sys 和 kstat。后面还会介绍延时核算和微状态核算，以及其他的一些来源。在这些之后，会介绍工具 DTrace 和 SystemTap，这两个工具都建立在表 4.1 中的某些框架之上。

表 4.1　观测来源

Type	Linux	Solaris
进程级计数器	/proc	/proc, lxproc
系统级计数器	/proc, /sys	kstat
设备驱动和调试信息	/sys	kstat
进程级跟踪	ptrace, uprobes	procfs, dtrace
性能计数器	perf_event	libcpc
网络跟踪	libpcap	libdlpi, libpcap
进程级延时指标	延时核算	微状态核算
系统级跟踪	tracepoints, kprobes, ftrace	dtrace

4.2.1　/proc

这是一个提供内核统计信息的文件系统接口。/proc 包含很多的目录，其中以进程 ID 命名的目录代表的就是那个进程。这些目录下的众多文件包含了进程的信息和统计数据，由内核数据结构映射而来。在 Linux 中，/proc 还有其他的文件，提供系统级别的统计数据。

/proc 由内核动态创建，不需要任何存储设备（在内存中运行）。多数文件是只读的，为观测工具提供统计数据。一部分文件是可写的，用于控制进程和内核的行为。

该文件系统是很便利的：这是一个直观的框架，将内核统计数据用目录树的形式暴露给用户空间，编程接口就是众所周知的 POSIX 的文件系统调用，即 `open()`、`read()`、`close()`。

而且通过使用文件访问权限，这一文件系统还保证了用户级别的安全。

下面显示了 top(1) 是如何读取每一个进程的统计数据的，用的是 strace(1) 跟踪：

```
stat("/proc/14704", {st_mode=S_IFDIR|0555, st_size=0, ...}) = 0
open("/proc/14704/stat", O_RDONLY)      = 4
read(4, "14704 (sshd) S 1 14704 14704 0 -"..., 1023) = 232
close(4)
```

该示例打开的是进程 ID 名目录下一个叫 stat 的文件，然后读取该文件的内容。

top(1) 对系统里所有活跃的进程都会重复这一操作。在某些系统中，尤其是有很多进程的系统，这些操作的执行开销会变得很明显，特别是 top(1)，每次屏幕更新时，都对每个进程重复这样的操作。这可能导致 top(1) 显示自己就是 CPU 最高的消耗者！

Linux 中/proc 的文件系统类型是"proc"，基于 Solaris 的系统则是"procfs"。

Linux

在/proc 下有各种进程统计的文件。下面例子里文件就是你可能看到的：

```
$ ls -F /proc/28712
attr/             cpuset      io          mountinfo     oom_score     sessionid   syscall
auxv              cwd@        latency     mounts        pagemap       smaps       task/
cgroup            environ     limits      mountstats    personality   stack       wchan
clear_refs        exe@        loginuid    net/          root@         stat
cmdline           fd/         maps        numa_maps     sched         statm
coredump_filter   fdinfo/     mem         oom_adj       schedstat     status
```

具体可用的文件列表取决于内核的版本和内核的 CONFIG 选项。

与进程性能观测相关的文件如下。

- **limits**：实际的资源限制。
- **maps**：映射的内存区域。
- **sched**：CPU 调度器的各种统计。
- **schedstat**：CPU 运行时间、延时和时间分片。
- **smaps**：映射内存区域的使用统计。
- **stat**：进程状态和统计，包括总的 CPU 和内存的使用情况。
- **statm**：以页为单位的内存使用总结。
- **status**：stat 和 statm 的信息，用户可读。
- **task**：每个任务的统计目录。

Linux 将/proc 延伸到了系统级别的统计，包括下面这些额外的文件和目录：

```
$ cd /proc; ls -Fd [a-z]*
acpi/         dma           kallsyms        mdstat          schedstat       timer_list
buddyinfo     driver/       kcore           meminfo         scsi/           timer_stats
bus/          execdomains   keys            misc            self@           tty/
cgroups       fb            key-users       modules         slabinfo        uptime
cmdline       filesystems   kmsg            mounts@         softirqs        version
consoles      fs/           kpagecount      mtrr            stat            vmallocinfo
cpuinfo       interrupts    kpageflags      net@            swaps           vmstat
crypto        iomem         latency_stats   pagetypeinfo    sys/            zoneinfo
devices       ioports       loadavg         partitions      sysrq-trigger
diskstats     irq/          locks           sched_debug     sysvipc/
```

与性能观测相关的系统级别的文件如下。

- **cpuinfo**：物理处理器信息，包含所有虚拟 CPU、型号、时钟频率和缓存大小。
- **diskstats**：对于所有磁盘设备的磁盘 I/O 统计。
- **interrupts**：每个 CPU 的中断计数器。
- **loadavg**：负载平均值。
- **meminfo**：系统内存使用明细。
- **net/dev**：网络接口统计。
- **net/tcp**：活跃的 TCP 套接字信息。
- **schedstat**：系统级别的 CPU 调度器统计。
- **self**：关联当前进程 ID 路径的符号链接，为了使用方便。
- **slabinfo**：内核 slab 分配器缓存统计。
- **stat**：内核和系统资源的统计，CPU、磁盘、分页、交换区、进程。
- **zoneinfo**：内存区信息。

系统级别的工具会读取这些文件。例如，下面用 strace(1) 跟踪 vmstat(8) 读取/proc：

```
open("/proc/meminfo", O_RDONLY)          = 3
lseek(3, 0, SEEK_SET)                    = 0
read(3, "MemTotal:        889484 kB\nMemF"..., 2047) = 1170
open("/proc/stat", O_RDONLY)             = 4
read(4, "cpu  14901 0 18094 102149804 131"..., 65535) = 804
open("/proc/vmstat", O_RDONLY)           = 5
lseek(5, 0, SEEK_SET)                    = 0
read(5, "nr_free_pages 160568\nnr_inactive"..., 2047) = 1998
```

/proc 文件一般是文本格式，通过 shell 脚本工具可以容易地用命令行读取。例如：

```
$ cat /proc/meminfo
MemTotal:         889484 kB
MemFree:          636908 kB
Buffers:          125684 kB
Cached:            63944 kB
```

```
SwapCached:            0 kB
Active:           119168 kB
[...]
$ grep Mem /proc/meminfo
MemTotal:         889484 kB
MemFree:          636908 kB
```

虽然这很方便，但是内核会把统计数据编码成文本，接着用户空间的工具会处理文本，这两者都是会有开销的。

有关/proc 的内容可以在 proc(5) 的 Man 手册页和 Linux 内核文档 Documentation/filesystems/proc.txt 中找到。某些部分还有扩展文档，如 diskstats 在 Documentation/iostats.txt 中，调度器的 stats 在 Documentation/scheduler/sched-stats.txt 中。除了这些文档外，你还可以研究内核的源代码来理解/proc 下所有项目的确切来源。阅读利用/proc 的工具的代码也很有帮助。

某些/proc 的条目取决于 CONFIG 选项：开启 schedstats 要用 CONFIG_SCHEDSTATS，开启 sched 用 CONFIG_SCHED_DEBUG。

Solaris

在基于 Solaris 的系统中，/proc 只有进程状态的统计。系统级别的观测采用的是其他框架，主要是 kstat。

下面是一个/proc 下进程目录的文件列表：

```
$ ls -F /proc/22449
as            cred    fd/       lstatus   map       path/     rmap      status    xmap
auxv          ctl     ldt       lusage    object/   priv      root@     usage
contracts/    cwd@    lpsinfo   lwp/      pagedata  psinfo    sigact    watch
```

与性能观测相关的文件如下。

- **map**：虚拟地址空间映射。
- **psinfo**：进程的各种信息，包括 CPU 和内存的使用。
- **status**：进程状态信息。
- **usage**：扩展的进程活动统计，包括进程微状态、错误、块、上下文切换，以及系统调用计数。
- **lstatus**：与 status 相似，但包含的是每一个线程的统计。
- **lpsinfo**：与 psinfo 相似，但包含的是每一个线程的统计。
- **lusage**：与 usage 相似，但包含的是每一个线程的统计。
- **lwpsinfo**：针对代表性 LWP（目前最活跃）的轻量级进程（线程）统计，还有 lwpstatus 文件和 lwpsinfo 文件。
- **xmap**：扩展的内存映射统计（尚无文档）。

下面的 `truss(1)` 输出显示了 `prstat(1M)` 读取进程状态的过程：

```
open("/proc/4363/psinfo", O_RDONLY)            = 5
pread(5, "01\0\0\001\0\0\0\v11\0\0".., 416, 0) = 416
```

正如上面看到的 `pread()` 的数据一样，这些文件的格式是二进制的。`psinfo` 的结构如下：

```c
typedef struct psinfo {
    int     pr_flag;            /* process flags (DEPRECATED: see below) */
    int     pr_nlwp;            /* number of active lwps in the process */
    int     pr_nzomb;           /* number of zombie lwps in the process */
    pid_t   pr_pid;             /* process id */
    pid_t   pr_ppid;            /* process id of parent */
    pid_t   pr_pgid;            /* process id of process group leader */
    pid_t   pr_sid;             /* session id */
    uid_t   pr_uid;             /* real user id */
    uid_t   pr_euid;            /* effective user id */
    gid_t   pr_gid;             /* real group id */
    gid_t   pr_egid;            /* effective group id */
    uintptr_t pr_addr;          /* address of process */
    size_t  pr_size;            /* size of process image in Kbytes */
    size_t  pr_rssize;          /* resident set size in Kbytes */
    dev_t   pr_ttydev;          /* controlling tty device (or PRNODEV) */
    ushort_t pr_pctcpu;         /* % of recent cpu time used by all lwps */
    ushort_t pr_pctmem;         /* % of system memory used by process */
    timestruc_t pr_start;       /* process start time, from the epoch */
    timestruc_t pr_time;        /* cpu time for this process */
    timestruc_t pr_ctime;       /* cpu time for reaped children */
    char    pr_fname[PRFNSZ];   /* name of exec'ed file */
    char    pr_psargs[PRARGSZ]; /* initial characters of arg list */
    int     pr_wstat;           /* if zombie, the wait() status */
    int     pr_argc;            /* initial argument count */
    uintptr_t pr_argv;          /* address of initial argument vector */
    uintptr_t pr_envp;          /* address of initial environment vector */
    char    pr_dmodel;          /* data model of the process */
    lwpsinfo_t pr_lwp;          /* information for representative lwp */
    taskid_t pr_taskid;         /* task id */
    projid_t pr_projid;         /* project id */
    poolid_t pr_poolid;         /* pool id */
    zoneid_t pr_zoneid;         /* zone id */
    ctid_t  pr_contract;        /* process contract id */
} psinfo_t;
```

用户空间可以直接读取 `psinfo_t` 变量，然后对成员变量取值。这更适合用 C 编写程序处理 Solaris 的/proc，所需的结构体定义也在系统提供的头文件里。

/proc 的文档在 `proc(4)` 的 Man 手册页中，在头文件 sys/procfs.h 里也有。和 Linux 一样，如果内核是开源的，研究源代码对了解这些统计的来源以及了解工具是如何利用这些统计的是很有帮助的。

lxproc

偶尔会需要在基于 Solaris 的系统上，实现和 Linux 一样的/proc。由于两个/proc 的不同，使得移植 Linux 上的观测工具（如 `htop(1)`）很难：要从文本接口转到二进制接口。

一个解决方案是 lxproc 文件系统：在基于 Solaris 的系统上提供了一个 Linux 大体兼容的

/proc，可以与 procfs 标准的/proc 同时挂载。lxproc 挂载在/lxproc 上，需要像 Linux 那样的/proc 的应用程序可以修改成在/lxproc（而不是/proc）加载进程信息——这应该是个不大的变动。

```
smartos# more /lxproc/meminfo
          total:       used:      free:   shared: buffers:  cached:
Mem:   1073741824   88395776   985346048       0        0        0
Swap:  2147483648  267640832  1879842816
MemTotal:    1048576 kB
MemFree:      962252 kB
[...]
```

和 Linux 的/proc 一样，每个进程也有包含进程信息的目录。

lxproc 尚不完整，还需要补充：只是为 Linux 的/proc 用户提供了一个省力的接口。

4.2.2 /sys

Linux 还提供了一个 sysfs 文件系统，挂载在/sys，这是在 2.6 内核引入的，为内核统计提供一个基于目录的结构。与/proc 不同的是，/sys 经过一段时间的发展，把各种系统信息放在了顶层目录。sysfs 最初是设计用于提供设备驱动的统计数据，不过现在已经扩展到了提供所有的统计类型。

举个例子，下面是 CPU 0 的/sys 文件列表（截取部分）：

```
$ find /sys/devices/system/cpu/cpu0 -type f
/sys/devices/system/cpu/cpu0/crash_notes
/sys/devices/system/cpu/cpu0/cache/index0/type
/sys/devices/system/cpu/cpu0/cache/index0/level
/sys/devices/system/cpu/cpu0/cache/index0/coherency_line_size
/sys/devices/system/cpu/cpu0/cache/index0/physical_line_partition
/sys/devices/system/cpu/cpu0/cache/index0/ways_of_associativity
/sys/devices/system/cpu/cpu0/cache/index0/number_of_sets
/sys/devices/system/cpu/cpu0/cache/index0/size
/sys/devices/system/cpu/cpu0/cache/index0/shared_cpu_map
/sys/devices/system/cpu/cpu0/cache/index0/shared_cpu_list
[...]
/sys/devices/system/cpu/cpu0/topology/physical_package_id
/sys/devices/system/cpu/cpu0/topology/core_id
/sys/devices/system/cpu/cpu0/topology/thread_siblings
/sys/devices/system/cpu/cpu0/topology/thread_siblings_list
/sys/devices/system/cpu/cpu0/topology/core_siblings
/sys/devices/system/cpu/cpu0/topology/core_siblings_list
```

上面许多列出的文件都是关于 CPU 硬件缓存的。下面的输出显示的是它们的内容（用了 grep(1)，所以连同文件名也包括在输出中）：

```
$ grep . /sys/devices/system/cpu/cpu0/cache/index*/level
/sys/devices/system/cpu/cpu0/cache/index0/level:1
/sys/devices/system/cpu/cpu0/cache/index1/level:1
/sys/devices/system/cpu/cpu0/cache/index2/level:2
/sys/devices/system/cpu/cpu0/cache/index3/level:3
$ grep . /sys/devices/system/cpu/cpu0/cache/index*/size
```

```
/sys/devices/system/cpu/cpu0/cache/index0/size:32K
/sys/devices/system/cpu/cpu0/cache/index1/size:32K
/sys/devices/system/cpu/cpu0/cache/index2/size:256K
/sys/devices/system/cpu/cpu0/cache/index3/size:8192K
```

可以看出 CPU 0 有两个 L1 缓存，每个都是 32KB，还有一个 256KB 的 L2 缓存，以及一个 8MB 的 L3 缓存。/sys 文件有上万行统计放在只读文件中，还有很多可写的文件用于调整内核状态。例如，向一个名为 "online" 的文件里写入 "1" 或 "0" 就可以控制 CPU 的上线和下线。和读取数据一样，在命令行使用文本字符就可以完成状态设置（`echo 1 > filename`），而不用通过二进制的接口。

4.2.3 kstat

基于 Solaris 的系统有一个为系统级别的观测工具所用的内核统计框架（kstat）。kstat 包含了绝大多数资源的统计，有 CPU、磁盘、网络接口、内存，以及内核里许多的软件组件。一个典型的系统在 kstat 里能有上万计的可用统计。

与/proc 和/sys 不同，kstat 没有伪文件系统，要用 `ioctl()` 从/dev/kstat 读取。一般是调用 libkstat 库里的函数来执行这一操作，或者是用 Sun::Solaris::Kstat，该 Perl 库具有同样的功能（虽然一些偏好 libkstat 的发行版里取消了对该 Perl 库的支持）。此外，命令行工具 `kstat(1M)` 也能提供统计数据，还能用在 shell 脚本里。

kstat 是四元组的结构：

```
module:instance:name:statistic
```

分析如下。

- **module**：一般指的是创建统计数据的内核模块，如 sd 指的是 SCSI 磁盘驱动，或者 zfs 指的是 ZFS 文件系统。
- **instance**：某些模块是以多个实例的形式存在的，例如对每一个 SCSI 磁盘都有一个 sd 模块。instance 就是一个枚举值。
- **name**：一组统计数据的名字。
- **statistic**：单个的统计值名。

举个例子，下面的 nproc 统计值就是用 `kstat(1M)` 并指定完整的四元组名称读取到的：

```
$ kstat -p unix:0:system_misc:nproc
unix:0:system_misc:nproc        94
```

这个统计的是当前运行的进程数目。`kstat(1M)` 的选项-p 用来打印可以解析的输出（以冒号间隔）。空域会被当作通配符。末尾的冒号可以省略。这些规则合在一起，让下面的命令可以匹配并打印出 system_misc 组下的所有统计值。

```
$ kstat -p unix:0:system_misc
unix:0:system_misc:avenrun_15min        201
unix:0:system_misc:avenrun_1min         383
unix:0:system_misc:avenrun_5min         260
unix:0:system_misc:boot_time            1335893569
unix:0:system_misc:class                misc
unix:0:system_misc:clk_intr             1560476763
unix:0:system_misc:crtime               0
unix:0:system_misc:deficit              0
unix:0:system_misc:lbolt                1560476763
unix:0:system_misc:ncpus                2
unix:0:system_misc:nproc                94
unix:0:system_misc:snaptime             15604804.5606589
unix:0:system_misc:vac                  0
```

统计 avenrun*用于系统的负载均值的计算，就是工具 uptime(1) 和 top(1) 所报告的那个负载均值。

kstat 里很多的统计值是累计的，提供的不是当前数值，而是自启动以来的总和。例如：

```
$ kstat -p unix:0:vminfo:freemem
unix:0:vminfo:freemem    184882526123755
```

freemem 统计值每秒都累加空闲页面的数目，这使得我们可以按一定的时间间隔计算平均值。多数的系统级别观测工具提供的都是自启动以来的累计值，除以自启动以来的秒数就能计算出平均值。

另一个版本的 freemem 给出的是瞬时值（unix:0:system_pages:freemem）。这缓解了累计版本的缺点：要知道当前的数值，需要等待至少一秒，因为这是计算该增量的最短时间。

不指定任何统计值的名称，kstat(1M) 会列出所有的统计数据。例如，下面的命令把所有统计的列表管道进了 grep(1) 中，来搜索所有含有 freemem 的项目，然后再用 wc(1) 来计算统计的总数：

```
$ kstat -p | grep freemem
unix:0:system_pages:freemem      5962178
unix:0:vminfo:freemem            184893612065859
$ kstat -p | wc -l
   33195
```

kstat 的统计是没有正式文档的，这是因为大家认为它是一个不稳定的接口，每当内核发生改变时，它都可能随之变化。要理解每个值是怎样统计的，可以研究源代码（如果有）中这些值做增加的地方。例如，累计的 freemem 统计值就源于下面的内核代码：

```
usr/src/uts/common/sys/sysinfo.h:
typedef struct vminfo {         /* (update freq) update action         */
        uint64_t freemem;       /* (1 sec) += freemem in pages         */
        uint64_t swap_resv;     /* (1 sec) += reserved swap in pages   */
```

```
            uint64_t swap_alloc;     /* (1 sec) += allocated swap in pages   */
            uint64_t swap_avail;     /* (1 sec) += unreserved swap in pages  */
            uint64_t swap_free;      /* (1 sec) += unallocated swap in pages */
            uint64_t updates;        /* (1 sec) ++                           */
} vminfo_t;

usr/src/uts/common/os/space.c:
vminfo_t         vminfo;         /* VM stats protected by sysinfolock mutex */

usr/src/uts/common/os/clock.c:
static void
clock(void)
{
[...]
        if (one_sec) {
[...]
                vminfo.freemem += freemem;
```

内核的 `clock()` 例程会每秒执行一次，freemem 的统计值就会累计一次，增量用的是名为 freemem 的全局变量。可以检查所有修改 freemem 的地方来看看代码是怎样一起工作的。

现有的系统工具的源代码（如果有）也可以作为使用 kstat 的示例来研究。

4.2.4 延时核算

开启 CONFIG_TASK_DELAY_ACCT 选项的 Linux 系统按以下状态跟踪每个任务的时间。

- **调度器延时**：等待轮到上 CPU。
- **块 I/O**：等待块 I/O 完成。
- **交换**：等待换页（内存压力）。
- **内存回收**：等待内存回收例程。

从技术上来说，调度器延时统计源自 schedstat（之前提过，在/proc 中），不过是与其他的延时核算数据放在一起的。（在 `sched_info` 结构中，不在 `task_delay_info` 结构中。）

用户空间的工具通过 taskstats 可以读取这些统计数据，taskstats 是一个基于网络连接的接口，用于获取任务和进程的统计信息。在内核源码的 Documentation/accounting 目录中，有 delay-accounting.txt 文档，还有一个示例代码 getdelays.c：

```
$ ./getdelays -dp 17451
print delayacct stats ON
PID     17451

CPU             count     real total    virtual total    delay total    delay average
                  386    3452475144      31387115236     1253300657          3.247ms
IO              count    delay total    delay average
                  302    1535758266              5ms
SWAP            count    delay total    delay average
                    0              0              0ms
RECLAIM         count    delay total    delay average
                    0              0              0ms
```

通常时间单位是 ns，除非另有指定。这个例子来自一个高 CPU 负载的系统，检查出系统调度器延时很严重。

4.2.5 微状态核算

基于 Solaris 的系统有线程级别和 CPU 级别的微状态核算（microstate accounting），针对预先定义好的状态可以记录高精度的时间。相较基于 tick 的指标，精确度有很大的提升，它还提供了一些附加的状态，用于性能分析 [McDougall 06b]。CPU 级别的指标是通过 kstat 暴露给用户空间工具，而进程级别的指标是通过/proc。

CPU 的微状态显示为 `mpstat(1M)` 的 `usr`、`sys` 和 `idl` 列（参见第 6 章）。你在内核代码中能用 CMS_USER、CMS_SYSTEM 和 CMS_IDLE 找到它们。

线程的微状态显示为 `USR`、`SYS`……这是 `prstat -m` 输出的各列。第 6 章的 6.6.7 节对此有总结。

4.2.6 其他的观测源

其他的各种观测源如下。

- **CPU 性能计数器**：可编程的硬件寄存器，提供低层级的性能信息，包括 CPU 周期计数、指令计数、停滞周期，等等。在 Linux 上是通过 perf_events 接口，或者系统调用 `perf_event_open()`，或者 `perf(1)` 这样的工具来访问这些计数器的。在基于 Solaris 的系统里是通过 libcpc，或者包括 `cpustat(1M)` 在内的工具来访问的。关于这些计数器和工具的更多内容，参见第 6 章。
- **进程级别跟踪**：跟踪的是用户级别软件事件，如系统调用和函数调用。一般执行的代价较高，会拖慢跟踪的目标。在 Linux 上有系统调用 `ptrace()` 来控制进程跟踪，`strace(1)` 用它来跟踪系统调用。Linux 还有 uprobes 来做用户级别的动态跟踪。基于 Solaris 的系统用 procfs 和 `truss(1)` 来跟踪系统调用，用 DTrace 做动态跟踪。
- **内核跟踪**：在 Linux 中，tracepoints 提供静态的内核探针（原先叫做内核标记，kernel markers），kprobes 提供动态探针。工具 ftrace、`perf(1)`、DTrace 和 SystemTap 都用到了这两项。在基于 Solaris 的系统中，静态和动态的探针都由 dtrace 内核模块提供。无论是 DTrace 还是 SystemTap 都用到了内核跟踪，后续的章节会介绍这两个工具，并解释什么是静态探针和动态探针。
- **网络嗅探**：网络嗅探提供了一种从网络设备上抓包的方法，能对数据包和协议的性能做详细的调查。在 Linux 上，嗅探的功能是通过 libpcap 库和/proc/net/dev 提供的，命

令行工具则有 `tcpdump(8)`。在基于 Solaris 的系统上，嗅探功能是通过 libdlpi 库和 /dev/net 提供的，命令行工具是 `snoop(1M)`。往 Solaris 系统移植的 libpcap 库和 `tcpdump(8)` 还在开发中。捕获和检查所有的数据包其实无论对于 CPU 还是存储都是有开销的。关于网络嗅探的更多内容，参见第 10 章。

- **进程核算**：进程核算可以追溯到大型机时代，那时候要对使用计算机的部门和用户收费，是基于进程的执行和运行时间计费的。现在它以某种形式存在于 Linux 和基于 Solaris 的系统上，有时能在进程级别对性能分析有所帮助。例如，工具 atop(1)用进程核算能捕捉到短暂存活的进程并显示其信息，而用/proc 快照的办法很可能无法觉察到这件事。

- **系统调用**：一些可用的系统调用和库函数调用能提供某些性能指标。其中包括 `getrusage()`，这个函数调用是为进程拿到自己资源的使用统计，包括用户时间、系统时间、错误、消息，以及上下文切换。基于 Solaris 的系统用的是 `swapctl()`，这个系统函数用于 swap 设备的管理和统计（Linux 对应的是/proc/swap）。

如果你对上述这些观测源是如何工作感兴趣，你会发现文档通常很齐备，这是为在这些接口上搭建工具的开发者准备的。

更多

取决于你的内核版本以及开启的选项，还可以有更多的观测源。一部分会在本书之后的章节中提及。

下面就是列举一些。

- **Linux**：I/O 核算、blktrace、timer_stats、lockstat、debugfs。
- **Solaris**：扩展核算（extended accounting）、流核算（flow accounting）、Solaris 审计。

一个寻找这类观测源的方法是阅读内核代码你所感兴趣的观测部分，看看那里放置了怎样的统计和跟踪点。

在某些情况下，可能没有你所找的内核的统计数据。除了后续会讲到的动态跟踪，你发现只能用调试器获取些内核变量，为你的调查指明一些方向，这类调试器有 gdb(1) 和 mdb(1)（Solaris 专有）。一个相似但更绝望的方法是用工具打开/dev/mem 或者/dev/kmem 直接读取内核内存。

有不同接口的多个观测源会给学习造成负担，重叠的功能会降低效率。自 2003 年起，DTrace 成为 Solaris 内核的一部分，开发者一直努力将老的跟踪框架移到 DTrace 中，并用 DTrace 服务所有新的跟踪需求。这一整合做得很好，基于 Solaris 的系统上的跟踪得以简化，我们希望这个趋势能继续下去，将来内核的观测框架会更少，且更加强大。

4.3 DTrace

DTrace 是一个囊括了编程语言和工具的观测框架,本节总结了 DTrace 的基础知识,包括动态和静态跟踪、探针、provider、D 语言、action、变量、单行语句和脚本。这里算是一个 DTrace 的入门,本书后面会告诉你足够的背景知识来让你理解它的使用,在 Solaris 和 Linux 系统中 DTrace 都可以用来作为性能观测工具的扩展。

通过称为探针的指令点,DTrace 可以观察所有用户级和内核级的代码。当探针命中时,就能执行 D 语言编写的任意 action。action 可以包括计数事件、记录时间戳、执行计算、打印数据和数据汇总。当跟踪开启时,这些 action 的执行都可以是实时的。

下面是 DTrace 做动态跟踪的一个实例,动态跟踪的内核 ZFS(文件系统)spa_sync() 函数,显示了完成时间和持续时间,以 ns 计(illumos 内核):

```
# dtrace -n 'fbt:zfs:spa_sync:entry { self->start = timestamp; }
    fbt:zfs:spa_sync:return /self->start/ { printf("%Y: %d ns",
    walltimestamp, timestamp - self->start); self->start = 0; }'
dtrace: description 'fbt:zfs:spa_sync:entry ' matched 2 probes
CPU     ID                    FUNCTION:NAME
  7  65353                 spa_sync:return 2012 Oct 30 00:20:27: 63849335 ns
 12  65353                 spa_sync:return 2012 Oct 30 00:20:32: 39754457 ns
 18  65353                 spa_sync:return 2012 Oct 30 00:20:37: 261013562 ns
  8  65353                 spa_sync:return 2012 Oct 30 00:20:42: 29800786 ns
 17  65353                 spa_sync:return 2012 Oct 30 00:20:47: 250368664 ns
 20  65353                 spa_sync:return 2012 Oct 30 00:20:52: 37450783 ns
 11  65353                 spa_sync:return 2012 Oct 30 00:20:57: 56010162 ns
[...]
```

函数 spa_sync() 把写入的数据写回到 ZFS 存储设备,会导致大量的磁盘 I/O。这是性能分析特别感兴趣的,因为 I/O 有时会在发出的磁盘 I/O 的后面排队。使用 DTrace,能立刻知道并研究 spa_sync() 调用的频率、持续时间。其他成千上万的内核函数也能用类似的方法进行研究,打印出每个事件的细节,并加以总结。

DTrace 与其他跟踪框架(例如,系统调用跟踪)相比,一个重要的不同点是,DTrace 的设计是生产环境安全的,拥有最小的性能开销。它能做到这点是利用了 CPU 的内核缓冲区,这会提升内存的本地性,减少缓存一致性的开销,也移除了对同步锁的依赖。这些缓冲区也用来以温和的速度(默认情况下,每秒一次)往用户空间传递数据,减少上下文切换。DTrace 还提供了一组操作,可以总结和过滤内核中的数据,这样也能减少数据的负载。

DTrace 同时支持静态跟踪和动态跟踪,两者功能互补。静态探针有文档完备且稳定的接口,动态探针提供所需的近乎无限的可观测性。

4.3.1 静态和动态跟踪

理解静态和动态跟踪的一个办法是检查所涉及的源和 CPU 指令。考虑下面来自内核块设备接口（illumos）的代码，usr/src/uts/common/os/bio.c：

```
/*
 * Mark I/O complete on a buffer, release it if I/O is asynchronous,
 * and wake up anyone waiting for it.
 */
void
biodone(struct buf *bp)
{
        if (bp->b_flags & B_STARTED) {
                DTRACE_IO1(done, struct buf *, bp);
                bp->b_flags &= ~B_STARTED;
        }
[...]
```

宏 `DTRACE_IO1` 就是在编译之前加进代码里的一个静态探针。在源代码中没有可见的动态探针的例子，因为动态探针是在编译之后软件运行时加入的。

这个函数编译后的指令是（部分截取）：

```
> biodone::dis
biodone:                    pushq   %rbp
biodone+1:                  movq    %rsp,%rbp
biodone+4:                  subq    $0x20,%rsp
biodone+8:                  movq    %rbx,-0x18(%rbp)
biodone+0xc:                movq    %rdi,-0x8(%rbp)
biodone+0x10:               movq    %rdi,%rbx
biodone+0x13:               movl    (%rdi),%eax
biodone+0x15:               testl   $0x2000000,%eax
[...]
```

当用动态跟踪去探测函数 `biodone()` 的入口时，第一个指令变为：

```
> biodone::dis
biodone:                    int     $0x3
biodone+1:                  movq    %rsp,%rbp
biodone+4:                  subq    $0x20,%rsp
biodone+8:                  movq    %rbx,-0x18(%rbp)
biodone+0xc:                movq    %rdi,-0x8(%rbp)
biodone+0x10:               movq    %rdi,%rbx
biodone+0x13:               movl    (%rdi),%eax
biodone+0x15:               testl   $0x2000000,%eax
[...]
```

int 指令引发了一个软中断，该软中断已经接到指示执行动态跟踪的 action。当动态跟踪被禁用时，指令会回到原来的状态。这是内核地址空间的现场修改（live patching），所采用的技术会因处理器类型的不同而有所不同。

只有当动态跟踪开启后，才能插入指令。没开启时，是没有附加指令的，因此也没有任何探针效果。这就是不使用时零开销（zero overhead when not in use）。使用时来自附加指令的开销是与探针触发的频率成比例的：跟踪事件的频率和所执行的 action。

DTrace 能动态跟踪函数的入口和返回，以及任何在用户空间的指令。由于这是在 CPU 指令上动态建立探针，而 CPU 指令在软件不同版本时会发生变化，所以这是一个不稳定接口（unstable interface）。在跟踪的软件版本更新时可能需要变更所有的 Dtrace 单行命令和脚本。

4.3.2 探针

DTrace 探针是以四元组命名的：

```
provider:module:function:name
```

provider 是一些相关探针的集合，与软件库的概念相似。module 和 function 是动态产生的，标记探针指示的代码位置。name 是探针的名字。

当指定这些的时候，还可以使用通配符（"*"）。留空的字段（"::"）相当于通配（":*:"）。当探针指定好时，留空的字段也可以省略（例如，":::BEGIN"=="BEGIN"）。

举个例子：

```
io:::start
```

这是 io provider 的 start 探针。module 和 function 字段都留空，因此这匹配的是所有位置上的 start 探针。

4.3.3 provider

可用的 DTrace provider 取决于你的 DTrace 和操作系统的版本。它们可能如下。

- **syscall**：系统调用自陷表。
- **vminfo**：虚拟内存统计。
- **sysinfo**：系统统计。
- **profile**：任意频率的采样。
- **sched**：内核调度事件。
- **proc**：进程级别事件，创建、执行、退出。
- **io**：块设备接口跟踪（磁盘 I/O）。
- **pid**：用户级别动态跟踪。
- **tcp**：TCP 协议事件，连接、发送和接收。

- **ip**：IP 协议事件，发送和接收。
- **fbt**：内核级别动态跟踪。

还有很多给高级语言使用的 provider，这些语言包括：Java、JavaScript、Node.js、Perl、Python、Ruby、Tcl，等等。

很多的 provider 都是用静态跟踪来实现的，因此它们的接口是稳定的。尽量用这些 provider（相比动态跟踪而言），这样，你的脚本对于目标软件的不同版本才能都适用。相比来说，代价是监测视野有点限制，但是只有把关键因素提升为稳定接口，才能把维护和文档的负担降到最小。

4.3.4 参数

探针通过一组称为参数的变量来提供数据。参数的使用取决于 provider。

例如，系统调用的 provider 给每一个系统调用都做了入口和返回的探针。这组参数变量如下。

- 入口：arg0……argN，系统调用的参数。
- 返回：arg0 或 arg1，返回值，errno 也会设置。

fbt 和 pid 的 provider 的参数也是相似的，不论该函数是内核级还是用户级的，函数的传递和返回数据都会被检查。

要找出每一个 provider 的参数，可以参考它们的文档（也可以用 `dtrace(1)` 的 `-lv` 选项，该选项会打印出一份概要）。

4.3.5 D 语言

D 语言与 awk 类似，能用作单行命令也能写脚本（这一点与 awk 一样）。DTrace 语句形式如下：

```
probe_description /predicate/ { action }
```

action 是一系列以分号间隔的语句，当探针触发时执行。`predicate` 是可选的过滤表达式。

例如，语句：

```
proc:::exec-success /execname == "httpd"/ { trace(pid); }
```

如果进程名是"httpd"，会跟踪 `proc` provider 中的 `exec-success` 探针并执行

trace(pid)这一 action。exec-success 探针常常用于跟踪新进程的创建和系统调用 exec()的执行。当前的进程名是用内置变量 execname 检索出来的，而当前的进程 ID 则是通过 pid。

4.3.6 内置变量

内置变量是用来做计算和判断的，可以通过 action 打印出来（如 trace() 和 printf()）。常用的内置变量见表 4.2。

表 4.2 常用内置变量

变量	描述
execname	执行在 CPU 上进程的名字（字符串）
uid	执行在 CPU 上的用户 ID
pid	执行在 CPU 上的进程 ID
timestamp	当前时间，自启动以来的纳秒数
vtimestamp	CPU 上的线程时间，单位是纳秒
arg0..N	探针参数（uint64_t）
args[0]..[N]	探针参数（类型化的）
curthread	指向当前线程内核结构的指针
probefunc	探针描述（字符串）的函数组件
probename	探针描述（字符串）的命名组件
curpsinfo	当前进程信息

4.3.7 action

常用的 action 见表 4.3。

表 4.3 常用 action

action	描述
trace(arg)	打印 arg
printf(format, arg, ...)	打印格式化的字符串
stringof(addr)	返回来自内核空间的字符串
copyinstr(addr)	返回来自用户空间地址的字符串（需要内核执行一次从用户空间到内核空间的复制操作）
stack(count)	打印内核级别的栈跟踪，如果有 count，按 count 截断

续表

action	描述
ustack(count)	打印用户级别的栈跟踪,如果有count,按count截断
func(pc)	从内核程序计数器(pc),返回内核函数名
ufunc(pc)	从用户程序计数器(pc),返回用户函数名
exit(status)	退出DTrace并返回状态
trunc(@agg, count)	截断聚合变量,或者是全部(删除所有的键),或者按照指定键的数目(count)做截断
clear(@agg)	删除聚合变量的值(键保留)
printa(format, @agg)	格式化地打印聚合变量

最后三个action用了一种特殊的称为聚合型(aggregation)的变量类型。

4.3.8 变量类型

表4.4总结了变量的类型,按照使用偏好排列(先是聚合变量,然后按开销从低到高)。

表4.4 变量类型及开销

类型	前缀	作用域	开销	多CPU安全	赋值示例
聚合变量	@	全局	低	是	@x = count();
带键的聚合变量	@[]	全局	低	是	@x[pid] =count();
从句局部变量	this->	从句实例	非常低	是	this->x = 1;
线程局部变量	self->	线程内	中等	是	self->x = 1;
标量	无	全局	中下	否	x = 1;
关联数组	无	全局	中上	否	x[y] = 1;

线程局部变量的作用域是在线程内。像时间戳这样的数据很容易与线程相关联。

子句局部变量用于中间计算,只在针对同一探针描述的action子句中有效。

多个CPU同时对同一个标量做写入会损坏变量状态,你对此会说"不",这不大可能,但确实会发生,对于字符串标量也要同样小心(字符串损坏)。

聚合变量(aggregation)是一类特殊的变量类型,可以由CPU单独计算汇总之后再传递到用户空间。该变量类型拥有最低的开销,是另一种数据汇总的方法。

用于填充聚合变量的action列于表4.5。

表 4.5 聚合 action

聚合 Action	描述
count()	发生计数
sum(value)	对 value 求和
min(value)	记录 value 的最小值
max(value)	记录 value 的最大值
quantize(value)	用 2 的幂次方直方图记录 value
lquantize(value, min, max, step)	用给定最小值、最大值和步进值做线性直方图记录 value
llquantize(value, factor, min_magnitude, max_magnitude, steps)	用混合对数/线性直方图记录 value

下面是一个聚合加直方图操作 quantize() 的例子，显示的是系统调用 read() 返回的尺寸：

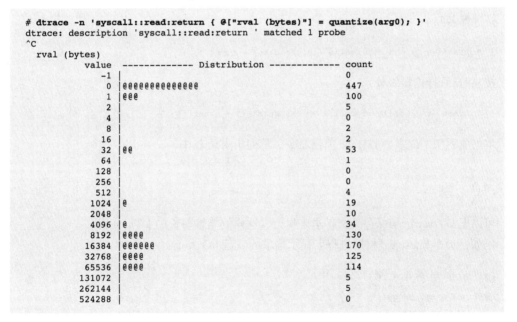

跟踪的时候这个单行命令收集统计数据，并当 dtrace 结束之时（此例中是用 Ctrl+C）打印汇总。输出的第一行，dtrace: description……，是由 dtrace 默认输出的，说明跟踪已经开始。

value 列上的值是每个量化区间的最小值，count 列是在该区间内发生的次数。中间用

ASCII 码来表示分布。在本例中,最频繁的返回尺寸是 0B,发生了 447 次。大多数的读取返回是在 8192B 和 131 071B 之间,有 170 次是在 16 384B ~ 32 767B 区间内。如果只使用汇报平均值的工具,那么这个双模态分布就不会被注意到。

4.3.9 单行命令

DTrace 能让你编写出简洁而强大的单行命令,就像前面我演示的那些。下面是一些例子。
跟踪系统调用 open(),打印进程名和文件路径名:

```
dtrace -n 'syscall::open:entry { printf("%s %s", execname, copyinstr(arg0)); }'
```

注意 Oracle Solaris 11 很大程度上修改了系统调用自陷表(系统调用的 provider 是构建在此之上的),这样在该系统上跟踪 open() 就变成了:

```
dtrace -n 'syscall::openat:entry { printf("%s %s", execname, copyinstr(arg1)); }'
```

按进程名归纳所有 CPU 的交叉调用:

```
dtrace -n 'sysinfo:::xcalls { @[execname] = count(); }'
```

按 99Hz 采样内核级栈:

```
dtrace -n 'profile:::profile-99 { @[stack()] = count(); }'
```

本书前后用了许多的 DTrace 单行命令,都列于附录 D 中。

4.3.10 脚本

可以把 DTrace 语句保存到文件里来执行,这样就能编写长的 DTrace 程序。
例如,脚本 bitesize.d 根据进程名显示请求的磁盘 I/O 大小:

```
#!/usr/sbin/dtrace -s
#pragma D option quiet
dtrace:::BEGIN
{
        printf("Tracing... Hit Ctrl-C to end.\n");
}
```

```
io:::start
{
        this->size = args[0]->b_bcount;
        @Size[pid, curpsinfo->pr_psargs] = quantize(this->size);
}

dtrace:::END
{
        printf("\n%8s  %s\n", "PID", "CMD");
        printa("%8d  %S\n%@d\n", @Size);
}
```

文件的开头是解释器行（#!），文件是可执行的并可以从命令行运行。

`#pragma` 行设置了安静模式，压缩了 DTrace 的默认输出（在之前的 `spa_sync()` 例子中见过，输出为 CPU 列、ID 列和 FUNCTION:NAME 列）。

在这个脚本里启用的 `io:::start` 探针是很直观的。探针 `dtrace:::BEGIN` 在开始时触发，打印了一个信息性的消息，探针 `dtrace:::END` 在最后触发打印并对输出格式做了规范。

下面是一些示例输出：

```
# ./bitesize.d
Tracing... Hit Ctrl-C to end.
^C
     PID  CMD
    3424  tar cf /dev/null .\0

           value  ------------- Distribution ------------- count
             512 |                                         0
            1024 |@@@                                      39
            2048 |@@@@@@                                   71
            4096 |@@@@@@@@@                                111
            8192 |@@@@@@@@@@@@@@@@@@@@@@                   259
           16384 |                                         6
           32768 |@                                        8
           65536 |                                         0
```

在跟踪的时候，多数的磁盘 I/O 是 `tar` 命令所请求的，相应的请求的 I/O 大小如上所示。bitesize.d 来自一个叫做 DTraceToolkit 的 DTrace 脚本集合，能在网上找到。

4.3.11 开销

正如我们介绍过的，DTrace 通过利用每个 CPU 的内核缓冲区和内核的聚合总结，减小了跟踪的开销。默认状态下，DTrace 以每秒一次这样一个温和的频率，从内核空间往用户空间传递数据。还有其他减小开销和提高安全性的各种功能，比如有的例程如果发现系统不能响应就会终止跟踪。

跟踪执行的开销是与跟踪的频率和所执行的 action 息息相关的。跟踪块设备 I/O 的频率通常不高（1000 I/O 每秒或者更少），开销是可以忽略的。另一方面，跟踪网络 I/O 时，当包的速率达到每秒百万次的时候，就会引起显著的开销。

action 也是有代价的。例如，我可以对所有的 CPU 按 997Hz 频繁地对内核栈进行采样（用 `stack()`）而没有明显的开销。而对用户级别的栈采样则不同（用 `ustack()`），通常我会将频率降至 97Hz。

把数据存入变量也是有开销的，特别是关联数组，虽然使用 DTrace 通常没有明显的开销，但你需要意识到这是有可能的，并采用一些谨慎的措施。

4.3.12 文档和资源

DTrace 的参考资料，所有 action、内置变量，以及所有标准的 provider，都在 *Dynamic Tracing Guide* 一书有介绍中，这本书是由 Sun Microsystems 公司编写的，在网上可以免费获取 [2]。关于动态跟踪的背景知识，它所能解决的问题，以及 DTrace 演化的历史，参见[Cantrill 04]和[Cantrill 06]。

附录 D 列出了很多便利的 DTrace 单行命令。除了这些命令本身，它们还可以作为一个学习 DTrace 有用的参考，一次学习一行。

关于脚本和策略，可以参考 *DTrace: Dynamic Tracing in Oracle Solaris, Mac OS X and FreeBSD* 一书[Gregg 11]。这本书里的脚本都在线可得。

DTraceToolkit 包含 200 多个脚本，现在都放在了我的网站上 [4]。许多脚本都用 shell 或 Perl 封装起来，以提供命令行选项，使用起来就像其他的 UNIX 工具一样，例如，execsnoop：

```
# execsnoop -h
USAGE: execsnoop [-a|-A|-ehjsvZ] [-c command]
                 execsnoop               # default output
                         -a              # print all data
                         -A              # dump all data, space delimited
                         -e              # safe output, parseable
                         -j              # print project ID
                         -s              # print start time, us
                         -v              # print start time, string
                         -Z              # print zonename
                         -c command      # command name to snoop
          eg,
                 execsnoop -v            # human readable timestamps
                 execsnoop -Z            # print zonename
                 execsnoop -c ls         # snoop ls commands only
```

包括 Oracle 的 ZFS Appliance Analytics 和 Joyent 公司的 Cloud Analytics 都提供了基于 DTrace 的 GUI。

4.4 SystemTap

SystemTap 对用户级和内核级的代码都提供了静态和动态跟踪的功能，是由一个来自 Red Hat、IBM 和 Intel 的团队专为 Linux 打造的，那时 DTrace 还没有任何针对 Linux 的移植。使用 DTrace，可以编程在被称为探针的检测点上，执行任意的 action。这些 action 包括事件计数、记录时间戳、执行计算、打印数值、数据汇总，等等。跟踪开启时，这些 action 的执行是实时的。在命令行上 SystemTap 可以执行单行命令也可以运行脚本。

SystemTap 采用其他的内核框架做源：静态探针用 tracepoints、动态探针用 kprobes、用户级别的探针用 uprobes。这些源也为其他的工具所用（perf、LTTng）。

经过多年的发展，SytemTap 在追赶 DTrace 的功能集上有了长足的进步，在一些点上已经超越了 DTrace。不过，稳定性还是个问题，一些版本会导致内核崩溃或挂起。[1] SystemTap 还存在其他的一些相对来说较小的问题：启动较慢、错误信息难懂、隐式功能无文档，以及语言还不够精炼。

同时，有两个单独的项目开始将 DTrace 移植到 Linux，一个是 Oracle 的 Oracle Enterprise Linux；另一个主要依靠居住在英国的程序员 Paul Fox 在进行。本书的 Dtrace Linux 的例子用的都是这些移植。由于这些都是新项目，还在开发，它们也会导致内核崩溃。

如果你愿意或需要使用 SystemTap，也有办法转换本书多数的 DTrace 脚本。附录 E 是这类转换的简易指南。

下一节总结了 SystemTap 的基本知识——探针、tapset、action，以及内置变量，然后提供了两个 SystemTap 的例子作为比较。

4.4.1 探针

探针的定义是由句号分隔的，有内置选项可选（放在括号中），示例如下。

- `begin`：程序开始。
- `end:` 程序结束。
- `syscall.read:` 系统调用 `read()` 的开始。
- `syscall.read.return:` 系统调用 `read()` 的结束。

---

[1] SystemTap 的 wiki 系统一直对"在生产环境安全使用"的回答是"Yes"。不过，在 2006 年报出了 bug 2725，当跟踪所有的内核函数探针时，会引起内核挂起。对于这一问题最新的评论（2012 年 8 月）写道："内核的 bug 应该对余下的此类崩溃负责。"

- **kernel.function("sys_read")**：内核函数 sys_read() 的开始。
- **kernel.function("sys_read").return**：内核函数 sys_read() 的结束。
- **socket.send**：发送包。
- **timer.ms(100)**：对单一 CPU 每 100ms 触发一次的探针。
- **timer.profile**：按内核时钟频率对所有的 CPU 都触发的探针，用于采样/剖析。
- **process("a.out").statement("*@main.c:100")**：跟踪目标进程，可执行文件"a.out"，main.c 的第 100 行。

许多探针都把相关数据作为内置的变量。例如，syscall.read 探针把请求的大小存放在 $count 中。

4.4.2 tapset

一组相关的探针被称为 tapset。许多探针的名字都以 tapset 的名字作为开头。tapset 例举如下。

- **syscall**：系统调用。
- **ioblock**：块设备接口和 I/O 调度器。
- **scheduler**：内核 CPU 调度器事件。
- **memory**：进程和虚拟内存的使用。
- **scsi**：SCSI 目标的事件。
- **networking**：网络设备事件，包括接收和传输。
- **tcp**：TCP 协议事件，包括发送和接收事件。
- **socket**：套接字事件。

tapset 还能附带用来执行 action。

4.4.3 action 和内置变量

SystemTap 还提供了许多的 action 和内置变量，如 execname() 可以获取进程名，pid() 可以获取当前进程 ID，print_backtrace() 可以打印内核栈的回溯信息。更多的内容可参考附录 E。

4.4.4 示例

下面的单行命令跟踪系统调用 read()，将返回读取的大小结果保存成一张 2 的幂次方的

直方图。这既是一个 SystemTap 示例,也是一个与 DTrace 的比较,就是之前演示过的那个近乎相同的例子:

```
# stap -ve 'global stats; probe syscall.read.return { stats <<< $return; }
    probe end { printf("\n\trval (bytes)\n"); print(@hist_log(stats)); }'
Pass 1: parsed user script and 77 library script(s) using 202200virt/22864res/3060shr
kb, in 100usr/10sys/125real ms.
Pass 2: analyzed script: 2 probe(s), 1 function(s), 2 embed(s), 1 global(s) using
370116virt/143020res/91712shr kb, in 350usr/110sys/711real ms.
Pass 3: translated to C into "/tmp/stapgOPjnH/stap_82838d54d78482c02d20b14d10b2eb13_
6394.c" using 370116virt/144708res/93400shr kb, in 40usr/10sys/549real ms.
Pass 4: compiled C into "stap_82838d54d78482c02d20b14d10b2eb13_6394.ko" in 560usr/
0sys/5638real ms.
Pass 5: starting run.
^C
        rval (bytes)
value |-------------------------------------------------- count
   -32 |                                                      0
   -16 |                                                      0
    -8 |@@@@@@@@@@@@@@@@@@@@@@                               22
    -4 |                                                      0
    -2 |                                                      0
    -1 |                                                      0
     0 |@@@@@@@@@@@@@@@@@@@@@@@@@@@@@@@                      31
     1 |@@@                                                   3
     2 |@@@@                                                  4
     4 |                                                      0
     8 |@                                                     1
    16 |@@@@@                                                 5
    32 |@@@@@@                                                6
    64 |                                                      0
   128 |                                                      0
   256 |@                                                     1
   512 |@@@@@@@@@@@@@@@@@@@@@@@@@@@@@                        29
  1024 |                                                      0
  2048 |                                                      0
```

选项-v 会打印出编译阶段的详细信息,通知用户跟踪已经开启了("starting run")。若不选择该项,SystemTap 默认是不会打印的,你只能猜测跟踪何时开始。在某些情况下,编译阶段需要花 20 秒以上的时间,过早的 Ctrl+C 不仅会终止跟踪,还会根据编译被中断的阶段打印令人混淆的错误消息。

单行命令以声明全局变量 `stats` 作为开始——这是 SystemTap 所要求的预声明。探针的定义用关键词 `probe` 作为开头,匹配系统调用 `read()` 的返回。action 是用变量 `stats` 记录返回值`$return` 的,用的统计操作符是`<<<`。采用这样通用的数值记录方式,之后可以用于不同的数据汇总中。

`end` 探针把统计数据作为直方图打印出来。如果不输出直方图,SystemTap 在退出时也会打印一个基本的数字总结。

关于直方图还有最后一点要注意:`read()`的`$return` 值有些是负值——这代表的是返回的错误码(`errno`)。这里遵从的是内核惯例而不是 POSIX 标准,这点可能给希望看到后者的人带来混淆。因为`$return` 没有文档,所以我们并不清楚这么做是不是故意的。

下面是两条等价的单行命令,先是 SystemTap,后是 DTrace:

```
stap -e 'global stats; probe syscall.read.return { stats <<< $return; }
    probe end { printf("\trval (bytes)\n"); print(@hist_log(stats)); }'

dtrace -n 'syscall::read:return { @["rval (bytes)"] = quantize(arg0); }'
```

这样的比较能让你更好地理解这两个技术。下面是一个不同的例子,这回用 SystemTap 来凸显 DTrace 的局限性:

```
# stap -e 'global s; probe syscall.read.return {
    if ($return >= 0) { s[execname()] <<< $return; } }
    probe end { printf("\n%-36s %8s %8s %10s\n", "EXEC", "CALLS", "AVGSZ",
    "TOTAL"); foreach (k in s+) { printf("%-36s %8d %8d %10d\n", k,
    @count(s[k]), @avg(s[k]), @sum(s[k])); } }'
^C
EXEC                                CALLS     AVGSZ      TOTAL
tty                                     1       832        832
hostname                                2       832       1664
sendmail                                2        25         50
systemd                                 3        14         44
dbus-daemon                             4        16         65
tput                                    4      1272       5088
dircolors                               4      1585       6340
systemd-logind                          5       191        958
grep                                    8      1116       8930
id                                      9       703       6329
systemd-cgroups                        12       586       7036
tar                                    49       607      29769
stapio                                 52         0         12
bash                                   54      1793      96875
sshd                                  313       995     311535
```

这个单行命令根据进程名给出了读操作返回大小的统计数据。用了三个不同的函数给调用次数 `CALLS`、平均大小 `AVGSZ`(字节)和总大小 `TOTAL` 提供数据。若用 DTrace 来做这件事,需要三个不同的聚合变量,一种类型一个。

这里还用到了 `if` 语句和一个 `foreach` 循环。DTrace 不提供 `if`,用谓词作为分支,这对程序员来说有时并不能自然地适应。DTrace 当前没有循环能力,除了展开循环,出于安全考虑不执行回跳。SystemTap 解决这个问题的办法是为循环设置上界,这样,SystemTap 脚本里的无限循环不会在内核上下文里挂起。

终极的区别是: SystemTap 可以直接访问统计数值,如 `s[k]`,而 DTrace 的聚合变量的打印只能依靠自己或者用聚合函数来处理。

4.4.5 开销

SystemTap 的使用开销和之前介绍过的 DTrace 类似。不过,当程序首次执行时,SystemTap 在编译阶段会消耗 CPU 资源(几秒)。SystemTap 会将程序缓存下来,这样开销不会每次使用时都发生。还可以在不同的系统上编译 SystemTap 程序，然后将缓存的结果传输给目标系统。

另一个额外的开销是内核分析的内核调试信息，通常不包括在 Linux 的发行版中（可能是几百兆字节大小）。

4.4.6 文档和资源

SystemTap 有大量的 Man 手册页集合，每个探针的 Man 手册页也包含在内。例如，探针 `ioblock.request`：

```
$ man probe::ioblock.request
PROBE::IOBLOCK.REQ(3stapIO Scheduler and block IO TapPROBE::IOBLOCK.REQ(3stap)

NAME
        probe::ioblock.request - Fires whenever making a generic block I/O
        request.

SYNOPSIS
        ioblock.request

VALUES
        None

DESCRIPTION
        name - name of the probe point devname - block device name ino - i-node
        number of the mapped file sector - beginning sector for the entire bio
        flags - see below BIO_UPTODATE 0 ok after I/O completion BIO_RW_BLOCK 1
        RW_AHEAD set, and read/write would block BIO_EOF 2 out-out-bounds error
        BIO_SEG_VALID 3 nr_hw_seg valid BIO_CLONED 4 doesn't own data
        BIO_BOUNCED 5 bio is a bounce bio BIO_USER_MAPPED 6 contains user pages
        BIO_EOPNOTSUPP 7 not supported
[...]
```

网上在线的 *SystemTap Language Reference* 一书就是 SystemTap 语言的文档[5]。在 SystemTap 文档网站上还有新手入门的教程，和 tapset 的参考手册。

本书的所有 DTrace 示例都几乎可以作为 SystemTap 功能的例子。关于两者的转换请参考附录 E。

4.5 perf

Linux 性能事件（Linux Performance Events，LPE），简称为 perf，通过不断演化，现在所支持的性能观测的范围已经相当宽泛。虽然没有 DTrace 和 SystemTap 那样的实时编程能力，但 perf 可以执行静态和动态跟踪（基于 tracepoint、kprobe 和 uprobe），还有 profiling。此外，它还能检查栈跟踪、局部变量和数据类型。因为它已经成为 Linux 内核主线的一部分，所以是最容易使用的（如果已经安装），所提供的观测能力足够解答你的疑问。

perf(1)的某些跟踪开销与DTrace的类似。在典型的使用中，编写DTrace程序是用来汇总内核里的数据的（聚合变量），perf(1)当前还做不了。使用perf(1)，数据会传递到用户级来做后处理（有一个脚本框架），在跟踪频繁事件时，会引起显著的额外开销。

关于perf(1)的介绍以及它众多功能的演示，参见第6章的6.6节。

4.6 观测工具的观测

观测工具和构建其上的统计都是由软件实现的，而所有的软件都是潜在有bug的。这对描述软件的文档来说也是一样。用正常质疑的眼光来审视所有对你来说是新的统计数据，探究它们真实的意义以及是否真的正确。

指标都不免可能有以下问题：

- 工具不总是正确的。
- Man手册页不总是正确的。
- 能用的指标可能不完整。
- 能用的指标可能设计得很差。

当多个观测工具覆盖的范围有重叠时，你就能用它们来互相检查。理想情况下，它们检查bug所基于的框架也是不同的。动态跟踪对于这一点尤其有用，因为可以用动态跟踪创建定制化的工具。

另一个验证的技术是施加已知的负载，看看观测工具表现得是否与你预计的结果相同。可以用微基准测试工具，用它们的报告结果做比较。

有时并非工具或者统计出了问题，而是包括Man手册页在内的描述文档出了问题。软件已经变化演进了而文档却还没有更新。

现实中，你可能没有时间来反复确认所有用到的性能测量，只有在遇到不寻常的结果或者结果特别重要时才会这么做。即便你没有反复检查，你知道你没有并且假定工具是正确的，做到这一点也是有价值的。

除了指标不正确，还有可能是指标不完整。面对大量的工具和指标，很容易假定这些指标提供了完整且有效的覆盖面。但常常并非如此：程序员增加指标来调试自己的代码，之后放进观测工具里，期间没有做多少关于真正用户需求的研究。有些程序员可能在子系统里没有做过任何的添加。

缺少指标比用不合适的指标更难发现。第2章通过研究你所要回答的性能分析的问题，能帮你发现这些缺失的指标。

4.7 练习

1. 回答下面关于观测工具术语的问题：

   - 什么是剖析？
   - 什么是跟踪？
   - 静态跟踪和动态跟踪有什么区别？

4.8 参考

[Cantrill 04]	Cantrill, B., M. Shapiro, and A. Leventhal. "Dynamic Instrumentation of Production Systems." USENIX, 2004.
[Eigler 05]	Eigler, F. Ch., et al. *Architecture of SystemTap: A Linux Trace/Probe Tool*, http://sourceware.org/systemtap/archpaper.pdf, 2005.
[Cantrill 06]	Cantrill, B. "Hidden in Plain Sight," *ACM Queue*, 2006.
[McDougall 06b]	McDougall, R., J. Mauro, and B. Gregg. *Solaris Performance and Tools: DTrace and MDB Techniques for Solaris 10 and OpenSolaris*. Prentice Hall, 2006.
[Gregg 11]	Gregg, B., and J. Mauro. *DTrace: Dynamic Tracing in Oracle Solaris, Mac OS X and FreeBSD*. Prentice Hall, 2011.
[1]	www.atoptool.nl/index.php
[2]	http://dtrace.org/guide
[3]	www.dtracebook.com
[4]	www.brendangregg.com/dtrace.html
[5]	http://sourceware.org/systemtap/langref
[6]	http://sourceware.org/systemtap/documentation.html

第 5 章

应用程序

性能调整离工作所执行的地方越近越好：最好在应用程序里。应用程序包括数据库、Web服务器、应用服务器、负载均衡器、文件服务器，等等。后续的各章会从资源消耗的角度来审视应用程序：CPU、内存、文件系统、磁盘和网络。本章将立足于应用程序这一层面。

应用程序能变得极其复杂，尤其是在涉及众多组件的分布式应用程序环境中。研究应用程序的内部通常是应用程序开发人员的领域，会涉及第三方工具自测。对于研究系统性能的人员，包括系统管理员，应用程序性能分析包括配置应用程序实现系统资源最佳利用、归纳应用程序使用系统的方式，以及常见问题的分析。

本章讨论了应用程序的基础知识、应用程序性能的基础原理、编程语言和编译器，以及应用程序性能分析的通用策略。

5.1 应用程序基础

在深入研究应用程序性能之前，你应该了解应用程序的职能、它的基础特征，以及它在业界的生态系统。这组成了你理解应用程序活动的上下文。这是学习常见性能问题和性能调整的好机会，还为你的进一步学习指明了道路。要学习这个上下文，试着回答下面这些问题。

- **功能**：应用程序的角色是什么？是数据库、Web服务器、负载均衡器、文件服务器，还是对象存储？

- **操作**：应用服务器服务哪些请求，或者执行怎么样的操作？数据库服务查询（和命令）、Web 服务器服务 HTTP 请求，等等。这些可以用速率来度量，用以估计负载和做容量规划。
- **CPU 模式**：应用程序是用户级的软件实现还是内核级的软件实现？多数的应用程序是用户级别的，以一个或多个进程的形式执行，但是有些是以内核服务的形式实现的（例如，NFS）。
- **配置**：应用程序是怎样配置的，为什么这么配？这些信息能在配置文件里找到或者用管理工具得到。检查所有与性能相关的可调参数有没有改过，包括缓冲区大小、缓存大小、并发（进程或线程），以及其他选项。
- **指标**：有没有可用的应用程序指标，如操作率？可能是用自带工具或者第三方工具，通过 API 请求，或者通过处理操作日志得到。
- **日志**：应用程序创建的操作日志是哪些？能启用什么样的日志？哪些性能指标，包括延时，能从日志中得到？例如，MySQL 支持慢请求日志（slow query log），对每一个慢于特定阈值的请求提供有价值的性能细节信息。
- **版本**：应用程序是最新的版本吗？在最近的版本的发布说明里有没有提及性能的修复和性能的提升？
- **Bugs**：应用程序有 bug 数据库吗？你用的应用程序版本有什么样的"性能"bug？如果你当前有一个性能问题，查找 bug 数据库看看以前有没有发生过类似的事情，看看是怎样调查的，以及还有没有涉及其他内容。
- **社区**：应用程序社区里有分享性能发现的地方吗？社区可以是论坛、博客、IRC 频道、聚会和会议。聚会和会议通常会在网上发布幻灯片和视频，多年之后都是有用的资源。社区还会有社区管理人员来分享社区的更新和新闻。
- **书**：有与应用程序以及它的性能相关的书吗？
- **专家**：谁是这个应用程序公认的性能专家？知道他们的名字有助于你找到他们撰写的材料。

除了这些资源，你要致力于高层次地理解应用程序——它的作用、怎样操作、怎样执行。如果你能找到，阐述应用程序内部的功能图，就是一个极其有用的资源。

下面的各节会涵盖应用程序相关的其他的基础知识：目标设定、常见情况下的优化、观测性、以及大 O 标记法。

5.1.1 目标

设立性能目标能为你的性能分析工作指明方向，并帮助你选择要做的事情。没有清晰的目标，性能分析容易沦为随机的"钓鱼探险"。

关于应用程序的性能，可以从应用程序执行什么操作（正如之前所述）和要实现怎样的性能目标入手。目标可能如下。

- **延时**：低应用程序响应时间
- **吞吐量**：高应用程序操作率或者数据传输率
- **资源使用率**：对于给定应用程序工作负载，高效地使用资源。

如果上述这些目标可量化，就更好了，用从业务或者服务质量需求衍生出的指标做量化，例如：

- 应用程序平均延时 5ms。
- 95%的请求的延时在 100ms 或以下。
- 消灭延时异常值，超过 1000ms 延时的请求数为零。
- 最大吞吐量为每台服务器最少 10 000 次应用请求/秒。
- 在每秒 10 000 次应用请求的情况下，平均磁盘使用率在 50%以下。

一旦选中一个目标，你就能着手处理阻碍该目标实现的限制因素了，对于延时而言，限制因素可能是磁盘或网络 I/O；对于吞吐量，可能会是 CPU。本章和其他章的策略会帮助你识别出这些限制因素。

针对基于吞吐量的目标，要注意就性能或开销而言，所有的操作并不都是一样的。如果目标是提高操作的速率，那么识别操作是怎样的类别就很重要了。针对所期望或所测量的工作负载，该操作可能会存在一个分布。

第 5.2 节阐述了提高应用程序性能的常见方法。其中某些可能只对一个目标奏效，而对另一个不奏效，例如，选择更大的 I/O 会以牺牲延时为代价来提高吞吐量。记住你追求的目标，再看看哪个章节的内容最为适用。

5.1.2 常见情况的优化

软件的内部可能很复杂，有许多不同的可能的代码路径和行为。当你浏览源代码时尤其明显：应用程序一般是万行级，操作系统内核则上至百万行级。随机地找地方做优化会事倍功半。

一个能有效提高应用程序性能的方法是找到对应生产环境工作负载的公用代码路径，并开始对其做优化。如果应用程序是 CPU 密集型的，那么意味着代码路径会频繁占用 CPU。如果应用程序是 I/O 密集型的，你应该查看导致频繁 I/O 的代码路径。这些都能通过分析和剖析应用程序来确定，如用到后几章会介绍的栈跟踪技术。在更高的层面理解常见情况的上下文则要借助于应用程序的观测工具。

5.1.3 观测性

在本书的很多章节中都提到过,操作系统最大的性能提升在于消除不必要的工作。这对于应用程序来说也是一样的。

这一事实有时会被忽视,尤其当应用程序以性能为选择基准时。如果基准测试显示应用程序 A 比应用程序 B 快 10%,那么 A 会是很有诱惑力的选择。但是,如果应用程序 A 是不透明的,而应用程序 B 提供了一套丰富的观测工具,那么对于长期运行来说,应用程序 B 是更好的选择。那些观测工具可以让人看到并进而消除不必要的工作,能更好地理解并调整运行的工作。通过增强观测能力而获得的性能收益让最初的 10%的性能差异显得微不足道。

5.1.4 大 O 标记法

大 O 标记法一般用于计算机科学学科的教学,用于分析算法的复杂度,以及随着输入数据集的增长对算法的执行情况建模。这有助于程序员在开发应用程序时,选择拥有更高效率和性能的算法([Knuth 76]、[Knuth 97])。

常见的大 O 标记和算法示例在表 5.1 中。

表 5.1 大 O 标记的示例

标记法	示例
O(1)	布尔判断
O(log n)	顺序队列的二分搜索
O(n)	链表的线性搜索
O(n log n)	快速排序(一般情况)
O(n^2)	冒泡排序(一般情况)
O(2^n)	分解质因数;指数增长
O(n!)	旅行商人问题的穷举法

这个标记法能让程序员估计不同算法的速度,判断代码的哪些地方能引起最大的改进。例如,搜索一个排好序的 100 项的数组,线性搜索法和二分搜索法的差异是 21 倍(100/log(100))。

这些算法的性能绘于图 5.1,展示了它们的增长趋势。

这样的分类让系统性能分析人员理解某些算法在扩展的时候性能会很差。当应用程序被迫服务比之前更高的用户数或更多的数据对象时可能会出现性能问题,此时诸如 O(n^2)的算法就是根源所在。开发人员要使用更高效的算法或者对输入做程序切分来修复这个问题。

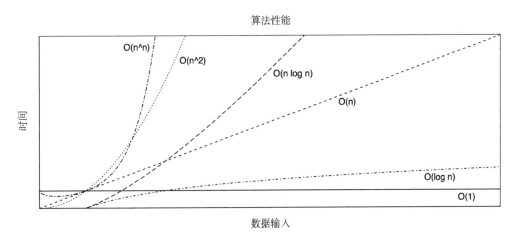

图 5.1　不同算法的运行时间比较

对于每一个算法的选择，大 O 标记法确实忽视了计算的常数成本。对于 n（输入数据量）很小的情况，这些开销可能占主导地位。

5.2　应用程序性能技术

本节讨论了一些提高应用程序性能的常用技术：选择 I/O 大小、缓存、缓冲区、轮询、并发和并行、非阻塞 I/O 和处理器绑定。参考应用程序文档看看这些技术哪些在应用，看看有没有应用程序其他的独有特性。

5.2.1　选择 I/O 尺寸

执行 I/O 的开销包括初始化缓冲区、系统调用、上下文切换、分配内核元数据、检查进程权限和限制、映射地址到设备、执行内核和驱动代码来执行 I/O，以及，在最后释放元数据和缓冲区。"初始化开销"对于小型和大型的 I/O 都是差不多的。从效率上来说，每次 I/O 传输的数据越多，效率越高。

增加 I/O 尺寸是应用程序提高吞吐量的常用策略。考虑到每次 I/O 的固定开销，一次 I/O 传输 128KB 要比 128 次传输 1KB 高效得多。尤其是磁盘 I/O，由于寻道时间，每次 I/O 开销都较高。

如果应用程序不需要，更大的 I/O 尺寸也会带来负面效应。一个执行 8KB 随机读取的数据库按 128KB I/O 的尺寸运行会慢得多，因为 120KB 的数据传输能力被浪费了。选择小一些的 I/O 尺寸，更贴近应用程序所需，能降低引起的 I/O 延时。不必要的大尺寸 I/O 还会浪费缓存的空间。

5.2.2 缓存

操作系统用缓存提高文件系统的读性能和内存的分配性能，应用程序使用缓存也出于类似的原因。将经常执行的操作的结果保存在本地缓存中以备后用，而非总是执行开销较高的操作。数据库缓冲区高速缓存就是一例，该缓存会保存经常执行的数据库查询结果。

部署应用程序时，一个常见的操作就是决定用什么样的缓存，或能启用什么样的缓存，然后配置适合系统的缓存尺寸。

缓存一个重要的方面就是如何保证完整性，确保查询不会返回过期的数据。这称为缓存一致性（cache coherency），而且执行的代价不低——理想情况下，不要高于缓存所带来的益处。

缓存提高了读操作性能，存储通常用缓冲区来提高写操作的性能。

5.2.3 缓冲区

为了提高写操作性能，数据在送入下一层级之前会合并放在缓冲区中。这增加了 I/O 大小，提升了操作的效率。取决于写操作的类型，这样做可能会增加写延时，因为第一次写入缓冲区后，在发送之前，还要等待后续的写入。

环形缓冲区（或循环缓冲区）是一类用于组件之间连续数据传输的大小固定的缓冲区，缓冲区的操作是异步的。该类型缓冲可以用头指针和尾指针来实现，指针随着数据的增加或移出而改变位置。

5.2.4 轮询

轮询是系统等待某一事件发生的技术，该技术在循环中检查事件状态，两次检查之间有停顿。轮询有一些潜在的性能问题：

- 重复检查的 CPU 开销高昂。
- 事件发生和下一次检查的延时较高。

这是性能问题，应用程序应能改变自身行为来监听事件发生，当事件发生时立即通知应用程序并执行相应的例程。

poll()系统调用

有系统调用 `poll()` 来检查文件描述符的状态，提供与轮询相似的功能，不过它是基于事件的，因此没有轮询那样的性能负担。

`poll()` 接口支持多个文件描述符作为一个数组，当事件发生要找到相应的文件描述符时，需要应用程序扫描这个数组。这个扫描是 O(n)（参见 5.1.4 节中的介绍），扩展时可能会变成一个性能问题：在 Linux 里是 `epoll()`，`epoll()` 避免了这种扫描，复杂度是 O(1)。基于 Solaris 的系统有一个相似的特性叫作事件端口（event ports），用 `port_get(3C)` 代替了 `poll()`。

5.2.5 并发和并行

分时系统（包括所有从 UNIX 衍生的系统）支持程序的并发：装载和开始执行多个可运行程序的能力。虽然它们的运行时间是重叠的，但并不一定在同一瞬间都在 CPU 上执行。每一个这样的程序都可以是一个应用程序进程。

除了并发执行不同的应用程序，应用程序内的函数也可以是并发的。这可以用多进程（multiprocess）或者多线程（multithreaded）实现，每个进程/线程都执行自己的任务。

另外一个方法是基于事件并发（event-based concurrency），应用程序服务于不同的函数并在事件发生时在这些函数之间进行切换。例如，Node.js 采用的就是这一方法。这种方法提供了并发性但可能用的是单个的线程或进程，最终会成为一个制约扩展性的瓶颈，因为它只利用了一颗 CPU。

为了利用多处理器系统的优势，应用程序需要在同一时间运行在多颗 CPU 上。这称为并行，应用程序通过多进程或多线程实现。多线程（或多任务）更为高效，因此也是首选的方法，原因在第 6 章介绍。

除了增加 CPU 工作的吞吐量，多线程（或多进程）让 I/O 可以并发执行，当一个线程阻塞在 I/O 等待的时候，其他线程还能执行。

因为多线程编程能共享同一进程内地址空间，因此线程可以直接对同一内存读取和写入，而不需要代价更高昂的接口（例如，多进程编程里的进程间通信 IPC）。可使用同步原语来保障完整性，这样数据就不会因为多线程同时读写而损坏。这些一般会与哈希表一同使用来提高性能。

同步原语

同步原语（synchronization primitive）监管内存的访问，与交通灯控制十字路口的访问方式相同，正如红绿灯一样，它们停止交通的流动，引起等待时间（延时）。常见的三种类型如下。

- **mutex（MUTually EXclusive）锁**：只有锁持有者才能操作，其他线程会阻塞并等待 CPU。
- **自旋锁**：自旋锁允许锁持有者操作，其他的需要自旋锁的线程会在 CPU 上循环自旋，检查锁是否被释放。虽然这样可以提供低延时的访问，被阻塞的线程不会离开 CPU，时刻准备着运行直到锁可用，但是线程自旋、等待也是对 CPU 资源的浪费。

- **读写锁**：读/写锁通过允许多个读者或者只允许一个写者而没有读者，来保证数据的完整性。

mutex 锁可以用库或内核实现成为自适应 mutex 锁（adaptive mutex lock）：这是自旋锁和 mutex 锁的混合，如果锁持有者当前正运行在另一个 CPU 上，线程会自旋，如果不是，线程会阻塞（或者自旋的时间阈值到了）。自适应的 mutex 锁的优化支持低延时访问而又不浪费 CPU 资源，在基于 Solaris 的系统上已经用了很多年。它在 2009 年应用到了 Linux 上，称为自适应自旋 mutex（adaptive spinning mutex）[1]。

调查锁的性能问题会很耗时，常常要求熟悉应用程序源代码。一般来说这是开发人员的事情。

哈希表

可以用一张锁的哈希表来对大量数据结构的锁做数目优化。哈希表的内容将总结于此，这是一个高阶的话题，假定读者具有编程背景。

下面是两种方法：

- 为所有的数据结构只设定一个全局的 mutex 锁。虽然这个方案很简单，不过并发的访问会有锁的竞争，等待时也会有延时。需要该锁的多个线程会串行执行，而不是并发执行。
- 为每个数据结构都设定一个 mutex 锁。虽然这个方案将锁的竞争减小到真正需要时才发生——对同一个数据结构的访问也会是并发的——但是锁会有存储开销，为每个数据结构创建和销毁锁也会有 CPU 开销。

锁哈希表是一种折衷的方案，当期望锁的竞争能轻一些的时候很适用。创建固定数目的锁，用哈希算法来选择哪个锁用于哪个数据结构。这就避免了随数据结构创建和销毁锁的开销，也避免了只使用单个锁的问题。

如图 5.2 所示的哈希表里有四个项目，称为桶（bucket），每个桶都有自己的锁。

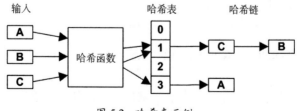

图 5.2 哈希表示例

该示例还展示了一个解决哈希冲突的方法，即当有两个或以上的输入数据结构在同一个桶中时。这时，创建一个数据结构的链条来把所有的数据结构存放在同一个桶里，用哈希函数可以找到它们。如果这个哈希链条太长，要串行遍历，这会造成性能问题。选择哈希函数和表的尺寸的原则是把数据结构放入桶中，所维持的哈希链条的长度为最小值。

理想情况下，为了最大程度的并行，哈希表的桶的数目应该大于或等于 CPU 的数目。哈希算法可以很简单，截取数据结构地址的低位比特，把它作为 2 的幂次方长度的锁列表的索引。这种简单的算法很迅速，数据结构能很快定位。

对于放置于内存中的相邻的锁列表，当多个锁落在同一个缓存行时会产生性能问题。例如，两个 CPU 更新位于同一个缓存行的不同的锁，会引起缓存一致性开销，每个 CPU 的缓存行在另一个 CPU 那儿都是失效的。这种情况称为伪共享（false sharing），这一问题一般是通过往哈希锁里填充无用字节来解决的，这样在内存中缓存行里只会有一个锁存在。

5.2.6 非阻塞 I/O

第 3 章介绍的 UNIX 进程生命周期图，显示进程在 I/O 期间会阻塞并进入 sleep 状态。这个模型存在以下两个性能问题：

- 对于多路并发的 I/O，当阻塞时，每一个阻塞的 I/O 都会消耗一个线程（或进程）。为了支持多路并发 I/O，应用程序必须创建很多的线程（通常一个客户端一个线程），伴随着线程的创建和销毁，这样做的代价也很大。
- 对于频繁发生的短时 I/O，频繁切换上下文的开销会消耗 CPU 资源并增加应用程序的延时。

非阻塞 I/O 模型是异步地发起 I/O，而不阻塞当前的线程，线程可以执行其他的工作。这是 Node.js 的一个关键特性[2]，Node.js 是服务器端的 JavaScript 应用程序环境，可以用非阻塞的方式来开发代码。

5.2.7 处理器绑定

NUMA 环境对于进程或线程保持运行在一颗 CPU 上是有优势的，线程执行 I/O 后，能像执行 I/O 之前那样运行在同一 CPU 上。这提高了应用程序的内存本地性，减少内存 I/O，并提高了应用程序的整体性能。操作系统对此是很清楚的，设计的本意就是让应用程序线程依附在同一颗 CPU 上（CPU 亲和性，CPU affinity）。这些话题会在第 7 章中介绍。

某些应用程序会强制将自身与 CPU 绑定。对于某些系统，这样做能显著地提高性能。不过如果这样的绑定与其他 CPU 的绑定冲突，如 CPU 上的设备中断映射，这样的绑定就会损害性能。

如果还有其他租户或应用程序运行在同一系统上，要极其小心 CPU 绑定带来的风险。这是一个我们在云计算里做 OS 虚拟化遇到过的问题，应用程序能看到所有的 CPU，可以选择一些做绑定，假定这是服务器上唯一的应用程序。如果服务器还被其他租户的应用程序所分享并且也做了绑定，那么即使其他的 CPU 是空闲的，也可能因为被绑定的 CPU 正忙于其他的租户，而发生冲突和调度器延时。

5.3 编程语言

编程语言可能是编译的或是解释的，也有可能是通过虚拟机执行的。许多语言都将"性能优化"作为一个特性，但是，严格来讲，这个特性是执行该语言的软件的特性，而不是语言本身的。例如，Java HotSpot 虚拟机软件就是用所包含的 JIT 编译器来动态提升性能的。

解释器和语言虚拟机有自己专门的工具，做不同级别的性能观测。对于系统性能分析来说，用这些工具做简单的剖析就能很快得到结果。例如，高 CPU 使用率可能是由垃圾回收（GC）导致的，用某些常用的可调参数就能解决这一问题；也可能是由某一代码路径导致的，在 bug 数据库里可以找到已知的 bug，升级软件版本就能修复（这种情况很多）。

下面的各节会根据编程语言的类型讲述其基本的性能特征。关于各个语言的性能的更多内容，请参考该语言的相关书籍。

5.3.1 编译语言

编译是在运行之前将程序生成机器指令，保存在二进制可执行文件里。这些文件可以在任何时间运行而无须再度编译。编译语言包括 C 和 C++。还有些语言既有解释器又有编译器。

编译过的代码总体来说是高性能的，在被 CPU 执行之前不需要进一步转换。操作系统内核几乎全部都是用 C 写就的，只有一些关键的路径是用汇编写的。

因为所执行的机器代码总是和原始代码映射得很紧密（当然这也取决于编译优化），所以编译语言的性能分析通常是很直观的。在编译过程中，会生成一张符号表，列出程序函数和对象名称的映射地址。之后的剖析和 CPU 执行的跟踪能直接与这些程序里的名字相关联，让分析人员可以研究程序的执行。栈跟踪，以及栈跟踪所含的数字地址，能映射和翻译成为函数名以显示代码路径的上级调用。

可以使用编译器优化（compiler optimization）来提升性能，编译器优化能对 CPU 指令的选择和部署做优化。

编译器优化

`gcc(1)`编译器的优化区间是 0～3，3 是最大数目的优化。`gcc(1)`能显示不同的级别用到了哪些优化。例如：

```
$ gcc -Q -O3 --help=optimizers
The following options control optimizations:
  -O
  -Ofast
  -Os
  -falign-functions                    [enabled]
  -falign-jumps                        [enabled]
  -falign-labels                       [enabled]
  -falign-loops                        [enabled]
  -fasynchronous-unwind-tables         [enabled]
  -fbranch-count-reg                   [enabled]
  -fbranch-probabilities               [disabled]
  -fbranch-target-load-optimize        [disabled]
  [...]
  -fomit-frame-pointer                 [disabled]
  [...]
```

完整的列表包括将近 180 项，某些即使是-O0 也会启用。举个例子，其中有一个选项 -fomit-frame-pointer，在 gcc(1) 的 Man 手册页里是这么说的：

对于不需要帧指针的函数不记录帧指针。该选项避免了保存、设置和恢复帧指针的指令，让函数多一个可用的寄存器。**还有，在某些机器上启用该选项会使得调试不可能进行。**

这是一个权衡的例子：通常缺少了帧指针，分析者无法对栈跟踪做剖析。

鉴于栈剖析还是很有用的，这个选项可能会牺牲不少将来的性能获益（启用该选项后就很难发现了），这可能要比该选项最初提供的性能收益还要多。解决方案是，在这种情况下，可以用选项 -fno-omit-frame-pointer 编译，来避免这种优化。

当性能问题出现时，很容易会想用更低的优化级别（例如，从-O3 到-O2）来重新编译应用程序，寄希望于这样能满足所有的调试需求。但这件事并不是那么简单的：编译器输出的变化可能会很大也很重要，以至于影响到你最初想要分析的那个问题的行为。

5.3.2 解释语言

解释语言程序的执行是将语言在运行时翻译成行为，这一过程会增加执行的开销。解释语言并不期望能表现出很高的性能，而是用于其他因素更重要的情况下，诸如易于编程和调试。shell 脚本就是解释语言的一个例子。

除非提供了专门的观测工具，否则对解释语言做性能分析是很困难的。CPU 剖析能展示解释器的操作——包括分句、翻译和执行操作——但是不能显示原始程序的函数名，关键程序的上下文仍然是个迷。

不过对解释器的分析并不是毫无结果的，因为解释器本身也可能有性能问题，尤其是确信所执行的代码是设计精良的时候。

依靠解释器，程序上下文能很容易地直接得到（例如，对分词器做动态跟踪）。我们常常通过简单的打印语句和时间戳来研究这些程序。更严格的性能分析并不常见，因为解释语言一般不是编写高性能应用程序的首选。

5.3.3 虚拟机

语言虚拟机（language virtual machine），或称为进程虚拟机（process virtual machine）是模拟计算机的软件。一些编程语言，包括 Java 和 Erlang，都是用虚拟机（VM）执行，提供了平台独立的编程环境。应用程序先编译成虚拟机指令集（字节码，bytecode），再由虚拟机执行。这样编译的对象就具有了可移植性，只要有虚拟机就能在目标平台上运行这些程序。

字节码是从原始程序编译而来，再由语言虚拟机进行解释的，解释时会把字节码转化为机器码。Java HotSpot 虚拟机支持 JIT 编译，提前将字节码编译成机器码，这样在执行期间运行的就是本机的机器码。这样的做法带来了编译后的代码在性能上的优势，以及虚拟机的可移植性。

虚拟机一般是语言类型里最难观测的。在程序执行在 CPU 上之前，多个编译或解释的阶段都可能已经过去了，关于原始程序的信息也可能没有现成的。性能分析通常靠的是语言虚拟机提供的工具集（一些虚拟机提供 DTrace 探针）和第三方的工具。

5.3.4 垃圾回收

一些语言使用自动内存管理，分配的内存不需要显式地释放，留给异步的垃圾收集来处理。虽然这让程序更容易编写，但也有缺点，如下所示。

- **内存增长**：针对应用程序内存使用的控制不多，当没能自动识别出对象适合被释放时内存的使用会增加。如果应用程序用的内存变得太大，达到了程序的极限或者引起系统换页，就会严重地损害性能。
- **CPU 成本**：GC 通常会间歇地运行，还会搜索和扫描内存中的对象。这会消耗 CPU 资源，短期内能供给应用程序的可用的 CPU 资源就变少了。随着应用程序使用的内存增多，GC 对 CPU 的消耗也会增加。在某些情况下，可能会出现 GC 不断地消耗整个 CPU 的现象。
- **延时异常值**：GC 执行期间应用程序的执行可能会中止，偶而出现高延时的响应。这也取决于 GC 的类型，全停、增量，或是并发。

GC 是常见的性能调整对象，用以降低 CPU 成本和减少延时异常值的发生。举个例子，Java 虚拟机提供了许多可调参数来设置 GC 类型、GC 的线程数、堆尺寸的最大值、目标堆的空闲率，等等。

如果调整参数没有效果，那么问题可能就是应用程序创建了太多的垃圾，或者引用泄漏。这些都是应用程序开发人员的问题。

5.4 方法和分析

本节介绍的是应用程序分析和调整的方法。分析相关工具会在此处介绍，读者也可参考其他章节。表 5.2 对此做了总结。

表 5.2 应用程序性能方法

方法	类型
线程状态分析	观测分析
CPU 剖析	观测分析
系统调用分析	观测分析
I/O 剖析	观测分析
工作负载特征归纳	观测分析，容量分析
USE 方法	观测分析
向下挖掘分析法	观测分析
锁分析	观测分析
静态性能调优	观测分析，调优

关于更多的一般性的方法和介绍，参见第 2 章。关于系统资源的分析和虚拟化的内容，可以参考其他相关各章。

这些方法可以单独使用，也可合在一起使用。我的建议是按表中所列顺序尝试这些方法。

除此以外，针对特定的应用程序和开发该应用程序所用的编程语言，寻求定制化分析技术。要做到这些需要考虑应用程序的逻辑行为，包括已知的问题以及所能获得的性能收益。

5.4.1 线程状态分析

线程状态分析的目的是分辨应用程序线程的时间用在了什么地方，这能用来很快地解决某些问题，并给其他问题的研究指明方向。通常将应用程序的时间分成几个具有实际意义的状态。

两种状态

最少，线程分为以下两个状态。

- **on-CPU**：执行
- **off-CPU**：等待下一轮上 CPU，或者等待 I/O、锁、换页、工作，等等。

如果时间大量地花在 CPU 上了，CPU 的剖析能很快地解释这一点（稍后介绍）。许多性能问题都是这种情况，因此并没有必要花时间在其他状态的测量上。

如果发现时间没有花在 CPU 上，还有其他多种的方法可以使用，不过如果没有一个很好的研究起点，做起来可能会费时。

六种状态

下面是一个扩展的列表，这次用的是六种线程状态（不同的命名方式），将 off-CPU 上的情况做了更好的描述。

- **执行**：在 CPU 上。
- **可运行**：等待轮到上 CPU。
- **匿名换页**：可运行，但是因等待匿名换页而受阻。
- **睡眠**：等待包括网络、块设备和数据/文本页换入在内的 I/O。
- **锁**：等待获取同步锁（等待其他线程）。
- **空闲**：等待工作。

这个集合的选择保证了最小性和有用性，你可以把更多的状态加入到你的列表中。例如，执行的状态可以分为用户态和内核态执行，休眠的状态可以根据休眠的目标来做划分。（我还是克制自己，将此列表保持为六项。）

通过减少这些状态中的前五项的时间，会得到性能提升，同时也会增加空闲的时间。若其他情况不变，这就意味着应用程序请求的延时变小，应用程序能应对更多的负载。

一旦确定了线程在前五个状态中花的时间，你可以做如下的进一步的研究。

- **执行**：检查执行的是用户态时间还是内核态时间，用剖析来做 CPU 资源消耗分析。剖析可以确定哪些代码路径消耗 CPU 和消耗了多久，其中包括花费在自旋锁上的时间，参见 5.4.2 节。
- **可运行**：在这个状态上耗时意味着应用程序需要更多的 CPU 资源。检查整个系统的 CPU 负载，以及所有对该应用程序做的 CPU 限制（例如，资源控制）。
- **匿名换页**：应用程序缺少可用的主存会引起换页和延时。检查整个系统的内存使用情况，和所有对该应用程序做的内存限制。详细内容参见第 7 章。

- **睡眠**：分析阻塞应用程序的资源。参见第 5.4.3 和 5.4.4 节。
- **锁**：识别锁和持有该锁的线程，确定线程持锁这么长时间的原因。原因可能是持锁线程阻塞在另一个锁上，这就需要进一步的梳理。这件事情比较高阶，通常是熟悉应用程序和其锁机制的软件开发人员要做的事。

因为应用程序要等待工作，你常常会发现睡眠状态和锁状态的时间实际上就是空闲的时间。一个应用程序工作线程可能会为了工作等待条件变量（锁状态），或者是为了网络 I/O（睡眠状态）。所以当你看到大量的睡眠和锁状态时间时，记住要深入检查是否真的空闲。

后续的各节会讨论线程状态在 Linux 和基于 Solaris 的系统上是如何测量的，所提及的工具和技术都会在本书的后面各章中覆盖。留意新工具和工具选项的新进展，能让你更容易地找到工具。

Linux

执行时间并不难确定：`top(1)` 将执行时间汇报为 `%CPU`，其他状态的测量可能需要做如下的一些发掘。

内核的 schedstat 功能会跟踪可运行的线程，并将信息显示在 /proc/*/schedstat 中。perf sched 工具也提供了用于了解可运行线程和等待线程所花时间的指标。

等待匿名换页的时间（Linux 中是交换（swapping））能用内核的延时核算（delay accouting）特性来测量，如果该特性已被启用。它针对 swapping 和内存回收的阻塞时间（与内存压力相关）划分了不同的状态。没有什么常用工具可以显示这些状态，不过，内核文档里有一个做这件事情的示例程序：getdelay.c，在第 4 章中我演示过了这个程序。另外一个方法就是使用像 DTrace 或 SystemTap 这类的跟踪工具。

睡眠状态所阻塞的时间可以用其他的工具做大致估计，例如，`pidstat -d` 可以判断一个进程是在执行磁盘 I/O，还是睡眠。如果启用了延时核算和 I/O 核算的特性，可以得到块 I/O 所阻塞的时间，用 `iotop(1)` 也能观察到。可以用诸如 DTrace 或 SystemTap 这类的跟踪工具来调查其他造成阻塞的原因。应用程序也要有监测点，或者能加入监测点来精确跟踪 I/O 的执行时间（磁盘和网络）。如果应用程序困于睡眠状态很长时间（秒级别），你可以试试 `pstack(1)` 来调查原因。它会对线程和其用户栈做一个快照，这样睡眠的线程和线程睡眠的原因也就囊括在内了。不过，需要注意：执行 `pstack(1)` 时可能会让目标有短暂停顿，所以应小心使用。

跟踪工具也能用来研究锁时间。

Solaris

在基于 Solaris 的系统上，在第 4 章中介绍的微状态核算（microstate accounting）统计，直接提供了大多数的线程状态。这些可用 `prstat(1M)` 来查看：

```
$ prstat -mLcp 4937 1
Please wait...
   PID USERNAME  USR SYS TRP TFL DFL LCK SLP LAT VCX ICX SCL SIG PROCESS/LWPID
  4937 root     7.4 7.9 0.0 0.0  15 0.0  69 0.2 239  31  3K   0 redis-server/1
  4937 root     0.0 0.0 0.0 0.0 0.0 0.0 100 0.0   0   0   0   0 redis-server/3
  4937 root     0.0 0.0 0.0 0.0 0.0 0.0 100 0.0   0   0   0   0 redis-server/2
Total: 1 processes, 3 lwps, load averages: 5.28, 5.36, 5.36
[...]
```

从 USR 到 LAT 的八列，是所有的微状态核算的线程状态，根据线程时间划分成了百分比。这些列的总和是 100%。下面是这些列与我们所感兴趣的状态的对应关系。

- 执行：USR+SYS
- 可运行：LAT
- 匿名换页：DFL
- 睡眠：SLP
- 锁：LCK
- 空闲：SLP+LCK

虽然这样的匹配并不完美，但如此容易就能做到这个程度就很有价值啦。当线程离开 CPU 时，用 DTrace 检查栈跟踪，判断该线程在等待什么，这样就可以得到空闲时间。如果线程很长时间困于睡眠状态，试试 pstack(1)，不过它会让目标有短暂停顿，所以请小心使用。

关于 prstat(1M) 和这些列的更多内容，可参考第 6 章。

5.4.2 CPU 剖析

在 6.5.4 节中会有 CPU 剖析的相关内容，第 6 章还会有详细的 DTrace 和 perf(1) 的使用例子。从应用程序的视角来说，剖析是很重要的一项工作。

剖析的目标是要判断应用程序是如何消耗 CPU 资源的。一个有效的技术是对 CPU 上的用户栈跟踪做采样并将采样结果联系起来。栈跟踪告诉我们所选择的代码路径，这能够从高层和底层两方面揭示出应用程序消耗 CPU 的原因。

对栈跟踪做采样会产生上千行需要检查的输出，即使打印的仅仅是唯一栈的汇总输出，也是一样的。一个能快速了解这些数据的方法是用火焰图做可视化，这部分内容在第 6 章中介绍。

除了对栈跟踪做采样的方法外，还可以对当前运行的函数单独做采样。在某些情况下，这足以识别应用程序在使用 CPU 但所产生的输出却很少的原因，这让我们能更快发现和理解问题。下面是一个取自第 6 章的 DTrace 使用的例子：

```
# dtrace -n 'profile-997 /arg1 && execname == "beam.smp"/ {
    @[ufunc(arg1)] = count(); } tick-10s { exit(0); }'
[...]
  innostore_drv.so`os_aio_array_get_nth_slot                    80
  beam.smp`process_main                                        127
  libc.so.1`mutex_trylock_adaptive                             140
  innostore_drv.so`os_aio_simulated_handle                     158
  beam.smp`sched_sys_wait                                      202
  libc.so.1`memcpy                                             258
  innostore_drv.so`ut_fold_binary                             1800
  innostore_drv.so`ut_fold_ulint_pair                         4039
```

在这个例子里，采样中函数 ut_fold_ulint_pair() 在 CPU 上的次数最多。

用这个方法来研究当前运行的函数的调用函数也很有用处，某些剖析软件（包括 DTrace）能很容易地做到这点。例如，若上面例子识别出是 malloc() 在 CPU 上的次数最多，这并不能告诉我们多少信息。不过我们必然更感兴趣于剖析 malloc() 的调用函数，而且这么做还避免了对栈跟踪做采样。

针对解释语言和虚拟机语言的 CPU 使用的研究是很困难的，从执行的软件到原始的程序没有简单的映射关系。如何解决这一问题，取决于语言环境：可以开启有此功能的调试特性，或采用第三方工具。

举个例子，DTrace 用 ustack helper 来审视 VM 的内部，并将栈翻译成原始的程序。有针对 Java、Python 和 Node.js 的 ustack helper。

例如，用 DTrace 的 jstack() 来采样 Java 在 CPU 上的栈：

```
# dtrace -n 'profile-97 /pid == 1742/ { @[jstack(100)] = count(); }'
dtrace: description 'profile-97 ' matched 1 probe
^C
[...]
        libc.so.1`_so_send+0x7
        libjvm.so`__1cDhpiEsend6Fipcii_i_+0xac
        libjvm.so`JVM_Send+0x31
        libnet.so`Java_java_net_SocketOutputStream_socketWrite0+0x100
        java/net/SocketOutputStream.socketWrite0
        java/net/SocketOutputStream.socketWrite
        java/net/SocketOutputStream.write
        java/io/DataOutputStream.write
        TransThread.TransTCP
        TransThread.run
        StubRoutines (1)
        libjvm.so`__1cJJavaCallsLcall_helper6FpnJJavaValue_pnMmethodHandle_pnRJ...
        libjvm.so`__1cCosUos_exception_wrapper6FpFpnJJavaValue_pnMmethodHandle_...
        libjvm.so`__1cJJavaCallsEcall6FpnJJavaValue_nMmethodHandle_pnRJavaCallA...
        libjvm.so`__1cJJavaCallsMcall_virtual6FpnJJavaValue_nLKlassHandle_nMsym...
        libjvm.so`__1cJJavaCallsMcall_virtual6FpnJJavaValue_nGHandle_nLKlassHan...
        libjvm.so`__1cMthread_entry6FpnKJavaThread_pnGThread__v_+0xd0
        libjvm.so`__1cKJavaThreadRthread_main_inner6M_v_+0x51
        libjvm.so`__1cKJavaThreadDrun6M_v_+0x105
        libjvm.so`__1cG_start6Fpv_0_+0xd2
        libc.so.1`_thr_setup+0x4e
        libc.so.1`_lwp_start
       10
```

上面是截取的输出片段，显示的是调用最频繁的栈，它被采样了十次。栈显示了 JVM（libjvm）

的内容，以及每个函数的 C++ 签名。Java 自身的栈也从 JVM 里翻译了出来，用粗体高亮显示，显示了这一 CPU 代码路径相关的类和方法。对于该栈是 java/io/DataOutputStream.write。

关于检查应用程序 CPU 使用的其他方法和工具，参见第 6 章。

5.4.3 系统调用分析

我介绍线程状态的分析方法时，首先介绍的是两种线程状态：on-CPU 和 off-CPU。这个方法很有用，有时为了更加实用，会基于系统调用的执行来研究下面这些状态。

- **执行**：CPU 上（用户模式）
- **系统调用**：系统调用的时间（内核模式在运行或者等待）

系统调用的时间包括 I/O、锁，以及其他系统调用类型。其他的线程状态，如可运行（等待 CPU）和匿名换页，都被简化了。即使碰到这些状态（CPU 饱和或内存饱和），也能用 USE 方法在系统中识别出来。

研究执行状态可以用之前提到的 CPU 剖析方法。

研究系统调用（syscalls）有很多种方法。目标是要找出系统调用的时间花在了什么地方，还有系统调用的类型以及使用该系统调用的原因。

断点跟踪

传统的系统调用跟踪是设置系统调用入口和返回的断点。对于某些系统调用频繁的应用程序，这是一个激进的方法，因为它们的性能可能会变差一个数量级。

如果应用程序性能的需求允许，我们可以使用这种形式做短时间跟踪，从而识别当前调用的系统调用类型。

strace

在 Linux 上，用 strace(1) 命令。例如：

```
$ strace -ttt -T -p 1884
1356982510.395542 close(3)              = 0 <0.000267>
1356982510.396064 close(4)              = 0 <0.000293>
1356982510.396617 ioctl(255, TIOCGPGRP, [1975]) = 0 <0.000019>
1356982510.396980 rt_sigprocmask(SIG_SETMASK, [], NULL, 8) = 0 <0.000024>
1356982510.397288 rt_sigprocmask(SIG_BLOCK, [CHLD], [], 8) = 0 <0.000014>
1356982510.397365 wait4(-1, [{WIFEXITED(s) && WEXITSTATUS(s) == 0}],
WSTOPPED|WCONTINUED, NULL) = 1975 <0.018187>
1356982510.415710 rt_sigprocmask(SIG_BLOCK, [CHLD TSTP TTIN TTOU], [CHLD], 8) = 0
<0.000018>
1356982510.416047 ioctl(255, SNDRV_TIMER_IOCTL_SELECT or TIOCSPGRP, [1884]) = 0
<0.000016>
1356982510.416118 rt_sigprocmask(SIG_SETMASK, [CHLD], NULL, 8) = 0 <0.000154>
[...]
```

此处用到的选项如下（关于全部选项可参考 Man 手册页）。

- `-ttt`：打印第一栏 UNIX 时间戳，以秒为单位，精确度可到毫秒级。
- `-T`：输出最后的一栏（`<time>`），这是系统调用的用时，以秒为单位，精确度到毫秒级。
- `-p PID`：跟踪这个 PID 的进程。strace(1) 还可以指定某一命令做跟踪。

strace(1) 的一个特性在输出里可以看出来，它将系统调用的内容翻译成了可以阅读的形式。这对于判断 `ioctl()` 的使用尤其有用。

上述形式的 strac(1) 每个系统调用都会输出一行。选项 `-c` 是用于系统调用活动的统计总结：

```
$ strace -c -p 1884
Process 1884 attached - interrupt to quit
^CProcess 1884 detached
% time     seconds  usecs/call     calls    errors syscall
------ ----------- ----------- --------- --------- ----------------
 83.29    0.007994           9       911       455 wait4
 14.41    0.001383           3       455           clone
  0.85    0.000082           0      2275           ioctl
  0.68    0.000065           0       910           close
  0.63    0.000060           0      4551           rt_sigprocmask
  0.15    0.000014           0       455           setpgid
  0.00    0.000000           0       455           rt_sigreturn
  0.00    0.000000           0       455           pipe
------ ----------- ----------- --------- --------- ----------------
100.00    0.009598                 10467       455 total
```

输出如下。

- `time`：显示系统 CPU 时间花在哪里的百分比。
- `seconds`：总的系统 CPU 时间，单位是秒。
- `usecs/call`：每次调用的平均系统 CPU 时间，单位是毫秒。
- `calls`：整个 strace(1) 过程内的系统调用次数。
- `syscall`：系统调用的名字。

若开销不成问题，这样用还是挺好的。

为了说明这一点，我们用 dd(1) 命令执行五百万次 1KB 的传输，对用 strace(1) 和不用 strace(1) 分别做测试。

不用的：

```
$ dd if=/dev/zero of=/dev/null bs=1k count=5000k
5120000+0 records in
5120000+0 records out
5242880000 bytes (5.2 GB) copied, 1.91247 s, 2.7 GB/s
```

dd(1)的输出包含了运行时间和吞吐率的统计。这项测试耗时 2s 完成。

同样的命令，这次用 strace(1) 来统计系统调用的使用：

```
$ strace -c dd if=/dev/zero of=/dev/null bs=1k count=5000k
5120000+0 records in
5120000+0 records out
5242880000 bytes (5.2 GB) copied, 140.722 s, 37.3 MB/s
% time     seconds  usecs/call     calls    errors syscall
------ ----------- ----------- --------- --------- ----------------
 51.46    0.008030           0   5120005           read
 48.54    0.007574           0   5120003           write
  0.00    0.000000           0        20        13 open
  0.00    0.000000           0        10           close
  0.00    0.000000           0         5           fstat
  0.00    0.000000           0         1           lseek
  0.00    0.000000           0        14           mmap
  0.00    0.000000           0         8           mprotect
  0.00    0.000000           0         2           munmap
  0.00    0.000000           0         3           brk
  0.00    0.000000           0         6           rt_sigaction
  0.00    0.000000           0         1           rt_sigprocmask
  0.00    0.000000           0         5         5 access
  0.00    0.000000           0         2           dup2
  0.00    0.000000           0         1           execve
  0.00    0.000000           0         1           getrlimit
  0.00    0.000000           0         1           arch_prctl
  0.00    0.000000           0         2         1 futex
  0.00    0.000000           0         1           set_tid_address
  0.00    0.000000           0         1           set_robust_list
------ ----------- ----------- --------- --------- ----------------
100.00    0.015604              10240092        19 total
```

运行时间增加了 73 倍，吞吐率也有相同的下降。不过这是一个极端的例子，因为 dd(1) 执行的系统调用率很高。

truss

在基于 Solaris 的系统上，系统调用分析采用的是 truss(1) 命令。例子如下：

```
$ truss -dE -p 81573
Base time stamp: 1356985396.2469  [ Mon Dec 31 20:23:16 UTC 2012 ]
 0.0016  0.0000 waitid(P_ALL, 0, 0x08047A80, WEXITED|WTRAPPED|WSTOPPED|WCONTINUED) = 0
 0.0018  0.0000 lwp_sigmask(SIG_SETMASK, 0x06820000, 0x00000000, 0x00000000, 0x00000000) = 0xFFBFFEFF [0xFFFFFFFF]
 0.0019  0.0000 ioctl(255, TIOCGSID, 0x08047AEC)              = 0
 0.0019  0.0000 getsid(0)                                     = 81573
 0.0020  0.0000 ioctl(255, TIOCSPGRP, 0x08047B24)             = 0
 0.0021  0.0000 lwp_sigmask(SIG_SETMASK, 0x00020000, 0x00000000, 0x00000000, 0x00000000) = 0xFFBFFEFF [0xFFFFFFFF]
 0.0022  0.0000 ioctl(255, TCGETS, 0x0811D640)                = 0
 0.0023  0.0000 ioctl(255, TIOCGWINSZ, 0x08047B48)            = 0
[...]
```

此处用到的选项如下（关于全部选项可参考 Man 手册）。

- **-d**：打印第一栏的时间戳，显示命令启动后的秒数。

- **-E**：打印第二栏的时间戳，显示系统调用的耗时，单位是秒。
- **-p PID**：跟踪该 PID 进程。`truss(1)` 还可以指定某一命令做跟踪。

输出是一行一个系统调用，而且将系统调用的参数都翻译成了适合阅读的形式。时间戳的解析度只到 0.1ms，这是使用的一个限制。

`truss(1)` 也是用选项 `-c` 做系统调用的统计总结的：

```
$ truss -c dd if=/dev/zero of=/dev/null bs=1k count=10k
10240+0 records in
10240+0 records out

syscall               seconds   calls  errors
_exit                    .000       1
read                     .075   10252
write                    .073   10246
open                     .000       9       1
close                    .000      10
brk                      .000       6
getpid                   .000       1
fstat                    .000       6
sysi86                   .000       1
ioctl                    .000       1       1
execve                   .000       1
sigaction                .000       2
getcontext               .000       1
setustack                .000       1
mmap                     .000       8
mmapobj                  .000       1
getrlimit                .000       1
memcntl                  .000       3
sysconfig                .000       3
sysinfo                  .000       1
lwp_private              .000       1
llseek                   .000       3
schedctl                 .000       1
resolvepath              .000       3
stat64                   .000       2
fstat64                  .000       4
open64                   .000       2
                       --------  ------   ----
sys totals:              .150   20571       2
usr time:                .029
elapsed:                 .880
```

`seconds` 栏显示的是系统调用所花的系统 CPU 时间。`calls` 栏显示的是调用次数。

`truss(1)` 还可以用 `-u` 选项，对用户级别函数调用执行动态跟踪。例如，跟踪 `prinf()` 调用：

```
$ truss -u 'libc:*printf*' uptime
/1:     open("/usr/lib/locale/en_US.UTF-8/LC_MESSAGES/SUNW_OST_OSCMD.mo", O_RDONLY)
Err#2 ENOENT
/1:     -> libc:printf(0x403363, 0x0, 0x0, 0x0, 0x0, 0xfffffd7fffdfeab0)
/1:     <- libc:printf() = 4
/1:     -> libc:printf(0x403368, 0x58, 0x0, 0x0, 0x0, 0x10)
/1:     <- libc:printf() = 11
[...]
```

由于 `strace(1)` 对高频度系统调用和追踪函数调用的开销较高,所以不适合应用于多数的生产环境场景。

缓冲跟踪

有了缓冲跟踪,当目标程序在持续执行的时候,监测数据就可以缓冲在内核里。这是与断点跟踪的区别,断点跟踪会在每一个断点中断目标程序的执行。

DTrace 提供了缓冲跟踪和聚合变量两种方式来减少跟踪的开销,允许编写定制的程序来进行系统调用分析。本节已经展示了一些例子。在 Linux 3.7 中,`perf(1)` 会加入 `trace` 的子命令来执行系统调用的缓冲跟踪。

下面的这些 DTrace 单行命令展示了一些基础的系统调用分析,这些分析对 Linux 和基于 Solaris 的系统都有照顾。关于更多的单行命令的内容参见附录 D。

下面这个单行命令(通过 `kill()` 调用)跟踪进程信号,显示了信号发送源的 PID 和进程名,和信号接收者的 PID 以及信号编号:

```
# dtrace -qn 'syscall::kill:entry {
    printf("%Y: %s (PID %d) sent a SIG %d to PID %d\n",
    walltimestamp, execname, pid, arg1, arg0); }'
2013 Apr 17 00:27:37: bash (PID 2583) sent a SIG 9 to PID 2638
2013 Apr 17 00:27:51: postgres (PID 25906) sent a SIG 16 to PID 25896
2013 Apr 17 00:27:51: postgres (PID 2676) sent a SIG 17 to PID 25906
2013 Apr 17 00:27:51: postgres (PID 2676) sent a SIG 17 to PID 25906
```

跟踪时,该命令捕捉到了 `bash` 进程发给 PID 2638 进程的 -9(SIGKILL) 信号,还有一些来自 `postgres`(PostgreSQL 数据库)的信号,所包含的时间戳对于与其他活动事件做关联是很有用的。

下面这个单行命令对名称为 "`postgres`" 的进程(PostgreSQL 数据库)的系统调用做了计数(用聚合变量):

```
# dtrace -n 'syscall:::entry /execname == "postgres"/ { @[probefunc] = count(); }'
dtrace: description 'syscall:::entry ' matched 233 probes
^C

  setitimer                                                         4
  semsys                                                           22
  open64                                                           35
  kill                                                             79
  lwp_sigmask                                                      79
  setcontext                                                       79
  write                                                           126
  fcntl                                                           252
  pollsys                                                        2498
  read                                                           2750
  send                                                           9542
  recv                                                          12096
  llseek                                                        27925
```

在整个跟踪过程中，系统调用 llseek() 的执行次数最多——27 925 次。

下一个单行命令度量了 PostgreSQL 里 read() 系统调用的执行时间（或者说是延时）：

```
# dtrace -n 'syscall::read:entry /execname == "postgres"/ {
    self->ts = timestamp; } syscall::read:return /self->ts/ { @["ns"] =
    quantize(timestamp - self->ts); self->ts = 0; }'
dtrace: description 'syscall::read:entry ' matched 2 probes
^C

  ns
           value  ------------- Distribution ------------- count
             256 |                                         0
             512 |@@                                       1124
            1024 |@@@@@@                                   5108
            2048 |@@@@@@@@@@@@@@@@@@@@@@                   15427
            4096 |@@@@@@                                   4391
            8192 |@                                        777
           16384 |@                                        425
           32768 |                                         114
           65536 |                                         5
          131072 |                                         4
          262144 |                                         4
          524288 |                                         0
```

多数的 read() 系统调用是介于 1us 和 8us 之间的（1024ns ~ 8191ns）。系统调用 read() 所操作的文件描述符可能是文件系统对象，也可能是网络套接字。用 DTrace 的 fds[] 数组把文件描述符映射成对应的文件系统类型，就可以对其做识别，具体识别的方法参见各自的章节。

关于这个单行命令，如果将内置的 timestamp 换成 vtimestamp，就会只测量系统调用的 CPU 时间。这可以用来与运行时间做比较，看看系统调用花在内核代码里的时间和阻塞在 I/O 上的时间哪个多。

更复杂的表示系统调用时间的 DTrace 脚本可以用各种不同的方式写就，示例如下（选自 DTraceToolkit[3]）。

- **dtruss**：DTrace 版本的 truss(1)，适用于操作系统级别。
- **execsnoop**：通过系统调用 exec() 来跟踪新进程的执行。
- **opensnoop**：跟踪系统调用 open() 的各种细节。
- **procsystime**：以各种方式对系统调用时间做统计总结。

通过识别出一些可以做调整或消除的进程活动，这些脚本能解决很多性能问题。这是工作负载特征归纳的一类：工作负载就是应用程序的系统调用。

例如，下面是带 -v 选项（时间戳字符串）的 execsnoop 运行在云系统上的结果：

```
# execsnoop -v
STRTIME                   UID    PID   PPID ARGS
2013 Jan 12 22:10:05        0  15044  14378 /usr/bin/date +%M
2013 Jan 12 22:10:05        0  15039  15038 /opt/mon/bin/rrdtool graph /opt/mo...
2013 Jan 12 22:10:05        0  15037  15036 /opt/mon/bin/rrdtool update /opt/m...
```

```
2013 Jan 12 22:10:05    0  15041  15040 /opt/mon/bin/rrdtool graph /opt/mo...
2013 Jan 12 22:10:05    0  15043  15042 /opt/mon/bin/rrdtool graph /opt/mo...
2013 Jan 12 22:10:06    0  15046  15045 /usr/bin/echo
2013 Jan 12 22:10:06    0  15048  15045 /usr/bin/tail -200
2013 Jan 12 22:10:06    0  15049  15048 /usr/bin/cat -sv /var/adm/messages...
2013 Jan 12 22:10:06    0  15050  15049 /usr/bin/ls -trl /var/adm/messages...
2013 Jan 12 22:10:06    0  15045  14377 /usr/bin/sh /usr/bin/dmesg
[...]
```

时间戳显示出所有这些进程都是在 2s 内执行的。高频率的短时进程消耗了 CPU 资源，并且由于 CPU 的交叉调用干扰着其他的应用程序（进程退出时会清除 MMU 上下文）。

5.4.4　I/O 剖析

与 CPU 剖析的作用相似，I/O 剖析判断的是 I/O 相关的系统调用执行的原因和方式。用 DTrace 可以做到这一点，检查用户栈里系统调用的栈跟踪。

例如，这条跟踪 PostgreSQL 的 `read()` 系统调用的单行命令，收集用户级别的栈跟踪，并将它们聚合在一起：

```
# dtrace -n 'syscall::read:entry /execname == "postgres"/ {
    @[ustack()] = count(); }'
dtrace: description 'syscall::read:entry ' matched 1 probe
^C
[...]
              libc.so.1`__read+0x15
              postgres`XLogRead+0xb7
              postgres`XLogSend+0x115
              postgres`WalSenderMain+0x10c6
              postgres`PostgresMain+0x1aa
              postgres`ServerLoop+0x6fe
              postgres`PostmasterMain+0x7e2
              postgres`main+0x412
              postgres`_start+0x83
              210

              libc.so.1`__read+0x15
              postgres`WaitLatchOrSocket+0xb1
              postgres`PgstatCollectorMain.isra.21+0x2ed
              postgres`pgstat_start+0x68
              postgres`reaper+0x5bd
              libc.so.1`__sighndlr+0x15
              libc.so.1`call_user_handler+0x292
              libc.so.1`sigacthandler+0x77
              libc.so.1`syscall+0x13
              libc.so.1`thr_sigsetmask+0x1c2
              libc.so.1`sigprocmask+0x52
              postgres`ServerLoop+0xb7
              postgres`PostmasterMain+0x7e2
              postgres`main+0x412
              postgres`_start+0x83
              10723
```

输出（截取的）显示了用户级别的栈和栈调用的计数值。这些栈里还包含了应用程序内部的函数名。若没有研究过源代码你很可能无法理解，但你肯定能从这些名字中得到有用的信息。

第一个栈中有 `XLogRead`：它可能与数据库的一类日志相关。第二个栈里有 `Pgstat-CollectorMain.isra`，看起来像是在做某些监控的事情。

利用栈跟踪能得到执行系统调用的原因。研究工作负载特征归纳法的其他属性也是很有用的（见第 2 章）。

- **Who**：进程 ID，用户名。
- **What**：I/O 系统调用对象（例如，文件系统或套接字）、I/O 尺寸、IOPS、吞吐量（B/s），以及其他属性。
- **How**：IOPS 随时间的变化。

除了施加的工作负载外，所呈现出的性能结果——系统调用延时，也能用之前提到的方法来研究。

5.4.5 工作负载特征归纳

应用程序向系统资源——CPU、内存、文件系统、磁盘和网络，施加负载，也通过系统调用向操作系统施加负载。所有的这些都能用在第 2 章中介绍的工作负载特征归纳法加以研究，这方面内容在后面的各章中还会有讨论。

除此以外，发送给应用程序的工作负载也是可以研究的。这个重点就落于应用程序所提供的服务操作，以及应用程序固有的属性上，这很可能就成为了性能监视中关键的指标，并用于容量规划之中。

5.4.6 USE 方法

正如第 2 章中介绍的，USE 方法检查使用率、饱和，以及所有硬件资源的错误。通过发现某一成为瓶颈的资源，许多应用程序的性能问题都能用该方法得到解决。

USE 方法也适用于软件资源，取决于应用程序。如果你能找到应用程序的内部组件的功能图，对每种软件资源都做使用率、饱和和错误指标上的考量，看看有什么问题。

举一个例子，有一个应用程序用一个工作线程池来处理请求，请求在队列里排队等待被处理。把这个当作资源看待，那么三个指标可以做如下定义。

- **使用率**：在一定时间间隔内，忙于处理请求的线程平均数目。例如，50%意味着，平均下来，一半的线程在忙于请求的工作。
- **饱和度**：在一定时间间隔内，请求队列的平均长度。这显示出等待工作线程的有多少个请求。

- **错误**：出于某种原因，请求被拒绝或失败。

你所要做的就是找到测量这些指标的方法。它们可能已经由应用程序提供在某处，或者可能需要添加这些指标或者用另外的工具做测量，如动态跟踪。

队列系统，就如该例子里提到的，还可以用排队论来研究（参见第 2 章）。

举一个不同的例子，文件描述符。系统会设置一个上限，使得文件描述符变成了有限资源，三个指标如下。

- **使用率**：使用中的文件描述符的数量，与上限做一个百分比。
- **饱和度**：取决于操作系统的行为，如果线程会为等待文件描述符分配而被阻塞，那么这个指标就是等待文件描述符的被阻塞的线程数目。
- **错误**：分配失败，如 EFILE，"太多打开文件"。

针对你的应用程序的每一个组件，都重复这样的练习，忽略那些意义不大的指标。

这一过程可以帮助你在用诸如向下挖掘法等其他方法之前，制定出一份简短的清单来检查应用程序。

5.4.7 向下挖掘法

对于应用程序，向下挖掘法可以检查应用程序的服务操作作为开始，然后向下至应用程序内部，看看它是如何执行的。对于 I/O，向下挖掘的程度可以进入系统库、系统调用，甚至是内核。

这是能快速清晰应用程序内部的好方法，当然开源软件最好，便于研究。动态跟踪工具（DTrace、SystemTap、perf(1)）都能施用于这些内部的机理上，可能对于某些语言要比其他的语言更容易。看看语言本身是否有自己的工具集，可能用起来会更合适。

另外，还有专门调查库调用的工具，在 Linux 上是 ltrace(1)，在基于 Solaris 的系统上是 apptrace(1)（虽然就使用而言已经让位于 DTrace）。

5.4.8 锁分析

对于多线程的应用程序，锁可能会成为阻碍并行化和扩展性的瓶颈。锁的分析可以通过：

- 检查竞争
- 检查过长的持锁时间

第一个要识别的是当前是否有问题。过长的持锁时间并不一定会是问题，但是在将来随着更多的并行负载的加入，可能会产生问题的是试图识别每一个锁的名字（若存在）和通向使用锁的代码路径。

虽然有用于锁分析的专门工具，但有时你用 CPU 剖析就可以解决问题。对于自旋锁来说，竞争出现的时候，CPU 使用率也会变化，用栈跟踪的 CPU 剖析很容易就能识别出来。对于自适应 mutex 锁，竞争的时候常常会有一些自旋，用栈跟踪的 CPU 剖析也能识别出来。不过对于这种情况，CPU 剖析只能给出一部分信息，因为线程在等锁的时候可能已经被阻塞或在睡眠之中，参见 5.4.2 节。

基于 Solaris 系统上的锁分析工具，如下。

- `plockstat(1M)`：分析用户级别的锁。
- `lockstat(1M)`：分析内核级别的锁。

这两个命令做的事情相似。它们都可以通过 DTrace 来实现，DTrace 还能在更为深入的锁分析中使用。

下面是 `lockstat(1M)` 的一个使用示例：

```
# lockstat -n 1000000 -C -s5 sleep 5 > lockstat.txt
# more lockstat.txt

Adaptive mutex spin: 134438 events in 5.058 seconds (26577 events/sec)

-------------------------------------------------------------------------------
Count indv cuml rcnt     nsec Lock                   Caller
14144  11%  11% 0.00     1787 0xffffff0d71404348    zfs_range_unlock+0x2a

      nsec ------ Time Distribution ------ count     Stack
       256 |@                                902     zfs_read+0x239
       512 |@@@@                            1948     fop_read+0x8b
      1024 |@@@@@@                          3033     read+0x2a7
      2048 |@@@@@@@@@                       4286     read32+0x1e
      4096 |@@@@@@                          3143
      8192 |@                                656
     16384 |                                 148
     32768 |                                  24
     65536 |                                   2
    131072 |                                   0
    262144 |                                   0
    524288 |                                   0
   1048576 |                                   2
-------------------------------------------------------------------------------
Count indv cuml rcnt     nsec Lock                   Caller
13701  10%  21% 0.00     1769 0xffffff0d71404348    zfs_range_lock+0x86

      nsec ------ Time Distribution ------ count     Stack
       256 |@@                              1119     zfs_read+0x101
       512 |@@@@                            1970     fop_read+0x8b
      1024 |@@@                             1492     read+0x2a7
      2048 |@@@@@@@@@@                      4976     read32+0x1e
```

```
         4096 |@@@@@@@                               3469
         8192 |@                                     520
        16384 |                                      124
        32768 |                                      24
        65536 |                                      7
-----------------------------------------------------------------------
[...]

Adaptive mutex block: 399 events in 5.058 seconds (79 events/sec)

-----------------------------------------------------------------------
Count indv cuml rcnt     nsec Lock                 Caller
   21   5%   5% 0.00    21053 0xffffff0d71404348   zfs_range_unlock+0x2a

      nsec ------ Time Distribution ------ count   Stack
      8192 |@@@@@                            4     zfs_read+0x239
     16384 |@@@@                             3     fop_read+0x8b
     32768 |@@@@@@@@@@@@@@                   11    read+0x2a7
     65536 |@@@@                             3     read32+0x1e
-----------------------------------------------------------------------
Count indv cuml rcnt     nsec Lock                 Caller
   20   5%  10% 0.00    15107 0xffffff0d71404348   zfs_range_lock+0x86

      nsec ------ Time Distribution ------ count   Stack
      8192 |@@@@                             3     zfs_read+0x101
     16384 |@@@@@@@@@@@                      8     fop_read+0x8b
     32768 |@@@@@@@@@@@@                     9     read+0x2a7
                                                   read32+0x1e
[...]

Spin lock spin: 2174 events in 5.058 seconds (430 events/sec)

-----------------------------------------------------------------------
Count indv cuml rcnt     nsec Lock                 Caller
  589  27%  27% 0.00    73972 cp_default           disp_lock_enter+0x26

      nsec ------ Time Distribution ------ count   Stack
       512 |@@@                              65    disp_getbest+0x28
      1024 |@@@@@@@@@@@@                     239   disp_getwork+0x37
      2048 |@                                23    idle+0x55
      4096 |                                 6     thread_start+0x8
      8192 |@                                39
     16384 |@                                37
     32768 |@@                               53
     65536 |@@                               43
    131072 |@@                               45
    262144 |                                 18
    524288 |                                 3
   1048576 |                                 7
   2097152 |                                 4
   4194304 |                                 7
[...]

R/W reader blocked by writer: 1 events in 5.058 seconds (0 events/sec)

-----------------------------------------------------------------------
Count indv cuml rcnt     nsec Lock                 Caller
    1 100% 100% 0.00 259688397 0xffffff0d6f0cf898  as_fault+0x2a9

      nsec ------ Time Distribution ------ count   Stack
 268435456 |@@@@@@@@@@@@@@@@@@@@@@@@@@@@@@@@ 1     pagefault+0x96
                                                   trap+0x2c7
                                                   cmntrap+0xe6
-----------------------------------------------------------------------
```

此处，`lockstat(1M)`用五层的栈（-s5）来跟踪竞争事件（-C），执行时用到了一个协同进程（`sleep(1)`），来提供 5s 的执行超时。输出被重定向到了一个文件，以方便浏览（长度至少十万行）。

输出的开始是自适应 mutex 锁自旋的时间，以及所有竞争事件连同锁名和栈跟踪的时间分布图。最多次数的是 `zfs_range_unlock`，发生了 14 144 次竞争，平均的自旋时间为 1787ns。分布图显示有两次竞争的自旋时间超过了 1 048 576ns（介于 1ms 到 2ms 之间）。这些分布的数字在自适应 mutex 锁这块输出都能看到。

跟踪内核级别和用户级别的锁肯定会增加开销。基于 DTrace 上的特殊工具，能最大限度地减少这种开销。另一种方法就是如前所述的那样，以固定的频率（例如，97Hz）做 CPU 剖析，可以确定许多锁问题（但不是全部），而没有跟踪事件的开销。

5.4.9 静态性能调优

静态性能调优的重点在于环境配置的问题。针对应用程序性能，检查静态配置如下各个方面：

- 在运行的应用程序是什么版本？有更新的版本吗？发布说明有提及性能提高吗？
- 应用程序有哪些已知的性能问题？有可供搜索的 bug 数据库吗？
- 应用程序是如何配置的？
- 如果配置或调整的与默认值不同,是由于什么原因？（是基于测量和分析,还是猜想？）
- 应用程序用到了对象缓存吗？缓存的大小是怎样的？
- 应用程序是并发运行的吗？这是如何配置的（例如，线程池大小）？
- 应用程序运行在特定模式下吗？（例如，调试模式启动会影响性能。）
- 应用程序用到了哪些系统库？它们的版本是什么？
- 应用程序用的是怎样的内存分配器？
- 应用程序配置用大页面做堆吗？
- 应用程序是编译的吗？编译器的版本是什么？编译器的选项和优化是哪些？是 64 位的吗？
- 应用程序遇到错误了吗？错误之后会运行在降级模式吗？
- 有没有系统设置的限制，以及对 CPU、内存、文件系统、磁盘和网络使用的资源控制？（这些在云计算中很普遍。）

上述问题的答案可以揭示被忽略的配置选项。

5.5 练习

1. 回答下面这些关于术语的问题：

   - 什么是缓存？
   - 什么是环形缓冲区？
   - 什么是自旋锁？
   - 什么是自适应 mutex 锁？
   - 并发和并行有什么区别？
   - 什么是 CPU 亲和性？

2. 回答下面这些概念问题：

   - 使用大 I/O 尺寸的优点和缺点是什么？
   - 锁的哈希表的用处是什么？
   - 讲一下编译语言、解释语言和虚拟机语言运行时大致的性能特征。
   - 解释垃圾回收的作用，以及它是如何影响性能的。

3. 选择一个应用程序，回答下面这些关于该应用程序的基本问题：

   - 该应用程序的作用是什么？
   - 该应用程序执行些什么样的操作？
   - 该应用程序运行在用户模式还是内核模式？
   - 该应用程序是如何配置的？关于性能有哪些关键选项？
   - 该应用程序提供了怎样的性能指标？
   - 该应用程序创建的日志是怎样的？有包含性能的信息吗？
   - 该应用程序最近的版本有修复的性能问题吗？
   - 该应用程序已知的性能 bug 有哪些？
   - 该应用程序有社区吗（例如，IRC、聚会）？有性能社区吗？
   - 有关于该应用程序的书吗？有关于性能的书吗？
   - 该应用程序有知名的性能专家吗？他们是谁？

4. 选择一个施加了负载的应用程序，执行下面这些任务（其中的一些需要用到动态跟踪）：

   - 在开始任何测量前，你预计这个应用程序是 CPU 密集型的还是 I/O 密集型的？说一下你的道理。

- 如果是 CPU 密集型的（I/O 密集型的），确定要用到的观测工具。
- 归纳该应用程序所执行 I/O 的尺寸特征（例如，文件系统读取/写入，网络发送/接收）。
- 该应用程序使用缓存吗？确定缓存的大小和命中率。
- 测量应用程序服务的操作延时（响应时间）。得到平均值、最小值、最大值和全局分布。
- 用向下挖掘法调查延时主体的原因。
- 对施加在应用程序上的工作负载做特征归纳（确定 who 和 what）。
- 核对一遍静态性能调整的确认清单。
- 该应用程序运行是并发的吗？调查一下它对同步原语的使用情况。

5. （高阶，可选）为 Linux 开发一款名为 `tsastat(1)` 的工具，按列打印六个线程状态的状态分析结果，以及每个状态所消耗的时间。可以与 `pidstat(1)` 的行为相似，以滚屏的方式输出。

5.6 参考

[Knuth 76]	Knuth, D. "Big Omicron and Big Omega and Big Theta," *ACM SIGACT News,* 1976.
[Knuth 97]	Knuth, D. *The Art of Computer Programming,* Volume 1, *Fundamental Algorithms, 3rd Edition*. Addison-Wesley, 1997.
[1]	http://lwn.net/Articles/314512/
[2]	http://nodejs.org
[3]	www.brendangregg.com/dtrace.html#DTraceToolkit

第6章

CPU

CPU 推动了所有软件的运行，因而通常是系统性能分析的首要目标。现代系统一般有多颗 CPU，通过内核调度器共享给所有运行软件。当需求的 CPU 资源超过了系统力所能及的范围时，进程里的线程（或者任务）将会排队，等候自己运行的机会。等待给应用程序的运行带来严重延时，使得性能下降。

我们可以通过仔细检查 CPU 的用量，寻找性能改进的空间，还可以去除一些不需要的负载。从上层来说，可以按进程、线程或者任务来检查 CPU 的用量。从下层来看，可以剖析并研究应用程序和内核里的代码路径。在底层，可以研究 CPU 指令的执行和周期行为。

本章由以下五个部分组成：

- 背景部分介绍了与 CPU 相关的术语，CPU 的基本模型以及有关 CPU 性能的关键概念。
- 架构部分介绍了处理器和内核调度器的架构。
- 方法部分描述了性能分析的方法，包括观察和实验法。
- 分析部分描述了基于 Linux 和 Solaris 上的 CPU 性能分析工具，包括剖析、跟踪和可视化。
- 调优部分包含了一些可调参数的内容。

前三部分讲述了 CPU 分析的基础，后两部分则展示了如何将其应用在基于 Linux 和 Solaris 的系统上。

此外，本章还介绍了内存 I/O 对 CPU 性能的影响，包括了 CPU 周期在内存上的停滞（stall）以及 CPU 缓存对性能的影响。第 7 章，将继续讨论内存 I/O，包括 MMU、NUMA/UMA、系统互联和内存总线。

6.1 术语

本章使用的 CPU 相关术语如下。

- **处理器**：插到系统插槽或者处理器板上的物理芯片，以核或者硬件线程的方式包含了一块或者多块 CPU。
- **核**：一颗多核处理器上的一个独立 CPU 实例。核的使用是处理器扩展的一种方式，又称为芯片级多处理（chip-level multiprocessing，CMP）。
- **硬件线程**：一种支持在一个核上同时执行多个线程（包括 Intel 的超线程技术）的 CPU 架构，每个线程是一个独立的 CPU 实例。这种扩展的方法又称为多线程。
- **CPU 指令**：单个 CPU 操作，来源于它的指令集。指令用于算术操作、内存 I/O，以及逻辑控制。
- **逻辑 CPU**：又称为虚拟处理器[1]，一个操作系统 CPU 的实例（一个可调度的 CPU 实体）。处理器可以通过硬件线程（这种情况下又称为虚拟核）、一个核，或者一个单核的处理器实现。
- **调度器**：把 CPU 分配给线程运行的内核子系统。
- **运行队列**：一个等待 CPU 服务的可运行线程队列。在 Solaris 上常被称为分发器队列。

其他术语在本章中会穿插介绍。术语表包括了供参考的基本名词，包括 CPU、CPU 周期和栈。另外可参见第 2 章和第 3 章的术语部分。

6.2 模型

下面的简单模型演示了一些有关 CPU 和 CPU 性能的基本原理。6.4 节进一步挖掘并包含了特定实现的细节。

6.2.1 CPU 架构

图 6.1 展示了一个 CPU 架构的示例，单个处理器内共有四个核和八个硬件线程。物理架构

---

[1] 它有时也称为一个虚拟 CPU，然而，这个术语更通常被用于指代由虚拟化技术提供的虚拟 CPU 示例，参见第 11 章。

如图 6.1 中左侧所示，而右侧图则展示了从操作系统角度看到的景象。

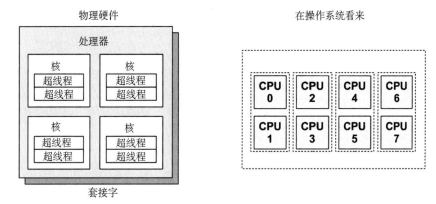

图 6.1　CPU 架构

每个硬件线程都可以按逻辑 CPU 寻址，因此这个处理器看上去有八块 CPU。对这种拓扑结构，操作系统可能有一些额外信息，如哪些 CPU 在同一个核上，这样可以提高调度的质量。

6.2.2　CPU 内存缓存

为了提高内存 I/O 性能，处理器提供了多种硬件缓存。图 6.2 展示了缓存大小的关系，越小则速度越快（一种权衡），并且越靠近 CPU。

缓存存在与否，以及是在处理器里（集成）还是在处理器外，取决于处理器的类型。早期的处理器集成的缓存层次较少。

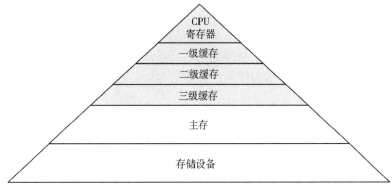

图 6.2　CPU 缓存大小

6.2.3　CPU 运行队列

图 6.3 展示了一个由内核调度器管理的 CPU 运行队列。

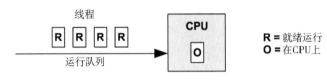

图 6.3　CPU 运行队列

图中就绪以及正在运行的线程状态在第 3 章的图 3.7 中有描述。

正在排队和就绪运行的软件线程数量是一个很重要的性能指标，表示了 CPU 的饱和度。在上图中（在这一瞬间）有四个排队线程，加上一个正在 CPU 上运行的线程。花在等待 CPU 运行上的时间又被称为运行队列延时或者分发器队列延时。在本书中使用调度器延时这个术语，因为这个名称适用于所有的分发器类型，包括不使用队列的情况（参见 6.4.2 节关于 CFS 的讨论）。

对于多处理器系统，内核通常为每个 CPU 提供了一个运行队列，并尽量使得线程每次都被放到同一队列之中。这意味着线程更有可能在同一个 CPU 上运行，因为 CPU 缓存里保存了它们的数据。（这些缓存被称为热度缓存，这种选择运行 CPU 的方法被称为 CPU 关联。）在 NUMA 系统中，这会提高内存本地性，从而提高系统性能（在第 7 章中描述）。这同样也避免了队列操作的线程同步开销（mutex 锁）。如果运行队列是全局的并被所有 CPU 共享，这种开销会影响扩展性。

6.3　概念

下面挑选了一些有关 CPU 性能的重要概念，从处理器内部结构的总结开始：CPU 时钟频率和如何执行指令。这是之后要介绍的性能分析的背景知识，特别是对于理解每指令周期数（cycles-per-instruction，CPI）指标而言很重要。

6.3.1　时钟频率

时钟是一个驱动所有处理器逻辑的数字信号。每个 CPU 指令都可能会花费一个或者多个时钟周期（称为 CPU 周期）来执行。CPU 以一个特定的时钟频率执行，例如，一个 5GHz 的 CPU 每秒运行五十亿个时钟周期。

有些处理器可以改变时钟频率，升频以改进性能或者降频以减少能耗。频率可以根据操作系统请求变化，或者处理器自己进行动态调整。例如内核空闲线程，就可以请求 CPU 降低频率以节约能耗。

时钟频率经常被当作处理器营销的主要指标，但这有可能让人误入歧途。即使你系统里的 CPU 看上去已经完全利用（达到瓶颈），但更快的时钟频率并不一定会提高性能——它取决于快速 CPU 周期里到底在做些什么。如果它们大部分时间是停滞等待内存访问，那更快的执行实际上并不能提高 CPU 指令的执行效能或者负载吞吐量。

6.3.2 指令

CPU 执行指令集中的指令。一个指令包括以下步骤，每个都由 CPU 的一个叫作功能单元的组件处理：

1. 指令预取
2. 指令解码
3. 执行
4. 内存访问
5. 寄存器写回

最后两步是可选的，取决于指令本身。许多指令仅仅操作寄存器，并不需要访问内存。

这里每一步都至少需要一个时钟周期来执行。内存访问经常是最慢的，因为它通常需要几十个时钟周期读或写主存，在此期间指令执行陷入停滞（停滞期间的这些周期称为停滞周期）。这就是 CPU 缓存如此重要的原因：它可以极大地降低内存访问需要的周期数，会在 6.4 节中介绍。

6.3.3 指令流水线

指令流水线是一种 CPU 架构，通过同时执行不同指令的不同部分，来达到同时执行多个指令的结果。这类似于工厂的组装线，生产的每个步骤都可以同时执行，提高了吞吐量。

考虑一下前面列出的指令步骤。如果每个步骤都需要花一个时钟周期，那至少需要五个周期才能完成指令的执行。在执行指令的每一步里，只有一个功能单元在运转而其他四个空闲。通过使用流水线，能同时激活多个功能单元，处理流水线上不同的指令。理想状况下，处理器可以在一个周期里完成一条指令的执行。

6.3.4 指令宽度

我们还能更快。同一种类型的功能单元可以有好几个，这样每个时钟周期里就可以处理更多的指令。这种 CPU 架构被称为超标量，通常和流水线一起使用以达到高指令吞吐量。

指令宽度描述了同时处理的目标指令数量。现代处理器一般为宽度 3 或者宽度 4，意味着它们可以在每个周期里最多完成 3～4 个指令。如何取得这个结果取决于处理器本身，每个环节都有不同数量的功能单元处理指令。

6.3.5 CPI，IPC

每指令周期数（CPI）是一个很重要的高级指标，用来描述 CPU 如何使用它的时钟周期，同时也可以用来理解 CPU 使用率的本质。这个指标也可以被表示为每周期指令数（instructions per cycle，IPC），即 CPI 的倒数。

CPI 较高代表 CPU 经常陷入停滞，通常都是在访问内存。而较低的 CPI 则代表 CPU 基本没有停滞，指令吞吐量较高。这些指标指明了性能调优的主要工作方向。

内存访问密集的负载，可以通过下面的方法提高性能，如使用更快的内存（DRAM）、提高内存本地性（软件配置），或者减少内存 I/O 数量。使用更高时钟频率的 CPU 并不能达到预期的性能目标，因为 CPU 还是需要为等待内存 I/O 完成而花费同样的时间。换句话说，更快的 CPU 意味着更多的停滞周期，而指令完成速率不变。

CPI 的高低与否实际上和处理器以及处理器功能有关，可以通过实验方法运行已知的负载得出。例如，你会发现高 CPI 的负载可以使 CPI 达到 10 或者更高，而在低 CPI 的负载下，CPI 低于 1（受益于前述的指令流水线和宽度技术，这是可以达到的）。

值得注意的是，CPI 代表了指令处理的效率，但并不代表指令本身的效率。假设有一个软件改动，加入了一个低效率的循环，这个循环主要在操作 CPU 寄存器（没有停滞周期）：这种改动可能会降低总体 CPI，但会提高 CPU 的使用和利用度。

6.3.6 使用率

CPU 使用率通过测量一段时间内 CPU 实例忙于执行工作的时间比例获得，以百分比表示。它也可以通过测量 CPU 未运行内核空闲线程的时间得出，这段时间内 CPU 可能在运行一些用户态应用程序线程，或者其他的内核线程，或者在处理中断。

高 CPU 使用率并不一定代表着问题，仅仅表示系统正在工作。有些人认为这是 ROI 的指示器：高度利用的系统被认为有着较好的 ROI，而空闲的系统则是浪费。和其他类型的资源（磁盘）不同，在高使用率的情况下，性能并不会出现显著下降，因为内核支持了优先级、抢占和分时共享。这些概念加起来让内核决定了什么线程的优先级更高，并保证它优先运行。

CPU 使用率的测量包括了所有符合条件活动的时钟周期，包括内存停滞周期。虽然看上去有些违反直觉，但 CPU 有可能像前面描述的那样，会因为经常停滞等待 I/O 而导致高使用率，而不仅是在执行指令。

CPU 使用率通常被分成内核时间和用户时间两个指标。

6.3.7 用户时间/内核时间

CPU 花在执行用户态应用程序代码的时间称为用户时间，而执行内核态代码的时间称为内核时间。内核时间包括系统调用、内核线程和中断的时间。当在整个系统范围内进行测量时，用户时间和内核时间之比揭示了运行的负载类型。

计算密集的应用程序几乎会把大量的时间用在用户态代码上，用户/内核时间之比接近 99/1。这类例子有图像处理、基因组学和数据分析。

I/O 密集的应用程序的系统调用频率较高，通过执行内核代码进行 I/O 操作。例如，一个进行网络 I/O 的 Web 服务器的用户/内核时间比大约为 70/30。

这些数字依赖许多因素，只是用来表示预期的比例。

6.3.8 饱和度

一个 100%使用率的 CPU 被称为是饱和的，线程在这种情况下会碰上调度器延时，因为它们需要等待才能在 CPU 上运行，降低了总体性能。这个延时是线程花在等待 CPU 运行队列或者其他管理线程的数据结构上的时间。

另一个 CPU 饱和度的形式则和 CPU 资源控制有关，这个控制会在云计算环境下发生。尽管 CPU 并没有 100%地被使用，但已经达到了控制的上限，因此可运行的线程就必须等待轮到它们的机会。这个过程对用户的可见度取决于使用的虚拟化技术，参见第 11 章。

一个饱和运行的 CPU 不像其他类型资源那样问题重重，因为更高优先级的工作可以抢占当前线程。

6.3.9 抢占

第 3 章中介绍的抢占，允许更高优先级的线程抢占当前正在运行的线程，并开始执行自己。

这样节省了更高优先级工作的运行队列延时时间，提高了性能。

6.3.10 优先级反转

优先级反转指的是一个低优先级线程拥有了一项资源，从而阻塞了高优先级线程运行的情况。这降低了高优先级工作的性能，因为它被迫阻塞等待。

基于 Solaris 的内核实现了一套完整的优先级继承机制，以避免优先级反转。下面是一个例子，演示这个机制如何工作（基于一个现实世界的例子）。

1. 线程 A 执行监控的任务，优先级较低。它获得了一个生产数据库的地址空间锁，以检查内存用量。
2. 线程 B 是一个执行系统日志压缩的日常任务，开始运行。
3. CPU 不足以支持同时运行两个线程。线程 B 抢占线程 A。
4. 线程 C 来自生产数据库，优先级较高，正在休眠以等待 I/O。I/O 现在完成了，把线程 C 放回可运行状态。
5. 线程 C 抢占了 B，运行了却被阻塞在 A 持有的地址空间锁上。线程 C 放弃 CPU。
6. 调度器挑选次高优先级线程运行：B。
7. 线程 B 运行的同时，一个高优先级线程，C，却被一个低优先级的线程 B 阻塞了。这就是优先级反转。
8. 优先级继承把线程 C 的高优先级传递给了 A，而抢占了 B，直到锁被释放。线程 C 现在可以运行了。

Linux 从 2.6.18 起提供了一个支持优先级继承的用户态 mutex，用于实时负载 [1]。

6.3.11 多进程，多线程

大多数处理器都以某种形式提供多个 CPU。对于想使用这个功能的应用程序来说，需要开启不同的执行线程以并发运行。对于一个 64 颗 CPU 的系统来说，这意味着一个应用程序如果同时用满所有 CPU，可以达到最快 64 倍的速度，或者处理 64 倍的负载。应用程序可以根据 CPU 数目进行有效放大的能力又称为扩展性。

应用程序在多 CPU 上扩展的技术分为多进程和多线程，如图 6.4 所示。

在 Linux 上可以使用多进程和多线程模型，而这两种技术都是由任务实现的。

多进程和多线程之间的差异如表 6.1 所示。

正如表里多线程的那些优点所示，多线程一般被认为优于多进程，尽管对开发者而言更难实现。

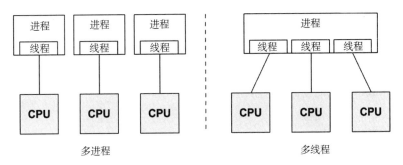

图 6.4 软件 CPU 扩展技术

表 6.1 多进程和多线程属性

属性	多进程	多线程
开发	较简单。使用 fork()	使用线程 API
内存开销	每个进程不同的地址空间消耗了一些内存资源	小。只需要额外的栈和寄存器空间
CPU 开销	fork()/exit() 的开销,另外 MMU 还需要管理地址空间	小。API 调用
通信	通过 IPC。导致了 CPU 开销,包括为了在不同地址空间之间移动数据而导致的上下文切换,除非使用共享内存区域	最快。直接存储共享内存。通过同步原语保证数据一致性(例如,mutex 锁)
内存使用	虽然有一些冗余的内存使用,但不同的进程可以 exit(),并向系统返还所有的内存	通过系统分配器。这可能导致多个线程之间的 CPU 竞争,而在内存被重新使用之前会有些碎片化

不管使用何种技术,重要的是要创建足够的进程或者线程,以占据预期数量的 CPU——如果要最大化性能,即所有的 CPU。有些应用程序可能在更少的 CPU 上跑得更快,这是因为线程同步和内存本地性下降反而吞噬了更多 CPU 资源。

第 5 章也讨论了并行架构。

6.3.12 字长

处理器是围绕最大字长设计的——32 位或者 64 位——这是整数大小和寄存器宽度。字长也普遍使用,表示地址空间大小和数据通路宽度(有时也称为位宽),取决于不同的处理器实现。

更宽的字长意味着更好的性能，虽然它并没有听上去那么简单。更宽的字长可能会在某些数据类型下因未使用的位而导致额外的内存开销。数据的大小也会因为指针大小的增加而增加，导致需要更多的内存 I/O。对 64 位的 x86 架构来说，寄存器的增加和更有效的调用约定抵消了这些开销，因此 64 位应用程序会比它们 32 位的版本跑得更快。

处理器和操作系统支持多种字长，可以同时运行编译成不同字长的应用程序。如果软件被编译成较小的字长，它可能会成功运行但是慢得多。

6.3.13 编译器优化

应用程序在 CPU 上的运行时间可以通过编译器选项（包括字长设置）来大幅改进。编译器也频繁地更新以利用最新的 CPU 指令集以及其他优化。有时应用程序性能可以通过使用新的编译器显著地提高。

这个话题在第 5 章中有详细叙述。

6.4 架构

本节从硬件和软件角度介绍了 CPU 架构和实现。简单的 CPU 模型在 6.2 节中介绍，在前面的章节中已经介绍了通用的概念。

这些内容被总结成性能分析的背景知识。更多的详细信息，请参阅处理器供应商手册和操作系统本身的资料，在本章的结尾处列出了其中一些。

6.4.1 硬件

CPU 硬件包括了处理器和它的子系统，以及多处理器之间的 CPU 互联。

处理器

一颗通用的双核处理器的组件构成如图 6.5 所示。

控制器（上图中标为控制逻辑）是 CPU 的心脏，运行指令预取、解码、管理执行以及存储结果。

图 6.5 所示的处理器包括了一个共享的浮点单元和（可选的）共享三级缓存。你自己处理器的上述组件因类型和型号而会有所不同。其他性能与相关的组件还包括以下内容。

- **P-cache**：预取缓存（每 CPU 一个）。

- **W-cache**：写缓存（每 CPU 一个）。
- **时钟**：CPU 时钟信号生成器（或者外部提供）。
- **时间戳计数器**：为了高精度时间，由时钟递增。
- **微代码 ROM**：快速把指令转化成电路信号。
- **温度传感器**：温度监控。
- **网络接口**：如果集成在芯片里（为了高性能）。

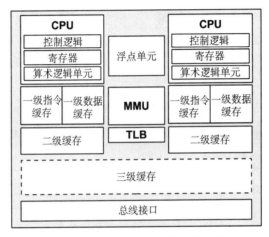

图 6.5　通用双核处理器组件构成

有些类型的处理器使用温度传感器作为单个核动态超频的输入（包括 Intel 睿频加速技术），这样可以提高性能，又使得核的温度在正常范围内。

CPU 缓存

多种硬件缓存往往包含在（包括了片上、晶粒内置、嵌入或者集成）处理器内或者与处理器放在一起（外置）。这样通过更快类型的内存缓存了读并缓冲了写，提高了内存性能。图 6.6 展示了一个普通处理器是如何访问不同级别缓存的。

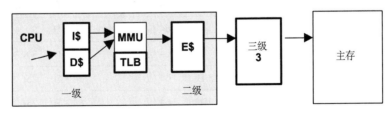

图 6.6　CPU 缓存等级层次

它们包括了：

- 一级指令缓存（I$）
- 一级数据缓存（D$）
- 转译后备缓冲器（TLB）
- 二级缓存（E$）
- 三级缓存（可选）

E$中的 E 原来指代外部（external）缓存，但是随着二级缓存的集成，这个名称被聪明地换成了嵌入（embedded）缓存。为了避免混淆，术语"级"现在已经取代了"E$"风格表示法。

每个处理器上可用的缓存取决于它的类型和型号。随着时间的推进，这些缓存的数量和大小都在增加。表 6.2 演示了这个趋势，列出了自 1978 年以来 Intel 处理器的信息，包括了缓存的进展 [Intel 12]。

表 6.2 1978～2011 年 Intel 处理器示例缓存大小

处理器	日期	最大时钟频率	晶体管	数据总线宽度	一级	二级	三级
8086	1978	8 MHz	29 K	16 位	——		
Intel 286	1982	12.5 MHz	134 K	16 位			
Intel 386 DX	1985	20 MHz	275 K	32 位	——	——	——
Intel 486 DX	1989	25 MHz	1.2 M	32 位	8 KB	——	——
Pentium	1993	60 MHz	3.1 M	64 位	16 KB		
Pentium Pro	1995	200 MHz	5.5 M	64 位	16 KB	256/512 KB	——
Pentium II	1997	266 MHz	7 M	64 位	32 KB	256/512 KB	
Pentium III	1999	500 MHz	8.2 M	64 位	32 KB	512 KB	——
Intel Xeon	2001	1.7 GHz	42 M	64 位	8 KB	512 KB	
Pentium M	2003	1.6 GHz	77 M	64 位	64 KB	1 MB	
Intel Xeon MP	2005	3.33 GHz	675 M	64 位	16 KB	1 MB	8 MB
Intel Xeon 7410	2006	3.4 GHz	1.3 B	64 位	64 KB	2×1 MB	16 MB
Intel Xeon 7460	2008	2.67 GHz	1.9 B	64 位	64 KB	3×3 MB	16 MB
Intel Xeon 7560	2010	2.26 GHz	2.3 B	64 位	64 KB	256 KB	24 MB
Intel Xeon E7-8870	2011	2.4 GHz	2.2B	64 位	64 KB	256 KB	30 MB

对于多核和多线程处理器，有些缓存会在核之间与线程之间共享。

除了 CPU 缓存在数量和大小上的不断增长，还有一种趋势是把缓存做在芯片里，而不是放在处理器的外部，因为这样可以最小化访问延时。

延时

多级缓存是用来取得大小和延时平衡的最佳配置。一级缓存的访问时间一般是几个 CPU 时钟周期，而更大的二级缓存大约是几十个时钟周期。主存大概会花上 60ns（对于 4GHz 处理器大约是 240 个周期），而 MMU 的地址转译又会增加延时。

你的 CPU 缓存延时特征可以通过微型基准测试实验测出[Ruggiero 08]。图 6.7 显示了这个结果，用 LMbench [2]绘出一个 Intel Xeon E5620 2.4 GHz 处理器在不断增加内存范围的情况下内存访问延时的情况。

图中两个轴都是对数增长。图中的台阶显示了当某一级缓存被撑爆的情况下，访问延时增加到了下一级（更慢）缓存的水平。

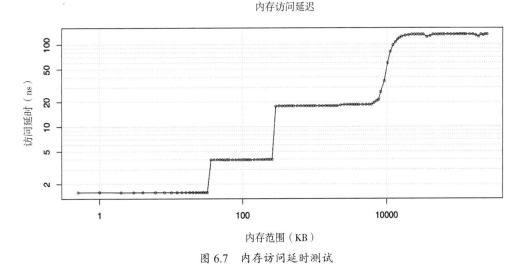

图 6.7　内存访问延时测试

相联性

相联性是定位缓存新条目范围的一种缓存特性。类型如下。

- **全关联**：缓存可以在任意地方放置新条目。例如，一个 LRU 算法可以剔除整个缓存里最老的条目。
- **直接映射**：每个条目在缓存里只有一个有效的地方，例如，对内存地址使用一组地址位进行哈希，得出缓存中的地址。
- **组关联**：首先通过映射（例如哈希）定位出缓存中一组地址，然后再对这些使用另一个算法（例如 LRU）。这个方法通过组大小描述。例如，四路组关联把一个地址映射到四个可能的地方，然后在这四个地方中挑选最合适的一个。

CPU 缓存经常使用组关联方法，这是在全关联（开销过大）与直接映射（命中过低）中间找一个平衡点。

缓存行

CPU 缓存的另一个特征是*缓存行大小*。这是一个存储和传输的字节数量单位，提高了内存吞吐量。x86 处理器典型的缓存行大小是 64 字节。编译器在优化性能时会考虑这个参数。有时程序员也会，可参考第 5 章中 5.2.5 节的哈希表。

缓存一致性

内存可能会同时被缓存在不同处理器的多个 CPU 里。当一个 CPU 修改了内存，所有的缓存需要知道它们的缓存拷贝已经失效，应该被丢弃，这样后续所有的读才会看到新修改的拷贝。这个过程叫做缓存一致性，确保了 CPU 永远访问正确的内存状态。这也是设计可扩展多处理器系统里最大的挑战之一，因为内存会被频繁修改。

MMU

MMU 负责虚拟地址到物理地址的转换。图 6.8 展示了一个普通的 MMU，附有 CPU 缓存类型。这个 MMU 通过一个芯片上的 TLB 缓存地址转换。主存（DRAM）里的转换表，又叫页表，处理缓存未命中情况。页表由 MMU（硬件）直接读取。

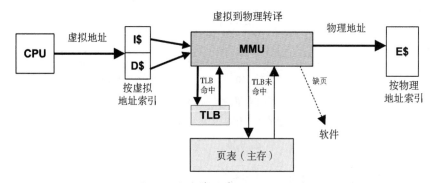

图 6.8　内存管理单元和 CPU 缓存

这些要素都和处理器紧密相关。有些（较老的）处理器通过软件遍历页表处理 TLB 未命中，并使用请求的映射填充 TLB。这样的软件方法可能会由自己维护较大一块内存中的缓存转换信息，又称转译存储缓冲区（translation storage buffer，TSB）。较新的处理器可以通过硬件响应 TLB 未命中，极大地降低了开销。

互联

对于多处理器架构，处理器通过共享系统总线或者专用互联连接起来。这与系统的内存架构有关,统一内存访问(UMA)或者 NUMA,在第 7 章中有讨论。

共享的系统总线,称为前端总线,由早期的 Intel 处理器使用,图 6.9 通过一个四处理器的例子演示。

使用系统总线时,在处理器数目增长的情况下,会因为共享系统总线资源而出现扩展性问题。现代服务器通常都是多处理器,NUMA,并使用 CPU 互联技术。

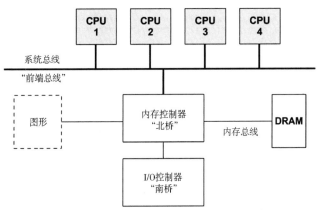

图 6.9 Intel 前端总线架构示例,四处理器

互联可以连接除了处理器之外的组件,如 I/O 控制器。互联的例子包括 Intel 的快速通道互联(Quick Path Interconnect,QPI)和 AMD 的 HyperTransport(HT)。一个四处理器系统的 Intel QPI 架构示例如图 6.10 所示。

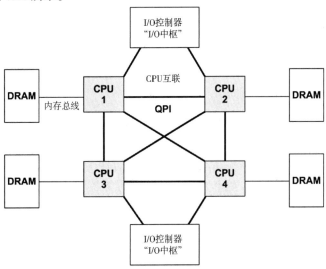

图 6.10 Intel QPI 架构示例,四处理器

处理器之间的私有连接提供了无须竞争的访问以及比共享系统总线更高的带宽。一些有关 Intel FSB 和 QPI 的示例如表 6.3 所示 [Intel 09]。

表 6.3　Intel CPU 互联带宽

Intel	传输率	宽度	带宽
FSB（2007）	1.6 GT/s	8 字节	12.8 GB/s
QPI（2008）	6.4 GT/s	2 字节	25.6 GB/s

QPI 具有两倍的速率，在时钟的两个边缘都进行数据传输，加倍了数据传输率。这解释了表中的带宽是如何得出的（6.4 GT/s×2 字节×2 倍 = 25.6 GB/s）。

除了外部的互联，处理器还有核间通信用的内部互联。

互联通常设计为高带宽，这样它们不会成为系统的瓶颈。一旦成为瓶颈，性能会下降，因为牵涉互联的 CPU 指令会陷入停滞，如远程内存 I/O。这种情况的一个关键迹象是 CPI 的上升。CPU 指令、周期、CPI、停滞周期和内存 I/O 可以通过 CPU 性能计数器进行分析。

CPU 性能计数器

CPU 性能计数器（CPU Performance counter，CPC）有许多别名，包括性能测量点计数器（PIC）、性能监控单元（PMU）、硬件事件和性能监控事件。它们是可以计数低级 CPU 活动的处理器寄存器。它们通常包括下列计数器。

- **CPU 周期**：包括停滞周期和停滞周期类型。
- **CPU 指令**：引退的（执行过的）。
- **一级、二级、三级缓存访问**：命中，未命中。
- **浮点单元**：操作。
- **内存 I/O**：读、写、停滞周期。
- **资源 I/O**：读、写、停滞周期。

每个 CPU 有少量，通常是 2～8 个，可编程记录类似事件的寄存器。哪些寄存器可用取决于处理器的类型和型号，在处理器手册中有记录。

举一个相对简单的例子，Intel P6 家族处理器通过四个型号特定寄存器（model-specific register，MSR）提供性能寄存器。两个 MSR 是只读的计数器。另外两个 MSR 用来对计数器编程，成为事件选择 MSR，可读可写。性能计数器是 40b 的寄存器，而事件选择 MSR 是 32b。事件选择 MSR 的格式如图 6.11 所示。

计数器通过事件选择和 UMASK 确定。事件选择确定要计数的事件类型，而 UMASK 确定子类型或者子类型组。OS 和 USR 位用来选择设置计数器是在内核模式（OS）还是在用户模式

（USR）递增，基于处理器保护级别确定。CMASK 用来设置事件的阈值，在达到阈值之后才开始递增计数器。

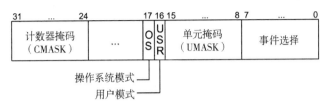

图 6.11 Intel 性能事件选择 MSR 示例

Intel 处理器手册（卷 3B [Intel 13]）列出了可以通过事件选择和 UMASK 值计数的几十个事件。表 6.4 中选择了少数示例以给出一个可被观察的不同目标的大致情况（处理器功能单元）。你需要参考你当前处理器的手册，看看可以使用什么。

同样还有许许多多的计数器，特别是新处理器。Intel Sandy Bridge 家族处理器不仅带来了更多类型的计数器，还带来了更多的计数器寄存器：每个硬件线程有三个固定和四个可编程的计数器，每个核还有八个额外的可编程计数器（"通用"）。在读取时这些计数器为 48 位。

由于不同厂商的性能处理器各不相同，有一个标准被提出以提供一个一致的接口。这就是处理器应用程序程序员接口（Processor Application Programmers Interface，PAPI）。和表 6.4 里看到的 Intel 取的名字不同的是，PAPI 给计数器类型取了通用的名字，例如，PAPI_tot_cyc 代表总周期数，而不是 CPU_CLK_UNHALTED。

表 6.4 Intel CPU 性能计数器示例

事件选择	UMASK	单元	名称	描述
0x43	0x00	数据缓存	DATA_MEM_REFS	从所有类型内存的读取。对所有类型内存的存储。每一部分被分别计数……不包括 I/O 访问或者其他非内存访问
0x48	0x00	数据缓存	DCU_MISS_OUSTANDING	DCU 未命中期间的周期权重数，在任意时间每次递增缓存未命中数。仅考虑可缓存的读请求……
0x80	0x00	取指令单元	IFU_IFETCH	取指令数，可缓存和不可缓存的，包括 UC（不可缓存）取
0x28	0x0F	二级缓存	L2_IFETCH	L2 取指令数……

续表

事件选择	UMASK	单元	名称	描述
0xC1	0x00	浮点单元	FLOPS	引退的可计算浮点数操作数
……				
0x7E	0x00	外部总线逻辑	BUS_SNOOP_STALL	总线窥探停滞期间的时钟周期数
0xC0	0x00	指令解码和引退	INST_RETIRED	引退的指令数
0xC8	0x00	中断	HW_INT_RX	收到的硬件中断数
0xC5	0x00	分支	BR_MISS_PRED_RETIRED	预测错误分支引退数
0xA2	0x00	停滞	RESOURCE_STALLS	当有与资源相关的停滞时，每个周期递增一次
……				
0x79	0x00	时钟	CPU_CLK_UNHALTED	处理器未停止期间的周期数

6.4.2 软件

支撑 CPU 的内核软件包括了调度器、调度器类和空闲线程。

调度器

内核 CPU 调度器的主要功能如图 6.12 所示。

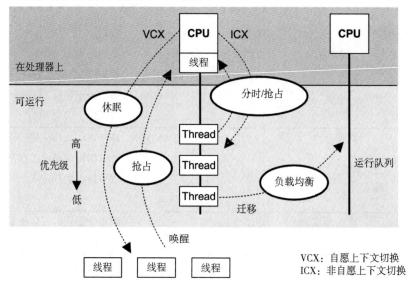

图 6.12 内核 CPU 调度器功能

功能如下。

- **分时**：可运行线程之间的多任务，优先执行最高优先级任务。
- **抢占**：一旦有高优先级线程变为可运行状态，调度器能够抢占当前运行的线程，这样较高优先级的线程可以马上开始运行。
- **负载均衡**：把可运行的线程移到空闲或者较不繁忙的 CPU 队列中。

图 6.12 中展示了一个 CPU 的运行队列。另外，每个优先级也有自己的运行队列，这样调度器可以容易地管理同一优先级下哪个线程应该运行。

下面是有关基于近来 Linux 和 Solaris 内核调度如何工作的总结，其中提到了一些函数名，你可以在代码中找到作为参考（虽然可能更名）。另外请参考在最后的参考文献里列出的内部文献。

Linux

在 Linux 上，分时通过系统时钟中断调用 `scheduler_tick()` 实现。这个函数调用调度器类函数管理优先级和称为时间片的 CPU 时间单位的到期事件。当线程状态变成可运行后，就触发了抢占，调度类函数 `check_preempt_curr()` 被调用。线程的切换由 `__schedule()` 管理，后者通过 `pick_next_task()` 选择最高优先级的线程运行。负载均衡由 `load_balance()` 函数负责执行。

Solaris

在基于 Solaris 内核的系统里，分时由 `clock()` 驱动，后者调用了包括 `ts_tick()` 在内的调度类函数，以检查时间片是否到期。如果线程超出了分配给它的时间，它的优先级会降低，让另一个线程可以抢占。`preempt()` 处理用户线程的抢占，`kpreempt()` 则处理内核线程抢占。`swtch()` 函数管理离开 CPU 的所有线程，包括自愿上下文切换，并调用分发器函数以寻找替代运行的最佳可运行线程：`disp()`、`disp_getwork()`，或者 `disp_getbest()`。负载均衡包括了调用类似函数，以寻找其他 CPU 分发器（运行队列）可运行线程的空闲线程。

调度类

调度类管理了可运行线程的行为，特别是它们的优先级，还有 CPU 时间是否分片，以及这些时间片的长度（又称为时间量子）。通过调度策略还可以施加其他的控制，在一个调度器内进行选择，控制同一个优先级线程间的调度。图 6.13 演示了这些内容以及线程优先级范围。

用户线程的优先级受一个用户定义的一个 nice 值影响。可以对不重要的工作设置这个值以降低其优先级。在 Linux 上，nice 值设置了线程的静态优先级，与调度器计算的动态优先级有所区别。

注意基于 Linux 和 Solaris 的内核优先级范围是相反的。原来的 UNIX 优先级范围（第 6 版）把较小数字用在高优先级线程上，Linux 继承了这一点。

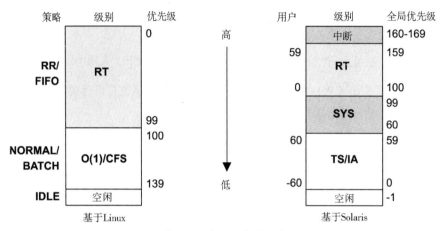

图 6.13　线程调度器优先级

Linux

对于 Linux 内核，调度器类如下。

- **RT**：为实时类负载提供固定的高优先级。内核支持用户和内核级别的抢占，允许 RT 任务以短延时分发。优先级范围为 0 ~ 99（MAX_RT_PRIO-1）。
- **O(1)**：O(1) 调度器在 Linux 2.6 作为默认用户进程分时调度器引入。名字来源于算法复杂度 O(1)（大 O 表示法的介绍参见第 5 章）。先前的调度器包含了一个遍历所有任务的函数，算法复杂度为 O(n)，这样扩展性就成了问题。相对于 CPU 消耗型线程，O(1) 调度器动态地提高 I/O 消耗型线程的优先级，以降低交互和 I/O 负载的延时。
- **CFS**：Linux 2.6.23 引入了完全公平调度作为默认用户进程分时调度器。这个调度器使用红黑树取代了传统运行队列来管理任务，以任务的 CPU 时间作为键值。这样使得 CPU 的少量消费者相对于 CPU 消耗型负载更容易被找到，提高了交互和 I/O 消耗型负载的性能。

用户级进程可以通过调用 `sched_setscheduler()` 设置调度器策略以调整调度类的行为。RT 类支持 SCHED_RR 和 SCHED_FIFO 策略，而 CFS 类支持 SCHED_NORMAL 和 SCHED_BATCH。

调度器策略如下：

- **RR**：SCHED_RR 是轮转调度。一旦一个线程用完了它的时间片，它就被挪到自己优先级运行队列的尾部，这样同等优先级的其他线程可以运行。
- **FIFO**：SCHED_FIFO 是一种先进先出调度，一直运行队列头的线程直到它自愿退出，或者一个更高优先级的线程抵达。线程会一直运行，即便在运行队列当中存在相同优先级的其他线程。
- **NORMAL**：SCHED_NORMAL（以前称为 SCHED_OTHER）是一种分时调度，是用户进程的默认策略。调度器根据调度类动态调整优先级。对于 O(1)，时间片长度根据静态优先级设置，即更高优先级的工作分配到更长的时间。对于 CFS，时间片是动态的。
- **BATCH**：SCHED_BATCH 和 SCHED_NORMAL 类似，但期望线程是 CPU 消耗型的，这样就不会打断其他 I/O 消耗型交互工作。

其他类和策略可能会不断加入。已研究过的调度算法包括感知超线程的[Bulpin 05]和感知温度的[Otto 06]，通过考虑额外的处理器因素优化了性能。

当没有线程可以运行时，一个特殊的空闲任务（又称为空闲线程）作为替代者运行，直到有其他线程可运行。

Solaris

对于基于 Solaris 的内核，调度类如下。

- **RT**：实时调度为实时负载提供了固定的高优先级。这些工作抢占其他所有的工作（除中断服务以外），这样应用程序响应时间是可确定的——这是实时工作负载的一个典型要求。
- **SYS**：系统调度是内核线程的高优先级调度类。这些线程有固定的优先级，可以根据需要一直执行下去（或者直到被 RT 或者中断抢占）。
- **TS**：分时调度是用户进程的默认调度类，它根据最近的 CPU 用量动态调整优先级和时间片。如果线程使用了它的时间片，那么优先级就会下降，时间片会增加。这样使得 CPU 消耗型的负载以低优先级运行，占用大量时间片（降低调度器开销），而 I/O 消耗型负载——在用尽时间片之前自愿地切换上下文——就以高优先级运行。结果是 I/O 消耗型负载的性能不受长时间占用 CPU 的任务影响。如果设置了 nice 值，这个类也会受影响。
- **IA**：和 TS 类似，但交互调度的默认优先级稍高。今天它已经很少使用（之前它用来提高图形 X 会话的响应度）。
- **FX**：固定调度（未示于图 6.13 中）是一种设定固定优先级的进程调度类，全局优先级的范围和 TS 一样（0～59）。

- **FSS**：公平共享调度（未示于图 6.13 中）基于共享值管理一组（项目或者区域）进程的 CPU 用量。它允许一组项目可以公平地分享 CPU 资源，而不是基于它们线程或者进程的数量。每个进程组都可以消耗到部分的 CPU 资源，这个量可以用它的份额值除以当时系统繁忙份额总数得出。这意味着如果某个组是唯一的一个繁忙组，它就可以使用所有的 CPU 资源。FSS 在云计算中很常见，因为租户（区域）可以公平地分得资源，并且可以在 CPU 资源较为充裕的时候消耗更多 CPU。FSS 和 TS 一样有着同样的全局优先级范围（0~59），并且有着固定的时间片。
- **SYSDC**：系统工作周期调度类是给 CPU 消耗大户的系统线程准备的，例如 ZFS 事务组刷新进程。它允许指定一个目标工作周期（CPU 时间占可运行时间的比率），然后在符合工作周期的情况下反向调度线程。这样可以避免出现长时间运行的内核线程，否则这类线程会被当作 SYS 类而饿死其他需要 CPU 的线程。
- **中断**：为了调度中断线程，它们的优先级为 159 + IPL（参见第 3 章的 3.2.3 节）。

基于 Solaris 的系统也支持使用 `sched_setscheduler()` 设置的调度策略（未示于图 6.13 中）：SCHED_FIFO、SCHED_RR 和 SCHED_OTHER（分时）。

空闲线程是一个特例，以最低优先级运行。

空闲线程

内核"空闲"线程（或者空闲任务）只在没有其他可运行线程的时候才在 CPU 上运行，并且优先级尽可能地低。它通常被设计为通知处理器 CPU 执行停止（停止指令）或者减速以节省资源。CPU 会在下一次硬件中断醒来。

NUMA 分组

NUMA 系统上的性能可以通过使内核感知 NUMA 而得到极大提高，因为这样它可以做出更好的调度和内存分配决定。它可以自动检测并创建本地化的 CPU 和内存资源组，并按照反映 NUMA 架构的拓扑结构组织起来。这种结构可以预估任意的内存访问开销。

在 Linux 系统上，这些被称为调度域 [3]，这些域处于一个以根域为起点的拓扑结构里。

在 Solaris 系统上，这些被称为本地组（lgrps）并以根组为起点。

系统管理员可以手动进行分组，可以把多个进程绑定在一个或者多个 CPU 上运行，也可以创建一组 CPU，不允许某些进程在上面运行，参见 6.5.10 节。

处理器资源感知

和 NUMA 不同，内核也可以理解 CPU 资源拓扑结构，这样可以为了资源管理和负载均衡做出更好的调度决定。在基于 Solaris 的系统上，这由处理器组实现。

6.5 方法

本节描述了 CPU 分析和调优的多种方法和实践。表 6.5 总结了主要内容。

表 6.5 CPU 性能方法

方法	类型
工具法	观察分析
USE 方法	观察分析，容量规划
负载特征归纳	观察分析
剖析	观察分析
周期分析	观察分析
性能监控	观察分析，容量规划
静态性能调优	观察分析，容量规划
优先级调优	调优
资源控制	调优
CPU 绑定	调优
微型基准测试	实验分析
扩展	容量规划，调优

更多的策略和介绍参见第 2 章的内容。你不需要使用全部方法，把它当作一本菜谱，方法可以单独使用，也可以结合多种使用。

我的建议是按照以下顺序使用这些方法：性能监控、USE 方法、剖析、微型基准测试和静态分析。

6.6 节展示了如何使用操作系统工具应用这些策略。

6.5.1 工具法

工具法就是把可用的工具全用一遍，检查它们提供的关键项指标。虽然这个方法简单，但由于在某些情况下工具提供的帮助有限，它也会忽视一些问题，另外它也较为耗时。

对于 CPU，工具法可以检查以下项目。

- **uptime**：检查负载平均数以确认 CPU 负载是随时间上升还是下降。负载平均数超过了 CPU 数量通常代表 CPU 饱和。
- **vmstat**：每秒运行 vmstat，然后检查空闲列，看看还有多少余量。少于 10% 可能是一个问题。

- `mpstat`：检查单个热点（繁忙）CPU，挑出一个可能的线程扩展性问题。
- `top/prstat`：看看哪个进程和用户是 CPU 消耗大户。
- `pidstat/prstat`：把 CPU 消耗大户分解成用户和系统时间。
- `perf/dtrace/stap/oprofile`：从用户时间或者内核时间的角度剖析 CPU 使用的堆栈跟踪，以了解为什么使用这么多 CPU。
- `perf/cpustat`：测量 CPI。

如果发现了一个问题，在可用的工具输出中检查所有的项目，以了解更多的上下文。更多有关各个工具的信息参见 6.6 节。

6.5.2 USE 方法

USE 方法可以在性能调查的早期，在更深入和更耗时的其他策略之前，用来发现所有组件内的瓶颈和错误。

对于每个 CPU，检查以下内容。

- **使用率**：CPU 繁忙的时间（未在空闲线程中）。
- **饱和度**：可运行线程排队等待 CPU 的程度。
- **错误**：CPU 错误，包括可改正错误。

错误可以优先检查，因为检查通常较快，并且最容易理解。有些处理器和操作系统可以感知到可改正错误的上升（错误更正码，ECC），并在不可改正错误造成 CPU 失效前关闭一个 CPU 作为警示。检查错误包括检查是否所有 CPU 都在线。

使用率通常可以从操作系统工具中的繁忙百分比中获得。这个指标应逐个进行 CPU 检查，以发现扩展性问题。也可以逐个核检查，以发现某个核的资源严重消耗而空闲硬件线程无法执行的情况。可以通过剖析和周期分析理解为什么有如此高的 CPU 和核使用率。

对于实现了 CPU 限制或者配额（资源控制）的环境，例如一些云计算环境，CPU 使用率需要按照这些人为限制进行检查，而不仅仅是物理限制。你的系统可能已经在物理 CPU 达到 100%使用率之前就耗光了它的 CPU 配额，比预期更早遇到饱和。

饱和的指标通常是系统全局的，包含在系统负载里。这个指标量化了 CPU 过载或者 CPU 配额（如果有）消耗的程度。

6.5.3 负载特征归纳

对施加的负载进行特征归纳是容量规划、基准测试和模拟负载中里重要的步骤。它也可以通过发现可剔除的无用工作而带来最大的性能收益。

CPU 负载特征归纳的基本属性有：

- 平均负载（使用率+饱和度）
- 用户时间与系统时间之比
- 系统调用频率
- 自愿上下文切换频率
- 中断频率

工作的目的在于归纳施加负载的特征，而不是性能结果。虽然分解后的使用率/饱和度展示了性能结果，但平均负载反映了 CPU 的请求负载，因此更为适合归纳负载特征，参见 6.6.1 节 uptime 中的例子和详细解释。

频率指标理解起来稍难，因为它们既反映了施加的负载，也在某种程度上反映了能够降低频率的性能结果。

用户时间与内核时间的比例展示了施加的负载类型，在之前的 6.3.7 节中有介绍。高用户时间是因为应用程序在执行自己的计算。高系统时间则是把时间花在了内核里，可以通过系统调用和中断频率进行深入了解。I/O 消耗型负载因为线程阻塞等待 I/O，而有更高的系统时间、系统调用以及自愿上下文切换频率。

下面是一个你可能会碰到的负载描述示例，展示了应该如何描述这些属性：

在我们最繁忙的应用服务器上，白天的系统负载为 2～8，取决于活跃客户端的数量。用户/系统时间比例是 60/40，因为这是一个 I/O 密集型的负载，大约每秒执行 100K 次的系统调用，以及高频率的自愿上下文切换。

这些特征会随着时间和不同的负载而变化。

高级负载特征归纳/检查清单

归纳负载特征还需要一些额外的细节。下面这些问题需要好好考虑，在深入研究 CPU 问题时也可以作为检查清单使用：

- 整个系统范围内的 CPU 使用率是多少？每个 CPU 呢？
- CPU 负载的并发程度如何？是单线程吗？有多少线程？
- 哪个应用程序或者用户在使用 CPU？用了多少？

- 哪个内核线程在使用 CPU？用了多少？
- 中断的 CPU 用量是多少？
- CPU 互联的使用率是多少？
- 为什么 CPU 被使用（用户和内核级别调用路径）？
- 遇到了什么类型的停滞周期？

这种方法的概要以及需要测量的特征（谁测量、为什么测量、测量什么、如何测量）可以参见第 2 章。下面的章节在上述列表的最后两个问题上进行了扩展：如何使用剖析分析调用路径，以及如何使用周期分析研究停滞周期。

6.5.4 剖析

剖析构建了研究目标的一幅图像。CPU 用量可以通过定期取样 CPU 的状态进行剖析，按照以下步骤进行：

1. **选择**需要采集的剖析数据以及频率。
2. **开始**每隔一定时间进行取样。
3. **等待**兴趣事件的发生。
4. **停止**取样并收集取样数据。
5. **处理**数据。

有些剖析工具，包括 DTrace，允许实时处理采集数据，一边采样一边分析。

使用数据收集工具以外的工具组可以提高处理和导览数据的能力，例如火焰图（后面介绍）处理的 DTrace 和其他剖析工具的输出。另一个例子是 Oracle Solaris Studio 的性能分析器，能够自动化收集过程，让你对照目标源代码浏览剖析数据。

CPU 剖析数据的类型基于以下因素：

- 用户级别、内核级别，或者两者
- 功能和偏移量（基于程序计数器），仅功能，部分栈跟踪信息，或者全栈跟踪

选择全栈跟踪加上用户和内核级别可以采集到完整的 CPU 用量。然而，这样做通常会生成超大量的数据。仅仅采集用户或者内核级别、部分栈（例如五层栈），或者甚至仅仅是执行函数名可能就能从更少的数据中推断 CPU 的用量。

下面是一个剖析的简单例子，以下的 Dtrace 单行命令以 997Hz 的频率采集了 10s 内的用户级函数名：

```
# dtrace -n 'profile-997 /arg1 && execname == "beam.smp"/ {
    @[ufunc(arg1)] = count(); } tick-10s { exit(0); }'
[...]
    libc.so.1`mutex_lock_impl                                  29
    libc.so.1`atomic_swap_8                                    33
    beam.smp`make_hash                                         45
    libc.so.1`__time                                           71
    innostore_drv.so`os_aio_array_get_nth_slot                 80
    beam.smp`process_main                                     127
    libc.so.1`mutex_trylock_adaptive                          140
    innostore_drv.so`os_aio_simulated_handle                  158
    beam.smp`sched_sys_wait                                   202
    libc.so.1`memcpy                                          258
    innostore_drv.so`ut_fold_binary                          1800
    innostore_drv.so`ut_fold_ulint_pair                      4039
```

DTrace 已经执行到了第 5 步，通过合计函数名处理数据并按照频率打印排序计数。结果显示了在 CPU 上执行最频繁的用户级函数是 `ut_fold_ulint_pair()`，被采样到了 4039 次。

997Hz 的采样频率是为了避免和某些事件正好合拍（例如，以 100Hz 或者 1000Hz 定时运行的任务）。

通过采样全栈跟踪，可以发现 CPU 使用的代码路径，通常能够从更高的角度审视 CPU 用量。6.6 节中给出了更多采样的例子。另外更多有关 CPU 剖析，包括如何从栈中获得其他编程语言上下文信息的细节，参见第 5 章。

对于特殊的 CPU 资源，例如缓存和互联，剖析可以使用基于 CPC 的事件触发器，而不是以固定时间间隔进行。这会在介绍周期分析的下一节中进行描述。

6.5.5 周期分析

通过使用 CPU 性能计数器（CPC），我们能够以周期级别理解 CPU 使用率。这可能会展示消耗在一级、二级或者三级缓存未命中，内存 I/O 以及资源 I/O 上的停滞周期，亦或是花在浮点操作及其他活动上的周期。拿到这项信息后，可以通过调整编译器选项或者修改代码以取得性能收益。

周期分析从测量 CPI 开始。如果 CPI 较高，继续调查停滞周期的类型；如果 CPI 较低，就要寻求减少指令数量的办法。CPI 的"高"或"低"取决于你的处理器：低可能是小于 1，而高可能是大于 10。你可以事先执行一些已知的负载以感知这个值的范围。已知负载可以是内存 I/O 密集型或者指令密集型，然后测量每一个的 CPI 结果。

除了测量计数器的值之外，还可以配置 CPC，在超出某个值时中断内核。例如，每 10 000 次二级缓存未命中，就中断一次内核以获取栈回溯。随着时间推移，内核会建立造成二级缓存未命中的大致代码路径，而避免了每次未命中就进行测量的无法承受的开销。集成开发者环境（IDE）经常使用这个功能，在造成内存 I/O 和停滞周期的代码位置进行标注。使用 DTrace 和 CPC provider 也可以取得同样的观察效果。

周期分析是一种高级活动，可能像 6.6 节里演示的那样，要使用命令行工具展开数天的工作。你也应该在 CPU 供应商的处理器手册上下一些功夫。像 Oracle Solaris Studio 那样的性能分析器可以节省不少时间，因为他们帮助你找到你感兴趣的 CPC。

6.5.6 性能监控

性能监控可以发现一段时间内活跃的问题和行为模式。关键的 CPU 指标如下。

- 使用率：繁忙百分比。
- 饱和度：从系统负载推算出来的运行队列长度，或者是线程调度器延时的数值

使用率应该对每个 CPU 分别监控，以发现线程的扩展性问题。对于实现了 CPU 限制或者配额的环境（资源控制），例如一些云计算环境，还要记录相对于这些限制的 CPU 用量。

监控 CPU 用量的一个挑战在于挑选合适的测量和归档时间间隔。有些监控工具采用 5 分钟，可能会忽视短时间内 CPU 使用率的突然爆发。更理想的是每秒测量，但是你也要知道，爆发也可能在 1 秒内发生。这些信息可以从饱和度中得知。

6.5.7 静态性能调优

静态性能调优关注配置环境的问题。关于 CPU 性能，检查下列方面的静态配置：

- 有多少 CPU 可用？是核吗？还是硬件线程？
- CPU 的架构是单处理器还是多处理器？
- CPU 缓存的大小是多少？是共享的吗？
- CPU 时钟频率是多少？是动态的（例如 Intel 睿频加速和 SpeedStep）吗？这些动态特性在 BIOS 启用了吗？
- BIOS 里启用或者禁用了其他什么 CPU 相关的特性？
- 这款型号的处理器有什么性能问题（bug）？出现在处理器勘误表上了吗？
- 这个 BIOS 固件版本有什么性能问题（bug）吗？
- 有软件的 CPU 使用限制（资源控制）吗？是什么？

这些问题的答案可能能够暴露之前忽视的配置选择。
云计算环境要特别注意最后的问题，CPU 使用经常受到限制。

6.5.8 优先级调优

UNIX 一直都提供 `nice()` 系统调用，通过设置 nice 值以调整进程优先级。正 nice 值代表

降低进程优先级（更友好），而负值——只能由超级用户（root）设置——代表提高优先级。`nice(1)`命令可以指定 nice 值以启动程序，而后来加上的 `renice(1M)`命令（BSD 上）用来调整已经在运行的进程。第 4 版 UNIX 的用户手册举了下面的例子 [4]：

> 推荐用户为长时间运行程序设置值为 16，这样就不会被管理员抱怨。

直到今天，nice 值仍然可以用于调整进程优先级。在竞争 CPU 时，最为有效的方法是为高优先级工作制造一些调度器延时。你的任务是找出低优先级工作，可能包括监控代理程序和定期备份，也可能是修改这些程序，以某个 nice 值启动，还可以做一些分析，检查调优是否有效，特别是高优先级工作的调度器延时要低。

除了 nice 值，操作系统可能还为进程优先级提供了更高级的控制，例如更改调度类或者调度器策略，或者更改那个类的调优。基于 Linux 和 Solaris 的系统都包含了实时调度类，这个类允许进程抢占其他所有的工作。虽然这样可以消除调度器延时（除了其他实时进程和中断），但你最好明白这样的后果。如果实时应用程序有个 bug 导致多个线程陷入无限循环，就会造成所有的进程都不能使用 CPU——包括需要用来修复问题的管理控制台。这种问题通常只能用重启系统来修复。（哦！）

6.5.9 资源控制

操作系统可能为给进程或者进程组分配 CPU 资源提供细粒度控制。这可能包括 CPU 使用率的固定限制和更灵活的共享方式——允许基于一个共享值，消耗空闲 CPU 周期。运作原理与实现相关，在 6.8 节中有讨论。

6.5.10 CPU 绑定

另一个 CPU 性能调优的方法是把进程和线程绑定在单个 CPU 或者一组 CPU 上。这可以增加进程的 CPU 缓存温度，提高它的内存 I/O 性能。对 NUMA 系统这可以提高内存本地性，同样也提高性能。

这个方法有以下两个实现方式。

- **进程绑定**：配置一个进程只跑在单个 CPU 上，或者预定义 CPU 组中的一个。
- **独占 CPU 组**：分出一组 CPU，让这些 CPU 只能运行指定的进程。这可以更大地提升 CPU 缓存效率，因为当进程空闲时，其他进程不能使用 CPU，保证了缓存的温度。

在基于 Linux 的系统上，独占 CPU 组可以通过 cpuset 实现。在基于 Solaris 的系统上，这称为处理器组。6.8 节提供了配置示例。

6.5.11 微型基准测试

CPU 的微型基准测试有多种工具,通常测量一个简单操作的多次操作时间。操作可能基于下列元素。

- **CPU 指令**:整数运算、浮点操作、内存加载和存储、分支和其他指令。
- **内存访问**:调查不同 CPU 缓存的延时和主存吞吐量。
- **高级语言**:类似 CPU 指令测试,不过使用高级解释或者编译语言编写。
- **操作系统操作**:测试 CPU 消耗型系统库和系统调用函数,例如 getpid() 和进程创建。

CPU 基准测试早期的一个例子是美国国家物理实验室的 Whetstone,于 1972 年用 Algol 60 编写,用来模拟一个科学计算负载。后来在 1984 年又开发了 Dhrystone 基准测试以模拟当时的整数负载,并且成为流行的 CPU 性能比较方法。这些以及多种 UNIX 基准测试,包括进程创建和管道吞吐量,包含在名为 *UnixBench* 的一个集合中。这个集合来自 Monash 大学,通过 *BYTE* 杂志发布 [Hinnant 84]。近来的 CPU 基准测试则包括了测试压缩速度、质数计算、加密和编码。

不管用的是哪一种基准测试,当比较系统之间结果时,理解测试的对象很重要。前述那些基准测试通常只是在测试不同编译器版本之间的编译优化结果,而不是基准测试代码或者 CPU 速度。许多基准测试还以单线程执行,这些结果在多 CPU 的系统里没什么意义。一个四 CPU 的系统可能会在基准测试中比八 CPU 系统快一些,不过后者更有可能在有足够可运行并发线程数的情况下获得更大的吞吐量。

更多关于基准测试的信息参见第 12 章。

6.5.12 扩展

下面是一个基于资源的容量规划简单的扩展方法:

1. 确定目标用户数或者应用程序请求频率。
2. 转化成每用户或每请求 CPU 使用率。对于现有系统,CPU 用量可以通过监控获得,再除以现有用户数或者请求数。对于未投入使用系统,负载生成工具可以模拟用户,以获得 CPU 用量。
3. 推算出当 CPU 资源达到 100%使用率时的用户或者请求数。这就是系统的理论上限。

对系统扩展性进行建模，考虑竞争和一致性延时条件，可以获得更实际的性能预测。更多有关建模的信息参见第 2 章的 2.6 节，更多有关扩展的信息参见 2.7 节。

6.6 分析

本节介绍了基于 Linux 和 Solaris 系统上的 CPU 性能分析工具。使用方法可参见前面的章节。本节使用的工具见表 6.6。

表 6.6 CPU 分析工具

Linux	Solaris	描述
uptime	uptime	平均负载
vmstat	vmstat	包括系统范围的 CPU 平均负载
mpstat	mpstat	单个 CPU 统计信息
sar	sar	历史统计信息
ps	ps	进程状态
top	prstat	监控每个进程/线程 CPU 用量
pidstat	prstat	每个进程/线程 CPU 用量分解
time	ptime	给一个命令计时，带 CPU 用量分解
DTrace, perf	DTrace	CPU 剖析和跟踪
perf	cpustat	CPU 性能计数器分析

这张表一开始是 CPU 统计信息的工具，然后进阶到包括代码路径剖析和 CPU 周期分析在内的向下挖掘分析工具。这套工具的组合是为了支持 6.5 节。完整的功能说明参见每个工具的文档，包括它们的 Man 手册。

虽然你可能只对基于 Linux 或者 Solaris 的系统感兴趣，但最好还是了解一下其他操作系统的工具，特别是这些工具可以从不同角度反映的系统信息。

6.6.1 uptime

uptime(1) 是几个打印系统平均负载的工具之一：

```
$ uptime
  9:04pm  up 268 day(s), 10:16,  2 users,  load average: 7.76, 8.32, 8.60
```

最后三个数字是 1、5 和 15 分钟内的平均负载。通过比较这三个数字，你可以判断负载在

15 分钟内（或者其他时间段）是在上升、下降，还是平稳。

平均负载

平均负载表示了对 CPU 资源的需求，通过汇总正在运行的线程数（使用率）和正在排队等待运行的线程数（饱和度）计算得出。计算平均负载的一个新方法是把使用率加上线程调度器延时得出，而不是去取样队列长度，从而提高精度。这些计算方法的内幕可以参考 [McDougall 06b] 中的文档。

这个值的意义为，平均负载大于 CPU 数量表示 CPU 不足以服务线程，有些线程在等待。如果平均负载小于 CPU 数量，这（很可能）代表还有一些余量，线程可以在它们想要的时候在 CPU 上运行。

这三个平均负载值是指数衰减移动平均数，反映了 1、5 和 15 分钟以上（时间实际上是指数移动总和里使用的常数）的负载。图 6.14 展示了一个简单实验的结果，当单个 CPU 消耗型线程启动时，平均负载的图形。

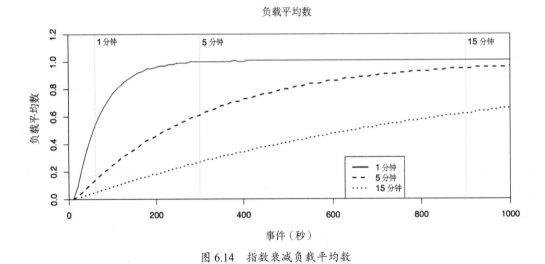

图 6.14 指数衰减负载平均数

在 1、5 和 15 分钟的点，平均负载分别达到了已知负载 1.0 的大约 61%。

平均负载在早期 BSD 中被引入 UNIX，当时基于调度器平均队列长度计算。平均负载在早期操作系统（CTSS、Multics [Saltzer 70]、TENEX [Bobrow 72]）中广泛使用。在 [RFC 546] 中有提及：

[1] TENEX 平均负载是对 CPU 需求的度量。平均负载是一段时间内可运行进程数的平均值。例如，一小时内的平均负载为 10，意味着（对单 CPU 系统）在那个小时内的任意时间预期有 1 个进程在运行，另外还有 9 个就绪运行（例如，并未阻塞等待 I/O），等待 CPU。

举一个现代的例子，一个有 64 颗 CPU 的系统的平均负载为 128。这意味着平均每个 CPU 上有一个线程在运行，还有一个线程在等待。而同样的系统，如果平均负载为 10，则代表还有很大的余量，在所有 CPU 跑满前还可以运行 54 个 CPU 消耗型线程。

Linux 平均负载

Linux 目前把在不可中断状态执行磁盘 I/O 的任务也计入了平均负载。这意味着平均负载再也不能单用来表示 CPU 余量或者饱和度，因为不能单从这个值推断出 CPU 或者磁盘负载。由于负载可能会在 CPU 和磁盘之间不断变化，比较这三个平均负载数值也变得困难了。

另外一种包含其他资源负载的方法是为每一种类型的资源分别使用不同的平均负载。（我已经为磁盘、内存和网络负载做过一些原型，每个都有自己的一组平均负载，这些数值能给非 CPU 资源提供一个类似的并有帮助的概览。）

在 Linux 上最好通过一些其他的指标了解 CPU 负载，例如 `vmstat(1)` 和 `mpstat(1)` 提供的一些数据。

6.6.2 vmstat

虚拟内存统计信息命令，`vmstat(8)`，在最后几列打印了系统全局范围的 CPU 平均负载，另外在第一列还有可运行线程数。下面是 **Linux** 版本的一个示例输出：

```
$ vmstat 1
procs -----------memory---------- ---swap-- -----io---- -system-- ----cpu----
 r  b   swpd   free    buff  cache   si   so    bi    bo   in   cs us sy id wa
15  0   2852 46686812 279456 1401196    0    0     0     0    0    0  0  0 100  0
16  0   2852 46685192 279456 1401196    0    0     0     0 2136 36607 56 33 11  0
15  0   2852 46685952 279456 1401196    0    0     0    56 2150 36905 54 35 11  0
15  0   2852 46685960 279456 1401196    0    0     0     0 2173 36645 54 33 13  0
[...]
```

输出的第一行是系统启动以来的总结信息，Linux 上的 r 列除外——这个是显示当前值的。输出列如下。

- **r**：运行队列长度——可运行线程的总数（见下面）。
- **us**：用户态时间。
- **sy**：系统态时间（内核）。
- **id**：空闲。

- **wa**：等待 I/O，即线程被阻塞等待磁盘 I/O 时的 CPU 空闲时间。
- **st**：偷取（未在输出里显示），CPU 在虚拟化的环境下在其他租户上的开销。

这些值都是所有 CPU 的系统平均数，r 除外，这是总数。

在 Linux 上，r 列代表所有等待的加上正在运行的线程数。当前手册里的描述与之不符——"等待运行的进程数"——意味着这只计算了等待中而排除了运行中的任务。为了解本来应该是什么内容，可以参考最初由 Bill Joy 和 Ozalp Babaoglu 于 1979 年为 3BSD 编写的 `vmstat(1)`，这个版本以 RQ 列开始，代表可运行和正在运行的进程数，和 Linux `vmstat(8)` 相匹配。这个手册需要更新。

在 Solaris 上，r 列只计算在分派队列（运行队列）里等待的线程数。这些值看上去可能不太稳定，因为它每秒仅取样一次（通过 `clock()`），而其他列里的 CPU 信息则基于高精度的 CPU 微状态。这些其他列目前还不包括等待 I/O 或者偷取。更多有关等待 I/O 的信息参见第 9 章。

6.6.3 mpstat

多处理器统计信息工具 `mpstat`，能够报告每个 CPU 的统计信息。下面是 **Linux** 版本的一些示例输出：

```
$ mpstat -P ALL 1
02:47:49   CPU   %usr   %nice   %sys  %iowait   %irq   %soft  %steal  %guest   %idle
02:47:50   all   54.37   0.00   33.12   0.00    0.00   0.00   0.00    0.00    12.50
02:47:50    0    22.00   0.00   57.00   0.00    0.00   0.00   0.00    0.00    21.00
02:47:50    1    19.00   0.00   65.00   0.00    0.00   0.00   0.00    0.00    16.00
02:47:50    2    24.00   0.00   52.00   0.00    0.00   0.00   0.00    0.00    24.00
02:47:50    3   100.00   0.00    0.00   0.00    0.00   0.00   0.00    0.00     0.00
02:47:50    4   100.00   0.00    0.00   0.00    0.00   0.00   0.00    0.00     0.00
02:47:50    5   100.00   0.00    0.00   0.00    0.00   0.00   0.00    0.00     0.00
02:47:50    6   100.00   0.00    0.00   0.00    0.00   0.00   0.00    0.00     0.00
02:47:50    7    16.00   0.00   63.00   0.00    0.00   0.00   0.00    0.00    21.00
02:47:50    8   100.00   0.00    0.00   0.00    0.00   0.00   0.00    0.00     0.00
02:47:50    9    11.00   0.00   53.00   0.00    0.00   0.00   0.00    0.00    36.00
02:47:50   10   100.00   0.00    0.00   0.00    0.00   0.00   0.00    0.00     0.00
02:47:50   11    28.00   0.00   61.00   0.00    0.00   0.00   0.00    0.00    11.00
02:47:50   12    20.00   0.00   63.00   0.00    0.00   0.00   0.00    0.00    17.00
02:47:50   13    12.00   0.00   56.00   0.00    0.00   0.00   0.00    0.00    32.00
02:47:50   14    18.00   0.00   60.00   0.00    0.00   0.00   0.00    0.00    22.00
02:47:50   15   100.00   0.00    0.00   0.00    0.00   0.00   0.00    0.00     0.00
[...]
```

选项 `-P ALL` 用来打印每个 CPU 的报告。`mpstat(1)` 默认只打印系统级别的总结信息（所有）。输出列如下。

- **CPU**：逻辑 CPU ID，或者 `all` 表示总结信息。

- **%usr**：用户态时间。
- **%nice**：以 nice 优先级运行的进程用户态时间。
- **%sys**：系统态时间（内核）。
- **%iowait**：I/O 等待。
- **%irq**：硬件中断 CPU 用量。
- **%soft**：软件中断 CPU 用量。
- **%steal**：耗费在服务其他租户的时间。
- **%guest**：花在访客虚拟机的时间。
- **%idle**：空闲。

重要列有%usr、%sys 和%idle。这些显示了每个 CPU 的用量以及用户态和内核态的时间比例（参见 6.3.7 节）。这同样也能表明"热" CPU——那些跑到 100%使用率（%usr + %sys）的 CPU，而其他 CPU 并未跑满——可能由单线程应用程序的负载或者设备中断映射造成。

基于 Solaris 的系统上，mpstat(1M) 一开始输出系统启动后的统计信息，然后是每隔一段时间的总结信息。例如：

```
$ mpstat 1
CPU minf mjf xcal  intr ithr  csw icsw migr smtx  srw syscl  usr sys wt idl
[...]
  0  8243   0  288  3211 1265 1682   40  236  262    0  8214   47  19  0  34
  1 43708   0 1480  2753 1115 1238   58  406 1967    0 26157   17  59  0  24
  2 11987   0  393  2994 1186 1761   79  281  522    0 10035   46  21  0  34
  3  3998   0  135   935   55  238   22   60   97    0  2350   88   6  0   6
  4 12649   0  414  2885 1261 3130   82  365  619    0 14866    7  26  0  67
  5 30054   0  991   745  241 1563   52  349 1108    0 17792    8  40  0  52
  6 12882   0  439   636  167 2335   73  289  747    0 12803    6  23  0  71
  7   981   0   40   793   45  870   11   81   70    0  2022   78   3  0  19
  8  3186   0  100   687   27  450   15   75  156    0  2581   66   7  0  27
  9  8433   0  259   814  315 3382   38  280  552    0  9376    4  18  0  78
 10  8451   0  283   512  153 2158   20  194  339    0  9776    4  16  0  80
 11  3722   0  119   800  349 2693   12  199  194    0  6447    2  10  0  88
 12  4757   0  138   834  214 1387   29  142  380    0  6153   35  10  0  55
 13  5107   0  147  1404  606 3856   65  268  352    0  8188    4  14  0  82
 14  7158   0  229   672  205 1829   31  133  292    0  7637   19  12  0  69
 15  5822   0  209   866  232 1333    9  145  180    0  5164   30  13  0  57
```

输出列如下。

- **CPU**：逻辑 CPU ID。
- **xcal**：CPU 交叉调用。
- **intr**：中断。
- **ithr**：线程服务的中断（低级 IPL）。
- **csw**：上下文切换（总数）。
- **icsw**：非自愿上下文切换。

- **migr**：线程迁移。
- **smtx**：在互斥锁上等待。
- **srw**：在读/写锁上等待。
- **syscl**：系统调用。
- **usr**：用户态时间。
- **sys**：系统态时间（内核）。
- **wt**：等待 I/O（已废弃，永远为 0）。
- **idl**：空闲。

需要注意的关键列有：

- **xcal**，检查是否频率过高而消耗 CPU 资源。例如，至少有几个 CPU 超过每秒 1000 次。下钻分析可以解释背后的原因（参见 6.6.10 节里与此相关的例子）。
- **smtx**，检查是否频率过高而消耗 CPU 资源，也有可能是锁竞争的证据。锁活动可以通过其他工具考察（参见第 5 章）。
- **usr**、**sys** 和 **idl**，可以刻画每个 CPU 的用量和用户态与内核态之间的比例。

6.6.4　sar

系统活动报告器，sar(1)，可以用来观察当前的活动，以及配置用以归档和报告历史统计信息，第 4 章中曾介绍过，也在其他章节出现过。

Linux 版本有以下选项。

- **-P ALL**：与 mpstat 的 -P ALL 选项相同。
- **-u**：与 mpstat(1) 的默认输出相同，仅包括系统范围的平均值。
- **-q**：包括运行队列长度列 runq-sz（等待数加上运行数，与 vmstat 的 r 列相同）和平均负载。

Solaris 版本提供的选项如下。

- **-u**：系统范围内的 %usr、%sys、%wio（零）和 %idl 的平均值。
- **-q**：包括运行队列长度列 runq-sz（仅包括等待数），和运行队列中有线程等待的百分比时间 %runocc，虽然这个值在 0 和 1 之间并不准确。

Solaris 上没有提供单个 CPU 的统计信息。

6.6.5 ps

进程状态命令，ps(1)，列出了所有进程的细节信息，包括 CPU 用量统计信息。例如：

```
$ ps aux
USER         PID %CPU %MEM    VSZ   RSS TTY      STAT START   TIME COMMAND
root           1  0.0  0.0  23772  1948 ?        Ss   2012    0:04 /sbin/init
root           2  0.0  0.0      0     0 ?        S    2012    0:00 [kthreadd]
root           3  0.0  0.0      0     0 ?        S    2012    0:26 [ksoftirqd/0]
root           4  0.0  0.0      0     0 ?        S    2012    0:00 [migration/0]
root           5  0.0  0.0      0     0 ?        S    2012    0:00 [watchdog/0]
[...]
web        11715 11.3  0.0 632700 11540 pts/0    Sl   01:36   0:27 node indexer.js
web        11721 96.5  0.1 638116 52108 pts/1    Rl+  01:37   3:33 node proxy.js
[...]
```

这种操作风格起源于 BSD，可以认为是选项 aux 前缺少了横杠 "-"。这个选项列出了所有的用户（a），还有面向用户的扩展信息（u），以及没有终端的进程（x）。终端在电传打字机（TTY）一列显示。

另一种风格源于 SVR4，在选项前带有一个横杠 "-"：

```
$ ps -ef
UID          PID  PPID  C STIME TTY          TIME CMD
root           1     0  0 Nov13 ?        00:00:04 /sbin/init
root           2     0  0 Nov13 ?        00:00:00 [kthreadd]
root           3     2  0 Nov13 ?        00:00:00 [ksoftirqd/0]
root           4     2  0 Nov13 ?        00:00:00 [migration/0]
root           5     2  0 Nov13 ?        00:00:00 [watchdog/0]
[...]
```

这个命令可以列出所有进程（-e）的完整信息（-f）。在大多数基于 Linux 和 Solaris 的系统上，ps(1) 都支持 BSD 和 SVR4 风格的参数。

CPU 用量的主要列是 TIME 和 %CPU。

TIME 列显示了进程自从创建开始消耗的 CPU 总时间（用户态+系统态），格式为"小时:分钟:秒"。

Linux 上，%CPU 列显示了在前一秒内所有 CPU 上的 CPU 用量之和。一个单线程的 CPU 型进程会报告 100%。而一个双线程的 CPU 型进程则会报告 200%。

Solaris 上，%CPU 会根据 CPU 数量正规化。例如，单个 CPU 消耗型线程会在一个八 CPU 系统上显示为 12.5%。这个指标同样也显示最近的 CPU 用量，采用了类似平均负载的衰退平均数。

ps(1) 还有其他各种选项，包括定制输出和显示列的 -o 选项。

6.6.6 top

`top(1)` 于 1984 年由 William LeFebvre 为 BSD 发明。他受到了 VMS 命令 `MONITOR PROCESS/TOPCPU` 的启发,这个命令显示了最消耗 CPU 的任务,并带有 CPU 消耗百分比,以及一个 ASCII 字符的条形直方图(不是整列的数据)。

`top(1)` 命令监控了运行得最多的进程,以一定间隔刷新屏幕。例如,在 **Linux** 上:

```
$ top
top - 01:38:11 up 63 days,  1:17,  2 users,  load average: 1.57, 1.81, 1.77
Tasks: 256 total,   2 running, 254 sleeping,   0 stopped,   0 zombie
Cpu(s):  2.0%us,  3.6%sy,  0.0%ni, 94.2%id,  0.0%wa,  0.0%hi,  0.2%si,  0.0%st
Mem:  49548744k total, 16746572k used, 32802172k free,   182900k buffers
Swap: 100663292k total,        0k used, 100663292k free, 14925240k cached

  PID USER      PR  NI  VIRT  RES  SHR S %CPU %MEM    TIME+  COMMAND
11721 web       20   0  623m  50m 4984 R   93  0.1   0:59.50 node
11715 web       20   0  619m  20m 4916 S   25  0.0   0:07.52 node
   10 root      20   0     0    0    0 S    1  0.0 248:52.56 ksoftirqd/2
   51 root      20   0     0    0    0 S    0  0.0   0:35.66 events/0
11724 admin     20   0 19412 1444  960 R    0  0.0   0:00.07 top
    1 root      20   0 23772 1948 1296 S    0  0.0   0:04.35 init
```

顶部是系统范围的统计信息,而下面则是进程/任务的列表,默认按照 CPU 用量排序。系统范围的总结信息包括平均负载和 CPU 状态:`%us`、`%sy`、`%ni`、`%id`、`%wa`、`%hi`、`%si`、`%st`。这些状态和 `mpstat(1)` 打印的相同,而与前面描述的一样,是所有 CPU 的平均值。

CPU 用量通过 `TIME` 和 `%CPU` 列显示,在前面关于 `ps(1)` 的章节里有介绍。

这个例子显示了名为 `TIME+` 的列,和上面显示的一样,不过精度达到了百分之一秒。例如,"1:36.53"代表在 CPU 上的时间总计为 1 分 36.53 秒。有些版本的 `top(1)` 提供一个可选的"累计时间"模式,包括了已退出子进程的时间。

Linux 上,`%CPU` 列默认未由 CPU 数量正规化,`top(1)` 称此为"Irix 模式",以 IRIX 上的行为命名。可以切换到"Solaris 模式",把 CPU 的用量除以 CPU 数量。这种情况下,在 16CPU 服务器上的双线程热点进程会报告 CPU 占用百分比为 12.5。

虽然 `top(1)` 通常是开始性能分析的一个工具,但你应该要知道,`top(1)` 自身的 CPU 用量有可能会变得很大,因而应把 `top(1)` 放到最消耗 CPU 的进程之列!背后的原因在于可用的系统调用——`open()`、`read()`、`close()`——以及当遍历/proc 里许多进程项目时它们的开销。基于 Solaris 系统上有些版本的 `top(1)` 通过把文件描述符保持打开状态并调用 `pread()`,降低开销。`prstat(1M)` 工具也这么做。

由于 `top(1)` 对/proc 拍快照,它会错过一些寿命较短的进程,这些进程在拍快照之前已经退出。这在软件构建时经常出现,此时 CPU 被许多构建过程中短寿命的工具牢牢占据。Linux 上有一个 `top(1)` 的变种名为 `atop(1)`,使用进程核算技术以捕捉短寿命进程的存在,然后把这些进程加入显示。

6.6.7 prstat

`prstat(1)`命令曾在"基于 Solaris 系统上的 top"里有介绍。示例如下:

```
$ prstat
   PID USERNAME  SIZE   RSS STATE   PRI NICE      TIME  CPU PROCESS/NLWP
 21722 101        23G   20G cpu0     59    0  72:23:41 2.6% beam.smp/594
 21495 root      321M  304M sleep     1    0   2:57:41 0.9% node/5
 20721 root      345M  328M sleep     1    0   2:49:53 0.8% node/5
 20861 root      348M  331M sleep     1    0   2:57:07 0.7% node/6
 15354 root      172M  156M cpu9      1    0   0:31:42 0.7% node/5
 21738 root      179M  143M sleep     1    0   2:37:48 0.7% node/4
 20385 root      196M  174M sleep     1    0   2:26:28 0.6% node/4
 23186 root      172M  149M sleep     1    0   0:10:56 0.6% node/4
 18513 root      174M  138M cpu13     1    0   2:36:43 0.6% node/4
 21067 root      187M  162M sleep     1    0   2:28:40 0.5% node/4
 19634 root      193M  170M sleep     1    0   2:29:36 0.5% node/4
 10163 root      113M  109M sleep     1    0  12:31:09 0.4% node/4
 12699 root      199M  177M sleep     1    0   1:56:10 0.4% node/4
 37088 root     1069M 1056M sleep    59    0  38:31:19 0.3% qemu-system-x86/4
 10347 root       67M   64M sleep     1    0  11:57:17 0.3% node/3
Total: 390 processes, 1758 lwps, load averages: 3.89, 3.99, 4.31
```

底部是一行系统信息总结。CPU 列展示了最近的 CPU 用量,与 Solaris 上的 `top(1)` 是同一指标。`TIME` 列显示了消耗时间。

`prstat(1M)` 通过在文件描述符打开的情况下使用 `pread()` 读取/proc 的状态,比 `top(1)` 消耗更少的 CPU 资源。后者周而复始地使用 `open()`、`read()`、`close()`。

线程微状态核算统计可以通过 `prstat(1M)` 的 `-m` 选项打印。下面的例子使用 `-L` 选项按照每个线程打印(每个 LWP)以及使用 `-c` 选项持续输出(而不是刷新屏幕):

```
$ prstat -mLc 1
   PID USERNAME  USR SYS TRP TFL DFL LCK SLP LAT VCX ICX SCL SIG PROCESS/LWPID
 30650 root      20  2.7 0.0 0.0 0.0 0.0  76 0.5 839  36  5K   0 node/1
 42370 root      11  2.0 0.0 0.0 0.0 0.0  87 0.1 205  23  2K   0 node/1
 42501 root      11  1.9 0.0 0.0 0.0 0.0  87 0.1 201  24  2K   0 node/1
 42232 root      11  1.9 0.0 0.0 0.0 0.0  87 0.1 205  25  2K   0 node/1
 42080 root      11  1.9 0.0 0.0 0.0 0.0  87 0.1 201  24  2K   0 node/1
 53036 root     7.0  1.4 0.0 0.0 0.0 0.0  92 0.1 158  22  1K   0 node/1
 56318 root     6.8  1.4 0.0 0.0 0.0 0.0  92 0.1 154  21  1K   0 node/1
 55302 root     6.8  1.3 0.0 0.0 0.0 0.0  92 0.1 156  23  1K   0 node/1
 54823 root     6.7  1.3 0.0 0.0 0.0 0.0  92 0.1 154  23  1K   0 node/1
 54445 root     6.7  1.3 0.0 0.0 0.0 0.0  92 0.1 156  24  1K   0 node/1
 53551 root     6.7  1.3 0.0 0.0 0.0 0.0  92 0.1 153  20  1K   0 node/1
 21722 103      6.3  1.5 0.0 0.0 3.3 0.0  88 0.0  40   0  1K   0 beam.smp/578
 21722 103      6.2  1.3 0.0 0.0 8.7 0.0  84 0.0  43   0  1K   0 beam.smp/585
 21722 103      5.1  1.2 0.0 0.0 3.2 0.0  90 0.0  38   1  1K   0 beam.smp/577
 21722 103      4.7  1.1 0.0 0.0 0.0 0.0  87 0.0  45   0 985   0 beam.smp/580
Total: 390 processes, 1758 lwps, load averages: 3.92, 3.99, 4.31
```

高亮显示的八列显示了花在每个微状态的时间,加起来为 100%,如下所示。

- **USR**:用户态时间。

- **SYS**：系统态时间（内核）。
- **TRP**：系统陷阱。
- **TFL**：文本段缺页（可执行数据段缺页）。
- **DFL**：数据段缺页。
- **LCK**：花在等待用户级锁的时间。
- **SLP**：花在睡眠的时间，包括在 I/O 上阻塞。
- **LAT**：调度器延时（分发器队列延时）。

这个线程时间的分解非常有帮助。下面是下一步调查的建议方向（也可参考第 5 章 5.4.1 节）。

- **USR**：剖析用户态 CPU 用量。
- **SYS**：检查使用的系统调用并剖析内核态 CPU 用量。
- **SLP**：取决于睡眠事件，跟踪系统调用或者代码路径以获得更多细节信息。
- **LAT**：检查系统范围内的 CPU 用量以及任何强制性的 CPU 限制/配额。

许多这些工作也可以通过 DTrace 完成。

6.6.8 pidstat

Linux 上的 `pidstat(1)` 工具按进程或线程打印 CPU 用量，包括用户态和系统态时间的分解。默认情况下，仅循环输出活动进程的信息。例如：

```
$ pidstat 1
Linux 2.6.35-32-server (dev7)    11/12/12     _x86_64_    (16 CPU)

22:24:42          PID    %usr %system  %guest    %CPU   CPU  Command
22:24:43         7814    0.00    1.98    0.00    1.98     3  tar
22:24:43         7815   97.03    2.97    0.00  100.00    11  gzip

22:24:43          PID    %usr %system  %guest    %CPU   CPU  Command
22:24:44          448    0.00    1.00    0.00    1.00     0  kjournald
22:24:44         7814    0.00    2.00    0.00    2.00     3  tar
22:24:44         7815   97.00    3.00    0.00  100.00    11  gzip
22:24:44         7816    0.00    2.00    0.00    2.00     2  pidstat
[...]
```

这个例子捕捉到了系统备份，包含了 `tar(1)` 命令，从文件系统读取文件，以及使用 `gzip(1)` 命令进行压缩。`gzip(1)` 的用户态时间较高，符合预期，其压缩代码为 CPU 密集型。`tar(1)` 命令从文件系统里读取，在内核中消耗更多的时间。

选项 `-p ALL` 可以用来打印所有进程，包括空闲进程。选项 `-t` 打印每个线程的统计信息。其他 `pidstat(1)` 选项在本书的其他章节里有介绍。

6.6.9 time 和 ptime

time(1) 命令可以用来运行命令并报告 CPU 用量。它可能在操作系统的/usr/bin 目录下，或者在 shell 里内建。

下面这个例子用 time 运行了两次 cksum(1) 命令，计算一个大文件的校验码：

```
$ time cksum Fedora-16-x86_64-Live-Desktop.iso
560560652 633339904 Fedora-16-x86_64-Live-Desktop.iso

real    0m5.105s
user    0m2.810s
sys     0m0.300s
$ time cksum Fedora-16-x86_64-Live-Desktop.iso
560560652 633339904 Fedora-16-x86_64-Live-Desktop.iso

real    0m2.474s
user    0m2.340s
sys     0m0.130s
```

第一次运行花了 5.1s，其中 2.8s 花在用户模式——计算校验码，以及 0.3s 是系统时间——用来读取文件的系统调用。还有 2.0s 不见了（5.1-2.8-0.3），很可能是花在了等待磁盘 I/O 读上，因为这个文件只有部分被缓存。第二次运行完成得快得多，2.5s，几乎没被阻塞在 I/O 上。这符合预期，因为文件可能在第二次运行时被完全缓存起来了。

在 **Linux** 上，/usr/bin/time 版本支持下面的详细信息：

```
$ /usr/bin/time -v cp fileA fileB
        Command being timed: "cp fileA fileB"
        User time (seconds): 0.00
        System time (seconds): 0.26
        Percent of CPU this job got: 24%
        Elapsed (wall clock) time (h:mm:ss or m:ss): 0:01.08
        Average shared text size (kbytes): 0
        Average unshared data size (kbytes): 0
        Average stack size (kbytes): 0
        Average total size (kbytes): 0
        Maximum resident set size (kbytes): 3792
        Average resident set size (kbytes): 0
        Major (requiring I/O) page faults: 0
        Minor (reclaiming a frame) page faults: 294
        Voluntary context switches: 1082
        Involuntary context switches: 1
        Swaps: 0
        File system inputs: 275432
        File system outputs: 275432
        Socket messages sent: 0
        Socket messages received: 0
        Signals delivered: 0
        Page size (bytes): 4096
        Exit status: 0
```

选项 -v 一般不在 shell 内建版中提供。

基于 **Solaris** 的系统包括 time(1) 的一个附加版本 ptime(1)。它基于线程微状态核算提供了高精度时间。现在，基于 Solaris 系统上的 `time(1)` 最终使用了与 `ptime(1)` 一样的统计数据源。`ptime(1)` 仍然有用，因为它提供了选项 `-m` 以打印线程微状态时间的完整输出，包括调度器延时（`lat`）：

```
$ ptime -m cp fileA fileB

real        8.334800250
user        0.016714684
sys         1.899085951
trap        0.000003874
tflt        0.000000000
dflt        0.000000000
kflt        0.000000000
lock        0.000000000
slp         6.414634340
lat         0.004249234
stop        0.000285583
```

这种情况下，运行时间为 8.3s，其中 6.4s 在睡眠（磁盘 I/O）。

6.6.10 DTrace

DTrace 可以用来剖析用户级和内核级代码的 CPU 用量，也能够跟踪函数执行、CPU 交叉调用、中断和内核调度器。这些功能支持了负载特征分析、剖析、下钻分析和延时分析等活动。

下面的章节介绍了如何使用 DTrace 对基于 Solaris 和 Linux 的系统进行 CPU 分析。除非特别指出，这些 DTrace 命令均适用于两个操作系统。DTrace 的入门介绍可以在第 4 章中找到。

内核剖析

前面的工具，包括 `mpstat(1)` 和 `top(1)`，展示了系统时间——CPU 花在内核里的时间。DTrace 可以用来指出内核具体在做什么。

下面的单行命令展示了在基于 Solaris 的系统上，如何以 997Hz 的频率取样内核栈跟踪信息（为了避免频率一致，在 6.5.4 节中有解释）。谓词通过检查内核程序计数器（`arg0`）非零，确保了取样时 CPU 处于内核模式：

```
# dtrace -n 'profile-997 /arg0/ { @[stack()] = count(); }'
dtrace: description 'profile-997 ' matched 1 probe
^C
[...]
            unix`do_copy_fault_nta+0x49
            genunix`uiomove+0x12e
            zfs`dmu_write_uio_dnode+0xac
            zfs`dmu_write_uio_dbuf+0x54
```

```
                zfs`zfs_write+0xc60
                genunix`fop_write+0x8b
                genunix`write+0x250
                genunix`write32+0x1e
                unix`_sys_sysenter_post_swapgs+0x149
                302

                unix`do_splx+0x65
                genunix`disp_lock_exit+0x47
                genunix`post_syscall+0x318
                genunix`syscall_exit+0x68
                unix`0xfffffffffb800ed9
                621

                unix`i86_mwait+0xd
                unix`cpu_idle_mwait+0x109
                unix`idle+0xa7
                unix`thread_start+0x8
                23083
```

最频繁出现的栈最后打印，在这个例子里是空闲线程，被抽样了 23 083 次。例子里还显示了其他最频繁调用函数及其调用者。

这个输出被截断了很多页。下面的单行程序展示了其他取样内核态 CPU 用量的方法，有些方法让输出简略得多。

单行程序

以 997Hz 频率取样内核栈：

```
dtrace -n 'profile-997 /arg0/ { @[stack()] = count(); }'
```

以 997Hz 频率取样内核栈，仅输出最频繁的 10 个：

```
dtrace -n 'profile-997 /arg0/ { @[stack()] = count(); } END { trunc(@, 10); }'
```

以 997Hz 频率取样内核栈，每个栈只输出 5 帧：

```
dtrace -n 'profile-997 /arg0/ { @[stack(5)] = count(); }'
```

以 997Hz 频率取样在 CPU 上运行的函数：

```
dtrace -n 'profile-997 /arg0/ { @[func(arg0)] = count(); }'
```

以 997Hz 频率取样在 CPU 上运行的模块：

```
dtrace -n 'profile-997 /arg0/ { @[mod(arg0)] = count(); }'
```

用户剖析

可以用类似内核的方法剖析消耗在用户态的时间。下面的单行程序通过检查 arg1（用户程序计数器）以匹配用户态代码，另外匹配进程名"`mysqld`"（MySQL 数据库）：

```
# dtrace -n 'profile-97 /arg1 && execname == "mysqld"/ { @[ustack()] =
    count(); }'
dtrace: description 'profile-97 ' matched 1 probe
^C
[...]
libc.so.1`__priocntlset+0xa
libc.so.1`getparam+0x83
libc.so.1`pthread_getschedparam+0x3c
libc.so.1`pthread_setschedprio+0x1f
mysqld`_Z16dispatch_command19enum_server_commandP3THDPcj+0x9ab
mysqld`_Z10do_commandP3THD+0x198
mysqld`handle_one_connection+0x1a6
libc.so.1`_thrp_setup+0x8d
libc.so.1`_lwp_start
4884

mysqld`_Z13add_to_statusP17system_status_varS0_+0x47
mysqld`_Z22calc_sum_of_all_statusP17system_status_var+0x67
mysqld`_Z16dispatch_command19enum_server_commandP3THDPcj+0x1222
mysqld`_Z10do_commandP3THD+0x198
mysqld`handle_one_connection+0x1a6
libc.so.1`_thrp_setup+0x8d
libc.so.1`_lwp_start
5530
```

最后一栈显示 MySQL 在函数 `do_command()` 中，执行 `calc_sum_of_all_status()`，并且这个函数频繁出现在 CPU 上。由于是 C++ 函数签名，栈帧看上去经过了转义（可以使用 `c++filt(1)` 来还原签名）。

下面的这些单行程序显示了取样用户态 CPU 用量的其他方法，前提条件是用户级行为可以获取（这个功能尚未移植到 Linux 上）。

单行程序

以 97Hz 频率取样 PID 为 123 进程的用户栈：

```
dtrace -n 'profile-97 /arg1 && pid == 123/ { @[ustack()] = count(); }'
```

以 97Hz 频率取样所有名为"`sshd`"进程的用户栈：

```
dtrace -n 'profile-97 /arg1 && execname == "sshd"/ { @[ustack()] = count(); }'
```

以 97Hz 频率取样系统上所有进程的用户栈（输出中包括了进程名）：

```
dtrace -n 'profile-97 /arg1/ { @[execname, ustack()] = count(); }'
```

以 97Hz 频率取样 PID 为 123 进程的用户栈，仅输出前 10：

```
dtrace -n 'profile-97 /arg1 && pid == 123/ { @[ustack()] = count(); }
    END { trunc(@, 10); }'
```

以 97Hz 频率取样 PID 为 123 进程的用户栈，仅输出 5 个栈帧：

```
dtrace -n 'profile-97 /arg1 && pid == 123/ { @[ustack(5)] = count(); }'
```

以 97Hz 频率取样 PID 为 123 进程的用户栈，仅输出 CPU 上的函数名：

```
dtrace -n 'profile-97 /arg1 && pid == 123/ { @[ufunc(arg1)] = count(); }'
```

以 97Hz 频率取样 PID 为 123 进程的用户栈，仅输出 CPU 上的模块名：

```
dtrace -n 'profile-97 /arg1 && pid == 123/ { @[umod(arg1)] = count(); }'
```

以 97Hz 频率取样 PID 为 123 进程的用户栈，包括了用户栈被冻结时的系统时间（一般是在系统调用期间）：

```
dtrace -n 'profile-97 /pid == 123/ { @[ustack()] = count(); }'
```

以 97Hz 频率取样 PID 为 123 进程的运行 CPU：

```
dtrace -n 'profile-97 /pid == 123/ { @[cpu] = count(); }'
```

函数跟踪

虽然剖析可以揭示出函数消耗的总 CPU 时间，但它并不能展示这些函数调用的运行时间分布。这可以通过跟踪以及内建的 `vtimestamp`——一个仅在当前线程在 CPU 上运行时递增的高精度时间戳来获得。一个函数的 CPU 时间可以通过跟踪它进入和退出的 `vtimestamp` 差得出。

例如，使用动态跟踪（fbt provider）测量内核 ZFS 函数 `zio_checksum_generate()` 的 CPU 时间：

```
# dtrace -n 'fbt::zio_checksum_generate:entry { self->v = vtimestamp; }
    fbt::zio_checksum_generate:return /self->v/ { @["ns"] =
    quantize(vtimestamp - self->v); self->v = 0; }'
dtrace: description 'fbt::zio_checksum_generate:entry ' matched 2 probes
^C

  ns
           value  ------------- Distribution ------------- count
             128 |                                         0
             256 |                                         3
             512 |@                                        62
            1024 |@                                        79
            2048 |                                         13
            4096 |                                         21
            8192 |                                         8
           16384 |                                         2
           32768 |                                         41
           65536 |@@@@@@@@@@@@@@@@@@@@@@@@@@@@@@@@@@@@@    3740
          131072 |@                                        134
          262144 |                                         0
```

这个函数的 CPU 时间大部分分布在 65～131μs。这还包括了所有子函数调用的 CPU 时间。这种跟踪方式在函数被频繁调用时会增加开销。它最好与剖析一起使用，这样可以交叉对比结果。

类似的动态跟踪可以用在用户态代码上，前提条件是可用 PID provider。

通过 fbt 或者 pid provider 进行动态跟踪一般认为是不稳定的接口，因为函数可能随着版本不同而发生变化。另外还有跟踪 CPU 行为的静态 provider，这些 provider 的目的在于提供稳定的接口，包括了 CPU 交叉调用、中断和调度器事件的探测器。

CPU 交叉调用

过多的 CPU 交叉调用会由于 CPU 的消耗而降低性能。在 DTrace 之前，交叉调用的来源很难确定。现在通过简单的单行命令，可以打印出这些交叉调用以及导致这些调用的代码路径：

```
# dtrace -n 'sysinfo:::xcalls { @[stack()] = count(); }'
dtrace: description 'sysinfo:::xcalls ' matched 1 probe
^C
[...]
              unix`xc_sync+0x39
              kvm`kvm_xcall+0xa9
              kvm`vcpu_clear+0x1d
              kvm`vmx_vcpu_load+0x3f
              kvm`kvm_arch_vcpu_load+0x16
              kvm`kvm_ctx_restore+0x3d
              genunix`restorectx+0x37
              unix`_resume_from_idle+0x83
              97
```

上面的例子是在基于 Solaris 的系统上基于 sysinfo provider 的演示。

中断

DTrace 允许跟踪和检查中断。基于 Solaris 的系统上有 `intrstat(1M)` 命令，一个基于 DTrace 总结中断 CPU 用量的工具。例如：

```
# intrstat 1
[...]
      device |  cpu4 %tim     cpu5 %tim     cpu6 %tim     cpu7 %tim
-------------+------------------------------------------------------
       bnx#0 |     0  0.0        0  0.0        0  0.0        0  0.0
      ehci#0 |     0  0.0        0  0.0        0  0.0        0  0.0
      ehci#1 |     0  0.0        0  0.0        0  0.0        0  0.0
       igb#0 |     0  0.0        0  0.0        0  0.0        0  0.0
   mega_sas#0|     0  0.0     5585  7.1        0  0.0        0  0.0
      uhci#0 |     0  0.0        0  0.0        0  0.0        0  0.0
      uhci#1 |     0  0.0        0  0.0        0  0.0        0  0.0
      uhci#2 |     0  0.0        0  0.0        0  0.0        0  0.0
      uhci#3 |     0  0.0        0  0.0        0  0.0        0  0.0
[...]
```

在多 CPU 的系统上输出通常有好几页，包括了中断次数以及每个驱动程序每个 CPU 上的

CPU 时间百分比。前面一段摘录显示了 mega_sas 驱动程序消耗了 5 号 CPU 7.1%的 CPU。

如果 intrstat(1M) 不可用（目前的 Linux 上即如此），可以使用动态函数跟踪来检查中断事件。

调度器跟踪

调度器 provider（sched）提供了对内核 CPU 调度器的跟踪操作。探测器如表 6.7 所列。

表 6.7 sched provider 探测器

探测器	描述
on-cpu	当前线程开始在 CPU 上执行
off-cpu	当前线程马上退出 CPU 执行
remain-cpu	调度器决定继续执行当前线程
enqueue	一个线程正在被放到运行队列中（在 args[] 里检查）
dequeue	一个线程正在从运行队列中取出（在 args[] 里检查）
preempt	当前线程马上被另一个线程抢占

因为很多这些事件在线程上下文内发生，内置的 curthread 指向有问题的线程，同时还能使用线程局部变量。例如，使用一个线程局部变量（self->ts）跟踪在 CPU 上的运行时间：

```
# dtrace -n 'sched:::on-cpu /execname == "sshd"/ { self->ts = timestamp; }
    sched:::off-cpu /self->ts/ { @["ns"] = quantize(timestamp - self->ts);
    self->ts = 0; }'
dtrace: description 'sched:::on-cpu ' matched 6 probes
^C

  ns
           value  -------------- Distribution -------------- count
            2048 |                                           0
            4096 |                                           1
            8192 |@@                                         8
           16384 |@@@                                        12
           32768 |@@@@@@@@@@@@@@@@@@@@@@@@@                  94
           65536 |@@@                                        14
          131072 |@@@                                        12
          262144 |@@                                         7
          524288 |@                                          4
         1048576 |@                                          5
         2097152 |                                           2
         4194304 |                                           1
         8388608 |                                           1
        16777216 |                                           0
```

上面的例子跟踪了名为"sshd"进程的 CPU 上运行时间。大多数情况它只在 CPU 做短暂停留，在 32μs ~ 65μs 范围内。

6.6.11 SystemTap

在 Linux 系统上可以使用 SystemTap 以跟踪调度器时间。有关转换之前 DTrace 脚本的帮助信息参见第 4 章的 4.4 节和附录 E。

6.6.12 perf

perf(1)命令原名为 Linux 性能计数器（Performance Counters for Linux，PCL），已经演化成为一整套剖析和跟踪的工具，现名为 Linux 性能事件（Linux Performance Events，LPE）。每个工具分别作为一个子命令，例如，perf stat 执行 stat 命令，提供基于 CPC 的统计信息。这些命令的列表可以在 USAGE 消息中找到，表 6.8 是一部分命令的说明（来自于版本 3.2.6-3）。

表 6.8 perf 子命令

命令	描述
annotate	读取 perf.data（由 perf record 创建）并显示注释过的代码
diff	读取两个 perf.data 文件并显示两份剖析信息之间的差异
evlist	列出一个 perf.data 文件里的事件名称
inject	过滤以加强事件流，在其中加入额外的信息
kmem	跟踪/测量内核内存（slab）属性的工具
kvm	跟踪/测量 kvm 客户机操作系统的工具
list	列出所有的符号事件类型
lock	分析锁事件
probe	定义新的动态跟踪点
record	运行一个命令，并把剖析信息记录在 perf.data 中
report	读取 perf.data（由 perf record 创建）并显示剖析信息
sched	跟踪/测量调度器属性（延时）的工具
script	读取 perf.data（由 perf record 创建）并显示跟踪输出
stat	运行一个命令并收集性能计数器统计信息
timechart	可视化某一个负载期间系统总体性能的工具
top	系统剖析工具

下面演示了如何使用一些关键命令。

系统剖析

perf(1)可以用来剖析 CPU 调用路径，对 CPU 时间如何消耗在内核和用户空间进行概括总结。这项工作由 record 命令完成，该命令以一定间隔进行取样，并导出到一个 perf.data 文件，然后使用 report 命令查看文件。

在下面的例子里，所有的 CPU（-a）以 997Hz 的频率（-F 997）对调用栈（-g）取样 10s（sleep 10）。选项--stdio 用来打印所有的输出，而非采用默认的交互模式操作。

```
# perf record -a -g -F 997 sleep 10
[ perf record: Woken up 44 times to write data ]
[ perf record: Captured and wrote 13.251 MB perf.data (~578952 samples) ]
# perf report --stdio
[...]
# Overhead       Command        Shared Object                          Symbol
# ........       ...........    ...................                    ...............
#
    72.98%       swapper        [kernel.kallsyms]    [k] native_safe_halt
                 |
                 --- native_safe_halt
                     default_idle
                     cpu_idle
                     rest_init
                     start_kernel
                     x86_64_start_reservations
                     x86_64_start_kernel

     9.43%       dd             [kernel.kallsyms]    [k] acpi_pm_read
                 |
                 --- acpi_pm_read
                     ktime_get_ts
                     |
                     |--87.75%-- __delayacct_blkio_start
                     |           io_schedule_timeout
                     |           balance_dirty_pages_ratelimited_nr
                     |           generic_file_buffered_write
                     |           __generic_file_aio_write
                     |           generic_file_aio_write
                     |           ext4_file_write
                     |           do_sync_write
                     |           vfs_write
                     |           sys_write
                     |           system_call
                     |           __GI___libc_write
                     |
[...]
```

完整的输出长达多页，按照取样计数逆序排列。这些取样计数以百分数输出，展示了 CPU 时间的去处。这个例子中，72.98%的时间花在空闲线程，9.43%的时间花在 dd 进程。而在这 9.43%的时间中，87.5%的时间花在上面所示的栈中，函数为 ext4_file_write()。

这些内核和进程符号只在它们的调试信息文件存在的情况下可用，否则只显示十六进制地址。

perf(1)通过给 CPU 周期计数器设置一个溢出中断实现。由于现在处理器上的周期频率不断变化,因此使用了一个"按比例缩放的"常数计数器。

进程剖析

除了剖析系统里的所有 CPU,我们也可以对单个进程进行剖析。下面的命令执行了 command 并创建文件 perf.data:

```
# perf record -g command
```

和之前一样,perf(1) 需要调试信息文件,这样在查看报告时可以进行符号转译。

调度器延时

sched 命令记录并报告调度器统计信息。例如:

```
# perf sched record sleep 10
[ perf record: Woken up 108 times to write data ]
[ perf record: Captured and wrote 1723.874 MB perf.data (~75317184 samples) ]
# perf sched latency
-----------------------------------------------------------------------------------
  Task                |    Runtime ms  | Switches | Average delay ms | Maximum delay ms | Maximum delay at     |
-----------------------------------------------------------------------------------
  kblockd/0:91        |       0.009 ms |        1 | avg:    1.193 ms | max:    1.193 ms | max at: 105455.615096 s
  dd:8439             |    9691.404 ms |      763 | avg:    0.363 ms | max:   29.953 ms | max at: 105456.540771 s
  perf_2.6.35-32:8440 |    8082.543 ms |      818 | avg:    0.362 ms | max:   29.956 ms | max at: 105460.734775 s
  kjournald:419       |     462.561 ms |      457 | avg:    0.064 ms | max:   12.112 ms | max at: 105459.815203 s
[...]
  INFO: 0.976% lost events (167317 out of 17138781, in 3 chunks)
  INFO: 0.178% state machine bugs (4766 out of 2673759) (due to lost events?)
  INFO: 0.000% context switch bugs (3 out of 2673759) (due to lost events?)
```

上面显示了跟踪时期平均和最大的调度器延时。

调度器事件较为频繁,因此此类跟踪会导致 CPU 和存储的开销。本例中的 perf.data 文件即为跟踪 10s 的产物,大小达到了 1.7GB。输出中的 INFO 行表示有些事件被丢弃了。这凸显了 DTrace 在内核中过滤和聚合模型的优势:它可以在跟踪时汇总数据并只把汇总结果传递给用户空间,把开销最小化。

stat

stat 命令基于 CPC 为 CPU 周期行为提供了一个概要总结。下面的例子里它启动了 gzip(1) 命令:

```
$ perf stat gzip file1
Performance counter stats for 'gzip perf.data':

   62250.620881  task-clock-msecs         #      0.998 CPUs
             65  context-switches         #      0.000 M/sec
              1  CPU-migrations           #      0.000 M/sec
            211  page-faults              #      0.000 M/sec
   149282502161  cycles                   #   2398.089 M/sec
   227631116972  instructions             #      1.525 IPC
    39078733567  branches                 #    627.765 M/sec
     1802924170  branch-misses            #      4.614 %
       87791362  cache-references         #      1.410 M/sec
       24187334  cache-misses             #      0.389 M/sec

   62.355529199  seconds time elapsed
```

统计信息包括了周期和指令计数,以及 IPC(CPI 的倒数)。和前面描述的一样,这是一个对判断周期类型以及其中有多少停滞周期非常有用的概要指标。

下面列出了其他可以检查的计数器:

```
# perf list
List of pre-defined events (to be used in -e):

  cpu-cycles OR cycles                    [Hardware event]
  instructions                            [Hardware event]
  cache-references                        [Hardware event]
  cache-misses                            [Hardware event]
  branch-instructions OR branches         [Hardware event]
  branch-misses                           [Hardware event]
  bus-cycles                              [Hardware event]
[...]
  L1-dcache-loads                         [Hardware cache event]
  L1-dcache-load-misses                   [Hardware cache event]
  L1-dcache-stores                        [Hardware cache event]
  L1-dcache-store-misses                  [Hardware cache event]
[...]
```

注意其中的 "Hardware event" 和 "Hardware cache event"。这些是否可用取决于处理器的架构,并在处理器手册中有记录(例如,Intel 软件开发者手册)。

这些事件可以使用选项 -e 指定。例如(来自 Intel Xeon):

```
$ perf stat -e instructions,cycles,L1-dcache-load-misses,LLC-load-misses,dTLB-load-
misses gzip file1

Performance counter stats for 'gzip file1':

    12278136571  instructions             #      2.199 IPC
     5582247352  cycles
       90367344  L1-dcache-load-misses
        1227085  LLC-load-misses
         685149  dTLB-load-misses

    2.332492555  seconds time elapsed
```

除了指令和周期之外，这个例子还测量了以下几个方面。

- **`L1-dcache-load-misses`**：一级数据缓存负载未命中。这大概可以看出应用程序施加的内存负载，其中有一部分负载从一级缓存返回。可以与其他 L1 事件计数器进行对比以确定缓存命中率。
- **`LLC-load-misses`**：末级缓存负载未命中。在末级缓存之后，就会直接存取主存，因此这实际测量了主存负载。从它与 `L1-dcache-load-misses` 之间的区别，可以大概看出（还需要其他计数器以确保完整性），除一级 CPU 缓存之外其他缓存的有效性。
- **`dTLB-load-misses`**：数据转译后备缓冲器未命中。它展示了 MMU 为负载缓存页面映射的有效性，可以用来测量内存负载的大小（工作集）。

还有许多其他计数器可待查验。`perf(1)` 支持描述名（与这个例子里使用的一样）和十六进制值。后者可以在查看处理器手册中发现神秘计数器时派上用场，此类计数器一般没有描述名。

软件跟踪

`perf record -e` 可以与各种软件性能测量点配合，用来跟踪内核调度器的活动。这些测量点包括了软件事件和跟踪点事件（静态探测器），由 `perf list` 列出。例如：

```
# perf list
  context-switches OR cs                    [Software event]
  cpu-migrations OR migrations              [Software event]
  [...]
  sched:sched_kthread_stop                  [Tracepoint event]
  sched:sched_kthread_stop_ret              [Tracepoint event]
  sched:sched_wakeup                        [Tracepoint event]
  sched:sched_wakeup_new                    [Tracepoint event]
  sched:sched_switch                        [Tracepoint event]
  sched:sched_migrate_task                  [Tracepoint event]
  sched:sched_process_free                  [Tracepoint event]
  sched:sched_process_exit                  [Tracepoint event]
  sched:sched_wait_task                     [Tracepoint event]
  sched:sched_process_wait                  [Tracepoint event]
  sched:sched_process_fork                  [Tracepoint event]
  sched:sched_stat_wait                     [Tracepoint event]
  sched:sched_stat_sleep                    [Tracepoint event]
  sched:sched_stat_iowait                   [Tracepoint event]
  sched:sched_stat_runtime                  [Tracepoint event]
  sched:sched_pi_setprio                    [Tracepoint event]
  [...]
```

下面的例子使用上下文切换软件事件，以在应用程序离开 CPU 时进行跟踪，并收集了 10s 的调用栈：

```
# perf record -f -g -a -e context-switches sleep 10
[ perf record: Woken up 1 times to write data ]
[ perf record: Captured and wrote 0.417 MB perf.data (~18202 samples) ]
# perf report --stdio
# ========
# captured on: Wed Apr 10 19:52:19 2013
# hostname : 9d219ce8-cf52-409f-a14a-b210850f3231
[...]
#
# Events: 2K context-switches
#
# Overhead     Command       Shared Object        Symbol
# ........     ........      ...............      ........
#
    47.60%       perl        [kernel.kallsyms]    [k] __schedule
                 |
                 --- __schedule
                     schedule
                     retint_careful
                     |
                     |--50.11%-- Perl_pp_unstack
                     |
                     |--26.40%-- Perl_pp_stub
                     |
                      --23.50%-- Perl_runops_standard

    25.66%       tar         [kernel.kallsyms]    [k] __schedule
                 |
                 --- __schedule
                     |
                     |--99.72%-- schedule
                     |          |
                     |          |--99.90%-- io_schedule
                     |          |          sleep_on_buffer
                     |          |          __wait_on_bit
                     |          |          out_of_line_wait_on_bit
                     |          |          __wait_on_buffer
                     |          |          |
                     |          |          |--99.21%-- ext4_bread
                     |          |          |          |
                     |          |          |          |--99.72%-- htree_dirbl...
                     |          |          |          |          ext4_htree_f...
                     |          |          |          |          ext4_readdir
                     |          |          |          |          vfs_readdir
                     |          |          |          |          sys_getdents
                     |          |          |          |          system_call
                     |          |          |          |          __getdents64
                     |          |          |           --0.28%-- [...]
                     |          |          |
                     |           --0.79%-- __ext4_get_inode_loc
[...]
```

这份截取的输出显示了两个应用程序，perl 和 tar，以及它们上下文切换时的调用栈。看看这个栈就能发现 tar 程序在文件系统（ext4）读的时候睡眠。而 perl 程序由于执行密集计算，进行了非自愿性上下文切换，尽管仅从这份输出并不能得出此结论。

使用 sched 跟踪点事件可以发现更多的信息。还可以使用动态跟踪点（动态跟踪）直接跟踪内核调度器函数，与静态探测器结合使用可以提供与前面 DTrace 类似的数据，虽然这可能需要更多的事后处理工作以得出预期结果。

第 9 章包含了另一个使用 `perf(1)` 进行静态跟踪的例子。第 10 章中有一个使用 `perf(1)` 动态跟踪 `tcp_sendmsg()` 内核函数的例子。

文档

关于 `perf(1)` 的更多信息可参见它的手册，以及 Linux 内核源代码里的文档，位于 tools/perf/Documentation 下的"Perf 教程"[4] 和"非官方 Linux Perf 事件网页" [5]。

6.6.13 cpustat

在基于 **Solaris** 的系统上检查 CPC 的工具，有针对全系统分析的 `cpustat(1M)` 和针对进程分析的 `cputrack(1M)`。这些工具把 CPC 称为性能测量计数器（Performance instrumentation counters，PICs）。

例如，为了测量 CPI，需要计算周期数和指令数。下面的例子使用了 PAPI 名：

```
# cpustat -tc PAPI_tot_cyc,PAPI_tot_ins,sys 1
   time cpu event      tsc         pic0         pic1
  1.001   0 tick  2390794244   2095800691   910588497
  1.002   1 tick  2391617432   2091867238   832659178
  1.002   2 tick  2392676108   2075492108   917078382
  1.003   3 tick  2393561424   2067362862   831551337
  1.003   4 tick  2393739432   2020553426   909065542
[...]
```

`cpustat(1M)` 为每个 CPU 生成一行输出。这个输出可以加工（例如使用 awk）得出 CPI。

为了计算用户态和内核态周期，这个工具使用了 sys 令牌。这是通过设置标志位实现的，在 6.4.1 节中有介绍。

下面通过平台相关事件名测量了同样的计数器：

```
# cpustat -tc cpu_clk_unhalted.thread_p,inst_retired.any_p,sys 1
```

如果要获取你的处理器支持的计数器所有列表，请运行 `cpustat -h` 命令。通常在输出结果结尾引用了供应商处理器手册，例如：

参见 "Intel 64 and IA-32 Architectures Software Developers' Manual Volume 3B: System Programming Guide, Part 2" 的附录 A 部分，订阅号：253669-026US，2008 年 2 月。

手册详细地描述了处理器的底层行为。

系统上同时只能运行 `cpustat(1M)` 的一个实例，因为内核不支持多路复用。

6.6.14 其他工具

其他 Linux CPU 性能工具还包括了以下一些。

- **oprofile**：最初的 CPU 剖析工具，由 John Levon 开发。
- **htop**：包括了 CPU 用量的 ASCII 柱状图，比最初的 `top(1)` 有更强大的交互模式。
- **atop**：包括了更多的系统级统计信息，使用进程核算统计捕捉短命进程的存在
- **/proc/cpuinfo**：可以获得处理器详细信息，包括时钟频率和特性标志位
- **getdelays.c**：这是延时核算观察的一个例子，包括了每个进程的 CPU 调度器延时。它在第 4 章中演示过。
- **valgrind**：一个内存调试和剖析工具组[6]。它包括了 callgrind，一个跟踪函数调用并生成调用图的工具，并可以通过 kcachegrind 可视化；另外 cachegrind 可用来分析一个给定程序的硬件缓存用量。

对于 Solaris 则如下。

- `lockstat/plockstat`：锁分析，包括自旋锁和自适应互斥量上的 CPU 消耗（参见第 5 章）。
- `psrinfo`：处理器状态和信息（`-vp`）。
- `fmadm faulty`：检查 CPU 是否因为不断增加的可更正 ECC 错误而进入了预测故障模式。另参见 `fmstat(1M)`。
- `isainfo -x`：列出处理器特性标志位。
- `pginfo, pgstat`：处理器组统计信息，展示 CPU 拓扑以及 CPU 资源是如何共享的。
- `lgrpinfo`：本地性组统计信息。这有助于检查使用中的 lgrps，因为它需要处理器和操作系统的支持。

还有一些 CPU 性能分析的复杂产品，包括了支持 Solaris 和 Linux 的 Oracle Solaris Studio。

6.6.15 可视化

CPU 用量一直以来被可视化为使用率或者平均负载的折线图，包括最初的 X11 负载工具（`xload(1)`）。作为一种有效的表示波动的工具，折线图可在视觉上比较幅度，它还可显示一段时间内的模式，如第 2 章的 2.9 节中所示。

然而，单个 CPU 使用率的折线图并不能伴随我们今日的 CPU 数量一同扩展，特别是在云计算环境下，数以万计的 CPU——一张有 10 000 条线的图看上去像一幅抽象画。

其他以折线图形式绘制的统计信息，包括平均负载、标准差、最大值和百分位数，都能提供一定价值并具有扩展性。然而，CPU 使用率通常是双峰分布——空闲或近乎空闲的 CPU，以及有些 100%使用率的 CPU——都无法透过这些统计数据有效表达出来。另外，经常还需要研究全分布。使用率热图可以达到这一目的。

下面的章节介绍了 CPU 使用率热图，CPU 亚秒偏移量热图和火焰图。我自创了这些可视化类型以解决企业和云环境下的性能分析问题。

使用率热图

使用率与时间的相对关系可以展示成一张热图，每个像素表示饱和度（深浅），代表有多少 CPU 在这个时间范围内是这个使用率。热图在第 2 章中有介绍。

图 6.15 展示了一个运行公有云环境的数据中心（可用区域）完整的 CPU 使用率。它包括了超过 300 台服务器和 5312 颗 CPU。

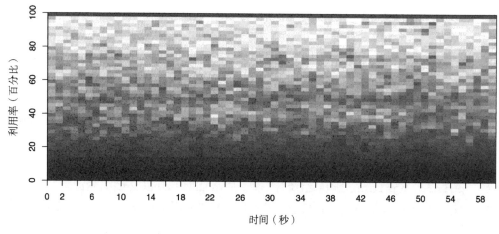

图 6.15　CPU 使用率热图，5312 颗 CPU

这张热图下部的深色阴影表示大部分 CPU 的使用率为 0% ~ 30%。但是，顶部的实线表示了一段时间内，有一些 CPU 达到了 100%的使用率。深色的线表示多颗 CPU 达到了 100%，而不只是一个。

这张特别的可视化图由实时监控软件（Joyent Cloud Analytics）提供，可以通过单击几次鼠标看到详细信息。这个例子中，100%使用率的 CPU 线可以点开看到这些 CPU 属于哪些服务器，又是哪些租户和应用程序榨干了 CPU。

亚秒偏移量热图

这种类型的热图允许检查一秒内的活动。CPU 活动一般以微秒或者毫秒为度量单位，报告一秒内平均值将会抹去很多有用信息。此类热图在 Y 轴上放置亚秒偏移量，每个偏移量上通过饱和度显示非空闲 CPU 数量。每一秒都被可视化成一列，从下到上"描绘"。

图 6.16 显示了一个云数据库（Riak）的亚秒偏移量热图。

这张热图有意思的地方不在于 CPU 繁忙地服务于数据库的时间，而在于它们不忙的时候，用白柱条表示。这些空隙的持续时间也很有意思：数百毫秒期间没有任何一个数据库线程在 CPU 上。由这条线索我们发现了一个锁问题，这个问题可导致整个数据库一次被阻塞数百毫秒。

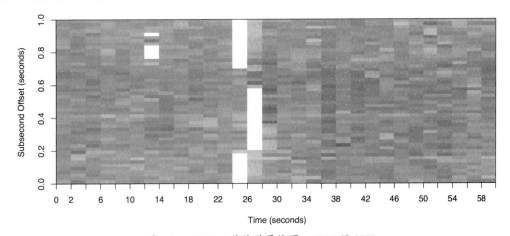

图 6.16　CPU 亚秒偏移量热图，5312 颗 CPU

如果我们通过折线图查看这份数据，一秒内 CPU 使用率的下降可能会被当成负载的波动而被忽视，从而失去了调查的机会。

火焰图

剖析堆栈回溯信息是一种有效解释 CPU 用量的方式，揭示了哪条内核或者用户级代码路径是罪魁祸首。然而它也会生成数以千页计的输出。火焰图可视化了栈帧的剖析信息，这样可以更快更清楚地理解 CPU 用量。

火焰图通过源于 DTrace、perf，或者 SystemTap 的数据制作。图 6.17 中的示例展示了如何通过 perf 剖析 Linux 内核。

火焰图有如下特征：

- 每个框代表栈里的一个函数（一个"栈帧"）。
- Y 轴表示栈深度（栈上的帧数）。顶部的框表示在 CPU 上执行的函数。下面的都是它的祖先调用者。函数下面的函数即是其父函数，正如前面展示过的栈回溯。
- X 轴横跨整个取样数据。它并不像大多数图那样，从左到右表示时间的流逝，其左右顺序没有任何含义（按字母排序）。

- 框的宽度表示函数在 CPU 上运行，或者是它的上级函数在 CPU 上运行的时间（基于取样计数）。更宽的函数框可能比窄框函数慢，也可能是因为只是很频繁地被调用。调用计数不显示（通过抽样也不可能知道）。
- 如果是多线程运行，而且抽样是并发的情况，抽样计数可能会超过总时间。

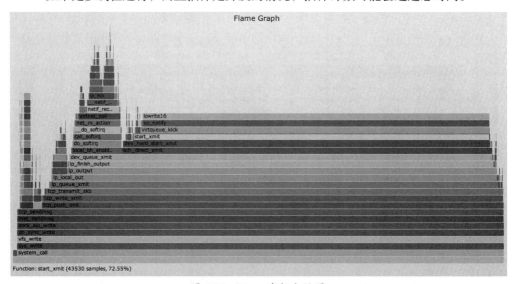

图 6.17　Linux 内核火焰图

颜色本身并不重要，只是随机选择了一些暖色。它被称为"火焰图"的原因是它表示了 CPU 上什么跑得最火。

这也是一幅可交互的图。这是一张内嵌有 JavaScript 函数的 SVG 图，使用浏览器打开，当鼠标略过元素时底部会显示一些细节信息。在图 6.17 的例子中，`start_xmit()` 处于高亮状态，显示了它在 72.55% 的取样栈结果中出现。

6.7　实验

本节描述了主动测试 CPU 性能的工具。背景信息请参考 6.5.11 节。

在使用这些工具时，最好让 `mpstat(1)` 持续运行，以确认 CPU 用量和并发度。

6.7.1　Ad Hoc

虽然这个办法并不足为道，而且本身并非测量工具，但却可以作为一种已知的负载，有助于确认观察工具的确在工作。这个方法创建了一个单线程的 CPU 密集型负载（"热火朝天地在一个 CPU 上运行"）：

```
# while :; do :; done &
```

这是一个 Bourne 脚本程序，在后台执行一个无限循环。当不需要时要杀掉它。

6.7.2 SysBench

SysBench 系统基准测试套件有一个计算质数的简单 CPU 基准测试工具。例如：

```
# sysbench --num-threads=8 --test=cpu --cpu-max-prime=100000 run
sysbench 0.4.12:  multi-threaded system evaluation benchmark

Running the test with following options:
Number of threads: 8

Doing CPU performance benchmark

Threads started!
Done.

Maximum prime number checked in CPU test: 100000


Test execution summary:
    total time:                          30.4125s
    total number of events:              10000
    total time taken by event execution: 243.2310
    per-request statistics:
         min:                                 24.31ms
         avg:                                 24.32ms
         max:                                 32.44ms
         approx.  95 percentile:              24.32ms

Threads fairness:
    events (avg/stddev):           1250.0000/1.22
    execution time (avg/stddev):   30.4039/0.01
```

这个工具执行八个线程，最多计算 100 000 个质数。运行时间为 30.4s。这个结构可以用来和其他系统或者配置（有许多假定，例如构建软件使用相同的编译器选项等，参见第 12 章）进行比较。

6.8 调优

对于 CPU 而言，最大的性能收益往往源于排除不必要的工作，这也是一种有效的调优手段。6.5 节和 6.6 节已经介绍了很多分析和辨识执行工作的方法，能帮你找到一切不必要的工作。另外,还介绍了其他调优方法:优先级调优和 CPU 绑定。本节包含了这些以及其他调优示例。

调优的具体事项——可用的选项以及设置成什么——取决于处理器类型、操作系统版本和期望的任务。下面将按照类型组织,举例出可能有什么选项以及如何进行调优。前面的一些方法则解释了什么时候以及为什么要对这些参数进行调整。

6.8.1 编译器选项

编译器及其提供的优化代码选项,对 CPU 性能有很大影响。一般的选项包括了编译为 64 位而非 32 位程序,以及优化级别。编译器优化在第 5 章中有讨论。

6.8.2 调度优先级和调度类

`nice(1)` 命令可以用来调整进程优先级。正 nice 值调低优先级,而负值调高优先级,后者只能由超级用户设置。范围为 -20 ~ +19。例如:

```
$ nice -n 19 command
```

上面这个命令以 nice 值 19 运行——nice 能设置的最低优先级。使用 `renice(1)` 更改一个已经在运行进程的优先级。

在 **Linux** 上,`chrt(1)` 命令可以显示并直接设置优先级和调度策略。调度优先级也可以通过 `setpriority()` 系统调用直接设置,而优先级和调度策略可以通过 `sched_setscheduler()` 设置。

在 **Solaris** 上,你可以通过 `priocntl(1)` 命令直接设置调度类和优先级。例如:

```
# priocntl -s -c RT -p 10 -i pid PID
```

上面对目标 ID 的进程设置,使其以优先级 10 在实时调度类下运行。操作时要小心:如果实时线程耗光了所有的 CPU 资源,你可能会把系统锁死。

6.8.3 调度器选项

你的内核可能提供了一些控制调度器行为的可调参数,虽然这些很可能不需要进行调整。

在 Linux 系统上,可以设置下面这些配置选项,在表 6.9 里列出。这些选项来源于 3.2.6 版内核,后面附有 Fedora 16 的默认值。

表 6.9 Linux 调度器配置选项示例

选项	默认值	描述
CONFIG_CGROUP_SCHED	y	允许任务编组，以组为单位分配 CPU 时间
CONFIG_FAIR_GROUP_SCHED	y	允许编组 CFS 任务
CONFIG_RT_GROUP_SCHED	y	允许编组实时任务
CONFIG_SCHED_AUTOGROUP	y	自动识别并创建任务组（例如，构建任务）
CONFIG_SCHED_SMT	y	超线程支持
CONFIG_SCHED_MC	y	多核支持
CONFIG_HZ	1000	设置内核时钟频率（时钟中断）
CONFIG_NO_HZ	y	无 tick 内核行为
CONFIG_SCHED_HRTICK	y	使用高精度定时器
CONFIG_PREEMPT	n	全内核抢占（除了自旋锁区域和中断）
CONFIG_PREEMPT_NONE	n	无抢占
CONFIG_PREEMPT_VOLUNTARY	y	在自愿内核代码点进行抢占

有些 Linux 内核还提供了额外的可调参数（例如，在/proc/sys/sched 中）。

在基于 Solaris 系统中，表 6.10 里列出的内核可调参数可以修改调度器行为。

具体参数请参考与你的操作系统版本相匹配的文档（例如 Solaris 对应的是 *Solaris Tunable Parameters Reference Manual*）。这些文档会列出重要的可调参数、参数的类型、什么时候设置、默认值和有效范围。请小心使用，因为这些范围可能并未得到完全测试。（对它们进行调优可能也会被公司或者供应商政策所禁止。）

表 6.10 Solaris 调度器可调参数示例

参数	默认值	描述
rechoose_interval	3	CPU 关联持续时间（时钟 tick）
nosteal_nsec	100 000	如果线程在最近时间(纳秒级)运行过则避免线程偷取(空闲 CPU 找活干)
hires_tick	0	设为 1 代表把内核时钟频率设置到 1000Hz，而不是默认的 100Hz

调度器类调优

基于 Solaris 的系统同样也提供方法，通过 dispadmin(1)命令修改调度器类使用的时间片和优先级。例如，打印出分时调度器类（TS）的可调参数表格（名为分发器表）：

```
# dispadmin -c TS -g -r 1000
# Time Sharing Dispatcher Configuration
RES=1000

# ts_quantum  ts_tqexp  ts_slpret  ts_maxwait  ts_lwait    PRIORITY LEVEL
        200         0         50           0         50    #    0
        200         0         50           0         50    #    1
        200         0         50           0         50    #    2
        200         0         50           0         50    #    3
        200         0         50           0         50    #    4
        200         0         50           0         50    #    5
[...]
```

这个输出包括了以下内容。

- **ts_quantum**：时间片（单位为毫秒，精度通过-r 1000 设置）。
- **ts_tqexp**：线程当前时间片过期之后的新优先级（优先级削减）。
- **ts_slpret**：在线程睡眠（I/O）之后醒来的新优先级（优先级提升）。
- **ts_maxwait**：在线程被提升至 ts_lwait 一栏的优先级前等待 CPU 的最大秒数。
- **PRIORITY LEVEL**：优先级值。

这些配置可以写到一个文件中，修改，然后由 dispadmin(1M) 重新载入。你总是会找到这么做的理由，例如先使用 DTrace 度量优先级竞争和调度器延时。

6.8.4 进程绑定

一个进程可以绑定在一个或者多个 CPU 上，这样可以通过提高缓存温度和内存本地性来提高性能。

在 Linux 上，是通过 taskset(1) 命令实现的，这个方法可以使用 CPU 掩码或者范围设置 CPU 关联性。例如：

```
$ taskset -pc 7-10 10790
pid 10790's current affinity list: 0-15
pid 10790's new affinity list: 7-10
```

上面的设置限定了 PID 为 10790 的进程只能跑在 CPU 7 到 CPU 10 之间。

在基于 Solaris 的系统上，通过 pbind(1) 来实现。例如：

```
$ pbind -b 10 11901
process id 11901: was not bound, now 10
```

上面的设置限定 PID 为 11901 的进程只能跑在 CPU 10 上。不能指定多个 CPU。如果想要达到类似的功能，需要使用独占 CPU 组。

6.8.5 独占 CPU 组

Linux 提供了 CPU 组，允许编组 CPU 并为其分配进程。这和进程绑定类似，可以提高性能，但还可以通过使得 CPU 组独占——不允许其他进程使用——而进一步提高性能。这种权衡另一方面减少了系统其他部分的可用 CPU 数量。

下面带注释的示例创建了一个独占组：

```
# mkdir /dev/cpuset
# mount -t cpuset cpuset /dev/cpuset
# cd /dev/cpuset
# mkdir prodset              # create a cpuset called "prodset"
# cd prodset
# echo 7-10 > cpus           # assign CPUs 7-10
# echo 1 > cpu_exclusive     # make prodset exclusive
# echo 1159 > tasks          # assign PID 1159 to prodset
```

参考信息参见 `cpuset(7)` 手册。

在 **Solaris** 上，你可以通过 `psrset(1M)` 命令创建独占 CPU 组。

6.8.6 资源控制

除了把进程和整个 CPU 关联以外，现代操作系统还对 CPU 用量分配提供了细粒度资源控制。

基于 **Solaris** 的系统把对进程或者进程组的资源控制（在 Solaris 9 加入）机制称为项目。CPU 用量可以使用公平份额调度器和份额以灵活控制，这个机制控制了对空闲 CPU 有需求的进程消耗 CPU 的行为。在一致性比份额动态行为更加重要的情况下，还可以对 CPU 总使用率的百分比设置一些限制。

Linux 上的控制组（cgroups），通过进程或者进程组控制了资源用量。CPU 用量可以使用份额进行控制，而 CFS 调度器允许对每段时间内分配的 CPU 微秒数周期，设置固定上限（CPU 带宽）。CPU 带宽是一个相对较新的概念，于 2012 年加入（3.2 版）。

第 11 章描述了一个管理虚拟化操作系统租户 CPU 用量的用例，包括了如何协调使用份额和限制。

6.8.7 处理器选项（BIOS 调优）

处理器通常提供一些设置，以启用、禁用和调优处理器级别的特性。在 x86 系统上，这些选项通常在启动时通过 BIOS 设置菜单管理。

设置通常默认提供了最大性能而不需要调整。现在我调整它们最经常的理由是禁用 Intel 睿频,这样 CPU 基准测试就会运行在一致的时钟频率上(记住在生产环境里,为了少许更好性能我们应该启用睿频)。

6.9 练习

1. 回答下面有关 CPU 术语的问题:

   - 进程(process)和处理器(processor)之间的区别是什么?
   - 什么是硬件线程?
   - 什么是运行队列(又名分发器队列)?
   - 用户态时间和内核态时间的区别是什么?
   - 什么是 CPI?

2. 回答下面的概念问题:

   - 描述 CPU 使用率和饱和度。
   - 描述指令流水线是如何提高 CPU 吞吐量的。
   - 描述处理器指令宽度是如何提高 CPU 吞吐量的。
   - 描述多进程和多线程模型的优点。

3. 回答下面更深入的问题:

   - 描述当系统 CPU 内可运行任务过载时的情形,包括对应用程序性能的影响。
   - 当没有可运行任务的时候,CPU 会做什么?
   - 在处理一个可能的 CPU 性能问题时,说出三种你将使用的早期调查方法,并解释为什么。

4. 给你的操作系统开发以下流程:

   - 一个 CPU 资源的 USE 方法检查清单。包括如何获得每项指标(例如,执行哪条命令)以及如何解释结果。在安装或者使用额外软件产品前,尽量使用已有的操作系统观察工具。
   - 一个 CPU 资源的负载特征归纳检查清单。包括如何获取每项指标,首先尽量使用已有的操作系统观察工具。

5. 执行这些任务:

- 计算下面系统的平均负载，这些负载处于稳定状态。
    - 系统有 64 颗 CPU。
    - 系统范围内 CPU 使用率为 50%。
    - 系统范围内 CPU 饱和度为 2.0，这是根据队列中可运行和排队中的线程平均数得出的。
- 选择一个应用程序，剖析它的用户级 CPU 用量。展示出哪条代码路径消耗了最多的 CPU。
- 单从这个 Solaris 系统的截图，描述可见 CPU 行为。

```
# prstat -mLc 10
   PID USERNAME  USR SYS TRP TFL DFL LCK SLP LAT VCX  ICX  SCL SIG PROCESS/LWPID
 11076 mysql    4.3 0.7 0.0 0.0 0.0  58  31 5.7 790   48  12K   0 mysqld/15620
 11076 mysql    3.5 1.0 0.0 0.0 0.0  42  46 7.6  1K   42  18K   0 mysqld/15189
 11076 mysql    3.0 0.9 0.0 0.0 0.0  34  53 8.9  1K   20  17K   0 mysqld/14454
 11076 mysql    3.1 0.6 0.0 0.0 0.0  55  36 5.7 729   27  11K   0 mysqld/15849
 11076 mysql    2.5 1.1 0.0 0.0 0.0  28  59 8.6  1K   35  19K   0 mysqld/16094
 11076 mysql    2.4 1.1 0.0 0.0 0.0  34  54 8.3  1K   45  20K   0 mysqld/16304
 11076 mysql    2.5 0.8 0.0 0.0 0.0  56  32 8.8  1K   16  15K   0 mysqld/16181
 11076 mysql    2.3 1.1 0.0 0.0 8.5  79 9.0   1K   21  20K   0 mysqld/15856
 11076 mysql    2.3 1.0 0.0 0.0 0.0  12  76 9.2  1K   40  16K   0 mysqld/15411
 11076 mysql    2.2 1.0 0.0 0.0 0.0  29  57  11  1K   53  17K   0 mysqld/16277
 11076 mysql    2.2 0.8 0.0 0.0 0.0  36  54 7.1 993   27  15K   0 mysqld/16266
 11076 mysql    2.1 0.8 0.0 0.0 0.0  34  56 7.1  1K   19  16K   0 mysqld/16320
 11076 mysql    2.3 0.7 0.0 0.0 0.0  44  47 5.8 831   24  12K   0 mysqld/15971
 11076 mysql    2.1 0.7 0.0 0.0 0.0  54  37 5.3 862   22  13K   0 mysqld/15442
 11076 mysql    1.9 0.9 0.0 0.0 0.0  45  46 6.3  1K   23  16K   0 mysqld/16201
Total: 34 processes, 333 lwps, load averages: 32.68, 35.47, 36.12
```

6. （可选，高级）开发 `bustop(1)`——一个展示物理总线或者互联使用率的工具——带类似 `iostat(1)` 的输出：一个总线的列表，每个方向吞吐量和使用率的信息栏。可能的话，包括饱和度和错误指标，这需要使用 CPC。

6.10 参考资料

[Saltzer 70]	Saltzer, J., and J. Gintell. "The Instrumentation of Multics," *Communications of the ACM*, August 1970.
[Bobrow 72]	Bobrow, D., et al. "TENEX: A Paged Time Sharing System for the PDP-10*," *Communications of the ACM*, March 1972.
[Myer 73]	Myer, T. H., J. R. Barnaby, and W. W. Plummer. *TENEX Executive Manual*. Bolt, Baranek and Newman, Inc., April 1973.

[Hinnant 84]	Hinnant, D. "Benchmarking UNIX Systems," *BYTE* magazine 9, no. 8 (August 1984).
[Bulpin 05]	Bulpin, J., and I. Pratt. "Hyper-Threading Aware Process Scheduling Heuristics," USENIX, 2005.
[McDougall 06b]	McDougall, R., J. Mauro, and B. Gregg. *Solaris Performance and Tools: DTrace and MDB Techniques for Solaris 10 and OpenSolaris.* Prentice Hall, 2006.
[Otto 06]	Otto, E. *Temperature-Aware Operating System Scheduling* (Thesis). University of Virginia, 2006.
[Ruggiero 08]	Ruggiero, J. *Measuring Cache and Memory Latency and CPU to Memory Bandwidth.* Intel (Whitepaper), 2008.
[Intel 09]	*An Introduction to the Intel QuickPath Interconnect.* Intel, 2009.
[Intel 12]	*Intel 64 and IA-32 Architectures Software Developer's Manual,* Combined Volumes 1, 2A, 2B, 2C, 3A, 3B, and 3C. Intel, 2012.
[Intel 13]	*Intel 64 and IA-32 Architectures Software Developer's Manual,* Volume 3B, *System Programming Guide, Part 2.* Intel, 2013.
[RFC 546]	*TENEX Load Averages for July 1973,* August 1973. http://tools.ietf.org/html/rfc546.
[1]	http://lwn.net/Articles/178253/
[2]	www.bitmover.com/lmbench/
[3]	http://minnie.tuhs.org/cgi-bin/utree.pl?file=V4
[4]	https://perf.wiki.kernel.org/index.php/Tutorial
[5]	www.eece.maine.edu/~vweaver/projects/perf_events
[6]	http://valgrind.org/docs/manual/

第 7 章

内存

系统主存存储应用程序和内核指令,包括它们的工作数据,以及文件系统缓存。许多系统中,存放这些数据的二级存储是主要的存储设备——磁盘——它的处理速度比内存低几个数量级。一旦主存填满,系统可能会在主存和这些存储设备间交换数据。这是一个缓慢的过程,它常常成为系统瓶颈,严重影响性能。系统也有可能终止内存占用量最多的进程。

其他需要考察的影响系统性能的因素包括分配和释放内存、复制内存,以及管理内存地址空间映射的 CPU 开销。对于多路处理器架构的系统,由于连接到本地 CPU 的内存相对于远程 CPU 访问延时更低,内存本地性也是一个影响因素。

本章分为五个部分,前三部分介绍内存分析的基础,后两部分展示基于 Linux 和 Solaris 系统的实际应用。内容如下:

- **背景**介绍内存相关的术语和关键的内存性能概念。
- **架构**介绍内存软硬件架构。
- **方法**讲解性能分析的方法。
- **分析**介绍分析内存性能的工具。
- **调优**讲解性能调优和可调参数的范例。

第 6 章中介绍了 CPU 内的缓存(L1、L2、L3 缓存,转译后备缓冲器 TLB)。

7.1 术语

作为参考，本章使用的与内存相关的术语罗列如下。

- **主存**：也称为物理内存，描述了计算机的高速数据存储区域，通常是动态随机访问内存（DRAM）。
- **虚拟内存**：一个抽象的主存概念，它（几乎是）无限的和非竞争性的。虚拟内存不是真实的内存。
- **常驻内存**：当前处于主存中的内存。
- **匿名内存**：无文件系统位置或者路径名的内存。它包括进程地址空间的工作数据，称作堆。
- **地址空间**：内存上下文。每个进程和内核都有对应的虚拟地址空间。
- **段**：标记为特殊用途的一块内存区域，例如用来存储可执行或者可写的页。
- **OOM**：内存耗尽，内核检测到可用内存低。
- **页**：操作系统和 CPU 使用的内存单位。它一直以来是 4KB 或者 8KB。现代的处理器允许多种页大小以支持更大的页面尺寸。
- **缺页**：无效的内存访问。使用按需虚拟内存时，这是正常事件。
- **换页**：在主存与存储设备间交换页。
- **交换**：源自 UNIX，指将整个进程从主存转移到交换设备。Linux 中交换指页面转移到交换设备（迁移交换页）。本书中使用原来的定义，即转移整个进程。
- **交换（空间）**：存放换页的匿名数据和交换进程的磁盘空间。它可以是存储设备的一块空间，也称为物理交换设备，或者是文件系统文件，称作交换文件。部分工具用交换这个术语特指虚拟内存（这是令人误解和不正确的）。

其他术语会贯穿本章各节中进行说明。术语表包括基本的术语以供参考，包括地址、缓冲和动态随机内存。另见第 2、3 章的术语部分。

7.2 概念

下面节选了一些有关内存和内存性能的重要概念。

7.2.1 虚拟内存

虚拟内存是一个抽象概念,它向每个进程和内核提供巨大的、线性的并且私有的地址空间。它简化了软件开发,把物理内存的分配交给操作系统管理。它也支持多任务,因为虚拟地址空间被设计成分离的,并且可以超额订购,即使用中的内存可以超出主内存的容量。第 3 章中已经介绍过虚拟内存。其历史背景可参考[Denning 70]。

图 7.1 揭示了虚拟内存在一个进程中扮演的角色,该系统带有交换设备(二级存储)。这里描绘了其中一个内存页,因为大多数虚拟内存是以页的方式实现的。

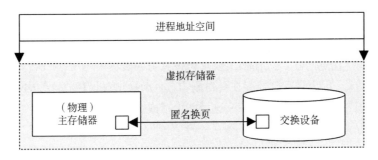

图 7.1 进程虚拟内存

进程的地址空间由虚拟内存子系统映射到主内存和物理交换设备。内核会按需在它们之间移动内存页,这个过程称作交换。它允许内核超额订购主内存。

内核可能会限制超额订购。基于 Solaris 的内核,限制为主存加上物理交换设备的大小。当内核试图跨过这个限制时,内存分配就会失败。一开始这类"虚拟内存不足"的错误会令人困惑,因为虚拟内存本身是一种抽象的资源。

Linux 可以配置成同样的行为模式,也可以是其他的行为,包括不对内存分配做限制。该行为称作过度提交,将在换页和按需换页之后介绍。它们是实现过度提交的必要条件。

7.2.2 换页

换页是将页面换入和调出主存,它们分别被称为页面换入和页面换出。它由 Atlas Computer 于 1962 年[Corbató 68]提出,它允许:

- 运行部分载入的程序
- 运行大于主存的程序
- 高效地在主存和存储设备间迁移

这些功能今天仍然有效。与交换出整个程序不同，由于页的尺寸相对较小（如 4KB），换页是精确管理和释放主存的手段。

虚拟内存换页（交换虚拟内存）由 BSD 引入到 UNIX 中[Babaoglu 79]，并从此成为标准。

加上后来的共享文件系统页的页缓存（见第 8 章），产生了两种类型的换页：文件系统换页和匿名换页。

文件系统换页

文件系统换页由读写位于内存中的映射文件页引发。对于使用文件内存映射（`mmap()`）的应用程序和使用了页缓存的文件系统（必须使用，见第 8 章），这是正常的行为。这也被称作"好的"换页[McDougall 06b]。

有需要时，内核可以调出一些页释放内存。这时说法变得有些复杂：如果一个文件系统页在主存中修改过（"脏的"），页面换出要求将该页写回磁盘。相反，如果文件系统页没有修改过（"干净的"），因为磁盘已经存在一份副本，页面换出仅仅释放这些内存以便立即重用。因术语页面换出指一个页被移出内存——这可能包括或者不包括写入一个存储设备（你可能会看到对此不同的定义）。

匿名换页

匿名换页牵涉进程的私有数据：进程堆和栈。被称为匿名是由于它在操作系统中缺乏有名字的地址（例如，没有文件系统路径）。匿名页面换出要求迁移数据到物理交换设备或者交换文件。Linux 用交换（swapping）来命名这种类型的换页。

匿名换页拖累性能，因此被称为"坏的"换页[McDougall 06b]。当应用程序访问被调出的页时，会被读页的磁盘 I/O 阻塞。这就是匿名页面换入，它给应用程序带来同步延时。匿名页面换出可能不会直接影响应用程序性能，因为它由内核异步执行。

性能在没有匿名换页（或者交换）的情况下处于最佳状态。要做到这一点，可以通过配置应用程序常驻于内存并且监控页面扫描、内存使用率和匿名换页，来确保不存在内存短缺的迹象。

7.2.3 按需换页

如图 7.2 所示，支持按需换页的操作系统（必须支持）将虚拟内存按需映射到物理内存 。这会把 CPU 创建映射的开销推迟到实际需要或访问时，而不是在初次分配这部分内存时。

图 7.2 中展示的序列从写入一个新分配的虚拟内存页开始，这导致对物理内存的按需映射。当访问一个尚未从虚拟映射到物理内存的页时，会发生缺页。

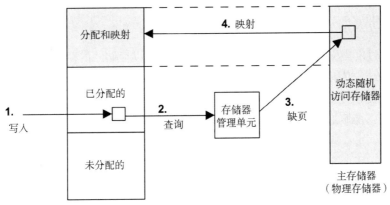

图 7.2 缺页示例

如果是一个包含数据但尚未映射到这个进程地址空间的映射文件时，第一步有可能是读。

如果这个映射可以由内存中其他的页满足，就这被称作轻微缺页。它可能在进程内存增长过程中发生，从可用内存中映射一个新的页（如图 7.2 中所示）；它也可能在映射到另一个存在的页时发生，例如从共享库中读一个页。

需要访问存储设备的缺页，例如访问未缓存映射到内存的文件（未在图中显示），被称作严重缺页。

虚拟内存和按需换页的结果是任何虚拟内存页可能处于如下的一个状态：

A. 未分配

B. 已分配，未映射（未填充并且未缺页）

C. 已分配，已映射到主存（RAM）

D. 已分配，已映射到物理交换空间（磁盘）

如果因为系统内存压力而换出页就会到达 D 状态。状态 B 到 C 的转变就是缺页。如果需要磁盘读写，就是严重缺页，否则就是轻微缺页。

从这几种状态出发，可以定义另外两种内存使用术语。

- **常驻集合大小（RSS）**：已分配的主存页（C）大小。
- **虚拟内存大小**：所有已分配的区域（B+C+D）。

按需换页与虚拟内存换页一起由 BSD 引入 UNIX。

7.2.4 过度提交

Linux 支持过度提交这个概念,允许分配超过系统可以存储的内存——超过物理内存与交换的设备的总和。它依赖于按需换页以及应用程序通常不会使用分配给它们的大部分内存。

有了过度提交,应用程序提交的内存请求(例如 `malloc()`)会成功,否则会失败。应用程序开发人员能够慷慨地分配内存并按需稀疏使用,而不是谨慎地分配内存以控制在虚拟内存的限额内。

Linux 中可以用可调参数配置过度提交。详见 7.6 节的介绍。过度提交的后果取决于内核如何管理内存压力,参考 7.3 节关于 OOM 终结者的论述。

7.2.5 交换

交换是在主存与物理交换设备或者交换文件之间移动整个进程。这是 UNIX 独创的管理主存的技术,并且是交换这个术语的词源[Thompson 78]。

交换出一个进程,要求进程的所有私有数据必须被写入交换设备,包括线程结构和进程堆(匿名数据)。源于文件系统而且没有修改的数据可以被丢弃,需要的时候再从原来的位置读取。

因为进程的一小部分元数据总是常驻于内核内存中,内核仍能知道已交换出的进程 。至于要将哪个进程交换回来,内核会考虑线程优先级、磁盘等待时间以及进程的大小。长期等待和较小的进程享有更高的优先级。

交换严重影响性能,因为已交换出的进程需要许多磁盘 I/O 才能重新运行。对于早期运行于当时的硬件上的 UNIX,比如最大进程只有 64KB[Bach 86]的 PDP-11,这是合理的。

虽然基于 Solaris 的系统依然支持交换,但它仅在换页不能足够快地释放足够多的内存以满足应用程序的需要时才这样做(换页取决于页扫描的速度,见 7.3 节介绍)。Linux 系统完全不交换进程而仅仅依赖于换页。

当人们说"这个系统在交换",通常指换页。Linux 中交换这个术语特指换页到交换文件或者设备(匿名换页)。

7.2.6 文件系统缓存占用

系统启动之后内存的占用增加是正常的,因为操作系统会将可用内存用于文件系统缓存以提高性能。该原则是:如果有可用的主内存,就有效地使用它。初级用户有时看到启动后可用内存减少到接近零,可能会感到苦恼,但这不会对应用程序造成影响,因为在应用程序需要的时候，内核应该能够很快从文件系统缓存中释放内存。

更多关于不同的消耗主内存的文件系统缓存的内容，见第 8 章的介绍。

7.2.7 使用率和饱和度

主内存的使用率可由已占用的内存除以总内存得出。文件系统缓存占用的内存可当作未使用，因为它可以被应用程序重用。

对内存的需求超过了主存的情况被称作主存饱和。这时操作系统会使用换页、交换或者在 Linux 中用 OOM 终结者（后面的章节会介绍）来释放内存。以上任一操作都标志着主存饱和。

如果系统对允许分配的最大虚拟内存做了限制（Linux 过度提交不做限制），可以研究容量使用率。这种情况下，一旦虚拟内存耗尽，内核内存分配就会失败，例如 `malloc()` 返回 ENOMEM。

注意某些时候当前系统中可用的虚拟内存称为可用交换。

7.2.8 分配器

当虚拟内存处理多任务物理内存时，在虚拟地址空间中实际分配和内存堆放通常由分配器来处理。用户态库或者内核程序向程序员提供简单的内存使用接口（例如 `malloc()`、`free()`）。

分配器对性能有显著的影响，一个系统通常会提供多个可选择的用户态分配器库。分配器可以利用包括线程级别对象缓存在内的技术以提高性能，但是如果分配变碎并且损耗变高，它们也会损害性能。具体示例在 7.3 节中介绍。

7.2.9 字长

第 6 章中介绍过，处理器可能会支持多种字长，例如 32 位和 64 位，这样两种应用程序可以运行。地址空间受限于字长的寻址空间，因此 32 位的地址空间放不下需要 4GB 以上（通常这个数字还要小一点）的应用程序，必须用 64 位或者更大的字长来编译。

利用更大的字长有可能提升内存性能，具体取决于 CPU 架构。当一个数据类型在更长的字长下有未使用的位时，可能会浪费一小部分内存。

7.3 架构

本节介绍内存架构，包括软件和硬件，以及其中处理器和操作系统的细节。

这些主题被概括为系统分析和调优的背景知识。要了解更多细节，参考处理器供应商的文档以及本章结尾列举的操作系统内部结构的文献。

7.3.1 硬件

内存硬件包括主存、总线、CPU 缓存和 MMU（内存管理单元）。

主存

目前常见的主存类型是动态随机存取内存（DRAM）。这是一种易失性的内存——它存储的内容在断电时会丢失。由于每个比特仅由两个逻辑零件组成：一个电容和一个晶体管，DRAM 能提供高容量的存储。其中的电容需要定期更新以保持其电荷。

按不同用途，企业服务器会配置不同容量的 DRAM。典型为 1GB～1TB 甚至更大。相比之下，云计算中的个体机器的内存显得十分渺小，它们的内存通常介于 512MB～64GB。然而云计算设计的初衷在于在实例池中分散其负载，作为整体它们可以向一个分布式的应用程序提供更多的在线内存，即便保持一致性的代价十分高昂。

延时

主内存的访问时间可以用 CAS（列地址控制器）计量：从发送需要读取的地址（列）给一个内存模块，到数据可以被读取之间的时间。这个数值取决于内存的类型（DDR3 大约是 10ns）。对于内存 I/O 传输，内存总线（例如 64b 宽）为了传输一个缓存行（例如 64B 宽）会发生多次此类延时。CPU 和 MMU 读取新数据时也可能涉及其他延时。

主存架构

图 7.3 展示了一个普通双处理器均匀访存模型（UMA）系统的主存架构。

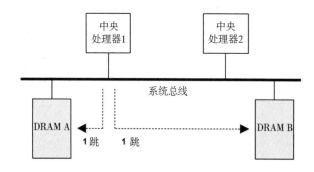

图 7.3 UMA 主存架构范例，双处理器

通过共享系统总线，每个 CPU 访问所有内存都有均匀的访存延时。如果上面运行的是单个

操作系统实例并可以在所有处理器上统一运行时，又称为对称多处理器架构（SMP）。

作为对照，图 7.4 中展示了一个双处理器非均匀访存模型（NUMA）系统，其中使用的一个 CPU 互联是内存架构的一部分。在这种架构中，对主存的访问时间随着相对 CPU 的位置不同而变化。

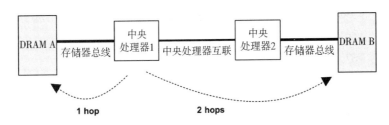

图 7.4　NUMA 主存架构范例，双处理器

CPU 1 可以通过它的内存总线直接对 DRAM A 发起 I/O 操作，这被称为本地内存。CPU 1 通过 CPU 2 以及 CPU 互联（两跳）对 DRAM B 发起 I/O 操作，这被称为远程内存而访问延时更高。

连接到每个 CPU 的内存组被称为内存节点，或者仅仅是节点。基于处理器提供的信息，操作系统能了解内存节点的拓扑。这使得它可以根据内存本地性分配和调度线程，尽可能倾向于本地内存以提高性能。

总线

如前所示，物理上主存如何连接系统取决于主存架构。实际的实现可能会涉及额外的 CPU 与内存之间的控制器和总线。可能的访问方式如下。

- **共享系统总线**：单个或多个处理器，通过一个共享的系统总线、一个内存桥控制器以及内存总线。正如图 7.3 描绘的 UMA 示例那样，或者像第 6 章图 6.9 中所示的 Intel 的前端总线那样，示例中的内存控制器是北桥。
- **直连**：单个处理器通过内存总线直接连接内存。
- **互联**：多处理器中的每一个通过一条内存总线与各自的内存直连，并且处理器之间通过一个 CPU 互联连接起来。如图 7.4 的 NUMA 范例，CPU 的互联在第 6 章中探讨过。

如果你怀疑你的系统不是上述的任何一个，找到该系统的功能图然后留意 CPU 与内存之间的数据通道上的所有部件。

DDR SDRAM

对于任何架构，内存总线速度常常取决于处理器和主板支持的内存接口标准。自 1996 年以来的一个现行通用标准是双倍速率同步动态随机访问内存（DDR SDRAM）。术语双倍数据速率指在时钟信号的上升沿和下降沿都传输数据(也称作双泵)。术语同步指内存的时钟与 CPU 同步。

DDR SDRAM 的标准范例展示于表 7.1。

表 7.1 DDR 带宽范例

标准	内存时钟 (MHz)	数据速率 (MT/s)	峰值带宽 (MB/s)
DDR-200	100	200	1,600
DDR-333	167	333	2,667
DDR2-667	167	667	5,333
DDR2-800	200	800	6,400
DDR3-1333	167	1,333	10,667
DDR3-1600	200	1,600	12,800
DDR4-3200	200	3,200	25,600

DDR4 接口标准于 2012 年 9 月发布。还可以使用"PC-"加每秒传输数据的速率来命名,如 PC-1600。

多通道

系统架构可能支持并行使用多个内存总线来增加带宽。常见的倍数为双、三或者四通道。例如,Intel Core i7 处理器支持最大四通道 DDR3-1600,其最大内存带宽为 51.2GB/s。

CPU 缓存

处理器通常会在芯片中包含硬件缓存以提高内存访问性能。这些缓存可能包括如下级别,速度递减和大小递增。

- **L1**:通常分为指令缓存和数据缓存。
- **L2**:同时缓存指令和数据。
- **L3**:更大一级的缓存。

一级缓存通常按虚拟内存地址空间寻址,二级及以上按物理内存地址寻址,具体取决于处理器。

这些缓存在第 6 章中详细论述过。另一类型的物理缓存 TLB 在本章探讨。

MMU

内存管理单元(MMU)负责虚拟到物理地址的转换。它按页做转换,而页内的偏移量则直接映射。MMU 在第 6 章关于 CPU 缓存部分有介绍。

图 7.5 描绘了通用的 MMU，以及各级 CPU 缓存和主内存。

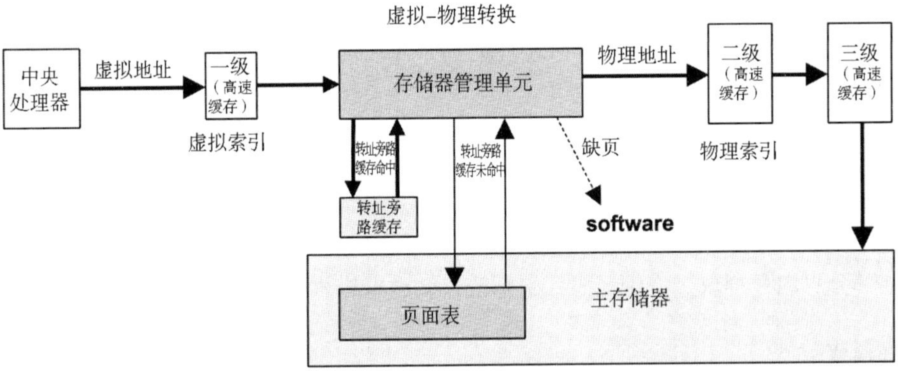

图 7.5　内存管理单元

多种页大小

现代处理器支持多种页大小，允许操作系统和 MMU 使用不同的页大小，如 4KB、2MB、1GB。基于 Solaris 的系统内核支持多种页尺寸并且能动态创建更大的尺寸，这个功能被称作多种页大小支持（MPSS）。

Linux 支持超大页，为特别的大页尺寸，如 2MB，留出部分物理内存。相对于 Solaris 动态分配的处理方法，这种提前预留超大页的方法不够灵活，然而它却不会出现内存碎片妨碍动态分配更大页的问题。

TLB

图 7.5 中的 MMU 使用 TLB 作为第一级地址转换缓存，紧随其后的是主存中的页表。TLB 可以被进一步分为指令和数据页缓存。

由于 TLB 映射记录数量有限制，使用更大的页可以增加从其缓存转换的内存范围（它的触及范围），从而减少 TLB 未命中而提高系统性能。TLB 能进一步按每个不同页大小分设单独的缓存，以提高在缓存中保留更大范围映射的可能性。

如表 7.2 中[Intel 12]所示 TLB 的大小， 一个典型的 Intel Core i7 处理器带有四个 TLB。

表 7.2　典型的 Intel Core i7 处理器 TLB

类型	页面尺寸	条目
指令	4 K	64/线程，128/核
指令	大	7/线程
数据	4 K	64
数据	大	32

这个处理器有一级数据 TLB。Intel Core 微架构支持两级，类似于 CPU 提供多级的主存缓存。

TLB 的实际构成取决于处理器类型。关于处理器 TLB 的具体信息以及它们的工作原理，参考供应商处理器的手册。

7.3.2 软件

内存管理软件包括虚拟内存系统、地址转换、交换、换页和分配。与性能密切相关的内容包括这些部分：内存释放、空闲链表、页扫描、交换、进程地址空间和内存分配器。

内存释放

系统中的可用内存过低时，内核有多种方法释放内存，并添加到页空闲链表中。图 7.6 描绘了可用内存降低时这些方法通常的调用次序。

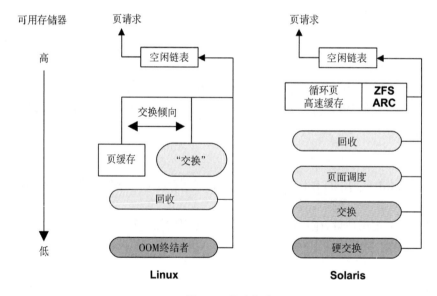

图 7.6 释放内存

这些方法如下。

- **空闲链表**：一个未使用的页列表（也称为空闲内存），它能立刻用于分配。通常的实现是多个空闲页链表，每个本地组（NUMA）一个。
- **回收**：内存低于某个阈值，内核模块和内核分配器会立刻释放任何可以轻易释放的内存。这也称为收缩。

Linux 中，具体的方法如下。

- **页缓存**：文件系统缓存。一个称作交换倾向的可调参数能调节系统倾向性，决定是通过换页还是交换来释放内存。
- **交换**：页面换出守护进程（kswapd）执行的换页。它找出最近不使用的页并加入到空闲链表，其中包括应用程序内存。页面换出涉及写入文件系统或者一个交换设备，仅在配置了交换文件或设备时才可用。
- **OOM 终结者**：内存耗尽终结者搜索并杀死可牺牲的进程以释放内存，采用 select_band_process() 搜索而后用 oom_kill_process() 杀死进程。在系统日志（/var/log/messages）中以"Out of memory: Kill process"表现。

基于 Solaris 的系统中，具体的方法如下。

- **循环页缓存**：包括一个有效而当前未被引用的文件系统页列表，称为缓存列表，需要时可以被添加到空闲链表。这能避免页扫描的系统开销。
- **ZFS ARC**：ZFS 文件系统能检测系统即将开始页扫描因而用 arc_kmem_reap_now() 启动自己的回收以释放内存。
- **换页**：由页面换出守护进程（也称页扫描器）启动，它找出最近不使用的页并加入空闲链表，其中包括应用程序内存。页面换出涉及写入文件系统或者交换设备。
- **交换**：仍存在于基于 Solaris 的系统中，它将整个进程移动到交换设备。这是 UNIX 处理主存压力的原始方法。
- **硬交换**：卸载非活动的内核模块，而后将进程按顺序交换到交换设备。

比较不同的系统非常有趣。在换页时，基于 Solaris 的系统中文件系统缓存已经被清空。Linux 提供一个调节方法：交换倾向，一个 0～100 范围的参数（默认值为 60）。这里较高的值更倾向于用换页释放内存，而较低的值倾向于回收页缓存（类似基于 Solaris 系统的行为）。这就通过在保留热文件系统缓存的同时，换出冷应用程序的内存页面来提高系统吞吐量[1]。

一个有趣的问题是如果两个系统都没有配置交换设备或者文件会发生什么。这限制了虚拟内存的大小，因此除非使用了过度提交，内存分配会更早失败。Linux 中，这意味着会更早地使用 OOM 终结者。

假设应用程序故障导致内存无限增长。如果使用交换，这很可能会由于换页首先成为一个性能问题，同时这也是在线排错问题的机会。不存在交换的话，就不存在换页的宽限期。结果是应用程序遇到"Out of memory"错误，或者 OOM 终结者结束这个应用程序。如果在它运行数小时后才观察到，这可能会耽误问题的排错。

接下来的几节针对基于 Linux 和 Solaris 的操作系统详细介绍空闲链表、回收以及页面换出守护进程。

空闲链表

最初的 UNIX 内存分配器使用内存映射和首次匹配扫描。BSD 引入虚拟内存换页时，空闲链表和页面换出守护进程也被同时引入[Babaoglu 79]。如图 7.7 所示，空闲链表能立刻定位可用内存。

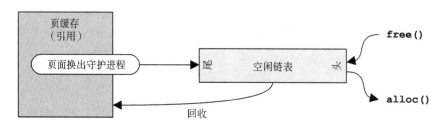

图 7.7 空闲链表运作

释放的内存添加到表头以便将来分配。通过页面换出守护进程释放的内存——它可能包含有价值的文件系统页缓存——被加到表尾。如果在未被重用前有对任一页的请求，它能被取回并从空闲链表中移除。

基于 Linux 和 Solaris 的系统仍然使用如图 7.6 中所示类型的空闲链表。空闲链表通常由分配器消耗，如内核的 slab 分配器，以及用户空间的 libc malloc。这些分配器轮流消耗页然后通过它们的分配器 API 暴露出来。

使用单个空闲链表是一种简化，具体实现依内核的类型及版本而不同。

Linux

Linux 用伙伴分配器管理页。它以 2 的幂的方式向不同尺寸的内存分配器提供多个空闲链表。术语伙伴指找到相邻的空闲内存页以被同时分配。历史背景可参考[Peterson 77]。

伙伴空闲链表处于如下等级结构的底端，起始于每个内存节点 pg_data_t。

- 节点：内存库，支持 NUMA。
- 区域：特定用途的内存区域（直接内存访问（DMA）、普通、高位内存）。
- 迁移类型：不可移动，可回收，可移动……
- 尺寸：数量为 2 的幂次方的页面。

在节点的空闲链表内分配能提高内存的本地性和性能。

Solaris

基于 Solaris 的系统为不同内存位置（mnode）、页大小和页染色准备了多个空闲链表。它们的行为类似伙伴分配器，多个页集合成更大的页尺寸。vm_dep.h 中声明了这个链表：

```
/*
 * Per page size free lists. Allocated dynamically.
 * dimensions [mtype][mmu_page_sizes][colors]
 *
 * mtype specifies a physical memory range with a unique mnode.
 */
extern page_t ****page_freelists;
```

页染色是虚拟和物理页地址的映射。它可能利用了散列、轮询调度，或者其他的方式。这是另一个提高访问性能的策略。

回收

回收大多是从内核的 slab 分配器缓存释放内存。这些缓存包含 slab 大小的未使用内存块，以供重用。回收将这些内存交还给系统进行分配。

Linux 中，内核模块也可以调用 register_shrinker() 以注册特定的函数回收自己的内存。

基于 **Solaris** 的系统中，回收主要由 slab 分配器通过 kmem_reap() 操作。

页扫描

内核页面换出守护进程管理利用换页释放内存。当主存中可用的空闲链表低于阈值时，页面换出守护进程会开始页扫描。

页扫描仅按需启动。通常平衡的系统不会经常做页扫描并且仅以短期爆发方式扫描。如前所述，基于 Solaris 的系统在页扫描前会利用其他机制释放内存，因此若页扫描多于几秒通常是内存压力问题的预兆。

Linux

页面换出守护进程被称作 kswapd()，它扫描非活动和活动内存的 LRU（最近最少被使用）页列表以释放页面。如图 7.8 所示，它的激活基于空闲内存和两个提供滞后的阈值。

一旦空闲内存达到最低阈值，kswapd 运行于同步模式，按需求释放内存页（内核排除在外）[Gorman 04]。该最低阈值是可调的（vm.min_free_kbytes），并且其他阈值基于它按比例放大（两倍、三倍）。

页缓存的活动页和非活动页分别设有列表。这些列表按 LRU 方式工作，因而 kswapd 能快速地找到空闲页，如图 7.9 所示。

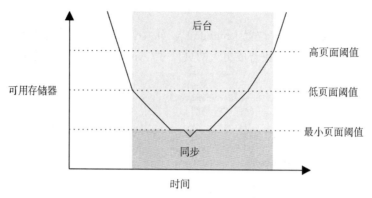

图 7.8 kswapd 激活及工作模式

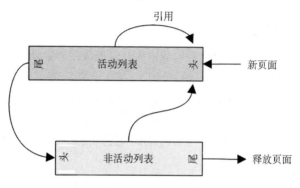

图 7.9 kswapd 列表

kswapd 先扫描非活动列表,然后按需扫描活动列表。术语扫描指遍历列表检查页面:如果页被锁定或者是脏的,它可能不适合释放。对于最初的页面换出守护进程,该术语有不同的含义。它扫描所有的内存并且仍存在于基于 Solaris 的系统中。

Solaris

页扫描持续地循环遍历所有的内存页,找到最近最少使用的页然后移动到物理的交换设备。这最初由 BSD 的页虚拟内存引入,而后如图 7.10 所示,被改进为包括两个内存扫描指针(这种用时钟方式来展示的方法可以追溯到 Multics [Corbató 68])。

第一个指针在每个页上设一个比特,表示它没有被访问过。一旦访问页,该比特会被清除。第二个指针检查该比特是否被设置过,如果是,页扫描器确认它最近没有被使用过而且能被调出。两个指针间的间隔是可以设置的(handspreadpages)。

扫描页面的速度是动态的,基于可用的空闲内存。图 7.11 描绘了一个 128GB 内存示例系统中的扫描速度及可调参数(基于[McDougall 06a])。

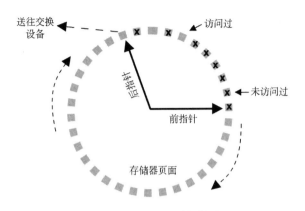

图 7.10 双指针页扫描器

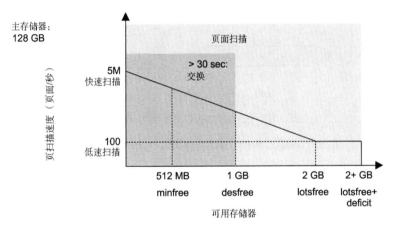

图 7.11 页扫描速度

当可用内存低于 desfree，而后低于 minfree 时，页面换出守护进程会更频繁被唤醒扫描页。如果可用内存低于 desfree 超过 30 秒，内核会开始交换。

这些可调参数在 `setupclock()` 中基于主存的一定比例初始化。例如，lotsfree 设为 1/64。赤字（deficit）参数是动态的而且内存消耗加快时它也会增长，因此内核能够更快地增加空闲链表。

页扫描对于更大的系统会变得昂贵，导致了后来新开发的循环页缓存，它能更快地找到页。这与 Linux 的页面换出守护进程寻找页的方式类似。

7.3.3　进程地址空间

进程地址空间是一段范围的虚拟页，由硬件和软件同时管理，按需映射到物理页。这些地址被划分为段以存放线程栈、进程可执行（文件）、库和堆。如图 7.12 所示的 32 位处理器的示例，包括 x86 和 SPARC 处理器。

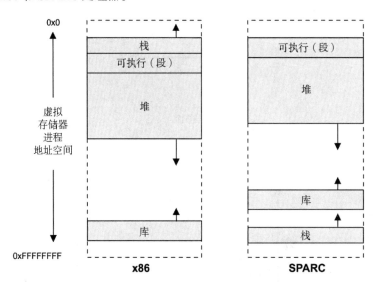

图 7.12　进程虚拟内存地址空间示例

应用程序可执行段包括分离的文本和数据段。库也由分离的可执行文本和数据段组成。这些不同的段类型如下。

- **可执行文本**：包括可执行的进程 CPU 指令。由文件系统中的二进制应用程序文本段映射而来。它是只读的并带有执行权限。
- **可执行数据**：包括已初始化的变量，由二进制应用程序的数据段映射而来。有读写权限，因此这些变量在应用程序的运行过程中可以被修改。它也带有私有标记，因此这些修改不会被写回磁盘。
- **堆**：应用程序的临时工作内存并且是匿名内存（无文件系统位置）。它按需增长并且用 mollac() 分配。
- **栈**：运行中的线程栈，映射为读写。

库的文本段可能与其他使用相同库的进程共享，它们各自有一份库数据段的私有副本。

堆增长

不停增长的堆通常会引起困惑。它是内存泄漏吗？对于大多数分配器，free() 不会将内存还给操作系统，相反的，会保留它们以备将来分配。这意味着进程的常驻内存只会增长，并且是正常现象。进程缩减内存的方法如下。

- **Re-exec**：从空的地址空间调用 exec()。
- **内存映射**：使用 mmap() 和 munmap()，它们会归还内存到系统。

一些分配器支持 mmap 运行模式。参考第 8 章 8.3.10 节。

分配器

多种用户级和内核级的分配器可用于内存分配。图 7.13 展示了分配器的作用，包括一些常见的类型。

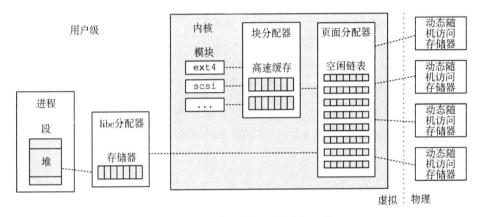

图 7.13 用户及内核级内存分配器

页管理在之前的 7.3.2 节中介绍过。内存分配器的特征如下。

- **简单 API**：如 malloc()、free()。
- **高效的内存使用**：处理多种不同大小的内存分配时，当存在许多浪费内存的未使用区域时，内存使用可能会变得碎片化。分配器会尽可能合并未使用的区域，因此大块的分配可使它们提高效率。
- **性能**：内存分配会很频繁，而且在多线程的环境里它们可能会因为竞争同步基元而表现糟糕。分配器可设计为慎用锁，并利用线程级或者 CPU 级的缓存以提高内存本地性。
- **可观测性**：分配器可能会提供统计数据和排错模式以显示如何被调用，以及调用分配的代码路径。

以下部分描述内核级分配器——slab 分配器和 SLUB——以及用户级分配器——libmalloc、libumem 和 mtmalloc。

slab

内核 slab 分配器管理特定大小的对象缓存，使它们能被快速地回收利用，并且避免页分配开销。这对于经常处理固定大小结构的内核内存分配来说特别有效。

如下两行是来自 ZFS arc.c 的内核示例：

```
df = kmem_alloc(sizeof (l2arc_data_free_t), KM_SLEEP);
head = kmem_cache_alloc(hdr_cache, KM_PUSHPAGE);
```

开始的 `kmem_alloc()` 显示了传统的内核内存分配，长度作为参数传递。内核基于这个长度把它映射为一个 slab 缓存（或者一个超大的场所）。之后的 `kmem_cache_alloc()` 直接操作定制的 slab 分配器缓存，在这个例子里是 `(kmem_cache_t *) hdr_cache`。

它是为 Solaris 2.4 开发的[Bonwick 94]，之后被改进，使用了被称为弹夹的每 CPU 缓存[Bonwick 01]。

我们的基本方法是给每个 CPU 一个缓存，里面有 M 个元素对象，称作弹夹，类比自动武器的弹夹。每个 CPU 的弹夹都可以在 CPU 重新装填前满足 M 次分配——就像用装满的弹夹替换一个空弹夹。

除了性能卓越之外，Solaris 为 slab 分配器提供了多种排错和分析工具。这包括了审计，能跟踪包括栈在内的具体分配信息。

slab 分配器在 2.2 版本引入 Linux，并且多年都作为默认选项。近期的版本提供 SLUB 作为备选或者作为默认选项。

SLUB

Linux 内核 SLUB 分配器基于 slab 分配器并且为解决多个问题而设计，特别是 slab 分配器的复杂性。其中包括移除对象队列，以及每 CPU 缓存——把 NUMA 优化留给页分配器（见之前的空闲链表一节）。

SLUB 分配器在 Linux 2.6.23 成为默认选项[2]。

libc

Solaris 的 libc 提供了简单且通用的用户级分配器。尽管通常是默认分配器（取决于编译器设置），但 Man 手册里反对使用它（`malloc(3)`）。

虽然这些默认的内存分配器可以安全地用于多线程的应用程序，但它们不可扩展。由于使用单个锁，多个线程同时访问变成了单线程。重度依赖动态内存分配的多线程应用程序应该与并行访问设计的分配器库相链接，例如 libumem(3LIB)或者 libmtmalloc(3LIB)。

除了性能问题之外，libc 分配器基于堆，因此它随着时间的推移而碎片化。

glibc

GNU 的 libc 分配器是基于 Doug Lea 的 dlmalloc。它的行为基于分配请求的长度。较小的分配来自内存集合，包括用伙伴关系算法合并长度相近的单位。较大的分配用树高效地搜索空间。对于非常大的分配，它会转到 mmap()。最终的结果是结合了多种分配策略的高效分配器。

libumem

基于 Solaris 的系统中，libumem 是一个用户空间版的 slab 分配器。可以通过链接或预加载库为多线程应用程序提高性能。

libumem 自设计之初就考虑到可扩展性，以及排错和分析能力，并尽可能减少时间和空间的开销。其他的内存分析工具在处于分析模式时会减速分析目标——有时严重到问题不再重现，并且经常使目标不适合生产环境使用。

mtmalloc

这是基于 Solaris 系统的另一个高性能多线程用户级分配器。它用每线程的缓存做较小的分配而用单个超大区域做较大的分配。使用每线程的缓存避免了传统分配器的锁竞争问题。

7.4 方法

本节描述了内存分析和调优的多种方法及运用。表 7.3 总结了这些内容。

表 7.3 内存性能方法

方法	类型
工具法	观测分析
USE 方法	观测分析
使用特征	观测分析，容量规划
周期分析	观测分析
性能监测	观测分析，容量规划
发现泄漏	观测分析
静态性能调优	观测分析，容量规划
资源控制	调优
微基准测试	实验分析

更多策略以及部分方法的介绍参见第 2 章。

这些方法可以单独使用或者混合使用。我的建议是从这些方法开始，按如下次序使用：性能监测、USE 方法和工作负载特征归纳法。

7.5 节介绍运用这些方法的操作系统工具。

7.4.1 工具法

工具法遍历可用的工具，检查它们提供的关键指标。尽管是一个简单的方法，但它有可能忽视这些工具不可见或者看不清楚的问题，并且操作比较费时。

对于内存而言，应用工具法可以检查以下指标。

- **页扫描**：寻找连续的页扫描（超过 10 秒），它是内存压力的预兆。Linux 中，可以使用 `sar -B` 并检查 `pgscan` 列。在 Solaris 中，可以使用 `vmstat (1M)` 并检查 `sr` 列。
- **换页**：换页是系统内存低的进一步征兆。Linux 中，可以使用 `vmstat (8)` 并检查 `si` 和 `so` 列（这里，交换指匿名换页）。Solaris 中，`vmstat -p` 按类型显示换页，检查匿名换页。
- **`vmstat`**：每秒运行 `vmstat` 检查 `free` 列的可用内存。
- **OOM 终结者**：仅对 Linux 有效，这些事件可以在系统日志/var/log/messages，或者从 `dmesg(1)` 中找到。搜索 "Out of memory"。
- **交换**：仅对 Solaris 有效，运行 `vmstat` 并检查 `w` 列，它显示交换出的线程，这往往事后才能注意到。要查看即时的交换，用 `vmstat -S` 并检查 `si` 和 `so`。
- **`top/prstat`**：查看哪些进程和用户是（常驻）物理内存和虚拟内存的最大使用者（列名参考 Man 手册，不同版本有所变化）。这些工具也会总结内存使用率。
- **`dtrace/stap/perf`**：内存分配的栈跟踪，确认内存使用的原因。

如果发现问题，要检查可用工具的所有字段以便了解更多上下文。每个工具的更多信息可参考 7.5 节。用其他的方法可能会发现更多类型的问题。

7.4.2 USE 方法

性能调查的初期，在使用更深层次和更费时的策略前，USE 方法可以用来定位瓶颈和跨所有组件的错误。

检查系统级的如下。

- **使用率**：多少内存被使用，及多少仍可用。物理内存和虚拟内存都需要检查。
- **饱和度**：作为释放内存压力的衡量，页扫描、换页、交换和 Linux OOM 终结者牺牲进程的使用程度。
- **错误**：失败的内存分配。

首先应检查饱和度，因为持续的饱和状态是内存问题的征兆。这些指标能由 `vmstat(1)`、`sar(1)` 和 `dmesg(1)` 等操作系统工具轻易获得。对于配置了独立磁盘交换设备的系统，任何交换设备活动都是内存压力的征兆。

使用率通常较难读取和解读。通过饱和度指标，你可以发现物理内存耗尽：系统开始换页或者进程被杀死（OOM）。要确认物理使用率，需要了解可用内存（free）大小。不同的工具不一定考虑了未被引用的文件系统缓存页或者非活动页，因此它们的报告可能会不同。一个系统可能会报告只有 10MB 的可用内存，但事实上它有 10GB 的文件系统缓存在，需要时能立刻被应用程序回收利用。

有可能需要检查虚拟内存的使用率，这取决于系统是否支持过度提交。对于那些不支持过度提交的系统，一旦虚拟内存耗尽，内存分配就会失败——这是一种典型的内存错误。

历史上内存错误由应用程序报告，尽管不是所有的应用程序会这样做（而且，由于 Linux 的过度提交，开发人员可能觉得没有必要）。最近，一个与内存相关的系统错误计数器，被添加到 SmartOS 以报告每区域失败的 `brk()` 调用。

对于一些云计算环境中有应用内存限制或者限额（资源控制）的环境，也许需要不同的内存饱和度测量方法。例如，基于 Soalris 的系统中操作系统虚拟化，使用一个不同的机制来为每个虚拟机限制内存配额，它向页面换出扫描器给出不同的报告（见 11 章）。尽管主机系统还没有用传统的页面换出扫描器扫描，你的操作系统实例可能已经达到内存限制并且正在换页。

7.4.3 使用特征归纳

实施容量规划、基准和负载模拟时，归纳内存使用特征分析是一项重要的活动。发现错误的配置，可能促成最大的性能提升。例如，一个数据库缓存可能配置得过小而导致命中率过低，或者过高而引起系统换页。

对于内存，这包括了要求发现内存用于何处以及使用了多少，如下所示。

- 系统范围的物理和虚拟内存使用率。
- 饱和度：换页、交换、OOM 终结者。
- 内核和文件系统缓存使用情况。
- 每个进程的物理和虚拟内存使用情况。
- 是否存在内存资源控制。

下面的示例描述如何表达这些属性：

该系统有256GB主存，其使用率只有1%，其中的30%是文件系统缓存。用量最大的进程是一个数据库，消耗了2GB的主存（RSS），这是系统迁移之前的配置上限。

由于更多内存被用于缓存工作数据，这些特征会因时间而变化。内核或者应用程序内存也可能随时间持续增长——除正常的缓存增长外——还有由软件错误导致的内存泄漏。

高级使用特征分析／检查清单

更细致地理解使用特征需要涵盖更多具体信息。这里列举一些供参考的问题。这可在需要缜密的研究内存问题时作为检查清单：

- 内核内存用于何处？每个slab呢？
- 文件系统缓存（或者页缓存）中不活跃与活跃的比例是多少？
- 进程内存用于何处？
- 进程为何分配内存（调用路径）？
- 内核为何分配内存（调用路径）？
- 哪些进程被持续地页面换出／交换出？
- 哪些进程曾经被页面换出／交换出？
- 进程或者内核是否有内存泄漏？
- NUMA系统中，内存是否被分配到合适的节点中去？
- CPI和内存停滞周期频率是多少？
- 内存总线的平衡性？
- 相对于远程内存I/O，执行了多少本地内存I/O？

随后的章节能帮助回答这些问题。这个方法以及要衡量的特征（谁、为什么、什么、如何），参见第2章。

7.4.4 周期分析

内存总线负载通过检查CPU性能计数器（CPC）测定，它能被设置用来计算内存停滞周期。作为内存依赖的CPU负载的指标，它们也能用来测量每指令周期（CPI），详见第6章。

7.4.5 性能监测

性能监测能发现当前的问题以及随着时间推移的行为模式。关键的内存指标如下。

- **使用率**：使用百分比，由可用内存推断。
- **饱和度**：换页、交换、OOM 终结者。

对于应用了内存限制或配额（资源控制）的环境，有关强制配额的统计数据也需要收集。它也能够监测错误（如果可用），7.4.2 节有关使用率和饱和度的内容中有相关介绍。

监测随时间推移的内存使用率，特别是按进程监测，有助于发现是否存在内存泄漏及其泄漏速度。

7.4.6 泄漏检测

当应用程序或者内核模块无尽地增长，从空闲链表、文件系统缓存，最终从其他进程消耗内存时，就出现了这个问题。初次注意到这个问题可能是因为系统为应对无尽的内存压力而做换页。

这类问题源自以下两种情况。

- **内存泄漏**：一种类型的软件 bug，忘记分配过的内存而没有释放。通过修改软件代码，或应用补丁及进行升级（进而修改代码）能修复。
- **内存增长**：软件在正常地消耗内存，远高于系统允许的速率。通过修改软件配置，或者由软件开发人员修改软件内存的消耗方式来进行修复。

内存增长的问题常常被误认为是内存泄漏。第一个问题应该是：这应该发生吗？检查配置。如何分析内存泄漏依赖于软件的语言类型。一些分配器提供的排错模式能记录分配细节，以供事后剖析从而定位故障的调用路径。还有其他一些供开发人员研究内存泄漏的工具。

7.4.7 静态性能调优

静态性能调优注重解决配置后的环境中的问题。对于内存性能，在静态配置中检查如下方面：

- 主存有多少？
- 配置允许应用程序使用多少内存（它们自己的配置）？
- 应用程序使用哪个分配器？
- 主存的速度？是否是可用的最快的类型？
- 系统架构是什么？NUMA、UMA？
- 操作系统支持 NUMA 吗？
- 有多少内存总线？

- CPU 缓存的数量和大小是多少？TLB？
- 是否配置和使用了大页面？
- 是否支持和配置了过度提交？
- 还使用了哪些其他的内存可调参数？
- 是否有软件强制的内存限制（资源控制）？

回答这些问题可能会揭示被忽视的配置选择。

7.4.8 资源控制

操作系统可能向进程或进程组内存分配提供细粒度控制。这些控制可能会包括使用主存和虚拟内存的固定极限。它们如何工作随实现而不同，在 7.6 节中会讨论。

7.4.9 微基准测试

微基准测试可用于确定主存的速度和特征，例如 CPU 缓存和缓存线长度。它有助于分析系统间的不同。由于应用程序和负载的不同，内存访问速度可能比 CPU 时钟速度对性能影响更大。

第 6 章的 6.4.1 节揭示了利用内存访问延时微基准测试来确定 CPU 缓存特征的结果。

7.5 分析

本节介绍基于 Linux 和 Solaris 操作系统的内存分析工具。如何使用见前述的策略。
本节介绍的工具列于表 7.4 中。

表7.4 内存分析工具

Linux	Solaris	描述
vmstat	vmstat	虚拟和物理存储器统计信息
sar	sar	历史统计信息
slabtop	::kmastat	内核块分配统计信息
ps	ps	进程状态
top	prstat	监视每进程存储器使用率
pmap	pmap	进程地址空间统计信息
DTrace	DTrace	分配跟踪

这是支持 7.4 节的精选工具和功能集。一开始是系统层面的内存使用统计数据，进而向下挖掘到进程和分配的跟踪。完整的功能请参考这些工具的文档，包括 Man 手册在内。调查文件系统内存使用相关的工具可参考第 8 章。

尽管你的兴趣可能仅限于基于 Linux 或者 Solaris 的系统，但是参考其他操作系统工具以及它们的观测能力有助于发掘不同的着眼点。

7.5.1 vmstat

`vmstat` 是虚拟内存统计信息命令。它提供包括当前内存和换页在内的系统内存健康程度总览。如第 6 章所述的 CPU 统计信息也包含在内。

它是由 Bill Joy 和 Ozalp Babaoglu 于 1979 年引入 BSD 的。它最初的 Man 手册有如下描述。

bugs：输出太多数字以至于不知道该看什么。

许多列从第一版开始基本没有变过，特别是在 Solaris 中。后面几节展示 Linux 和基于 Solaris 的系统的数据列和选项。

Linux

示例输出：

```
$ vmstat 1
procs -----------memory---------- ---swap-- -----io---- -system-- ----cpu----
 r  b   swpd   free    buff   cache   si   so    bi    bo   in   cs us sy id wa
 4  0      0 34454064 111516 13438596    0    0     0     5    2    0  0  0 100  0
 4  0      0 34455208 111516 13438596    0    0     0     0 2262 15303 16 12 73  0
 5  0      0 34455588 111516 13438596    0    0     0     0 1961 15221 15 11 74  0
 4  0      0 34456300 111516 13438596    0    0     0     0 2343 15294 15 11 73  0
[...]
```

该版本的 `vmstat(8)` 不在第一行输出自系统启动至今的 `memory` 列的汇总数据，而立刻显示当前状态。

默认数据列如下，单位为 KB。

- `swpd`：交换出的内存量。
- `free`：空闲的可用内存。
- `buff`：用于缓冲缓存的内存。
- `cache`：用于页缓存的内存。
- `si`：换入的内存（换页）。
- `so`：换出的内存（换页）。

缓冲和页缓存在第 8 章中介绍。系统启动后，空闲内存下降并被用于这些缓存以提高性能是正常的。需要时，它们可以被释放以供应用程序使用。

如果 `si` 和 `so` 列一直非 0，那么系统正存在内存压力并换页到交换设备或文件（见 `swapon(8)`）。用其他工具可以研究什么在消耗内存，例如能观察每进程内存使用的工具。

拥有大量内存的系统中，数据列会不对齐而影响阅读。你可以试着用 `-S` 选项修改输出单位为 MB。

```
$ vmstat 1 -Sm
procs -----------memory---------- ---swap-- -----io---- -system-- ----cpu----
 r  b   swpd   free   buff  cache   si   so    bi    bo   in   cs us sy id wa
 4  0      0  35280    114  13761    0    0     0     5    2    1  0  0 100  0
 4  0      0  35281    114  13761    0    0     0     0 2027 15146 16 13 70  0
[...]
```

选项 `-a` 可以输出非活动和活动页缓存的明细：

```
$ vmstat -a 1
procs -----------memory---------- ---swap-- -----io---- -system-- ----cpu----
 r  b   swpd   free  inact active   si   so    bi    bo   in   cs us sy id wa
 5  0      0 34453536 10358040 3201540  0    0     0     5    2    1  0  0 100  0
 4  0      0 34453228 10358040 3200648  0    0     0     0 2464 15261 16 12 71  0
[...]
```

内存统计信息可以用选项 `-s` 输出成列表。

Solaris

基于 Solaris 的系统中，`vmstat(1)` 命令更类似于源自 BSD 的最初版本。它有许多展示页面换出守护进程活动的列，因而它对那些还尚未需要学习页扫描内部机制的人显得有些不友好。

这是一个示例输出：

```
$ vmstat 1
 kthr      memory            page            disk          faults      cpu
 r b w   swap  free  re  mf pi po fr de sr lf rm s0 s1   in   sy   cs us sy id
 1 0 9 85726296 6870964 273 9852 124 241 261 0 1165 0 -784 -0 -152 37912 60785 22501 14 7 79
 0 0 113 106216432 26827696 535 4840 24 0 0 0 0 0 0 29 36891 85679 29106 11 5 84
 0 0 113 106223888 26831880 128 1608 8 0 0 0 0 0 0 10 40656 74944 26552 19 5 76
 1 0 113 106224396 26827560 3 1450 40 0 0 0 0 0 0 24 35755 74409 27757 19 5 77
[...]
```

拥有大量内存的系统中，数据列会不对齐。第一行输出自系统启动至今的内存列的汇总数据。

与内存相关的数据列如下。

- `w`：交换出的线程数量。
- `swap`：可用的虚拟内存（KB）。
- `free`：包括页缓存和空闲链表（KB）在内的可用内存。

- **re**：从页缓存（缓存命中）回收的页。
- **mf**：轻微缺页。
- **pi**：所有类型换入的内存（KB）。
- **po**：所有类型换出的内存（KB）。
- **fr**：由页扫描器或文件系统释放的页缓存内存（KB）。
- **de**：赤字——预期的短期内存不足（KB）（见 7.3.2 节关于 Solaris 的章节）。
- **sr**：由页面换出守护进程扫描过的页。

示例输出揭示了曾出现问题的系统中有 113 个换出的线程(`w`)。页扫描器当前未运行(`sr`)，因此系统目前没有过度的内存压力。还显示有少量的页面换入(`pi`)，尽管它们可能是正常（文件系统）或非正常的（匿名）。

选项-p 选择可以显示页面换入、换出和空闲明细：

```
$ vmstat -p 1
     memory           page          executable      anonymous      filesystem
   swap  free  re  mf  fr  de  sr  epi  epo  epf  api  apo  apf  fpi  fpo  fpf
85726500 6871164 273 9852 261 0 1165 0   0    0   123  240  261   1    0    1
106233644 26826364 10 1035 0  0  0   0   0    0   12   0    0     0    0    0
106247632 26842396 127 2092 0 0  0   0   0    0   48   0    0     0    0    0
106240192 26842796 5 1625 0  0  0   0   0    0   20   0    0     0    0    0
[...]
```

该系统有一定速率的匿名页面换入(`api`)，这是"坏的"换页。在应用程序运行过程中，它导致磁盘同步 I/O 延时。本示例中，有可能是因为之前的内存压力引起的内存页面换出以及当前页面换入的线程活动造成的。

如果需要，这里许多的统计信息可以用 kstat 按每 CPU 观测。见 `cpu::vm:`统计信息组。kstat 在第 4 章中介绍过。

系统启动后空闲内存下降并且被用于页缓存及其他内核缓存是正常情况。这些内存在需要时可以交还给应用程序。系统有一个稳定的页面扫描速率(`sr`)是非正常的，它可能是内存压力问题的预兆。如果出现这种情况，可以使用如报告进程内存使用这样的其他工具去发现内存被用于何处。

7.5.2 sar

系统活动报告工具 `sar(1)`可以用来观测当前活动并且能配置保存和报告历史统计数据。由于它能提供不同的统计信息，本书的多个章节都提到了它。

Linux

Linux 版本用如下选项提供内存统计信息。

- `-B`：换页统计信息
- `-H`：大页面统计信息
- `-r`：内存使用率
- `-R`：内存统计信息
- `-S`：交换空间统计信息
- `-W`：交换统计信息

这些信息涵盖了内存使用、页面换出守护进程活动和大页面的使用。这些内容的背景可以参考 7.3 节。

提供的统计信息列于表 7.5 中。

表 7.5 Linux sar 统计信息

选项	统计信息	描述	单位
-B	pgpgin/s	页面换入	千字节/秒
-B	pgpgout/s	页面换出	千字节/秒
-B	fault/s	严重及轻微缺页	次数/秒
-B	majflt/s	严重缺页	次数/秒
-B	pgfree/s	页面加入空闲链表	次数/秒
-B	pgscank/s	被后台页面换出守护进程扫描过的页面（kswapd）	次数/秒
-B	pgscand/s	直接页面扫描	次数/秒
-B	pgsteal/s	页面及交换高速缓存回收	次数/秒
-B	%vmeff	页面盗取/页面扫描比率，显示页面回收的效率	百分比
-H	hbhugfree	空闲巨型页面存储器（大页面尺寸）	千字节
-H	hbhugused	占用的巨型页面存储器	千字节
-r	kbmemfree	空闲存储器	千字节
-r	kbmemused	占用存储器（不包括内核）	千字节
-r	kbbuffers	缓冲高速缓存尺寸	千字节
-r	kbcached	页面高速缓存尺寸	千字节
-r	kbcommit	提交的主存储器：服务当前工作负载需要量的估计	千字节
-r	%commit	为当前工作负载提交的主存储器，估计值	百分比
-r	kbactive	活动列表存储器尺寸	千字节

续表

选项	统计信息	描述	单位
-r	kbinact	非活动列表存储器尺寸	千字节
-R	frpg/s	释放的存储器页面，负值表明分配	页面/秒
-R	bufpg/s	缓冲高速缓存增加值（增长）	页面/秒
-R	campg/s	页面高速缓存增加值（增长）	页面/秒
-S	kbswpfree	释放交换空间	千字节
-S	kbswpused	占用交换空间	千字节
-S	kbswpcad	高速缓存的交换空间：它同时保存在主存储器和交换设备中，因此不需要磁盘 I/O 就能被页面换出	千字节
-W	pswpin/s	页面换入（Linux 换入）	页面/秒
-W	pswpout/s	页面换出（Linux 换出）	页面/秒

部分统计信息名称包含计量单位：pg 表示页，kb 表示 KB，% 表示百分比以及 /s 表示每秒。完整的列表见 Man 手册，其中包含更多百分比统计信息。

更重要的是要记住这些关于使用率和高级内存子系统运行的具体信息，在需要的时候都是能找到的。要更加深入地了解，可能需要阅读源代码中 mm 部分，准确的说是 mm/vmscan.c。开发人员常常讨论应该如何统计这些信息，在 linux-mm 邮件列表中有许多文章提供了更深刻的理解。

`%vmeff` 是衡量页回收效率的一个有趣指标。高数值意味着成功地从非活动列表中回收了页（健康），低数值意味着系统在挣扎中。Man 手册指出 100% 是高数值，少于 30% 是低数值。

Solaris

Solaris 版本包括如下选项。

- **-g**：换页统计信息。
- **-k**：内核内存分配统计信息。
- **-p**：换页活动。
- **-r**：未使用的内存指标。
- **-w**：交换统计信息。

这些信息涵盖了内存使用、内核分配、换页和交换。这些内容的背景知识可以参考 7.3 节。提供的统计信息列于表 7.6 中。

表 7.6　Solaris sar 统计信息

选项	统计信息	描述	单位
-g	pgout/s	页面换出请求	操作次数/秒
-g	ppgout/s	换出的页面	页面/秒
-g	pgfree/s	由页面换出守护进程添加到空闲链表的页面	页面/秒
-g	pgscan/s	页面换出守护进程扫描的页面	页面/秒
-k	small	用于小 kmem 高速缓存的存储器（对象尺寸小于 256 字节）	字节
-k	large	用于大 kmem 高速缓存的存储器（对象尺寸大于 256 字节）	字节
-k	ovsz_alloc	超大尺寸的 kmem 存储器（对象尺寸通常大于 128KB）	字节
-p	atch/s	由页面高速缓存回收（附加）	页面/秒
-p	pgin/s	页面换入请求	操作次数/秒
-p	ppgin/s	换入的页面	页面/秒
-p	pflt/s	源于保护或者写时复制（COW）的缺页	页面/秒
-p	vflt/s	源于地址转换的缺页	页面/秒
-p	slock/s	源于软件锁请求磁盘 I/O 的缺页	页面/秒
-r	freemem	空闲存储器（参见单位）	页面
-r	freeswap	空闲物理交换（参见单位）	块（扇区）
-w	swpin/s	交换入（进程交换）	次/秒
-w	swpout/s	交换出（进程交换）	次/秒

现在看起来，选项 -k 区分"小"和"大"（内存）池较不常见。我估计这是支持 SVR4 的懒惰伙伴分配器的历史遗留，它曾经支持大的和小的内存池[Vahalia 96]。

更多有关内存子系统的统计信息可以从 kstat 读取或者用 DTrace 动态构建。

7.5.3　slabtop

Linux 的 slabtop(1) 命令可以通过 slab 分配器输出内核 slab 缓存使用情况。类似 top(1)，它实时更新屏幕。

以下是示例输出：

```
$ slabtop -sc
 Active / Total Objects (% used)    : 3590651 / 3682877 (97.5%)
 Active / Total Slabs (% used)      : 94610 / 94610 (100.0%)
 Active / Total Caches (% used)     : 58 / 83 (69.9%)
 Active / Total Size (% used)       : 432643.91K / 477592.84K (90.6%)
 Minimum / Average / Maximum Object : 0.01K / 0.13K / 12.75K

  OBJS ACTIVE  USE OBJ SIZE  SLABS OBJ/SLAB CACHE SIZE NAME
3345069 3334148 99%   0.10K  85771       39   343084K buffer_head
 151728  77833 51%    0.55K   5232       29    83712K radix_tree_node
   5520   4495 81%    2.00K    345       16    11040K kmalloc-2048
  11193  11185 99%    0.82K    287       39     9184K ext3_inode_cache
   9464   9464 100%   0.61K    182       52     5824K inode_cache
  29064  28977 99%    0.19K    692       42     5536K dentry
   4896   4734 96%    0.66K    102       48     3264K proc_inode_cache
    380    344 90%    5.73K     76        5     2432K task_struct
  20094  20094 100%   0.08K    394       51     1576K sysfs_dir_cache
[...]
```

输出包括顶部的汇总和 slab 列表，其中包括对象数量（OBJS）、多少是活动的（ACTIVE）、使用百分比（USE）、对象大小（OBJ SIZE，字节）和缓存大小（CACHE SIZE，字节）。

这个示例中，用选项-sc 按缓存大小排序，最大值在顶端。

slab 统计信息取自/proc/slabinfo，也可以用 vmstat -m 输出。

7.5.4 ::kmstat

基于 Solaris 的系统中，mdb(1)中的::kmastat 的调试器命令可以总结内核内存的使用情况。它的输出分为三个部分：slab 分配器、缓存使用和 vmem 使用总览。

以下是示例输出：

```
# mdb -k
> ::kmastat
cache                    buf      buf        buf memory   alloc    alloc
name                     size  in use      total in use   succeed  fail
------------------------- ----- --------- --------- ------ ---------- -----
kmem_magazine_1             16    6547      55471   884K     550935     0
kmem_magazine_3             32   22454      23125   740K      57447     0
kmem_magazine_7             64   18045      29698  1.87M      98639     0
kmem_magazine_15           128    8083      41075  5.18M    5838996     0
kmem_magazine_31           256   13452      13470  3.51M      21535     0
kmem_magazine_47           384     158      18890  7.38M      23037     0
[...]
------------------------- ----- --------- --------- ------ ---------- -----
Total [hat_memload]                               18.0M 2904783556     0
Total [kmem_msb]                                   593M  125192718     0
Total [kmem_va]                                   11.0G    2232820     0
Total [kmem_default]                              11.1G 3156770876     0
Total [kmem_io_64G]                               3.99M       4083     0
Total [kmem_io_4G]                                1.99M       7156     0
Total [kmem_io_2G]                                  20K         52     0
Total [bp_map]                                     512K      33145     0
```

```
          Total [umem_np]                                   2.25M        2494         0
          Total [id32]                                         8K        1634         0
          Total [zfs_file_data]                             23.1G    46011272         0
          Total [zfs_file_data_buf]                         23.4G    50697539         0
          Total [segkp]                                     1.69M     2869123         0
          [...]
          vmem                          memory      memory      memory      alloc  alloc
          name                          in use      total       import      succeed fail
          --------------------------   ---------   ---------   ---------   -------- -----
          heap                            13.2G        971G            0   368844548    0
               vmem_metadata              617M         617M         617M      147416    0
               vmem_seg                   575M         575M         575M      147133    0
               vmem_hash                  41.6M        41.6M        41.6M         79    0
               vmem_vmem                  373K         416K         380K        238    0
            static                           0            0            0          0    0
               static_alloc                  0            0            0          0    0
            hat_memload                 18.0M        18.0M        18.0M       4620     0
            kstat                       1.60M        1.65M        1.59M      14523     0
            kmem_metadata                676M         676M         676M      152699    0
          [...]
```

输出超过 500 行，这里截取部分。尽管冗长，这非常有助于追查内核内存增长的源头。

其他与内存相关的子命令包括 `::kmem_slabs`、`::kmem_slabs -v` 和 `::memstat`。例如：

```
> ::memstat
Page Summary                Pages              MB   %Tot
-------------            ----------      ----------  ----
Kernel                      3793378           14817   30%
ZFS File Data               5924809           23143   47%
Anon                        2194335            8571   17%
Exec and libs                 11649              45    0%
Page cache                    51625             201    0%
Free (cachelist)              12733              49    0%
Free (freelist)              589031            2300    5%

Total                      12577560           49131
Physical                   12577559           49131
```

尽管这是非常有帮助的总览，但缺点是你必须是超级用户（root）而且运行 `mdb -k` 才能看到。

7.5.5 ps

进程状态命令 `ps(1)` 可以列出包括内存使用统计信息在内的所有进程细节。它的使用在第 6 章中介绍过。

例如，BSD 方式的选项：

```
$ ps aux
USER        PID  %CPU %MEM    VSZ   RSS TTY   STAT START   TIME COMMAND
[...]
bind       1152   0.0  0.4 348916 39568 ?     Ssl  Mar27  20:17 /usr/sbin/named -u bind
root       1371   0.0  0.0  39004  2652 ?     Ss   Mar27  11:04 /usr/lib/postfix/master
```

```
root        1386  0.0  0.6 207564 50684 ?      S1   Mar27    1:57 /usr/sbin/console-kit-
daemon --no-daemon
rabbitmq    1469  0.0  0.0  10708   172 ?      S    Mar27    0:49 /usr/lib/erlang/erts-
5.7.4/bin/epmd -daemon
rabbitmq    1486  0.1  0.0 150208  2884 ?      Ssl  Mar27  453:29 /usr/lib/erlang/erts-
5.7.4/bin/beam.smp -W w -K true -A30 ...
```

输出如下信息列。

- **%MEM**：主存使用（物理内存、RSS）占总内存的百分比。
- **RSS**：常驻集合大小（KB）。
- **VSZ**：虚拟内存大小（KB）。

RSS 显示主存使用，它也包括如系统库在内的映射共享段，可能会被几十个进程共享。如果你把 RSS 列求和，你可能会发现它超过系统的内存总和，这是由于重复计算了这部分共享内存。分析共享内存的使用可参考后文中的 `pmap(1)` 命令。

数据列可以用 SVR4 方式的选项 `-o` 选择，例如：

```
# ps -eo pid,pmem,vsz,rss,comm
  PID %MEM   VSZ   RSS COMMAND
[...]
13419  0.0  5176  1796 /opt/local/sbin/nginx
13879  0.1 31060 22880 /opt/local/bin/ruby19
13418  0.0  4984  1456 /opt/local/sbin/nginx
15101  0.0  4580    32 /opt/riak/lib/os_mon-2.2.6/priv/bin/memsup
10933  0.0  3124  2212 /usr/sbin/rsyslogd
[...]
```

Linux 版本也可以输出严重和轻微缺页（`maj_flt`、`min_flt`）列。

Solaris 中，严重和轻微缺页信息在 /proc 中，不能通过 `ps(1)` 输出。另外要注意的是一个关于 `aux` 选项的 bug，`RSS` 和 `VSZ` 列由于缺少一个空白分隔符可能会被合并。这已在最近的 illumos/SmartOS 中修复。

`ps(1)` 的输出要按内存数据列排序（事后排序），才能很快地识别最高用户。也可以尝试使用 `top(1)` 和 `prstat(1M)` 工具，它们提供排序选项。

7.5.6 top

`top(1)` 命令监控排名靠前的运行中进程并且显示内存使用统计信息。第 6 章介绍过它。例如，**Linux** 中：

```
top - 00:53:33 up 242 days,  2:38,  7 users,  load average: 1.48, 1.64, 2.10
Tasks: 261 total,   1 running, 260 sleeping,   0 stopped,   0 zombie
Cpu(s):  0.0%us,  0.0%sy,  0.0%ni, 99.9%id,  0.0%wa,  0.0%hi,  0.0%si,  0.0%st
Mem:   8181740k total,  6658640k used,  1523100k free,   404744k buffers
Swap:  2932728k total,   120508k used,  2812220k free,  2893684k cached
```

```
   PID USER      PR  NI  VIRT  RES  SHR S %CPU %MEM    TIME+  COMMAND
 29625 scott     20   0 2983m 2.2g 1232 S   45 28.7  81:11.31 node
  5121 joshw     20   0  222m 193m  804 S    0  2.4 260:13.40 tmux
  1386 root      20   0  202m  49m 1224 S    0  0.6   1:57.70 console-kit-dae
  6371 stu       20   0 65196  38m  292 S    0  0.5  23:11.13 screen
  1152 bind      20   0  340m  38m 1700 S    0  0.5  20:17.36 named
 15841 joshw     20   0 67144  23m  908 S    0  0.3 201:37.91 mosh-server
 18496 root      20   0 57384  16m 1972 S    3  0.2   2:59.99 python
  1258 root      20   0  125m 8684 8264 S    0  0.1   2052:01 l2tpns
 16295 wesolows  20   0 95752 7396  944 S    0  0.1   4:46.07 sshd
 23783 brendan   20   0 22204 5036 1676 S    0  0.1   0:00.15 bash
[...]
```

顶部的概要显示了主存（Mem）及虚拟内存（Swap）的总量、使用量和空闲量。缓冲缓存（buffers）和页缓存（cached）大小也同时显示。

上面的示例中，按 O 配置 top 调整排列顺序，进程级的输出按%MEM排序。示例中最大的进程是 node，占用 2.2GB 主存和接近 3GB 虚拟内存。

主存百分比列（%MEM）、虚拟内存大小（VIRT）和常驻集合大小（RES）与之前介绍的 ps(1) 对应的列是相同的。

7.5.7 prstat

prstat(1M) 命令在第 6 章中介绍过。例如：

```
$ prstat -cs rss 1
Please wait...
   PID USERNAME  SIZE   RSS STATE   PRI NICE      TIME  CPU PROCESS/NLWP
  4937 root      65G    45G sleep    60    0  21:03:47 0.7% redis-server/3
    47 root     455M   330M cpu3     59    0  38:18:13 2.1% node/6
   289 root     439M   311M cpu8     59    0  38:07:13 2.1% node/6
 25433 root     310M   272M sleep    59    0   2:23:32 0.9% node/2
 26533 root     308M   263M cpu5     59    0   2:19:51 0.8% node/2
 26068 root     284M   244M cpu15    59    0   2:14:33 1.2% node/2
 26219 root     275M   243M sleep    59    0   2:27:36 1.4% node/2
 26334 root     283M   240M sleep    59    0   2:29:36 0.8% node/2
 26067 root     277M   235M cpu0     59    0   2:16:57 1.1% node/2
 25260 root     271M   233M sleep    59    0   2:13:22 0.8% node/2
 25154 root     263M   225M sleep    59    0   2:17:11 1.0% node/2
 10987 root     296M   223M sleep    59    0  14:37:14 1.8% node/6
 15247 root    2917M   195M sleep   100    -   0:07:22 0.0% node/5
  4042 root     194M   154M cpu13    59    0   4:57:23 0.9% node/6
  8891 1001     300M   126M sleep    59    0   0:26:46 0.1% splunkd/24
```

在这个示例中，排序次序设为 RSS（-s rss），因此最大的内存用户排在顶部。名为 redis-server 进程是最大的用户，占用了 45GB 的主存（RSS）和 65GB 的虚拟内存（SIZE）。

prstat(1M) 能输出微状态统计信息，如文字和数据缺页计数。该服务器中：

```
$ prstat -mLcp 4937 1
Please wait...
   PID USERNAME USR SYS TRP TFL DFL LCK SLP LAT VCX ICX SCL SIG PROCESS/LWPID
  4937 root     7.4 7.9 0.0 0.0  15 0.0  69 0.2 239  31  3K   0 redis-server/1
```

```
     4937 root         0.0 0.0 0.0 0.0 0.0 100 0.0 0.0     0    0    0   0 redis-server/3
     4937 root         0.0 0.0 0.0 0.0 0.0 100 0.0 0.0     0    0    0   0 redis-server/2
Total: 1 processes, 3 lwps, load averages: 5.28, 5.36, 5.36
[...]
```

这个最大的进程 `redis-server` 使用了一定比例的时间等待数据缺页（DFL）。这与之前 `vmstat -p` 示例是同一台服务器，它显示了匿名页面换入的速率。两种情况可能是相关的：该系统可能由于内存过低而页面换出 `redis-server`，而现在消耗时间等待系统页面换入（DFL）该进程。

7.5.8　pmap

`pmap(1)` 命令列出进程的内存映射，显示它们的大小、权限及映射的对象。这使进程内存使用能被仔细地检查以及量化共享内存。

例如基于 Solaris 的系统中：

```
# pmap -x 13504
13504:  /opt/local/bin/postgres -D /var/pgsql/data90
 Address  Kbytes     RSS    Anon  Locked Mode   Mapped File
08027000     132     132       4       - rw---  [ stack ]
08050000    4204    1880       -       - r-x--  postgres
0847A000      28      28       -       - rwx--  postgres
08481000     260      48       -       - rwx--  postgres
084C2000     248     212      20       - rwx--  [ heap ]
FC400000   36112   36112       -   36112 rwxsR  [ ism shmid=0x1 ]
FE8E0000     904      68       -       - r-x--  libiconv.so.2.5.0
FE9D1000       4       4       -       - rwx--  libiconv.so.2.5.0
FE9E0000    1220    1220       -       - r-x--  libc_hwcap1.so.1
FEB21000      36      36      12       - rwx--  libc_hwcap1.so.1
FEB2A000       8       8       -       - rwx--  libc_hwcap1.so.1
FEB30000     416     416       -       - r-x--  libnsl.so.1
FEBA8000       8       8       -       - rw---  libnsl.so.1
FEBAA000      20      20       -       - rw---  libnsl.so.1
FEBD0000     304     304       -       - r-x--  libm.so.2
FEC2B000      16      16       -       - rwx--  libm.so.2
FEC81000       4       4       -       - rwxs-  [ anon ]
FEC90000      64       8       -       - rwx--  [ anon ]
FECAC000      76      32       -       - r----  LCL_DATA
[...]
```

这显示了一个 PostgreSQL 数据库的内存映射，包括虚拟内存（kBytes）、主内存（RSS）、私有匿名内存（Anon）和权限（Mode）。对于大部分映射，很少有内存是匿名的，而且大部分是只读的（r-x）。这意味着这些页面可以被其他进程共享，尤其是系统库。示例中大量的内存是被一个共享的内存段（ism）占用的。

Linux 版本的 `pmap(1)` 与此类似并且是基于 Solaris 版本的。最新的版本用 `Dirty` 代替 `Anon`。

Solaris 版本提供选项 `-s` 显示映射的页面大小：

```
# pmap -xs 13504
13504:  /opt/local/bin/postgres -D /var/pgsql/data90
 Address   Kbytes      RSS     Anon   Locked Pgsz Mode   Mapped File
08027000      132      132        4        -   4K rw---  [ stack ]
[...]
FC400000    34816    34816        -    34816   2M rwxsR  [ ism shmid=0x1 ]
FE600000     1296     1296        -     1296   4K rwxsR  [ ism shmid=0x1 ]
[...]
```

该 PostgreSQL 数据库的共享内存段主要是 2MB 的页面。

对于有许多映射的进程，`pmap(1)` 输出可能会很长。它还会暂停进程以报告内存使用，这会影响活跃任务的性能。应在需要诊断和分析时运行它，但不应作为监视工具频繁运行。

7.5.9 DTrace

DTrace 能跟踪用户和内核级的内存分配、轻微和严重缺页以及页面换出守护进程的运行。这些功能支持使用特征归纳和向下挖掘分析。

以下几节介绍 DTrace 用于基于 Linux 和 Solaris 的系统中的内存分析。除非注明，DTrace 命令可用于这两个系统。DTrace 的入门知识在第 4 章中已介绍过。

分配跟踪

如果可用，用户级的分配器跟踪用 pid provider。这是一个动态跟踪 provider，它意味着任何时刻都可以控制软件，不需要重启也不需要在此之前配置分配器运行于排错模式。

以下示例汇总了 PID 15041（一个 Riak 数据库）`malloc()` 调用的请求大小：

```
# dtrace -n 'pid$target::malloc:entry { @["requested bytes"] =
    quantize(arg0); }' -p 15041
dtrace: description 'pid$target::malloc:entry ' matched 3 probes
^C

 requested bytes
           value  ------------- Distribution ------------- count
             256 |                                         0
             512 |@@@@                                     3824
            1024 |@@@@@@@@@@@@@@@@@@@                      17807
            2048 |@@@@@@@@@@@@@@                           13564
            4096 |@@@@@@                                   5907
            8192 |@                                        1040
           16384 |                                         0
```

所有的分配请求介于 512B～16 383B，并且大部分位于 1～2KB 的范围。

这行命令把第一个参数（`arg0`）传给 2 的幂次方聚合函数 `quantize()`，汇总了 `malloc()` 请求的字节数。有需要的话，也可以跟踪 `malloc()` 的返回值，以检查分配是否成功。

这个键值被设为 "requested bytes" 仅仅是为了给输出加上说明。这个键值还可以包含用 `ustack()` 功能实现的用户级栈跟踪：

```
# dtrace -n 'pid$target::malloc:entry { @["requested bytes, for:", ustack()] =
    quantize(arg0); }' -p 15041
dtrace: description 'pid$target::malloc:entry ' matched 3 probes
[...]
  requested bytes, for:
              libumem.so.1`malloc
              libstdc++.so.6.0.13`_Znwm+0x1e
              libstdc++.so.6.0.13`_Znam+0x9
              eleveldb.so`_ZN7leveldb9ReadBlockEPNS_16RandomAccessFileERKNS_...
              eleveldb.so`_ZN7leveldb5Table11BlockReaderEPvRKNS_11ReadOption...
              eleveldb.so`_ZN7leveldb12_GLOBAL__N_116TwoLevelIterator13InitD...
              eleveldb.so`_ZN7leveldb12_GLOBAL__N_116TwoLevelIterator4SeekER...
              eleveldb.so`_ZN7leveldb12_GLOBAL__N_115MergingIterator4SeekERK...
              eleveldb.so`_ZN7leveldb12_GLOBAL__N_16DBIter4SeekERKNS_5SliceE...
              eleveldb.so`eleveldb_iterator_move+0x24b
              beam.smp`process_main+0x6939
              beam.smp`sched_thread_func+0x1cf
              beam.smp`thr_wrapper+0xbe
              0xfffffd7fe4d7b862
              0xb8c0000000000000

           value  ------------- Distribution ------------- count
             256 |                                         0
             512 |@@@@@                                    1
            1024 |@@@@@@@@@@                               2
            2048 |@@@@@@@@@@@@@@@@@@@@@@@@@                5
            4096 |                                         0
```

该示例中，输出长达数页并已被截取。它显示直到内存分配的用户栈跟踪，以及分配请求的长度分布。

由于内存分配活动频繁，跟踪它的成本——虽然每个事件很快——会逐渐累计并引起跟踪过程中的性能开销。

其他用户级分配器的内部活动也能观测到。例如，列出 libumem 分配器的入口探针：

```
# dtrace -ln 'pid$target:libumem::entry' -p 15041
   ID   PROVIDER            MODULE                          FUNCTION NAME
73348   pid15041            libumem.so.1                      malloc entry
73350   pid15041            libumem.so.1               vmem_heap_init entry
73351   pid15041            libumem.so.1               umem_type_init entry
73352   pid15041            libumem.so.1            umem_get_max_ncpus entry
73353   pid15041            libumem.so.1           __umem_agent_free_bp entry
73354   pid15041            libumem.so.1                umem_do_abort entry
73355   pid15041            libumem.so.1             print_stacktrace entry
73356   pid15041            libumem.so.1                   umem_panic entry
73357   pid15041            libumem.so.1          umem_err_recoverable entry
73358   pid15041            libumem.so.1         __umem_assert_failed entry
73359   pid15041            libumem.so.1                          T.4 entry
73360   pid15041            libumem.so.1            umem_lockup_cache entry
[...]
```

输出共列出 163 个入口探针。用这些能构建更复杂的单行命令和脚本以研究内存分配器的内部活动。

内核级的分配器利用 fbt 动态 provider，也能用类似的方式跟踪。例如，基于 Solaris 的系统中，如下单行命令能跟踪 slab 分配器：

```
# dtrace -n 'fbt::kmem_cache_alloc:entry {
    @[stringof(args[0]->cache_name), stack()] = count(); }'
dtrace: description 'fbt::kmem_cache_alloc:entry ' matched 1 probe
[...]
  zio_cache
              zfs`zio_create+0x79
              zfs`zio_null+0x77
              zfs`zio_root+0x2d
              zfs`dmu_buf_hold_array_by_dnode+0x113
              zfs`dmu_buf_hold_array+0x78
              zfs`dmu_read_uio+0x5c
              zfs`zfs_read+0x1a3
              genunix`fop_read+0x8b
              genunix`read+0x2a7
              genunix`read32+0x1e
              unix`_sys_sysenter_post_swapgs+0x149
           38686
  streams_dblk_16
              genunix`allocb+0x9e
              fifofs`fifo_write+0x1a5
              genunix`fop_write+0x8b
              genunix`write+0x250
              unix`sys_syscall+0x17a
           38978
```

输出包括缓存的名称，紧接着是分配器的内核栈跟踪，最后是跟踪过程的计数器。下面这些单行命令展示了跟踪分配的不同方法，对于用户级别和内核级别都适用。

单行命令

按进程 PID 汇总用户级 `malloc()` 请求的长度：

```
dtrace -n 'pid$target::malloc:entry { @["request"] = quantize(arg0); }' -p PID
```

按进程 PID 汇总用户级 `malloc()` 请求的长度并附带调用栈：

```
dtrace -n 'pid$target::malloc:entry { @[ustack()] = quantize(arg0); }' -p PID
```

计算 libumem 函数调用：

```
dtrace -n 'pid$target:libumem::entry { @[probefunc] = count(); }' -p PID
```

按堆增长（通过 `brk()`）计算用户栈：

```
dtrace -n 'syscall::brk:entry { @[execname, ustack()] = count(); }'
```

按缓存名称和栈跟踪内核级的 slab 分配器（Solaris）：

```
dtrace -n 'fbt::kmem_cache_alloc:entry { @[stringof(args[0]->cache_name),
    stack()] = count(); }'
```

缺页跟踪

跟踪缺页能更深入地揭示系统如何分配内存。可以利用 fbt 动态 provider，或者在可用的情况下使用稳定的 vminfo provider。

例如，基于 Solaris 的系统中，下面一行命令可以跟踪"beam.smp"进程的轻微缺页（这是一个 Erlang 虚拟机，其中运行 Riak 数据库）并计算用户栈跟踪频率，栈深度为 5 级：

```
# dtrace -n 'vminfo:::as_fault /execname == "beam.smp"/ {
    @[ustack(5)] = count(); }'
dtrace: description 'vminfo:::as_fault ' matched 1 probe
[...]
          beam.smp`erts_add_monitor+0x29d
          beam.smp`monitor_2+0x293
          beam.smp`process_main+0x51db
          beam.smp`sched_thread_func+0x1cf
          beam.smp`thr_wrapper+0xbe
          723

          beam.smp`erts_sweep_monitors+0xae
          beam.smp`process_info_aux+0x154a
          beam.smp`process_info_2+0x70f
          beam.smp`process_main+0x69e8
          beam.smp`sched_thread_func+0x1cf
          43745
```

这汇总了消耗内存和引起轻微缺页的代码路径。本例中是 Erlang 垃圾收集器代码。严重缺页可以通过 vminfo::maj_fault 探针跟踪。

另一个与缺页相关的实用探针是用于匿名页面换入的 vminfo:::anonpgin。例如：

```
# dtrace -n 'vminfo:::anonpgin { @[pid, execname] = count(); }'
dtrace: description 'vminfo:::anonpgin ' matched 1 probe
^C
    26533  node                                             1
    26067  node                                             6
     4937  redis-server                                   907
```

这能跟踪整个系统，按频率统计引起匿名页面换入的进程 ID 和进程名。这与之前发现匿名页面换入的 vmstat(1) 示例以及发现 redis-server 耗时等待数据缺页的 prstat(1M) 示例是同一个系统。该 DTrace 单行命令把这些联系起来，并确认 redis-server 在匿名页面换入上消耗时间，这是低系统内存和换页的结果。

页面换出守护进程

如果需要，页面换出守护进程的内部运行也能用 fbt provider 跟踪。具体情况基于内核版本而不同。

7.5.10　SystemTap

SystemTap 也能用于 Linux 系统动态跟踪文件系统事件。如需转换之前的 DTrace 脚本，参考第 4 章 4.4 节和附录 E。

7.5.11　其他工具

其他 **Linux** 内存性能工具如下。

- `free`：报告空闲内存，包括缓冲区高速缓存和页缓存（见第 8 章）。
- `dmesg`：检查来自 OOM 终结者的"Out of memory"信息。
- `valgrind`：一个包括 memcheck 在内的性能分析套件，它是一个内存使用分析的封装程序，可用于发现泄漏 。它能造成严重的系统开销，它的文档手册指出可能引起目标系统慢 20 至 30 倍。
- `swapon`：添加和观察物理交换设备或者文件。
- `iostat`：如果交换设备是物理磁盘或块，设备 I/O 可以用 `iostat(1)` 来观测，它能指出系统是否在换页。
- `perf`：第 6 章中介绍过，利用它能观察 CPI、MMU/TSB 事件，以及源自 CPU 性能计数器的内存总线的停滞周期计数。它还提供缺页以及一些内核内存（kmem）事件的探针。
- **/proc/zoneinfo**：内存区域（NUMA 节点）的统计信息。
- **/proc/buddyinfo**：内核页面伙伴分配器统计信息。

其他 **Solaris** 内存性能工具如下。

- `prtconf`：显示安装的物理内存大小（可以使用`| grep Mem`，或者新版本中的选项 `-m` 来过滤输出）。
- `prtdiag`：（在支持的系统中）显示物理内存布局。
- `swap`：交换统计信息，即列出交换设备（`-l`），以及汇总其使用情况（`-s`）。
- `iostat`：如果交换设备是物理磁盘或块，设备 I/O 可以用 `iostat(1)` 来观测，它能指出系统是否在换页或者交换。
- `cpustat`：第 6 章中介绍过，利用它能观察 CPI、MMU/TSB 事件，以及源自 CPU 性能计数器的内存总线的停顿周期计数。
- `trapstat`：输出陷阱统计信息，其中包括不同页面大小的 TLB/TSB 未命中率，和 CPU 使用率的百分比。目前仅支持 SPARC 处理器。

- **kstat**：包括有利于理解内核内存使用的更多统计信息。大多数相关的文档只能在源代码中找到（如果存在）。

应用程序和虚拟机（例如 Java 虚拟机）可能提供了它们自己的内存分析工具，见第 5 章。

一些分配器为了可观测性，自己维护统计信息。例如 Solaris 中 libumem 库可以用 `mdb(1)` 的调试器命令来观察。

```
# mdb leaky_core.11493
Loading modules: [ libumem.so.1 libc.so.1 ld.so.1 ]
> ::vmem
ADDR             NAME                    INUSE        TOTAL     SUCCEED    FAIL
fffffd7ffdb6d4f0 sbrk_top            14678769664  31236771840    34038748  64125
fffffd7ffdb6e0f8   sbrk_heap         14678769664  14678769664    34038748      0
fffffd7ffdb6ed00     vmem_internal     320589824    320589824       71737      0
fffffd7ffdb6f908       vmem_seg        293679104    293679104       71699      0
fffffd7ffdb70510       vmem_hash        26870272     26873856          33      0
fffffd7ffdb71118       vmem_vmem           46200        55344          15      0
000000000067e000       umem_internal    91463936     91467776       20845      0
000000000067f000         umem_cache       113696       180224          44      0
0000000000680000         umem_hash       7455232      7458816          54      0
0000000000681000       umem_log              0            0           0      0
0000000000682000       umem_firewall_va      0            0           0      0
0000000000683000         umem_firewall       0            0           0      0
0000000000684000       umem_oversize   5964579061   6179110912    32905555      0
0000000000686000       umem_memalign         0            0           0      0
0000000000695000       umem_default    8087601152   8087601152     1040611      0
> ::umem_malloc_info
CACHE            BUFSZ  MAXMAL BUFMALLC  AVG_MAL   MALLOCED   OVERHEAD  %OVER
0000000000697028     8       0        0        0          0          0   0.0%
0000000000698028    16       8    19426        8     155400     160349 103.1%
0000000000699028    32      16    19529       16     312464     322383 103.1%
000000000069a028    48      32  1007337       24   24186306   24933364 103.0%
000000000069b028    64      48    54161       40    2166755    1354569  62.5%
[...]
00000000006b7028  4096    4080     5760     3489   20096972    3956788  19.6%
00000000006b8028  4544    4528   205210     4294  881092360   70876830   8.0%
00000000006b9028  8192    8176   544525     5560 3027503427 1476807373  48.7%
00000000006ba028  9216    9200    44217     8653  382609833   26574285   6.9%
00000000006bb028 12288   12272    76066    10578  804644758  136139430  16.9%
00000000006bc028 16384   16368    43619    13811  602419234  115723982  19.2%
```

这显示出`::vmem`，它输出 libumem 占用的内部虚拟内存结构及其使用；以及`::umem_malloc_info`，它按缓存输出分配的统计信息，这能指出不同内存长度的使用模式（比较 `BUFSZ` 和 `MALLOCED`）。尽管只提供基本属性，这些命令能清楚地显示通常不透明的进程堆。

7.6 调优

最重要的内存调优是保证应用程序保留在主存中，并且避免换页和交换经常发生。如何发现这类问题在 7.4 节和 7.5 节中介绍过。本节讨论其他的内存调优：内核可调参数、配置大页面、分配器和资源控制。

这些调优的具体细节——有哪些可用选项以及如何设置它们——依操作系统版本和工作负载不同而不同。按调优类型组织的以下章节会用示例介绍哪些是可能可用的调优以及需要调优的原因。

7.6.1 可调参数

本节介绍基于新版本 Linux 和 Solaris 内核的可调参数示例。

Linux

Documentation/sysctl/vm.txt 的内核源代码文档中介绍了多种可调参数，并且也能用 `sysctl(8)` 设置。表 7.7 的示例来自内核版本 3.2.6，默认值源自 Fedora 16。

表 7.7 Linux 内存可调参数示例

选项	默认值	描述
vm.dirty_background_bytes	0	触发 pdflush 后台回写的脏存储器量
vm.dirty_background_ratio	10	触发 pdflush 后台回写的脏系统存储器百分比
vm.dirty_bytes	0	触发一个写入进程开始回写的脏存储器量
vm.dirty_ratio	20	触发一个写入进程开始回写的脏系统存储器比例
vm.dirty_expire_centisecs	3000	适用 pdflush 的脏存储器最小时间
vm.dirty_writeback_centisecs	500	pdflush 活跃时间间隔（0 为停用）
vm.min_free_kbytes	dynamic	设置期望的空闲存储器量（一些内核自动分配器能消耗它）
vm.overcommit_memory	0	0 = 利用探索法允许合理的过度分配；1 = 一直过度分配；3 = 禁止过度分配
vm.swappiness	60	相对于页面高速缓存回收更倾向用交换（换页）释放存储器的程度
vm.vfs_cache_pressure	100	回收高速缓存的目录和 inode 对象的程度。较低的值会保留更多；0 意味着从不回收——容易导致存储器耗尽的情况

这些可调参数使用统一的命名规则，包含单位。注意 dirty_background_bytes 和 dirty_background_ratio 是互斥的，dirty_bytes 与 dirty_ratio 也是（仅能设置一个）。

vm.min_free_kbytes 的长度动态设置为主存的一小部分。由于对空闲内存的需求与主存大小没有线性比例关系，选择该数值的算法是非线性的。（参考 mm/page_alloc.c 中的文档）降低 vm.min_free_kbytes 能为应用程序释放一些内存，但是这也会导致内核在内存压力下不堪重负而更早地使用 OOM。

另一个避免 OOM 的参数是 vm.overcommit_memory，设置为 2 会禁用过度提交因此避免一些导致 OOM 的情况。如果希望按进程的方式控制 OOM 终结者，可以检查你的内核版本，查找如 oom_adj 或 oom_score_adj 的/proc 可调参数。Documentation/filesystems/proc.txt 中有介绍。

如果在适当的时机交换应用程序内存，vm.swappiness 可调参数对性能会产生显著的影响。这个参数的取值范围为 0～100，这里高数值偏好交换应用程序而保有页面缓存。将该数设为 0 也许更可取，因为应用程序内存能尽可能久地驻留，但这是以页面缓存为代价的。当仍然缺少内存时，内核仍可以用交换。

Solaris

表 7.8 列出关键的内存可调参数，它们能通过/etc/system 设置，通常包含默认值。完整的列表、设置指导、介绍以及警告请参考供应商的文档。之前的图 7.11 列出了其中的一部分。

表 7.8 Solaris 内存可调参数示例

选项	默认值	单位	描述
lotsfree	1/64 mem	页面	开始页面扫描的阈值（带有亏空）
desfree	1/128 mem	页面	目标空闲存储器，低于该值 30 秒触发交换
minfree	1/256 mem	页面	开始阻塞存储器分配
throttlefree	1/256 mem	页面	阻塞存储器分配阈值（休眠）
pageout_reserve	1/512 mem	页面	为页面换出和调度器保留的页面
slowscan	100	页面/秒	开始扫描的速率
fastscan	64 MB	页面/秒	最大扫描速率
maxpgio	40	页面	最大允许队列的页面 I/O

pagesize(1)命令能显示这些单位的含义。注意一些情况下调整内核参数是被公司或者供应商政策禁止的（需要提前检查）。这些应该已经被设置为合适的值并且不需要调整。

在有大量内存的系统中（超过 100GB），把部分参数调低可能更合适。这能释放更多内存给应用程序。有多个存储设备的系统中（例如存储阵列），或许需要调高 maxpgio，这样队列长度更适合当前可用的 I/O 能力。

7.6.2 多个页面大小

更大的页面能通过提高 TLB 缓存命中率（增加它的覆盖范围）来提升内存 I/O 性能。现代处理器支持多个页面大小，例如默认的 4KB 以及 2MB 的大页面。

在 Linux 中，有许多设置大页面（称为巨页面）的方法，可参考 Documentation/vm/hugetlbpage.txt。

这些通常始于创建巨页面：

```
# echo 50 > /proc/sys/vm/nr_hugepages
# grep Huge /proc/meminfo
AnonHugePages:         0 kB
HugePages_Total:      50
HugePages_Free:       50
HugePages_Rsvd:        0
HugePages_Surp:        0
Hugepagesize:       2048 kB
```

一个应用程序使用巨页面的方法是用共享内存段，并传递 `SHM_HUGETLBS` 给 `shmget()`。另一个方法创建了一个基于巨页面的文件系统，允许应用程序从中映射内存：

```
# mkdir /mnt/hugetlbfs
# mount -t hugetlbfs none /mnt/hugetlbfs -o pagesize=2048K
```

其他的方法包括传递 `MAP_ANONYMOUS|MAP_HUGETLB` 给 `mmap()` 并使用 libhugetlbfs API [4]。

最近，有人开发了对透明巨页面（THP）的支持。合适的时候会使用巨页面，不需要系统管理员的人为操作[5]。参考 Documentation/vm/transhuge.txt。

在基于 Solaris 的系统中，大页面的设置可由设置应用程序环境使用 libmpss.so.1 库实现。例如：

```
$ LD_PRELOAD=$LD_PRELOAD:mpss.so.1
$ MPSSHEAP=2M
$ export LD_PRELOAD MPSSHEAP
```

以上可以加入应用程序的启动脚本。内核会动态创建大页面，并且仅在有足够页面的情况下才会成功（否则默认为较小的页面）。

7.6.3 分配器

有多种为多线程应用程序提升性能的用户级分配器可供选用。可以在编译阶段选择，也可以在执行时用 `LD_PRELOAD` 环境变量设置。

例如，Solaris 中的 libumem 分配器可以这样选择：

```
export LD_PRELOAD=libumem.so
```

这可以加入到应用程序的启动脚本。

7.6.4 资源控制

基础的资源控制，包括设置主存限制和虚拟内存限制，可以用 ulimit(1) 实现。

Linux 中，控制组[1]（cgroup）的内存子系统可提供多种附加控制，如下。

- `memory.memsw.limit_in_bytes`：允许的最大内存和交换空间，单位是字节。
- `memory.limit_in_bytes`：允许的最大用户内存，包括文件缓存，单位是字节。
- `memory.swappiness`：类似之前描述的 vm.swappiness，差别是可以设置于 cgroup。
- `memory.oom_control`：设置为 0，允许 OOM 终结者运用于这个 cgroup，或者设置为 1，禁用。

基于 **Solaris** 的系统中，资源控制可用 prctl(1) 命令按区域或者按项目施加内存限制。它利用限制内存页面换出，而不是使内存分配失败来控制其极限。这可能更适用于不同的目标应用程序。第 11 章 11.2 节中会介绍。

7.7 练习

1. 回答以下关于内存术语的问题：
    - 什么是内存页面？
    - 什么是常驻内存？
    - 什么是虚拟内存？
    - UNIX 术语中，换页与交换的区别？
    - Linux 术语中，换页与交换的区别？

2. 回答以下概念问题：

   - 按需换页的用途是什么？
   - 描述内存使用率和饱和度。
   - MMU 和 TLB 的用途是什么？
   - 页面换出守护进程的作用是什么？
   - OOM 终结者的作用是什么？

3. 回答以下深层次的问题：

   - 什么是匿名换页，以及为什么分析它比分析文件系统换页更重要？
   - 描述基于 Linux 或者 Solaris 的系统（选取一个）中可用内存即将耗尽时内核为了释放更多内存会采取的步骤。
   - 描述基于 slab 的分配器的性能优势。

4. 对你的操作系统制定如下的操作步骤：

   - 针对内存资源 USE 方法的检查清单，包括如何收集每个指标（例如执行哪个命令）以及如何解读结果。在安装或使用额外的软件工具前，尝试使用操作系统自带的观测工具。
   - 针对内存资源工作负载特征的检查清单。包括如何收集每个指标，并且尝试首先使用操作系统自带的观测工具。

5. 完成这些任务：

   - 选择一个应用程序，然后汇总发生内存分配的代码路径（`malloc()`）。
   - 选择一个会有一定程度的内存增长的应用程序（调用 `brk()`），然后汇总发生这种增长的代码路径。
   - 描述只在如下 Linux 屏幕截图中看到的内存活动。

```
# vmstat 1
procs -----------memory---------- ---swap-- -----io---- --system-- -----cpu-----
 r  b   swpd   free   buff  cache   si   so    bi    bo   in   cs us sy id wa st
 2  0 413344  62284     72   6972    0    0    17    12    1    1  0  0 100 0  0
 2  0 418036  68172     68   3808    0 4692  4520  4692 1060 1939 61 38  0  1  0
 2  0 418232  71272     68   1696    0  196 23924   196 1288 2464 51 38  0 11  0
 2  0 418308  68792     76   2456    0   76  3408    96 1028 1873 58 39  0  3  0
 1  0 418308  67296     76   3936    0    0  1060     0 1020 1843 53 47  0  0  0
 1  0 418308  64948     76   3936    0    0     0     0 1005 1808 36 64  0  0  0
 1  0 418308  62724     76   6120    0    0  2208     0 1030 1870 62 38  0  0  0
 1  0 422320  62772     76   6112    0 4012     0  4016 1052 1900 49 51  0  0  0
 1  0 422320  62772     76   6144    0    0     0     0 1007 1826 62 38  0  0  0
 1  0 422320  60796     76   6144    0    0     0     0 1008 1817 53 47  0  0  0
```

```
1  0 422320  60788  76 6144     0     0     0  1006 1812 49 51  0  0
3  0 430792  65584  64 5216     0  8472  4912  8472 1030 1846 54 40  0  6  0
1  0 430792  64220  72 6496     0     0  1124    16 1024 1857 62 38  0  0  0
2  0 434252  68188  64 3704     0  3460  5112  3460 1070 1964 60 40  0  0  0
2  0 434252  71540  64 1436     0     0 21856     0 1300 2478 55 41  0  4  0
1  0 434252  66072  64 3912     0     0  2020     0 1022 1817 60 40  0  0  0
[...]
```

6. （可选，高级）找到或者开发揭示内核 NUMA 内存本地性在实际环境中的工作状态的指标。为测试这些指标，开发"已知"的具有好的或者差的内存本地性工作负载。

7. （可选，高级）开发一个能够测量或者估计一个进程的工作集大小的工具。它应能在生产环境中安全地使用（一个也许不可能实现的要求）。一部分解决方案是仅对文件系统页面（不包括堆）使用。

7.8 参考资料

[Corbató 68]	Corbató, F. J. *A Paging Experiment with the Multics System*. MIT Project MAC Report MAC-M-384, 1968.
[Denning 70]	Denning, P. "Virtual Memory," *ACM Computing Surveys (CSUR)* 2, no. 3 (1970).
[Peterson 77]	Peterson, J., and T. Norman. "Buddy Systems," *Communications of the ACM*, 1977.
[Thompson 78]	Thompson, K. *UNIX Implementation*. Bell Laboratories, 1978.
[Babaoglu 79]	Babaoglu, O., W. Joy, and J. Porcar. *Design and Implementation of the Berkeley Virtual Memory Extensions to the UNIX Operating System*. Computer Science Division, Department of Electrical Engineering and Computer Science, University of California, Berkeley, 1979.
[Bach 86]	Bach, M. J. *The Design of the UNIX Operating System*. Prentice Hall, 1986.
[Bonwick 94]	Bonwick, J. "The Slab Allocator: An Object-Caching Kernel Memory Allocator." USENIX, 1994.
[Vahalia 96]	Vahalia, U. *UNIX Internals: The New Frontiers*. Prentice Hall, 1996.
[Bonwick 01]	Bonwick, J., and J. Adams. "Magazines and Vmem: Extending the Slab Allocator to Many CPUs and Arbitrary

Resources." USENIX, 2001.

[Gorman 04]   Gorman, M. *Understanding the Linux Virtual Memory Manager*. Prentice Hall, 2004.

[McDougall 06a]   McDougall, R., and J. Mauro. *Solaris Internals: Solaris 10 and OpenSolaris Kernel Architecture*. Prentice Hall, 2006.

[McDougall 06b]   McDougall, R., J. Mauro, and B. Gregg. *Solaris Performance and Tools: DTrace and MDB Techniques for Solaris 10 and OpenSolaris*. Prentice Hall, 2006.

[Intel 12]   *Intel 64 and IA-32 Architectures Software Developer's Manual,* Combined Volumes: 1, 2A, 2B, 2C, 3A, 3B and 3C. Intel, 2012.

[1]   http://lwn.net/Articles/83588/, 2004

[2]   http://lwn.net/Articles/229096/, 2007

[3]   http://valgrind.org/docs/manual/, 2012

[4]   http://lwn.net/Articles/375096/, 2010

[5]   http://lwn.net/Articles/423584/, 2011

第 8 章

文件系统

研究应用程序 I/O 性能时经常会发现，文件系统性能比磁盘性能更为重要。文件系统通过缓存、缓冲以及异步 I/O 等手段来缓和磁盘（或者远程系统）的延时对应用程序的影响。尽管如此，性能分析和可用的工具集一直集中在磁盘性能方向。

在动态跟踪技术发达的今天，文件系统分析既简单又实用。本章展示了如何详细剖析文件系统请求，包括从应用程序的角度，使用动态跟踪去度量开始到结束的时间。这使得我们在寻找糟糕性能来源的时候，能够很快排除文件系统以及底下磁盘设备的嫌疑，并把关注点放到其他方面。

本章由五部分组成，前三部分简述了文件系统分析基础知识，后两部分展现了这些分析在基于 Linux 和 Solaris 系统上的实际应用。细节如下：

- **背景**介绍了文件系统相关术语、基本模型，并简述了文件系统的原理以及文件系统性能相关的关键概念。
- **架构**介绍了一般和特殊的文件系统架构。
- **方法**描述了性能分析的方法，包含了观察法和实验法。
- **分析**展示了基于 Linux 和 Solaris 文件系统的性能工具，包括了静态和动态工具。
- **调优**描述了文件系统的可调参数。

8.1 术语

为了方便参考，本章使用的文件系统相关术语介绍如下。

- **文件系统**：一种把数据组织成文件和目录的存储方式，提供了基于文件的存取接口，并通过文件权限控制访问。另外，还包括一些表示设备、套接字和管道的特殊文件类型，以及包含文件访问时间戳的元数据。
- **文件系统缓存**：主存（通常是 DRAM）的一块区域，用来缓存文件系统的内容，可能包含各种数据和元数据。
- **操作**：文件系统的操作是对文件系统的请求，包括 `read()`、`write()`、`open()`、`close()`、`stat()`、`mkdir()` 以及其他操作。
- **I/O**：输入/输出。文件系统 I/O 有好几种定义，这里仅仅指直接读写（执行 I/O）的操作，包括 `read()`、`write()`、`stat()`（读的统计信息）和 `mkdir()`（创建一个新的目录项）。I/O 不包括 `open()` 和 `close()`。
- **逻辑 I/O**：由应用程序发给文件系统的 I/O。
- **物理 I/O**：由文件系统直接发给磁盘的 I/O（或者通过裸 I/O）。
- **吞吐量**：当前应用程序和文件系统之间的数据传输率，单位是 B/s。
- **inode**：一个索引节点（inode）是一种含有文件系统对象元数据的数据结构，其中有访问权限、时间戳以及数据指针。
- **VFS**：虚拟文件系统，一个为了抽象与支持不同文件系统类型的内核接口。在 Solaris 上，一个 VFS inode 被称为一个 vnode。
- **卷管理器**：灵活管理物理存储设备的软件，在设备上创建虚拟卷供操作系统使用。

其他术语会在本章里穿插介绍。术语表包括了供参考的基本名词，包括 fsck、IOPS、操作率（Operation Rate）和 POSIX。另外可参考第 2 章和第 3 章的术语部分。

8.2 模型

以下的简单模型演示了文件系统的一些基本原理以及它们对性能的影响。

8.2.1 文件系统接口

图 8.1 从接口的角度展示了文件系统的基本模型。

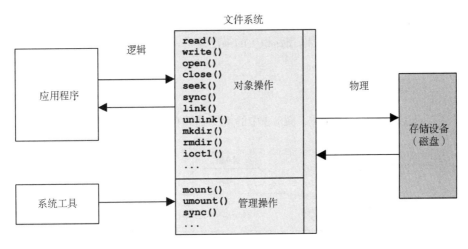

图 8.1 文件系统接口

图中还标出了逻辑与物理操作发生的区域,详见 8.3.12 节的介绍。

研究文件系统性能的方法里,有一种方法是把它当成一个黑盒子,只关注对象操作的时间延时,在 8.5.2 节有详细的阐述。

8.2.2 文件系统缓存

图 8.2 描绘了在响应读操作的时候,存储在主存里的普通文件系统缓存情况。

读操作从缓存返回(缓存命中)或者从磁盘返回(缓存未命中)。未命中的操作被存储在缓存中,并填充缓存(热身)。

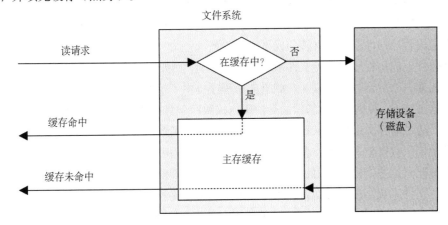

图 8.2 文件系统主存缓存

文件系统缓存可能也用来缓冲写操作，使之延时写入（刷新）。不同文件系统有不同的实现这种机制的手段，在 8.4 节中可以找到相应的描述。

8.2.3 二级缓存

二级缓存可能是各种存储介质，图 8.3 中的例子是闪存。这种类型的缓存首见于 ZFS。

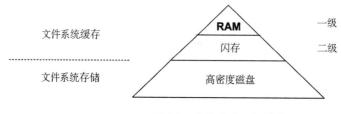

图 8.3 文件系统二级缓存

8.3 概念

下面是有关文件系统性能的几个关键概念。

8.3.1 文件系统延时

文件系统延时是文件系统性能一项主要的指标，指的是一个文件系统逻辑请求从开始到结束的时间。它包括了消耗在文件系统、内核磁盘 I/O 子系统以及等待磁盘设备——物理 I/O 的时间。应用程序的线程通常在请求时阻塞，等待文件系统请求的结束。这种情况下，文件系统的延时与应用程序的性能有着直接和成正比的关系。

有些条件下应用程序并不受文件系统的直接影响，例如非阻塞 I/O，或者 I/O 由一个异步线程发起（比如一个后台刷新线程）。如果应用程序提供了足够详细的文件系统使用指标，有可能识别出这种情况。否则，一般的做法是使用内核跟踪工具打印出用户层发起文件系统逻辑 I/O 的调用栈，通过研究调用栈可以看出，应用程序里哪个函数产生了 I/O。

文件系统一直以来未开放查看文件系统延时的接口，相反提供了磁盘设备级别的指标信息。但是很多情况下这些指标和应用程序并无直接的关系，即便并非毫无联系，也是难以理解的。举个例子，文件系统会在后台刷新一些要写入的数据到磁盘上，看上去可能像突然爆发的高延时磁盘 I/O。从磁盘设备的指标来看，这值得引起警惕，然而，没有任何一个应用程序在等待这些操作完成。更多的例子参见 8.3.12 节。

8.3.2 缓存

文件系统启动之后会使用主存（RAM）当缓存以提高性能。对应用程序这是透明的：它们的逻辑 I/O 延时小了很多，因为可以直接从主存返回而不是从慢得多的磁盘设备返回。

随着时间的流逝，缓存大小不断增长而操作系统的空余内存不断减小，这会影响新用户，不过这再正常不过了。原则如下：如果还有空闲内存，就用来存放有用的内容。当应用程序需要更多的内存时，内核应该迅速从文件系统缓存中释放一些以备使用。

文件系统用缓存（caching）提高读性能，而用缓冲（buffering）（在缓存中）提高写性能。文件系统和块设备子系统一般使用多种类型的缓存，表 8.1 中有一些具体的例子。

8.4 节描述了一些专用缓存类型。第 3 章里有完整的缓存列表（包括了应用程序和设备级别）。

表 8.1 缓存类型示例

缓存	示例
页缓存	操作系统页缓存
文件系统主存	ZFS ARC
文件系统二级缓存	ZFS L2ARC
目录缓存	目录缓存，DNLC
inode 缓存	inode 缓存
设备缓存	ZFS vdev
块设备缓存	块缓存（buffer cache）

8.3.3 随机与顺序 I/O

一连串的文件系统逻辑 I/O，按照每个 I/O 的文件偏移量，可以分为随机 I/O 与顺序 I/O。顺序 I/O 里每个 I/O 都开始于上一个 I/O 结束的地址。随机 I/O 则找不出 I/O 之间的关系，偏移量随机变化。随机的文件系统负载也包括存取随机的文件。图 8.4 展示了这些访问模式，给出了一组连续 I/O 和文件偏移量的例子。

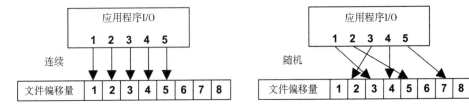

图 8.4 顺序和随机文件 I/O

由于存储设备的某些性能特征（在第 9 章中阐述）的缘故，文件系统一直以来在磁盘上顺序和连续地存放文件数据，以努力减小随机 I/O 的数目。当文件系统未能达成这个目标时，文件的摆放变得杂乱无章，顺序的逻辑 I/O 被分解成随机的物理 I/O，这种情况我们称为碎片化。

文件系统可以测量逻辑 I/O 的访问模式，从中识别出顺序 I/O，然后通过预取或者预读来提高性能。下一节将会覆盖这些内容。

8.3.4 预取

大量的文件顺序读 I/O，例如文件系统备份，是常见的文件系统负载。这种数据量可能太大了，放不进缓存，或者只读一次而在缓存里留不住（取决于缓存的回收策略）。这样的负载下，由于缓存命中率偏低，系统性能较差。

预取是文件系统解决这个问题的通常做法。通过检查当前和上一个 I/O 的文件偏移量，可以检测出当前是否是顺序读负载，并且做出预测，在应用程序请求前向磁盘发出读命令，以填充文件系统缓存。这样如果应用程序真的发出了读请求，就会命中缓存（需要的数据已经在缓存里）。下面的例子中，缓存一开始是空的：

1. 一个应用程序对某个文件调用 `read()`，把控制权交给内核。
2. 文件系统发起磁盘读操作。
3. 将上一次文件偏移量指针和当前地址进行比对，如果发现是顺序的，文件系统就会发起额外的读请求。
4. 第一次的读取结束返回，内核把数据和控制权交还给应用程序。
5. 额外的读请求也结束返回，并填进缓存，以备将来应用程序的读取。

同样的场景在图 8.5 中也有描绘。图中应用程序读了 1 号地址，接着对 2 号地址的读取触发了接下来三个地址的预取。

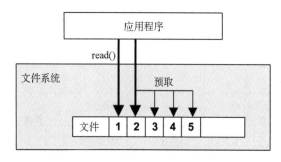

图 8.5 文件系统预取

预取的预测一旦准确，应用程序的读性能将会有显著提升，磁盘在应用程序请求前就把数据读出来了。而一旦预测不准，文件系统会发起应用程序不需要的 I/O，不仅污染了缓存，也消耗了磁盘和 I/O 传输的资源。文件系统一般允许对预取参数进行调优。

8.3.5 预读

预取一直也被认为是预读。最近，Linux 采用了"预读"这个词作为一个系统调用，`readahead(2)`，允许应用程序显式地预热文件系统缓存。

8.3.6 写回缓存

写回缓存广泛地应用于文件系统，用来提高写性能。它的原理是，当数据写入主存后，就认为写入已经结束并返回，之后再异步地把数据刷入磁盘。文件系统写入"脏"数据的过程称为刷新（flushing）。例子如下：

1. 应用程序发起一个文件的 `write()` 请求，把控制权交给内核。
2. 数据从应用程序地址空间复制到内核空间。
3. `write()` 系统调用被内核视为已经结束，并把控制权交还给应用程序。
4. 一段时间后，一个异步的内核任务定位到要写入的数据，并发起磁盘的写请求。

这期间牺牲了可靠性。基于 DRAM 的主存是不可靠的，"脏"数据会在断电的情况下丢失，而应用程序却认为写入已经完成。并且，数据可能被非完整写入，这样磁盘上的数据就是在一种破坏（corrupted）的状态。

如果文件系统的元数据遭到破坏，那可能无法加载。到了这一步，只能从系统备份中还原，造成长时间的宕机。更糟糕的是，如果损坏蔓延到了应用程序读写的文件内容，那业务就会受到严重冲击。

为了平衡系统对于速度和可靠性的需求，文件系统默认采用写回缓存策略，但同时也提供一个同步写的选项绕过这个机制，把数据直接写在磁盘上。

8.3.7 同步写

同步写完成的标志是，所有的数据以及必要的文件系统元数据被完整地写入到永久存储介质（如磁盘设备）中。由于包含了磁盘 I/O 的延时，所以肯定比异步写（写回缓存）慢得多。有些应用程序，例如数据库写日志，因完全不能承担异步写带来的数据损坏风险，而使用了同步写。

同步写有两种形式：单次 I/O 的同步写，和一组已写 I/O 的同步提交。

单次同步写

当使用 O_SYNC 标志，或者其他变体，如 O_DSYNC 和 O_RSYNC（在 Linux 2.6.31 里被 glib 映射成 O_SYNC）打开一个文件后，这个文件的写 I/O 即为同步。一些文件系统接受加载选项，可以强制所有文件的所有写 I/O 为同步。

同步提交已写内容

一个应用程序可能在检查点使用 fsync() 系统调用，同步提交之前异步写入的数据，通过合并同步写提高性能。

还有其他情况会提交之前的写入，例如关闭文件句柄，或者一个文件里有过多未提交缓冲。前者在解开含有很多文件的打包档案时较为明显，特别是在 NFS 挂载的文件系统上。

8.3.8 裸 I/O 和直接 I/O

应用程序可能会用到的其他 I/O 种类如下。

裸 I/O：绕过了整个文件系统，直接发给磁盘地址。有些应用程序使用了裸 I/O（特别是数据库），因为它们能比文件系统更好地缓存自己的数据。其缺点在于难以管理，即不能使用常用文件系统工具执行备份/恢复和监控。

直接 I/O：允许应用程序绕过缓存使用文件系统。这有点像同步写（但缺少 O_SYNC 选项提供的保证），而且在读取时也能用。它没有裸 I/O 那么直接，文件系统仍然会把文件地址映射到磁盘地址，I/O 可能会被文件系统重新调整大小以适应文件系统在磁盘上的块大小（记录尺寸）。不仅仅是读缓存和写缓冲，预取可能也会因此失效，具体取决于文件系统的实现。

直接 I/O 可用于备份文件系统的应用程序，防止只读一次的数据污染文件系统缓存。裸 I/O 和直接 I/O 还可以用于那些在进程堆里自建缓存的应用程序，避免了双重缓存的问题。

8.3.9 非阻塞 I/O

一般而言，文件系统 I/O 要么立刻结束（如从缓存返回），要么需要等待（比如等待磁盘设备 I/O）。如果需要等待，应用程序线程会被阻塞并让出 CPU，在等待期间给其他线程执行的机会。虽然被阻塞的线程不能执行其他工作，但问题不大，多线程的应用程序会在有些线程被阻塞的情况下创建额外的线程来执行任务。

某些情况下，非阻塞 I/O 正合适，因为可以避免线程创建带来的额外性能和资源开销。在调用 open() 系统调用时，可以传入 O_NONBLOCK 或者 O_NDELAY 选项使用非阻塞 I/O。这样读写时就会返回错误代码 EAGAIN，让应用程序过一会儿再重试，而不是阻塞调用。（有可能仅仅建议的或者强制的文件锁才支持非阻塞功能，具体取决于文件系统实现。）

第 5 章也介绍了非阻塞 I/O。

8.3.10 内存映射文件

对于某些应用程序和负载，可以通过把文件映射到进程地址空间，并直接存取内存地址的方法来提高文件系统 I/O 性能。这样可以避免调用 `read()` 和 `write()` 存取文件数据时产生的系统调用和上下文切换开销。如果内核支持直接复制文件数据缓冲到进程地址空间，那么还能防止复制数据两次。

内存映射通过系统调用 `mmap()` 创建，通过 `munmap()` 销毁。映射可以用 `madvise()` 调整，8.8 节里总结了相关内容。部分应用程序提供一个选项（可能称作"mmap 模式"），以使用 mmap 系统调用。例如 Riak 数据库可使用 mmap 建立内存数据存储。

我注意到，有试图在没有分析系统的情况下使用 `mmap()` 解决文件系统性能问题的趋势。如果问题在于磁盘设备的高 I/O 延时，用 `mmap()` 消除小小的系统调用开销，是无济于事的，这时，磁盘设备的高 I/O 问题并没有解决并仍在拖累性能。

在多处理器系统上使用映射文件的缺点在于同步每个 CPU MMU 的开销，尤其是跨 CPU 的映射删除调用（TLB 击落）。延时 TLB 更新（延时击落）可能把影响最小化，取决于内核和映射项 [Vahalia 96]。

8.3.11 元数据

如果说数据对应了文件和目录的内容，那元数据则对应了有关它们的信息。元数据可能是通过文件系统接口（POSIX）读出的信息，也可能是文件系统实现磁盘布局所需的信息。前者被称为逻辑元数据，后者被称为物理元数据。

逻辑元数据

逻辑元数据是用户（应用程序）读取或者写入的信息。

- 显式：读取文件统计信息（`stat()`），创建和删除文件（`creat()`、`unlink()`）及目录（`mkdir()`、`rmdir()`）。
- 隐式：文件系统存取时间戳的更新，目录修改时间戳的更新。

"元数据密集"的负载通常指那些频繁操作逻辑元数据的行为，甚至超过了文件内容的读取。例如 Web 服务器用 stat() 查看文件，确保文件在缓存后没有修改。

物理元数据

为了记录文件系统的所有信息，有一部分元数据与磁盘布局相关，这就是物理元数据。物理元数据的类型依赖于文件系统类型，可能包括了超级块、inode、数据块指针（主数据、从数据，等等）以及空闲链表。

逻辑元数据和物理元数据是造成逻辑 I/O 和物理 I/O 之间差异的一个原因。

8.3.12 逻辑 I/O vs.物理 I/O

尽管看似违背常理，应用程序向文件系统发起的 I/O（逻辑 I/O）与磁盘 I/O（物理 I/O）可能并不相称，原因很多。

文件系统的工作不仅仅是在永久存储介质（磁盘）上提供一个基于文件的接口那么简单。它们缓存读、缓冲写，发起额外的 I/O 维护磁盘上与物理布局相关的元数据，这些元数据记录了数据存储的位置。这样的结果是，与应用程序 I/O 相比，磁盘 I/O 有时显得无关、间接、放大或者缩小。举例如下。

无关

以下因素可能造成磁盘 I/O 与应用程序无关。

- **其他应用程序**：磁盘 I/O 来源于其他应用程序。
- **其他租户**：磁盘 I/O 来源于其他租户（可在虚拟化技术的帮助下通过系统工具查看）。
- **其他内核任务**：例如内核在重建一个软 RAID 卷或者执行异步文件系统校验验证时（参见 8.4 节）。

间接

以下因素可能造成应用程序 I/O 与磁盘 I/O 之间没有直接对应关系。

- **文件系统预取**：增加额外的 I/O，这些 I/O 应用程序可能用得到，也可能用不到。
- **文件系统缓冲**：通过写回缓存技术推迟和归并写操作，之后再一并刷入磁盘。有些文件系统可能会缓冲数十秒后一起写入，造成偶尔的突发大 I/O。

缩小

以下因素可能造成磁盘 I/O 小于应用程序 I/O，甚至完全消失。

- **文件系统缓存**：直接从主存返回，而非磁盘。
- **文件系统写抵消**：在一次性写回到磁盘之前，同一个地址被修改了多次。

- **压缩**：减少了从逻辑 I/O 到物理 I/O 的数据量。
- **归并**：在向磁盘发 I/O 前合并连续 I/O。
- **内存文件系统**：也许永远不需要写入到磁盘的内容（如 tmpfs）。

放大

以下因素可能造成磁盘 I/O 大于应用程序 I/O。

- **文件系统元数据**：增加了额外的 I/O。
- **文件系统记录尺寸**：向上对齐的 I/O 大小（增加了字节数），或者被打散的 I/O（增加了 I/O 数量）。
- **卷管理器奇偶校验**：读-改-写的周期会增加额外的 I/O。

例子

下面这个列举步骤的例子描述了应用程序写入一个字节的背后发生了什么，也演示了上面这些因素是如何一起作用的：

1. 一个应用程序对一个已有的文件发起了一个一字节的写操作。
2. 文件系统定位了这个地址对应的 128KB 数据块，发现它未在缓存中（尽管指向数据块的元数据被缓存了）。
3. 文件系统请求从磁盘载入那个记录块。
4. 磁盘设备层把 128KB 字节的读请求分拆成适配设备的较小读请求。
5. 磁盘执行了多次较小的读请求，总共 128KB。
6. 文件系统把要写入的那个字节替换成新的数据。
7. 一段时间后，文件系统请求把 128KB 的"脏"记录写回到磁盘。
8. 磁盘写入 128KB 的记录（如果有需要还要分拆请求）。
9. 文件系统写入新的元数据，比如引用（为了写时复制）或者访问时间。
10. 磁盘执行更多的写入操作。

这样，即便应用程序只执行了一个字节的写操作，磁盘也承担了多次读（共 128KB）和更多的写（超过 128KB）操作。

8.3.13 操作并不平等

看过前面的章节，你也许会理解为什么不同文件系统操作之间会有巨大的性能差异。单从操作频率来看，你并不了解"每秒 500 次操作"的负载的性能如何。有些操作可能从文件系统缓存中返回，直逼主存的速度；而其他可能从磁盘返回，慢上好几个数量级。其他关键的因素包括，操作是随机还是连续的、读取还是写入的、同步写还是异步写、I/O 大小、是否包含其他操作类型，以及 CPU 执行消耗。

习惯做法是对不同的文件系统操作跑微型基准测试，以确定它们的性能特征。表 8.2 里的结果来自一个 ZFS 文件系统，CPU 是 Intel Xeon 2.4GHz 多核处理器。

表 8.2　文件系统操作延时示例

操作	平均时间（μs）
open()	2.2
close()	0.7
read() 4KB（已缓存）	3.3
read() 128KB（已缓存）	13.9
write() 4KB（异步）	9.3
write() 128KB（异步）	55.2

这些测试并未包括存储设备，仅包括了文件系统软件和 CPU 速度的测试。一些特殊的文件系统并不存取存储设备。

8.3.14　特殊文件系统

文件系统的目的通常是持久地存储数据，但有些特殊的文件系统也有着其他用途，比如临时文件（/tmp）、内核设备路径（/dev）和系统统计信息（/proc）。

8.3.15　访问时间戳

许多文件系统支持访问时间戳，可以记录下每个文件和目录被访问（读取）的时间。这会造成读取文件时需要更新元数据，读取变成了消耗磁盘 I/O 资源的写负载。8.8 节演示了如何关闭这种元数据更新。

有些文件系统对访问时间戳做了优化，合并及推迟这些写操作，以减少对有效负载的干扰。

8.3.16　容量

当文件系统装满时，性能会因为数个原因有所下降。当写入新数据时，需要花更多时间来寻找磁盘上的空闲块，而寻找过程本身也消耗计算和 I/O 资源。磁盘上的空闲空间变得更小更分散，而更小或随机的 I/O 则影响了文件系统的性能。

这些具体对文件系统的影响有多大，取决于文件系统的类型、磁盘上的数据布局和存储设备。下一节描述了多种文件系统。

8.4 架构

本节介绍了文件系统通用和特殊的架构，从 I/O 栈开始，囊括了 VFS、文件系统缓存和特性、常用文件系统类型、卷和池。这些背景知识对决定哪些模块需要分析和调优很有帮助。如果想了解内部底层的实现及与其他文件系统相关的知识，可以去阅读源代码（如果可以拿到）以及外部的文档。本章末列出了一些链接。

8.4.1 文件系统 I/O 栈

图 8.6 刻画了文件系统 I/O 栈的一般模型。具体的模块和层次依赖于使用的操作系统类型、版本以及文件系统。完整的图可参考第 3 章。

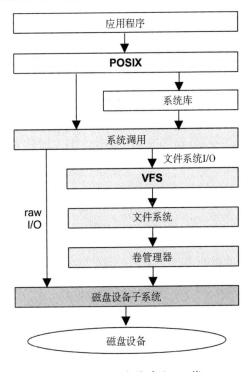

图 8.6　通用文件系统 I/O 栈

这张图展现了 I/O 穿过内核的路径。从系统调用直接调用磁盘设备子系统的是裸 I/O。穿过 VFS 和文件系统的是文件系统 I/O，包括绕过了文件系统缓存的直接 I/O。

8.4.2 VFS

VFS（虚拟文件系统接口，virtual file system interface）给不同类型的文件系统提供了一个通用的接口。图 8.7 里演示了它的位置。

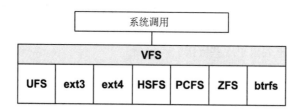

图 8.7　虚拟文件系统接口

有些操作系统（包括 SunOS 最初的实现）把 VFS 分为两个接口：VFS 和 vnode，因为早期文件系统模型里逻辑上是这么划分的[McDougall 06a]。VFS 包括了文件系统级别的操作，如挂载和卸载。而 vnode 接口包括了 VFS inode（vnode）文件操作，如打开、关闭、读取和写入。

Linux VFS 的接口有点误导人。它重用了名词 inode 和超级块来指代 VFS 对象——来源于 UNIX 文件系统磁盘上数据结构的名字。而 Linux 磁盘上数据结构的名词则通常加上了文件系统类型的前缀，例如 ext4_inode 和 ext4_super_block。这些 VFS inode 和 VFS 超级块都只存在内存中。

VFS 接口可以作为测量任何文件系统性能的通用平台。这样同时还能利用操作系统提供的统计信息，或者静态及动态跟踪技术。

8.4.3　文件系统缓存

UNIX 原本只有缓冲区高速缓存来提高块设备访问的性能。如今，Linux 和 Solaris 都有多种缓存。本节从基于 Solaris 的系统讲起，谈谈一些缓存的起源。

Solaris

图 8.8 展现了基于 Solaris 系统的文件系统缓存的概览。从图中可以看到 UFS 和 ZFS 缓存。

有三种缓存是文件系统里通用的：旧式缓冲区高速缓存、页缓存和 DNLC。余下的都是每个文件系统特有的，在以后的章节中会有描述。

第 8 章 文件系统 295

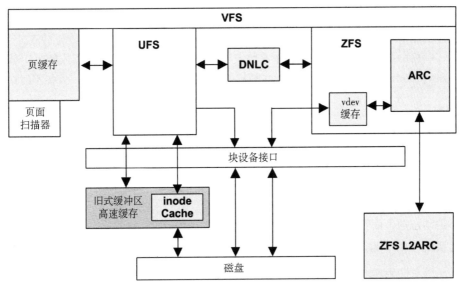

图 8.8 Solaris 文件系统缓存

旧式缓冲区高速缓存

最初的 UNIX 在块设备接口使用缓冲区高速缓存来缓存磁盘设备块。这是一个单独的、固定大小的缓存。而页缓存的加入带来了调优的问题，譬如如何平衡它们之间的负载，此外还有双重缓存和同步开销的麻烦。这些问题大部分被 SunOS 中的统一缓冲区高速缓存解决了，方法是使用页缓存来存储缓冲区高速缓存。图 8.9 展示了新的缓存。

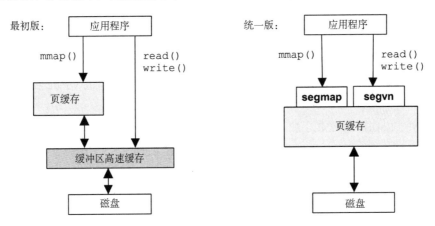

图 8.9 旧式和统一缓冲区高速缓存

在 Solaris 里，最初的（"旧的"）缓冲区高速缓存依然健在，不过仅用于 UFS inode 和文件的元数据。这些数据通过它们的块号寻址，与文件无关。缓存大小是动态的，访问次数可以通过 kstat 查看。

inode 缓存能够动态增长，其中保存了至少所有打开文件的 inode（被引用的），和那些被 DNLC 映射的 inode。除此之外，还有一些额外的 inode 放在了空闲队列上，以备不时之需。

页缓存

1985 年，在 SunOS 4 的一次虚拟内存重写中，页缓存被引入了 SVR4[Vahalia 96]。它缓存了虚拟内存的页面，包括了映射过的文件系统页面。比起缓冲区高速缓存，页缓存在访问文件时比缓冲区高速缓存更加高效，后者还需要在每次查找时把文件地址翻译成磁盘地址。

多种文件系统使用了页缓存，其中包括了它最初的用户 UFS 和 NFS（但没有 ZFS）。页缓存的大小是动态的，而且会不断增长耗尽可用的内存，直到应用程序需要的时候再行释放。

文件系统使用中的内存脏页面，由一个叫文件系统写入后台程序的内核线程（fsflush）写到磁盘上。fsflush 会定期扫描整个页缓存。如果系统内存不足，另一个内核线程，页面换出后台程序（pageout，又称为页面扫描器）会找到脏页面，并安排把数据写入磁盘，这样就能释放内存页面以备使用（参见第 7 章）。为了观察方便，pageout 和 fsflush 可以通过 PID 2 和 3 查到，尽管它们是内核线程而不是进程。

页缓存有两个主要的内核驱动程序用户：segvn 把文件映射到进程地址空间，segmap 缓存文件系统的读写。详细信息和有关页面扫描器的内容参见第 7 章。

DNLC

目录名查找缓存（DNLC，Directory Name Lookup Cache）记录了目录项到 vnode 的映射关系，由 Kevin Robert Elz 于 20 世纪 80 年代早期开发。它提升了路径名查找性能（比如通过 `open()`）。当遍历目录路径时，每个名字的查找都可以通过 DNLC 直接找到 vnode，而不是在目录里一项项地对比。DNLC 在设计上围绕性能和伸缩性，以父目录的 vnode 和目录项名称作为键值，存储在哈希表中。

这些年来，Solaris 的 DNLC 加入了各种各样的功能和性能特性。DNLC 最初使用指针链接哈希链，还有别的指针链接 LRU 列表。Solaris 2.4 放弃了 LRU 指针，避免竞争 LRU 列表锁。而 LRU 改为由释放哈希链里的队尾项实现。Solaris 8 加入了两项新功能：反向缓存，记录缺失项的查找记录；目录缓存，专门缓存了整个目录。反向缓存加快了失败查找的速度，这在库路径查找时经常发生。目录缓存则提升了文件创建的性能，这样就不需要扫描整个目录，以查看新文件名是否已被占用。

DNLC 的大小可以通过可调参数调整，当前的大小、命中和未命中数量可以通过 kstat 查看。

Linux

图 8.10 展示了 Linux 文件系统缓存的概览，包括了其中标准文件系统之间通用的一些缓存。

缓冲区高速缓存

Linux 原本和 UNIX 一样使用缓冲区高速缓存。从 2.4 开始，缓冲区高速缓存就被存在了页缓存中（因此图 8.10 里的对应边框是虚线）。和 SunOS 里的统一缓冲的方法类似，这防止了双重缓存和同步的开销。缓冲区高速缓存的功能依然健在，提升了块设备 I/O 的性能。

缓冲区高速缓存的大小是动态的，可以从/proc 里查看。

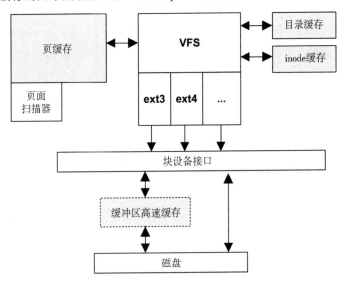

图 8.10 Linux 文件系统缓存

页缓存

页缓存缓存了虚拟内存的页面，包括文件系统的页面，提升了文件和目录的性能。页缓存大小是动态的，它会不断增长消耗可用的内存，并在应用程序需要的时候释放（和页面换出一起，都受 swappiness 的控制，具体内容参见第 7 章）。

文件系统使用的内存脏页面由内核线程写回到磁盘上。在 Linux 2.6.32 之前，有一个脏页面写回（pdflush）线程池，池中根据需要有 2～8 个线程。现在这已经被写回线程（flusher thread，线程名为 flush）所取代，每个设备分配一个线程。这样能够平衡每个设备的负载，提高吞吐量。页面因下面的原因被写回到磁盘上：

- 过了一段时间（30s）。
- 调用了 sync()、fsync()或 msync()等系统调用。

- 过多的脏页面（dirty_ratio）。
- 页缓存内没有可用的页面。

如果系统的内存不足，另一个内核线程，页面换出后台程序（kswapd，又被称为页面扫描器），会定位并安排把脏页面写入到磁盘上，腾出可重用的内存页面（参见第 7 章）。为了查看方便，kswapd 和写回线程都可以通过操作系统性能工具，以内核任务的形式看到。

有关页面扫描器的详细内容参见第 7 章。

目录项缓存

目录项缓存（Dcache）记录了从目录项（struct dentry）到 VFS inode 的映射关系，和早期 UNIX 的 DNLC 很相似。它提高了路径名查找（例如通过 open()）的性能：当遍历一个路径名时，查找其中每一个名字都可以先检查 Dcache，直接得到 inode 的映射，而不用到目录里一项项地翻查。Dcache 中的缓存项存在一张哈希表里，以进行快速的、可扩展的查找（以父目录项加上目录项名作为键值）。

多年来目录项缓存性能得到很大的提升，包括了读-拷贝-更新遍历（RCU 遍历）算法[1]。该算法可以遍历路径名，而不更新目录项的引用计数，否则在多 CPU 系统上由于频繁的缓存同步，会有扩展性上的问题。如果碰到目录项不在缓存里，RCU 遍历会自动降为较慢的引用计数遍历法，因为在文件系统的查找和阻塞时，有必要采用引用计数。在忙负载下，目录项很有可能被缓存，RCU 遍历也能派上用场。

目录项缓存也可反向缓存，记录缺失目录项的查找。反向缓存提高了失败查找的性能，这在库路径查找中经常发生。

目录项缓存动态增长，而当系统需要更多内存时，按照 LRU 原则缩小。它的大小可以通过 /proc 查看。

inode 缓存

这个缓存的对象是 VFS inode（struct inode），每个都描述了文件系统一个对象的属性。这些属性很多可以通过 stat() 系统调用获得，并被操作系统操作频繁访问。例如在打开文件时检查权限，或者修改时更新时间戳。这些 VFS inode 存储在哈希表里，以提供快速的、可扩展的查找（以 inode 号和文件系统超级块为键值），尽管大部分查找是通过目录项缓存得到结果的。

inode 缓存动态增长，保存了至少所有被目录项缓存映射的 inode。当系统内存紧张时，inode 缓存会释放未与目录项关联的 inode 以缩小内存占用。它的大小可以通过/proc 查看。

8.4.4 文件系统特性

除了缓存以外，其他一些影响文件系统性能的关键特性在此一并叙述。

块和区段

基于块的文件系统把数据存储在固定大小的块里，被存储在元数据块里的指针所引用。对于大文件，这种方法需要大量的块指针和元数据块，而且数据块的摆放可能会变得零零碎碎，造成随机 I/O。有些基于块的文件系统尝试通过把块连续摆放，来解决这个问题。另一个办法是使用变长的块大小，随着文件的增长采用更大的数据块，也能减小元数据的开销。

基于区段的文件系统预先给文件（区段）分配了连续的空间，并随需增长。虽然带来了额外的空间开销，但提高了连续数据流的性能，也由于更高的文件数据本地化效应，提高了随机 I/O 的性能。

日志

文件系统日志（或者记录）记录了文件系统的更改，这样在系统宕机时，能原子地回放更改——要么完全成功，要么完全失败。这让文件系统能够迅速恢复到一致的状态。如果与同一个更新相关的数据和元数据没有被完整地写入，没有日志保护的文件系统在系统宕机时可能会损坏。从宕机中恢复需要遍历文件系统所有的结构，大的文件系统（几个 TB）可能需要数小时。

日志被同步地写入磁盘，有些文件系统还会把日志写到一个单独的设备上。部分文件系统日志记录了数据和元数据，这样所有的 I/O 都会写两次，带来额外的 I/O 资源开销。而其他文件系统日志里只有元数据，通过写时复制的技术来保护数据。

有一种文件系统全部由日志构成——日志结构文件系统。在这个系统里所有的数据和元数据更新被写到一个连续的循环日志当中。这非常有利于写操作，因为写总是连续的，还能被一起合并成大 I/O。

写时复制

写时复制的文件系统从不覆写当前使用中的块，而是按照以下步骤完成写入：

1. 把数据写到一个新块（新的拷贝）。
2. 更新引用指向新块。
3. 把老块放到空闲链表中。

在系统宕机时这能够有效地维护文件系统的完整性，并且通过把随机写变成连续写，改善了写入性能。

擦洗

这项文件系统特性在后台读出文件系统里所有的数据块,验证校验和。赶在 RAID 还能恢复数据之前,在第一时间检测出坏盘。但是,擦洗操作的读 I/O 会严重影响性能,因此只能以低优先级发出。

8.4.5 文件系统种类

本章以大量篇幅描述了文件系统的通用特征。下一节总结了常用文件系统里的一些特殊性能特性。对它们的分析和调优会在以后的章节中提到。

FFS

FFS 的设计目的是解决最初 UNIX 文件系统[1]的问题。许多文件系统正是基于 FFS 的。下面的背景知识有助于读者了解目前文件系统的情况。

最初的 UNIX 文件系统磁盘上的数据结构由一张 inode 表、512B 的存储块和一个存放了资源分配信息的超级块组成([Ritchie 74]、[Lions 77])。inode 表和存储块把磁盘分成两个部分,这样一起存取这两种数据时就会有性能问题。另一个问题是固定块的尺寸过小,仅 512B。这不仅限制了吞吐量,而且在大文件的情况下还增加了元数据(指针)。有人做实验,把块大小增加到 1024B,却又碰到了新的瓶颈。[McKusick 84]描述了详情:

尽管吞吐量翻了一番,但老的文件系统还是只消耗了大约 4%的磁盘带宽。主要的问题在于,虽然空闲链表在一开始还是有序的且能快速访问,但它很快就随着文件的创建和删除变得支离破碎。最终空闲链表变成彻底随机,同一个文件里的数据块也因此来源于磁盘的各个角落。每次存取一个数据块都要额外寻道。虽然老的文件系统在刚创建时能够提供高达每秒 175KB/s 的传输率,但在几个星期的正常使用下,随机摆放的数据块使得带宽下降到了 30KB/s。

这段摘录描述了造成文件系统性能随着使用不断下降的元凶——空闲链表的碎片化。

伯克利快速文件系统(Berkeley Fast File System,FFS)通过把磁盘分区划分为多个柱面组以提高性能,参见图 8.11。文件 inode 和数据被尽量放到一个柱面组里,减少磁盘寻道,参见图 8.12。其他相关的数据也放到附近位置,包括目录的 inode 和目录项。inode 的设计则较为类似 [Bach 86](图里没有画出三级间接指针)。

---

[1] 不要把最初的 UNIX 文件系统(UNIX file system)和后来的 UFS 文件系统混为一谈,后者基于 FFS。UFS 还有好几个版本——这个名词显然已经不堪重负了!

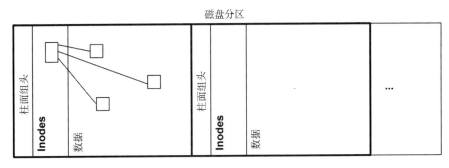

图 8.11 柱面组

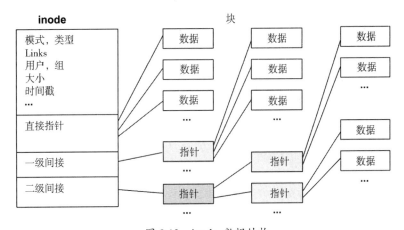

图 8.12 inode 数据结构

块大小增加到了最小 4KB，提高了吞吐量。存储一个文件需要的数据块减少了，因此需要引用这些数据块的间接块也减少了。不仅如此，由于间接块体积增加，需要的数量进一步减少。为了提高小文件的存储效率，每个块可以划分成 1KB 大小的片段。

FFS 的另一项性能特性是块交叉：连续地摆放磁盘上的块，但中间留一个或几个块的间隔 [Doeppner 10]。这几个块的间隔留给内核和处理器一些时间，以发起下一个连续的文件读请求。在此期间，磁盘由它们直接控制。如果没有交叉，下一块可能在发起读请求时已经越过了磁头。等数据块转回来，已经过了将近一圈的时间，造成延时。

UFS

和 FFS 一样，UFS 也是诞生于 1984 年并引入 SunOS 1.0 [McDougall 06a]。接下来的二十年内，各种特性被加进了 SunOS UFS：I/O 聚簇、文件系统扩容、多 TB 容量支持、日志、直接 I/O、快照、访问控制列表（access control list，ACL）和扩展属性。Linux 现在还支持读取 UFS，不过不支持写入。但 Linux 支持另一个类 UFS 文件系统（ext3）的读写。

关键的 UFS 性能特性如下。

- **I/O 聚簇**：这项技术把磁盘上的数据块聚集起来，直到一个簇被填满了才写入。这样数据就会按顺序摆放。当检测到连续读负载时，UFS 会在读这些簇时执行预取（也叫预读）。
- **日志**：仅针对元数据。日志提高了系统宕机后的启动速度，因为回放日志避免了 fsck （文件系统检查，file system check）。由于合并了一些元数据的写操作，它还可能提高某些写负载的性能。
- **直接 I/O**：绕过了页缓存，避免某些应用会双重缓存，如数据库。

可配置的功能参阅 `mkfs_ufs(1M)` 手册页。关于 UFS 及其内部细节，参见 *Solaris Internals* 第 2 版的第 15 章 [McDougall 06a]。

ext3

1992 年，基于最初的 UNIX 文件系统的 Linux 扩展文件系统（extended file system，ext），作为 Linux 及其 VFS 的首个文件系统被开发出来。1993 年，第二版 ext2 从 FFS 引入了多时间戳及柱面组等概念。1993 年，第三个版本 ext3 则包括了文件系统扩容和日志功能。

关键性能特性（包括后来加入的）如下。

- **日志**：一种是顺序模式，仅针对元数据，另一种是日志模式，针对数据和元数据。日志提高了系统宕机后的启动速度，避免 fsck。由于合并了一些元数据的写操作，它有可能提高某些写负载的性能。
- **日志设备**：允许使用外部日志设备，避免日志负载与读负载相互竞争。
- **Orlov 块分配器**：这项技术把顶层目录散布到各个柱面组，这样目录和其中的内容更有可能被放到一起，减少随机 I/O。
- **目录索引**：在文件系统里引入哈希 B 树，提高目录查找速度。

可配置的功能请参阅 `MKE2FS(8)` 手册页。

ext4

Linux ext4 文件系统发布于 2008 年，对 ext3 进行了各种功能扩展和性能提升：区段、大容量、通过 `fallocate()` 预分配、延时分配、日志校验和、更快的 fsck、多块分配器、纳秒时间戳以及快照。

关键性能特性（包括后来加入的）如下。

- **区段**：区段提高了数据的连续性，减少了随机 I/O，提高了连续 I/O 的大小。
- **预分配**：通过 `fallocate()` 系统调用，让应用程序预分配一些可能连续的空间，提高之后的写性能。
- **延时分配**：块分配推迟到写入磁盘时，方便合并写请求（通过多块分配器），降低碎片化。
- **更快的 fsck**：标记未分配的块和 inode 项，减少 fsck 时间。

可配置的功能请参阅 MKE2FS(8) 手册页。有些功能也可用于 ext3 文件系统，比如区段。

ZFS

ZFS 由 Sun 公司开发，于 2005 年发布。ZFS 把文件系统、卷管器以及许多企业级特性整合在一起：池存储、日志、写时复制（COW）、自适应替换缓存（ARC）、大容量支持、变长块、动态条带、多预取流、快照、克隆、压缩、擦洗和 128 位校验和。之后的更新包括了更多的功能，有（部分会在下面介绍）：热备、双重奇偶校验 RAID、gzip 压缩、SLOG、L2ARC、用户和组配额、三重奇偶校验 RAID、数据消重、混合 RAID 分配以及加密。这些功能组合使 ZFS 成为文件服务器（filer）有竞争力的选择。Sun/Oracle 以及其他公司也在开源的 ZFS 版本上推出了相应的产品。

关键性能特性（包括后来加入的）如下。

- **池存储**：所有的存储设备放到一个池里，文件系统则从池里创建。这样所有的设备都能够同时用到，最大化了吞吐量和 IOPS。可以使用不同的 RAID 类型建池：0、1、10、Z（基于 RAID-5）、Z2（双重奇偶校验）和 Z3（三重奇偶校验）。
- **COW**：合并写操作并顺序写入。
- **日志**：ZFS 整体写入事务组变更，一起成功或失败，保证磁盘上的结构永远一致。日志也通过批量写入以提高异步写的吞吐量。
- **ARC**：自适应替换缓存通过使用几种缓存算法达到缓存的高命中，算法包括了最近使用（most recently used，MRU）和最常使用（most frequently used，MFU）。内存在两种算法之间平衡，根据模拟某个算法完全主导内存时系统的性能，做出相应的调整。这种模拟需要消耗额外的元数据（幽灵列表，ghost list）。
- **变长块**：每个文件系统都可根据相应的负载选择一个可配置的最大块大小（记录尺寸）。小文件用小尺寸。
- **动态条带**：为了达到最大吞吐量，条带横跨了所有的存储设备，并在添加额外设备时能自动增长。
- **智能预取**：ZFS 对不同类型的数据用相匹配的预取策略，分别针对元数据、znode（文件内容）以及 vdev（虚拟设备）。
- **多预取流**：由于文件系统来回寻道（UFS 的问题），一个文件的多个读取流会产生近似随机 I/O 的负载。ZFS 跟踪每一个预取流，允许加入新的流，有效地发起 I/O。
- **快照**：COW 的架构使得快照能瞬间建立，按需复制新数据块。
- **ZIO 流水线**：设备 I/O 由一个分步骤的流水线处理，每个步骤都有一个线程池服务以提高性能。
- **压缩**：ZFS 支持多种算法，但 CPU 开销对性能有所影响。其中，轻量级的 lzjb（Lempel-Ziv Jeff Bonwick）可以通过少量消耗 CPU 来减少 I/O 负载（由于数据的压缩），提高存储性能。
- **SLOG**：独立的 ZFS 意图日志（intent log）使日志可以同步写入单独的设备，避免和磁盘池的负载竞争。SLOG 写入的数据在系统宕机时仅只读以供回放。这些措施极大地提高了同步写的性能。
- **L2ARC**：二级 ARC 是主存之外的第二级缓存，通过基于闪存的固态硬盘（SSD）缓存随机地读负载。L2ARC 不用于缓冲写负载，仅仅包含已经写入存储磁盘池里的干净数据。L2ARC 拓展了系统缓存的边界，防止在负载超出主存能力的情况下出现性能断崖。不过由于填充的速度低于主存，延时不可避免。另外，缓存里还有一些长期的数据拷贝。如果主缓存被突然的 I/O 爆发污染了，主存还可以从 L2ARC 中快速恢复热点数据。
- **vdev 缓存**：和最初的缓冲区高速缓存类似，ZFS 给每个虚拟设备分配了单独的 vdev 缓存，并支持 LRU 和预读。（在有些操作系统里可能被禁用）。
- **数据消重**：这是一个文件系统级别的特性，避免把一份相同的数据存放多份。这项功能对性能有很大的影响，可能有利（降低设备 I/O），也可能有弊（当内存不够容纳哈希表时，设备 I/O 可能会被大大放大）。最初的版本里，这项功能只针对内存足够容纳哈希表的负载而设计。

L2ARC 和 SLOG 是 ZFS 混合存储池（Hybrid Storage Pool，HSP）模型的一部分，目的是为了有效使用 ZFS 存储池里针对读和写优化的 SSD。读优化的 SSD 在内存和磁盘间有很好的性价比，很适合充当额外的缓存层。

其他一些较小的性能特性还包括："无视缝隙"，即在合适的时候发起更大的读请求，即便并不需要其中一些块（缝隙），以及支持多策略存储池的混合 RAID。

ZFS 在有些情况下性能略逊于其他文件系统：ZFS 默认向存储设备发起缓存写回命令，确保写入已经完成以防断电。这是 ZFS 完整性的一个特性，但这也有代价：有效 ZFS 操作必须等待缓存写回完成，因此引发了延时，造成某些负载下 ZFS 的性能差于其他文件系统。ZFS 也可以做出调整，关闭缓存写回以提高性能。然而，如果和其他文件系统一样，碰上断电就会有数据部分写入和损坏的风险，具体取决于使用的存储设备。

目前有两个项目往 Linux 移植 ZFS。一个是 ZFS on Linux，由 Lawrence Livermore 国家实验室[2]开发，这是一个本地的内核态移植。另一个是 ZFS-FUSE，在用户态运行 ZFS，由于上下文切换的开销，性能有所下降。

btrfs

B 树文件系统（btrfs）是基于写时复制的 B 树。和 ZFS 类似，它采用了结合文件系统和卷管理器的现代架构，预计提供的功能和 ZFS 基本相同。当前的特性包括了池存储、大容量支持、区段、写时复制、卷扩容和缩容、子卷、块设备添加和删除、快照、克隆、压缩以及 CRC-32C 校验和。由 Oracle 于 2007 年启动，它目前仍在紧密开发中并被认为是不稳定的。[2]

关键的性能特性如下。

- **池存储**：存储设备被放在一个卷里，在此之上可以建立文件系统。这样所有的设备都能同时用到，最大化了吞吐量和 IOPS。可以使用不同的 RAID 类型建池，即 0、1、10。
- **COW**：合并写操作并连续写入。
- **在线平衡**：把对象在存储设备间挪动以平衡负载。
- **区段**：提高数据的连续摆放以提升性能。
- **快照**：COW 的架构使得快照能瞬间建立，按需复制新数据块。
- **压缩**：支持 zlib 和 LZO。
- **日志**：对每个子卷建立相应的日志树，以应对同步的 COW 日志负载。

计划中性能相关的特性包括 RAID-5 和 6、对象级别 RAID、递增转储（备份）和数据消重。

8.4.6　卷和池

文件系统一直以来建立在一块磁盘或者一个磁盘分区上。卷和池使文件系统可以建立在多块磁盘上，并可以使用不同的 RAID 策略（参见第 9 章）。

卷把多块磁盘组合成一块虚拟磁盘，在此之上可以建立文件系统。在整块磁盘上建文件系统时（不是分片或者分区），卷能够隔离负载，降低竞争，缓和性能问题。

卷管理软件包括 Linux 的逻辑卷管理器（Logical Volume Manager，LVM）和 Solaris 卷管理器（SVM）。卷或虚拟磁盘可以由硬件 RAID 控制器提供。

池存储把多块磁盘放到一个存储池里，池上可以建立多个文件系统。图 8.13 体现了这种差

---

[2]　btrfs 的格式已经在 2014 年 8 月宣布稳定，一些 Linux 发行版，如 openSUSE，从 13.2 开始，已经把 btrfs 作为默认的文件系统。

异。池存储比卷存储更灵活，文件系统可以增长或者缩小而不牵涉下面的设备。这种方法被现代文件系统采用，包括 ZFS 和 btrfs。

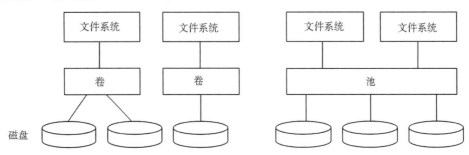

图 8.13　卷和池

池存储可以让所有的文件系统使用所有磁盘，以提高性能。负载并未隔离，有些情况下可以牺牲一些灵活性，使用多个池来隔离负载，这是因为磁盘设备在一开始必须被加入某一个池。

有关使用软件卷管理器还是池存储的其他性能考虑如下。

- **条带宽度**：与负载相匹配。
- **观察性**：虚拟设备的使用率可能不准确，需要检查对应的物理设备。
- **CPU 开销**：尤其是在进行 RAID 奇偶校验的计算时。不过随着更快的现代 CPU 的使用，这个问题逐渐消失。
- **重建**：又名重新同步（resilvering），当一块空磁盘加入到 RAID 组里（例如替换一块失效的磁盘），它被填入必要的数据以加入组。由于消耗 I/O 资源长达几个小时甚至几天，可能严重影响性能。

重建在未来会变得越来越严重，因为存储设备的容量比吞吐量增长得更快，增加了重建的时间。

8.5　方法

本节描述了文件系统分析和调优的各种策略和实践。表 8.3 总结了主要内容。

表 8.3　文件系统性能研究方法

方法	类型
磁盘分析	观察分析
延时分析	观察分析

续表

方法	类型
负载特征归纳	观察分析，容量规划
性能监控	观察分析，容量规划
事件跟踪	观察分析
静态性能调优	观察分析，容量规划
缓存调优	观察分析，调优
负载分离	调优
内存文件系统	调优
微型基准测试	实验分析

更多的策略和方法介绍参见第 2 章。

这些方法可以单独使用，也可以组合使用。我的建议是，按顺序使用以下策略：延时分析、性能监控、负载特征归纳、微型基准测试、静态性能调优和事件跟踪。你也可以根据你的环境给出最适合的组合和顺序。

8.6 节展示了应用这些方法的操作系统工具。

8.5.1 磁盘分析

以前通常的策略是关注磁盘性能而忽视文件系统。这假定了 I/O 瓶颈在磁盘，因此通过只分析磁盘，你能方便地在假定的罪魁祸首上集中火力。

如果文件系统较为简单且缓存较小，这可能还可行。如今这个方法容易让人误入歧途，且错失了一整类问题（参见 8.3.12 节的介绍）。

8.5.2 延时分析

延时分析从测量文件系统操作的延时开始。这应该包括所有的对象操作，而不限于 I/O（比如包括 sync()）。

操作延时 = 时刻（完成操作）—时刻（发起操作）

这些时间可以从下面四个相邻层里测量得到，表 8.4 里有相应说明。

表 8.4 文件系统延时分析的目标（层）

层	优点	缺点
应用程序	文件系统延时对应用程序影响的第一手信息；能够查看应用程序的环境，确定延时是否发生在应用程序的关键功能里，或是异步的	不同的应用程序以及不同的软件版本需要使用不用的技术
系统调用接口	有详尽资料的接口。通常可以通过操作系统工具和静态跟踪进行观察	系统调用捕捉所有类型的文件系统，包括非存储型文件系统（统计、套接字），除非能过滤，否则会造成干扰。除此以外，一个文件系统函数可能有多个系统调用。例如读就有 read()、pread()、read64() 等，所有的这些都需要测量
VFS	所有文件系统通用的标准接口，操作系统操作和调用一一对应（例如 vfs_write()）	VFS 跟踪所有类型的文件系统，包括非存储型文件系统，除非能过滤，否则会造成干扰
直接在文件系统上	只能跟踪和目标统一类型的文件系统，能获取内部环境上下文详情	特定于某种文件系统。不同版本的文件系统需要的跟踪技术不尽相同（虽然文件系统可能有一个不常变化的类 VFS 接口，与 VFS 接口一一对应）

选择哪层可能取决于可用的工具，看看下面几项。

- **应用程序文档**：有些应用程序已经提供了文件系统延时的指标，或者收集这些数据的方法。
- **操作系统工具**：操作系统可能也提供了延时指标，理想情况下能对每个文件系统或者应用程序提供单独的统计信息。
- **动态跟踪**：如果你的系统支持动态跟踪，那所有层都可以通过自定义的脚本进行检查，无须重启。

延时可以表现如下。

- **单位时间平均值**：如每秒平均读延时。
- **全分布**：如直方图或热图，参见 8.6.18 节。
- **单位操作延时**：列出每个操作，参见 8.5.5 节。

对于缓存命中率高（大于 99%）的文件系统，单位时间平均值可能完全被缓存命中淹没。不幸的是，有些高延时（离群点）的个案虽然很重要，但很难从平均值里看出。检查全分布、每个操作的延时以及不同层延时的影响，包括文件系统缓存命中和未命中情况，可以帮助挑出一旦找到了高延时，继续向下挖掘分析文件系统以找到问题根源。

事务成本

文件系统延时，还能以一个应用程序事务内（如一个数据库查询）等待文件系统的所有时间来表现：

文件系统消耗时间百分比 = 100 × 所有的文件系统阻塞延时 / 应用程序事务时间

文件系统操作的损耗因此得以从应用程序性能的角度量化，而性能改进也能被更准确地预测。测量的指标可以是一段时间内所有事务的均值，或者是单个事务。

图 8.14 展现了一个正在执行事务的应用程序线程的时间分布。这个事务发起了一个文件系统读请求，应用程序被阻塞等待完成，并让出 CPU。这个情况下，总阻塞时间就是这个文件系统读所花费的时间。如果一个事务中有多个 I/O 被阻塞，那总时间就是它们的和。

举一个具体的例子，一个应用程序事务花了 200ms，这当中它在多个文件系统 I/O 上等待了 180ms。应用程序被文件系统阻塞的时间百分比为 90%（100 × 180ms/ 200ms）。如果消除文件系统的延时，那性能会有最多 10 倍的增长。

图 8.14 应用程序与文件系统延时

再举另一个例子，如果一个应用程序事务花了 200ms，这当中只在文件系统里花了 2ms，那么文件系统——和整个磁盘 I/O 栈——只占了整个事务运行时间的 1%。这个结果很重要，能引导性能分析走上正确的方向，避免把时间浪费在不该花的地方。

如果应用程序发起的是异步 I/O，那应用程序可以一边等待文件系统返回，一边继续执行。这种情况下，文件系统阻塞的延时仅仅包括应用程序让出 CPU 的时间。

8.5.3 负载特征归纳

归纳负载特征是容量规划、基准测试和负载模拟中一项重要的工作。这项工作可以通过指出并排除不需要的工作来获得最大的性能收益。

下面是文件系统负载需要归纳的几个基本属性：

- 操作频率和操作类型
- 文件 I/O 吞吐量
- 文件 I/O 大小
- 读写比例
- 同步写比例
- 文件随机和连续访问比例

8.1 节中有操作频率和吞吐量的定义。同步写以及随机和连续访问在 8.3 节里有描述。

这些特征指标会随着时间的变化而变化，尤其是那些每隔一段时间执行的应用程序定时任务。为了更好地归纳出特征，除了平均值还要得到最大值。最好看看跨时段的全分布。

下面是一个负载描述样例，演示了如何把这些属性一起描述清楚：

一个金融交易系统的数据库，给文件系统产生了随机读负载，频率为平均每秒 18 000 次读，平均读大小为 2KB。总操作频率是 21 000 次/s，包括了读取、统计、打开、关闭和大概每秒 200 次的写入。写频率相对于读较为稳定，后者高峰时能达到每秒 39 000 次。

这些特征既针对单个的文件系统，也可针对一个系统里所有的同类型文件系统。

高级负载特征归纳/检查清单

归纳特征还需要一些细节信息。下面这些问题需要好好考虑，在深度研究文件系统问题时也可以作为检查清单使用：

- 文件系统缓存命中率是多少？未命中率是多少？
- 文件系统缓存有多大？当前使用情况如何？
- 现在还使用了其他什么缓存（目录、inode、高速缓冲区）和它们的使用情况？
- 哪个应用程序或者用户在使用文件系统？
- 哪些文件和目录正在被访问？是创建和删除吗？
- 碰到了什么错误吗？是不是由于一些非法请求，或者文件系统自身的问题？
- 为什么要发起文件系统 I/O（用户程序的调用路径）？
- 应用发起的文件系统 I/O 中同步的比例占到多少？
- I/O 抵达时间的分布是怎样的？

这些问题中很多可以针对某个应用程序或某个文件单独提出。另外任何问题都可以做一个跨时段分析，找到最大值和最小值，以及与时间相关的变化。另外可以参阅第 2 章 2.5.10 节的内容，其中总结了有关特征归纳测量的信息（谁测量、为什么测量、测量什么、如何测量）。

性能特征归纳

下面的问题（区别于前面的负载特征归纳问题）刻画了负载的性能数据：

- 文件系统操作的平均延时是多少？
- 是否有高延时的离群点？
- 操作延时的全分布是什么样的？
- 是否拥有并开启了文件系统或磁盘 I/O 的系统资源流控？

前三个问题可以对每个操作类型单独发问。

8.5.4 性能监控

性能监控可以识别出当前存在的问题，以及跨时段的行为模式。主要的文件系统性能指标是：

- 操作频率
- 操作延时

操作频率是负载的最基本特征，而延时则是其性能结果。延时是好是差，取决于负载、环境和延时需求。如果不太清楚，可以针对已知好的和差的情况分别做微型基准测试，调查延时情况（如经常命中文件系统缓存对比未命中缓存的负载），参见 8.7 节。

操作延时的指标可以每秒平均值为单位，也可以包含其他数据，如最大值和标准差。理想情况下，最好看看延时的全分布，如通过直方图和热度图以发现离群点或者其他模式。

可以只记录单个操作类型（读、写、统计、打开、关闭，等等）的频率和延时数据。这对调查负载和性能变化有很大的帮助，因为可以找出不同操作类型之间的差异。

对于一些基于文件系统实现资源控制的系统（例如 ZFS I/O 限流），还需要包括一些统计信息表明是否有流控以及流控的时间。

8.5.5 事件跟踪

事件跟踪捕获文件系统每个操作的细节。这是观察分析最后的手段。由于捕获和保存信息到日志文件，这种方法增加了性能开销。这些日志信息可能包含了每个操作的下列信息。

- 文件系统类型。
- 文件系统挂载点。
- 操作类型：读取、写入、统计、打开、关闭、建目录，等等。

- 操作大小（如果适用）：字节数。
- 操作开始时间戳：向文件系统发起操作的时间。
- 操作结束时间戳：文件系统完成操作的时间。
- 操作完成状态：错误。
- 路径名（如果适用）。
- 进程 ID。
- 应用程序名。

有了开始和结束的时间戳，就可以计算操作的延时。许多跟踪框架允许一边跟踪一边计算，这样日志里就能包含延时数据。此外还可以过滤输出，只记录那些慢于某个阈值的操作。文件系统的操作频率有可能达到每秒百万次，正确地过滤将会很有帮助。

时间跟踪可以在 8.5.2 节里列出的四层的任意一层里开展。具体例子可参阅 8.6 节。

8.5.6 静态性能调优

静态性能调优主要关注问题发生的配置环境。对于文件系统性能，检查下面列出的静态配置情况：

- 挂载并当前使用了多少个文件系统？
- 文件系统记录大小？
- 启用了访问时间戳吗？
- 还启用了哪些文件系统选项（压缩、加密等）？
- 文件系统缓存是怎么配置的？最大缓存大小是多少？
- 其他缓存（目录、inode、高速缓冲区）是怎么配置的？
- 有二级缓存吗？用了吗？
- 有多少个存储设备？用了几个？
- 存储设备是怎么配置的？用了 RAID 吗？
- 用了哪种文件系统？
- 用了哪个文件系统的版本（或者内核）？
- 有什么需要考虑的文件系统 bug/补丁？
- 启用文件系统 I/O 的资源控制了吗？

回答这些问题能够暴露一些被忽视的配置问题。有时按照了某种负载来配置文件系统，但后来却用在了其他的场景里。这个方法能让你重新审视那些配置选项。

8.5.7 缓存调优

内核和文件系统会使用多种缓存，包括缓冲区高速缓存、目录缓存、inode 缓存和文件系统（页）缓存。8.4 节描述了各种类型缓存，调优方法参见第 2 章 2.5.17 节。总体上来说，先检查有哪些缓存，接着看它们是否投入使用，使用的情况如何和缓存大小，然后根据缓存调整负载，以及根据负载调整缓存。

8.5.8 负载分离

有些类型的负载在独占文件系统和磁盘设备时表现得更好。这个方法又被称为使用"单独转轴"，因为施加两种不同的负载会导致随机 I/O，这对旋转的磁盘特别不利（参见第 9 章）。例如，让日志文件和数据库文件拥有单独的文件系统和磁盘，能提高数据库性能。

8.5.9 内存文件系统

另一个通过配置提高性能的方法是使用内存文件系统。文件内容存放在内存里，这样能够以最快速度响应请求。不过由于许多应用程序在自己的进程内存里（可配置）有专用缓存，而访问专用缓存比经过文件和系统调用高效得多，因此这个办法一般用作临时方案。现代文件系统通常有很大的文件系统缓存，因此内存文件系统并不实用。

/tmp

标准的/tmp 文件系统用来存储临时文件，通常基于内存。例如，Solaris 在/tmp 上挂载了 tmpfs 文件系统，这是一个基于交换设备的内存文件系统。Linux 也有一个 tmpfs，给一些特殊的文件系统使用。

8.5.10 微型基准测试

文件系统和磁盘（有很多）的基准测试工具可以用来测试多种类型文件系统的性能，或者某种负载下，同一文件系统不同设置下的性能。典型的测试参数如下。

- **操作类型**：读、写和其他文件系统操作的频率。
- **I/O 大小**：从 1B 到 1MB 甚至更大。
- **文件偏移量模式**：随机或者连续。
- **随机访问模式**：统一的随机分布或者帕累托分布。

- **写类型**：异步或同步（O_SYNC）。
- **工作集大小**：文件系统缓存是否放得下。
- **并发**：同时执行的 I/O 数，或者执行 I/O 的线程数。
- **内存映射**：文件通过 mmap() 访问而非 read()/write()。
- **缓存状态**：文件系统缓存是"冷的"（未填充）还是"热的"。
- **文件系统可调参数**：可能包括了压缩、数据消重等。

常见的组合包括了随机读、连续读、随机写和连续写。

最重要的参数通常是工作集大小：基准测试时访问的数据量。这可能是当前使用文件的总大小，取决于基准测试的配置。一个较小的工作集会导致所有访问都从主存（DRAM）里的缓存中返回。而一个较大的工作集则可能使得访问大部分从存储设备（磁盘）返回。其间的性能差异可能达到几个数量级。

思考一下表 8.5 里列出的不同基准测试的大致预期结果，其中包括了文件的总大小（工作集大小）。

有些文件系统基准测试工具并不了解它们测试的对象，可能一边显示磁盘基准测试，一边使用较小的总文件大小，结果自然都从缓存中返回。参见 8.3.12 节以理解测试文件系统（逻辑 I/O）与测试磁盘（物理 I/O）之间的区别。

表 8.5 文件系统基准测试预期结果

系统内存	文件总大小	基准测试	预期结果
128GB	10GB	随机读	100%缓存命中
128GB	1000GB	随机读	大部分是磁盘读，其中大约 12%是缓存命中
128GB	10GB	连续读	100%缓存命中
128GB	1000GB	连续读	兼有缓存命中（由于预取）和磁盘读
128GB	10GB	写	大部分是缓存命中（缓冲），夹杂一些被阻塞的写，取决于文件系统行为
128GB	10GB	同步写	100%磁盘写

有些磁盘基准测试工具通过文件系统的直接 I/O 接口发起，以避免缓存和缓冲。文件系统增加了代码执行路径以及从文件映射到磁盘的开销，因此仍有稍许影响。有时候这是测试文件系统的一个巧办法：分析最差情况下的性能（0%缓存命中率）。随着系统内存越来越大，应用程序往往对缓存命中率有很高的预期，这个方法逐渐变得不太现实。

要查阅有关这个内容的更多信息，参见第 12 章。

8.6 分析

本节介绍了基于 Linux 和 Solaris 系统的文件系统分析工具。具体的使用策略参见上节。表 8.6 列出了本节介绍的工具。

表 8.6 文件系统分析工具

Linux	Solaris	描述
-	vfsstat	文件系统统计信息，包括平均延时
-	fsstat	文件系统统计信息
strace	truss	系统调用调试器
DTrace	DTrace	动态跟踪文件系统操作和延时
free	-	缓存容量统计信息
top	top	包括内存使用概要
vmstat	vmstat	虚拟内存统计信息
sar	sar	多种统计信息，包括历史信息
slabtop	mdb::kmastat	内核 slab 分配器统计信息
-	fcachestat	各种缓存命中率和大小
/proc/meminfo	mdb::memstat	内核内存使用情况分解
-	kstat	各种文件系统和缓存统计信息

这一组精心挑选的工具和功能，有力地支持了前面的方法一节。从对整个系统和每个文件系统的观察开始，然后是操作和延时分析，最后是缓存统计信息。这些工具完整的功能叙述参见它们的文档和手册。

即便你只关心基于 Linux 和 Solaris 的系统，也不妨了解一下其他操作系统的工具，从另一个视角来观察性能。

8.6.1 vfsstat

`vfsstat(1)`是一个 VFS 层的类 `iostat(1M)` 工具，由 Bill Pijewski 为 SmartOS 开发。它打印出了单位时间内文件系统操作（逻辑 I/O）的总结信息，包括了用户应用程序感知到的平均延时。这份资料与应用程序性能比 `iostat(1)` 提供的统计信息有更加直接的联系。后者展示了包括异步调用在内的磁盘 I/O（物理 I/O）。

```
$ vfsstat 1
    r/s   w/s    kr/s   kw/s ractv wactv read_t writ_t  %r  %w  d/s del_t zone
    2.5   0.1     1.5    0.0   0.0   0.0    0.0    2.6   0   0  0.0   8.0 dev (5)
 1540.4   0.0 95014.9    0.0   0.0   0.0    0.0    0.0   3   0  0.0   0.0 dev (5)
 1991.7   0.0 74931.5    0.0   0.0   0.0    0.0    0.0   4   0  0.0   0.0 dev (5)
 1989.8   0.0 84697.0    0.0   0.0   0.0    0.0    0.0   4   0  0.0   0.0 dev (5)
[...]
```

输出的第一行是从系统启动算起的总结信息，然后是每秒的摘要。

输出列如下。

- **r/s、w/s**：文件系统每秒读写次数。
- **kr/s、kw/s**：文件系统每秒读写 KB 数。
- **ractv、wactv**：正在执行中的平均读写操作数。
- **read_t、writ_t**：VFS 读写平均延时（ms）。
- **%r、%w**：VFS 读写操作等待时间平均百分比。
- **d/s、del_t**：每秒 I/O 流控延时时间和平均延时时间（ms）。

`vfsstat(1)` 提供的信息可以刻画负载及其导致的性能。它还包括了在 SmartOS 云计算环境里为了平衡租户负载的 ZFS I/O 流控信息。

前面的例子展示了每秒 1.5k ~ 2k 次读的负载，以及每秒 73MB ~ 92MB 的吞吐量。平均延时太小了以至于被舍入到了 0.0ms。这种负载很可能大部分从文件系统缓存返回，仅让文件系统的忙时（活跃）占到 3% ~ 4%。

8.6.2 fsstat

Solaris 的 fsstat 工具报告了各种文件系统统计数据：

```
$ fsstat /var 1
  new    name   name   attr   attr  lookup  rddir   read   read  write  write
  file  remov   chng    get    set     ops    ops    ops  bytes    ops  bytes
 8.98K    520    177  1.61M  2.26K   3.57M  18.2K  3.78M  6.85G  2.98M  9.10G /var
     0      0      0      0      0       0      0      0      0      1    152 /var
     0      0      0      1      0       3      0      2     24      1    109 /var
     0      0      0     51      0      35      0      0      0      1     14 /var
[...]
```

这些信息可以用作负载特征归纳，并且可以单个文件系统的形式展示。注意 fsstat 并不包括延时统计信息。

8.6.3 strace、truss

前面提到的详细测量文件系统延时的操作系统工具,包括了系统调用接口的调试器,如 Linux 的 strace(1) 和 Solaris 的 truss(1)。这些调试器会影响性能,只能在性能开销可接受且无法使用其他延时分析工具的情况下使用。

下面的例子展示了 strace(1) 测量 ext4 文件系统读操作的时间:

```
$ strace -ttT -p 845
[...]
18:41:01.513110 read(9, "\334\260/\224\356k"..., 65536) = 65536 <0.018225>
18:41:01.531646 read(9, "\371X\265|\244\317"..., 65536) = 65536 <0.000056>
18:41:01.531984 read(9, "\357\311\347\1\241"..., 65536) = 65536 <0.005760>
18:41:01.538151 read(9, "*\263\264\204|\370"..., 65536) = 65536 <0.000033>
18:41:01.538549 read(9, "\205q\327\304f\370"..., 65536) = 65536 <0.002033>
18:41:01.540923 read(9, "\6\2738>zw\321\353"..., 65536) = 65536 <0.000032>
```

选项 -tt 在左侧打印出相对时间戳,而选项 -T 在右侧打印出系统调用时间。每一个 read() 均为 64KB,第一个花了 56ms,下一个是 56μs(很可能被缓存了),然后是 5ms。读在文件描述符 9 上完成。如果想要检查这是一个文件系统读(而不是套接字),可以看看之前 strace(1) 的输出,其中会有 open() 系统调用,或者使用其他工具,如 lsof(8)。

8.6.4 DTrace

DTrace 能从系统调用接口、VFS 接口,或者文件系统内部的角度来查看文件系统行为。这些功能能用在负载特征归纳和延时分析上。

下面的章节介绍了如何在基于 Solaris 和 Linux 的基础上使用 DTrace 进行文件系统分析。除非特别注明,DTrace 命令在两个系统上都可以运行。DTrace 在第 4 章中有基础知识介绍。

操作计数

按照应用程序和类型统计文件系统操作,为负载特征归纳提供了有用的测量信息。

这个 **Solaris** 行命令使用了 fsinfo(文件系统信息) provider,按应用程序名统计了文件系统操作:

```
# dtrace -n 'fsinfo::: { @[execname] = count(); }'
dtrace: description 'fsinfo::: ' matched 46 probes
^C
[...]
  fsflush                                                         970
  splunkd                                                        2147
  nginx                                                          7338
  node                                                          25340
```

输出显示了名为 node 的进程在跟踪期间执行了 25 340 次文件系统操作。如果加入 `tick-1s` 的探测指令，可以看到频率，得到每秒的统计。

操作类型可以按 `probename` 合计，而不仅是 `execname`。例子如下：

```
# dtrace -n 'fsinfo::: /execname == "splunkd"/ { @[probename] = count(); }'
dtrace: description 'fsinfo::: ' matched 46 probes
^C
[...]
  read                                                                13
  write                                                               16
  seek                                                                22
  rwlock                                                              29
  rwunlock                                                            29
  getattr                                                            131
  lookup                                                             565
```

这个例子也说明了如何查看某个应用程序，如上面的例子里专门过滤出名为"splunkd"程序的数据。

在 Linux 上的 fsinfo provider 还无法使用之前，文件系统操作可以通过 syscall 和 fbt provider 进行观察。例如，使用 fbt 跟踪内核 vfs 函数：

```
# dtrace -n 'fbt::vfs_*:entry { @[execname] = count(); }'
dtrace: description 'fbt::vfs_*:entry ' matched 39 probes
^C
[...]
  sshd                                                               913
  ls                                                                1367
  bash                                                              1462
  sysbench                                                         10295
```

这次跟踪中，应用程序 sysbench（一个基准测试工具[3]）调用了最多的文件系统操作。合并统计 `probefunc` 计算操作类型：

```
# dtrace -n 'fbt::vfs_*:entry /execname == "sysbench"/ { @[probefunc] = count(); }'
dtrace: description 'fbt::vfs_*:entry ' matched 39 probes
^C
  vfs_write                                                         4001
  vfs_read                                                          5999
```

上面的数据符合进程 sysbench 执行基准测试时的随机读写比例。如果要从输出中去掉 `vfs_` 前缀，用 `@[probefunc+4]`（指针加上偏移量）而不是 `@[probefunc]`。

文件打开

前面的行命令使用 Dtrace 统计了事件数量。下面将演示一条条打印事件的所有数据，例如整个系统里所有 `open()` 系统调用的详细信息：

```
# opensnoop -ve
STRTIME                    UID    PID COMM         FD ERR PATH
2012 Sep 13 23:30:55 45821 24218 ruby         23  0 /var/run/name_service_door
2012 Sep 13 23:30:55 45821 24218 ruby         23  0 /etc/inet/ipnodes
2012 Sep 13 23:30:55    80  3505 nginx        -1  2 /public/dev-3/vendor/
2012 Sep 13 23:30:56    80 25308 php-fpm       5  0 /public/etc/config.xml
2012 Sep 13 23:30:56    80 25308 php-fpm       5  0 /public/etc/local.xml
2012 Sep 13 23:30:56    80 25308 php-fpm       5  0 /public/etc/local.xml
[...]
```

opensnoop 是基于 Dtrace 的工具，来自 DtraceToolkit。它默认包含在 Oracle Solaris 11 和 Mac OS X 里，在其他操作系统里也能找到可用的版本。它从一个特定角度展现了文件系统的负载，显示了进程、路径名和 `open()` 的错误信息，有助于性能分析和故障排除。这个例子里，`nginx` 进程碰到了一个失败的打开操作（ERR 2 == 文件未找到）。

其他常用的 DtraceToolkit 脚本包括了 rwsnoop 和 rwtop，它们跟踪和统计了逻辑 I/O。rwsnoop 跟踪了 `read()` 和 `write()` 系统调用，而 rwtop 使用 sysinfo provider 统计吞吐量（字节数）。

系统调用延时

这条行命令在系统调用接口级别测量了文件系统的延时，输出一个直方图，单位为 ns:

```
# dtrace -n 'syscall::read:entry /fds[arg0].fi_fs == "zfs"/ {
    self->start = timestamp; }
syscall::read:return /self->start/ {
    @["ns"] = quantize(timestamp - self->start); self->start = 0; }'
dtrace: description 'syscall::read:entry ' matched 2 probes
^C
  ns
           value  ------------- Distribution ------------- count
            1024 |                                         0
            2048 |                                         2
            4096 |@@@@@@                                   103
            8192 |@@@@@@@@@@                               162
           16384 |                                         3
           32768 |                                         0
           65536 |                                         0
          131072 |                                         1
          262144 |                                         0
          524288 |                                         1
         1048576 |                                         3
         2097152 |@@@                                      48
         4194304 |@@@@@@@@@@@@@@@@@@@@@                    345
         8388608 |                                         0
```

该分布里有两个高峰，第一个在 4μs 和 6μs 之间（缓存命中），第二个在 2ms 和 8ms 之间（磁盘读取）。除了 `quantize()` 之外，函数 `avg()` 可以显示均值。不过这会把两个峰值平均起来，反而得到令人误解的数值。

这个方法跟踪单个系统调用，这个例子里是 `read()`。为了捕捉到所有的系统调用，所有相关的系统调用都需要跟踪，包括每个类型的变体（例如，`pread()`、`pread64()`）。可以写一个脚本捕捉所有系统调用类型，或者针对某个应用程序，检查它调用的类型，然后再跟踪那些类型的系统调用。

这个方法也捕捉了所有的文件系统活动，包括非存储类型的文件系统，如 sockfs。这条行命令把文件描述符（read()的 arg0）转换成文件系统类型（fds[].fi_fs），接着检查 fds[arg0].fi_fs，以过滤文件系统类型。该环境下还有一些别的过滤器可以使用，例如应用程序名称或 PID、挂载点或者路径名称组件。

需要注意在 8.3.1 节中提到过，这里的延时可能会，也可能不会，对应用程序的性能有直接的影响。它取决于这个延时是否发生在应用程序的请求期间，抑或只是异步的后台任务。你可以使用 Dtrace，通过获得用户态系统调用 I/O 的调用栈，来找到答案。这些调用栈也许能够解释为什么系统会有如此表现（比如使用@[ustack(), "ns"]来聚合结果）。根据应用程序的复杂度和源代码，这可能会是一个深入的调查活动。

VFS 延时

VFS 接口可以通过静态 provider（如果有）或者动态跟踪技术（fbt provider）进行跟踪。

在 Solaris 上，VFS 可以通过 fop_*() 函数跟踪，例如：

```
# dtrace -n 'fbt::fop_read:entry /stringof(args[0]->v_op->vnop_name) == "zfs"/ {
    self->start = timestamp; } fbt::fop_read:return /self->start/ {
    @["ns"] = quantize(timestamp - self->start); self->start = 0; }'
dtrace: description 'fbt::fop_read:entry ' matched 2 probes
^C
  ns
           value  ------------- Distribution ------------- count
             512 |                                         0
            1024 |                                         12
            2048 |@@@@@@@@@@@@@@@@@@@@@@                   2127
            4096 |@@@@@@@@@@@@@@@@@@                       1732
            8192 |                                         10
           16384 |                                         0
```

和前面的系统调用例子不同，这里展示了一个全缓存负载。这条行命令匹配了所有的读调用变体，能够看到更多的信息。

其他 VFS 操作也可以使用类似手段跟踪。下面列出了入口探测点：

```
# dtrace -ln 'fbt::fop_*:entry'
   ID  PROVIDER           MODULE                    FUNCTION NAME
15164        fbt          genunix                fop_inactive entry
16462        fbt          genunix                  fop_addmap entry
16466        fbt          genunix                  fop_access entry
16599        fbt          genunix                  fop_create entry
16611        fbt          genunix                  fop_delmap entry
16763        fbt          genunix                  fop_frlock entry
16990        fbt          genunix                  fop_lookup entry
17100        fbt          genunix                   fop_close entry
[...39 lines truncaed...]
```

注意 fbt provider 是一个不稳定的接口，因此任何基于 fbt 的行命令或者脚本都需要匹配相应的内核，因为接口可能会有变化（虽然不太可能发生，VFS 的实现基本不变）。

在 **Linux** 上使用一个 DTrace 原型：

```
# dtrace -n 'fbt::vfs_read:entry /stringof(((struct file *)arg0)->
f_path.dentry->d_sb->s_type->name) == "ext4"/ { self->start = timestamp; }
    fbt::vfs_read:return /self->start/ {
    @["ns"] = quantize(timestamp - self->start); self->start = 0; }'
dtrace: description 'fbt::vfs_read:entry ' matched 2 probes
^C
  ns
           value  ------------- Distribution ------------- count
            1024 |                                         0
            2048 |@                                        13
            4096 |@@@@@@@@@@@@                             114
            8192 |@@@                                      26
           16384 |@@@                                      32
           32768 |@@@                                      29
           65536 |@@                                       23
          131072 |@                                        9
          262144 |@                                        5
          524288 |@@                                       14
         1048576 |@                                        6
         2097152 |@@@                                      31
         4194304 |@@@@@@                                   55
         8388608 |@@                                       14
        16777216 |                                         0
```

这一次断言部分匹配了 ext4 文件系统。图里可以看到缓存命中和未命中的高峰，延时落在了预期的范围内。

下面列出了 VFS 函数入口的探测器：

```
# dtrace -ln 'fbt::vfs_*:entry'
   ID   PROVIDER            MODULE                      FUNCTION NAME
15518        fbt            kernel                     vfs_llseek entry
15552        fbt            kernel                      vfs_write entry
15554        fbt            kernel                       vfs_read entry
15572        fbt            kernel                     vfs_writev entry
15574        fbt            kernel                      vfs_readv entry
15678        fbt            kernel                 vfs_kern_mount entry
15776        fbt            kernel                    vfs_getattr entry
15778        fbt            kernel                    vfs_fstatat entry
[...31 lines truncated...]
```

块设备 I/O 调用栈

查看块设备 I/O 内核调用栈和发出磁盘 I/O 的代码路径，是理解文件系统内部工作机制的一个绝佳办法。这也能够帮助解释造成负载预期速率之外的磁盘 I/O（异步、元数据）的原因。

下面通过统计发出块设备 I/O 时，内核调用栈的频率，展现了 **ZFS** 的内部工作机制：

```
# dtrace -n 'io:::start { @[stack()] = count(); }'
dtrace: description 'io:::start ' matched 6 probes
^C
[...]
              genunix`ldi_strategy+0x53
```

```
              zfs`vdev_disk_io_start+0xcc
              zfs`zio_vdev_io_start+0xab
              zfs`zio_execute+0x88
              zfs`vdev_queue_io_done+0x70
              zfs`zio_vdev_io_done+0x80
              zfs`zio_execute+0x88
              genunix`taskq_thread+0x2d0
              unix`thread_start+0x8
             1070

              genunix`ldi_strategy+0x53
              zfs`vdev_disk_io_start+0xcc
              zfs`zio_vdev_io_start+0xab
              zfs`zio_execute+0x88
              zfs`zio_nowait+0x21
              zfs`vdev_mirror_io_start+0xcd
              zfs`zio_vdev_io_start+0x250
              zfs`zio_execute+0x88
              zfs`zio_nowait+0x21
              zfs`arc_read_nolock+0x4f9
              zfs`arc_read+0x96
              zfs`dsl_read+0x44
              zfs`dbuf_read_impl+0x166
              zfs`dbuf_read+0xab
              zfs`dmu_buf_hold_array_by_dnode+0x189
              zfs`dmu_buf_hold_array+0x78
              zfs`dmu_read_uio+0x5c
              zfs`zfs_read+0x1a3
              genunix`fop_read+0x8b
              genunix`read+0x2a7
             2690
```

输出展示了调用栈，和跟踪期间每个调用栈出现的次数。顶部的栈是一个异步的 ZFS I/O（由一个运行 ZIO 流水线的 taskq 线程发出），下面是一个读系统调用发出的同步 I/O。如果需要收集更多信息，这些调用栈里的每一行都可以使用 DTrace fbt provider 的动态跟踪功能单独跟踪。

下面用同样的方法展现了 ext4：

```
# dtrace -n 'io:::start { @[stack()] = count(); }'
dtrace: description 'io:::start ' matched 6 probes
^C
[...]
              kernel`generic_make_request+0x68
              kernel`submit_bio+0x87
              kernel`do_mpage_readpage+0x436
              kernel`mpage_readpages+0xd7
              kernel`ext4_readpages+0x1d
              kernel`__do_page_cache_readahead+0x1c7
              kernel`ra_submit+0x21
              kernel`ondemand_readahead+0x115
              kernel`page_cache_async_readahead+0x80
              kernel`generic_file_aio_read+0x48b
              kernel`do_sync_read+0xd2
              kernel`vfs_read+0xb0
              kernel`sys_read+0x4a
              kernel`system_call_fastpath+0x16
             109
```

这个路径展示了一个 read() 系统调用触发了页缓存预读。

文件系统内部

如有需要，可以通过跟踪文件系统实现来定位文件系统的延时。

下面列出了 Solaris 上 **ZFS** 的函数入口探测器：

```
# dtrace -ln 'fbt:zfs::entry'
   ID   PROVIDER            MODULE                       FUNCTION NAME
47553        fbt               zfs                       buf_hash entry
47555        fbt               zfs          buf_discard_identity entry
47557        fbt               zfs                  buf_hash_find entry
47559        fbt               zfs                buf_hash_insert entry
47561        fbt               zfs                buf_hash_remove entry
47563        fbt               zfs                       buf_fini entry
47565        fbt               zfs                       hdr_cons entry
47567        fbt               zfs                       buf_cons entry
[...2328 lines truncated...]
```

ZFS 和 VFS 之间有一一映射关系，使高级跟踪更加容易进行。例如，下面跟踪了 ZFS 的读延时：

```
# dtrace -n 'fbt::zfs_read:entry { self->start = timestamp; }
    fbt::zfs_read:return /self->start/ {
    @["ns"] = quantize(timestamp - self->start); self->start = 0; }'
dtrace: description 'fbt::zfs_read:entry ' matched 2 probes
^C

  ns
           value  ------------- Distribution ------------- count
             512 |                                         0
            1024 |@                                        6
            2048 |@@                                       18
            4096 |@@@@@@@                                  79
            8192 |@@@@@@@@@@@@@@@@@@@                      191
           16384 |@@@@@@@@@@                               112
           32768 |@                                        14
           65536 |                                         1
          131072 |                                         1
          262144 |                                         0
          524288 |                                         0
         1048576 |                                         0
         2097152 |                                         0
         4194304 |@@@                                      31
         8388608 |@                                        9
        16777216 |                                         0
```

输出展示了一个约为 8μs（缓存命中）的 I/O 峰值和一个约为 4ms（缓存未命中）的峰值。由于 zfs_read() 被同步阻塞在系统调用上，所以这个方法可行。更深入一步进入 ZFS，内部函数发起 I/O 但不会等待返回，因此测量 I/O 时间变得更加复杂。

Linux 上的 **ext4** 文件系统内部可以通过类似的方法进行跟踪：

```
# dtrace -ln 'fbt::ext4_*:entry'
   ID   PROVIDER          MODULE                          FUNCTION NAME
20430        fbt          kernel             ext4_lock_group.clone.14 entry
20432        fbt          kernel            ext4_get_group_no_and_offset entry
20434        fbt          kernel                    ext4_block_in_group entry
20436        fbt          kernel                    ext4_get_group_desc entry
20438        fbt          kernel                    ext4_has_free_blocks entry
20440        fbt          kernel                  ext4_claim_free_blocks entry
20442        fbt          kernel                  ext4_should_retry_alloc entry
20444        fbt          kernel                   ext4_new_meta_blocks entry
[...347 lines truncated...]
```

这里有些函数是同步的，比如 `ext4_readdir()`，可以用测量 `zfs_read()` 的办法。其他函数则不是同步的，包括了 `ext4_readpage()` 及 `ext4_readpages()`。要测量这些函数的延时，I/O 发起和结束的时间需要一一关联和比对，或者跟踪更高一级调用栈，就像 VFS 例子里演示的那样。

慢事件跟踪

DTrace 能够打印出每个文件系统操作的详细信息，和第 9 章的 iosnoop 一样。然而，由于包括了文件系统缓存命中，在文件系统级别跟踪会产生无比繁冗的输出。一个解决办法是仅仅打印出那些较慢的操作，有助于分析一种特定类型的问题：延时离群点。

zfsslower.d 脚本[4]打印出了低于某个预设毫秒值的 ZFS 级别操作：

```
# ./zfsslower.d 10
TIME                    PROCESS         D    KB  ms FILE
2011 May 17 01:23:12    mysqld          R    16  19 /z01/opt/mysql5-64/data/xxxxx.ibd
2011 May 17 01:23:13    mysqld          W    16  10 /z01/var/mysql/xxxxx.ibd
2011 May 17 01:23:33    mysqld          W    16  11 /z01/var/mysql/xxxxx.ibd
2011 May 17 01:23:33    mysqld          W    16  10 /z01/var/mysql/xxxxx.ibd
2011 May 17 01:23:51    httpd           R    56  14 /z01/home/xxxxx/xxxxx/xxxxx
^C
```

这个经过编辑的输出显示了慢于 10ms 的文件系统操作。

高级跟踪

在需要向下挖掘分析时，动态跟踪可以更加深入地探索文件系统。表 8.7 列出了 DTrace [Gregg 11]里文件系统一章（共 108 页）中的脚本（这些脚本可以从网上获得），希望可以给你带来一些灵感。

表 8.7 文件系统高级跟踪脚本

脚本	层次	描述
sysfs.d	系统调用	按照进程和挂载点打印出读和写
fsrwcount.d	系统调用	按照文件系统和类型统计读/写系统调用
fsrwtime.d	系统调用	按照文件系统测量读/写系统调用的时间

续表

脚本	层次	描述
fsrtpk.d	系统调用	测量文件系统每 KB 读取时间
rwsnoop	系统调用	跟踪系统调用里的读和写，并列出文件系统详细信息
mmap.d	系统调用	跟踪 mmap() 对文件的调用，列出详细信息
fserros.d	系统调用	列出文件系统系统调用错误
fswho.d	VFS	统计进程和文件的读/写信息
readtype.d	VFS	比较逻辑和物理文件系统读
writetype.d	VFS	比较逻辑和物理文件系统写
fssnoop.d	VFS	使用 fsinfo 跟踪文件系统调用
solvfssnoop.d	VFS	在 Solaris 上使用 fbt 跟踪文件系统调用
sollife.d	VFS	在 Solaris 上显示文件创建和删除
fsflush_cpu.d	VFS	显示文件系统写入跟踪器的 CPU 时间
fsflush.d	VFS	显示文件系统写回的统计信息
dnlcps.d	DNLC	按照进程显示 DNLC 的命中
ufssnoop.d	UFS	直接使用 fbt 跟踪 UFS 调用
ufsreadahead.d	UFS	显示 UFS 连续 I/O 的预读率
ufsimiss.d	UFS	跟踪 UFS inode 缓存未命中，列出详细信息
zfssnoop.d	ZFS	直接使用 fbt 跟踪 ZFS 调用
zfslower.d	ZFS	跟踪缓慢的 ZFS 读/写
zioprint.d	ZFS	显示 ZIO 事件转储
ziosnoop.d	ZFS	显示 ZIO 事件跟踪，带有详细信息
ziotype.d	ZFS	按照存储池显示 ZIO 类型统计
perturbation.d	ZFS	显示给定扰动期间的 ZFS 读/写时间
spasync.d	ZFS	显示存储池分配器（SPA）同步操作的跟踪信息，列出详细信息
nfswizard.d	NFS	统计 NFS 客户端性能
nfs3sizes.d	NFS	比较 NFSv3 逻辑和物理读大小
nfs3fileread.d	NFS	按文件比较 NFSv3 逻辑和物理读
tmpusers.d	TMP	通过跟踪 open() 展示 /tmp 和 tmpfs 的用户
tmpgetpage.d	TMP	测量 tmpfs 是否有换页发生，列出 I/O 时间

虽然这些脚本能够带来无与伦比的观测性，但是很多这些动态跟踪脚本绑定了特定的内核，

因此需要更新以匹配新版内核的变动。

下面是一个高级跟踪的例子，当从 UFS 读出一个 50KB 大小的文件时，DTraceToolkit 脚本在多层里进行事件跟踪：

```
# ./fsrw.d
Event            Device   RW    Size Offset Path
sc-read             .     R     8192      0 /extra1/50k
  fop_read          .     R     8192      0 /extra1/50k
    disk_io       cmdk0   R     8192      0 /extra1/50k
    disk_ra       cmdk0   R     8192      8 /extra1/50k
sc-read             .     R     8192      8 /extra1/50k
  fop_read          .     R     8192      8 /extra1/50k
    disk_ra       cmdk0   R    34816     16 /extra1/50k
sc-read             .     R     8192     16 /extra1/50k
  fop_read          .     R     8192     16 /extra1/50k
sc-read             .     R     8192     24 /extra1/50k
  fop_read          .     R     8192     24 /extra1/50k
sc-read             .     R     8192     32 /extra1/50k
  fop_read          .     R     8192     32 /extra1/50k
sc-read             .     R     8192     40 /extra1/50k
  fop_read          .     R     8192     40 /extra1/50k
sc-read             .     R     8192     48 /extra1/50k
  fop_read          .     R     8192     48 /extra1/50k
sc-read             .     R     8192     50 /extra1/50k
  fop_read          .     R     8192     50 /extra1/50k
^C
```

第一个事件是一个 8KB 的读系统调用（`sc-read`），被一个 VFS 读（`fop_read`）处理了，然后是一个磁盘读（`disk_io`）和下一个 8KB 的预读（`disk_ra`）。下一个对地址 8（KB）的读系统调用并未触发一个磁盘读，因为被缓存了，但却触发了一个起始于偏移量 16、长度为 34KB 的预读——即 50KB 文件的剩余部分。还可以看到其余从缓存返回的系统调用，不过只能看到 VFS 事件。

8.6.5 SystemTap

Linux 系统还可以使用 SystemTap 动态跟踪文件系统事件。有关转化前述 DTrace 脚本的帮助信息参见第 4 章 4.4 节和附录 E。

8.6.6 LatencyTOP

LatencyTOP 是一个报告延时根源的工具，可以针对整个系统，也可以针对单个进程 [5]。它最初为 Linux 开发，并已经移植到了基于 Solaris 的系统。

LatencyTOP 报告文件系统延时，例子如下：

```
Cause                              Maximum         Percentage
Reading from file                  209.6 msec       61.9 %
synchronous write                   82.6 msec       24.0 %
Marking inode dirty                  7.9 msec        2.2 %
Waiting for a process to die         4.6 msec        1.5 %
Waiting for event (select)           3.6 msec       10.1 %
Page fault                           0.2 msec        0.2 %

Process gzip (10969)         Total: 442.4 msec
Reading from file                  209.6 msec       70.2 %
synchronous write                   82.6 msec       27.2 %
Marking inode dirty                  7.9 msec        2.5 %
```

代码的上半部分是整个系统的总结，下半部分是一个正在压缩文件的 `gzip(1)` 进程。大多数 `gzip(1)` 的延时源自读文件，占 70.2%，而剩下的 27.2% 是写入新压缩文件时产生的。

LatencyTOP 需要两个内核选项支持：CONFIG_LATENCYTOP 和 CONFIG_HAVE_LATENCYTOP_SUPPORT。

8.6.7 free

Linux 的 `free(1)` 命令显示了内存和交换区的统计信息：

```
$ free -m
              total       used       free     shared    buffers     cached
Mem:            868        799         68          0        130        608
-/+ buffers/cache:          60        808
Swap:             0          0          0
```

`buffers` 一列展示了缓冲区高速缓存的大小，而 `cached` 一列展示了页缓存大小。选项 `-m` 把结果以 MB 为单位进行显示。

8.6.8 top

有些版本的 `top(1)` 命令包括了文件系统缓存的详细信息。这行来自 Linux top 的信息包括了缓冲区高速缓存大小，`free(1)` 也报告了：

```
Mem:    889484k total,   819056k used,    70428k free,   134024k buffers
```

更多关于 `top(1)` 的信息参见第 6 章。

8.6.9 vmstat

`vmstat(1)` 命令和 `top(1)` 类似，也可能包含了关于文件系统缓存的详细信息。更多关于 `vmstat(1)` 的信息参见第 7 章。

Linux

下面以每秒更新一次的速率运行 vmstat(1)：

```
$ vmstat 1
procs -----------memory---------- ---swap-- -----io---- --system-- -----cpu-----
 r  b   swpd   free   buff  cache   si   so    bi    bo   in   cs us sy id wa st
 0  0      0  70296 134024 623100    0    0     1     1    7    6  0  0 100  0  0
 0  0      0  68900 134024 623100    0    0     0     0   46   96  1  2  97  0  0
[...]
```

buff 一列显示了缓冲区高速缓存大小，cache 显示了页缓存大小，均以 KB 为单位。

Solaris

Solaris 默认的 vmstat(1) 输出并不包括缓存大小，不过仍值得一提：

```
$ vmstat 1
 kthr        memory            page            disk          faults        cpu
 r b w   swap  free  re  mf pi po fr de sr s0 s1 --     in    sy   cs us sy id
 0 0 36 8881299 6 3883956 324 3099 5 1 1 0 6 -1546 -0 92 0 28521 79147 37128 5 5 90
 1 0 317 8683064 4 2981520 23 137 43 2 2 0 0 0  0  1 0 23063 59809 31454 1 3 96
 0 0 317 8682650 4 2977588 1876 40670 0 0 0 0 0 0 0 0 44264 110777 32383 15 10 76
[...]
```

free 一列以 KB 为单位。从 Solaris 9 开始，页缓存被当成是空闲内存的一部分，所以它的大小在这一列中有所体现。

选项-p 按类型分别标出了换页进/出的信息：

```
$ vmstat -p 1 5
     memory           page          executable    anonymous    filesystem
    swap  free  re  mf  fr  de  sr  epi epo epf  api apo apf  fpi fpo fpf
 8740292 1290896 75 168  0   0  12    0   0   0   11   0   0    0   0   0
10828352 3214300 155 42  0   0   0    0   0   0    0   0   0 12931   0   0
10828352 3221976 483 62  0   0   0    0   0   0    0   0   0 15568   0   0
[...]
```

这使得文件系统换页可以从匿名换页（内存低）中区分出来。不幸的是，文件系统这一列现在还不包括 ZFS 文件系统事件。

8.6.10 sar

系统活动报告器（system activity reporter），sar(1)，提供了各种文件系统统计信息，还可以配置以进行长期记录。sar(1) 所提供的各种统计信息在本书的多个章节里都有提到。

Linux

运行 sar(1)，每隔一段时间报告一次当前的活动：

```
# sar -v 1
Linux 2.6.35.14-103.fc14.x86_64 (fedora0)     07/13/2012      _x86_64_   (1 CPU)

12:07:32 AM dentunusd    file-nr   inode-nr    pty-nr
12:07:33 AM     11498        384      14029         6
12:07:34 AM     11498        384      14029         6
[...]
```

选项-v 打出了下列信息。

- `dentunusd`：目录项缓存未用计数（可用项）。
- `file-nr`：使用中的文件描述符个数。
- `inode-nr`：使用中的 inode 个数。

还有一个选项-r，打印了分别代表缓冲区高速缓存大小和页缓存大小的 `kbbuffers` 和 `kbcached`，以 KB 为单位。

Solaris

运行 `sar(1)`，每隔一段时间报告一次当前的活动，并指定输出的次数：

```
$ sar -v 1 1
[...]
03:16:47    proc-sz     ov inod-sz      ov file-sz      ov lock-sz
03:16:48   95/16346      0 7895/70485    0 882/882       0 0/0
```

选项-v 显示了 `inod-sz`，表示 inode 缓存大小和最大值。另外选项-b 提供了旧式缓冲区高速缓存的统计信息。

8.6.11 slabtop

Linux 的 `slabtop(1)` 命令打印出有关内核 slab 缓存的信息，其中有些用于文件系统缓存：

```
# slabtop -o
 Active / Total Objects (% used)    : 151827 / 165106 (92.0%)
 Active / Total Slabs (% used)      : 7599 / 7599 (100.0%)
 Active / Total Caches (% used)     : 68 / 101 (67.3%)
 Active / Total Size (% used)       : 44974.72K / 47255.53K (95.2%)
 Minimum / Average / Maximum Object : 0.01K / 0.29K / 8.00K

  OBJS ACTIVE  USE OBJ SIZE  SLABS OBJ/SLAB CACHE SIZE NAME
 35802  27164  75%    0.10K    918       39      3672K buffer_head
 26607  26515  99%    0.19K   1267       21      5068K dentry
 26046  25948  99%    0.86K   2894        9     23152K ext4_inode_cache
 12240  10095  82%    0.05K    144       85       576K shared_policy_node
 11228  11228 100%    0.14K    401       28      1604K sysfs_dir_cache
  9968   9616  96%    0.07K    178       56       712K selinux_inode_security
  6846   6846 100%    0.55K    489       14      3912K inode_cache
  5632   5632 100%    0.01K     11      512        44K kmalloc-8
[...]
```

如果不使用选项 `-o` 的输出模式，`slabtop(1)` 将会不断刷新屏幕。slab 可能包括下列内容。

- **dentry**：目录项缓存。
- **inode_cache**：inode 缓存。
- **ext3_inode_cache**：ext3 的 inode 缓存。
- **ext4_inode_cache**：ext4 的 inode 缓存。

`slabtop(1)` 使用 /proc/slabinfo，在启用 CONFIG_SLAB 的情况下生成。

8.6.12 mdb::kmastat

Solaris 内核内存分配器的详细统计信息可以通过 `mdb -k` 里的 `::kmstat` 查看，其中还包括了文件系统使用的多种缓存：

```
> ::kmastat
cache                      buf       buf       buf   memory       alloc  alloc
name                      size    in use     total   in use     succeed   fail
-------------------------------------------------------------------------
kmem_magazine_1             16      7438     18323     292K       90621      0
[...]
zfs_file_data_4096          4K       223      1024      4M         1011      0
zfs_file_data_8192          8K   2964824   3079872    23.5G      8487977     0
zfs_file_data_12288        12K       137       440    5.50M         435     0
zfs_file_data_16384        16K        26       176    2.75M         185     0
[...]
ufs_inode_cache            368     27061     27070    10.6M       27062     0
[...]
```

输出有很多页，显示了所有的内核分配器缓存的信息。从"memory in use"一列可以看出哪块缓存存储了最多的数据，也可以从中反映出内核内存的使用情况。这个例子里，ZFS 8KB 文件数据缓存使用了 23.5GB 的内存。如果有需要，还可以跟踪某个缓存的分配情况，以得到它的代码路径和用户。

8.6.13 fcachestat

这是一个 Solaris 上的开源工具，调用了 Perl 的 Sun::Solaris::Kstat 库，打印出适合 UFS 缓存活动分析的统计信息：

```
~/Dev/CacheKit/CacheKit-0.96> ./fcachestat 1 5
--- dnlc ---    -- inode ---    -- ufsbuf --    -- segmap --    -- segvn ---
 %hit   total    %hit   total    %hit   total    %hit   total    %hit   total
99.45  476.6M   15.35  914326   99.78   7.4M    93.41   10.7M   99.89  413.7M
70.99    2754   17.52     799   98.71    696    52.51    2510   35.94    2799
72.64    1356    0.00     371   98.94    377    51.10    1779   35.32    2421
71.32    1231    0.00     353   96.49    427    47.23    2581   42.37    4406
84.90    1517    0.00     229   97.27    330    48.57    1748   47.85    3162
```

第一行是自启动后的信息统计。分别有五组数据代表不同的缓存和驱动程序。ufsbuf 是旧式缓冲区高速缓存，segmap 和 segvn 展示了页缓存的驱动。每一组数据中，缓存命中率以百分数表示（%hit），另一列则是总计访问次数（total）。

fcachestat 可能需要更新才能正确工作。在这里提到它主要是为了展示有哪些信息可以从系统里提取[3]。

8.6.14 /proc/meminfo

Linux 的/proc/meminfo 文件提供了内存使用状况的分解，如 free(1)的一些工具也读这个文件：

```
$ cat /proc/meminfo
MemTotal:       49548744 kB
MemFree:        46704484 kB
Buffers:          279280 kB
Cached:          1400792 kB
[...]
```

这包括了缓冲区高速缓存（Buffers）和页缓存（Cached），并且提供了系统内存使用情况的其他概况分解。在第 7 章里专门叙述。

8.6.15 mdb::memstat

Solaris 上 mdb -k 里的::memstat 命令提供了 Solaris 内存使用的概况分解：

```
> ::memstat
Page Summary                Pages             MB  %Tot
------------     ----------------  -------------  ----
Kernel                    3745224          14629   30%
ZFS File Data             6082651          23760   48%
Anon                      2187140           8543   17%
Exec and libs               13085             51    0%
Page cache                  71065            277    1%
Free (cachelist)            16778             65    0%
Free (freelist)            461617           1803    4%

Total                    12577560          49131
Physical                 12577559          49131
```

这包括了 ARC 里缓存的 ZFS File Data，以及包含了 UFS 数据缓存的 Page cache。

---

[3] fcachestat 是 CacheKit 的一部分，这是我为 Solaris 写的一套实验性质的缓存分析工具。

8.6.16 kstat

前述工具里的统计裸数据可以从 kstat 里得到。访问途径包括了 Perl 的 Sun::Solaris::Kstat 库，C 的 libkstat 库、或者 `kstat(1)` 命令。表 8.8 列出了一组能够显示文件系统统计信息的命令，以及每个命令的统计项数目（在最新的内核版本上）。

表 8.8 文件系统统计信息的 kstat 命令

kstat 命令	描述	统计信息
kstat -n segmap	页缓存读/写的统计信息	23
kstat cpu_stat	包括了映射文件的页缓存统计信息	每 CPU 90 项
kstat -n dnlcstats	DNLC 统计信息	31
kstat -n biostats	旧式缓冲区高速缓存的统计信息	9
kstat -n inode_cache	inode 缓存统计信息	20
kstat -n arcstats	ZFS ARC 和 L2ARC 统计信息	56
kstat zone_vfs	分区域 VFS 计数器	每区域 18 项

其中的一个例子是：

```
$ kstat -n inode_cache
module: ufs                             instance: 0
name:   inode_cache                     class:        ufs
        cache allocs                    772825
        cache frees                     973443
        crtime                          36.947583642
        hits                            139468
        kmem allocs                     214347
        kmem frees                      206439
        lookup idles                    0
        maxsize                         70485
        maxsize reached                 90170
        misses                          772825
        pushes at close                 0
        puts at backlist                65379
        puts at frontlist               766776
        queues to free                  3148
        scans                           485005142
        size                            7895
        snaptime                        5506613.86119402
        thread idles                    722525
        vget idles                      0
```

尽管 kstat 提供了大量的信息，但这些功能一直以来未对外公开。有一些统计信息可以望文生义，还有一些统计信息需要查看内核源代码（如果有的话），才能确定其具体含义。

每个内核版本可用的统计信息都在变化。在最近的 SmartOS/illumos 内核里，加入了下面的计数器：

```
$ kstat zone_vfs
module: zone_vfs                                instance: 3
name:   961ebd45-7fcc-4f18-8f90-ba1353         class:    zone_vfs
        100ms_ops                               5
        10ms_ops                                73
        10s_ops                                 0
        1s_ops                                  1
[...]
```

上面的代码统计了持续时间超过所示参数的文件系统操作。这些信息对跟踪云计算环境下的文件系统延时无比珍贵。

8.6.17 其他工具

还有其他一些用于调查文件系统性能以及刻画使用情况的工具和监控框架，如下所示。

- **df(1)**：报告文件系统使用情况和容量统计信息。
- **mount(8)**：显示文件系统挂载选项（静态性能调优）。
- **inotify**：Linux 文件系统事件监控框架。

除了操作系统提供的工具，有些文件系统还有自己定制的性能工具，如 ZFS。

ZFS

ZFS 提供了 `zpool(1M)` 命令，使用 `iostat` 子选项可以看到 ZFS 池的统计信息。它报告了池的操作频率（读和写）以及吞吐量。

arcstat.pl 是一个较普及的性能插件，报告了 ARC 和 L2ARC 的大小、命中和未命中的比例。例如：

```
$ arcstat 1
    time  read  miss  miss%  dmis  dm%  pmis  pm%  mmis  mm%  arcsz    c
04:45:47     0     0      0     0    0     0    0     0    0    14G  14G
04:45:49   15K    10      0    10    0     0    0     1    0    14G  14G
04:45:50   23K    81      0    81    0     0    0     1    0    14G  14G
04:45:51   65K    25      0    25    0     0    0     4    0    14G  14G
[...]
```

每条统计信息统计了一段时间内的数据，分别如下。

- **read**、**miss**：ARC 访问总次数、未命中次数。
- **miss%**、**dm%**、**pm%**、**mm%**：ARC 未命中总百分比、请求百分比、预取百分比、元数据百分比。
- **dmis**、**pmis**、**mmis**：每秒未命中的请求数、预取数、元数据数。
- **arcsz**、**c**：ARC 大小、ARC 目标大小。

arcstat.pl 是一个从 kstat 中读取统计信息的 Perl 程序。

8.6.18 可视化

文件系统上的负载可以通过在一条时间轴上描点以发现与时间相关的使用模式。分别制作读、写和其他文件系统操作的图也有助于识别使用模式。

文件系统延时的分布通常是双峰的：文件系统缓存命中的低延时众数和缓存未命中（存储设备 I/O）的高延时众数。因此，把这个分布通过一个值——如均值、众数或者中位数——表现出来是错误的。

解决问题的一个方法是使用可视化工具显示全分布图，例如热图（第 2 章介绍了热图）。图 8.15 里给出了一个例子，其中 X 轴表示时间，Y 轴表示 I/O 延时。

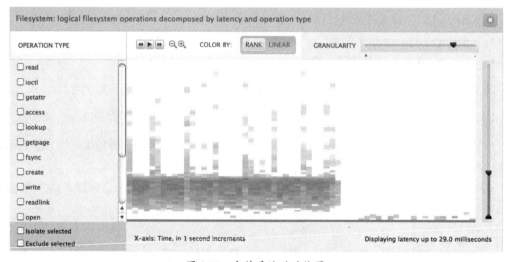

图 8.15　文件系统延时热图

这张热图显示了随机读取文件系统里一个 1GB 大小的文件。在图里的前半部分，延时大多集中在 3ms ~ 10ms，主要由磁盘 I/O 导致。底部的线表示文件系统缓存命中（DRAM）。在后半部分，文件系统完全被 DRAM 缓存了，磁盘 I/O 云也消失了。

这个例子来自 Joyent Cloud Analytics，这个软件可以选择隔离文件系统操作类型。

8.7 实验

本节描述了文件系统性能主动测试的工具。建议参考 8.5.10 节中的测试策略。

使用这些工具时，最好让 `iostat(1)` 在后台一直运行，以确认当前负载与预期一致，都抵达了磁盘。举个例子，当测试集大小能够很容易放进文件系统缓存时，读负载预计会有 100% 的缓存命中率，因而 `iostat(1)` 根本就不会显示磁盘 I/O。第 9 章中介绍了 `iostat(1)`。

8.7.1 Ad Hoc

`dd(1)` 命令（设备到设备复制）可以执行文件系统连续读写负载的特定性能测试。下面的命令先写，然后以 1MB 的 I/O 大小读一个名为 `file1` 的 1GB 文件：

```
write: dd if=/dev/zero of=file1 bs=1024k count=1k
read:  dd if=file1 of=/dev/null bs=1024k
```

Linux 版本的 `dd(1)` 会在结束时打印出统计信息。

8.7.2 微型基准测试工具

市面上有很多文件系统基准测试工具，包括 Bonnie、Bonnie++、iozone、tiobench、SysBench、fio 和 FileBench。这里按照复杂程度顺序讨论其中的一小部分，可参考第 12 章。

Bonnie、Bonnie++

Bonnie 是一个在单文件上以单线程测试几种负载的简单 C 程序。它最初由 Tim Bray 于 1989 年开发[6]。用法很简单：

```
# ./Bonnie -h
usage: Bonnie [-d scratch-dir] [-s size-in-Mb] [-html] [-m machine-label]
```

选项 `-s` 可以设置测试文件的大小。默认情况下，Bonnie 的测试文件大小为 100MB，在这个系统里都被缓存收入囊中了：

```
$ ./Bonnie
File './Bonnie.9598', size: 104857600
Writing with putc()...done
Rewriting...done
Writing intelligently...done
Reading with getc()...done
Reading intelligently...done
Seeker 1...Seeker 3...Seeker 2...start 'em...done...done...done...
              -------Sequential Output-------- ---Sequential Input-- --Random--
              -Per Char- --Block--- -Rewrite-- -Per Char- --Block--- --Seeks---
Machine    MB K/sec %CPU K/sec %CPU K/sec %CPU K/sec %CPU K/sec %CPU  /sec %CPU
          100 123396 100.0 1258402 100.0 996583 100.0 126781 100.0 2187052 100.0
164190.1 299.0
```

输出包括了每次测试的 CPU 时间，这里的 100%，表示 Bonnie 并未被阻塞在磁盘 I/O 上，而是永远命中缓存并一直占据着 CPU。

还有一个 64 位的版本叫做 Bonnie-64，允许测试更大的文件。Russell Coker 用 C++ 重写了这个程序，命名为 Bonnie++[7]。

不幸的是，像 Bonnie 这样的文件系统基准测试工具可能会让你误入歧途，除非你对测试本身有清楚的理解。第一个结果是一个 `putc()` 测试，其结果可能会因系统库的不同实现而大相径庭，这样的话，测试的对象就变成了系统库而不是文件系统。可参考第 12 章 12.3.2 节的例子。

fio

由 Jens Axboe 开发的 Flexible IO Tester（fio），是一个有很多高级功能的可定制文件系统基准测试工具[8]。让我爱不释手的两个理由如下。

- **非标准随机分布（nonuniform random distribution）**，可以更准确地模拟真实的访问模式（例如，`-random_distribution=pareto:0.9`）。
- **延时百分位数报告**，包括 99.00、99.50、99.90、99.95、99.99。

下面是一个示例输出，显示了一个随机读负载，其中 I/O 大小为 8KB，测试集大小为 5GB，非统一访问模式（`pareto:0.9`）：

```
# ./fio --runtime=60 --time_based --clocksource=clock_gettime --name=randread --
numjobs=1 --rw=randread --random_distribution=pareto:0.9 --bs=8k --size=5g --
filename=fio.tmp
randread: (g=0): rw=randread, bs=8K-8K/8K-8K/8K-8K, ioengine=sync, iodepth=1
fio-2.0.13-97-gdd8d
Starting 1 process
Jobs: 1 (f=1): [r] [100.0% done] [3208K/0K/0K /s] [401 /0 /0 iops] [eta 00m:00s]
randread: (groupid=0, jobs=1): err= 0: pid=2864: Tue Feb  5 00:13:17 2013
  read : io=247408KB, bw=4122.2KB/s, iops=515 , runt= 60007msec
    clat (usec): min=3 , max=67928 , avg=1933.15, stdev=4383.30
     lat (usec): min=4 , max=67929 , avg=1934.40, stdev=4383.31
    clat percentiles (usec):
     |  1.00th=[    5],  5.00th=[    5], 10.00th=[    5], 20.00th=[    6],
     | 30.00th=[    6], 40.00th=[    6], 50.00th=[    7], 60.00th=[  620],
     | 70.00th=[  692], 80.00th=[ 1688], 90.00th=[ 7648], 95.00th=[10304],
     | 99.00th=[19584], 99.50th=[24960], 99.90th=[39680], 99.95th=[51456],
     | 99.99th=[63744]
    bw (KB/s)  : min= 1663, max=71232, per=99.87%, avg=4116.58, stdev=6504.45
    lat (usec) : 4=0.01%, 10=55.62%, 20=1.27%, 50=0.28%, 100=0.13%
    lat (usec) : 500=0.01%, 750=15.21%, 1000=4.15%
    lat (msec) : 2=3.72%, 4=2.57%, 10=11.50%, 20=4.57%, 50=0.92%
    lat (msec) : 100=0.05%
  cpu          : usr=0.18%, sys=1.39%, ctx=13260, majf=0, minf=42
  IO depths    : 1=100.0%, 2=0.0%, 4=0.0%, 8=0.0%, 16=0.0%, 32=0.0%, >=64=0.0%
     submit    : 0=0.0%, 4=100.0%, 8=0.0%, 16=0.0%, 32=0.0%, 64=0.0%, >=64=0.0%
     complete  : 0=0.0%, 4=100.0%, 8=0.0%, 16=0.0%, 32=0.0%, 64=0.0%, >=64=0.0%
     issued    : total=r=30926/w=0/d=0, short=r=0/w=0/d=0
```

延时百分位数（`clat`）清楚地展现了缓存命中的范围，由于缓存命中带来的低延时，这个例子里达到了第 50 的百分位数。剩下的百分位数体现了缓存未命中，包括队尾的数字；这个例子里，第 99.99 的百分位数是 63ms 的延时。

虽然从百分位数里还不能看出多众数分布的态势，但它们却集中暴露了最有意思的部分：较慢众数（磁盘 I/O）的尾巴部分。

一个类似但更简单的工具是 SysBench。如果需要更多的选项和功能，可以试试 FileBench。

FileBench

FileBench 是一个可编程的文件系统基准测试工具，可以通过自带的负载模型语言（Workload Model Language）来描述应用程序的负载。这样不同的线程可以模拟不同的行为，也可以指定同步线程的行为。配置选项又称为个性化配置（personalities），选择非常多，其中还包括了模拟 Oracle 9i I/O 模型。不过，FileBench 可不容易上手使用，只有那些全职工作于文件系统的家伙们才感兴趣。

8.7.3 缓存写回

Linux 提供了一个写回（或者丢弃缓存项）文件系统缓存的方法，这个方法可能有助于那些从一致的、"冷"缓存状态开始执行的基准测试，比如系统重启。内核源码文档（Documentation/sysctl/vm.txt）里简单描述了这个机制：

```
To free pagecache:
        echo 1 > /proc/sys/vm/drop_caches
To free dentries and inodes:
        echo 2 > /proc/sys/vm/drop_caches
To free pagecache, dentries and inodes:
        echo 3 > /proc/sys/vm/drop_caches
```

在基于 Solaris 的系统上尚没有类似的机制。

8.8 调优

8.5 节已经介绍了很多调优方法，包括缓存调优和负载特征归纳。后者通过识别和排除那些不需要的负载，可以达到最佳优化结果。本节主要覆盖一些特殊的调优参数（可调参数）。

调优的细节——可以调整的选项和设置值——取决于操作系统版本、文件系统类型和预期的负载。下面的章节，从一些例子中展开，介绍了可能有的可调参数以及为什么要调整它们。具体的例子是应用程序调用和两个文件系统的例子：ext3 和 ZFS。如果要对页缓存进行调优，请参考第 7 章。

8.8.1 应用程序调用

8.3.7 节提到了如何通过 `fsync()` 合并入一组写请求。相较于使用 `open()` 标志位 O_DSYNC/O_RSYNC 的一个个写入，这种方法提高了同步写的性能。

其他可以提高性能的调用包括了 `posix_fadvise()` 和 `madvise()`，这些函数可以为缓存策略提供建议。

posix_fadvise()

这个库函数调用操作文件的一个区域，原型如下：

```
int posix_fadvise(int fd, off_t offset, off_t len, int advice);
```

提供的建议如表 8.9 所示。

表 8.9　posix_fadvise()建议标志位

建议	描述
POSIX_FADV_SEQUENTIAL	指定的数据范围会被连续访问
POSIX_FADV_RANDOM	指定的数据范围会被随机访问
POSIX_FADV_NOREUSE	数据不会被重用
POSIX_FADV_WILLNEED	数据会在不远的将来重用
POSIX_FADV_DONTNEED	数据不会在不远的将来重用

内核可以利用这个信息提高性能，决定什么时候预取数据以及什么时候缓存数据。内核还可以根据应用程序的建议，提高高优先级数据的缓存命中率。建议参数的完整列表请参考系统的手册页。

`posix_fadvise()` 在第 3 章的 3.3.4 节曾作为例子提出。不同的内核对于这个函数的支持有所不同。

madvise()

这个库函数调用对一块内存映射进行操作，原型如下：

```
int madvise(void *addr, size_t length, int advice);
```

提供的建议如表 8.10 所示。

表 8.10 madvise() 建议标志位

建议	描述
MADV_RANDOM	偏移量将以随机顺序访问
MADV_SEQUENTIAL	偏移量将以连续顺序访问
MADV_WILLNEED	数据还会再用（请缓存）
MADV_DONTNEED	数据不会再用（请勿缓存）

和 posix_fadvise() 一样，内核使用这个信息来提高性能，做出更好的缓存决定。

8.8.2 ext3

Linux 上的 ext2、ext3、ext4 文件系统可以通过 tune2fs(8) 命令调优。有两种方法，可以在挂载时指定多种选项，一种是手动通过 mount(8) 命令，另一种是启动时的 /boot/grub/menu.lst 和 /etc/fstab。具体的选项列表可以查看 tune2fs(8) 和 mount(8) 的手册页。当前设置则可以通过 tunefs -l 设备名和 mount（不带选项）查看。

mount(8) 可以使用选项 noatime 以禁用文件访问时间戳更新，这样——如果文件系统用户不需要——可以减少后端的 I/O，提高整体性能。

tune2fs(8) 提高性能的一个关键选项是：

```
tune2fs -O dir_index /dev/hdX
```

这使用了哈希 B 树以提高大目录的查找速度。

e2fsck(8) 命令可以用来重建文件系统目录的索引。例如：

```
e2fsck -D -f /dev/hdX
```

e2fsck(8) 的其他选项则与检查和修复文件系统相关。

8.8.3 ZFS

ZFS 支持大量文件系统级别的可调参数（又称为属性），以及少数系统级别的参数（/etc/system）。

通过 zfs(1) 命令可以列出文件系统属性。例如：

```
# zfs get all zones/var
NAME       PROPERTY      VALUE                  SOURCE
zones/var  type          filesystem             -
zones/var  creation      Sat Nov 19  0:37 2011  -
```

```
zones/var  used           60.2G       -
zones/var  available      1.38T       -
zones/var  referenced     60.2G       -
zones/var  compressratio  1.00x       -
zones/var  mounted        yes         -
zones/var  quota          none        default
zones/var  reservation    none        default
zones/var  recordsize     128K        default
zones/var  mountpoint     legacy      local
zones/var  sharenfs       off         default
zones/var  checksum       on          default
zones/var  compression    off         inherited from zones
zones/var  atime          off         inherited from zones
[...]
```

（截断的）输出包括了属性名、当前值和来源。来源显示了它是怎样被设置的：是从更高一级的 ZFS 数据集继承而来，还是默认值，抑或专门对这个文件系统设置的。

zfs(1M) 命令同样可以设置这些参数，在 zfs(1M) 的手册页里有具体描述。表 8.11 列出了和性能相关的关键参数。

表 8.11 ZFS 数据集可调参数

参数	选项	描述
recordsize	512 ~ 128K	建议的文件块大小
compression	on | off | lzjb | gzip | gzip-[1-9] | ale | lz4	在后端 I/O 堵塞的情况下，轻量级的算法（如 lzjb）可以在某些情况下提高性能
atime	on | off	访问时间戳更新（引发读后写）
primarycache	all | none | metadata	ARC 策略；使用 "none" 或者 "metadata"（仅缓存元数据）能够降低因低优先级文件系统（例如归档）造成的缓存污染
secondarycache	all | none | metadata	L2ARC 策略
logbias	latency | throughput	同步写的建议："latency" 使用日志设备，而 "throughput" 使用池设备
sync	standard | always | disabled	同步写行为

最重要的调优参数一般是记录尺寸，需要让它和应用程序 I/O 相匹配。它一般默认为 128KB，这个值在随机小 I/O 的情况下效率不高。注意这个对小于记录尺寸的文件无效，因为这些文件是以等于文件大小的动态记录尺寸存放的。

如果不需要访问时间戳，禁用 atime 也可以提高性能（虽然更新行为被优化过）。

表 8.12 列出了系统级别的 ZFS 可调参数示例。（和性能紧密相关的参数不断在变，具体取决于 ZFS 版本；当你们阅读到本书时，表中的这三项可能又变了。）

表 8.12 系统级别 ZFS 可调参数举例

参数	描述
zfs_txg_synctime_ms	目标 TXG 同步时间，单位为 ms
zfs_txg_timeout	TXG 超时时间（s）：设置为最低发生频率
metaslab_df_free_pct	metaslab 发生行为转换，以时间换空间的百分比

这些年来参数 zfs_txg_synctime_ms 和 zfs_txg_timeout 的默认值不断下降，因此 TXG 越来越小，因为排队和其他 I/O 发生冲突的可能性大大降低了。其他的内核可调参数，请查阅供应商的文档以得到完整的列表、描述和警告。另外这些设置的改变可能会被公司或者供应商规定所禁止。

更多关于 ZFS 调优的资料，请参阅 "ZFS Evil Tuning Guide" [9]。

8.9 练习

1. 回答下面有关文件系统术语的问题：

    - 逻辑 I/O 和物理 I/O 有什么区别？
    - 随机 I/O 和连续 I/O 有什么区别？
    - 什么是直接 I/O？
    - 什么是非阻塞 I/O？
    - 什么是测试集大小？

2. 回答下面的概念问题：

    - VFS 的职责是什么？
    - 描述什么是文件系统延时，特别是可以在哪些位置测量。
    - 预取（预读）的目的是什么？
    - 直接 I/O 的目的是什么？

3. 回答下面更深入的问题：

    - 描述 `fsync()` 相对 O_SYNC 的优势。
    - 描述 `mmap()` 相对 `read()`/`write()` 的优势和劣势。
    - 描述逻辑 I/O 变成物理 I/O 时放大的原因。
    - 描述逻辑 I/O 变成物理 I/O 时缩小的原因。

- 解释文件系统写时复制如何能够提高性能。

4. 为你的操作系统开发出以下步骤：
   - 一个文件系统缓存调优检查表。这应该列出现有的文件系统缓存，以及如何检查它们的大小、使用情况和命中率。
   - 一个文件系统操作的负载特征归纳表。包括如何得到各项详细信息，并且优先使用现有的文件系统观察工具。

5. 完成下面的任务：
   - 选择一个应用程序，测量文件系统操作和延时，包括
     - 文件系统操作延时的全分布，而不仅仅是平均值。
     - 每个文件系统线程在文件系统操作上的时间分配。
   - 使用一个微型基准测试工具，通过实验的方式判断文件系统缓存大小。解释你选择工具的原因。另外在缓存容纳不了测试集的情况下，对性能下降有所体现。

6. （可选，高级）开发一个观察工具，提供文件系统同步写相对于异步写的指标。这应包括它们的频率和延时，并且能够分辨发起这些请求的进程 ID，以方便进行负载特征归纳。

7. （可选，高级）开发一个工具，提供间接和放大的文件系统 I/O 的统计信息：额外的字节和非应用程序直接发出的 I/O。它应把额外的 I/O 分解成不同的类型，以解释原因。

8.10 参考资料

[Ritchie 74]　　Ritchie, D., and K. Thompson. "The UNIX Time-Sharing System," *Communications of the ACM* 17, no. 7 (July 1974), pp. 365–75.

[Lions 77]　　Lions, J. *A Commentary on the Sixth Edition UNIX Operating System*. University of New South Wales, 1977.

[McKusick 84]	McKusick, M., et al. "A Fast File System for UNIX." *ACM Transactions on Computer Systems (TOC)* 2, no. 3 (August 1984).
[Bach 86]	Bach, M. *The Design of the UNIX Operating System.* Prentice Hall, 1986.
[Vahalia 96]	Vahalia, U. *UNIX Internals: The New Frontiers.* Prentice Hall, 1996.
[McDougall 06a]	McDougall, R., and J. Mauro. *Solaris Internals: Solaris 10 and OpenSolaris Kernel Architecture.* Prentice Hall, 2006.
[Doeppner 10]	Doeppner, T. *Operating Systems in Depth: Design and Programming.* Wiley, 2010.
[Gregg 11]	Gregg, B., and J. Mauro. *DTrace: Dynamic Tracing in Oracle Solaris, Mac OS X and FreeBSD.* Prentice Hall, 2011.
[1]	http://lwn.net/Articles/419811, 2010
[2]	http://zfsonlinux.org
[3]	http://sysbench.sourceforge.net/docs
[4]	www.dtracebook.com
[5]	https://latencytop.org
[6]	www.textuality.com/bonnie
[7]	www.coker.com.au/bonnie++
[8]	https://github.com/axboe/fio
[9]	www.solarisinternals.com/wiki/index.php/ZFS_Evil_Tuning_Guide

第 9 章

磁盘

磁盘 I/O 可能会造成严重的应用程序延时,因此是系统性能分析的一个重要目标。在高负载下,磁盘成为了瓶颈,CPU 持续空闲以等待磁盘 I/O 结束。发现并消除这些瓶颈能让性能和应用程序吞吐量翻好几番。

名词"磁盘"[1]指系统的主要存储设备。这包括了旋转磁性盘片和基于闪存的固态盘(SSD)。引入后者主要是为了提高磁盘的 I/O 性能,而事实上的确做到了。然而,对容量和 I/O 速率的需求仍在不断增长,闪存设备并不能完全解决性能问题。

本章由五个部分组成,前三部分介绍了磁盘 I/O 分析的基础知识,后两部分则在 Linux 和 Solaris 系统上应用这些分析方法。下面是一些详细介绍。

- **背景** 介绍了存储相关术语,磁盘设备的基本模型以及磁盘性能的关键概念。
- **架构** 概述了存储硬件和软件的架构。
- **方法** 描述了性能分析的方法,包括了观察性和实验性方法。
- **分析** 展现了基于 Linux 和 Solaris 系统的磁盘性能分析和实验工具,包括跟踪和可视化工具。
- **调优** 描述了一些磁盘调优参数的实例。

前一章介绍了建立在磁盘之上的文件系统的性能。

---

[1] 译者注——本章内磁盘(disk)指包括了机械磁盘和固态硬盘在内的系统主要存储,而非狭义上的磁性硬盘。

9.1 术语

本章使用的磁盘相关术语如下，以供参考。

- **虚拟磁盘**：存储设备的模拟。在系统看来，这是一块物理磁盘，但是，它可能由多块磁盘组成。
- **传输总线**：用来通信的物理总线，包括数据传输（I/O）以及其他磁盘命令。
- **扇区**：磁盘上的一个存储块，通常是 512B 大小。
- **I/O**：对于磁盘，严格地说仅仅包括读和写，而不包括其他磁盘命令。I/O 至少由方向（读或写）、磁盘地址（位置）和大小（字节数）组成。
- **磁盘命令**：除了读写之外，磁盘还会被指派执行其他非数据传输的命令（例如缓存写回）。
- **吞吐量**：对于磁盘而言，吞吐量通常指当前数据传输速率，单位是 B/s。
- **带宽**：这是存储传输或者控制器能够达到的最大数据传输速率。
- **I/O 延时**：一个 I/O 操作的执行时间，这个词在操作系统领域广泛使用，早已超出了设备层。注意在网络领域，这个词有其他的意思，指发起一个 I/O 的延时，后面还跟着数据传输时间。
- **延时离群点**：非同寻常的高延时磁盘 I/O。

其他术语会在本章里穿插介绍。术语表包括了可供参考的基本术语，包括磁盘、磁盘控制器、存储阵列、本地磁盘、远程磁盘和 IOPS。另外可参考第 2 章和第 3 章的术语部分。

9.2 模型

下面的简单模型演示了磁盘 I/O 性能的一些基本原理。

9.2.1 简单磁盘

现代磁盘包括了一个盘上的 I/O 请求队列，如图 9.1 所示。

磁盘接受的 I/O 请求要么在队列里等待，要么正在处理中。这个简单模型就像超市的收银口，顾客们排起队来等待服务。这也很适合用排队理论进行分析。

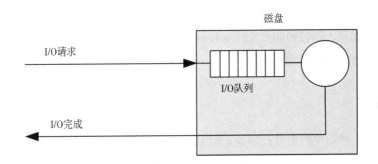

图 9.1 带队列的简单磁盘

虽然这看上去好像是一个先来后到的队列，事实上磁盘管理器可以为了优化性能而采用其他算法。这些算法包括了旋转磁盘的电梯寻道算法（参见 9.4.1 节的讨论），或者对读写 I/O 准备分开的队列（特别是闪存盘）。

9.2.2 缓存磁盘

磁盘缓存的加入使有些读请求可以从更快的内存介质中返回，如图 9.2 所示。只要物理磁盘设备里的一小块内存（DRAM）就可以达到这种效果。

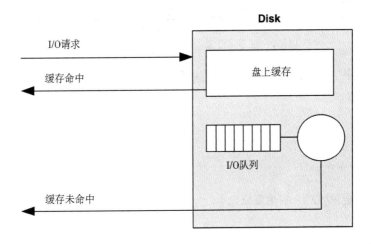

图 9.2 带盘缓存的简单磁盘

虽然缓存的命中可以带来非常低（优秀）的延时，高延时的缓存未命中却仍然是磁盘设备的主旋律。

盘上的缓存也可以用作写回缓存以提高写性能。在数据写到缓存后，磁盘就通知写入已经结束，之后再把数据写入到较慢的永久磁盘存储介质中。与之相对的另一种做法叫做写穿缓存，只有当写完全进入到下一层再返回。

9.2.3 控制器

图 9.3 演示了一种简单的磁盘控制器，把 CPU I/O 传输总线和存储总线以及相连的磁盘设备桥接起来。这个设备又称为主机总线适配器（host bus adaptor，HBA）。

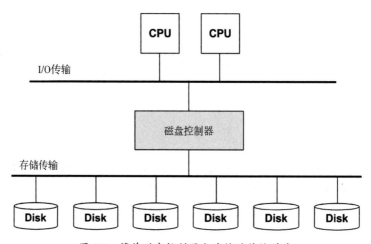

图 9.3 简单磁盘控制器和连接的传输总线

其性能可能受限于其中任何一个组件，包括总线、磁盘控制器和磁盘。更多有关磁盘控制器的信息参见 9.4 节。

9.3 概念

下面是磁盘性能领域的一些重要概念。

9.3.1 测量时间

存储设备的响应时间（也叫磁盘 I/O 延时）指的是从 I/O 请求到结束的时间。它由服务和等待时间组成。

- **服务时间**：I/O 得到主动处理（服务）的时间，不包括在队列中等待的时间。
- **等待时间**：I/O 在队列中等待服务的时间。

图 9.4 展示了测量时间的构成，以及其他一些术语。

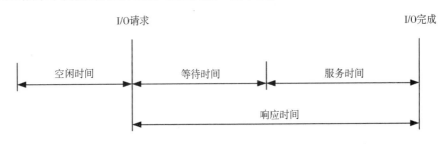

图 9.4 磁盘 I/O 术语

响应时间、服务时间和等待时间全部取决于测量所处的位置。下面将从操作系统和磁盘上下文角度进行描述（也是一种简化）。

- 从操作系统（块设备接口）角度来说，服务时间可以从 I/O 请求发到磁盘设备开始计算，到结束中断发生为止。它并不包括在操作系统队列里等待的时间，仅仅反映了磁盘设备对操作请求的总体性能。
- 而对于磁盘而言，服务时间指从磁盘开始主动服务 I/O 开始算起，不包括在磁盘队列里等待的任何时间。

术语服务时间来源于早期，当时磁盘都是一些简单的设备，由操作系统直接管理。对于磁盘是否在服务 I/O，操作系统可谓了若指掌。而今磁盘有了自己的内部队列，操作系统的服务时间却包括了在设备队列里等待的时间。操作系统的这个指标，其实应该称为"磁盘响应时间"更为准确。

术语响应时间也可以从多个角度来看。比如，"磁盘响应时间"可以描述从操作系统角度观测到的服务时间，而"I/O 响应时间"则是从应用程序角度出发，可包括系统调用层以下的时间总和（服务时间、所有的等待时间和代码执行时间）。

块设备接口的服务时间通常作为磁盘性能的一个指标（也是 iostat(1) 展示的），但是，始终牢记这只是一种简化。图 9.6 描绘了一个通用 I/O 栈，表现了其下三种可能的驱动层。其中任何一种都有可能实现自己的队列，抑或阻塞在互斥量上，增加 I/O 延时。从块设备接口测量，这些延时都会被统计在内。

计算时间

磁盘服务时间通常不从操作系统直接观测而来，相反，平均磁盘服务时间通过 IOPS 和使用率推算出来：

磁盘服务时间 = 使用率 / IOPS

例如，60%的使用率和 300 的 IOPS 得出平均服务时间为 2ms（600ms/300 IOPS）。前提是，使用率反映了一次只能处理一个 I/O 的单个设备（或者服务中心）。磁盘却往往能并发处理多个 I/O。

9.3.2 时间尺度

磁盘 I/O 的时间尺度千差万别，从几十微秒到数千毫秒。在最慢的一端，单个慢磁盘 I/O 可能导致糟糕的应用程序响应时间；而在最快的一端，只有在数量很大的时候性能才会出现问题（很多快 I/O 的总和等于一个慢 I/O）。

表 9.1 列出了磁盘 I/O 延时时间可能出现的一个大致范围。如果想得到准确和时下的数值，请查阅磁盘供应商的文档，并自己做一些微基准测试。除磁盘 I/O 以外的时间尺度请参阅第 2 章。

为了更好地演示相关的时间数量级，表中"比例"一列以在理想状况下磁盘缓存命中时间为 1s，按比例放大。

表 9.1 磁盘 I/O 延时时间尺度示例

事件	延时	比例
磁盘缓存命中	< 100μs	1s
读闪存	约 100 ~ 1000μs（I/O 由小到大）	1 ~ 10s
机械磁盘连续读	约 1 ms	10s
机械磁盘随机读（7200 转）	约 8ms	1.3 分钟
机械磁盘随机读（慢，排队）	> 10ms	1.7 分钟
机械磁盘随机读（队列较长）	> 100ms	17 分钟
最差情况的虚拟磁盘 I/O（硬盘控制器、RAID-5、排队、随机 I/O）	> 1000ms	2.8 小时

这些延时在不同环境需求下有不同的含义。对于一个工作在企业存储领域的人来说，我觉得任何大于 10ms 的磁盘 I/O 都过于漫长，很可能有性能问题。云计算领域则能容忍更高的延时，特别是对于基于 Web 的应用程序，本来客户端和浏览器之间的网络延时就已经很高了。在这些环境里，磁盘 I/O 只有在超过 100ms 时才是问题（单个 I/O 时间，或者在一个应用程序请求期间的时间总和）。

表 9.1 也显示了一块磁盘可以返回两种延时：一种是磁盘缓存命中（低于 100μs），另一种

是缓存未命中（1~8ms，甚至更慢，取决于访问模式和磁盘类型）。由于这两种延时磁盘都返回，以一个平均延时来表达（例如 iostat(1)）难免有误导之嫌。事实上这是一种双峰分布。磁盘 I/O 延时的直方图示例（使用 DTrace 测量）参见第 2 章的图 2.22。

9.3.3 缓存

最好的磁盘 I/O 性能就是没有 I/O。许多软件栈尝试通过缓存读和缓冲写来避免磁盘 I/O 抵达磁盘。第 3 章的表 3-2 列出了完整的列表，囊括了应用程序和文件系统的缓存。表 9.2 列出了在磁盘设备驱动层甚至更下层的缓存。

表 9.2　磁盘 I/O 缓存

缓存	示例
设备缓存	ZFS vdev
块缓存	缓冲区高速缓存
磁盘控制器缓存	RAID 卡缓存
存储阵列缓存	阵列缓存
磁盘缓存	磁盘数据控制器（DDC）附带 DRAM

第 8 章描述了基于块的缓冲区高速缓存。这些磁盘 I/O 缓存对于提高随机 I/O 负载的性能非常重要。

9.3.4 随机 vs.连续 I/O

根据磁盘上 I/O 的相对位置（磁盘偏移量），可以用术语随机和连续描述磁盘 I/O 负载。第 8 章在谈到文件访问模式时有讨论。

连续负载也称为流负载。术语"流"一般用于应用程序层，用来描述对"磁盘"（文件系统）的流式读和写。

在磁性旋转磁盘时代，随机与连续磁盘 I/O 模式之间的对比是研究的重点。随机 I/O 带来的磁头寻道和 I/O 之间的盘片旋转导致额外的延时。图 9.5 展示了这一情况，磁头从扇区 1 到扇区 2 需要寻道和旋转两个动作（实际路径是越直接越好）。性能调优的工作就包含识别并通过一些手段排除随机 I/O，例如缓存、分离随机 I/O 到不同的磁盘，以及以减少寻道距离为目的的数据摆放。

其他类型的硬盘，包括基于闪存的 SSD，在执行随机和连续 I/O 时通常没什么区别。不过还是有一些由其他因素造成的细微差别，具体取决于硬盘本身，例如地址查找缓存可以应对连续 I/O，却对随机 I/O 无能为力。

需要注意的是，从操作系统角度看到的磁盘偏移量并不一定是物理磁盘的偏移量。例如，硬件提供的虚拟磁盘可能把一块连续偏移量范围映射到多块磁盘。磁盘自己可能会按自己的方式重新映射偏移量（通过磁盘数据控制器）。有时随机 I/O 并不通过检查偏移量的方式确定，而是由服务时间的上升来推断。

图 9.5　旋转磁盘

9.3.5　读/写比

除了识别是随机还是连续负载之外，另一个度量特征是读写比例，与 IOPS 或者吞吐量相关。还可以通过一段时间内的比例来表示，例如，"系统启动后读的比例占到 80%。"

理解这个比例有助于设计和配置系统。一个读频率较高的系统可以通过增加缓存来获得性能提升，而一个写频率较高的系统则可以通过增加磁盘来提高最大吞吐量和 IOPS。

读和写本身可以是不同的负载模式：读可能是随机的，而写可能是连续的（特别是写时复制的文件系统）。它们的 I/O 大小可能不尽相同。

9.3.6　I/O 大小

另一个负载特征是 I/O 的平均大小（字节数），或者 I/O 大小的分布。更大的 I/O 一般提供了更大的吞吐量，尽管单位 I/O 的延时有所上升。

磁盘设备子系统可能会改变 I/O 大小（例如量化到 512 字节块）。由于 I/O 从应用程序层发起，大小可能会因一些内核组件而被放大或者缩小，比如文件系统、卷管理器和设备驱动，参考第 8 章的 8.3.12 节。

有些磁盘设备，特别是基于闪存的设备，对不同的读写大小有非常不同的行为。比如，一个基于闪存的磁盘驱动器可能在 4KB 读和 1MB 写时表现得最好。理想的 I/O 大小可以查阅磁盘供应商的文档，或者通过微基准测试获得。当前使用中的 I/O 大小可以通过观察工具获得（参见 9.6 节）。

9.3.7 IOPS 并不平等

因为上面列出的最后三项特征，IOPS 并非生而平等，不能在不同设备和负载的情况下进行简单比较。一个 IOPS 值本身没有太多的意义，并不能单独用来准确比较负载。

例如，对于机械磁盘，5000 IOPS 的连续负载可能比 1000 IOPS 的随机负载快得多。基于闪存的 IOPS 同样也很难比较，因为它们的 I/O 性能通常和 I/O 大小及方向（读或写）紧密相关。

有意义的 IOPS 需要包含其他细节：随机或者连续、I/O 大小、读写比。另外考虑使用基于时间的指标，比如使用率和服务时间，以反映性能结果，并且可以更简单地进行比较。

9.3.8 非数据传输磁盘命令

除了读写 I/O，磁盘还可以接收其他命令。比如，可以命令带有缓存的磁盘（RAM）把缓存写回磁盘上。这种命令不是数据传输，数据之前已经通过写命令发送给磁盘。这些命令会影响性能，造成磁盘运转而让其他 I/O 等待。

9.3.9 使用率

使用率可以通过某段时间内磁盘运行工作的忙时间的比例计算得出。

一块使用率为 0%的磁盘是"空闲"的，而一块使用率为 100%的磁盘一直在执行 I/O（和其他磁盘命令）。100%的磁盘使用率更可能是性能根源问题，特别是使用率在一段时间内都停留在 100%。但是，任意数值的磁盘使用率都可能导致糟糕的性能，毕竟磁盘 I/O 是一个相对缓慢的活动。

在 0%和 100%之间可能有一个点（比如 60%），由于在磁盘队列或者操作系统里排队的可能性增加，这个点的磁盘性能不再令人满意。至于到底多少的使用率会成为问题，取决于磁盘、负载和延时需求。具体内容参见第 2 章 2.6.5 节中的 M/D/1 与 60%使用率部分。

为了确定高使用率是否会导致应用程序出现问题，需要研究磁盘的反应时间和应用程序是否被阻塞在此 I/O 之上。应用程序或者操作系统可能异步地执行 I/O，这样，慢 I/O 不会直接导致应用程序等待。

注意使用率是一段时间内的总结。磁盘 I/O 可能突然爆发，特别是在批量刷新缓存时，而这种爆发可能被长时间的统计所摊平。更多关于使用率指标类型的讨论参见第 2 章 2.3.11 节。

虚拟磁盘使用率

对于基于硬件的虚拟磁盘（比如磁盘控制器），操作系统可能只知道虚拟磁盘的忙时间，却不清楚底下磁盘的性能。这导致在某些情况下，操作系统报告的虚拟磁盘使用率和实际磁盘的情况有很大出入（并且和直觉相冲突）。

- 包含写回缓存的虚拟磁盘可能在写负载的时候看上去并不是很忙，因为磁盘控制器马上返回了写完成。但是底下的磁盘可能在之后的某个时间会很忙。
- 一块 100%占用的虚拟磁盘是建立在多块物理磁盘之上的，可能还可以接受更多的工作。在这种情况下，100%可能意味着有些磁盘一直都很忙，但并不是所有的磁盘在所有的时间内都忙，有一些磁盘仍然有空闲时间。

基于相同的原因，由操作系统软件（软 RAID）创建的虚拟磁盘使用率也不好理解。但是，操作系统应该显示物理磁盘的使用率以供查看。

一旦一块物理磁盘达到 100%的使用率，向它发更多的 I/O 会让磁盘饱和。

9.3.10 饱和度

饱和度度量了因超出资源服务能力而排队的工作。对于磁盘设备，它可以通过操作系统的磁盘等待队列的长度（假设启用了排队）计算得出。

这给 100%以上的使用率提供了性能度量。一块 100%使用率的磁盘可能并未饱和（排队），或者非常饱和，导致排队 I/O 严重影响性能。

可以假设低于 100%使用率的磁盘没有饱和。但是，这取决于使用率窗口：一段时间内 50%的磁盘使用率可能意味着一半时间内的 100%使用率，外加剩下时间内完全空闲。所有单位时间的汇总都可能被相似的问题困扰。如果了解确切信息很重要的话，可以跟踪检查 I/O 时间。

9.3.11 I/O 等待

I/O 等待是针对单个 CPU 的性能指标，表示当 CPU 分发队列（在睡眠态）里有线程被阻塞在磁盘 I/O 上时消耗的空闲时间。这就把 CPU 空闲时间划分成无所事事的真正空闲时间，以及阻塞在磁盘 I/O 上的时间。较高的每 CPU I/O 等待时间表示磁盘可能是瓶颈所在，导致 CPU 等待而空闲。

I/O 等待可能是一个令人非常困惑的指标。如果另一个 CPU 饥饿型的进程也开始执行，I/O 等待值可能会下降：CPU 现在有工作要做，而不会闲着。但尽管 I/O 等待指标下降了，磁盘 I/O 还是和原来一样阻塞线程。与此相反，有时候系统管理员升级了应用程序软件，新版本的软件提高了效率，使用较少的 CPU，把 I/O 等待问题暴露了出来，这会让系统管理员认为软件升级导致了磁盘问题，降低了性能。然而事实上磁盘性能并没有变化，CPU 性能却提高了。

在 Solaris 上，I/O 等待时间的计算也有一些细微的问题。从 Solaris 10 开始，I/O 等待的指标被废除了，为了那些需要这个数值的工具还能够正常工作（为了兼容性），数字直接显示为 0。

一个更可靠的指标可能是应用程序线程阻塞在磁盘 I/O 上的时间。这个指标捕捉了应用程序线程因磁盘 I/O 导致的延时，而与 CPU 正在执行的其他工作无关。这个指标可以用静态或者动态跟踪的方法测量。

I/O 等待在 Linux 上仍然是个广泛应用的指标，尽管它本身有些模糊，但可以用来识别一类磁盘瓶颈：忙磁盘、闲 CPU。一种观点认为，任何 I/O 等待都是系统瓶颈的迹象，然后对系统进行调优以最小化它——即使 I/O 仍和 CPU 并发运行。并发 I/O 更可能是非阻塞 I/O，也较少直接导致问题。非并发 I/O 容易因 I/O 等待暴露出来，更可能成为阻塞应用程序 I/O 的瓶颈。

9.3.12 同步 vs. 异步

如果应用程序和磁盘 I/O 是异步的，那磁盘 I/O 延时可能不直接影响应用程序性能，理解这点很重要。通常这发生在写回缓存上，应用程序 I/O 早已完成，而磁盘 I/O 稍后发出。

应用程序可能用预读执行异步读，在磁盘读取的时候，可能不阻塞应用程序。文件系统也有可能使用类似的手段来预热缓存（预取）。

即使应用程序同步等待 I/O，该程序代码路径可能并不在系统的关键路径上，而对客户端应用程序的响应可能也是异步的。

更深入的分析参见第 8 章 8.3.9 节、8.3.5 节、8.3.4 节和 8.3.7 节。

9.3.13 磁盘 vs. 应用程序 I/O

磁盘 I/O 是多个内核组件的终点，包括文件系统和设备驱动。磁盘 I/O 与应用程序发出的 I/O 在频率和大小上都不匹配，背后有很多原因，如下所示。

- 文件系统放大、缩小和不相关的 I/O。参见第 8 章 8.3.12 节。
- 由于系统内存短缺造成的换页。参见第 7 章 7.2.2 节。
- 设备驱动 I/O 大小：I/O 大小的向上对齐，或者 I/O 的碎片化。

出乎意料的不匹配会让人感到困惑，学习了架构并执行了分析之后，一切都会水落石出。

9.4 架构

本节描述了磁盘架构，在进行容量规划时这是需要仔细研究的方面，以决定不同组件和配置组合的极限。而在此之后出现性能问题时也应该检查架构，以确保问题的来源究竟是架构的选择还是当前的负载和调优。

9.4.1 磁盘类型

市面上最常用的两种磁盘类型是磁性旋转机械盘和基于闪存的 SSD。这两种磁盘都提供了永久的存储；与易失性存储相反，里面存储的内容在断电之后仍然不会丢失。

磁性旋转盘

又被称为硬盘驱动器（hard disk drive，HDD），这种类型的磁盘由一块或者多块盘片构成，称为磁碟，上面涂满了氧化铁颗粒。这些颗粒中的一小块区域可以被磁化成两个方向之一，这种磁化方向就用来存储一个位。当磁碟旋转时，一条带有电路的机械手臂对表面上的数据进行读写。这块电路包括了磁头，而一条手臂可能不止一个磁头，这样它就可以同时读写多位。数据在磁碟上按照环状磁道存储，每个磁道被划分成一个扇区。

既然是机械设备，那速度自然相对较慢。随着基于闪存技术的发展，SSD 正在替代旋转磁盘，可以想象有一天这些旋转磁盘都将退役（和磁鼓与磁芯存储器一起）。不过与此同时，旋转磁盘仍然在某些场景下具有一定竞争力，比如经济的高密度存储（单位 MB 低成本）。

下面的专题总结了几个影响旋转磁盘性能的因素。

寻道和旋转

磁性旋转磁盘的慢 I/O 通常由磁头寻道时间和盘片旋转时间造成，这二者通常需要花费数毫秒。最好的情况是下一个请求的 I/O 正好位于当前服务 I/O 的结束位置，这样，磁头就不需要寻道或者额外等待盘片旋转。前面曾有叙述，这是连续 I/O，而需要磁头寻道或者等待盘片旋转的 I/O 被称为随机 I/O。

有许多方法可以降低寻道和旋转等待时间，如下。

- 缓存：彻底消除 I/O。
- 文件系统的布局和行为，包括写时复制。

- 把不同的负载分散到不同的磁盘，避免不同负载之间的寻道。
- 把不同的负载移到不同的系统（有些云计算环境可以通过这个方法降低多租户效应）。
- 电梯寻道，磁盘自身执行。
- 高密度磁盘，可以把负载落盘的位置变得更紧密。
- 分区（或者"切块"）配置，例如短行程。

另外一个降低旋转延时时间的办法就是使用更快的磁盘。

磁盘有多种不同的旋转速度，包括每分钟 5400 转、7200 转、10 000 转（10K）和 15 000 转（15K）（rpm）。

理论最大吞吐量

如果已知一块磁盘每个磁道上的最大扇区数，磁盘吞吐量可以通过以下公式计算出来：

最大吞吐量 = 每磁道最大扇区数 × 扇区大小 × rpm / 60s

这个公式对于准确透露此类信息的较早磁盘较为有用。现代磁盘给操作系统提供了一个虚拟的磁盘镜像，这类属性都是虚构的。

短行程

短行程指的是只把磁盘外侧的磁道用来服务负载，剩下的部分要么留着不用，要么留给那些低吞吐量的负载（例如归档）。由于磁头移动被限制在了一个较小的区域，寻道时间降低了，并且由于磁头在空闲时靠在外侧边缘，空闲后的第一次寻道时间也降低了。外侧的磁道由于扇区分区（参见下一节）的缘故具有更高的吞吐量。在浏览公开的磁盘测试数据时要特别小心是否采用了短行程分布，特别是那些不公布成本的数据，很可能使用了很多短行程磁盘。

扇区分区

磁盘的磁道长度各不相同，磁盘中心区域的磁道较短，而外侧的磁道较长。相比固定的每磁道扇区数（和位数），由于物理上较长磁道能够写入更多的扇区，扇区分区（又称为多区域记录）增加了扇区个数。因为旋转速度一定，较长的外侧磁道比内侧磁道能够带来更高的吞吐量（MB/s）。

扇区大小

存储行业为磁盘设备开发了一种新标准，叫做高级格式（Advanced Format），以支持更大的扇区大小，特指 4KB。这降低了 I/O 计算的开销，提高了吞吐量，降低了每个扇区存储的元数据量。磁盘固件仍然可以通过一种叫做高级格式 512B 的仿真标准来提供 512B 大小的扇区。具体取决于各个磁盘，这可能会增加写开销，在把 512B 映射到 4KB 扇区时造成一个额外的读-

改-写的周期。其他已知的问题还包括不对齐的 4KB I/O,横跨两个扇区,放大服务请求的扇区 I/O。

磁盘缓存

这些磁盘共有的一个部件是一小块内存(RAM),用来缓存读取的结果和缓冲要写入的数据。这块内存还允许 I/O(命令)在设备上排队,以更高效的方式重新排序。在 SCSI 上,这被称为标记命令排队(Tagged Command Queueing,TCQ),而在 SATA 上名为原生指令排队(Native Command Queueing,NCQ)。

电梯寻道

电梯算法(又名电梯寻道)是提高命令队列效率的一种方式。它根据磁盘位置把 I/O 重新排序,最小化磁头的移动。结果类似大楼的电梯,不根据楼层请求的顺序提供服务,而是在大楼里上上下下扫一遍,并在当前请求的楼层停靠。

这种行为可以通过检查磁盘 I/O 的跟踪记录进行验证,把 I/O 按照结束时间排序和按照开始时间排序,结果并不一样: I/O 完全是乱序的。

虽然看起来取得了性能收益,但不妨想象一下以下的场景:磁盘收到了对偏移量 1000 的位置附近的一堆 I/O 请求,和对偏移量 2000 位置的一个 I/O 请求,当前磁头在偏移量 1000 的位置,那偏移量 2000 的 I/O 什么时候可以得到服务?现在考虑一下,当服务偏移量 1000 附近的 I/O 时,更多 1000 附近的 I/O 不断抵达——足够的连续 I/O 使得磁盘在 1000 位置附近繁忙 10s。而偏移量 2000 位置的 I/O 什么时候能够得到服务,最终它的 I/O 延时会是多少?

ECC

磁盘在每个扇区的结尾存储一个纠错码,这样驱动器可以在数据被读出时进行验证,并有可能纠错。如果扇区数据读得不对,磁头可能会在下次旋转到相同位置时重新读取(可能会重试多次,每次磁头的位置都会有稍许不同)。在研究性能时,了解这一点很重要,因为这可能是异常缓慢 I/O 的原因。检查操作系统和磁盘上的错误计数器以确认。

振动

虽然磁盘设备制造商都非常清楚振动的问题,但这些问题在业界的了解程度并不高,也未得到相应的重视。2008 年有一次在调查一个奇怪的性能问题时,我对着一套磁盘阵列大喊以模拟振动实验。阵列当时正在做一个写入的基准测试,结果导致了突然间很慢的 I/O。我的实验很快录了像并放上 YouTube,成了病毒视频,后来被称为振动对磁盘性能影响的第一个演示 [Turner 10]。视频有 80 万次浏览,提升了磁盘振动问题的知名度 [1]。根据后来收到的电子邮件,我发现我无意间开创了数据中心的隔音行业:你现在可以雇到一些专业人员负责分析数据中心的噪音水平，通过减小振动提高磁盘的性能。

怠工磁盘

当前有一类旋转磁盘的性能问题我们称之为怠工磁盘。这些磁盘有时返回很慢的 I/O，超过 1s，却不报告任何的错误。事实上它最好报告一个错误而不是拖这么久才返回，因为如果这样，操作系统或者磁盘控制器就可以实施一些改正性的措施，例如在冗余的环境下把磁盘下线并且报告错误。怠工磁盘比较麻烦，特别当它们作为虚拟磁盘的一部分由存储阵列暴露出来时，这种情况下操作系统并不能直接看到它们，因而提高了问题的辨别难度。

磁盘数据控制器

机械磁盘给系统提供了一套简单的接口，并表明了固定的每磁道扇区数比例和连续的可寻址偏移量范围。事实上磁盘上的一切受磁盘数据控制器的掌控——一个磁盘内部的微处理器，由固件中的逻辑控制。控制器决定磁盘如何排布这些可寻址的偏移量，其中可以实现一些算法，例如扇区分区。要有这个意识，但是很难分析——操作系统无法得知磁盘数据控制器的内部情况。

固态驱动器

又名固态磁盘（solid state disk，SSD），因为使用固态电子元器件而得名。存储以可编程的非易失性存储器的形式存在，一般比旋转磁盘的性能高得多。没有了移动部件，这些磁盘物理上可以使用更长的时间，也不会因为振动的问题影响性能。

这类磁盘的性能通常在不同的偏移量下保持一致（没有旋转或者寻道的延时），对于给定的 I/O 大小也能预测出 I/O 延时。负载的随机和连续特征不再像对旋转磁盘那样事关重大。所有的这些降低了研究和容量规划的难度。但是，由于内部复杂的操作，如果它们碰到了性能问题，要想理解问题的本质会和旋转磁盘一样复杂。

有些 SSD 使用非易失性 DRAM（NV-DRAM）。大部分使用闪存。

闪存

基于闪存的 SSD 是一种读性能非常高的存储设备，尤其在随机读方面比旋转磁盘高了好几个数量级。大多数使用 NAND 闪存制造，使用基于电子的陷阱电荷存储介质，可以在没有能源的情况下永久地存储电子 [Cornwell 12]。名称里的"闪"和数据的写入方式有关，要求一次性擦除整个存储块（包括多页，通常每页 8KB）并重写内容。由于这种写入的开销，闪存的读/写性能不对称：读得快写得慢。

闪存有几种类型。单电平单元（Single-level Cell，SLC）把一个数据位存储在一个单元里，而多电平单元（Multilevel cell，MLC）可以在一个单元里存储多个位（通常是两位，要求有四个电平）。还有一种三电平单元（TLC）可以存储三个位（八电平）。相对于 MLC，SLC 尽管成本较高，但性能更好，一般用在企业级领域。另外也有 eMLC，是带高级固件面向企业的 MLC。

控制器

SSD 的控制器有以下任务 [Leventhal 13]。

- **输入**：每个页面（通常 8KB 大小）的读和写，只能写已擦除的页面，一次性擦除 32～64 页（256～512KB）。
- **输出**：仿真一个硬盘驱动器的块接口，任意扇区数的读或写（512B 或者 4KB）。

控制器的闪存转换层（Flash Translation Layer，FTL）负责输入和输出之间的转换，同时必须跟踪空闲块。事实上它使用自己的文件系统来完成这个工作，例如一个日志结构文件系统。

对于写负载来说，写的特征可能会成为问题，特别是当写入的 I/O 尺寸小于闪存块大小的时候（可能只有 512KB）。这会造成写放大，块里的剩下部分要在擦除前被复制到其他地方，加上至少一个擦除-写周期。有些闪存驱动器通过一个电池供电的盘上缓冲（基于 RAM）缓解这个问题，这样可以缓冲写入稍后再写，也不需要担心断电的问题。

我用来执行测试的大多数企业级闪存驱动器，由于闪存的内部排布，在 4KB 读和 1MB 写的情况下性能最好。不同驱动器会有不同的数值，可以通过微基准测试获得。

虽然闪存原生的操作和暴露的块接口有很大的不同，在操作系统和文件系统方面仍然有改进的余地。TRIM 命令就是一个例子：它通知 SSD 某一块区域不再使用，这样 SSD 可以更容易地组装它自己的空闲块池。（对 SCSI，可以使用 UNMAP 或者 WRITE SAME 命令；对 ATA，用 DATA SET MANAGEMENT 命令。）

寿命

把 NAND 闪存用作存储介质有好几个问题，包括燃尽、数据消失和读干扰 [Cornwell 12]。SSD 控制器可以通过移动数据来解决这些问题。通常它使用磨损均衡技术，把写散布在不同的数据块里以减少单块上的写周期。而超量配置存储则预留额外的空间，在需要时可以拿出来顶替坏块。

虽然这些技术提高了寿命，SSD 每个块的写入周期仍然是有限的，具体取决于闪存的类型和驱动器采用的缓解策略。企业级驱动器使用超额配置存储和最可靠的闪存，SLC，这样可以达到一百万次的擦写，甚至更高。基于 MLC 的消费级驱动器可能只有 1000 个周期。

病理学

下面是一些需要知道的闪存可能出现的问题：

- 由于老化造成的延时离群点，另外 SSD 还会多次尝试，以读取正确的数据（通过 ECC 检查）。
- 由于碎片化造成的高延时（清理 FTL 块映射的格式化可能可以解决这个问题）。
- 由于 SSD 做内部压缩造成的低吞吐量。

检查 SSD 性能上的最新改进以及遇到的问题。

9.4.2 接口

接口是驱动器支持与系统通信的协议，一般通过一个磁盘控制器实现。下面简单介绍了 SCSI、SAS 和 SATA 接口。你需要检查当前的接口和支持的带宽，因为一段时间后随着标准的推陈出新，它们就会发生变化。

SCSI

小型计算机系统接口最早是一条并行的传输总线，同时使用多条电连接器以并发传送数据。第一版是 1986 年的 SCSI-1，数据总线带宽为 8b，允许在一个时钟周期内传输一个字节，带宽为每秒 5MB。连接接口采用 50 针的并行口 C50。后来的 SCSI 版本使用更宽的数据总线和更多针脚的连接器，最多达 80 针，带宽达到了数百兆。

并行 SCSI 由于采用了共享总线，会因总线竞争而导致性能问题。比如，一个计划的系统备份可能会用低优先级 I/O 撑满总线。解决办法是可以把低优先级设备放在单独的 SCSI 总线或者控制器上。

高速运转下，并行总线的同步也是一个问题，加上一些其他的问题（包括有限的设备支持和对 SCSI 终止子的需求），后来 SCSI 转向了串行版本：SAS。

SAS

串行 SCSI 接口被设计成一种高速点对点传输，避免并行 SCSI 的总线冲突问题。最初的 SAS 规范是 3Gb/s，2009 年加入了 6Gb/s，2012 年则加入了 12Gb/s。SAS 支持链路聚合，这样多个端口可以一起达到更高的带宽。由于采用了 8b/10b 编码，实际的数据传输率是带宽的 80%。

其他 SAS 特性包括了支持冗余的连接和架构的双端口设备、I/O 多路径、SAS 域，热插拔以及兼容 SATA 设备。这些特性使得企业环境更倾向于使用 SAS，特别是那些冗余架构的系统。

SATA

类似 SCSI 和 SAS 之间的关系，并行 ATA（又名 IDE）接口标准进化成了串行 ATA 接口。2003 年，SATA 标准创立，1.0 版支持 1.5Gb/s；后来的版本支持 3.0Gb/s 和 6.0Gb/s，其他的特性包括原生命令队列支持。SATA 采用 8b/10b 编码，所以数据传输率是 80%。SATA 在消费级桌面和笔记本电脑上大量使用。

9.4.3 存储类型

存储可以通过多种方式提供给服务器使用。下面的章节描述了四种通用架构：磁盘设备、RAID、存储阵列和网络连接存储（Network-attached Storage，NAS）。

磁盘设备

最简单的架构是服务器里有几块磁盘，每一个都由操作系统分别控制。磁盘连接到一个磁盘控制器，控制器可能是主板上的内置电路或者扩展卡，让磁盘设备被发现并且可以访问。这个架构下磁盘控制器仅仅作为一个管道，使得系统可以与磁盘通信。典型的个人电脑或者笔记本电脑就有一个磁盘以这种方式连接，并作为主要存储。

在使用性能工具时，这个架构是最容易分析的，因为操作系统都知道每块磁盘并且可以单独进行观察。

有些磁盘控制器支持这种架构，又被称为一堆磁盘（Just a Bunch Of Disks，JBOD）。

RAID

高级磁盘控制器可以为磁盘设备提供冗余独立磁盘阵列的架构（原名冗余廉价磁盘阵列[Patterson 88]）。RAID 可以把磁盘组合成一个又大又快又可靠的虚拟磁盘。控制器通常包含一个板载缓存（RAM）以提高读和写的性能。

由磁盘控制器提供的 RAID 称为硬件 RAID。RAID 也可以由操作系统软件实现，不过硬 RAID 更受欢迎，原因是在专用硬件上执行大量消耗 CPU 的校验和以及奇偶校验更为高效。然而，处理器的不断进步使得 CPU 开始有富余的周期和核心，减少了减负校验计算的需要。一些存储解决方案已经回到了软件 RAID（例如使用 ZFS），这样既降低了复杂度和硬件开销，又提高了操作系统的监控性。

下面描述 RAID 的性能特性。

种类

有多种 RAID 类型可以满足不同的容量、性能和可靠性需求。表 9.3 的概要总结主要针对性能特性。

RAID-0 虽然性能最好，但由于缺乏冗余，在大多数生产环境里不会采用。

表 9.3 RAID 类型

级别	描述	性能
0（连接）	一次填充一块盘	由于多块盘的参与，还是可以提高随机读的性能
0（条带）	并发使用盘，把 I/O 分割（条带化）发给多块盘	最好的随机和连续 I/O 性能
1（镜像）	多块盘（通常是两块）为一组，存放相同的内容，互为备份	不错的随机和连续读性能（可以从所有的盘同时读取，取决于实现）。写受限于镜像中最慢的盘，吞吐量的开销加倍（两块盘）
10	RAID-0 条带化建立在 RAID-1 组上，提供容量和冗余	性能和 RAID-1 差不多，但让更多组盘参与，类似 RAID-0，增加了带宽
5	数据存储在条带上，横跨多块盘，还有额外的奇偶校验信息提供冗余	由于读-改-写周期和校验和计算造成写性能较差
6	每个条带有两块校验盘的 RAID-5	类似 RAID-5，不过更差

监控性

正如前面描述虚拟磁盘使用率的章节一样，使用硬件提供的虚拟磁盘设备会让操作系统的监控更加困难，因为它并不清楚物理磁盘实际在做什么。如果 RAID 是通过软件实现的，每个磁盘设备都和往常一样能被架空，与操作系统直接管理没有什么区别。

读-改-写

当包含校验和的数据以条带的形式存储时，就像 RAID-5，写 I/O 可能会导致额外的读 I/O 和计算时间。这是由于写小于条带宽度，所以需要读出整个条带，修改数据，重新计算校验和，然后再把整个条带重新写入。如果是写整个条带，则可以直接在现有内容上写入，而不需要先读出来。在这种环境下，可以根据平均写 I/O 的大小调整条带宽度，以达到减少额外读开销的目的。

缓存

实现了 RAID-5 的磁盘控制器可以通过使用写回缓存来减少读-改-写造成的性能下降。这些缓存可以通过电池供电，这样即使出现了断电仍然可以保证缓冲写入不丢失。

其他特性

注意高级磁盘控制器卡会提供一些影响性能的特性。推荐的做法是，查阅厂商的文档，至少对可能会有的东西有所了解。例如，下面是 Dell PERC 5 板卡的特性。

- **巡逻读**：每隔几天，所有的磁盘块都被读出来并检查校验和。如果磁盘正在繁忙地服务请求，那分配给巡逻读功能的资源会相应地降低，避免和系统负载竞争 I/O。
- **缓存刷新间隔**：磁盘缓存刷新到磁盘的间隔，单位为秒。因为写抵消和更好的写聚合，更长的时间可能会降低磁盘 I/O。然而，也可能因为更大的刷新操作造成更高的读延时。

这些都会对性能有很大的影响。

存储阵列

存储阵列可以把许多磁盘接入系统。它们使用高级磁盘控制器，这样 RAID 可以配置使用，它们通常也提供一个更大的缓存（数 GB）以提高读和写的性能。这些缓存通常由电池供电，这样能以写回模式工作，如果电池失效，可以转回到写穿模式，并很快由于等待读-改-写周期造成突然的写性能下降而引起注意。

另一个性能方面的考虑是存储阵列如何连接到系统上——通常通过一个外部的存储控制器卡。这块卡以及它与存储阵列之间的传输，在 IOPS 和吞吐量上都有限制。为了提高性能和可靠性，存储阵列一般通过双通道连接，这意味着使用两条物理线连接这一块或者两块不同的存储控制器卡。

网络连接存储

NAS 通过现有网络暴露给系统，支持的网络协议有 NFS、SMB/CIFS 或者 iSCSI，通常由名为 NAS 设备的专用系统提供。这些是单独的系统，应该独立分析。有些性能分析可以在客户端进行，以检查负载和 I/O 延时。网络的性能也是需要考虑的因素，问题可能出在网络拥塞或者多跳延时。

9.4.4 操作系统磁盘 I/O 栈

一个磁盘 I/O 栈里的组件和层次取决于操作系统、版本和采用的软硬件技术。图 9.6 演示了一个通用模型。关于全图，参见第 3 章。

块设备接口

早期的 UNIX 创立了块设备接口，用于以 512B 的块大小存取存储设备，另外提供了缓冲区高速缓存以提高性能。到今天，这个接口仍然存在于 Linux 和 Solaris，虽然缓冲区高速缓存的职责已经缩小到和其他文件系统缓存差不多，参见第 8 章里的描述。

UNIX 提供了一个绕过缓冲区高速缓存的方法，叫做裸块设备 I/O（或者简称为裸 I/O），可以通过特殊设备使用（参见第 3 章）。这些文件在 Linux 里默认不存在。虽然有所不同，但裸块设备 I/O 在某些方面和文件系统的"直接 I/O"特性类似，具体参见第 8 章。

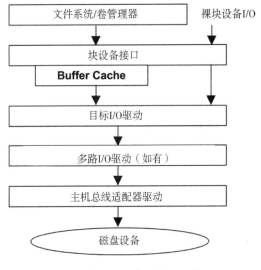

图 9.6 一般磁盘 I/O 栈

块 I/O 设备一般可以通过操作系统性能工具监控（`iostat(1)`）。它也是静态跟踪的一个通常位置，直到最近还可以使用动态跟踪。Linux 改进了内核的这一部分，加上了一些特性，组成了块层。

Linux

图 9.7 里演示了 Linux 的块层（[2]，[Bovet 05]）。

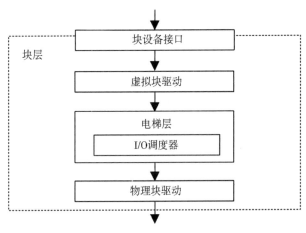

图 9.7 Linux 块层

电梯层提供了通用功能，例如排序、合并以及聚合请求发送。这包括了前面描述过的降低旋转磁盘磁头移动的电梯寻道算法（根据挂起 I/O 的位置排序），以及图 9.8 里演示的合并及整合 I/O 的方法。

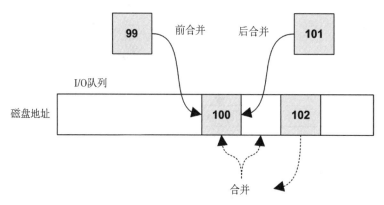

图 9.8　I/O 合并类型

这些功能成功提高了吞吐量，降低了 I/O 延时。I/O 调度器使 I/O 能够排队排序（或者重新调度）以优化发送，具体由附加的调度策略决定。这可以更进一步提高并更公平地平衡性能，特别是对那些有着高 I/O 延时的设备（旋转磁盘）而言更有意义。

可用的策略如下。

- **空操作**：不调度（noop 是 CPU 领域里空操作的称法），在调度被认为没有必要时使用（例如对于 RAMdisk）。
- **截止时间**：试图强制给延时设定截止时间，例如，可以毫秒为单位选择读和写的失效时间，对于需要确定性的实时系统较有帮助。它也可以解决饥饿问题，即有些 I/O 请求因为新发起的 I/O 插队而一直得不到磁盘资源服务，造成了延时的离群点。有可能是写把读饿坏了，也有可能是由于采用了电梯寻道，一个区域里的密集 I/O 饿坏了其他区域的 I/O。最后期限调度器通过使用三个队列部分解决了这个问题：读 FIFO、写 FIFO 和排序队列。更多的信息参见[Love 10]和 Documentation/bock/deadline-iosched.txt。
- **预期**：截止时间调度器的增强版，通过启发式方法预测 I/O 性能，提高整体吞吐量。具体例子如下，由于预测在附近的磁盘位置会有另一个读请求到达，在读之后就暂停几毫秒，而不是直接服务写请求，这样可以减少旋转磁盘整体的磁头寻道。
- **CFQ**：完全公平队列调度器把 I/O 时间片分配给进程，类似 CPU 调度，确保磁盘资源的公平使用。它还允许通过 `ionice(1)` 命令对用户进程设定优先级和类别。参见 Documentation/block/cfq-iosched.txt。

在 I/O 调度之后，请求被放到块设备队列里，等待发送给设备。

Solaris

基于 Solaris 的内核使用一个简单的块设备接口，在目标驱动程序（sd）里带有队列。高级 I/O 调度通常由 ZFS 提供，而 ZFS 可以按优先级排序 I/O 以及合并 I/O（包括跨间隔合并 I/O）。和其他文件系统不同，ZFS 集卷管理器和文件系统为一体：它管理自己的虚拟磁盘设备和一个 I/O 队列（管道）。

图 9.6 里的底三层使用了以下的驱动程序。

- **目标设备驱动程序**：sd、ssd。
- **多路径 I/O 驱动程序**：scsi_vhci、mpxio。
- **主机总线适配器驱动程序**：pmcs、mpt、nv_sata、ata。

使用的驱动程序取决于服务器的硬件和配置。

9.5 方法

本节描述了磁盘 I/O 分析和调优的多种方法与实践。表 9.4 总结了性能方法。

表 9.4 磁盘性能方法

方法	类型
工具法	观察分析
USE 方法	观察分析
性能监控	观察分析，容量规划
负载特征归纳	观察分析，容量规划
延时分析	观察分析
事件跟踪	观察分析
静态性能调优	观察分析，容量规划
缓存调优	观察分析，调优
资源控制	调优
微基准测试	实验分析
伸缩	容量规划，调优

更多的策略和方法介绍参见第 2 章。

这些方法可以单独或者结合使用。调查磁盘问题时，我的建议是按以下顺序使用这些策略：USE 方法、性能监控、负载特征归纳、延时分析、微基准测试、静态分析和事件跟踪。

9.6 节展示了应用这些方法的操作系统工具。

9.5.1 工具法

工具法是一套流程，使用所有可用的工具，检查它们提供的关键指标。方法固然简单，但还是有因工具提供数据的限制而忽略一些问题的可能，而且可能需要花费大量的时间。

对于磁盘，工具法可能包括检查以下工具。

- **iostat**：使用扩展模式寻找繁忙磁盘（超过 60% 使用率），较高的平均服务时间（超过大概 10ms），以及高 IOPS（可能）。
- **iotop**：发现哪个进程引发了磁盘 I/O。
- **dtrace/stap/perf**：包含了 `iosnoop(1)` 工具，仔细检查磁盘 I/O 延时，以发现延时离群点（超过大概 100ms）。
- 磁盘控制器专用工具（厂商提供）。

如果发现了一个问题，那么就检查工具中提供的所有数据以了解更多的细节上下文。每个工具的更多信息可参阅 9.6 节。同时还可以应用其他方法发现更多问题类型。

9.5.2 USE 方法

USE 方法可在早期性能调查时，在所有组件内发现瓶颈和错误。下面描述如何在磁盘设备和控制器上使用 USE 方法。而在 9.6 节则展示了测量特殊指标的工具用法。

磁盘设备

检查每个磁盘设备的如下指标。

- **使用率**：设备忙碌时间。
- **饱和度**：I/O 在队列里等待的程度。
- **错误**：设备错误。

第一个要检查的是错误。它们可能由于系统工作正常而被忽略——只是慢多了——但磁盘失效了：一般磁盘被配置在一个能够容忍失效的冗余盘阵里。与操作系统里看到的标准磁盘错误计数器不同，磁盘驱动器支持更多种类的错误计数器，并且可以通过特殊工具查看（例如 SMART 数据）。

如果磁盘设备是物理磁盘，使用率就很直白了。如果它们是虚拟磁盘，使用率可能并不直接反映底下物理磁盘的实际情况。更多的讨论请查阅 9.3.9 节。

磁盘控制器

对于每个磁盘控制器，检查如下指标。

- **使用率**：当前值对比最大吞吐量，对操作频率也做同样的比较。
- **饱和度**：由于控制器饱和造成的 I/O 等待程度。
- **错误**：控制器错误。

这里的使用率指标不是用时间定义的，而是使用了磁盘控制器卡的上限：吞吐量（每秒字节数）和操作频率（每秒操作数）。操作包括了读/写以及其他的磁盘命令。吞吐量和操作频率也可能受限于磁盘控制器和系统之间的传输，以及磁盘控制器和每块磁盘之间的传输总线。每个传输总线都需要进行同样的检查：错误、使用率、饱和度。

你可能会发现观察工具（例如 Linux 的 iostat(1)）并没有显示单个控制器的指标，而是提供了单个磁盘的数据。不过有别的办法：如果系统只有一个控制器，你可以把所有磁盘的 IOPS 和吞吐量加起来得到控制器的这些指标；如果系统有多个控制器，你需要先确定哪块磁盘属于哪个控制器，然后把相应的指标加起来。

磁盘控制器和传输总线常常被忽视。幸运的是，由于它们的上限通常超过了连接的磁盘，因此这一般不是系统瓶颈所在。如果磁盘总吞吐量或者 IOPS 永远稳定在一个水平，尽管负载有所不同，那么问题就有可能出在磁盘控制器或者传输总线上了。

9.5.3 性能监控

性能监控可以发现一段时间内存在的问题和行为的模式。重要的磁盘 I/O 指标如下：

- 磁盘使用率
- 响应时间

数秒内 100%磁盘使用率很可能意味着问题。超过 60%的使用率可能就会因为不断增长的队列而导致糟糕的性能，具体取决于你的环境。

响应时间的增长对性能产生了影响，其背后可能是由于不断变化的负载或者新的竞争负载的加入。至于负载是"正常"还是"有害"，取决于你的负载本身、环境和延时需求。如果你不确定，那可以做一次微基准测试，对已知好的和差的负载做一个比较，对比相应的响应时间（例如，随机对比连续、小块对比大块 I/O、单租户对比多租户），参阅 9.7 节。

这些指标应该按磁盘分别检查，以找到不平衡的负载和个体性能很糟糕的磁盘。可以按照每秒平均值监控响应时间指标，另外还包括其他数据列，如最大值和标准差。理想情况下，最好检查响应时间的全分布，比如使用直方图或者热图，以发现延时离群点和其他模式。

如果系统实施了磁盘 I/O 资源流控，那么还可以收集一些关于是否以及何时实施流控的统计信息。磁盘 I/O 瓶颈有可能是流控限制的结果，而不是磁盘自身活动的缘故。

使用率和响应时间揭示了磁盘性能的结果。还可以加入更多的指标以刻画负载特征，包括 IOPS 和吞吐量，这些都给容量规划提供了重要的数据来源（参阅下一节和 9.5.11 节）。

9.5.4 负载特征归纳

归纳负载特征是容量规划、基准测试和模拟负载当中的一项重要活动。通过发现并排除不需要的工作，它有可能带来最多的性能收益。

下面是用来刻画磁盘 I/O 负载的几项基本特征，这些数据放在一起，能够刻画出磁盘工作任务的一个大致模样：

- I/O 频率
- I/O 吞吐量
- I/O 大小
- 随机和连续比例
- 读写比

9.3 节描述了随机和连续比例、读写比和 I/O 大小。I/O 频率（IOPS）和 I/O 吞吐量的定义在 9.1 节介绍过。

这些特征每一秒都在发生变化，特别是对于那些使用了写缓冲和定时刷新的应用程序及文件系统而言。为了更好地归纳特征，除了平均值还要记录最大值，最好是检查一段时间内值的全分布。

下面是一段负载描述的示例，演示了这些属性如何合在一起进行表达：

> 系统磁盘的随机读负载较轻，平均是 350 IOPS，吞吐量是 3MB/s，其中 96% 是读。另外偶尔有小段的连续写爆发，可以把磁盘最大推到 4800 IOPS、吞吐量 560MB/s。读大小约为 8KB，写大小约为 128KB。

除了在系统级别描述这些特征，还可以从单个磁盘和单个磁盘控制器的角度描述 I/O 负载。

高级负载特征归纳/检查清单

归纳负载特征还可能需要包括其他一些细节信息。可以考虑下面列出的这些项目，在深度研究磁盘问题时可以用来做检查清单。

- 系统 IOPS 是多少？每个磁盘呢？每个控制器呢？
- 系统吞吐量是多少？每个磁盘呢？每个控制器呢？
- 哪个应用程序或者用户正在使用磁盘？
- 哪个文件系统或者文件正在被访问？
- 碰到什么错误了吗？这些错误是源于非法请求，还是磁盘的问题？
- I/O 在可用磁盘之间均衡吗？
- 每条参与的传输总线上的 IOPS 是多少？
- 每条参与的传输总线上的吞吐量是多少？
- 发出了哪些非数据传输磁盘命令？
- 为什么会发起磁盘 I/O（内核调用路径）？
- 磁盘 I/O 里应用程序同步的调用占到多少？
- I/O 到达时间的分布是什么样的？

有关 IOPS 和吞吐量的问题可以对读和写单独提出。所有的这些项目可以在一段时间内进行检查，以发现最大值、最小值和随时间发生的变化。另外请参阅第 2 章的 2.5.10 节。该节归纳总结了需要度量的特征（谁度量、为什么度量、度量什么、如何度量）。

性能特征归纳

与负载特征归纳相比，下面的问题归纳了负载产生的性能特征：

- 每块盘有多忙（使用率）？
- 每块盘的 I/O 饱和度是多少（等待队列）？
- 平均 I/O 服务时间是多少？
- 平均 I/O 等待时间是多少？
- 是否存在高延时的 I/O 离群点？
- I/O 延时的全分布是什么样的？
- 是否有例如 I/O 流控的系统资源控制，存在并且激活了吗？
- 非数据传输磁盘命令的延时是多少？

9.5.5 延时分析

延时分析需要深度研究系统以发现延时的来源。在涉及磁盘的情况下，调查一般止于磁盘接口这一层：发起 I/O 请求和完成中断之间的时间。如果这个时间与应用程序感受到的 I/O 延时一致，通常可以安全地推断出 I/O 延时源于磁盘，这样你就可以专心调查其中的原因。如果延时有所不同，则需要从操作系统软件栈里的其他层出发，找到其来源。

图 9.9 描绘了 I/O 栈，以及两个 I/O 离群点 A 和 B 在不同层的延时状况。

I/O A 的延时从应用程序到底下的磁盘驱动都差不多。这个状况直接把延时的矛头指向了磁盘（或者磁盘驱动）。如果对每一层都单独进行测量，从每层之间基本相同的延时就可以推断出这个结论。

B 的延时看上去来自文件系统层（锁或者队列？），因为底层的 I/O 延时只占了较小的部分。需要注意的是，不同的软件栈可能会放大或者缩小 I/O，这意味着 I/O 的大小、数量和延时在相邻层之间会有所不同。例子 B 可能的原因是只观察了底层的一个 I/O（10ms），而忽略了其他相关的 I/O，这些 I/O 都参与了服务同一个文件系统 I/O（例如元数据）。

每层的延时可以被表示如下。

- **单位时间 I/O 平均值**：一般由操作系统工具报告。
- **I/O 全分布**：通过直方图或者热图表示，参见 9.6.12 节的延时热图部分。
- **单位 I/O 延时值**：参见下一节。

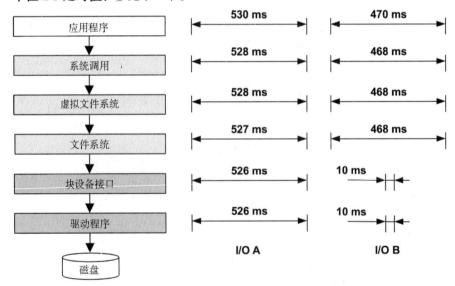

图 9.9 栈延时分析

最后两项有助于跟踪离群点的来源，同样也能帮助辨别 I/O 分解与合并的情况。

9.5.6 事件跟踪

事件跟踪指的是每个 I/O 事件的信息都被跟踪并分别记录在案。对于观察分析方法而言，这是最后的手段。由于捕捉和保存这些信息的缘故，它增加了一些性能开销。这些信息通常写入日志文件以供日后分析。对于每个 I/O，日志文件应该至少包括以下信息。

- **磁盘设备 ID**。
- **I/O 类型**：读或写。
- **I/O 偏移量**：磁盘位置。
- **I/O 大小**：字节数。
- **I/O 请求时间戳**：I/O 发到设备的时间（也称为 I/O 策略）。
- **I/O 完成时间戳**：I/O 事件完成的时间（完成中断）。
- **I/O 完成状态**：错误。

其他信息还可能包括（如果有的话）、PID、UID、应用程序名称、文件名和所有非数据传输命令的事件（以及这些命令的自定义详细信息）。

根据 I/O 请求时间戳和完成时间戳可以计算出磁盘 I/O 延时。在阅读日志时，单独排序每一项很有帮助——可以看到磁盘 I/O 是如何被设备重新排序的。到达的分布也可以从时间戳里看出来。

由于磁盘 I/O 是分析大热门，常常有静态跟踪点可以加以利用，用来跟踪请求和完成。另外，还可以使用动态跟踪进行高级分析，并捕捉下面这些类似的跟踪日志：

- 块设备驱动 I/O
- 接口驱动命令（例如 sd）
- 磁盘设备驱动命令

命令包括读/写以及非数据传输命令。具体例子参见 9.6 节。

9.5.7 静态性能调优

静态性能调优主要关注配置环境的问题。对于磁盘性能，检查下列方面的静态配置：

- 现在有多少块盘？是什么类型？
- 磁盘固件是什么版本？
- 有多少个磁盘控制器？接口类型是什么？
- 磁盘控制器卡是插到高速插槽上的吗？
- 磁盘控制器的固件是什么版本？
- 配置了 RAID 了吗？是怎么配置的，包括条带宽度？
- 多路径是否可用并配置了吗？

- 磁盘设备驱动是什么版本？
- 存储设备驱动有什么操作系统的缺陷/补丁？
- 磁盘 I/O 有资源控制吗？

注意性能缺陷可能存在于设备驱动和固件当中，最好使用厂商提供的更新修复。

回答这些问题能够暴露一些被忽视的配置问题。有时按照了某种负载来配置文件系统，但后来却用在了其他场景里。这个方法能让你重新审视那些配置选项。

当我负责 Sun 的 ZFS 存储产品性能时，我收到最多关于性能的抱怨来自一项错误的配置：使用了 RAID-Z2（宽条带）中一半的 JBOD（12 块盘）。于是我学会了先询问配置的详细信息（通常通过电话），然后再花时间登录系统检查 I/O 延时。

9.5.8 缓存调优

系统里可能存在多种不同的缓存，包括应用程序、文件系统、磁盘控制器和磁盘自己。9.3.3 节中有一份这些的清单，可以按照第 2 章 2.5.17 节中的方法进行调节。总体上来说，先检查有哪些缓存，接着看它们是否投入使用、使用的情况如何、缓存大小，然后根据缓存调整负载，根据负载调整缓存。

9.5.9 资源控制

操作系统可能会提供一些控制方法，把磁盘 I/O 资源分配给一些或者几组进程。控制可能包括固定上限的 IOPS 和吞吐量，或者通过更加灵活的方式共享资源。具体的工作机制与实现相关，还可参考 9.8 节的讨论。

9.5.10 微基准测试

第 8 章介绍了磁盘 I/O 的微基准测试方法，并且解释了测试文件系统 I/O 和磁盘 I/O 之间的差异。本章我们要测试磁盘 I/O，这通常意味着通过操作系统设备接口进行测试，特别是裸设备接口（如果有），以避免文件系统行为的干扰（包括缓存、缓冲、I/O 分割、I/O 合并、代码路径开销和偏移量映射差异）。

微基准测试的测试参数如下。

- **方向**：读或写。
- **磁盘偏移量模式**：随机或连续。

- **偏移量范围**：全盘或小块范围（例如仅针对偏移量 0）。
- **I/O 大小**：512B（通常最小值）~1MB。
- **并发度**：同时发起的 I/O 数量，或者执行 I/O 的线程数。
- **设备数量**：单块磁盘测试，或者多块磁盘（以得到控制器和总线限制）。

下面两部分演示了如何使用不同的参数组合测试磁盘和磁盘控制器性能。有关执行这些测试的特殊工具细节，参见 9.7 节。

磁盘

可以使用下面建议的负载执行的微基准测试，以得出单块磁盘的相应数据。

- **最大磁盘吞吐量**（MB/s）：128KB 读，连续。
- **最大磁盘操作频率**（IOPS）：512B 读，仅对偏移量 0。
- **最大磁盘随机读**（IOPS）：512B 读，随机偏移量。
- **读延时剖析**（平均毫秒数）：连续读，按照 512B、1KB、2KB、4KB 重复测试。
- **随机 I/O 延时剖析**（平均毫秒数）：512B 读，按照全地址扫描，指定开始地址区间，指定结束地址区间重复测试。

这些测试同样可以针对写操作重做一遍。使用"偏移量 0"使数据缓存在磁盘缓存中，这样能够测量缓存的访问时间。

磁盘控制器

磁盘控制器可以通过对多块磁盘施加负载，执行微基准测试，达到控制器的极限。可以使用下列的测试，并对磁盘施加如下建议的负载。

- **最大控制器吞吐量**（MB/s）：128KB，仅对 0 地址。
- **最大控制器操作频率**（IOPS）：512B 读，仅对 0 地址。

可以一个个地施加负载，并注意极限。要找到一个磁盘控制器的极限可能需要超过一打的磁盘。

9.5.11 伸缩

磁盘和磁盘控制器有吞吐量和 IOPS 极限，并可以通过前面所述的微基准测试方法得出。调优方法最多把性能提高到这些极限。如果还需要更多磁盘性能，并且其他方法（例如缓存）不起作用时，磁盘就需要伸缩。

下面是一个简单的基于资源的容量规划方法：

1. 确定目标磁盘负载的吞吐量和 IOPS。如果这是一个新系统，参考第 2 章 2.7 节。如果系统已经有负载运行，使用当前磁盘吞吐量和 IOPS 来表示用户数量，然后把这些数字放大到目标用户数量。（如果缓存不一起伸缩，磁盘的负载可能会增加，因为单位用户缓存比例下降了，磁盘的 I/O 压力提高了。）
2. 计算支撑这个负载需要的磁盘数量。记得考虑 RAID 配置。不要使用单位磁盘最大的吞吐量和 IOPS 数值，因为这会得出一个 100% 磁盘使用率的计划，而导致马上会有因饱和和排队带来的性能问题。定下目标使用率（如 50%），然后按比例伸缩。
3. 计算支撑这个负载需要的磁盘控制器数量。
4. 检查未超过传输的极限，并按需伸缩传输线。
5. 计算单位磁盘 I/O 的 CPU 周期数，以及需要的 CPU 数量。

用哪一个最大单位磁盘吞吐量和 IOPS 数值取决于它们的类型和磁盘类型。参见 9.3.7 节。可以使用微基准测试来找到给定 I/O 大小和 I/O 类型的特定极限，还能对当前负载使用负载特征归纳方法以发现最重要的大小和类型。

要达到磁盘负载需求，一般的情况是服务器需要连接相当多的磁盘，而这些磁盘通过存储阵列连接。我们以前常说，"加更多的转轴。"现在我们可能要说，"加更多的闪存。"

9.6 分析

本节介绍了基于 Linux 和 Solaris 操作系统上的磁盘 I/O 性能分析工具。具体的使用策略参见上节。

表 9.5 列出了本节介绍的工具。

表 9.5　磁盘分析工具

Linux	Solaris	描述
iostat	iostat	各种单个磁盘统计信息
sar	sar	磁盘历史统计信息
pidstat, iotop	iotop	按进程列出磁盘 I/O 使用情况
blktrace	iosnoop	磁盘 I/O 事件跟踪
DTrace	DTrace	自定义静态和动态跟踪
MegaCli	MegaCli	LSI 控制器统计信息
smartctl	smartctl	磁盘控制器统计信息

这些是为支持 9.5 节而选的工具，从系统级和进程级的统计信息开始，深入到事件跟踪和控制器统计信息。完整功能的参考详见工具文档和 Man 手册。

9.6.1 iostat

`iostat(1)`汇总了单个磁盘的统计信息，为负载特征归纳、使用率和饱和度提供了指标。它可以由任何用户执行，通常是在命令行调查磁盘 I/O 问题使用的第一个命令。统计信息的来源直接由内核维护，因此这个工具的开销基本可以忽略不计。

"iostat"是"I/O Statistics"的简称，虽然其实最好称之为"diskiostat"以突出它报告的 I/O 类型。这偶尔会造成一些误解，比如当一位用户知道一个应用程序正在执行 I/O（对文件系统）时，却发现在`iostat(1)`（磁盘）里看不到任何信息。

`iostat(1)`写于 20 世纪 80 年代年代早期，在不同的操作系统上有不同的版本。它可以通过 sysstat 包加到基于 Linux 的系统里，而基于 Solaris 的系统则默认包含它。虽然它在两个平台上的目的基本相同，但输出列和选项却有所不同。想知道你手上的版本支持什么，请参见操作系统上的 iostat Man 手册。

下面的部分描述了基于 Linux 和 Solaris 系统上的`iostat(1)`，选项和输出有略微差异。`iostat(1)`可以带多种参数执行，后面跟可选的间隔和数目选项。

Linux

表 9.6 列出了常用的`iostat(1)`选项。

表 9.6 Linux iostat 选项

选项	描述
-c	显示 CPU 报告
-d	显示磁盘报告
-k	使用 KB 代替（512B）块数目
-m	使用 MB 代替（512B）块数目
-p	包括单个分区的统计信息
-t	时间戳输出
-x	扩展统计信息
-z	不显示空活动汇总

默认行为使用-c 和-d 选项报告；如果命令行中指定了其中一个，则不显示另一个。有些较早的版本接收选项-n 显示 NFS 统计信息。从 9.1.3 版本以后，这项信息被移到了另一个单独

的 nfsiostat 命令。

如果不带任何的参数或者选项，iostat 会打印一个自启动以来的带选项-c 和-d 汇总报告。这里仅作为这个工具的介绍列出来，然而，这个模式一般不使用，接下来谈到的扩展模式通常更为有用。

```
$ iostat
Linux 3.2.6-3.fc16.x86_64 (prod201)    04/14/13      _x86_64_      (16 CPU)

avg-cpu:  %user   %nice %system %iowait  %steal   %idle
           0.03    0.00    0.02    0.00    0.00   99.95

Device:            tps    kB_read/s    kB_wrtn/s    kB_read    kB_wrtn
sdb               0.01         0.75         0.87    4890780    5702856
sda               1.67         0.43        17.66    2811164  115693005
dm-0              0.22         0.75         0.87    4890245    5702856
dm-1              4.44         0.42        17.66    2783497  115669936
dm-2              0.00         0.00         0.00       5976      22748
```

默认情况下，iostat 显示一行系统总结信息，包括了内核版本、主机名、日期、架构和 CPU 数量，然后是自启动以来的 CPU（avg-cpu）和磁盘设备（在 Device：之下）统计信息。每个磁盘设备都占一行，基本信息在数据列中。

- **tps**：每秒事务数（IOPS）。
- **kB_read/s**、**kB-wrtn/s**：每秒读取 KB 数和每秒写入 KB 数。
- **kB_read**、**kB-wrtn**：总共读取和写入的 KB 数。

SCSI 设备，包括磁带和 CD-ROM，在当前 Linux 版本的 iostat(1) 中看不到。有一些变通方案，包括使用 SystemTap 的 iostat-scsi.stp 脚本[3][2]。还需要注意的是，iostat(1) 报告块设备的读和写，它有可能排除了其他类型的磁盘设备命令，具体取决于内核（例如，参见 blk_do_io_stat() 里的逻辑）。

前面提到过，选项-m 可以用来以 MB 为单位输出报告。较早版本的 iostat(1)（sysstat 9.0.6 或者更早），输出默认使用块（每块 512B）而非 KB。早期行为可以使用下面的环境变量强制获得：

```
$ POSIXLY_CORRECT=1 iostat
[...]
Device:            tps   Blk_read/s   Blk_wrtn/s   Blk_read   Blk_wrtn
[...]
```

还可以使用选项-x 选择扩展输出，提供一些对许多早前提到的策略非常有帮助的附加列。这些附加列的信息包括负载特征归纳需要的 IOPS 和吞吐量指标、USE 方法需要的使用率和队

---

[2] 这个方法在本书写作时行不通。

列长度、性能特征归纳和延时分析需要的磁盘响应时间。

下面的输出太宽了，一页放不下，因此分左右展示。这个例子包括了仅输出磁盘报告的-d选项，以及跳过全零的选项-z（空闲设备）：

```
$ iostat -xkdz 1
Linux 3.2.6-3.fc16.x86_64 (prod201)     04/14/13        _x86_64_        (16 CPU)

Device:            rrqm/s    wrqm/s      r/s      w/s     rkB/s     wkB/s  \ ...
sdb                  0.04      1.89     0.01     0.07      1.56      7.86  / ...
sda                  0.00      0.00     0.00     0.00      0.00      0.00  \ ...
dm-0                 0.00      0.00     0.05     0.10      0.19      0.39  / ...
                                                                           \ ...
Device:            rrqm/s    wrqm/s      r/s      w/s     rkB/s     wkB/s  \ ...
sdb                  0.00      0.00   230.00     0.00   2292.00      0.00  / ...
                                                                           \ ...
Device:            rrqm/s    wrqm/s      r/s      w/s     rkB/s     wkB/s  \ ...
sdb                  0.00      0.00   231.00     0.00   2372.00      0.00  / ...
```

输出列如下。

- **rrqm/s**：每秒合并放入驱动请求队列的读请求数。
- **wrqm/s**：每秒合并放入驱动请求队列的写请求数。
- **r/s**：每秒发给磁盘设备的读请求数。
- **w/s**：每秒发给磁盘设备的写请求数。
- **rkB/s**：每秒从磁盘设备读取的 KB 数。
- **wkB/s**：每秒向磁盘设备写入的 KB 数。

非零的 rrqm/s 和 wrqm/s 项说明为了提高性能，连续的请求在发往设备之前已经被合并了。这个指标也是工作负载为连续的标志。r/s 和 w/s 列显示了实际发给设备的请求数。

下面是余下的输出：

```
$ iostat -xkdz 1
Linux 3.2.6-3.fc16.x86_64 (prod201)     04/14/13        _x86_64_        (16 CPU)

Device:       \ ... \   avgrq-sz avgqu-sz   await  r_await  w_await   svctm  %util
sdb           / ... /     227.13     0.00   41.13     4.51    47.65    0.54   0.00
sda           \ ... \      11.16     0.00    1.40     1.17     2.04    1.40   0.00
dm-0          / ... /       8.00     0.00   12.83     3.61    21.05    0.04   0.00
              \ ... \
Device:       / ... /   avgrq-sz avgqu-sz   await  r_await  w_await   svctm  %util
sdb           \ ... \      19.93     0.99    4.30     4.30     0.00    4.30  99.00
              / ... /
Device:       \ ... \   avgrq-sz avgqu-sz   await  r_await  w_await   svctm  %util
sdb           / ... /      20.54     1.00    4.33     4.33     0.00    4.33 100.00
```

输出列如下。

- **avgrq-sz**：平均请求大小，单位为扇区（512B）。
- **avgqu-sz**：在驱动请求队列和在设备中活跃的平均请求数。
- **await**：平均 I/O 响应时间，包括在驱动请求队列里等待和设备的 I/O 响应时间（ms）。
- **r_await**：和 await 一样，不过只针对读（ms）。
- **w_await**：和 await 一样，不过只针对写（ms）。
- **svctm**：（推断）磁盘设备的 I/O 平均响应时间（ms）。
- **%util**：设备忙处理 I/O 请求的百分比（使用率）。

既然 `avgrq-sz` 是合并之后的数字，小尺寸（16 个扇区或者更小）可以视为无法合并的随机 I/O 负载的迹象。大尺寸有可能是大 I/O，或者是合并的连续负载（前面的列里有预示）。

输出性能里最重要的指标是 `await`。如果应用程序和文件系统使用了降低写延时（例如，写穿）的方法，`w_await` 可能不那么重要，而你可以主要关注 `r_await`。

对于资源使用和容量规划，`%util` 仍然很重要，不过记住这只是繁忙度的一个度量（非空闲时间），对于后面有多块磁盘支撑的虚拟设备意义不大。可以通过施加负载更好地了解这些设备：IOPS（r/s + w/s）以及吞吐量（rkB/s + wkB/s）。

`r_await` 和 `w_await` 列刚刚加入 `iostat(1)` 工具，以前的版本只有 `await`。`iostat(1)` 手册页警告，`svctm` 一栏可能会由于指标不准确而在以后的版本中移去。（我不认为它不准确，但是它可能会误导人们，因为它是一个推断值而不是对设备延时的度量。）

下面是另一个有用的组合：

```
$ iostat -xkdzt -p ALL 1
Linux 3.2.6-3.fc16.x86_64 (prod201)    04/14/13    _x86_64_    (16 CPU)

04/14/2013 10:50:20 PM
Device:         rrqm/s   wrqm/s     r/s     w/s    rkB/s    wkB/s  \ ...
sdb               0.00     0.21    0.01    0.00     0.74     0.87  / ...
sdb1              0.00     0.21    0.01    0.00     0.74     0.87  \ ...
[...]
```

`-t` 选项引入了时间戳，与其他附有时间戳的资料比较时很有用。`-p ALL` 引入每个分区的统计信息。

不幸的是，当前版本的 `iostat(1)` 并不包括磁盘错误，否则 USE 方法里所有的指标都可以使用一个工具获得！

Solaris

使用 `-h` 列出所有选项（虽然是"非法选项"错误）：

```
$ iostat -h
iostat: illegal option -- h
Usage: iostat [-cCdDeEiImMnpPrstxXYz]  [-l n] [-T d|u] [disk ...] [interval [count]]
        -c:     report percentage of time system has spent
                in user/system/wait/idle mode
        -C:     report disk statistics by controller
        -d:     display disk Kb/sec, transfers/sec, avg.
                service time in milliseconds
        -D:     display disk reads/sec, writes/sec,
                percentage disk utilization
        -e:     report device error summary statistics
        -E:     report extended device error statistics
        -i:     show device IDs for -E output
        -I:     report the counts in each interval,
                instead of rates, where applicable
        -l n:   Limit the number of disks to n
        -m:     Display mount points (most useful with -p)
        -M:     Display data throughput in MB/sec instead of Kb/sec
        -n:     convert device names to cXdYtZ format
        -p:     report per-partition disk statistics
        -P:     report per-partition disk statistics only,
                no per-device disk statistics
        -r:     Display data in comma separated format
        -s:     Suppress state change messages
        -T d|u  Display a timestamp in date (d) or unix time_t (u)
        -t:     display chars read/written to terminals
        -x:     display extended disk statistics
        -X:     display I/O path statistics
        -Y:     display I/O path (I/T/L) statistics
        -z:     Suppress entries with all zero values
```

这包括了报告错误数量的选项-e 和-E。

选项 -I 打印计数而不是计算时间区段汇总，那些每隔一段时间运行 iostat(1) 的监控软件通常会使用这个选项，然后自己计算得出结果并输出汇总信息。

```
$ iostat
    tty        ramdisk1        sd0           sd1           cpu
 tin tout   kps tps serv   kps tps serv   kps tps serv   us sy wt id
   0   10     1   0    0     0   0    0   5360 111   1    9  6  0 85
```

从左到右，默认输出显示了终端（tty）输入和输出字符（tin、tout），然后是最多三组列（kps、tps、serv）的磁盘设备信息，接下去是一组 CPU 统计信息（cpu）。这个系统上，显示的磁盘设备有 ramdisk1、sd0 和 sd1。更多的设备并不这样显示，因为 iostat(1) 把输出限制在一行 80 个字符。

磁盘设备信息列如下。

- **kps**：每秒 KB 数，读和写。
- **tps**：每秒事务数（IOPS）。
- **serv**：服务时间，单位毫秒。

下面这个示例用选项-n 显示/dev 路径下易于理解的磁盘设备名，而不是内核实例名，用选

项 -z 忽略全零的行（空闲设备）：

```
$ iostat -xnz 1
                    extended device statistics
    r/s    w/s   kr/s   kw/s wait actv wsvc_t asvc_t  %w  %b device
    0.1    0.2    0.7    0.6  0.0  0.0    0.0    0.0   0   0 ramdisk1
   12.3   98.7  315.6 5007.8  0.0  0.1    0.0    0.8   0   2 c0t0d0
                    extended device statistics
    r/s    w/s   kr/s   kw/s wait actv wsvc_t asvc_t  %w  %b device
 1041.7    8.0 1044.7   95.6  0.0  0.7    0.0    0.6   1  65 c0t0d0
                    extended device statistics
    r/s    w/s   kr/s   kw/s wait actv wsvc_t asvc_t  %w  %b device
 1911.9    1.0 1959.4    7.9  0.0  0.6    0.0    0.3   1  55 c0t0d0
                    extended device statistics
    r/s    w/s   kr/s   kw/s wait actv wsvc_t asvc_t  %w  %b device
  746.1    1.0 1016.6    8.0  0.0  0.8    0.0    1.0   0  75 c0t0d0
[...]
```

输出列如下。

- **r/s、w/s**：每秒读取数，每秒写入数。
- **kr/**、**kw/s**：每秒读取 KB 数，每秒写入 KB 数。
- **wait**：块驱动队列平均等待请求数。
- **actv**：已发出或在设备上活跃的平均请求数。
- **wsvc_t**：块设备队列平均等待时间（ms），wsvc_t 是等待服务的时间。
- **asvc_t**：在设备上的平均活动时间（ms），asvc_t 是活动服务时间，虽然这其实是设备平均 I/O 响应时间。
- **%w**：I/O 在等待队列里的时间百分比。
- **%b**：I/O 繁忙工作（使用率）的时间百分比。

平均读取或写入的 I/O 大小并不在其中（在 Linux 版本里有），不过这个可以轻易地通过除以 IOPS 获得，例如，平均读取大小=(kr/s)/(r/s)。

另一个有用的组合是：

```
$ iostat -xnmpzCTd 1
April 14, 2013 08:44:58 AM UTC
                    extended device statistics
    r/s    w/s   kr/s   kw/s wait actv wsvc_t asvc_t  %w  %b device
    1.5   33.9  146.5 1062.6  0.0  0.0    0.0    1.2   0   1 c0
    0.1    0.0    0.5    0.0  0.0  0.0    0.0    0.1   0   0 c0t0d0
    0.1    0.0    0.5    0.0  0.0  0.0    0.0    0.1   0   0 c0t0d0p0
    0.0    0.0    0.0    0.0  0.0  0.0    0.0    3.6   0   0 c0t0d0p1
    1.5   33.9  146.0 1062.6  0.0  0.0    0.0    1.2   0   1 c0t1d0
    1.5   33.9  146.0 1062.6  0.0  0.0    0.0    1.2   0   1 c0t1d0s0
    0.0    0.0    0.0    0.0  0.0  0.0    0.0    6.0   0   0 c0t1d0p0
[...]
```

选项 -C 显示每个控制器的统计信息，选项 -p 显示每个分区的信息，而选项 -Td 则使输出附上了时间戳。

输出里还可以用选项-e加入错误计数器：

```
$ iostat -xnze 1
                    extended device statistics       ---- errors ---
    r/s    w/s   kr/s    kw/s wait actv wsvc_t asvc_t %w %b s/w h/w trn tot device
    0.0    0.0    0.1     0.0  0.0  0.0    0.3    0.6  0  0   0   0   0   0 lofi1
    0.0    0.0    0.2     0.1  0.0  0.0    0.0    0.0  0  0   0   0   0   0 ramdisk1
    0.1    0.0    0.5     0.0  0.0  0.0    0.0    0.1  0  0   0   0   0   0 c0t0d0
    1.5   33.9  146.0  1062.6  0.0  0.0    0.0    1.2  0  1   0   0   0   0 c0t1d0
[...]
```

除非你有一直发生错误的设备，否则每隔一段时间给出汇总报告并没有什么帮助。如果要检查自启动后的计数，使用选项-E可以得到一种不同的iostat输出格式：

```
$ iostat -En
c1t0d0          Soft Errors: 0 Hard Errors: 0 Transport Errors: 0
Vendor: iDRAC   Product: LCDRIVE         Revision: 0323 Serial No:
Size: 0.00GB <0 bytes>
Media Error: 0 Device Not Ready: 0 No Device: 0 Recoverable: 0
Illegal Request: 0 Predictive Failure Analysis: 0
c2t0d0          Soft Errors: 0 Hard Errors: 0 Transport Errors: 0
Vendor: iDRAC   Product: Virtual CD      Revision: 0323 Serial No:
Size: 0.00GB <0 bytes>
Media Error: 0 Device Not Ready: 0 No Device: 0 Recoverable: 0
Illegal Request: 0 Predictive Failure Analysis: 0
[...]
```

Soft Errors（-e选项输出里的s/w）是可能导致性能问题的可恢复错误。Hard Errors（-e输出里的h/w）是磁盘不可恢复的错误，虽然它们可能能够通过更高一级的架构（RAID）恢复，这样系统可以继续工作，但是通常会造成性能问题（例如，I/O延时超时以及随后的服务降级）。

通过以下方式可以更容易理解错误计数器：

```
$ iostat -En | grep Hard
c1t0d0          Soft Errors: 0 Hard Errors: 0 Transport Errors: 0
c2t0d0          Soft Errors: 0 Hard Errors: 0 Transport Errors: 0
c2t0d1          Soft Errors: 0 Hard Errors: 0 Transport Errors: 0
c3t0d0          Soft Errors: 0 Hard Errors: 0 Transport Errors: 0
c0t0d0          Soft Errors: 0 Hard Errors: 0 Transport Errors: 0
c0t1d0          Soft Errors: 0 Hard Errors: 0 Transport Errors: 0
```

USE方法可以通过使用iostat(1M)的以下选项来获得。

- **%b**：显示磁盘使用率
- **actv**：大于1的数值预示着饱和，即设备中的排队。对于多块物理磁盘组成的虚拟设备，情况更难判断（取决于RAID策略），actv值大于设备数量表示设备有可能饱和。

- **wait**：大于零的数值预示着饱和，即驱动中的排队。
- **errors tot**：总错误计数器。

正如前面 9.4.1 节介绍的，可能有的磁盘问题不递增错误计数器。还好这种情况不常发生，你一般也不会遇到。下面是这种问题的示例截屏：

```
$ iostat -xnz 1
[...]
                    extended device statistics
    r/s    w/s    kr/s    kw/s wait actv wsvc_t asvc_t  %w  %b device
    0.0    0.0    0.0     0.0  0.0  4.0    0.0    0.0    0 100 c0t0d0
                    extended device statistics
    r/s    w/s    kr/s    kw/s wait actv wsvc_t asvc_t  %w  %b device
    0.0    0.0    0.0     0.0  0.0  4.0    0.0    0.0    0 100 c0t0d0
                    extended device statistics
    r/s    w/s    kr/s    kw/s wait actv wsvc_t asvc_t  %w  %b device
    0.0    0.0    0.0     0.0  0.0  4.0    0.0    0.0    0 100 c0t0d0
[...]
```

注意磁盘已经 100%繁忙，但却不执行任何 I/O（r/s 和 w/s 计数为零）。这个特殊的例子来源于 RAID 控制器的一个问题。如果这个问题存在一小段时间，那么就会引入数秒的 I/O 延时，从而造成性能问题。如果持续更久的时间，系统则会看上去像挂起一样。

9.6.2 sar

系统活动报告器（system activity reporter，sar(1)），可以用来监控当前活动并被配置用来归档和报告历史统计信息。本书有多章都用到了这个工具来提供各种不同的统计信息。

sar(1)磁盘汇总通过选项-d 输出，下面的例子里以每秒一次的间隔演示。

Linux

磁盘输出太宽了，这里分两部分排版：

```
$ sar -d 1
Linux 2.6.32-21-server (prod103)         04/15/2013       _x86_64_        (8 CPU)

02:39:26 AM      DEV       tps    rd_sec/s    wr_sec/s   avgrq-sz   avgqu-sz  \ ...
02:39:27 AM   dev8-16      0.00      0.00        0.00       0.00       0.00   / ...
02:39:27 AM    dev8-0    418.00      0.00    12472.00      29.84      29.35   \ ...
02:39:27 AM  dev251-0     0.00      0.00        0.00       0.00       0.00    / ...
02:39:27 AM  dev251-1   1559.00      0.00    12472.00       8.00     113.87   \ ...
02:39:27 AM  dev251-2     0.00      0.00        0.00       0.00       0.00    / ...
[...]
```

下面是剩下的部分：

```
$ sar -d 1
Linux 2.6.32-21-server (prod103)         04/15/2013      _x86_64_        (8 CPU)

02:39:26 AM  \ ... \     await      svctm      %util
02:39:27 AM  / ... /      0.00       0.00       0.00
02:39:27 AM  \ ... \     70.22       0.69      29.00
02:39:27 AM  / ... /      0.00       0.00       0.00
02:39:27 AM  \ ... \     73.04       0.19      29.00
02:39:27 AM  / ... /      0.00       0.00       0.00
[...]
```

许多列的内容都与 iostat(1) 类似（参见前面的描述），差别如下。

- **tps**：设备每秒数据传输量。
- **rd_sec/s**、**wr_sec/s**：每秒读取和写入扇区数（512B）。

Solaris

下面的例子以每秒一次的间隔运行 sar(1)，报告当前的活动：

```
$ sar -d 1
SunOS prod072 5.11 joyent_20120509T003202Z i86pc   04/15/2013

02:52:30    device    %busy   avque    r+w/s   blks/s   avwait   avserv
02:52:31    sd0          0     0.0        0        0      0.0      0.0
            sd1          0     0.0        0        0      0.0      0.0
            sd2          0     0.0        0        0      0.0      0.0
            sd3          0     0.0        3       33      0.0      0.1
            sd3,a        0     0.0        0        0      0.0      0.0
            sd3,b        0     0.0        3       30      0.0      0.1
[...]
```

输出列与 iostat(1M) 扩展模式类似，列名有所不同。比如，%busy 对应 iostat(1M) 的 %b，而 avwait 和 avserv 则被 iostat(1M) 称为 wsvc_t 和 asvc_t。

9.6.3　pidstat

Linux 的 pidstat(1) 工具默认输出 CPU 使用情况，还可以使用选项 -d 输出磁盘 I/O 统计信息，在内核 2.6.20 及以上的版本可用。例如：

```
$ pidstat -d 1
22:53:11          PID   kB_rd/s   kB_wr/s kB_ccwr/s  Command
22:53:12        10512   3366.34      0.00      0.00  tar
22:53:12        10513      0.00   6051.49  13813.86  gzip

22:53:12          PID   kB_rd/s   kB_wr/s kB_ccwr/s  Command
22:53:13        10512   5136.00      0.00      0.00  tar
22:53:13        10513      0.00   4416.00      0.00  gzip
```

输出列如下。

- **kB_rd/s**：每秒读取 KB 数。
- **kB_wd/s**：每秒发出的写入 KB 数。
- **kB_ccwr/s**：每秒取消的写入 KB 数（例如，写回前的覆盖写）。

只有超级用户（root）可以访问不属于自己的进程的磁盘统计信息。这些可以通过读取 /proc/PID/io 获得。

9.6.4 DTrace

DTrace 能从内核角度检查磁盘 I/O 事件，包括块设备接口 I/O，I/O 调度器事件，目标驱动 I/O 和设备驱动 I/O。DTrace 的这些功能支持工作负载特征归纳和延时分析。

以下部分将介绍 DTrace 的磁盘 I/O 分析功能，并演示如何在基于 Linux 和 Solaris 的系统中应用这些功能。除了那些标注为 Linux 的例子外，示例是在一台基于 Solaris 的系统上完成的。关于 DTrace 的基础知识在第 4 章中有介绍。

表 9.7 列出了用来跟踪磁盘 I/O 的 DTrace provider。

表 9.7 用于 I/O 分析的 DTrace provider

层次	稳定 provider	不稳定 provider
应用程序	取决于应用	pid
系统库	——	pid
系统调用	——	syscall
VFS	fsinfo	fbt
文件系统	——	fbt
块设备接口	io	fbt
目标驱动	——	fbt
设备驱动	——	fbt

应尽可能使用稳定 provider。然而，对于磁盘 I/O 栈事实上只有 io provider 可供向下挖掘分析使用。检查你的操作系统上是否发布了针对其他领域更为稳定的 provider。如果没有，可以使用不稳定接口的 provider，虽然这会需要更新脚本以适配软件的变动。

io provider

io provider 使得外界可以从块设备接口的角度进行观察，并可以用来归纳磁盘 I/O 特征和测量延时。探测器如下。

- `io:::start`：一个 I/O 请求被发到设备上。
- `io:::done`：一个 I/O 请求在设备上完成（完成中断）。
- `io:::wait-start`：一个线程开始等待一个 I/O 请求。
- `io:::wait-done`：一个线程等完了一个 I/O 请求。

在 Solaris 上列出如下信息：

```
# dtrace -ln io:::
   ID   PROVIDER            MODULE                          FUNCTION NAME
  731          io           genunix                           biodone done
  732          io           genunix                           biowait wait-done
  733          io           genunix                           biowait wait-start
  744          io           genunix                    default_physio start
  745          io           genunix                     bdev_strategy start
  746          io           genunix                           aphysio start
 2014          io               nfs                          nfs4_bio done
 2015          io               nfs                          nfs3_bio done
 2016          io               nfs                           nfs_bio done
 2017          io               nfs                          nfs4_bio start
 2018          io               nfs                          nfs3_bio start
 2019          io               nfs                           nfs_bio start
```

`MODULE` 列和 `FUNCTION` 列显示了这些探测器的位置（作为实现细节的一部分，并非稳定接口的一部分）。注意在 Solaris 上，nfs 客户端 I/O 同样也通过 io provider 跟踪，可以通过示例里的 nfs 模块探测器看出。

探测器有一些稳定的参数提供 I/O 的详细信息，如下所示。

- `args[0]->b_count`：I/O 大小（字节数）。
- `args[0]->b_blkno`：设备 I/O 偏移量（块）。
- `args[0]->b_flags`：位元标志位，包括表示读 I/O 的 B_READ。
- `args[0]->b_error`：错误状态。
- `args[1]->dev_statname`：设备实例名+实例/小编号。
- `args[1]->dev_pathname`：设备路径名。
- `args[2]->fi_pathname`：文件路径名（如果知道）。
- `args[2]->fi_fs`：文件系统类型。

这些参数和标准 DTrace 内建参数一起构成了强大的行命令。

事件跟踪

以下跟踪的是每一个磁盘 I/O 的请求，包括 PID、进程名和 I/O 大小（字节数）：

```
# dtrace -n 'io:::start { printf("%d %s %d", pid, execname,
    args[0]->b_bcount); }'
dtrace: description 'io:::start ' matched 6 probes
CPU     ID                    FUNCTION:NAME
  0    745              bdev_strategy:start 22747 tar 65536
  0    745              bdev_strategy:start 22747 tar 65536
  0    745              bdev_strategy:start 22747 tar 131072
  0    745              bdev_strategy:start 22747 tar 131072
  0    745              bdev_strategy:start 22747 tar 131072
[...]
```

这个行命令使用了一个 `printf()` 语句打印每个 I/O 的详细信息。输出显示 PID 为 22747 的 `tar` 进程发出了 5 个 I/O，大小为 64KB 或者 128KB。在这个例子中，应用程序线程在发出 I/O 请求时仍然在 CPU 上，因此可以通过 `execname` 看到。（还有一些情况是异步调用，然后会显示内核的 `sched`。）

I/O 大小汇总

按照应用程序名称汇总磁盘 I/O 大小：

```
# dtrace -n 'io:::start { @[execname] = quantize(args[0]->b_bcount); }'
dtrace: description 'io:::start ' matched 6 probes
^C

  tar
           value  ------------- Distribution ------------- count
            2048 |                                         0
            4096 |                                         1
            8192 |                                         0
           16384 |                                         0
           32768 |                                         0
           65536 |@@@@                                     13
          131072 |@@@@@@@@@@@@@@@@@@@@@@@@@@@@@@@@@@@@     121
          262144 |                                         0

  sched
           value  ------------- Distribution ------------- count
             256 |                                         0
             512 |                                         3
            1024 |@@@@@@@                                  63
            2048 |@@@@@@@@                                 72
            4096 |@@@@@                                    46
            8192 |@@@@@                                    51
           16384 |@@@                                      31
           32768 |@                                        5
           65536 |                                         0
          131072 |@@@@@@@@@@@                              100
          262144 |                                         0
```

与使用 DTrace 报告平均、最小或者最大 I/O 大小不同，这个行命令生成了一个分布图，可视化了全分布。`value` 列以字节显示了范围，而 `count` 列显示了该范围内的 I/O 数量。在跟踪过程中，名为 `tar` 的进程执行了 121 个 I/O，大小为 128KB ~ 256KB（131 072 ~ 262 143 B）。内核（`sched`）的分布比较有趣（看起来像双峰），如果只有一个平均值是看不出来的。

除了可以按照进程名（execname）汇总，I/O 大小还可以按照下列内容进行汇总。

- **设备名**：使用 `args[1]-> dev_statname`。
- **I/O 方向（读/写）**：使用 `args[0]->b_flags & B_READ ? "read" : "write"`。

要汇总的值还可以是除了大小（`args[0]->b_count`）以外的其他特征。例如，可以检查磁盘位置以测量 I/O 寻道时间。

I/O 寻道汇总

I/O 寻道汇总跟踪源于同一应用程序，对同一设备的连续 I/O 之间的寻道距离，按照进程输出直方图。这对于行命令来说太长了，因此实现为如下的 DTrace 脚本（diskseeksize.d）：

```
#!/usr/sbin/dtrace -s

self int last[dev_t];

io:::start
/self->last[args[0]->b_edev] != 0/
{
        this->last = self->last[args[0]->b_edev];
        this->dist = (int)(args[0]->b_blkno - this->last) > 0 ?
            args[0]->b_blkno - this->last : this->last - args[0]->b_blkno;
        @[pid, curpsinfo->pr_psargs] = quantize(this->dist);
}

io:::start
{
        self->last[args[0]->b_edev] = args[0]->b_blkno +
            args[0]->b_bcount / 512;
}
```

这个脚本以扇区为单位计算某一个 I/O 和其上一个 I/O 的最后扇区（开始偏移量+大小）之间的距离。每个设备单独跟踪，也按照线程划分（使用 `self->`），这样可以区分并研究不同进程的负载模式。

```
# ./diskseeksize.d
dtrace: script './diskseeksize.d' matched 8 probes
^C
     3   fsflush
           value  ------------- Distribution ------------- count
               2 |                                         0
               4 |@                                        2
               8 |                                         0
              16 |@@@@@                                    15
              32 |                                         0
              64 |                                         0
             128 |                                         0
             256 |                                         0
             512 |                                         0
            1024 |                                         0
            2048 |                                         0
            4096 |                                         0
```

```
         8192 |                                         0
        16384 |@@@@@@@@@                                24
        32768 |@@@@                                     13
        65536 |@@@@@                                    15
       131072 |@@@@@@@@@@@@                             34
       262144 |@@@                                      9
       524288 |                                         0
[...]
```

这里显示了 fsflush 线程产生的 I/O，寻道距离往往大于 8192 个块。大部分落在 0 上的寻道距离分布，其负载一般是连续负载。

I/O 延时汇总

这个脚本（disklatency.d）跟踪了块 I/O 开始和结束的事件，把延时分布汇总成一张直方图：

```
#!/usr/sbin/dtrace -s

io:::start
{
        start[arg0] = timestamp;
}

io:::done
/start[arg0]/
{
        @["block I/O latency (ns)"] = quantize(timestamp - start[arg0]);
        start[arg0] = 0;
}
```

开始探测器上记录了一个时间戳，这样在结束时就可以计算时间增量。这个脚本的诀窍在于把开始时间和结束时间关联起来，因为还有很多 I/O 仍在执行（in flight）。这里使用了一个关联数组，每个 I/O 都有一个唯一的标识符（正好是指向缓冲结构的指针）。

执行脚本：

```
# ./disklatency.d
dtrace: script './disklatency.d' matched 10 probes
^C

  block I/O latency (ns)
           value  ------------- Distribution ------------- count
            2048 |                                         0
            4096 |                                         26
            8192 |                                         0
           16384 |                                         4
           32768 |@@@@                                     227
           65536 |@@@@@@@@@@@@@@@@@@@                      1047
          131072 |@@@@@@@@@@@@@@                           797
          262144 |@@@@                                     220
          524288 |@@                                       125
         1048576 |@                                        40
         2097152 |                                         18
         4194304 |                                         0
         8388608 |                                         0
        16777216 |                                         1
        33554432 |                                         0
```

跟踪过程中，大部分 I/O 位于 65 536ns ~ 262 143ns 范围里（0.07 ~ 0.26ms）。最慢的是一个在 16ms ~ 33ms 范围内的 I/O。直方图输出对于发现这种延时离群点特别有帮助。

这里的 I/O 汇总是针对所有设备的。该脚本还可以改进，对每个设备生成单独的直方图，或者对每个进程 ID，抑或其他的标准。

I/O 栈

I/O 栈频率统计 I/O 请求的内核调用栈，一直到块设备驱动（`io:::start` 探测器的位置）。在基于 **Solaris** 的系统上：

```
# dtrace -n 'io:::start { @[stack()] = count(); }'
dtrace: description 'io:::start ' matched 6 probes
^C
[...]
              genunix`ldi_strategy+0x4e
              zfs`vdev_disk_io_start+0x170
              zfs`vdev_io_start+0x12
              zfs`zio_vdev_io_start+0x7b
              zfs`zio_next_stage_async+0xae
              zfs`zio_nowait+0x9
              zfs`vdev_queue_io_done+0x68
              zfs`vdev_disk_io_done+0x74
              zfs`vdev_io_done+0x12
              zfs`zio_vdev_io_done+0x1b
              genunix`taskq_thread+0xbc
              unix`thread_start+0x8
              751

              ufs`lufs_read_strategy+0x8a
              ufs`ufs_getpage_miss+0x2b7
              ufs`ufs_getpage+0x802
              genunix`fop_getpage+0x47
              genunix`segmap_fault+0x118
              genunix`fbread+0xc4
              ufs`ufs_readdir+0x14b
              genunix`fop_readdir+0x34
              genunix`getdents64+0xda
              unix`sys_syscall32+0x101
              3255
```

输出长达数页，展示了穿过内核直抵磁盘发起 I/O 的确切代码路径，以及每个栈的出现次数。这常常用来调查与期望负载频率不符的那些出乎意料的额外 I/O（异步，元数据）。上面的栈显示了一个异步的 ZFS I/O（来自一个执行 ZIO 管道的 taskq 线程），而栈的底部显示了一个始于 `getdents()` 系统调用的同步 UFS I/O。

下面是 Linux 上的例子，这次是对内核函数 `submit_bio()` 做动态跟踪（这个原型的 `io:::start` 探测器仍在开发中）：

```
# dtrace -n 'fbt::submit_bio:entry { @[stack()] = count(); }'
dtrace: description 'fbt::submit_bio:entry ' matched 1 probe
^C
[...]
              kernel`submit_bio+0x1
              kernel`mpage_readpages+0x105
              kernel`ext4_get_block
              kernel`ext4_get_block
              kernel`__getblk+0x2c
```

```
                kernel`ext4_readpages+0x1d
                kernel`__do_page_cache_readahead+0x1c7
                kernel`ra_submit+0x21
                kernel`ondemand_readahead+0x115
                kernel`mutex_lock+0x1d
                kernel`page_cache_sync_readahead+0x33
                kernel`generic_file_aio_read+0x4f8
                kernel`vma_merge+0x121
                kernel`do_sync_read+0xd2
                kernel`security_file_permission+0x93
                kernel`rw_verify_area+0x61
                kernel`vfs_read+0xb0
                kernel`sys_read+0x4a
                kernel`system_call_fastpath+0x16
              146
```

调用路径显示了 I/O 的起源,从系统调用接口开始(底部)、VFS、页面缓存和 ext4。

这些栈的每一行都可以用 DTrace fbt provider 的动态跟踪技术单独跟踪。参见 9.8 节中的一个例子,这个例子是用 fbt 跟踪 `sd_start_cmds()` 函数。

SCSI 事件

这个脚本(scsireasons.d)演示了 SCSI 层的跟踪,用一个特殊的 SCSI 码报告 I/O 的结束并描述结束的原因。关键的摘录如下(脚本的全文引用参见下一部分):

```
dtrace:::BEGIN
{
        /*
         * The following was generated from the CMD_* pkt_reason definitions
         * in /usr/include/sys/scsi/scsi_pkt.h using sed.
         */
        scsi_reason[0] = "no transport errors- normal completion";
        scsi_reason[1] = "transport stopped with not normal state";
        scsi_reason[2] = "dma direction error occurred";
        scsi_reason[3] = "unspecified transport error";
        scsi_reason[4] = "Target completed hard reset sequence";
        scsi_reason[5] = "Command transport aborted on request";
        scsi_reason[6] = "Command timed out";
[...]
fbt::scsi_destroy_pkt:entry
{
        this->code = args[0]->pkt_reason;
        this->reason = scsi_reason[this->code] != NULL ?
            scsi_reason[this->code] : "";
[...]
```

这个脚本使用了一个关联数组把 SCSI 原因整数值映射成可读的字符串。函数 `scsi_destroy_pkt()` 引用了该数组,在这个函数里原因字符串得以计数。跟踪过程中没有发现错误。

```
# ./scsireasons.d
Tracing... Hit Ctrl-C to end.
^C
SCSI I/O completion reason summary:

  no transport errors- normal completion                    38346

SCSI I/O reason errors by disk device and reason:

  DEVICE              ERROR REASON                          COUNT
```

高级跟踪

在进行高级跟踪时，动态跟踪可以更加详细地探索内核 I/O 栈的每一层。表 9.8 列出了这个方法所能实现的功能，这些脚本来自 DTrace [Gregg 11] 书中的磁盘 I/O 一章（140 页长）（这些脚本可以在线获得[4]）。

表 9.8 高级存储 I/O 跟踪脚本

脚本	层	描述
iopattern	块	显示了磁盘 I/O 的统计信息，包括随机的百分比
sdqueue.d	SCSI	按照设备显示 I/O 等待队列的时间分布图
sdretry.d	SCSI	SCSI 重试的状态工具
scsicmds.d	SCSI	SCSI 命令的频率统计，附有描述
scsilatency.d	SCSI	按类型和结果汇总了 SCSI 命令的延时
scsirw.d	SCSI	显示了各种 SCSI 读/写/同步的统计信息，包括字节数
scsireasons.d	SCSI	显示了 SCSI I/O 完成原因和设备名称
satacmds.d	SATA	SATA 命令的频率统计，附有描述
satarw.d	SATA	显示了各种 SATA 读/写/同步的统计信息，包括字节数
satareasons.d	SATA	显示了 SATA I/O 完成原因和设备名称
satalatency.d	SATA	按照类型和结果汇总了 SATA 命令的延时
idelatency.d	IDE	按照类型和结果汇总了 IDE 命令的延时
iderw.d	IDE	显示了各种 IDE 读/写/同步的统计信息，包括字节数
ideerr.d	IDE	显示了 IDE 命令的结束原因和错误信息
mptsasscsi.d	SAS	显示了 SAS SCSI 命令，附有 SCSI 和 mpt 详细信息
mptevents.d	SAS	跟踪特殊 mpt SAS 事件，附有详细信息
mptlatency.d	SAS	显示了 mpt SCSI 命令时间分布图

尽管上面这些脚本提供了难以置信的观测能力，但是这些动态跟踪脚本与特定的内核实现紧密相关，在新版内核上使用时需要进行额外的维护工作以匹配内核的更新。

9.6.5 SystemTap

Linux 系统上也可以用 SystemTap 来动态跟踪磁盘 I/O 事件，以及用它的 ioblock provider 进行静态跟踪。转化前述 DTrace 脚本的相关帮助信息可参考第 4 章 4.4 节以及附录 E。

9.6.6 perf

Linux 上的工具 `perf(1)`（在第 6 章中有介绍）提供了块跟踪点，可以用这些跟踪点来跟踪一些基本信息。这些跟踪点如下：

```
# perf list | grep block:
  block:block_rq_abort                               [Tracepoint event]
  block:block_rq_requeue                             [Tracepoint event]
  block:block_rq_complete                            [Tracepoint event]
  block:block_rq_insert                              [Tracepoint event]
  block:block_rq_issue                               [Tracepoint event]
  block:block_bio_bounce                             [Tracepoint event]
  block:block_bio_complete                           [Tracepoint event]
  block:block_bio_backmerge                          [Tracepoint event]
  block:block_bio_frontmerge                         [Tracepoint event]
  block:block_bio_queue                              [Tracepoint event]
  block:block_getrq                                  [Tracepoint event]
  block:block_sleeprq                                [Tracepoint event]
  block:block_plug                                   [Tracepoint event]
  block:block_unplug                                 [Tracepoint event]
  block:block_split                                  [Tracepoint event]
  block:block_bio_remap                              [Tracepoint event]
  block:block_rq_remap                               [Tracepoint event]
```

举个例子，为检查调用栈，用调用图来跟踪块设备问题。命令 `sleep 10` 用来作为跟踪的持续时间。

```
# perf record -age block:block_rq_issue sleep 10
[ perf record: Woken up 4 times to write data ]
[ perf record: Captured and wrote 0.817 MB perf.data (~35717 samples) ]
# perf report | more
[...]
    100.00%              tar  [kernel.kallsyms]  [k] blk_peek_request
                         |
                         --- blk_peek_request
                             do_virtblk_request
                             blk_queue_bio
                             generic_make_request
                             submit_bio
                             submit_bh
                             |
                             |--100.00%-- bh_submit_read
                             |          ext4_ext_find_extent
                             |          ext4_ext_map_blocks
```

```
                    |            ext4_map_blocks
                    |            ext4_getblk
                    |            ext4_bread
                    |            dx_probe
                    |            ext4_htree_fill_tree
                    |            ext4_readdir
                    |            vfs_readdir
                    |            sys_getdents
                    |            system_call
                    |            __getdents64
[...]
```

输出长达数页，展示了产生块设备 I/O 的不同代码路径。这里给出的部分是 ext4 的目录读取。

9.6.7 iotop

iotop(1) 是包含磁盘 I/O 版本的 top。第一版于 2005 年用 DTrace 开发，基于 Solaris 系统 [McDougall 06b]，是一种带有 top 风格的早期 psio(1) 工具（进程状态附有 I/O 信息，使用了比 DTrace 还早出现的一种跟踪框架）。iotop(1) 以及它的兄弟工具 iosnoop(1M)，现在许多有 DTrace 的操作系统都默认自带，包括了 Mac OS X 和 Oracle Solaris 11。Linux 上也有 iotop(1) 工具，基于内核核算统计信息 [5]。

Linux

iotop(1) 需要内核 2.6.20 或者更新的版本（可能早一点的版本也可以，取决于向下移植的状态），以及以下的内核选项：CONFIG_TASK_DELAY_ACCT、CONFIG_TASK_IO_ACCOUNTING、CONFIG_TASKSTATS 和 CONFIG_VM_EVENT_COUNTERS。

用法

有各种选项可以定制输出：

```
# iotop -h
Usage: /usr/bin/iotop [OPTIONS]
[...]
Options:
  --version             show program's version number and exit
  -h, --help            show this help message and exit
  -o, --only            only show processes or threads actually doing I/O
  -b, --batch           non-interactive mode
  -n NUM, --iter=NUM    number of iterations before ending [infinite]
  -d SEC, --delay=SEC   delay between iterations [1 second]
  -p PID, --pid=PID     processes/threads to monitor [all]
  -u USER, --user=USER  users to monitor [all]
  -P, --processes       only show processes, not all threads
  -a, --accumulated     show accumulated I/O instead of bandwidth
```

```
-k, --kilobytes        use kilobytes instead of a human friendly unit
-t, --time             add a timestamp on each line (implies --batch)
-q, --quiet            suppress some lines of header (implies --batch)
```

默认情况下，iotop(1)会清理屏幕并输出一秒内的汇总信息。

批量模式

批量模式（-b）可以提供滚动输出（不清理屏幕）。下面的演示仅显示 I/O 进程（-o），每 5 秒输出一次（-d5）：

```
# iotop -bod5
Total DISK READ:        4.78 K/s | Total DISK WRITE:       15.04 M/s
   TID PRIO USER        DISK READ  DISK WRITE   SWAPIN     IO    COMMAND
 22400 be/4 root         4.78 K/s    0.00 B/s  0.00 %  13.76 %  [flush-252:0]
   279 be/3 root         0.00 B/s 1657.27 K/s  0.00 %   9.25 %  [jbd2/vda2-8]
 22446 be/4 root         0.00 B/s   10.16 M/s  0.00 %   0.00 %  beam.smp -K true ...
Total DISK READ:        0.00 B/s | Total DISK WRITE:       10.75 M/s
   TID PRIO USER        DISK READ  DISK WRITE   SWAPIN     IO    COMMAND
   279 be/3 root         0.00 B/s    9.55 M/s  0.00 %   0.01 %  [jbd2/vda2-8]
 22446 be/4 root         0.00 B/s   10.37 M/s  0.00 %   0.00 %  beam.smp -K true ...
   646 be/4 root         0.00 B/s  272.71 B/s  0.00 %   0.00 %  rsyslogd -n -c 5
[...]
```

输出显示 beam.smp 进程（Riak）正在以大约 10MB/s 的速率施加磁盘写负载。

其他有用的选项有-a，可以输出累计 I/O 而不是一段时间内的平均值，选项-o，只打印那些正在执行磁盘 I/O 的进程。

Solaris

iotop(1)可能在目录/opt/DTT 或者/usr/DTT 下。它也可能在 DTraceToolkit 中（它最初的位置）。

用法

以下是 iotop(1)的用法：

```
# iotop -h
USAGE: iotop [-C] [-D|-o|-P] [-j|-Z] [-d device] [-f filename]
             [-m mount_point] [-t top] [interval [count]]

              -C              # don't clear the screen
              -D              # print delta times, elapsed, us
              -j              # print project ID
              -o              # print disk delta times, us
              -P              # print %I/O (disk delta times)
              -Z              # print zone ID
              -d device       # instance name to snoop
              -f filename     # snoop this file only
              -m mount_point  # this FS only
              -t top          # print top number only
     eg,
          iotop               # default output, 5 second samples
```

```
iotop 1        # 1 second samples
iotop -P       # print %I/O (time based)
iotop -m /     # snoop events on filesystem / only
iotop -t 20    # print top 20 lines only
iotop -C 5 12  # print 12 x 5 second samples
```

默认

默认情况下，输出的间隔是 5 秒，使用的统计信息以字节为单位给出：

```
# iotop
2013 Mar 16 08:12:00,  load: 1.46,  disk_r: 306580 KB,  disk_w:  0 KB

  UID    PID   PPID CMD              DEVICE  MAJ MIN D       BYTES
    0  71272  33185 tar                 sd5   83 320 R   314855424
```

这里，`tar(1)` 命令在这 5 秒间隔内，从 sd5 设备里读取了 3GB 的数据。

使用率

选项 -P 显示磁盘使用率，选项 -C 以滚动输出的形式打印结果：

```
# iotop -CP 1
Tracing... Please wait.
2013 Mar 16 08:18:53,  load: 1.46,  disk_r: 55714 KB,  disk_w:  0 KB

  UID    PID   PPID CMD              DEVICE  MAJ MIN D     %I/O
    0  61307  33185 tar                 sd5   83 320 R       82

2013 Mar 16 08:18:54,  load: 1.47,  disk_r: 55299 KB,  disk_w:  0 KB

  UID    PID   PPID CMD              DEVICE  MAJ MIN D     %I/O
    0  61307  33185 tar                 sd5   83 320 R       78
[...]
```

以上显示 `tar(1)` 命令使磁盘 sd5 处于 80% 左右的繁忙。

disktop.stp

另一个为 SystemTap 开发的 `iotop(1)` 版本称为 disktop.stp。"disktop" 这个名字比 "iotop" 要好，"io" 这个名字模糊不清，有可能指应用程序级（VFS）或磁盘级。不幸的是，disktop.stp 里的磁盘指的是"从用户态角度看磁盘的读/写"，并通过跟踪 VFS 实现。这意味着 disktop.stp 的输出可能完全不能匹配 `iostat(1)`，因为应用程序有可能从文件系统缓存中大量获取数据。

9.6.8 iosnoop

`iosnoop(1m)` 通过块设备接口同时跟踪所有磁盘，并为每个磁盘 I/O 打印一条输出。它有多个可选选项，以输出额外的细节。另外，由于 `iosnoop(1M)` 是一个 DTrace 短脚本，因此容易修改以输出更多信息。该工具有助于之前提到的跟踪和延时分析策略的实施。

用法

以下显示的是 `iosnoop(1)` 的用法：

```
# iosnoop -h
USAGE: iosnoop [-a|-A|-DeghiNostv] [-d device] [-f filename]
               [-m mount_point] [-n name] [-p PID]
       iosnoop              # default output
              -a            # print all data (mostly)
              -A            # dump all data, space delimited
              -D            # print time delta, us (elapsed)
              -e            # print device name
              -g            # print command arguments
              -i            # print device instance
              -N            # print major and minor numbers
              -o            # print disk delta time, us
              -s            # print start time, us
              -t            # print completion time, us
              -v            # print completion time, string
              -d device     # instance name to snoop
              -f filename   # snoop this file only
              -m mount_point # this FS only
              -n name       # this process name only
              -p PID        # this PID only
   eg,
       iosnoop -v           # human readable timestamps
       iosnoop -N           # print major and minor numbers
       iosnoop -m /         # snoop events on filesystem / only
```

跟踪磁盘 I/O

启动（未缓存的）vim 文本编辑器时的磁盘 I/O：

```
# iosnoop
 UID   PID D    BLOCK    SIZE   COMM PATHNAME
 100  6602 R 20357048    4096   bash /usr/opt/sfw/bin/vim
 100  6602 R 20356920    4096   vim /usr/opt/sfw/bin/vim
 100  6602 R    76478    1024   vim /usr/sfw/lib/libgtk-1.2.so.0
 100  6602 R 14848848    4096   vim /usr/sfw/lib/libgtk-1.2.so.0.9.1
[...]
 100  6602 R 20357024   12288   vim /usr/opt/sfw/bin/vim
 100  6602 R  3878942    1024   vim /usr/opt/sfw/share
 100  6602 R 20356944    8192   vim /usr/opt/sfw/bin/vim
 100  6602 R  4062944    1024   vim /usr/opt/sfw/share/terminfo
 100  6602 R  4074064    6144   vim /usr/opt/sfw/share/terminfo/d
 100  6602 R  4072464    2048   vim /usr/opt/sfw/share/terminfo/d/dtterm
 100  6602 R 20356960    4096   vim /usr/opt/sfw/bin/vim
 100  6602 R  4104304    1024   vim /usr/opt/sfw/share/vim
[...]
```

每一列标示如下。

- **PID**：进程 ID。
- **COMM**：进程名。
- **D**：方向（R=读，W=写）。
- **BLOCK**：磁盘块地址（扇区）。

- **SIZE**：I/O 大小（字节）。
- **PATHNAME**：文件系统路径名，如果适用并知道的话。

前面的例子跟踪的是一个 UFS 文件系统，这种情况下通常能得到路径名。无法得知路径名的情况包括 UFS 文件系统盘上的元数据以及当前所有的 ZFS I/O。有一个功能请求就是把 ZFS 路径名加到 DTrace io provider 里，这样就可以让 `iosnoop(1M)` 看到。（同时，ZFS 路径名可以通过动态跟踪内核获得。）

时间戳

下面显示了一个 Riak 云数据库（使用了 Erlang VM、beam.smp）。它运行在 ZFS 之上，使用了硬件存储控制器之上的一块虚拟磁盘。

```
# iosnoop -Dots
STIME(us)        TIME(us)         DELTA(us)  DTIME(us)  UID  PID    D  BLOCK        SIZE ...
1407309985123    1407309991565    6441       3231       103  20008  R  1822533465   131072
1407309991930    1407310004498    12567      12933      103  20008  R  564575763    131072
1407310001067    1407310004955    3888       457        103  20008  R  1568995398   131072
1407309998479    1407310008407    9928       3452       103  20008  R  299165216    131072
1407309976205    1407310008875    32670      467        103  20008  R  1691114933   131072
1407310006093    1407310013903    7810       5028       103  20008  R  693606806    131072
1407310006020    1407310014495    8474       591        103  20008  R  693607318    131072
1407310009203    1407310016667    7464       2172       103  20008  R  1065600468   131072
1407310008714    1407310018792    10077      2124       103  20008  R  927976467    131072
1407310017175    1407310023456    6280       4663       103  20008  R  1155898834   131072
[...]
```

输出原本较宽，截短后放进本书。右侧省略的列是 COMM PATHNAME，包括 beam.smp `<none>`。

输出显示的是一个 128KB 的读负载，块地址有些随机。`iostat(1)` 确认了这个负载：

```
# iostat -xnz 1
[...]
                      extended device statistics
    r/s    w/s   kr/s   kw/s wait actv wsvc_t asvc_t  %w  %b device
  204.9    0.0 26232.2   0.0  0.0  1.2    0.0    6.1   0  74 c0t1d0
```

`iostat(1)` 没有显示的是 I/O 响应时间的变化，而 iosnoop 的 DELTA（us）列（微秒）可以显示出来。在这个例子里，I/O 响应大概消耗了 3888 至 32 670μs。DTIME（us）列显示了从 I/O 结束到前一次磁盘事件之间的时间，大致可以估计出某个 I/O 的实际磁盘服务时间。

`iosnoop(1M)` 的输出大致按照完成时间排序，并可以通过 TIME（us）一列得知。注意开始时间一列，STIME（us），顺序并不一定相同。这也证明了磁盘设备曾经重排过请求。最慢的 I/O（32 670）于 1407309976205 发出，早于前一个发出于 1407310001067 的完成 I/O。对于旋转磁盘，重排有可能是通过检查磁盘地址（BLOCK）并考虑了电梯寻道算法的结果。在这个例子里并不明显，因为这里使用了一个建立在几块物理磁盘上的虚拟磁盘，偏移量的映射结果只有磁盘控制器才清楚。

繁忙的生产服务器上，iosnoop(1M) 可能每几秒跟踪就有数百行的输出。这些信息很有帮助（你可以研究到底发生了什么），但完整阅读也相当耗费时间。如果把输出通过其他的工具可视化（例如 9.6.12 中描述的散点图），那么看起来就快多了。

9.6.9　blktrace

blktrace(8) 是一个 Linux 上的块设备 I/O 事件自定制跟踪工具，包括用来跟踪和缓冲数据的内核组件（后来被移到跟踪点），以及供用户态工具使用的控制和报告机制。这些工具包括 blktrace(8)、blkparse(1) 和 btrace(8)。

blktrace(8) 启用内核块驱动跟踪机制获取跟踪裸数据，供 blkparse(1) 处理以产生可读的输出。为使用方便，btrace(8) 工具调用 blktrace(8) 和 blkparse(1)。下面两个命令是等价的：

```
# blktrace -d /dev/sda -o - | blkparse -i -
# btrace /dev/sda
```

默认输出

下面显示的是 btrace(8) 的默认输出，并捕捉到 cksum(1) 命令发起的单次读事件：

```
# btrace /dev/sdb
  8,16   3        1     0.429604145 20442  A   R 184773879 + 8 <- (8,17) 184773816
  8,16   3        2     0.429604569 20442  Q   R 184773879 + 8 [cksum]
  8,16   3        3     0.429606014 20442  G   R 184773879 + 8 [cksum]
  8,16   3        4     0.429607624 20442  P   N [cksum]
  8,16   3        5     0.429608804 20442  I   R 184773879 + 8 [cksum]
  8,16   3        6     0.429610501 20442  U   N [cksum] 1
  8,16   3        7     0.429611912 20442  D   R 184773879 + 8 [cksum]
  8,16   1        1     0.440227144     0  C   R 184773879 + 8 [0]
[...]
```

这个 I/O 一共有八行的输出，显示包括块设备队列和设备在内的每个动作（事件）。

默认情况下有七列，如下所示。

1. 设备主要、次要编号。
2. CPU ID。
3. 序号。
4. 活动时间，以秒为单位。
5. 进程 ID。
6. 活动标识符（见下）。
7. RWBS 描述：可能包括了 R（读）、W（写）、D（块丢弃）、B（屏障操作）、S（同步）。

这些输出列可以用选项 -f 自定制输出。后面的数据是每个活动的自定义数据。

最后的数据取决于活动。例如，184773879 + 8 [cksum] 意味着一个位于块地址 1844773879、大小为 8（扇区）、来源于进程 cksum 的 I/O。

活动标识符

blkparse(1)的 Man 手册页里描述了活动标识符：

```
A    IO was remapped to a different device
B    IO bounced
C    IO completion
D    IO issued to driver
F    IO front merged with request on queue
G    Get request
I    IO inserted onto request queue
M    IO back merged with request on queue
P    Plug request
Q    IO handled by request queue code
S    Sleep request
T    Unplug due to timeout
U    Unplug request
X    Split
```

包含这个列表的目的在于它也展示了 blktrace 框架的可见度。

活动过滤

blktrace(8)和 btrace(8)命令可以过滤活动，仅显示感兴趣的事件类型。例如，只跟踪 D 活动（发出 I/O），可以使用选项 -a issue：

```
# btrace -a issue /dev/sdb
  8,16    1    1    0.000000000   448  D  W 38978223 + 8 [kjournald]
  8,16    1    2    0.000306181   448  D  W 104685503 + 24 [kjournald]
  8,16    1    3    0.000496706   448  D  W 104685527 + 8 [kjournald]
  8,16    1    1    0.010441458 20824  D  R 184944151 + 8 [tar]
[...]
```

blktrace(8)的 Man 手册页里描述了其他过滤器，例如仅跟踪读（-a read）、写（-a write）或者同步操作（-a sync）。

9.6.10 MegaCli

磁盘控制器（主机总线适配器）由系统外部的硬件和固件组成。操作系统分析工具，甚至是动态跟踪也无法直接观察到它们内部。有时它们的工作状态，可以通过仔细观察磁盘控制器如何响应一系列 I/O 的输入和输出推断出来（包括通过静态或者动态内核跟踪）。

某些特定的磁盘控制器有专门的分析工具，例如 LSI 的 MegaCli。下面显示的是最近的控制器事件：

```
# MegaCli -AdpEventLog -GetLatest 50 -f lsi.log -aALL
# more lsi.log
seqNum: 0x0000282f
Time: Sat Jun 16 05:55:05 2012
Code: 0x00000023
Class: 0
Locale: 0x20
Event Description: Patrol Read complete
Event Data:
===========
None

seqNum: 0x000027ec
Time: Sat Jun 16 03:00:00 2012
Code: 0x00000027
Class: 0
Locale: 0x20
Event Description: Patrol Read started
[...]
```

最后两个事件显示了一个发生于早上 3:00～5:55 的巡逻读（可能对性能产生影响）。巡逻读在 9.4.3 节中有介绍，巡逻读读出磁盘块并验证它们的校验码。

MegaCli 有很多其他选项，可以显示适配器信息、磁盘设备信息、虚拟设备信息、机箱信息、电池状态和物理错误。这些可以帮助人们发现配置的问题以及错误。即使有这些信息，有些类型的问题也不是很容易分析的，例如为什么某个 I/O 会花上数百毫秒的时间。

检查厂商的文档，找到任何供磁盘控制器分析的接口。

9.6.11 smartctl

磁盘有控制磁盘操作的逻辑，包括排队、缓存和错误处理。与磁盘控制器类似，操作系统不能直接看到磁盘的内部行为，这些信息是通过观察 I/O 请求和延时来推断的。

许多现代的驱动器提供了 SMART（自监控、分析和报告技术）数据，包括了多种健康统计信息。如下是 Linux 上的 smartctl(8) 输出数据（访问的是一个虚拟 RAID 设备的第一块磁盘，用到了 -d megaraid,0）：

```
# smartctl --all -d megaraid,0 /dev/sdb
smartctl 5.40 2010-03-16 r3077 [x86_64-unknown-linux-gnu] (local build)
Copyright (C) 2002-10 by Bruce Allen, http://smartmontools.sourceforge.net

Device: SEAGATE  ST3600002SS       Version: ER62
Serial number: 3SS0LM01
Device type: disk
Transport protocol: SAS
Local Time is: Sun Jun 17 10:11:31 2012 UTC
Device supports SMART and is Enabled
Temperature Warning Disabled or Not Supported
SMART Health Status: OK

Current Drive Temperature:     23 C
```

```
Drive Trip Temperature:          68 C
Elements in grown defect list: 0
Vendor (Seagate) cache information
  Blocks sent to initiator = 3172800756
  Blocks received from initiator = 2618189622
  Blocks read from cache and sent to initiator = 854615302
  Number of read and write commands whose size <= segment size = 30848143
  Number of read and write commands whose size > segment size = 0
Vendor (Seagate/Hitachi) factory information
  number of hours powered up = 12377.45
  number of minutes until next internal SMART test = 56

Error counter log:
           Errors Corrected by           Total    Correction  Gigabytes    Total
               ECC          rereads/    errors    algorithm   processed  uncorrected
           fast | delayed   rewrites   corrected  invocations [10^9 bytes] errors
read:    7416197      0         0      7416197    7416197     1886.494       0
write:         0      0         0            0          0     1349.999       0
verify:  142475069    0         0      142475069  142475069   22222.134      0

Non-medium error count:      2661

SMART Self-test log
Num  Test                Status      segment  LifeTime  LBA_first_err [SK ASC ASQ]
     Description                     number   (hours)
# 1  Background long     Completed     16        3            -  [-    -    -]
# 2  Background short    Completed     16        0            -  [-    -    -]

Long (extended) Self Test duration: 6400 seconds [106.7 minutes]
```

虽然这些信息很有用，但它不能像内核跟踪框架一样解答有关单个磁盘慢 I/O 的问题。

9.6.12 可视化

有许多类型的可视化方案有助于分析磁盘 I/O 性能。本节将用数款工具的截屏做演示。关于可视化工具的讨论参见第 2 章 2.10 节 。

折线图

性能监控解决方案通常把跨时段的磁盘 IOPS、吞吐量和使用率画成折线图。这有助于体现基于时间的模式，例如一天内负载的变化，或者诸如文件系统间隔回写这类的重复事件。

注意绘图所用的指标。所有磁盘设备的平均值可能会掩盖不均衡的行为，包括单个设备离群点。长时间的平均值也会掩盖短期内的波动。

散点图

散点图对于可视化 I/O 跟踪数据较有帮助，可能包括数千个事件。图 9.10 标出了一个 MySQL 数据库生产服务器上的 1400 个 I/O 事件，使用 iosnoop 捕捉、R 语言绘图。

散点图基于完成时间（X 轴）和 I/O 响应时间（Y 轴）显示了读（+）和写（o）。同样可以描绘其他维度，例如在 Y 轴上显示磁盘块地址。

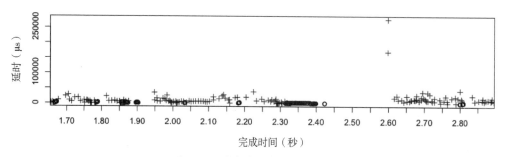

图 9.10 磁盘读和写延时散点图

这里可以看到有两个读离群点,延时超过 150ms。在此之前,造成这些离群点的原因并不清楚。这张散点图和其他包括类似离群点的图,显示它们发生在一阵写爆发之后。因为直接从 RAID 控制器的写回缓存返回,所以写的延时很低,在返回之后再写入到设备里。据推断,这些读就是在排队等待这些设备写。

散点图显示了一个服务器几秒内的状况。多个服务器或者更长的时间可以捕捉到更多的事件,把这些合并在一起会使得读图困难。在这个时候,可以考虑使用热图(参见本章后面部分讲到的延时热图)。

偏移量热图

图 9.11 显示了一张可视化的磁盘 I/O 访问模式的热图(更准确地说是量化列)。

磁盘偏移量(块地址)显示在 Y 轴上,时间显示在 X 轴上。每个像素的颜色是根据在那段时间内落下的 I/O 和延时范围决定的,数字越大,颜色越深。这个可视化的负载是一次文件系统的归档,从块 0 开始扫遍整个磁盘。深色线表示一段连续 I/O,而浅色云代表随机 I/O。

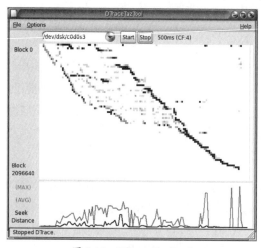

图 9.11 DTraceTazTool

可视化于 1995 年由 Richard McDougall 发明，工具为 taztool。上述这张截图来自 DTraceTazTool，是我在 2006 年写的一个 DTrace 版本的 taztool。磁盘 I/O 偏移量热图后来出现在其他工具中，包括了 Sun ZFS 存储设备分析工具、Joyent 云分析工具和 seekwatcher（Linux）。

延时热图

热图的另一个用途是显示 I/O 延时的全分布 [Gregg 10b]，如图 9.12 所示。

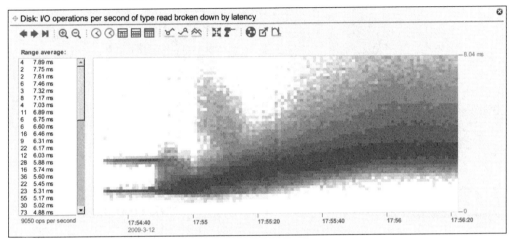

图 9.12　磁盘延时翼手龙

Y 轴表示 I/O 响应时间（延时），而 X 轴表示时间的流逝。这个可视化的负载是实验性质的，对多块磁盘逐个施加连续读负载，以发现总线和控制器的限制。产生的热图（它曾经被称为一只翼手龙）却出乎意料地带来了一些信息，如果只考虑平均值，这些信息有可能被忽略。这张截图来源于 Oracle ZFS 存储设备的分析工具。

使用率热图

单个设备使用率也可以通过热图展示，这样可以发现设备使用率之间的平衡和单个设备离群点，参见图 9.13。

Y 轴是设备使用率，X 轴表示时间，颜色的深浅代表当前使用中的设备数目和时间范围（越深越多）。这张热图显示许多设备是空闲的或者近乎空闲（下面的深色区域），有一组设备具有接近的使用率，波动范围为 20%～50%。在图右上角有一条深色线代表有些设备达到了 100% 使用率。（这张可视化图是交互式的，这些像素可以点击以查看相应的主机和设备。）

我创建这种可视化类型是为了发现单块热门磁盘，包括前面描述过的怠工磁盘。这张截图来源于 Joyent 云分析工具，展示了一朵由超过 200 台物理服务器组成的云里的磁盘设备使用率情况。

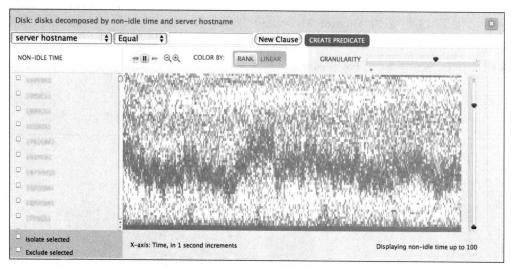

图 9.13 使用率热图

9.7 实验

本节描述了主动测试磁盘 I/O 性能的工具。方法的建议参见 9.5.10 节。

使用这些工具时，最好让 `iostat(1)` 一直跑着，这样任何结果都可以随时复查一遍。

9.7.1 Ad Hoc

`dd(1)` 命令（设备到设备拷贝）可以用来执行特定的连续磁盘性能测试。例如，使用 1MB 的 I/O 测试连续读：

```
# dd if=/dev/sda1 of=/dev/null bs=1024k count=1k
1024+0 records in
1024+0 records out
1073741824 bytes (1.1 GB) copied, 7.44024 s, 144 MB/s
```

目前基于 Solaris 的系统上的 `dd(1)` 不会打印这段总结。

理想状况下，磁盘设备路径是字符特殊文件，这样能够直接施加负载。基于 Solaris 的系统在 /dev/rdsk 下默认提供这些文件。Linux 上，`raw(8)` 命令（如果有）可以在 /dev/raw 下创建字符特殊版本文件。如果使用了块特殊文件，则需要考虑缓冲。

连续写也可以采用类似方式测试。但是，注意不要销毁所有磁盘上的数据，包括主启动记录和分区表！

9.7.2 自定义负载生成器

如果需要测试自定义的负载，你需要自己写负载生成器，然后使用 `iostat(1)` 测量性能结果。自定义负载生成器可以是一段短的 C 程序，打开设备路径然后施加计划负载。Linux 上，块设备特殊文件可以使用 O_DIRECT 打开以避免缓冲。如果你使用一些更高级的语言，尽量使用系统级别的接口以避免缓冲（例如，Perl 的 `sysread()`）。

9.7.3 微基准测试工具

可用的磁盘基准测试工具例如 Linux 上的 `hdparm(8)`：

```
# hdparm -Tt /dev/sdb

/dev/sdb:
 Timing cached reads:    16718 MB in  2.00 seconds = 8367.66 MB/sec
 Timing buffered disk reads:  846 MB in  3.00 seconds = 281.65 MB/sec
```

选项-T 测试带缓存的读，而选项-t 测试磁盘设备读。结果显示磁盘上缓存命中和未命中之间的巨大差异。

请仔细研究工具的文档，理解所有的警告。更多关于微基准测试的背景信息参见第 12 章。通过文件系统测试磁盘性能的工具可以参考第 8 章，这些工具更加丰富。

9.7.4 随机读示例

这是一个实验的示例，示例中开发了一个自定义的工具，对一个磁盘设备路径施加了随机的 8KB 读负载。一至五个工具实例并发执行，还跑着 `iostat(1)`。如下是基于 Linux 和 Solaris 的结果。

Linux

全零的写入列被移走了：

```
Device:         rrqm/s     r/s     rkB/s avgrq-sz avgqu-sz   await  svctm  %util
sda             878.00  234.00   2224.00    19.01     1.00    4.27   4.27 100.00
[...]
Device:         rrqm/s     r/s     rkB/s avgrq-sz avgqu-sz   await  svctm  %util
sda            1233.00  311.00   3088.00    19.86     2.00    6.43   3.22 100.00
[...]
Device:         rrqm/s     r/s     rkB/s avgrq-sz avgqu-sz   await  svctm  %util
sda            1366.00  358.00   3448.00    19.26     3.00    8.44   2.79 100.00
[...]
Device:         rrqm/s     r/s     rkB/s avgrq-sz avgqu-sz   await  svctm  %util
sda            1775.00  413.00   4376.00    21.19     4.01    9.66   2.42 100.00
```

```
[...]
Device:            rrqm/s       r/s      rkB/s   avgrq-sz avgqu-sz    await    svctm   %util
sda                1977.00   423.00    4800.00      22.70     5.04    12.08     2.36  100.00
```

注意 `avgqu-sz` 列的等差递增，还有 `await` 列增加的延时。

Solaris

在基于 Solaris 的系统上执行一次相同的实验：

```
      r/s    w/s    kr/s    kw/s wait actv wsvc_t asvc_t  %w  %b device
    176.0  249.0  1407.9  3044.7  0.0  1.0    0.0    2.5   0 100 c0t1d0
[...]
      r/s    w/s    kr/s    kw/s wait actv wsvc_t asvc_t  %w  %b device
    306.0  275.0  2448.1  2819.6  0.0  2.0    0.0    3.5   0 100 c0t1d0
[...]
      r/s    w/s    kr/s    kw/s wait actv wsvc_t asvc_t  %w  %b device
    437.9  265.9  3503.2  2209.5  0.0  3.0    0.0    4.3   0 100 c0t1d0
[...]
      r/s    w/s    kr/s    kw/s wait actv wsvc_t asvc_t  %w  %b device
    531.0  267.0  4248.3  2985.7  0.0  4.0    0.0    5.1   0 100 c0t1d0
[...]
      r/s    w/s    kr/s    kw/s wait actv wsvc_t asvc_t  %w  %b device
    625.2  178.8  5001.4  1059.1  0.0  5.0    0.0    6.2   0 100 c0t1d0
```

注意 `actv` 列的等差递增，以及 `asvc_t` 列增加的延时。这是在测试以 RAID 卡为后端的虚拟磁盘设备，它可以接纳多个并发 I/O（上限为 256，由 sd_max_throttle 定义，参见 9.8.1 节）。物理磁盘设备的并发设置较低，较早就把 I/O 放入驱动队列，增加 `wait` 列的数值而非 `actv` 列。

9.8 调优

9.5 节中已经讲过了很多调优方法，包括缓存调优、伸缩和负载特征归纳，可以帮你发现并消除不需要的工作。调优的另一个重要领域是存储配置，这是静态性能调优方法研究的一部分。

本节的以下内容展示可以调优的不同区域：操作系统、磁盘设备和磁盘控制器。可调的调优参数取决于不同版本的操作系统、磁盘型号、磁盘控制器和它们的固件，具体请查阅相应的文档。虽然改变可调参数很容易，但默认参数通常是合理的，少数情况下才需要调整。

9.8.1 操作系统可调参数

包括 `ionice(1)`、资源控制和内核可调参数。

ionice

Linux 中的 `ionice(1)` 命令可以设置一个进程的 I/O 调度级别和优先级。调度级别为整数，如下所示。

- **0，无**：不指定级别，内核会挑选一个默认值——尽力，优先级则根据进程 nice 值选定。
- **1，实时**：对磁盘的最高级别访问。如果误用会导致其他进程饿死（就好像 CPU 调度的 RT 级别）。
- **2，尽力**：默认调度级别，包括优先级 0 ~ 7，0 为最高级。
- **3，空闲**：在一段磁盘空闲的期限过后才允许进行 I/O。

示例用法如下：

```
# ionice -c 3 -p 1623
```

示例将 ID 为 1623 的进程放入了空闲 I/O 调度级别。这对长时间运行的备份任务较为合适，这样它们就不太会与生产负载产生冲突。

资源控制

现代操作系统提供了自定义的资源控制方式，以管理磁盘或者文件系统的使用情况。

Linux 中的控制组[3]（cgroups）块 I/O（blkio）子系统为进程和进程组提供了存储设备资源控制机制。控制可以是按比例的权重方式（类似共享）或者一个固定的限制。限制可以单独针对读和写，以及对 IOPS 或者吞吐量（B/s）。

有些基于 **Solaris** 带 ZFS 的系统有 ZFS I/O 流控，在文件系统级别（而不是磁盘级别）控制 I/O，并且可以按区设置。第 11 章中有详细描述。

可调参数

操作系统可调参数，示例如下。

- **/sys/block/sda/queue/scheduler（Linux）**：选择 I/O 调度器策略，是空操作、最后期限、an（预期）还是 cfq。参见 9.4 节对这些策略的描述。
- **sd_max_throttle（Solaris）**：这个参数限制了对一个 sd 存储设备同时运行的最大命令数。对于后端是由多块磁盘组成的存储阵列，有必要调高这个限制，因为这种虚拟设备可以支持更多同时运行的命令。

---

[3] 译者注——原书为 container groups，有误，应为 control groups，控制组。

sd_max_throttle 的调优信息可以通过分析同时运行的命令数获得，并发现它和上限之间的距离。例如（从一个生产云环境中获得）：

```
# dtrace -n 'fbt::sd_start_cmds:entry {
    @[args[0]->un_throttle] = quantize(args[0]->un_ncmds_in_transport); }'
dtrace: description 'fbt::sd_start_cmds:entry ' matched 1 probe
^C
    256
          value  ------------- Distribution ------------- count
             -1 |                                         0
              0 |@@@@@@@@@@                               3983
              1 |@@@@@@@@@                                3582
              2 |@@@@@@@@                                 3269
              4 |@@@@@@@                                  2553
              8 |@@@@                                     1286
             16 |                                         0
```

以上显示了当前 sd_max_throttle 的有效值为 256，而 I/O 的最高频率仅为 8～15。如果在存储设备排队更有意义，那么就不需要对这个值进行调整。

对于其他内核可调参数，查看厂商的文档以获得一份完整的清单，包括描述和警告。对这些进行调整有可能会被公司或者厂商政策禁止。

9.8.2 磁盘设备可调参数

Linux 上的 `hdparm(8)` 工具可以设置多种磁盘设备的可调参数。Solaris 里可以使用 `format(1M)` 命令。

9.8.3 磁盘控制器可调参数

可用的磁盘控制器可调参数取决于磁盘控制器型号和厂商。为了让你对可能包括的内容有一个大概的认识，下面展示了一块 Dell PERC 6 卡的一些设置，通过 MegaCli 命令获得：

```
# MegaCli -AdpAllInfo -aALL
[...]
Predictive Fail Poll Interval       : 300sec
Interrupt Throttle Active Count     : 16
Interrupt Throttle Completion       : 50us
Rebuild Rate                        : 30%
PR Rate                             : 0%
BGI Rate                            : 1%
Check Consistency Rate              : 1%
Reconstruction Rate                 : 30%
Cache Flush Interval                : 30s
Max Drives to Spinup at One Time    : 2
Delay Among Spinup Groups           : 12s
Physical Drive Coercion Mode        : 128MB
Cluster Mode                        : Disabled
Alarm                               : Disabled
```

```
Auto Rebuild                    : Enabled
Battery Warning                 : Enabled
Ecc Bucket Size                 : 15
Ecc Bucket Leak Rate            : 1440 Minutes
Load Balance Mode               : Auto
[...]
```

每个设置有相应的描述信息，具体内容在厂商文档中有详述。

9.9 练习

1. 回答下面有关磁盘术语的问题：

    - 什么是 IOPS？
    - 什么是磁盘 I/O 响应时间？
    - 服务时间和等待时间之间的区别是什么？
    - 什么是延时离群点？
    - 什么是非数据传输磁盘命令？

2. 回答下面的概念问题：

    - 描述磁盘使用率和饱和度。
    - 描述随机和连续 I/O 之间的性能差异。
    - 描述盘上缓存在读和写 I/O 中的角色。

3. 回答下面的深入问题：

    - 解释为什么虚拟磁盘的使用率（繁忙百分比）可能是误导的。
    - 解释为什么"I/O 等待"的指标可能是误导的。
    - 描述 RAID-0（条带化）和 RAID-1（镜像）的性能特征。
    - 描述当磁盘过载时会发生什么，包括对应用程序性能的影响。
    - 描述当存储控制器过载时（吞吐量或 IOPS）会发生什么，包括对应用程序性能的影响。

4. 对你的操作系统开发以下过程：

    - 一个磁盘资源的 USE 方法检查清单（磁盘和控制器），包括了如何获得每项指标（例如，要执行哪条命令）和如何解释结果。尽量使用现有的操作系统观察工具，然后再安装或者使用其他软件产品。

- 一张磁盘资源的负载特征归纳检查清单，包括如何获取每项指标，并尽量使用现有的操作系统观察工具。

5. 描述这个 Linux iostat 输出中可以看到的磁盘行为：

```
$ iostat -x 1
[...]
avg-cpu:   %user    %nice  %system  %iowait   %steal    %idle
            3.23     0.00    45.16    31.18     0.00    20.43

Device:          rrqm/s   wrqm/s    r/s     w/s     rkB/s    wkB/s   avgrq-sz
avgqu-sz  await  r_await  w_await  svctm  %util
vda               39.78  13156.99  800.00  151.61  3466.67  41200.00   93.88
   11.99   7.49     0.57    44.01    0.49   46.56
vdb                0.00      0.00    0.00    0.00     0.00      0.00    0.00
    0.00   0.00     0.00     0.00    0.00    0.00
```

6. （可选，高级）开发一个工具，跟踪所有除了读和写之外的磁盘命令。这可能需要在 SCSI 级别进行跟踪。

9.10 参考资料

[Patterson 88]	Patterson, D., G. Gibson, and R. Kats. "A Case for Redundant Arrays of Inexpensive Disks." ACM SIGMOD, 1988.
[Bovet 05]	Bovet, D., and M. Cesati. *Understanding the Linux Kernel, 3rd Edition*. O'Reilly, 2005.
[McDougall 06b]	McDougall, R., J. Mauro, and B. Gregg. *Solaris Performance and Tools: DTrace and MDB Techniques for Solaris 10 and OpenSolaris*. Prentice Hall, 2006.
[Gregg 10b]	Gregg, B. "Visualizing System Latency," *Communications of the ACM*, July 2010.
[Love 10]	Love, R. *Linux Kernel Development, 3rd Edition*. Addison-Wesley, 2010.
[Turner 10]	Turner, J. "Effects of Data Center Vibration on Compute System Performance." USENIX, SustainIT'10.
[Gregg 11]	Gregg, B., and J. Mauro. *DTrace: Dynamic Tracing in Oracle Solaris, Mac OS X and FreeBSD*. Prentice Hall, 2011.
[Cornwell 12]	Cornwell, M. "Anatomy of a Solid-State Drive," *Communications of the ACM*, December 2012.

[Leventhal 13]   Leventhal, A. "A File System All Its Own," *ACM Queue*, March 2013.

[1]   www.youtube.com/watch?v=tDacjrSCeq4

[2]   http://lwn.net/Articles/332839

[3]   http://sourceware.org/systemtap/wiki/WSiostatSCSI

[4]   www.dtracebook.com

[5]   http://guichaz.free.fr/iotop

第 10 章

网络

随着系统变得越来越分布化,尤其是云计算环境中,网络在性能方面扮演着的角色越来越重要。除了改进网络延时和吞吐量以外,另一个常见的任务是消除可能由丢包引起的延时异常。

网络分析是跨硬件和软件的。这里的硬件指的是物理网络,包括网络接口卡、交换机,路由器和网关(这通常也含有软件)。这里的系统软件指的是内核协议栈,通常是 TCP/IP,以及每个所涉及的协议的行为。

考虑到网络阻塞的可能性,网络常常因糟糕的性能备受指责。本章将介绍如何发掘实际情况,可能有助于排除网络的责任,从而让分析得以继续进行。

本章由五个部分组成,前三部分是网络分析基础,后两部分展示在 Linux 和 Solaris 系统中的实际应用。这些部分如下:

- **背景** 介绍网络相关术语、基本模型和关键的网络性能概念。
- **架构介绍** 硬件网络组件和网络栈。
- **方法** 讲解性能分析的方法,包括观察法和实验法。
- **分析** 说明在基于 Linux 和 Solaris 系统中的网络性能工具和实验。
- **调优** 讲解可调节参数的范例。

10.1 术语

作为参考,本章使用的与网络相关的术语罗列如下。

- **接口**:术语"接口端口",interface port,指网络物理连接器。术语"接口"或者"连接"指操作系统可见并且配置的网络接口端口的逻辑实例。
- **数据包**:术语"数据包"通常指 IP 级可路由的报文。
- **帧**:一个物理网络级的报文,例如以太网帧。
- **带宽**:对应网络类型的最大数据传输率,通常以 b/s 为单位测量。10GbE 是带宽 10Gb/s 的以太网。
- **吞吐量**:当前两个网络端点之间的数据传输率,以 b/s 或者 B/s 为单位测量。
- **延时**:网络延时指一个报文往返端点所需的时间,或者指建立连接所需的时间(例如 TCP 握手),不包括之后的数据传输时间。

其他术语会贯穿于本章。术语表包括供参考的基本术语,如客户、以太网、主机、RFC、服务器、SYN、ACK。另外可参考第 2 和 3 章的术语部分。

10.2 模型

下述的简单模型描绘了一些基本的网络以及网络性能的原理。10.4 节将讲述更深层次的具体实现细节。

10.2.1 网络接口

网络接口是网络连接的操作系统端点,它是系统管理员可以配置和管理的抽象层。

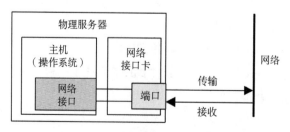

图 10.1 网络接口

图 10.1 描绘了一个网络接口。作为网络接口配置的一部分，它被映射到物理网络端口。端口连接到网络上并且通常有分离的传输和接收通道。

10.2.2 控制器

网络接口卡（NIC）给系统提供一个或多个网络端口并且设有一个网络控制器：一个在端口与系统 I/O 传输通道间传输包的微处理器。一个带有四个端口的控制器示例见图 10.2，图中展示了该控制器所含有的物理组件。

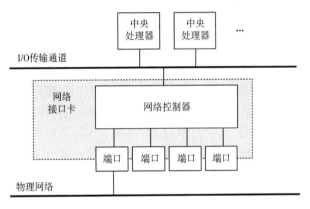

图 10.2　网络控制器

控制器可作为独立的板卡提供或者内置于系统主板中。

10.2.3 协议栈

网络通信是由一组协议栈组成的，其中的每一层实现一个特定的目标。图 10.3 展示了包含协议示例的两个协议栈模型。

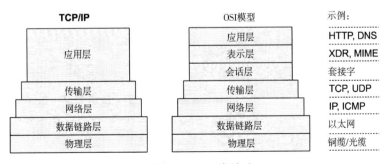

图 10.3　协议栈模型

图中较低的层画得较宽以表明协议封装。传输的报文向下从应用程序移动到物理网络。接收的报文则向上移动。

尽管 TCP/IP 栈已成为标准，了解 OSI 模型也会有帮助。例如 OSI 会话层通常以 BSD 套接字出现在 TCP/IP 栈里。"层"这个术语源自 OS，这里第 3 层指网络协议层。

10.3 概念

以下是一些网络通信和网络性能的概念精选。

10.3.1 网络和路由

网络是一组由网络协议地址联系在一起的相连主机。我们有多个网络——而非一个巨型的全球网络——是有许多原因的，特别是有扩展性方面的原因。某些网络报文会广播到所有相邻的主机，通过建立更小的子网络，这类广播报文能隔离在本地从而不会引起更大范围的广播泛滥。这也是常规报文隔离的基础，使其仅在源和目标网络间传输，这样能更有效地使用网络基础架构。

路由管理称为包的报文跨网络传递。图 10.4 展示了路由的作用。

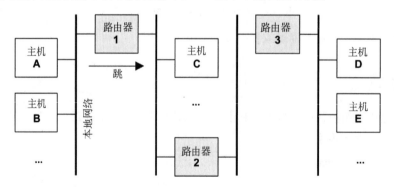

图 10.4　网络路由

以主机 A 的视角来看，localhost 是它自己，其他所有主机都是远程主机。

主机 A 可以通过本地网络连接到主机 B，这通常由网络交换机驱动（参见 10.4 节）。主机 A 可由路由器 1 连接到主机 C，以及由路由器 1、2 和 3 连接到主机 D。类似路由器这样的网络组件是共享的，源自其他通信的竞争（例如主机 C 到主机 E）可能会影响性能。

成对主机间由单播（unicast）传输连接。多播（multicast）传输允许一个发送者可能跨越多个网络同时传输给多个目标 。它的传递依赖于路由器配置的支持。

路由包需要的地址信息包含在 IP 数据包头中。

10.3.2 协议

例如 IP、TCP 和 UDP 这样的网络协议标准是系统与设备间通信的必要条件。通信由传输称为包的报文来实现，它通常包含封装的负载数据。

网络协议具有不同的性能特性，源自初始的协议设计、扩展，或者软硬件的特殊处理。

例如不同的 IP 协议版本 IPv4 和 IPv6，可能会由不同的内核代码路径处理，进而表现出不同的性能特性。

通常系统的可调参数也能影响协议性能，如修改缓冲区大小、算法以及不同的计时器设置。这些特定协议的区别在稍后的部分介绍。

包的长度以及它们的负载也会影响性能，更大的长度增加吞吐量并且降低包的系统开销。对于 TCP/IP 和以太网，包括封装数据在内的包长度介于 54～9054 B，其中包括 54 B（或者更长，取决于选项或者版本）的协议包头。

10.3.3 封装

包封装会添加元数据到负载前（包头）、之后（包尾），或者两者。这不会修改负载数据，尽管它会轻微地增加报文总长度，而这也会增加一些传输的系统开销。

图 10.5 展示了以太网中的 TCP/IP 栈封装。

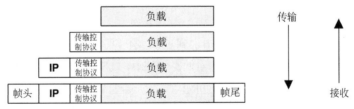

图 10.5　网络协议封装

E.H.是以太网包头而 E.F.是可选的以太网包尾。

10.3.4 包长度

包的长度通常受限于网络接口的最大传输单元（MTU）长度， 许多以太网中它设置为 1500B。以太网支持接近 9000B 的特大包（帧），也称为巨型帧。这能够提高网络吞吐性能，同时因为需要更少的包而降低了数据传输延时。

这两者的融合影响了巨型帧的的接受程度：陈旧的网络硬件和未正确配置的防火墙。陈旧的不支持巨型帧的硬件可能会用 IP 协议分段包或者返回 ICMP"不能分段"错误，来要求发送方减小包长度。现在未正确配置的防火墙开始起作用：对于过去基于 ICMP 的网络工具攻击（包括"死亡之 ping"），防火墙管理员通常以阻塞所有 ICMP 包的方式应对。这会阻止有用的"不能分段"报文到达发送方，并且一旦包长度超过 1500 将导致网络包被静默地丢弃。为避免这个问题，许多系统坚持使用默认的 1500 MTU。

网络接口卡功能已经提升了 1500 MTU 帧的性能，这包括 TCP 卸载（TOE）和大块分段卸载（LSO）。大段的缓冲被发往网络接口卡，网卡利用优化过的专用硬件将缓冲分割为较小的帧。在某种程度上，缩短了 1500MTU 与 9000MTU 之间的性能差距。

10.3.5 延时

延时是一个重要的网络性能指标并能用不同的方法测量，包括主机名解析延时、ping 延时、连接延时、首字节延时、往返时间，以及连接生命周期。这些都是以客户机连接到服务器的延时来描述的。

主机名解析延时

与远程主机建立连接时，主机名需要解析为 IP 地址，例如用 DNS 解析。该过程所需的时间独立计量为主机名解析延时。该延时最坏的情况是主机名解析超时，通常需要几十秒。

某些情况下应用程序的运行不需要解析主机名，因此可以禁用以避免这种延时。

ping 延时

用 ping(1) 命令测量的 ICMP echo 请求到 echo 响应所需的时间。该时间用来衡量主机对之间包括网络跳跃的网络延时，而且它测量的是包往返的总时间。因为简单并且随时可用，它的使用很普遍：许多操作系统默认会响应 ping。

表 10.1 展示了 ping 的延时示例。为了更好地展示其数量级，Scaled 列显示了基于虚构的本机 ping 延时为 1s 时的一系列比较值。

在接收端，ICMP echo 请求通常做中断处理并立即返回，这尽可能地减少了内核代码运行的时间。在发送端，由于时间戳由用户层测量，并且包括内核上下文切换和内核代码路径时间，它可能会包括少量附加的时间。

表 10.1　示例 ping 延时

从	到	路径	延时	相对时间比例
本机	本机	内核	0.05 ms	1 s
主机	主机（同一子网）	10 GbE	0.2 ms	4 s
主机	主机（同一子网）	1 GbE	0.6 ms	12 s
主机	主机（同一子网）	Wi-Fi	3 ms	1 分
旧金山	纽约	互联网	40 ms	13 分
旧金山	英国	互联网	81 ms	27 分
旧金山	澳大利亚	互联网	183 ms	1 小时

连接延时

连接延时是传输任何数据前建立网络连接所需的时间。对于 TCP 连接延时，这是 TCP 握手时间。从客户端测量，它是从发送 SYN 到接收到响应的 SYN-ACK 的时间。连接延时也许更适合被称作连接建立延时，以清晰地区别于连接生命周期。

连接延时类似于 ping 延时，尽管它要运行更多内核代码以建立连接并且包括重新传输任何被丢弃的包所需的时间。尤其是 TCP SYN 包在队列已满的情况下会被服务器丢弃，引起客户机重新传输 SYN。由于发生在 TCP 握手阶段，连接延时包括重新传输延时，会增加 1s 或更多。

连接延时之后是首字节延时。

首字节延时

也被称为第一字节到达时间（TTFB），首字节延时是从连接建立到接收到第一个字节数据所需的时间。这包括远程主机接受连接、调度提供服务的线程，并且执行线程以及发送第一个字节所需的时间。

相对于 ping 和连接延时测量的是产生于网络的延时，首字节延时包括目标服务器的处理时间。这可能包括当服务器过载时需要时间处理请求（例如 TCP 积压队列）以及调度服务器（CPU 队列处理延时）造成的延时。

往返时间

往返时间指网络包往返两个端点所需的时间。

连接生命周期

连接生命周期指一个网络连接从建立到关闭所需的时间。一些协议支持长连接策略因而之后的操作可以利用现有的连接，进而避免这种系统开销以及建立连接的延时。

10.3.6 缓冲

尽管存在多种网络延时,利用发送端和接收端的缓冲,网络吞吐量仍能保持高速率。较大的缓冲可以通过在阻塞和等待确认前持续传输数据缓解高往返延时带来的影响。

TCP 利用缓冲以及可变的发送窗口提升吞吐量。网络套接字也保有缓冲,并且应用程序可能也会利用它们自己的缓冲在发送前聚集数据。

外部的网络组件,如交换机和路由器,也会利用缓冲提高它们的吞吐量。遗憾的是在这些组件中使用的高缓冲,如果包长时间在队列中,会导致被称为缓冲膨胀的问题。这会引发主机中的 TCP 阻塞避免(功能),它会限制性能。Linux 3.x 内核添加了解决这个问题的功能(包括字节队列极限,CoDel 队列管理[Nichols 12],和 TCP 微队列),而且有个网站探讨这个问题[1]。

缓冲(或者大缓冲)功能由端点(主机)提供效果最佳,它通常遵守端到端争论(end-to-end arguments[Saltzer 84])原则。

10.3.7 连接积压队列

另一类型的缓冲用于最初的连接请求。TCP 的积压队列实现会把 SYN 请求在用户级进程接收前列队于内核中。过多的 TCP 连接请求超过进程当前的处理能力,积压队列会达到极限而丢弃客户机可以迟些时候再重新传输的 SYN 包 。这些包的重新传输会增加客户连接的时间。

测量因积压队列导致的丢包是一种衡量网络连接饱和度的方法。

10.3.8 接口协商

通过与对端自动协商,网络接口能够工作于不同的模式。一些示例如下。

- **带宽**:例如,10、100、1 000、10 000MB/s。
- **双工(模式)**:半双工或者全双工。

这些示例来自以太网,它用十进制数作为带宽极限。其他的物理层协议,例如 SONET,使用一组不同的可能带宽。

网络接口通常用它们的最大带宽及协议描述,例如,1GB/s 以太网(1 GbE)。必要时,这个接口可以协商使用较低的速率。如果对端不能支持更高的速率,或者不能处理连接介质的物理问题(线路故障)时,这就可能发生。

全双工模式允许双向同时传输,利用分离的通道传输和接收能利用全部带宽。半双工模式仅允许单向的传输。

10.3.9 使用率

网络接口的使用率可以用当前的吞吐量除以最大带宽来计算。考虑到可变的带宽和自动协商的双工模式,计算它不像看上去这么直接。

对于全双工,使用率适用于每个方向并且用该方向当前的吞吐量除以当前协商的带宽来计量。通常只有一个方向最重要,因为主机通常是非对称的:服务器偏重传输,而客户端偏重接收。

一旦网络接口方向达到100%的使用率,它就会成为瓶颈,限制性能。

一些操作系统性能统计仅按包而不是字节报告活动。因为包的长度可变性很大(如前所述),不可能通过吞吐量或者(基于吞吐量的)使用率将包与字节数建立联系。

10.3.10 本地连接

网络连接可以发生于同一个系统的两个应用程序间。这就是本地连接而且会使用一个虚拟的网络接口:回送接口。

分布式的应用程序环境常常会划分为通过网络通信的逻辑模块。这包括 Web 服务器、数据库服务器和应用服务器。如果它们运行于同一个主机,它们的连接通过本机实现。

通过 IP 与本机通信是 IP 套接字的进程间通信技巧。另一个技巧是 UNIX 域套接字(UDS),它在文件系统中建立一个用于通信的文件。由于省略了 TCP/IP 栈的内核代码以及协议包封装的系统开销,UDS 的性能会更好。

对于 TCP/IP 套接字,内核能够在握手后检测到本地连接,进而为数据传输短路 TCP/IP 栈以提高性能。这种处理方法在基于 Solaris 的系统中称为 TCP 融合。

10.4 架构

本节介绍网络架构:协议、硬件和软件。这些注重性能特性的部分已经作为性能分析和调优的背景知识总结过。有关包括网络通信概述在内的具体信息,参见网络通信资料([Stevens 93]、[Hassan 03])、RFC 以及网络硬件的供应商手册。其中一些列于本章结尾处。

10.4.1 协议

本节将总结 TCP 和 UDP 的性能特性。

TCP

传输控制协议（TCP）是一个常用的用于建立可靠网络连接的互联网标准。TCP 由[RFC 793]以及之后的增补定义。

就性能而言，即使在高延时的网络中，利用缓冲和可变窗口，TCP 也能够提供高吞吐量。TCP 还会利用阻塞控制以及由发送方设置的阻塞窗口，因而不仅能保持高速而且在跨越不同并变化的网络中保持合适的传输速率。阻塞控制能避免会导致网络阻塞进而损害性能的过度发送。

以下是 TCP 性能特性的总结，包括了自最初定义以后的增补。

- **可变窗口**：允许在收到确认前在网络上发送总和小于窗口大小的多个包，以在高延时的网络中提供高吞吐量。窗口的大小由接收方通知以表明当前它愿意接收的包的数量。
- **阻塞避免**：阻止发送过多数据进而导致饱和，它会导致丢包而损害性能。
- **缓启动**：TCP 阻塞控制的一部分，它会以较小的阻塞窗口开始而后按一定时间内接收到的确认（ACK）逐渐增加。如果没有收到，阻塞窗口会降低。
- **选择性确认（SACK）**：允许 TCP 确认非连续的包，以减少需要重传输的数量。
- **快速重传输**：TCP 能基于重复收到的确认重传输被丢弃的包，而不是等待计时器超时。这只是往返时间的一部分而不是通常更慢的计时器。
- **快速恢复**：通过重设连接开始慢启动，以在检测到重复确认后恢复 TCP 性能。

一些情况下这些是利用附加于协议头的 TCP 扩展选项实现的。

关于 TCP 性能的重要内容包括三次握手、重复确认检测、阻塞控制算法、Nagle 算法、延时确认、SACK 和 FACK。

三次握手

连接的建立需要主机间的三次握手。一个主机被动地等待连接，另一方主动地发起连接。作为术语的澄清：被动和主动源自[RFC 793]，然而它们通常按套接字 API 分别被称为侦听和连接。按客户端/服务器模型，服务器侦听而客户端发起连接。

图 10.6 描绘了三次握手。

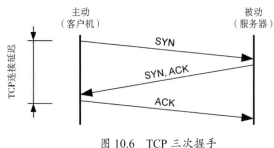

图 10.6　TCP 三次握手

图中指出客户端的连接延时,它截止于收到最终的 ACK,之后数据传输开始。

图中展示的是最佳状况下的握手延时。包可能被丢弃,并由于超时和重新传输而增加延时。

重复确认检测

快速重传输和快速恢复会利用重复确认检测算法。它运行于发送方,其工作方式如下:

1. 发送方发送一个序号为 10 的包。
2. 接收方返回一个序号为 11 的确认包。
3. 发送方发送包 11、12 和 13。
4. 包 11 被丢弃。
5. 接收方发送序号为 11 的确认包以响应包 12 和 13,表明它仍然在等待(包 11)。
6. 发送方收到重复的序号为 11 的确认包。

TCP Reno 和 Tahoe 阻塞避免算法也会利用重复确认检测。

阻塞控制:Reno 和 Tahoe

这些用于阻塞控制的算法由 BSD 4.3 引入。

- Reno:三次重复确认触发器,即阻塞窗口减半、慢启动阈值减半、快速重传输和快速恢复。
- Tahoe:三次重复确认触发器,即快速重传输、慢启动阈值减半、阻塞窗口设置为最大报文段长度(MSS)和慢启动状态。

一些操作系统(例如 Linux 和 Oracle Solaris 11)允许选择这些算法以调优性能。为 TCP 开发的更新的算法包括 Vegas、New Reno 和 Hybla。

Nagle 算法

该算法[RFC 896]通过推迟小尺寸包的传输以减少网络中的这些包的数量,从而使更多的数据能到达与合并。仅当有数据进入数据通道并且已经发生延时时,它才会推迟数据包。

系统可能会提供禁用 Nagle 的可调参数。当它的运行与延时 ACK 发生冲突时该参数就显得必要了。

延时 ACK

该算法[RFC. 1122]推迟最多 500ms 发送 ACK,从而能合并多个 ACK。其他 TCP 控制报文也能合并,进而减少网络中包的数量。

SACK 与 FACK

TCP 选择性确认（SACK）算法允许接收方通知发送方收到非连续的数据块。如果缺乏这一特性，为保留顺序确认的结构，一个丢包会最终导致整个发送窗口被重新传输。这会损害性能，大多数支持 SACK 的现代操作系统都会避免这种情况。

Linux 默认支持由 SACK 扩展而来的向前确认（FACK）。FACK 跟踪更多的状态并且能更好地控制网络中未完成的数据传输，并提高整体性能[Mathis 96]。

UDP

用户数据报协议（UDP）是一个常用于发送网络数据报文[RFC 768]的互联网标准。就性能而言，UDP 提供如下特性。

- **简单**：简单而短小的协议头降低了计算与长度带来的系统开销。
- **无状态**：降低连接与传输控制带来的系统开销。
- **无重新传输**：这些给 TCP 增加了大量的连接延时。

尽管简单并且通常能提供高性能，但 UDP 并不可靠，而且数据可能会丢失或者被乱序发送。因此它不适合许多类型的连接。UDP 也缺乏阻塞避免因而会引起网络阻塞。

一些服务可以按需配置使用 TCP 或者 UDP，这包括某些版本的 NFS。其他需要广播或者多播数据的服务只能使用 UDP。

10.4.2 硬件

网络硬件包括接口、控制器、交换机和路由器。尽管这些组件由其他工作人员（网络管理员）来管理，理解它们的运行还是必要的。

接口

物理网络接口在连接的网络上发送并接收称为帧的报文。它们处理包括传输错误在内的电器、光学或者无线信号。

接口类型基于第 2 层网络标准。每个类型都存在最大带宽。高带宽接口通常延时更低，而成本更高。这也是设计新服务器的一个关键选择，要平衡服务器的售价与期望的网络性能。

对于以太网，备选包括铜缆或者光纤，而最大速率为 1GB/s（1GbE）、10GbE、40GbE 或者 100GbE。众多供应商生产以太网接口控制器，尽管你的操作系统不一定有驱动程序支持。

接口使用率用当前的吞吐量除以当前协商的带宽来测量。多数接口分离传输与接收通道，因此当处于全双工模式时，每个通道的使用率必须分别研究。

控制器

物理网络接口由控制器提供给系统。它集成于系统板或者利用扩展卡。

控制器由微处理器驱动并通过 I/O 传输通道（例如 PCI）接入系统。其中任意一个都可能成为网络吞吐量或者 IOPS 的瓶颈。

例如，一个双 10GbE 的网络接口卡连接到一个第二代 4 通道的 PICe 槽位。这块卡的最大带宽是 2×10GbE=20GbE。这个槽位的最大带宽是 4×4Gb/s=16Gb/s。因此两个网络端口的网络吞吐量受制于第二代 PCIe 的带宽，因此不能同时驱动它们工作于线速率（我知道这些是因为有实际经历）。

交换机、路由器

交换机提供两个连入的主机专用的通信路径，允许多对主机间的多个传输不受影响。此技术取代了集线器（而在此之前，共享物理总线：例如以太网同轴线），它在所有主机间共享所有包。当主机同时传输时，这种共享会导致竞争。接口以"载波侦听多路访问/碰撞检测"（CSMA/CD）算法发现这种冲突，并按指数方式推迟直到重新传输成功。在高负载情况下这种行为会导致性能问题。自使用交换机之后就不再存在这种问题了，不过观测工具仍然提供碰撞计数器——尽管这些通常仅在故障情况（协商或者故障线路）下出现。

路由器在网络间传递数据包，并且用网络协议和路由表来确认最佳的传递路径。在两个城市间发送一个数据包可能涉及十多个甚至更多的路由器，以及其他的网络硬件。路由器和路由经常是设置为动态更新的，因此网络能够自动响应网络和路由器的停机，以及平衡负载。在意味着在任意时点，不可能确认一个数据包的实际路径。由于多个可能的路径，数据包有可能被乱序送达，这会引起 TCP 性能问题。

这个网络中的神秘元素时常因糟糕的性能备受指责：可能是大量的网络通信——源自其他不相关的主机——使源与目标网络间的一个路由器饱和。网络管理员团队因此经常需要免除他们基础设施的责任。他们用高级的实时监视工具检查所有的路由器及其他相关的网络组件。

路由器和交换机都包含微处理器，它们本身在高负载情况下会成为性能瓶颈。作为一个极端的例子，我曾经发现因为有限的 CPU 处理能力，一个早期的 10GbE 以太网交换机只能在所有端口上驱动 11Gb/s。

其他

你的环境可能会包括其他的物理网络设备，例如集线器、网桥、中继器和调制解调器。其中任何一个都可能成为性能瓶颈的源头并且丢包。

10.4.3 软件

网络通信软件包括网络栈、TCP 和设备驱动程序。与性能相关的内容将在本节论述。

网络栈

涉及的组件和层依操作系统的类型、版本、协议以及使用的接口而不同。图 10.7 描绘了一个通用的模型，展示其软件组件。

现代内核中网络栈是多线程的，并且传入的包能被多个 CPU 处理。传入的包与 CPU 的映射可用多个方法完成：可能基于源 IP 地址哈希以平均分布负载，或者基于最近处理的 CPU 以有效利用 CPU 缓存热度以及内存本地性。Linux 和基于 Solaris 的系统都有不同的框架支持这种行为。

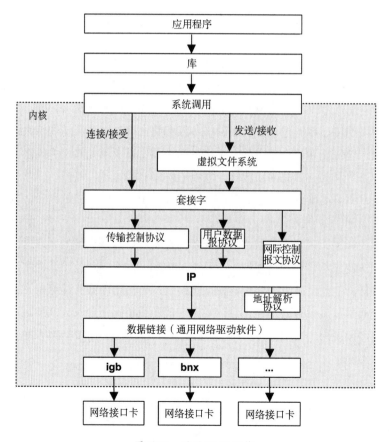

图 10.7 通用 IP 网络栈

Linux

Linux 系统中，TCP、IP 以及通用网络驱动软件是内核的核心组件，而设备驱动程序是附加模块。数据包以 struct sk_buff 数据类型穿过这些内核组件。

图 10.8 展示了包括新 API（NAPI）接口在内的通用网络驱动的具体信息，它能通过合并中断提高性能。

数据包的高处理率能够通过调用多个 CPU 处理包和 TCP/IP 栈来实现。Linux 3.7 内核（Documentation/networking/scaling.txt）记录了不同的实现方法，它们如下。

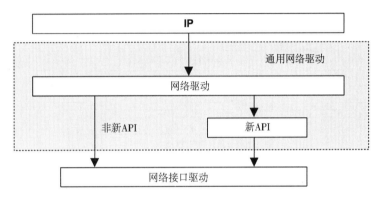

图 10.8 Linux 底层网络栈

- **RSS，接收端缩放**：现代的 NIC 能支持多个队列并且计算包哈希以置入不同队列，而后依次按直接中断由不同的 CPU 处理。这个哈希值可能基于 IP 地址以及 TCP 端口号，因此源自同一个连接的包能被同一个 CPU 处理。
- **RPS，接收数据包转向**：对于不支持多个队列的 NIC 的 RSS 软件实现。一个短中断服务例行程序映射传入的数据包给 CPU 处理，用一个类似的哈希按数据包头的字段映射数据包到 CPU。
- **PFS，接收流转向**：这类似 RPS，不过偏向前一个处理套接字的 CPU，以调高 CPU 缓存命中率以及内存本地性。
- **加速接收数据流转向**：对于支持该功能的 NIC，这是 RFS 的硬件实现。它用流信息更新 NIC 以确定中断哪个 CPU。
- **XPS，传输数据包转向**：对于支持多个传输队列的 NIC，这支持多个 CPU 传输队列。

当缺乏数据包的 CPU 负载均衡策略时，NIC 会中断同一个 CPU，进而达到 100%使用率并成为瓶颈。

基于例如 RFS 实现的缓存一致性等因素而映射中断到多个 CPU，能够显著提升网络性能。这也能够通过 irqbalancer 进程实现，它能分配中断请求（IRQ）给 CPU。

Solaris

基于 Solaris 的系统中，套接字层是内核的 `sockfs` 模块，而 TCP、UDP 和 IP 协议合并为 `ip` 模块。数据包以消息块 `mblk_t` 穿过内核。图 10.9 展示了底层栈的详细信息[McDougall 06a]。

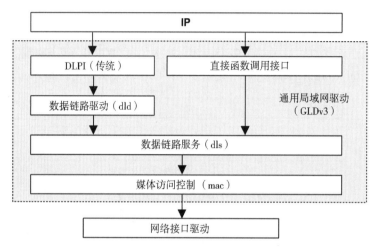

图 10.9　Solaris 底层网络栈

GLDv3 软件还利用垂直视野（vertical perimeters）提升性能：这是一个连接关联的每 CPU 同步机制，能避免在网络栈对每个数据结构上锁。它利用一个被称为序列化队列（squeue）的抽象处理每个连接。

通过激活 IP fanout 能实现高数据包处理率，它将传入的数据包在多个 CPU 间进行负载均衡。

Erik Nordmark 在 Solaris IP Datapath Refactoring 项目中简化了网络栈的内部结构。以下关于之前的栈状态，包括性能在内的描述，源自这个项目：

> IP 数据通道极难理解……使得修复 bug 都很困难，更不必说性能表现了。这导致了创建众多的快速通道以提高性能，它又是完整数据通道的子集。这更进一步使得维护代码成为危险的活动。

这个项目集成了 snv_122 并减少了 140 000 行 IP 代码中的 34 000 行。

TCP

TCP 协议在之前的章节中论述过。本节讲述内核 TCP 实现的性能特征：积压队列和缓冲。

突发的连接由积压队列处理。这里有两个此类队列，一个在 TCP 握手完成（也称为 SYN 积压队列）前处理未完成的连接，而另一个处理等待应用程序接收（也称为侦听积压队列）的已建立的会话。这些描绘于图 10.10 中。

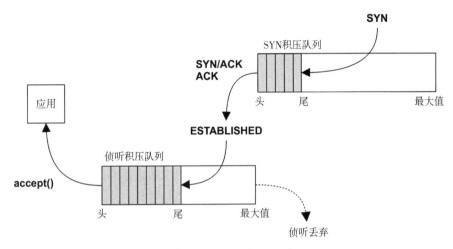

图 10.10　TCP 积压队列

早期的内核仅使用一个队列，并且易受 SYN 洪水攻击。SYN 洪水是一种 DoS 攻击类型，它从伪造的 IP 地址发送大量的 SYN 包到 TCP 侦听端口。这会在 TCP 等待完成握手时填满积压队列，进而阻止真实的客户连接。

有两个队列的情况下，第一个可作为潜在的伪造连接的集结地，仅在连接建立后才迁移到第二个队列。第一个队列可以设置得很长以吸收海量 SYN 并且优化为仅存放最少的必要元数据。

这些队列的长度可以被独立调整（参见 10.8 节）。第二个队列可以由应用程序用 listen() 的积压队列参数设置。

利用套接字的发送和接收缓冲能够提升数据吞吐量。这描绘于图 10.11 中。

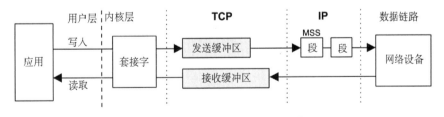

图 10.11　TCP 发送与接收缓冲

对于写通道，数据缓冲在 TCP 发送缓冲区，然后送往 IP 发送。尽管 IP 协议有能力分段数据包，TCP 仍试图通过发送 MSS 长度的段给 IP 以避免这种情况。这意味着（重）发送单位对应分段单位，否则一个被丢弃的数据段会导致整个分段前的数据包被重新传输。由于避免了分段和组装常规数据包，这种实现方式能够提升 TCP/IP 栈的效率。

发送和接收的缓冲区大小是可调的。以在每个连接上消耗更多主内存为代价，更大的尺寸能够提升吞吐性能。如果服务器需要处理更多的发送或者接收，某个缓冲区可以设置得比另一个大。基于连接的活跃度，Linux 内核会自动增加这些缓冲区。

网络设备驱动

网络设备驱动通常还有一个附加的缓冲区——环形缓冲区——用于在内核内存与 NIC 间发送和接收数据包。

随着 10GbE 以太网的引入，利用中断结合模式的利于性能的功能变得愈来愈常见。一个中断仅在计时器（轮询）激活或者到达一定数量的包时才被发送，而不是每当有数据包到达就中断内核。这降低了内核与 NIC 通信的频率，允许缓冲更多的发送，从而达到更高的吞吐量，尽管会损失一些延时。在基于 Solaris 的内核中，这被称为动态轮询。

10.5 方法

本节论述众多的方法以及网络分析和调优的运用。表 10.2 总结了这些内容。

更多策略以及部分方法的介绍可参考第 2 章。

表 10.2 网络性能方法

方法	类型
工具法	观测分析
USE 方法	观测分析
负载特征分析	观测分析，容量规划
延时分析	观测分析
性能监测	观测分析，容量规划
数据包嗅探	观测分析
TCP 分析	观测分析
挖掘分析	观测分析
静态性能调优	观测分析，容量规划
资源控制	调优
微基准测试	实验分析

这些方法可以单独使用或者混合使用。我的建议是从这些方法开始，按如下次序使用：性能监测、USE 方法、静态性能调优和工作负载特征归纳。

10.6 节将介绍运用这些方法的操作系统工具。

10.5.1 工具法

工具法是一个可用工具的遍历，检查它们提供的关键指标。它有可能忽视这些工具不可见或者能见度低的问题，并且操作比较费时。

对于网络通信来说，应用工具法可以检查如下内容。

- **netstat -s**：查找高流量的重新传输和乱序数据包。哪些是"高"重新传输率依客户机而不同，面向互联网的系统因具有不稳定的远程客户会比仅拥有同数据中心客户的内部系统具有更高的重新传输率。
- **netstat -i**：检查接口的错误计数器（特定的计数器依 OS 版本而不同）。
- **ifconfig**（仅限 Linux 版本）：检查"错误"、"丢弃"、"超限"。
- **吞吐量**：检查传输和接收的字节率-在 Linux 中用 `ip(8)`，在 Solaris 中用 `nicstat(1)` 或者 `dladm(1M)`。高吞吐量可能会因为到达协商的线速率而受到限制，它也可能导致系统中网络用户的竞争及延时。
- **tcpdump/snoop**：尽管需要大量的 CPU 开销，短期使用可能就足以发现谁在使用网络并且定位可以消除的不必要的操作。
- **dtrace/stap/perf**：用来检查包括内核状态在内的应用程序与线路间选中的数据。

如果发现问题，要检查可用的工具的所有字段以便了解更多上下文。每个工具的更多信息可参考 10.6 节。用其他的方法可能会发现更多类型的问题。

10.5.2 USE 方法

USE 方法可以用来定位瓶颈和跨所有组件的错误。对于每个网络接口，及每个方向——传输（TX）与接收（RX）——检查下列内容。

- **使用率**：接口忙于发送或接收帧的时间。
- **饱和度**：由于接口满负载，额外的队列、缓冲或者阻塞的程度。
- **错误**：对于接收，校验错误、帧过短（小于数据链路报文头）或者过长、冲突（在交换网络中不大可能）；对于传输，延时碰撞（线路故障）。

可以先检查错误，因为错误通常能被快速检查到并且最容易理解。

操作系统或者监视工具通常不直接提供使用率。对于每个方向（RX、TX），它能用当前的吞吐量除以当前的协商速度。当前的网络吞吐量以 B/s 测量并且包括所有协议报文头。

对于实施了网络带宽限制（资源控制）的环境，如出现在一些云计算环境中，除去物理限制之外，网络使用率或许需要按应用的限制来测量。

网络接口的饱和度难以测量。由于应用程序能比接口传输能力更快地发送数据，一定程度的网络缓冲是正常的。因为应用程序线程阻塞于网络传输的时间会随饱和度的增加而增加，这有可能是可以测量的。同时检查是否有其他与接口饱和度紧密相关的内核统计信息，例如，Linux 中的 overruns 或者 Solairs 中的 nocanputs。

TCP 层的重传输统计信息通常是现成的并且可作为网络饱和度的指标。然而，它们是跨服务器与客户机衡量的，并且可能出现于任何一跳。

USE 方法可用于网络控制器，以及它们与处理器之间的传输通道。由于这些组件的观察工具比较少见，基于网络接口统计信息和网络拓扑推测指标可能更容易。例如，假设控制器 A 提供端口 A0 和 A1，该网络控制器的吞吐量能用 A0 和 A1 接口的吞吐量总和来计算。由于最大吞吐量已知，网络控制器的使用率就能够计算了。

10.5.3　工作负载特征归纳

做容量规划、基准测试和负载模拟时，分析应用负载的特征是一项重要的演练。经由定位可削减的不必要操作，它可能促成一些最丰厚的性能提升。

以下用于分析网络工作负载特征的基础属性，能共同提供网络性能需求的近似值。

- **网络接口吞吐量**：RX 和 TX，B/s。
- **网络接口 IOPS**：RX 和 TX，帧每秒。
- **TCP 连接率**：主动和被动，每秒连接数。

术语主动和被动在 10.4.1 节介绍过。

由于一天中使用模式的变化，这些特征也会随时间推移而变化。随时间推移的监测在 10.5.5 节中介绍。

以下工作负载示例描述如何表达这些属性：

网络吞吐量随用户而变化并且写（TX）多于读（RX）。峰值写速率是 200MB/s 和 210 000 包/s，而峰值读速率是 10MB/s 和 70 000 包/s。入站（被动）TCP 连接率能达到 3 000 连接/s。

除了描述这些系统级的特征，也可以用每个接口描述它们。如果观察到吞吐量达到线速率，就能够发现接口的瓶颈。如果应用了网络带宽限制（资源控制），可能在达到线速率前就节流网络吞吐量。

高级工作负载特征归纳／核对清单

分析工作负载特征归纳可以涵盖更多具体信息。这里列举一些供参考的问题。需要缜密的研究 CPU 问题时,这可作为核对清单:

- 平均数据包的大小是多少? RX、TX?
- 协议是什么? TCP 还是 UDP?
- 活跃的 TCP/UDP 端口是多少? B/s、每秒连接数?
- 哪个进程在主动地使用网络?

随后的章节能够帮助回答这些问题。这个方法的概览以及要衡量的特征(谁、为什么、什么、多少)可参考第 2 章的介绍。

10.5.4 延时分析

研究不同的时间(延时)有助于理解和表述网络性能。这包括网络延时——一个有些模棱两可的术语,通常指的是连接初始化时间。表 10.3 总结了多种网络延时。

表 10.3 网络延时

延时	描述
系统调用发送/接受延时	套接字读取/写入调用耗时
系统调用连接延时	用于建立连接;注意有些应用以非阻塞的系统调用处理它
TCP 连接初始化时间	三方握手所需的时间
TCP 首字节延时	连接建立至接收到第一个字节数据所需的时间
TCP 连接持续时间	(TCP 连接)建立到关闭所需的时间
TCP 重传输	如果发送,会为网络 I/O 增加数千毫秒的延时
网络往返时间	一个数据包从客户机到服务器再返回的时间
中断延时	从网络控制器接收一个数据包中断到它被内核处理的时间
跨栈延时	一个数据包穿越内核 TCP/IP 栈的时间

这里的一些延时在 10.3 节中详细介绍过。延时可能显示如下。

- **单位时间间隔平均**:以客户机/服务器对计量最佳,以便隔离中间网络的差别。

- **完整分布**：直方图或者热度图。
- **每操作延时**：列出每个事件包括源与目的 IP 地址的具体信息。

一个常见的问题源是出现 TCP 重传输所导致的延时异常值。使用包括最小延时阈值过滤在内的完整分布或者每操作延时跟踪能发现它们。

10.5.5 性能监测

性能监测能发现当前的问题以及随着时间的推移的行为模式。它能捕捉最终用户数量变化，包括分布式系统监测在内的定时活动，以及包括网络备份在内的应用程序活动。

关键的网络指标如下。

- **吞吐量**：网络接口接收与传输的每秒字节数，最好能够包括每个接口。
- **连接数**：TCP 每秒连接数，它是另一个网络负载的指标。
- **错误**：包括丢包计数器。
- **TCP 重传输**：计量它是有帮助的，能与网络问题相关联。
- **TCP 乱序数据包**：也会导致性能问题。

对于使用了网络带宽限制（资源控制）的环境，例如一些云计算环境，应用的限额统计数据也需要收集。

10.5.6 数据包嗅探

数据包嗅探（也称为数据包捕捉）从网络捕捉数据包，因而能以检查每一个数据包的方式检查协议报文头和数据。就 CPU 和存储系统开销而言，它的代价高昂，对于观察性分析这可能是最后手段。由于需要每秒处理数百万的数据包并且对任何系统开销都敏感，网络内核代码路径通常是对周期优化的。为试图减少这种系统开销，内核可能会利用环形缓冲区通过共享内存映射向用户级跟踪工具传递包数据——例如，Linux 的 `PF_RING` 选项而不是每数据包的 `PF_PACKET` [Deri 04]。

数据包捕捉日志可以创建于服务器端，然后用其他工具分析。一些工具仅仅输出内容，其他的能做高级的包数据分析。尽管通读数据包捕捉日志非常耗时，但它可能非常有启发性——显示当前网络中正在发生什么，以及数据包对间的延时。这使得应用工作负载特征归纳和延时分析方法成为可能。

每个数据包捕捉的日志会包括如下信息：

- 时间戳
- 整个数据包，包括
  - 所有协议头（例如，以太网、IP、TCP）
  - 部分或全部负载数据
- 元数据：数据包数量、丢包数量

以下是一个数据包捕捉的示例，`tcpdump` 工具的默认输出：

```
# tcpdump -ni eth4
tcpdump: verbose output suppressed, use -v or -vv for full protocol decode
listening on eth4, link-type EN10MB (Ethernet), capture size 65535 bytes
01:20:46.769073 IP 10.2.203.2.22 > 10.2.0.2.33771: Flags [P.], seq
4235343542:4235343734, ack 4053030377, win 132, options [nop,nop,TS val 328647671 ecr
2313764364], length 192
01:20:46.769470 IP 10.2.0.2.33771 > 10.2.203.2.22: Flags [.], ack 192, win 501,
options [nop,nop,TS val 2313764392 ecr 328647671], length 0
01:20:46.787673 IP 10.2.203.2.22 > 10.2.0.2.33771: Flags [P.], seq 192:560, ack 1,
win 132, options [nop,nop,TS val 328647672 ecr 2313764392], length 368
01:20:46.788050 IP 10.2.0.2.33771 > 10.2.203.2.22: Flags [.], ack 560, win 501,
options [nop,nop,TS val 2313764394 ecr 328647672], length 0
01:20:46.808491 IP 10.2.203.2.22 > 10.2.0.2.33771: Flags [P.], seq 560:896, ack 1,
win 132, options [nop,nop,TS val 328647674 ecr 2313764394], length 336
[...]
```

这个输出对每个数据包有一行总结，包括 IP 地址、TCP 端口和其他 TCP 包头的具体信息。由于数据包捕捉是以消耗 CPU 为代价的活动，大多数实现都包含了丢弃事件的能力，而不是在过载时捕捉它们。丢弃的数据包数量可能包含在日志中。

除了利用环形缓冲区外，数据包捕捉的实现通常允许用户提供过滤表达式并且用于内核过滤。这通过禁止不需要的数据包传递到用户层从而减少了系统开销。

10.5.7　TCP 分析

除了 10.5.4 节中的介绍之外，其他能够调查的具体的 TCP 行为如下：

- TCP 发送/接收缓冲的使用。
- TCP 积压队列的使用。
- 积压队列满导致的内核丢包。
- 阻塞窗口大小，包括零长度通知。
- TCP TIME-WAIT[1] 间隔中接收到的 SYN。

---

[1] 尽管[RFC 793]用 TIME-WAIT，但它通常写作（并且在程序中写作）TIME_WAIT。

当一个服务器频繁地用相同的源和目的 IP 地址连接另一个服务器的同一个目标端口时，最后一个行为可能成为一个可扩展性问题。每个连接唯一的区别要素是客户端的源端口———个短暂的端口——对于 TCP 它是一个 16 位的值并且可能进一步受到操作系统参数的限制（最小和最大值）。综合可能是 60s 的 TCP TIME-WAIT 间隔，高速率的连接（60s 内多于 65 536）会与新连接碰撞。这种情况下，发送一个 SYN 包，而那个短暂的端口仍然与前一个处于 TIME-WAIT 的 TCP 会话关联。如果被误认为是旧连接的一部分（碰撞），这个新的 SYN 包可能被拒收。为了避免这种问题，Linux 内核试图快速地重利用或者回收连接（这通常管用）。

10.5.8 挖掘分析

通过挖掘每个处理数据包的层次直到网络接口驱动，能按需研究内核网络栈的内部运行。内部运行往往非常复杂，所以这是一个非常消耗时间的操作。

执行这个操作的理由如下：

- 检查网络可调参数是否需要调整（而不是通过实验来修改）。
- 确认内核网络性能特性是否生效，例如包括 CPU 扇出和中断合并。
- 解释内核丢包。

这通常采用动态跟踪审查内核网络栈函数的执行。

10.5.9 静态性能调优

静态性能调优注重解决配置完成的环境中的问题。对于网络性能，检查静态配置中的如下方面：

- 有多少网络接口可供使用？当前使用中的有哪些？
- 网络接口的最大速度是多少？
- 当前协商的网络接口速度是多少？
- 网络接口协商为半双工还是全双工？
- 网络接口配置的 MTU 是多少？
- 网络接口是否使用了链路聚合？
- 有哪些适用于设备驱动的可调参数？IP 层？TCP 层？
- 有哪些可调参数已不再是默认值？
- 路由是如何配置的？默认路由是什么？
- 数据路径中网络组件的最大吞吐量是多少（所有组件，包括交换机和路由器背板）？

- 数据转发是否启用？该系统是否作为路由器使用？
- DNS 是如何设置的？它距离服务器有多远？
- 该版本的网络接口固件是否有已知的性能问题（bug）？
- 该网络设备驱动是否有已知的性能问题（bug）？内核 TCP/IP 栈呢？
- 是否存在软件施加的网络吞吐量限制（资源控制）？它们是什么？

回答这些问题可能会揭示被忽视的配置选择。

最后关于网络吞吐量受限制的问题，与云计算尤其相关。

10.5.10 资源控制

操作系统可能按连接类型、进程或者进程组，设置控制以限制网络资源。控制可能包括如下类型。

- **网络带宽限制**：由内核应用的针对不同协议或者应用程序的允许带宽（最大吞吐量）。
- **IP 服务品质**：由网络组件（例如路由器）应用的网络流量优先排序。有多种实现方式，如 IP 报文头包括业务类型（ToS）位，其中包括优先级，这些位已在新 QoS 方案中重定义，其中包括区分服务[RFC 2474]。可能会存在其他协议层为同样目的应用的优先排序。

你的网络可能存在高低优先级混合的流量。低优先级可能包括传输备份以及性能监视流量。高优先级可能是生产服务器与客户机间的流量。任意一个资源控制方案都能节流低优先级流量，而为高优先级流量提供更令人满意的性能。

它们如何工作根据不同的实现而不同，在 10.8 节讨论。

10.5.11 微基准测试

许多基准测试工具可用于网络。调查分布式应用程序环境的吞吐量问题时，它们有助于确认网络能否至少达到预期的网络吞吐量。如果达不到，能用微基准测试工具调查网络性能。它们通常比应用程序更简单而且调试起来更快。网络经调优达到需要的速度后，可将注意力转回应用程序本身。

可测试的典型要素如下。

- **方向**：发送或者接收
- **协议**：TCP 或者 UDP，以及端口

- 线程数
- 缓冲长度
- 接口 MTU 长度

如 10Gb/s 这样的高速网络接口，可能需要由多个客户线程驱动以达到最大带宽。

10.7.1 节会介绍一个网络微基准测试工具示例，iperf。

10.6 分析

本节介绍基于 Linux 和 Solaris 操作系统的网络性能分析工具。它们的使用策略参见前面的部分。

本节介绍的工具列于表 10.4 中。

表 10.4 网络分析工具

Linux	Solaris	描述
netstat	netstat	多种网络栈和接口统计信息
sar	-	统计信息历史
ifconfig	ifconfig	接口配置
ip	dladm	网络接口统计信息
nicstat	nicstat	网络接口吞吐量和使用率
ping	ping	测试网络连通性
traceroute	traceroute	测试网络路由
pathchar	pathchar	确定网络路径特征
tcpdump	snoop/tcpdump	网络数据包嗅探器
Wireshark	Wireshark	图形化网络数据包检查器
DTrace, perf	DTrace	TCP/IP 栈跟踪：连接、数据包、丢包、延时

这些是能支持 10.5 节的精选工具和功能集。一开始是系统层面的统计数据，进而向下挖掘到包嗅探和事件跟踪。完整的功能请参考这些工具的文档，包括 Man 手册。

10.6.1 netstat

基于使用的选项，`netstat(8)`命令能报告多种类型的网络统计数据，就像具有多种功能的组合工具。选项介绍如下：

- **（默认）**：列出连接的套接字。
- `-a`：列出所有套接字的信息。
- `-s`：网络栈统计信息。
- `-i`：网络接口信息。
- `-r`：列出路由表。

其他选项能修改输出，例如`-n`不解析 IP 地址为主机名，以及`-v`（可用时）显示冗长的详细信息。

Linux

一个 `netstat(8)` 接口统计信息的示例如下：

```
$ netstat -i
Kernel Interface table
Iface  MTU Met   RX-OK RX-ERR RX-DRP RX-OVR    TX-OK TX-ERR TX-DRP TX-OVR Flg
eth0   1500 0 933760207      0      0 0    1090211545      0      0      0 BMRU
eth3   1500 0 718900017      0      0 0     587534567      0      0      0 BMRU
lo    16436 0  21126497      0      0 0      21126497      0      0      0 LRU
ppp5   1496 0      4225      0      0 0          3736      0      0      0 MOPRU
ppp6   1496 0      1183      0      0 0          1143      0      0      0 MOPRU
tun0   1500 0    695581      0      0 0        692378      0      0      0 MOPRU
tun1   1462 0         0      0      0 0             4      0      0      0 PRU
```

数据列包括网络接口（`Iface`）、MTU，以及一系列接收（`RX-`）和传输（`TX-`）的指标。

- **OK**：成功传输的数据包。
- **ERR**：错误数据包。
- **DRP**：丢包。
- **OVR**：超限。

丢包和超限是网络接口饱和的指针，并且能和错误一起用 USE 方法检查。

`-c` 连续模式能与`-i`一并使用，每秒输出这些累积的计数器。它提供计算数据包速率的数据。

下面是一个 `netstat(8)` 网络栈统计数据（片段）的示例：

```
$ netstat -s
Ip:
    2195174600 total packets received
    1896 with invalid headers
    996084485 forwarded
```

```
            4315 with unknown protocol
            0 incoming packets discarded
            1197785508 incoming packets delivered
            1786035083 requests sent out
            11 outgoing packets dropped
            589 fragments dropped after timeout
            465974 reassemblies required
            232690 packets reassembled ok
        [...]
        Tcp:
            102171 active connections openings
            126729 passive connection openings
            11932 failed connection attempts
            19492 connection resets received
            27 connections established
            627019277 segments received
            325718869 segments send out
            346436 segments retransmited
            5 bad segments received.
            24172 resets sent
        Udp:
            12331498 packets received
            35713 packets to unknown port received.
            0 packet receive errors
            67417483 packets sent
        TcpExt:
            1749 invalid SYN cookies received
            2665 resets received for embryonic SYN_RECV sockets
            7304 packets pruned from receive queue because of socket buffer overrun
            2565 ICMP packets dropped because they were out-of-window
            78204 TCP sockets finished time wait in fast timer
            67 time wait sockets recycled by time stamp
            901 packets rejects in established connections because of timestamp
            2667251 delayed acks sent
            2897 delayed acks further delayed because of locked socket
            Quick ack mode was activated 255240 times
            1051749 packets directly queued to recvmsg prequeue.
            4533681 bytes directly in process context from backlog
            953003585 bytes directly received in process context from prequeue
            372483184 packet headers predicted
            695654 packets header predicted and directly queued to user
            14056833 acknowledgments not containing data payload received
            235440239 predicted acknowledgments
            64430 times recovered from packet loss by selective acknowledgements
            167 bad SACK blocks received
            Detected reordering 60 times using FACK
            Detected reordering 132 times using SACK
            Detected reordering 36 times using time stamp
            40 congestion windows fully recovered without slow start
            366 congestion windows partially recovered using Hoe heuristic
            10 congestion windows recovered without slow start by DSACK
            60182 congestion windows recovered without slow start after partial ack
            252507 TCP data loss events
            TCPLostRetransmit: 1088
            1 timeouts after reno fast retransmit
            9781 timeouts after SACK recovery
            337 timeouts in loss state
            125688 fast retransmits
            2191 forward retransmits
            8423 retransmits in slow start
            122301 other TCP timeouts
            598 SACK retransmits failed
            1 times receiver scheduled too late for direct processing
            5543656 packets collapsed in receive queue due to low socket buffer
        [...]
```

输出列出了多项按协议分组的网络数据,主要是来自 TCP 的。所幸的是,其中多数有较长的描述性名称,因此它们的意思显而易见。不幸的是这些输出缺乏一致性而且有拼写错误,用程序处理这段文字比较麻烦。

许多与性能相关的指标以加粗强调,用以指出可用的信息。其中许多指标要求对 TCP 行为的深刻理解,包括近些年引入的的最新功能和算法。下面是一些值得查找的示例指标。

- 相比接收的总数据包更高速的包转发率:检查服务器是否应该转发(路由)数据包。
- 开放的被动连接:监视它们能显示客户机连接负载。
- 相比发送的数据段更高的数据段重传输率:能支持网络的不稳定。这可能是意料之中的(互联网客户)。
- 套接字缓冲超限导致的数据包从接收队列中删除:这是网络饱和的标志,能够通过增加套接字缓冲来修复——前提是有足够的系统资源支持应用程序。

一些统计信息名称包括拼写错误。如果其他的监视工具建立在同样的输出上,简单地修复它们可能有问题。这类工具最好能从/proc 资源读取这些统计信息,它们是/proc/net/snmp 和 /proc/net/netstat。例如:

```
$ grep ^Tcp /proc/net/snmp
Tcp: RtoAlgorithm RtoMin RtoMax MaxConn ActiveOpens PassiveOpens AttemptFails
EstabResets CurrEstab InSegs OutSegs RetransSegs InErrs OutRsts
Tcp: 1 200 120000 -1 102378 126946 11940 19495 24 627115849 325815063 346455 5 24183
```

/proc/net/snmp 统计信息也用于 SNMP 管理信息库(MIB),它提供关于每个统计信息的用途的更进一步的文档。扩展的统计信息在/proc/net/netstat 中。

netstat(8)可以接受以秒为单位的时间间隔,它按每个时间间隔连续地输出累加的计数器。后期处理这些输出可以计算每个计数器的速率。

Solaris

一个 netstat(1M) 接口统计信息的示例如下:

```
$ netstat -i
Name  Mtu   Net/Dest      Address        Ipkts      Ierrs Opkts      Oerrs Collis Queue
lo0   8232  loopback      localhost      40         0     40         0     0      0
ixgbe0 1500 headnode      headnode       4122107616 0     4102310328 0     0      0
external0 1500 10.225.140.0 10.225.140.4  7101105   0     4574375    0     0      0
devnet0 1500 10.3.32.0    10.3.32.4      6566405    0     3895822357 0     0      0

Name  Mtu   Net/Dest      Address        Ipkts      Ierrs Opkts      Oerrs Collis
lo0   8252  localhost     localhost      40         0     40         0     0
```

数据列包括网络接口(Name)、MTU、网络(Net/Dest)、接口地址(Address)以及一系列的指标。

- **Ipkts**：输入数据包（接收的）。
- **Ierrs**：输入数据包错误。
- **Opkts**：输出数据包（传输的）。
- **Oerrs**：输出数据包错误（例如，延时碰撞）。
- **Collis**：碰撞数据包（有了带缓冲的交换机，目前不容易发生）。
- **Queue**：一直是零（硬编码，历史原因）。

如果提供了时间间隔参数，输出会按时间总结一个接口。-I 选项可以指定显示哪个接口。

一个 netstat(1M) 网络栈统计数据（截短）的示例如下：

```
$ netstat -s

RAWIP   rawipInDatagrams       =    184    rawipInErrors          =         0
        rawipInCksumErrs       =      0    rawipOutDatagrams      =       937
        rawipOutErrors         =      0

UDP     udpInDatagrams         =664557     udpInErrors            =         0
        udpOutDatagrams        =677322     udpOutErrors           =         0

TCP     tcpRtoAlgorithm        =      4    tcpRtoMin              =       400
        tcpRtoMax              =  60000    tcpMaxConn             =        -1
        tcpActiveOpens         =967141     tcpPassiveOpens        =      3134
        tcpAttemptFails        =110230     tcpEstabResets         =       183
        tcpCurrEstab           =      7    tcpOutSegs             =  78452503
        tcpOutDataSegs         =69720123   tcpOutDataBytes        =3753060671
        tcpRetransSegs         =  12265    tcpRetransBytes        =  10767035
        tcpOutAck              =19678899   tcpOutAckDelayed       =  10664701
        tcpOutUrg              =      0    tcpOutWinUpdate        =      3679
        tcpOutWinProbe         =      0    tcpOutControl          =   1833674
        tcpOutRsts             =   1935    tcpOutFastRetrans      =        23
        tcpInSegs              =50303684
        tcpInAckSegs           =      0    tcpInAckBytes          =3753841314
        tcpInDupAck            =974778     tcpInAckUnsent         =         0
        tcpInInorderSegs       =57165053   tcpInInorderBytes      = 813978589
        tcpInUnorderSegs       =   1789    tcpInUnorderBytes      =    106836
        tcpInDupSegs           =   1880    tcpInDupBytes          =    121354
        tcpInPartDupSegs       =      0    tcpInPartDupBytes      =         0
        tcpInPastWinSegs       =      0    tcpInPastWinBytes      =         0
        tcpInWinProbe          =      1    tcpInWinUpdate         =         0
        tcpInClosed            =     40    tcpRttNoUpdate         =         0
        tcpRttUpdate           =32655394   tcpTimRetrans          =     16559
        tcpTimRetransDrop      =    218    tcpTimKeepalive        =     25489
        tcpTimKeepaliveProbe   =   2512    tcpTimKeepaliveDrop    =       150
        tcpListenDrop          =      0    tcpListenDropQ0        =         0
        tcpHalfOpenDrop        =      0    tcpOutSackRetrans      =      7262

IPv4    ipForwarding           =      1    ipDefaultTTL           =       255
        ipInReceives           =3970771620 ipInHdrErrors          =         0
        ipInAddrErrors         =      0    ipInCksumErrs          =         2
        ipForwDatagrams        =3896325662 ipForwProhibits        =         0
        ipInUnknownProtos      =      4    ipInDiscards           =       188
        ipInDelivers           =74383918   ipOutRequests          =  91980660
        ipOutDiscards          =   1122    ipOutNoRoutes          =         2
[...]
```

命令输出列出多种按协议分组的网络统计信息。许多统计信息名称基于 SNMP 网络 MIB，这些说明了它们的用途。

许多与性能相关的指标以加粗强调，用以指出可用的信息。其中的许多指标要求用户对 TCP 行为的深刻理解。一些值得查找的指标类似于之前介绍的 Linux 的指标，以及以下指标

- **tcpListenDrop 和 tcpListenDropQ0**：分别显示出由套接字监听积压队列和 SYN 积压队列丢弃的数据包。tcpListenDrop 的增长说明存在比应用程序处理能力更多的连接请求。任意一个方法都可以修复它，如增加积压队列长度（tcp_conn_req_max_q），允许队列更多的突发连接，并且/或者配置更多的系统资源给应用程序。

报告的指标读取自 kstat，能由 libkstat 接口访问。

提供一个时间间隔，它能输出自系统启动至今的总结，紧接着是按时间间隔的总结。每个总结仅显示那段时间间隔的统计信息（不同于 Linux 版本），因此速率显而易见。例如：

```
# netstat -s 1 | grep tcpActiveOpens
        tcpActiveOpens      =11460494   tcpPassiveOpens     =     783
        tcpActiveOpens      =     224   tcpPassiveOpens     =       0
        tcpActiveOpens      =     193   tcpPassiveOpens     =       0
        tcpActiveOpens      =      53   tcpPassiveOpens     =       1
        tcpActiveOpens      =     216   tcpPassiveOpens     =       0
[...]
```

这显示了 TCP 连接的速率，每秒的主动和被动连接。

10.6.2　sar

系统活动报告工具 sar(1) 可以观测当前活动并且能配置为保存和报告历史统计数据。第 4 章中介绍过它，并且本书的多个章节在需要时也会提及它。

Linux 版本用以下选项提供网络统计信息。

- **-n DEV**：网络接口统计信息。
- **-n EDEV**：网络接口错误。
- **-n IP**：IP 数据报统计信息。
- **-n EIP**：IP 错误统计信息。
- **-n TCP**：TCP 统计信息。
- **-n ETCP**：TCP 错误统计信息。
- **-n SOCK**：套接字使用。

提供的统计信息见表 10.5。

表 10.5 Linux sar 网络统计信息

选项	统计信息	描述	单位
-n DEV	rxpkg/s	接收的数据包	数据包/s
-n DEV	txpkt/s	传输的数据包	数据包/s
-n DEV	rxkB/s	接收的千字节	千字节/s
-n DEV	txkB/s	传输的千字节	千字节/s
-n EDEV	rxerr/s	接收数据包错误	数据包/s
-n EDEV	txerr/s	传输数据包错误	数据包/s
-n EDEV	coll/s	碰撞	数据包/s
-n EDEV	rxdrop/s	接收数据包丢包（缓冲满）	数据包/s
-n EDEV	txdrop/s	传输数据包丢包（缓冲满）	数据包/s
-n EDEV	rxfifo/s	接收的数据包 FIFO 超限错误	数据包/s
-n EDEV	txfifo/s	传输的数据包 FIFO 超限错误	数据包/s
-n IP	irec/s	输入的数据报文（接收）	数据报文/s
-n IP	fwddgm/s	转发的数据报文	数据报文/s
-n IP	orq/s	输出的数据报文请求（传输）	数据报文/s
-n EIP	idisc/s	输入的丢弃（例如，缓冲满）	数据报文/s
-n EIP	odisc/s	输出的丢弃（例如，缓冲满）	数据报文/s
-n TCP	active/s	新的主动 TCP 连接（connect()）	连接数/s
-n TCP	active/s	新的被动 TCP 连接（listen()）	连接数/s
-n TCP	active/s	输入的段（接收）	段/s
-n TCP	active/s	输出的段（接收）	段/s
-n ETCP	active/s	主动 TCP 失败连接	连接数/s
-n ETCP	active/s	TCP 段重传	段/s
-n SOCK	totsck	使用中的总数据包	sockets
-n SOCK	ip-frag	当前队列中的 IP 数据片	fragments
-n SOCK	tcp-tw	TIME-WAIT 中的 TCP 套接字	sockets

这里，许多统计信息名称包括方向和计量单位：rx 是"接收"，i 是"输入"，seg 是"段"，依此类推。完整的列表参考 Man 手册，它包括 ICMP、UDP、NFS 和 IPv6 在内的统计信息以及对应的 SNMP 名称的说明（例如，ipInReceives 对应 irec/s）。

以下示例是每秒打印的 TCP 统计信息：

```
$ sar -n TCP 1
Linux 3.5.4joyent-centos-6-opt (dev99)      04/22/2013      _x86_64_  (4 CPU)

09:36:26 PM   active/s  passive/s     iseg/s     oseg/s
```

```
09:36:27 PM              0.00       35.64     4084.16    4090.10
09:36:28 PM              0.00       34.00     3652.00    3671.00
09:36:29 PM              0.00       30.00     3229.00    3309.00
09:36:30 PM              0.00       33.33     3291.92    3310.10
[...]
```

输出显示被动连接率（入站）接近 30/s。

网络接口统计信息列（NET）列出所有接口，然而通常只对一个接口感兴趣。以下示例利用 `awk(1)` 过滤输出：

```
$ sar -n DEV 1 | awk 'NR == 3 || $3 == "eth0"'
09:36:06 PM     IFACE   rxpck/s   txpck/s    rxkB/s    txkB/s rxcmp/s txcmp/s rxmcst/s
09:36:07 PM      eth0   4131.68   4148.51   2628.52   2512.07    0.00    0.00     0.00
09:36:08 PM      eth0   4251.52   4266.67   2696.05   2576.82    0.00    0.00     0.00
09:36:09 PM      eth0   4249.00   4248.00   2695.03   2574.10    0.00    0.00     0.00
09:36:10 PM      eth0   3384.16   3443.56   2149.98   2060.31    0.00    0.00     0.00
[...]
```

这显示出传输和发送的网络吞吐量。这里双向的速率都超过了 2MB/s。

Solaris 版本的 `sar(1)` 不提供网络统计信息（使用 `netstat(1M)`、`nicstat(1)` 和 `dladm(1M)` 代替）。

10.6.3 ifconfig

`ifconfig(8)` 命令能手动设置网络接口。它也可以列出所有接口的当前配置。用它来检查系统、网络以及路由设置有助于静态性能调优。

Linux 版本的输出包括以下这些统计信息：

```
$ ifconfig
eth0      Link encap:Ethernet  HWaddr 00:21:9b:97:a9:bf
          inet addr:10.2.0.2  Bcast:10.2.0.255  Mask:255.255.255.0
          inet6 addr: fe80::221:9bff:fe97:a9bf/64 Scope:Link
          UP BROADCAST RUNNING MULTICAST  MTU:1500  Metric:1
          RX packets:933874764 errors:0 dropped:0 overruns:0 frame:0
          TX packets:1090431029 errors:0 dropped:0 overruns:0 carrier:0
          collisions:0 txqueuelen:1000
          RX bytes:584622361619 (584.6 GB)  TX bytes:537745836640 (537.7 GB)
          Interrupt:36 Memory:d6000000-d6012800

eth3      Link encap:Ethernet  HWaddr 00:21:9b:97:a9:c5
[...]
```

这些计数器与之前介绍的 `netstat -i` 命令一致。`txqueuelen` 是这个接口发送队列的长度。Man 手册介绍了这个数值的调优：

对于速度较低的高延时设备（调制解调器连接，ISDN），设置较小的值有助于预防高速的大量传输影响如 telnet 在内的交互通信。

Linux 中，ifconfig(8) 已经被 ip(8) 命令淘汰。在 Solaris 中，多种 ifconfig(1M) 的功能也渐渐被 ipadm(1M) 和 dladm(1M) 命令淘汰。

10.6.4　ip

Linux 的 ip(8) 命令能配置网络接口和路由，并且观测它们的状态和统计信息。例如，显示连接统计信息：

```
$ ip -s link
1: lo:  mtu 16436 qdisc noqueue state UNKNOWN
    link/loopback 00:00:00:00:00:00 brd 00:00:00:00:00:00
    RX: bytes   packets   errors   dropped  overrun  mcast
    1200720212  21176087  0        0        0        0
    TX: bytes   packets   errors   dropped  carrier  collsns
    1200720212  21176087  0        0        0        0
2: eth0:  mtu 1500 qdisc mq state UP qlen 1000
    link/ether 00:21:9b:97:a9:bf brd ff:ff:ff:ff:ff:ff
    RX: bytes   packets   errors   dropped  overrun  mcast
    507221711   933878009 0        0        0        46648551
    TX: bytes   packets   errors   dropped  carrier  collsns
    876109419   1090437447 0       0        0        0
3: eth1:  mtu 1500 qdisc noop state DOWN qlen 1000
[...]
```

除了添加了接收（RX）和传输（TX）字节，这些计数器与之前介绍的 netstat -i 命令一致。这利于方便地观测吞吐量，不过 ip(8) 不提供按时间间隔输出报告的方式（利用 sar(1)）。

10.6.5　nicstat

最初为基于 Solaris 的系统编写，nicstat(1) 这个开源工具输出包括吞吐量和使用率在内的网络接口统计信息。nicstat(1) 延续传统的资源统计工具 iostat(1M) 和 mpstat(1M) 的风格。用 C 和 Perl 编写的版本可用于基于 Solaris 和 Linux 的系统[3]。

例如以下的 1.92 Linux 版本的输出：

```
# nicstat -z 1
    Time      Int     rKB/s    wKB/s    rPk/s    wPk/s    rAvs    wAvs  %Util   Sat
 01:20:58    eth0      0.07     0.00     0.95     0.02    79.43   64.81  0.00   0.00
 01:20:58    eth4      0.28     0.01     0.20     0.10  1451.3    80.11  0.00   0.00
 01:20:58  vlan123     0.00     0.00     0.00     0.02    42.00   64.81  0.00   0.00
 01:20:58     br0      0.00     0.00     0.00     0.00    42.00   42.07  0.00   0.00
    Time      Int     rKB/s    wKB/s    rPk/s    wPk/s    rAvs    wAvs  %Util   Sat
 01:20:59    eth4   42376.0   974.5   28589.4  14002.1  1517.8    71.27 35.5    0.00
    Time      Int     rKB/s    wKB/s    rPk/s    wPk/s    rAvs    wAvs  %Util   Sat
 01:21:00    eth0      0.05     0.00     0.00     0.00    56.00    0.00  0.00   0.00
 01:21:00    eth4   41834.7   977.9   28221.5  14058.3  1517.9    71.23 35.1    0.00
    Time      Int     rKB/s    wKB/s    rPk/s    wPk/s    rAvs    wAvs  %Util   Sat
 01:21:01    eth4   42017.9   979.0   28345.0  14073.0  1517.9    71.24 35.2    0.00
```

最前面的输出是自系统启动以来的总结,紧接着是按时间间隔的总结。这里的时间间隔总结显示了 eth4 接口的使用率为 35%(这里报告的是当前 RX 或者 TX 方向的最大值),并且读速度为 42MB/s。

字段包括接口名称(Int)、最大使用率(%Util)、反映接口饱和度的统计信息(Sat),以及一系列带前缀的统计信息:r 是"读"(接收)而 w 是"写"(传输)。

- **KB/s**:千字节每秒。
- **Pk/s**:数据包每秒。
- **Avs/s**:平均数据包大小,以字节为单位。

该版本支持多种选项,包括-z 用来忽略数值为 0 的行(闲置的接口)以及-t 显示 TCP 统计信息。

由于能提供使用率和饱和度数值,nicstat(1)特别适用于 USE 方法。

10.6.6 dladm

在基于 Solaris 的系统中,dladm(1M)命令能提供如数据包和字节率、错误率,以及使用率的接口统计信息,它还能显示物理接口的状态。

显示 ixgbe0 接口每秒的网络通信:

```
$ dladm show-link -s -i 1 ixgbe0
LINK         IPACKETS    RBYTES        IERRORS  OPACKETS    OBYTES        OERRORS
ixgbe0       8442628297  5393508338540 0        8422583725  6767471933614 0
ixgbe0       1548        501475        0        1538        476283        0
ixgbe0       1581        515611        0        1592        517697        0
ixgbe0       1491        478794        0        1495        479232        0
ixgbe0       1590        566174        0        1567        477956        0
[...]
```

第一行输出的是自系统启动以来的总和,紧接着是每秒的总结(-i 1)。这里的输出显示该接口当前的接收和传输率大约是 500KB/s。dladm show-link -S 提供另一种输出,显示千字节速率、数据包率,以及一个%Util 列。

物理接口的状态如下:

```
$ dladm show-phys
LINK      MEDIA      STATE     SPEED   DUPLEX   DEVICE
ixgbe0    Ethernet   up        10000   full     ixgbe0
ixgbe1    Ethernet   up        10000   full     ixgbe1
igb0      Ethernet   unknown   0       half     igb0
igb1      Ethernet   unknown   0       half     igb1
igb2      Ethernet   unknown   0       half     igb2
igb3      Ethernet   unknown   0       half     igb3
```

检查这些接口是否协商为它们的最高速率有助于静态性能调优。

`dladm(1M)` 出现之前,这些属性可以用 `ndd(1M)` 来检查。

10.6.7　ping

`ping(8)` 命令发送 ICMP echo 请求数据包测试网络连通性。例如:

```
# ping www.joyent.com
PING www.joyent.com (165.225.132.33) 56(84) bytes of data.
64 bytes from 165.225.132.33: icmp_req=1 ttl=239 time=67.9 ms
64 bytes from 165.225.132.33: icmp_req=2 ttl=239 time=68.3 ms
64 bytes from 165.225.132.33: icmp_req=3 ttl=239 time=69.6 ms
64 bytes from 165.225.132.33: icmp_req=4 ttl=239 time=68.1 ms
64 bytes from 165.225.132.33: icmp_req=5 ttl=239 time=68.1 ms
^C
--- www.joyent.com ping statistics ---
5 packets transmitted, 5 received, 0% packet loss, time 4005ms
rtt min/avg/max/mdev = 67.935/68.443/69.679/0.629 ms
```

输出显示每个包的往返时间(rtt)并总结各种统计信息。由于时间戳是由 `ping(8)` 命令自己计量的,其中包括获取时间戳到处理网络 I/O 的整个 CPU 代码路径执行时间。

Solaris 版本需要提供 `-s` 选项以便持续发送数据包。

与应用程序协议相比,路由器可能以较低的优先级处理 ICMP 数据包,因而延时可能比通常情况下有更高的波动。

10.6.8　traceroute

`traceroute(8)` 命令发出一系列数据包实验性地探测到一个主机当前的路由。它的实现利用了递增每个数据包 IP 协议的生存时间(TTL),从而导致网关顺序地发送 ICMP 超时响应报文,向主机揭示自己的存在(如果防火墙没有拦截它们)。

例如测试一个加利福尼亚的主机与一个弗吉尼亚的目标间当前的路由:

```
# traceroute www.joyent.com
 1  165.225.148.2 (165.225.148.2)  0.333 ms  13.569 ms  0.279 ms
 2  te-3-2.car2.Oakland1.Level3.net (4.71.202.33)  0.361 ms  0.309 ms  0.295 ms
 3  ae-11-11.car1.Oakland1.Level3.net (4.69.134.41)  2.040 ms  2.019 ms  1.964 ms
 4  ae-5-5.ebr2.SanJose1.Level3.net (4.69.134.38)  1.245 ms  1.230 ms  1.241 ms
 5  ae-72-72.csw2.SanJose1.Level3.net (4.69.153.22)  1.269 ms  1.307 ms  1.240 ms
 6  ae-2-70.edge1.SanJose3.Level3.net (4.69.152.80)  1.810 ms ae-1-
60.edge1.SanJose3.Level3.net (4.69.152.16)  1.903 ms  1.735 ms
 7  Savvis-Level3.Dallas3.Level3.net (4.68.62.106)  1.829 ms  1.813 ms  1.900 ms
 8  cr2-tengig0-7-3-0.sanfrancisco.savvis.net (204.70.206.57)  3.889 ms  3.839 ms  3.805 ms
 9  cr2-ten-0-15-3-0.dck.nyr.savvis.net (204.70.224.209)  77.315 ms  92.287 ms  77.684 ms
10  er2-tengig-1-0-1.VirginiaEquinix.savvis.net (204.70.197.245)  77.144 ms  77.114 ms
77.193 ms
11  internap.VirginiaEquinix.savvis.net (208.173.159.2)  77.373 ms  77.363 ms  77.445 ms
12  border10.pc1-bbnet1.wdc002.pnap.net (216.52.127.9)  77.114 ms  77.093 ms  77.116 ms
```

```
13  joyent-3.border10.wdc002.pnap.net (64.94.31.202)   77.203 ms  85.554 ms  90.106 ms
14  165.225.132.33 (165.225.132.33)   77.089 ms  77.097 ms  77.076 ms
```

每一跳显示连续的三个 RTT，它们可用作网络延时统计信息的粗略数据源。类似 `ping(8)`，由于发送低优先级的数据包，它可能会显示出比其他应用程序协议更高的延时。

也可以把显示的路径作为静态性能调优的研究对象。网络被设计为动态的并且能响应故障。路径的变化可能会降低性能。

`traceroute(8)` 最初由 Van Jacobson 编写。后来他又创造了令人惊艳的 `pathchar` 工具。

10.6.9 pathchar

`pathchar` 类似于 `traceroute(8)`，并且包括了每一跳间的带宽[4]。它的实现是利用了多次重复发送一系列不同长度的网络数据包然后统计分析它们。示例输出：

```
# pathchar 192.168.1.10
pathchar to 192.168.1.1 (192.168.1.1)
 doing 32 probes at each of 64 to 1500 by 32
 0 localhost
 |    30 Mb/s,   79 us (562 us)
 1 neptune.test.com (192.168.2.1)
 |    44 Mb/s,   195 us (1.23 ms)
 2 mars.test.com (192.168.1.1)
 2 hops, rtt 547 us (1.23 ms), bottleneck  30 Mb/s, pipe 7555 bytes
```

不幸的是，`pathchar` 不知何故没有流行开来（就我所知也许是没有发布源代码），而且很难找到能在现代操作系统上工作的版本。运行它也非常耗费时间，依据跳跃数的不同可能需要数十分钟，尽管已经提出了减少时间的方法[Downey 99]。

10.6.10 tcpdump

`tcpdump(8)` 工具可以捕捉并检查网络数据包。它输出数据包信息到 STDOUT，或者把数据包写入文件以供稍后的分析。后者通常更实用：过高的数据包速率导致了不能实时研究它们。

将 eth4 接口的数据写入 /tmp 下的文件：

```
# tcpdump -i eth4 -w /tmp/out.tcpdump
tcpdump: listening on eth4, link-type EN10MB (Ethernet), capture size 65535 bytes
^C273893 packets captured
275752 packets received by filter
1859 packets dropped by kernel
```

输出显示出被内核丢弃而没有传给 `tcpdump(8)` 的数据包数量，这发生在数据包速率过高时。

从导出的文件检查数据包：

```
# tcpdump -nr /tmp/out.tcpdump
reading from file /tmp/out.tcpdump, link-type EN10MB (Ethernet)
02:24:46.160754 IP 10.2.124.2.32863 > 10.2.203.2.5001: Flags [.], seq
3612664461:3612667357, ack 180214943, win 64436, options [nop,nop,TS val 692339741
ecr 346311608], length 2896
02:24:46.160765 IP 10.2.203.2.5001 > 10.2.124.2.32863: Flags [.], ack 2896, win
18184, options [nop,nop,TS val 346311610 ecr 692339740], length 0
02:24:46.160778 IP 10.2.124.2.32863 > 10.2.203.2.5001: Flags [.], seq 2896:4344, ack
1, win 64436, options [nop,nop,TS val 692339741 ecr 346311608], length 1448
02:24:46.160807 IP 10.2.124.2.32863 > 10.2.203.2.5001: Flags [.], seq 4344:5792, ack
1, win 64436, options [nop,nop,TS val 692339741 ecr 346311608], length 1448
02:24:46.160817 IP 10.2.203.2.5001 > 10.2.124.2.32863: Flags [.], ack 5792, win
18184, options [nop,nop,TS val 346311610 ecr 692339741], length 0
[...]
```

每一行输出显示数据包时间（精度为毫秒）、它的源和目标 IP 地址，以及 TCP 报头值。研究它们能理解 TCP 内部工作的细节，包括高级功能如何服务于你的工作负载。

-n 选项用来禁用 IP 地址解析为主机名。其他多种可用的选项包括打印冗长的细节（-v）、链路层报头（-e），以及十六进制地址转储（-x 或者-X）。例如：

```
# tcpdump -enr /tmp/out.tcpdump -vvv -X
reading from file /tmp/out.tcpdump, link-type EN10MB (Ethernet)
02:24:46.160754 80:71:1f:ad:50:48 > 84:2b:2b:61:b6:ed, ethertype IPv4 (0x0800),
length 2962: (tos 0x0, ttl 63, id 46508, offset 0, flags [DF], proto TCP (6), length
2948)
    10.2.124.2.32863 > 10.2.203.2.5001: Flags [.], cksum 0x667f (incorrect ->
0xc4da), seq 3612664461:3612667357, ack 180214943, win 64436, options [nop,nop,TS val
692339741 ecr 346311608], length 289
6
        0x0000:  4500 0b84 b5ac 4000 3f06 1fbf 0a02 7c02  E.....@.?.....|.
        0x0010:  0a02 cb02 805f 1389 d754 e28d 0abd dc9f  ....._...T......
        0x0020:  8010 fbb4 667f 0000 0101 080a 2944 441d  ....f.......)DD.
        0x0030:  14a4 4bb8 3233 3435 3637 3839 3031 3233  ..K.234567890123
        0x0040:  3435 3637 3839 3031 3233 3435 3637 3839  4567890123456789
[...]
```

在性能分析过程中，把时间戳列改为显示数据包间的时间差（-ttt），或者自第一个数据包以来的时间（-ttttt）会更有帮助。

用表达式描述如何过滤数据包（参考 pcap-filter(7)）能聚焦于感兴趣的部分。为了效率，这是在内核内处理的（除了 Linux 2.0 及之前的版本）。

就 CPU 成本和存储而言，捕捉数据包是昂贵的。在可能的情况下尽量短时间期使用 tcpdump(8) 以限制其对性能的影响。

如果有不使用 snoop(1M) 工具的理由，tcpdump(8) 就能被加入基于 Solaris 的系统。

10.6.11 snoop

尽管 tcpdump(8) 已经移植到了基于 Solaris 的系统，但默认的数据包捕捉和检查工具仍然是 snoop(1M)。它的工作模式类似 tcpdump(8)，也能捕捉数据包到文件以供稍后的检查。

snoop(1M)的数据包捕捉文件遵从[RFC 1761]标准。

例如，捕捉 ixgbe0 接口的数据到/tmp 下的一个文件：

```
# snoop -d ixgbe0 -o /tmp/out.snoop
Using device ixgbe0 (promiscuous mode)
46907 ^C
```

输出显示截至目前收到的数据包。在网络会话中执行时，用安静模式（-q）阻止这些输出从而避免多余的网络数据包应该很有益处。

检查导出的文件中的数据包：

```
# snoop -ri /tmp/out.snoop
    1   0.00000       10.2.0.2 -> 10.2.204.2    TCP D=5001 S=33896 Ack=2831460534
Seq=3864122818 Len=1448 Win=46 Options=<nop,nop,tstamp 2333449053 694358367>
    2   0.00000       10.2.0.2 -> 10.2.204.2    TCP D=5001 S=33896 Ack=2831460534
Seq=3864124266 Len=1448 Win=46 Options=<nop,nop,tstamp 2333449053 694358367>
    3   0.00002       10.2.0.2 -> 10.2.204.2    TCP D=5001 S=33896 Ack=2831460534
Seq=3864125714 Len=1448 Win=46 Options=<nop,nop,tstamp 2333449053 694358367>
[...]
```

输出是每个数据包一行，首先是数据包的 ID 号，然后是时间戳（以秒为单位，精度为毫秒）、源和目的 IP 地址，以及详细的协议信息。IP 地址到主机名的解析可以用-r 禁用。

在性能调研时，可以按需修改时间戳。默认情况下，显示数据包间的时间差。-ta 选项打印绝对时间：挂钟时间。-tr 选项打印相对时间：与第一个数据包的时间差。

-V 选项打印半冗长的输出，每行一个协议栈层：

```
# snoop -ri /tmp/out.snoop -V
    1   0.00000       10.2.0.2 -> 10.2.204.2    ETHER Type=0800 (IP), size=1514 bytes
    1   0.00000       10.2.0.2 -> 10.2.204.2    IP  D=10.2.204.2 S=10.2.0.2 LEN=1500,
ID=35573, TOS=0x0, TTL=63
    1   0.00000       10.2.0.2 -> 10.2.204.2    TCP D=5001 S=33896 Ack=2831460534
Seq=3864122818 Len=1448 Win=46 Options=<nop,nop,tstamp 2333449053 694358367>

    2   0.00000       10.2.0.2 -> 10.2.204.2    ETHER Type=0800 (IP), size=1514 bytes
    2   0.00000       10.2.0.2 -> 10.2.204.2    IP  D=10.2.204.2 S=10.2.0.2 LEN=1500,
ID=35574, TOS=0x0, TTL=63
    2   0.00000       10.2.0.2 -> 10.2.204.2    TCP D=5001 S=33896 Ack=2831460534
Seq=3864124266 Len=1448 Win=46 Options=<nop,nop,tstamp 2333449053 694358367>

[...]
```

-v（小写）选项打印冗长的输出，通常每个数据包一页输出：

```
# snoop -ri /tmp/out.snoop -v
ETHER:  ----- Ether Header -----
ETHER:
ETHER:  Packet 1 arrived at 8:07:54.31917
ETHER:  Packet size = 1514 bytes
ETHER:  Destination = 84:2b:2b:61:b7:62,
```

```
ETHER:  Source        = 80:71:1f:ad:50:48,
ETHER:  Ethertype     = 0800 (IP)
ETHER:
IP:   ----- IP Header -----
IP:
IP:   Version = 4
IP:   Header length = 20 bytes
IP:   Type of service = 0x00
IP:         xxx. .... = 0 (precedence)
IP:         ...0 .... = normal delay
IP:         .... 0... = normal throughput
IP:         .... .0.. = normal reliability
IP:         .... ..0. = not ECN capable transport
IP:         .... ...0 = no ECN congestion experienced
IP:   Total length = 1500 bytes
IP:   Identification = 35573
IP:   Flags = 0x4
IP:         .1.. .... = do not fragment
IP:         ..0. .... = last fragment
IP:   Fragment offset = 0 bytes
IP:   Time to live = 63 seconds/hops
IP:   Protocol = 6 (TCP)
IP:   Header checksum = cb1e
IP:   Source address = 10.2.0.2, 10.2.0.2
IP:   Destination address = 10.2.204.2, 10.2.204.2
IP:   No options
IP:
TCP:  ----- TCP Header -----
TCP:
TCP:  Source port = 33896
TCP:  Destination port = 5001
TCP:  Sequence number = 3864122818
TCP:  Acknowledgement number = 2831460534
TCP:  Data offset = 32 bytes
TCP:  Flags = 0x10
TCP:        0... .... = No ECN congestion window reduced
TCP:        .0.. .... = No ECN echo
TCP:        ..0. .... = No urgent pointer
TCP:        ...1 .... = Acknowledgement
TCP:        .... 0... = No push
TCP:        .... .0.. = No reset
TCP:        .... ..0. = No Syn
TCP:        .... ...0 = No Fin
TCP:  Window = 46
TCP:  Checksum = 0xe7b4
TCP:  Urgent pointer = 0
TCP:  Options: (12 bytes)
TCP:   - No operation
TCP:   - No operation
TCP:   - TS Val = 2333449053, TS Echo = 694358367
TCP:
[...]
```

本示例仅显示第一个数据包。snoop(1M) 设计为能解析许多协议，允许从命令行快速地调查多种类型的网络通信。

用表达式描述如何过滤数据包（参考 snoop(1M)）能聚焦于感兴趣的部分。为了高效，过滤尽可能在内核中运行。

注意 snoop(1M) 默认捕捉整个数据包，包括所有的有效负载。用 -s 选项设置折断长度可以截短它。许多版本的 tcpdump(8) 默认做截短。

10.6.12 Wireshark

尽管偶尔用 tcpdump(8) 和 snoop(1M) 做调查工作是正常的，但是对于深层次的分析用命令行会很费时。Wireshark 工具（过去称作 Ethereal）提供了一个捕捉数据包和检查的图形化接口，并可以从 tcpdump(8) 或者 snoop(1M) 的转储文件中导入数据包[5]。有益的功能还包括识别网络接口以及与之相关的数据包，进而能分别研究它们，另外还能翻译数百种协议包头。

10.6.13 DTrace

DTrace 可以在内核和应用程序内部检查网络事件，包括套接字连接、套接字 I/O、TCP 事件、数据包传输、积压队列丢包、TCP 重传输，以及其他细节。这些功能能够支持工作负载特征归纳和延时分析。

以下部分介绍用于网络分析的 DTrace，演示同时适用于基于 Linux 和 Solaris 系统的功能。许多示例来自基于 Solaris 的系统，部分来自 Linux。第 4 章 介绍了 DTrace 入门。

用于网络栈跟踪的 DTrace provider 列于表 10.6 中。

表 10.6 DTrace 网络分析 provider

层	稳定的 Provider	不稳定的 Provider
应用	依赖 app	pid
系统库	—	pid
系统调用	—	syscall
套接字	—	fbt
TCP	tcp, mib	fbt
UDP	udp, mib	fbt
IP	ip, mib	fbt
链路层	—	fbt
设备驱动	—	fbt

使用稳定的 provider 更可取，不过也许没有对应你操作系统的 DTrace 版本。如果不可用，可以使用非稳定接口的 provider，这就需要经常更新脚本以配合软件的改动。

套接字连接

由处理网络通信的应用程序函数、系统套接字库、系统调用层，或者在内核中可以跟踪套接字活动。通常偏好系统调用层，因为它文档齐全，系统开销低（基于内核）并且是系统级的。

用 connect() 计数出站连接：

```
# dtrace -n 'syscall::connect:entry { @[execname] = count(); }'
dtrace: description 'syscall::connect:entry ' matched 1 probe
^C

  ssh                                                              1
  node                                                            16
  haproxy                                                         22
```

这一行计算 `connect()` 系统调用的次数。这里最多的是 `haproxy` 进程，它调用了 `connect()` 22 次。如果需要，还可以输出其他细节，包括 PID、进程参数以及 `connect()` 参数。

用 `accept()` 计数入站连接：

```
# dtrace -n 'syscall::accept:return { @[execname] = count(); }'
dtrace: description 'syscall::accept:return ' matched 1 probe
^C

  sshd                                                             2
  unicorn                                                          5
  beam.smp                                                        12
  node                                                            24
```

这里 `node` 进程接收了最多的连接，总计 24。

作为工作负载特征分析的一部分，套接字事件中，通过检查内核或者用户级的栈可以揭示为什么会执行它们。例如，跟踪用户栈中 `ssh` 进程的 `connect()`：

```
# dtrace -n 'syscall::connect:entry /execname == "ssh"/ { ustack(); }'
dtrace: description 'syscall::connect:entry ' matched 1 probe
CPU     ID                    FUNCTION:NAME
  1   1011                    connect:entry
              libc.so.1`__so_connect+0x15
              libsocket.so.1`connect+0x23
              ssh`timeout_connect+0x20
              ssh`ssh_connect+0x1b7
              ssh`main+0xc83
              ssh`_start+0x83
^C
```

另外，也能检查这些系统调用的参数。这要求比平时更高级的 DTrace 应用，因为感兴趣的信息源自一个必须由用户空间复制到内核空间而后解引用的数据结构。由 `soconnect.d` 脚本可以实现（源自[Gregg 11]）：

```
#!/usr/sbin/dtrace -s

#pragma D option quiet
#pragma D option switchrate=10hz

/* If AF_INET and AF_INET6 are "Unknown" to DTrace, replace with numbers: */
inline int af_inet = AF_INET;
inline int af_inet6 = AF_INET6;

dtrace:::BEGIN
{
        /* Add translations as desired from /usr/include/sys/errno.h */
```

```
        err[0]            = "Success";
        err[EINTR]        = "Interrupted syscall";
        err[EIO]          = "I/O error";
        err[EACCES]       = "Permission denied";
        err[ENETDOWN]     = "Network is down";
        err[ENETUNREACH]  = "Network unreachable";
        err[ECONNRESET]   = "Connection reset";
        err[EISCONN]      = "Already connected";
        err[ECONNREFUSED] = "Connection refused";
        err[ETIMEDOUT]    = "Timed out";
        err[EHOSTDOWN]    = "Host down";
        err[EHOSTUNREACH] = "No route to host";
        err[EINPROGRESS]  = "In progress";

        printf("%-6s %-16s %-3s %-16s %-5s %8s %s\n", "PID", "PROCESS", "FAM",
            "ADDRESS", "PORT", "LAT(us)", "RESULT");
}

syscall::connect*:entry
{
        /* assume this is sockaddr_in until we can examine family */
        this->s = (struct sockaddr_in *)copyin(arg1, sizeof (struct sockaddr));
        this->f = this->s->sin_family;
}

syscall::connect*:entry
/this->f == af_inet/
{
        self->family = this->f;
        self->port = ntohs(this->s->sin_port);
        self->address = inet_ntop(self->family, (void *)&this->s->sin_addr);
        self->start = timestamp;
}

syscall::connect*:entry
/this->f == af_inet6/
{
        /* refetch for sockaddr_in6 */
        this->s6 = (struct sockaddr_in6 *)copyin(arg1,
            sizeof (struct sockaddr_in6));
        self->family = this->f;
        self->port = ntohs(this->s6->sin6_port);
        self->address = inet_ntoa6((in6_addr_t *)&this->s6->sin6_addr);
        self->start = timestamp;
}

syscall::connect*:return
/self->start/
{
        this->delta = (timestamp - self->start) / 1000;
        this->errstr = err[errno] != NULL ? err[errno] : lltostr(errno);
        printf("%-6d %-16s %-3d %-16s %-5d %8d %s\n", pid, execname,
            self->family, self->address, self->port, this->delta, this->errstr);
        self->family = 0;
        self->address = 0;
        self->port = 0;
        self->start = 0;
}
```

示例输出如下:

```
# ./soconnect.d
PID     PROCESS         FAM ADDRESS         PORT    LAT(us) RESULT
13489   haproxy         2   10.2.204.18     8098         32 In progress
13489   haproxy         2   10.2.204.18     8098          2 Already connected
65585   ssh             2   10.2.203.2      22          701 Success
3319    node            2   10.2.204.26     80           35 In progress
12585   haproxy         2   10.2.204.24     636          24 In progress
13674   haproxy         2   10.2.204.24     636          62 In progress
13489   haproxy         2   10.2.204.18     8098         33 In progress
[...]
```

这个例子跟踪 connect() 系统调用，并打印一行总结性的输出。其中包括系统调用的延时，并且系统调用（RESULT）返回的错误代码（errno）翻译为了字符串。错误代码经常是 "In progress"，发生在非阻塞的 connect() 。

除了 connect() 和 accept()，还能跟踪 socket() 和 close() 系统调用。这允许在创建时发现文件描述符（FD），并用时间差衡量套接字的持续时间。

套接字 I/O

套接字建立后，按文件描述符在系统调用层能跟踪后续的读写事件，实现方法如下。

- 套接字文件描述符关联数组：跟踪 syscall::socket:return 并且建立一个关联数组，例如 is_socket[pid,arg1] = 1;。对比将来的 I/O 系统调用检查该数组可以确认哪个文件描述符是套接字。记得清除 syscall::close:entry 的值。
- 若你的 DTrace 版本支持，fds[].fi_fs 的状态。这是一个文件系统类型的描述字符串。因为套接字映射为 VFS，它们的 I/O 与一个虚拟的套接字文件系统相关。

以下一行命令采用的是后一种方法。

利用 read() 或者 recv() 按 execname 计数套接字的读取：

```
# dtrace -n 'syscall::read:entry,syscall::recv:entry
    /fds[arg0].fi_fs == "sockfs"/ { @[probefunc] = count(); }'
dtrace: description 'syscall::read:entry,syscall::recv:entry ' matched 2 probes
^C

  master                                                            2
  sshd                                                             16
  beam.smp                                                         82
  haproxy                                                         208
  node                                                           1218
```

输出显示跟踪过程中，node 进程用任意一个系统调用从套接字读取了 1218 次。

这一行命令利用 write() 或者 send() 按 execname 计数套接字的写入：

```
dtrace -n 'syscall::write:entry,syscall::send:entry
    /fds[arg0].fi_fs == "sockfs"/ { @[probefunc] = count(); }'
```

需要注意的是，你的操作系统可能使用这些系统调用的变种（例如 `readv()`），这需要跟踪。

跟踪每个系统调用探针的返回值，还可以检查 I/O 的长度。

套接字延时

考虑到能在系统调用层面跟踪套接字事件，延时分析还可以做如下的测量。

- **连接延时**：对于同步的系统调用，这是 `connect()` 消耗的时间。对于非阻塞的 I/O，这是执行 `connect()` 至 `poll()` 或者 `select()`（或其他系统调用）报告套接字就绪的时间。
- **首字节延时**：自执行 `connect()` 或者从 `accept()` 返回，直到第一字节数据由任何一个 I/O 系统调用从套接字接收到的时间。
- **套接字持续时间**：同一个文件描述符由 `socket()` 到 `close()` 的时间。要聚焦连接的持续时间，可以由 `connect()` 或者 `accept()` 开始计时。

这可以一行长命令或者脚本执行，也可以从其他网络栈层执行，其中包括 TCP。

套接字内部活动

用 fbt provider 能跟踪套接字的内核运行。例如在 Linux 中，列出以 sock_ 开头的函数：

```
# dtrace -ln 'fbt::sock*:entry'
   ID   PROVIDER            MODULE                          FUNCTION NAME
21690        fbt            kernel                      sock_has_perm entry
36306        fbt            kernel                     socket_suspend entry
36312        fbt            kernel                       socket_reset entry
36314        fbt            kernel                       socket_setup entry
36316        fbt            kernel                socket_early_resume entry
36328        fbt            kernel                    socket_shutdown entry
36330        fbt            kernel                      socket_insert entry
[...]
```

输出已被截短——它列出的内容超过了 100 个探针。可以单独跟踪这里的任意一个，以及它们的参数和时间戳，这有助于回答任何有关套接字行为的问题。

TCP 事件

类似套接字，TCP 的内核运行也能用 fbt provider 跟踪。不过一个稳定的 tcp provider 已经开发了（最初由我开发），并且可能已经包含在你的系统中。表 10.7 显示了这些探针。

表 10.7　DTrace tcp provider 探针

TCP 探针	描述
`accept-established`	接受一个入站连接（一个被动 open）
`connect-request`	启动一个出站连接（一个主动 open）

TCP 探针	描述
`connect-established`	建立一个出站连接（完成三方握手）
`accept-refused`	拒绝一个连接请求（关闭本地端口）
`connect-refused`	拒绝一个连接请求（关闭远程端口）
`send`	发送一个数据段（IP 可能会直接将数据段映射到数据包）
`receive`	接收一个数据段（IP 可能会直接将数据段映射到数据包）
`state-change`	一个会话发生状态改变（细节来自探针的参数）

这里的大多数 provider 参数显示的是协议包头细节以及内核的内部状态，其中包含"缓冲"的进程 ID。通常用 DTrace 内置的 `execname` 跟踪的进程名不一定有效，因为内核 TCP 事件可能与进程非同步发生。

以频率计数接受的 TCP 连接（被动的）以及远程 IP 地址和本地端口：

```
# dtrace -n 'tcp:::accept-established {
    @[args[3]->tcps_raddr, args[3]->tcps_lport] = count(); }'
dtrace: description 'tcp:::accept-established ' matched 1 probe
^C
    10.2.0.2                                              22            1
    10.2.204.24                                         8098            4
    10.2.204.28                                          636            5
    10.2.204.30                                          636            5
```

跟踪过程中，主机 10.2.204.30 有五次连接到本地 TCP 端口 636。

类似的延时也可以用 TCP 探针跟踪，例如之前套接字延时部分介绍的利用 TCP 探针组合。

下面列出 TCP 探针：

```
# dtrace -ln 'tcp:::'
   ID   PROVIDER         MODULE                    FUNCTION NAME
 1810        tcp             ip               tcp_input_data accept-established
 1813        tcp             ip               tcp_input_data connect-refused
 1814        tcp             ip               tcp_input_data connect-established
 1827        tcp             ip         tcp_xmit_early_reset accept-refused
 1870        tcp             ip               tcp_input_data receive
 1871        tcp             ip           tcp_input_listener receive
[...]
```

`MODULE` 和 `FUNCTION` 字段显示（不稳定的）内核代码中的探针位置，用 `fbt provider` 跟踪它能发掘更多细节。

数据包传输

需要调查 `tcp provider` 无法触及的内核内部运行，或者当 `tcp provider` 提供程序不可用时，可以使用 `fbt provider` 提供程序。这是那些动态跟踪创造的可能性之一——它比不可能好一些——虽然不见得简单！网络栈的内部很复杂，一个初学者往往需要几天时间才能熟悉代码路径。

一个快速穿越网络栈的方法是跟踪一个深层次的事件并且检查它的反向跟踪栈。例如，Linux 中，用 stack 跟踪 ip_output()：

```
# dtrace -n 'fbt::ip_output:entry { @[stack(100)] = count(); }'
dtrace: description 'fbt::ip_output:entry ' matched 1 probe
^C
[...]
              kernel`ip_output+0x1
              kernel`ip_local_out+0x29
              kernel`ip_queue_xmit+0x14f
              kernel`tcp_transmit_skb+0x3e4
              kernel`__kmalloc_node_track_caller+0x185
              kernel`sk_stream_alloc_skb+0x41
              kernel`tcp_write_xmit+0xf7
              kernel`__alloc_skb+0x8c
              kernel`__tcp_push_pending_frames+0x26
              kernel`tcp_sendmsg+0x895
              kernel`inet_sendmsg+0x64
              kernel`sock_aio_write+0x13a
              kernel`do_sync_write+0xd2
              kernel`security_file_permission+0x2c
              kernel`rw_verify_area+0x61
              kernel`vfs_write+0x16d
              kernel`sys_write+0x4a
              kernel`sys_rt_sigprocmask+0x84
              kernel`system_call_fastpath+0x16
              639
```

每一行定位一个可独立跟踪的内核函数。这需要检查源代码以确认每一个函数的角色和它的参数。

例如，假设 tcp_sendmsg() 的第四个参数是以字节为单位的长度，它能用下面的跟踪：

```
# dtrace -n 'fbt::tcp_sendmsg:entry { @["TCP send bytes"] = quantize(arg3); }'
dtrace: description 'fbt::tcp_sendmsg:entry ' matched 1 probe
^C

  TCP send bytes
           value  -------------- Distribution -------------- count
              16 |                                           0
              32 |@@@@@@@@                                   154
              64 |@@@                                        54
             128 |@@@@@@@@@@@@@@@@@@@                        375
             256 |@@@@@@@@@                                  184
             512 |                                           2
            1024 |                                           1
            2048 |                                           3
            4096 |                                           4
            8192 |                                           0
```

这一行命令用 quantize() 功能以 2 的幂次方分布图总结 TCP 发送段长度。多数段长度位于 128~512B。

编写更长的单行命令或复杂的脚本，可以用于调查 TCP 重传输和积压队列丢包等。

重传输跟踪

研究 TCP 重传输是有助于调查网络健康程度的操作。尽管历史上通常是用嗅探工具导出所有数据包到文件并做后期检查，但 DTrace 能以较低的系统开销实时检查重传输。以下是适用于 Linux 3.2.6 版本内核的跟踪 `tcp_retransmit_skb()` 函数的脚本并输出有用的细节：

```
#!/usr/sbin/dtrace -s

#pragma D option quiet

dtrace:::BEGIN { trace("Tracing TCP retransmits... Ctrl-C to end.\n"); }

fbt::tcp_retransmit_skb:entry {
    this->so = (struct sock *)arg0;
    this->d = (unsigned char *)&this->so->__sk_common.skc_daddr;
    printf("%Y: retransmit to %d.%d.%d.%d, by:", walltimestamp,
        this->d[0], this->d[1], this->d[2], this->d[3]);
    stack(99);
}
```

示例输出：

```
# ./tcpretransmit.d
Tracing TCP retransmits... Ctrl-C to end.
2013 Feb 23 18:24:11: retransmit to 10.2.124.2, by:
            kernel`tcp_retransmit_timer+0x1bd
            kernel`tcp_write_timer+0x188
            kernel`run_timer_softirq+0x12b
            kernel`tcp_write_timer
            kernel`__do_softirq+0xb8
            kernel`read_tsc+0x9
            kernel`sched_clock+0x9
            kernel`sched_clock_local+0x25
            kernel`call_softirq+0x1c
            kernel`do_softirq+0x65
            kernel`irq_exit+0x9e
            kernel`smp_apic_timer_interrupt+0x6e
            kernel`apic_timer_interrupt+0x6e
[...]
```

以上包括了时间、目的 IP 地址，以及内核栈跟踪——它有助于解释为什么发生重传输。为了解更多细节，可以独立跟踪每个内核栈函数。

作为云计算操作员工具包的一部分[6]，针对 **SmartOS** 开发了类似的脚本。其中包括 `tcpretranssnoop.d`，其输出如下：

```
# ./tcpretranssnoop.d
TIME                    TCP_STATE           SRC             DST             PORT
2012 Sep  8 03:12:12    TCPS_ESTABLISHED    10.225.152.20   10.225.152.189  40900
2012 Sep  8 03:12:12    TCPS_ESTABLISHED    10.225.152.20   10.225.152.161  62450
2012 Sep  8 03:12:12    TCPS_FIN_WAIT_1     10.225.152.20   10.88.122.66    54049
2012 Sep  8 03:12:12    TCPS_ESTABLISHED    10.225.152.24   10.40.254.88    34620
2012 Sep  8 03:12:12    TCPS_ESTABLISHED    10.225.152.30   10.249.197.234  3234
2012 Sep  8 03:12:12    TCPS_ESTABLISHED    10.225.152.37   10.117.114.41   49700
[...]
```

这显示出 TCP 重传输的目的 IP 地址（输出节选过）并包含内核 TCP 状态。

积压队列丢包

这里最后的示例也源自 **SmartOS** 工具包里的 TCP 脚本，它可用于判断积压队列调优是否必要以及是否有效。以下这个更长的脚本是高级分析的示例。

```
#!/usr/sbin/dtrace -s

#pragma D option quiet
#pragma D option switchrate=4hz

dtrace:::BEGIN
{
        printf("Tracing... Hit Ctrl-C to end.\n");
}

fbt::tcp_input_listener:entry
{
        this->connp = (conn_t *)arg0;
        this->tcp = (tcp_t *)this->connp->conn_proto_priv.cp_tcp;
        self->max = strjoin("max_q:", lltostr(this->tcp->tcp_conn_req_max));
        self->pid = strjoin("cpid:", lltostr(this->connp->conn_cpid));
        @[self->pid, self->max] = quantize(this->tcp->tcp_conn_req_cnt_q);
}

mib:::tcpListenDrop
{
        this->max = self->max;
        this->pid = self->pid;
        this->max != NULL ? this->max : "";
        this->pid != NULL ? this->pid : "";
        @drops[this->pid, this->max] = count();
}

fbt::tcp_input_listener:return
{
        self->max = 0;
        self->pid = 0;
}

dtrace:::END
{
        printf("tcp_conn_req_cnt_q distributions:\n");
        printa(@);
        printf("tcpListenDrops:\n");
        printa("   %-32s %-32s %@8d\n", @drops);
}
```

该脚本同时利用了获取 TCP 状态的不稳定的 fbt provider，和在丢包时计数的 mib privider。示例输出如下：

```
# ./tcpconnreqmaxq-pid.d
Tracing... Hit Ctrl-C to end.
^C
tcp_conn_req_cnt_q distributions:

  cpid:11504                                             max_q:128
           value  ------------- Distribution ------------- count
              -1 |                                         0
               0 |@@@@@@@@@@@@@@@@@@@@@@@@@@@@@@@@@@@@@@@  7279
               1 |@@                                       405
               2 |@                                        255
               4 |@                                        138
               8 |                                         81
              16 |                                         83
              32 |                                         62
              64 |                                         67
             128 |                                         34
             256 |                                         0

tcpListenDrops:
  cpid:11504                         max_q:128                     34
```

按下 Ctrl+C，总结性的输出显示缓存的进程 ID（cpid）、当前套接字积压队列的最大长度（max_q），以及添加新连接时测量的积压队列长度的分布图。

输出显示 PID 11504 有 34 个积压队列丢包，最大的积压队列长度是 128。分布图显示大多数时间积压队列的长度是 0，仅仅一小部分时间把队列推至极限，因此可能需要增加队列长度。

通常仅在丢包发生时调整积压队列。netstat -s 中的 tcpListenDrops 可以观测到丢包。这个 DTrace 脚本允许预测丢包并且在丢包成为问题前应用调整。

另一个示例输出如下：

```
  cpid:16480                                             max_q:128
           value  ------------- Distribution ------------- count
              -1 |                                         0
               0 |@@@@@@@                                  1666
               1 |@@                                       457
               2 |@                                        262
               4 |@                                        332
               8 |@@                                       395
              16 |@@@                                      637
              32 |@@@                                      578
              64 |@@@@                                     939
             128 |@@@@@@@@@@@@@@@@@                        3947
             256 |                                         0
```

在这个示例中，积压队列通常达到它的极限 128。这意味着应用程序过载并且缺乏足够的资源（通常是 CPU）。

更多跟踪

必要时动态跟踪能以其他方式探索网络获取更多细节。为展示它的能力，表 10.8 列出了源自 Network Lower-Level Protocals 中 DTrace 章节[Gregg 11]的脚本。这些脚本也能在互联网上找到[7]。

表 10.8 高级网络跟踪脚本

脚本	层	描述
soconnect.d	socket	跟踪客户机套接字 connect()，显示进程和主机
soaccept.d	socket	跟踪服务器套接字 accept()，显示进程和主机
soclose.d	socket	跟踪套接字连接持续时间：connect() 到 close()
socketio.d	socket	按进程和类型显示套接字 I/O
socketiosort.d	socket	按进程和类型显示套接字 I/O，并按进程排序
so1stbyte.d	socket	跟踪连接以及套接字层的首字节延时
sotop.d	socket	列出最繁忙的套接字状态的工具
soerror.d	socket	识别套接字错误
ipstat.d	IP	每秒的 IP 统计信息
ipio.d	IP	探测 IP 发送/接收
ipproto.d	IP	IP 封装原型摘要
ipfbtsnoop.d	IP	跟踪 IP 数据包：fbt 跟踪示范
tcpstat.d	TCP	每秒的 TCP 统计信息
tcpaccept.d	TCP	入站 TCP 连接摘要
tcpacceptx.d	TCP	入站 TCP 连接摘要，解析主机名
tcpconnect.d	TCP	出站 TCP 连接摘要
tcpioshort.d	TCP	实时跟踪 TCP 发送/接收，附带基本细节
tcpio.d	TCP	实时跟踪 TCP 发送/接收，附带标记翻译
tcpbytes.d	TCP	按客户机和本地端口汇总 TCP 负载字节数
tcpsize.d	TCP	显示 TCP 发送/接收 I/O 大小分布
tcpnmap.d	TCP	检查可能的 TCP 端口扫描活动
tcpconnlat.d	TCP	按远程主机计量 TCP 连接延时
tcp1stbyte.d	TCP	按远程主机计量 TCP 首字节延时
tcp_rwndclosed.d	TCP	识别 TCP 零接收窗口时间，附带延时
tcpfbtwatch.d	TCP	观察入站 TCP 连接
tcpsnoop.d	TCP	跟踪 TCP I/O，附带进程细节
udpstat.d	UDP	每秒的 UDP 统计细节

续表

脚本	层	描述
udpio.d	UDP	实时跟踪 UDP 发送/接收，附带基本细节
icmpstat.d	ICMP	每秒的 ICMP 统计信息
icmpsnoop.d	ICMP	跟踪 ICMP，附带细节
superping.d	ICMP	提高 ping 往返时间的准确度
xdrshow.d	XDR	显示外部数据表示（XDR）调用以及调用的函数
macops.d	MAC	按接口和类型计数介质访问层（MAC）的操作
ngesnoop.d	driver	实时跟踪以太网 nge 驱动事件
ngelink.d	driver	跟踪 nge 连接状态的改变

另外，DTrace 书中的 Application Level Protocols 章节提供了更多跟踪 NFS、CIFS、HTTP、DNS、FTP、iSCSI、FC、SSH、NIS 和 LDAP 的脚本。

尽管观测深度是惊人的，其中一些动态跟踪脚本与特定的内核内部结构紧密结合。它们需要维护以配合新版本内核的修改。其他的一些跟踪脚本基于特定的 DTrace provider。也许针对你的操作系统还没有可用的版本。

10.6.14　SystemTap

SystemTap 也能在 Linux 系统中动态跟踪文件系统事件。参考第 4 章 4.4 节及附录 E，寻找转换之前 DTrace 脚本的帮助。

10.6.15　perf

第 6 章介绍的 LPE 工具包，也能提供一些静态和动态跟踪网络事件的工具。类似之前演示的利用 DTrace 跟踪数据包传输和重传输，它有助于确定导致内核网络活动的栈跟踪。采用后期处理能开发更多高级的工具。

作为示例，以下用 `perf(1)` 创建内核 `tcp_sendmsg()` 函数的动态跟踪点，然后跟踪它五秒并显示调用图（栈跟踪）：

```
# perf probe --add='tcp_sendmsg'
Add new event:
  probe:tcp_sendmsg    (on tcp_sendmsg)
[...]
# perf record -e probe:tcp_sendmsg -aR -g sleep 5
[ perf record: Woken up 1 times to write data ]
[ perf record: Captured and wrote 0.091 MB perf.data (~3972 samples) ]
# perf report --stdio
[...]
# Overhead  Command        Shared Object           Symbol
# ........  .......        ................        ...........
#
    100.00%    sshd   [kernel.kallsyms]   [k] tcp_sendmsg
               |
               --- tcp_sendmsg
                   sock_aio_write
                   do_sync_write
                   vfs_write
                   sys_write
                   system_call
                   __GI___libc_write
```

输出显示 sshd 的栈跟踪,它导致内核调用 tcp_sendmsg() 并由 TCP 连接发送数据。还有一些预定义的网络跟踪点事件,如下所示:

```
# perf list
[...]
  skb:kfree_skb                              [Tracepoint event]
  skb:consume_skb                            [Tracepoint event]
  skb:skb_copy_datagram_iovec                [Tracepoint event]
  net:net_dev_xmit                           [Tracepoint event]
  net:net_dev_queue                          [Tracepoint event]
  net:netif_receive_skb                      [Tracepoint event]
  net:netif_rx                               [Tracepoint event]
```

skb 跟踪点用于套接字缓存事件,而 net 用于网络设备。这些也有助于网络调查。

10.6.16 其他工具

其他 Linux 网络性能工具如下。

- **strace(1)**:跟踪套接字相关的系统调用并检查其使用的选项(注意 strace(1) 的系统开销较高)。
- **lsof(8)**:按进程 ID 列出包括套接字细节在内的打开的文件。
- **ss(8)**:套接字统计信息。
- **nfsstat(8)**:NFS 服务器和客户机统计信息。
- **iftop(8)**:按主机(嗅探)总结网络接口吞吐量。
- **/proc/net**:包含许多网络统计信息文件。

对于 **Solaris**，工具如下。

- `truss(1)`：跟踪套接字相关的系统调用并检查其使用的选项（注意 `truss(1)` 的系统开销较高）。
- `pfiles(1)`：按进程检查使用中的套接字，包括选项和套接字缓存大小。
- `routeadm(1M)`：检查路由和 IP 转发的状态。
- `nfsstat(1M)`：NFS 服务器和客户机的统计信息。
- `kstat`：提供更多源自网络栈和网络设备驱动（它们中的许多在源代码以外没有文档）的统计信息。

还有许多其他的网络监测解决方案，基于 SNMP 或者运行它们自己定制的代理软件。

10.7 实验

除了 `ping(8)`、`traceroute(8)` 和 `pathchar`（之前介绍过），其他网络性能分析工具还包括微基准测试。它们能确定主机间的最大吞吐量。在排除应用程序性能问题时，它有助于确定端到端的网络吞吐量是否是一个问题。

另外，还有其他的网络微基准测试可供选择。本节演示 iperf，它很流行并且易于使用。另一个值得提及的是 netperf，它也能测试请求/响应的性能[8]。

10.7.1 iperf

iperf 是一款测试最大 TCP 和 UDP 吞吐量的开源工具。它支持多种选项，包括并行模式：利用多个客户机线程，要为驱使网络到达极限，它是必需的。iperf 必须同时在服务器和客户机上运行。

例如，在服务器中运行：

```
$ iperf -s -l 128k
------------------------------------------------------------
Server listening on TCP port 5001
TCP window size: 85.3 KByte (default)
------------------------------------------------------------
```

将套接字缓冲长度由默认的 8KB 增加到 128KB（`-l 128k`）。

在客户机中执行如下：

```
# iperf -c 10.2.203.2 -l 128k -P 2 -i 1 -t 60
------------------------------------------------------------
Client connecting to 10.2.203.2, TCP port 5001
TCP window size: 48.0 KByte (default)
------------------------------------------------------------
[  4] local 10.2.124.2 port 41407 connected with 10.2.203.2 port 5001
[  3] local 10.2.124.2 port 35830 connected with 10.2.203.2 port 5001
[ ID] Interval       Transfer     Bandwidth
[  4]  0.0- 1.0 sec  6.00 MBytes  50.3 Mbits/sec
[  3]  0.0- 1.0 sec  22.5 MBytes  189 Mbits/sec
[SUM]  0.0- 1.0 sec  28.5 MBytes  239 Mbits/sec
[  3]  1.0- 2.0 sec  16.1 MBytes  135 Mbits/sec
[  4]  1.0- 2.0 sec  12.6 MBytes  106 Mbits/sec
[SUM]  1.0- 2.0 sec  28.8 MBytes  241 Mbits/sec
[...]
[  4]  0.0-60.0 sec  748 MBytes   105 Mbits/sec
[  3]  0.0-60.0 sec  996 MBytes   139 Mbits/sec
[SUM]  0.0-60.0 sec  1.70 GBytes  244 Mbits/sec
```

上面示例的命令使用了如下选项。

- `-c host`：连接到主机名或 IP 地址。
- `-l 128k`：使用 128KB 套接字缓冲。
- `-P 2`：运行于两个客户机线程的并行模式。
- `-i 1`：每秒打印时间间隔总结。
- `-t 60`：总测试时间，60s。

上面示例最后一行显示测试中的平均吞吐量，合并所有并行线程为：244Mb/s。

检查每时间间隔的总结可以发现随时间推移的差异。`--reportstyle C` 选项能输出 CSV，以便导入其他工具，如绘图软件。

10.8 调优

通常能提供较高性能网络的可调参数已经调整好。网络栈通常也被设计为动态响应不同的工作负载，以提供最佳性能。

在试图调整参数前，最好能先理解网络的使用。这样做还能发现可避免的不需要的操作，提供了更高的性能收益。利用前几节介绍的工具，可以尝试工作负载特征分析和静态性能调优。

同一操作系统的不同版本间可用的参数会有不同，需要参考它们的文档。以下内容让你理解，哪些是可用的以及如何调整它们，它们应该作为一个起点并按照你的工作负载和环境进行调整。

10.8.1 Linux

可调参数可以用 `sysctl(8)` 命令查看和设置,并写入到/etc/sysctl.conf。它们也能在/proc 文件系统中读写,位于/proc/sys/net 下。

例如,要查看适用于 TCP 的参数,可在 `sysctl(8)` 的输出中搜索字符 tcp 得到:

```
# sysctl -a | grep tcp
[...]
net.ipv4.tcp_timestamps = 1
net.ipv4.tcp_window_scaling = 1
net.ipv4.tcp_sack = 1
net.ipv4.tcp_retrans_collapse = 1
net.ipv4.tcp_syn_retries = 5
net.ipv4.tcp_synack_retries = 5
net.ipv4.tcp_max_orphans = 65536
net.ipv4.tcp_max_tw_buckets = 65536
net.ipv4.tcp_keepalive_time = 7200
[...]
```

内核(3.2.6-3)中有 63 个包含 `tcp` 的可调参数而在 `net.` 下有更多,其中包括 IP、Ethernet、路由和网络接口的参数。

以下部分有特定的调优示例。

套接字和 TCP 缓冲

所有协议类型读(rmem_max)和写(wmem_max)的最大套接字缓冲大小可以这样设置:

```
net.core.rmem_max = 16777216
net.core.wmem_max = 16777216
```

数值的单位是字节。为支持全速率的 10GbE 连接,这可能需要设置到 16MB 或更高。

启用 TCP 接收缓冲的自动调整:

```
tcp_moderate_rcvbuf = 1
```

为 TCP 读和写缓冲设置自动调优参数:

```
net.ipv4.tcp_rmem = 4096 87380 16777216
net.ipv4.tcp_wmem = 4096 65536 16777216
```

每个参数有三个数值:可使用的最小、默认和最大字节数,长度从默认值自动调整。要提高吞吐量,尝试增加最大值。增加最小值和默认值会使每个连接消耗更多不必要的内存。

TCP 积压队列

首个积压队列,半开连接:

```
tcp_max_syn_backlog = 4096
```

第二个积压队列,传递连接给 accept() 的监听积压队列:

```
net.core.somaxconn = 1024
```

以上两者或许都需要由默认值调高,例如调至 4096 和 1024 或者更高,以便更好地处理突发的负载。

设备积压队列

增加每 CPU 的网络设备积压队列长度:

```
net.core.netdev_max_backlog = 10000
```

为了 10GbE 的 NIC,这可能需要增加到 10 000。

TCP 阻塞控制

Linux 支持可插入的阻塞控制算法。列出当前可用:

```
# sysctl net.ipv4.tcp_available_congestion_control
net.ipv4.tcp_available_congestion_control = cubic reno
```

一些可能支持但未加载。例如添加 htcp:

```
# modprobe tcp_htcp
# sysctl net.ipv4.tcp_available_congestion_control
net.ipv4.tcp_available_congestion_control = cubic reno htcp
```

选择当前的算法:

```
net.ipv4.tcp_congestion_control = cubic
```

TCP 选项

其他可设置的 TCP 参数包括 SACK 和 FACK 扩展,它们能以一定 CPU 为代价在高延时的网络中提高吞吐性能。

```
net.ipv4.tcp_sack = 1
net.ipv4.tcp_fack = 1
net.ipv4.tcp_tw_reuse = 1
net.ipv4.tcp_tw_recycle = 0
```

安全时 tcp_tw_reuse 可调参数能重利用一个 TIME-WAIT 会话。这使得两个主机间有更高的连接率,例如 Web 服务器和数据库服务器之间,而且不会达到 16b 的 TIME-WAIT 会话临时端口极限。

`tcp_tw_recycle` 是另一个重利用 TIME-WAIT 会话的方法，尽管没有 `tcp_tw_reuse` 安全。

网络接口

TX 队列长度可以用 `ifconfig(8)` 增加，例如：

```
ifconfig eth0 txqueuelen 10000
```

对于 10GbE NIC 这可能是必需的。该设置可以添加到/etc/rc.local 以便在启动时应用。

资源控制

控制组[2]（cgroups）的网络优先级（net_prio)子系统能对进程或者进程组的出站网络通信应用优先级。相对于低优先级的网络通信，例如备份或者监视，这能够照顾高优先级的网络通信，例如生产负载。配置的优先级数值会翻译为一个 IP ToS 水平（或者更新的使用同样比特的方案）并包含于数据包中。

10.8.2　Solaris

历史上可调参数的设置或者查看由 `ndd(1M)` 命令完成，也可以通过/etc/system 设置而由 `mdb(1)` 查看。这正被迁移到 `ipadm(1M)` 命令，它是一个统一而灵活的管理 IP 栈属性的工具。

例如，用 `ipadm(1M)` 列出属性：

```
# ipadm show-prop
PROTO  PROPERTY            PERM  CURRENT       PERSISTENT  DEFAULT     POSSIBLE
ipv4   forwarding          rw    on            on          off         on,off
ipv4   ttl                 rw    255           --          255         1-255
ipv6   forwarding          rw    off           --          off         on,off
ipv6   hoplimit            rw    255           --          255         1-255
ipv6   hostmodel           rw    weak          --          weak        strong,
                                                                       src-priority,
                                                                       weak
ipv4   hostmodel           rw    src-priority  --          weak        strong,
                                                                       src-priority,
                                                                       weak
icmp   recv_maxbuf         rw    8192          --          8192        4096-65536
icmp   send_maxbuf         rw    8192          --          8192        4096-65536
tcp    ecn                 rw    passive       --          passive     never,passive,
                                                                       active
tcp    extra_priv_ports    rw    2049,4045     --          2049,4045   1-65535
tcp    largest_anon_port   rw    65535         --          65535       1024-65535
tcp    recv_maxbuf         rw    128000        --          128000      2048-1073741824
```

---

[2] 译者注——原书为 container groups，有误，应为 control groups，控制组。

```
tcp    sack                    rw   active         --    active        never,passive,
                                                                        active
tcp    send_maxbuf             rw   49152          --    49152         4096-1073741824
tcp    smallest_anon_port      rw   32768          --    32768         1024-65535
tcp    smallest_nonpriv_port   rw   1024           --    1024          1024-32768
udp    extra_priv_ports        rw   2049,4045      --    2049,4045     1-65535
udp    largest_anon_port       rw   65535          --    65535         1024-65535
udp    recv_maxbuf             rw   57344          --    57344         128-1073741824
udp    send_maxbuf             rw   57344          --    57344         1024-1073741824
udp    smallest_anon_port      rw   32768          --    32768         1024-65535
udp    smallest_nonpriv_port   rw   1024           --    1024          1024-32768
[...]
```

你通常需要从找到对应你的 Solaris 版本（例如 Solaris [9]）的正确版本 *Solaris Tunable Parameters Reference Manual* 开始。该手册提供关键的可调参数的指导，包括它们的类型、何时设置它们、它们的默认值以及有效的范围。

以下是通常的示例。对于那些显示 `ndd(1M)` 的版本，可用时把它们映射到 `ipadm(1M)`。做出修改前，还需要先检查调优是否被公司或者其他供应商政策禁止。

缓冲

设置缓冲大小的多种可调参数如下：

```
ndd -set /dev/tcp tcp_max_buf 16777216
ndd -set /dev/tcp tcp_cwnd_max 8388608
ndd -set /dev/tcp tcp_xmit_hiwat 1048576
ndd -set /dev/tcp tcp_recv_hiwat 1048576
```

`tcp_max_buf` 可以设置 `setsockopt()` 能设置的最大套接字缓冲。`tcp_cwnd_max` 是 TCP 阻塞窗口的最大值。提高这两个值有助于提升网络吞吐性能。

`tcp_xmit_hiwat` 和 `tcp_recv_hiwat` 参数设置默认的发送和接收 TCP 窗口大小。在 `ipadm(1M)` 中它们是 `send_maxbuf` 和 `recv_maxbuf`。

TCP 积压队列

调整积压队列：

```
ndd -set /dev/tcp tcp_conn_req_max_q0 4096
ndd -set /dev/tcp tcp_conn_req_max_q 1024
```

_q0 参数对应半开队列，而 _q 参数对应监听积压队列。这两者或许都需要由默认值调高，例如调高至 4096 和 1024，以便更好地处理突发的负载。

TCP 选项

有一些方法可以调优同一主机间频繁连接的问题，以及当会话仍处于 TIME-WAIT 时重利用临时端口的冲突：

- `tcp_smallest_anon_port` 能被降低到 10 000，在客户机中会调整得更低，以提高可用的临时端口的范围。这通常仅有微小的帮助。
- `tcp_time_wait_interval` 能由默认的 60 000 降低（单位是毫秒），因而 TIME-WAIT 会话能更快地被重利用。尽管这通常是被 RFC 禁止的（具体可参考[RFC 1122]）。
- `tcp_iss_incr` 能被降低，它有助于内核检测新会话并且自动重利用 TIME-WAIT 会话。（已添加到 illumos 内核。）

其他可调整的 TCP 选项包括 `tcp_slow_start_initial`——通常设置为允许的最大值，因此 TCP 会话能更快地达到高输出。

网络设备

激活 IP squeue fanout 能通过把网络负载分布到所有 CPU 来提高性能：

```
set ip:ip_squeue_fanout=1
```

默认的行为是关联处理创建连接的 CPU，它可能会导致连接非平均地分配到 CPU 中。一些 CPU 因达到 100%的使用率，而成为瓶颈。

资源控制

`dladm(1M)` 工具能设置网络接口的多种属性，包括用 `maxbw` 设置它的最大带宽。它也能应用到虚拟接口，例如通常用于云计算的客户租户，这使得这个属性成为一个控制它们的机制。`flowadm(1M)` 工具（由 Crossbow 项目提供）提高更精细的控制。它能定义流。流配对传输（TCP）和端口，并且包含如 `maxbw` 和 `priority` 的属性。优先级能设置为"低"、"正常"、"高"或者"实时"（rt）。相对于低优先级的网络通信，例如备份或者监视，这能照顾高优先级的网络通信，例如生产负载。

基于 Solaris 的系统还有可应用优先级到数据包的 IP QoS（IPQoS）支持，它由 `ipqosconf(1M)` 设置。

10.8.3 配置

除了可调参数，如下的配置选项也能用于调优网络性能。

- **以太网巨型帧**：如果网络基础架构支持巨型帧，由默认的 MTU 1 500 增加到 9 000 左右能提高网络吞吐性能。
- **链路聚合**：多个网络接口能组合并聚合带宽成为一个接口。这需要交换机支持并且配置以便正常工作。
- **套接字选项**：应用程序能用 `setsockopt()` 调优缓冲区大小。增加它（直到之前介绍的系统极限）以提高网络吞吐性能。

这些对于两个操作系统类型是通用的。

10.9 练习

1. 回答以下关于网络术语的问题：
    - 带宽与吞吐量之间的区别是什么？
    - TCP 连接延时？
    - 首字节延时是什么？
    - 往返时间是什么？

2. 回答以下概念问题：
    - 描述网络接口使用率和饱和度。
    - 什么是 TCP 监听积压队列以及如何使用它？
    - 描述中断聚合的优缺点。

3. 回答以下深层次的问题：
    - 对于 TCP 连接，解释一个网络帧（或者数据包）错误会如何损害性能。
    - 描述一个网络接口工作超负荷会发生什么，包括对应用程序性能的影响。

4. 对你的操作系统制定如下的操作步骤：
    - 针对网络资源（网络接口和控制器）的 USE 方法的检查清单，包括如何收集每个指标（例如执行哪个命令）以及如何解读结果。在安装或使用附加的软件工具前，尝试使用 OS 自带的观测工具。
    - 针对网络资源的工作负载特征的检查清单，包括如何收集每个指标，并且尽量首先使用 OS 自带的观测工具。

5. 完成这些任务（可能需要使用动态跟踪）：
    - 测量出站（活动）TCP 连接的首字节延时。
    - 测量 TCP 连接延时。这个脚本要能处理非阻塞 `connect()` 系统调用。

6. （可选，高级）测量 TCP/IP 的栈内 RX 和 TX 延时。对于 RX，测量从中断到读取套接字的时间；对于 TX，测量时间从写入套接字到设备传输。测试有负载情况。能包括更多的信息用以解释导致任何延时异常的原因吗？

10.10 参考

[Saltzer 84]	Saltzer, J., D. Reed, and D. Clark. "End-to-End Arguments in System Design," *ACM TOCS*, November 1984.
[Stevens 93]	Stevens, W. R. *TCP/IP Illustrated,* Volume 1. Addison-Wesley, 1993.
[Mathis 96]	Mathis, M., and J. Mahdavi. "Forward Acknowledgement: Refining TCP Congestion Control." ACM SIGCOMM, 1996.
[Downey 99]	Downey, A. "Using pathchar to Estimate Internet Link Characteristics." ACM SIGCOMM, October 1999.
[Hassan 03]	Hassan, M., and R. Jain. *High Performance TCP/IP Networking*. Prentice Hall, 2003.
[Deri 04]	Deri, L. "Improving Passive Packet Capture: Beyond Device Polling," *Proceedings of SANE*, 2004.
[McDougall 06a]	McDougall, R., and J. Mauro. *Solaris Internals: Solaris 10 and OpenSolaris Kernel Architecture*. Prentice Hall, 2006.
[Gregg 11]	Gregg, B., and J. Mauro. *DTrace: Dynamic Tracing in Oracle Solaris, Mac OS X and FreeBSD*. Prentice Hall, 2011.
[Nichols 12]	Nichols, K., and V. Jacobson. "Controlling Queue Delay," *Communications of the ACM*, July 2012.
[RFC 768]	*User Datagram Protocol*, 1980.
[RFC 793]	*Transmission Control Protocol*, 1981.
[RFC 896]	*Congestion Control in IP/TCP Internetworks*, 1984.
[RFC 1122]	*Requirements for Internet Hosts—Communication Layers*, 1989.
[RFC 1761]	*Snoop Version 2 Packet Capture File Format*, 1995.

[RFC 2474]	*Definition of the Differentiated Services Field (DS Field) in the IPv4 and IPv6 Headers,* 1998.
[1]	www.bufferbloat.net
[2]	http://hub.opensolaris.org/bin/view/Project+ip-refactor/
[3]	https://blogs.oracle.com/timc/entry/nicstat_the_solaris_and_linux
[4]	ftp://ftp.ee.lbl.gov/pathchar
[5]	www.wireshark.org
[6]	https://github.com/brendangregg/dtrace-cloud-tools
[7]	www.dtracebook.com
[8]	www.netperf.org/netperf
[9]	http://docs.oracle.com/cd/E23824_01/html/821-1450/index.html

第 11 章

云计算

云计算的兴起在性能领域中解决了一些问题，同时也带来了一些新的问题。云通常基于虚拟化技术搭建，它允许多个操作系统实例或者租户共享一个物理服务器。这意味着会存在资源竞争：不仅仅来自常见的其他 UNIX 进程，还源自其他的各个操作系统。隔离每个租户的性能影响至关重要，而识别由其他租户所导致的糟糕性能也同样重要。

本章讨论云计算环境的性能，包括以下三个部分：

- **背景** 提供通用的云计算架构以及由此带来的性能影响。
- **OS 虚拟化** 由单个内核管理系统，创建各自独立的虚拟 OS 实例。这部分以 SmartOS 的 Zones 作为实现示例。
- **硬件虚拟化** 是一个 hypervisor，管理多个访客操作系统，每个访客在虚拟设备上运行自己的内核。这个部分用 Xen 和 KVM 作为示例。

本章包含了一些示例技术，以讨论不同类型虚拟化的性能特性。如果需要完整的使用文档以及其他虚拟化技术文档，请参考各自的在线文档。

未使用虚拟化技术的云环境（仅有裸机的系统），可以看作分布式系统并使用前面章节描述的技术分析。对于虚拟系统，本章补充了之前介绍方法的资料。

11.1 背景

云计算把计算资源作为一项可交付的服务，可从一个服务器的一小部分扩展为跨越多个服务器系统。它有多种类型，具体取决于安装和配置的软件栈。本章聚焦于最基础的类型：基础架构即服务（IaaS），它以服务器实例提供操作系统。IaaS 提供商包括 Amazon Web Services（AWS）、Rackspace 和 Joyent。

服务器实例通常是可以在数分钟内（或者一分钟内）创建和销毁，并可以立刻投入生产的虚拟系统。通常会有云 API 以让其他程序可以自动化服务器实例供应。

简而言之，云计算描述了一个动态的服务器实例供应框架。多个服务器实例以一个物理宿主系统的访客身份运行。访客也可称为租户，而多租户用来描述它们对它们邻居的影响。宿主由云运营商管理。访客（租户）由购买它们的顾客管理。

云计算暗示一些有关性能的主题：性价比、架构、容量规划、存储以及多租户。下面会分别介绍。

11.1.1 性价比

许多公有云提供商通常按小时和内存（DRAM）大小销售服务器实例，8GB 实例的价格大约为 1GB 实例的 8 倍。其他的资源，如 CPU，根据内存大小按比例放大定价。结果可能是性价比一致，并为更大系统提供更多的折扣以鼓励使用。

一些提供商允许你支付溢价以得到更多的 CPU 资源分配（一个"高 CPU 实例"）。其他的资源使用也可能被货币化，例如网络带宽和存储。

11.1.2 可扩展的架构

企业环境传统上利用垂直扩展处理负载：组建更大的单一系统（大型机）。这种实现方式有它的极限。组建的计算机在物理大小上存在实际的极限（它可能受制于电梯门或者集装箱的大小），并且随着 CPU 数量的增长，保持 CPU 缓存一致性的难度也在逐步上升。解决这些极限的方案是跨多个（或许小的）系统扩展负载，这称为水平扩展。在企业中，它被用于服务器群和集群，特别是用于高性能计算（HPC）。

云计算也基于水平扩展。图 11.1 展示了一个示例环境，它包括负载均衡器、Web 服务器、应用服务器和数据库。

每个环境层由一个或多个并行运行的服务器实例组成，并可增加数量以处理负载。实例可以单独增加，架构也可以分割为垂直分区。这里每个组由数据库服务器、应用服务器以及 Web 服务器组成并以单元为单位添加。

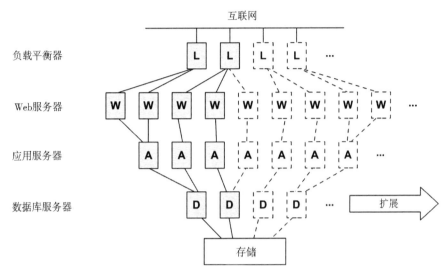

图 11.1　云架构：水平扩展

最难以并行执行的层次是数据库层，因为传统的数据库模型要求必须有一个主要实例。这些数据库的数据，如 MySQL，可以在逻辑上分割成"碎片"，由它自己的数据库（或者主/从对）管理。更新的数据库架构，例如 Riak，动态处理并行执行，在可用的实例间分布负载。

由于每服务器实例的尺寸通常较小，如 1GB（运行在 128GB 以及更大的 DRAM 的物理机上），可用细颗粒的扩展取得最佳的性价比，而非一上来便投资于巨型系统后期却大量闲置。

11.1.3　容量规划

在企业环境中，服务器是重大的基础架构投资，包括硬件和可能延续数年的服务合同费。将新服务器投入生产可能也需要数月：审批时间、等待零部件可用、运输、上架、安装以及测试。容量规划至关重要，应确保采购大小合适的系统：太小意味着失败，太大成本过高（并且，由于服务合同，可能未来数年都成本高昂）。容量规划还有助于早期预测需求的增加，因此能及时完成冗长的采购流程。

云计算却非常不同。服务器实例是廉价的并且能几乎即时地创建和销毁。企业能按需增加服务器实例以应对实际的负载，而不需花费时间规划需要什么。这可以基于性能监测软件提供的指标，通过云 API 自动完成。小企业或者创业公司不需要企业环境中要求的详细的容量规划研究，可以从单个较小的实例成长到数千实例。

对于成长中的创业公司，另一个值得考虑的因素是代码更新的节奏。网站经常每周更新它们的生产代码，甚至每天。一个容量规划研究可能需要数周，并且由于它是基于性能参数的一个快照，可能在它完成时就已经过时了。这与运行商业软件的企业环境不同，它们通常每年更新不了几次。

在云中进行的关于容量规划的操作如下。

- **动态规模**：自动添加和减少服务器实例。
- **扩展性测试**：购买短期的大型云计算环境以测试扩展性，而不是拟合负载（这是一种基准测试活动）。

注意时间限制，有可能还要对扩展性建模（类似企业研究）以估计实际扩展性为何达不到理论值。

动态规模

自动增加服务器实例能满足迅速响应负载的需要，但是它也可能具有如图 11.2 所示的过度供给的风险。例如，一个 DoS 攻击可能看着似负载的增加，但却引发了高成本的服务器实例增加。类似的风险还有应用程序变更所导致的性能退化，从而要求更多的实例以处理相同的负载。用以验证增加是否合理的监测至关重要。

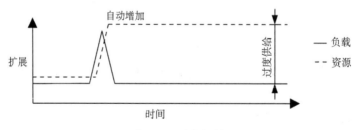

图 11.2　动态规模

一些云也能在负载下降时减小它的规模。例如，2012 年 12 月，Pinterest 报告通过在数小时后自动关闭云系统将成本由 54 美元/小时降低到 20 美元/小时[1]。类似的直接节省也可能是性能调优使需要处理负载的实例减少的结果。

一些云架构（参见 11.2 节），在可用时能采用被称为爆发的策略实时地动态分配更多的 CPU 资源。它无额外成本，并且意在通过提供缓冲辅助以避免过度供给。这段期间里可检测增加的负载以确定是否真实并可能持续。如果答案是肯定的，则提供更多的实例以确保资源足够继续运行下去。

这里任意的技术都应该被认为比企业环境更有效率——特别是那些按照整个服务器生命周

期的峰值负载来选定规模的情况，这些服务器可能大多数时候是被闲置的。

11.1.4 存储

一个云服务器实例通常有一些由本地磁盘提供的本地存储以存放临时文件。这些本地存储是不稳定的，并且在服务器实例销毁时一并销毁。持久的存储通常使用一个单独的服务。它通过以下方式提供存储给实例。

- **文件储存**：例如 NFS 上的文件。
- **块储存**：例如 iSCSI 上的块。
- **对象储存**：使用 API，通常基于 HTTP。

这些是依附于网络的，并且网络基础架构和存储设备都与其他租户共享。基于这些原因，性能可能会比本地磁盘更不稳定。图 11.3 展示了这两种设置。

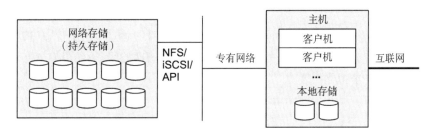

图 11.3 云存储

网络存储访问的高延时一般通过内存缓存得到缓解。

当需要可靠的性能时，有些存储服务允许按照 IOPS 率购买（例如 AWS EBS Provisioned IOPS 卷）。

11.1.5 多租户

UNIX 是一个多任务的操作系统。它被设计成能处理多个用户和进程访问同样的资源。之后 BSD、Solaris 以及 Linux 添加的资源限制和控制使得共享这些资源更加公平，以及当出现资源竞争引起性能问题时，可以提供有助于定位和定量的观测能力。

云计算的不同在于整个操作系统实例共存于同一个物理系统中。每个访客有自己隔离的操作系统：访客不能观察同一宿主的其他访客的用户或进程——信息泄漏——即使它们共享同样的物理资源。

由于资源在租户间共享，性能问题可能由"*吵闹的邻居*"引起。例如，同一宿主上的另一个客户可能在你的负载峰值时运行数据库全转储，影响到你的磁盘和网络 I/O，以及网络吞吐率。更糟糕的是，一个邻居可能在运行微型基准测试以评估云供应商，特意把所有的资源耗光以检测极限。

这个问题有一些解决方案。多租户效应可以通过*资源管理*控制：设置操作系统*资源控制*以提供*性能隔离*（又名资源隔离）。以下是施加单租户限制和优先级的地方：CPU、内存、磁盘或者文件系统 I/O，以及网络吞吐率。并非所有的云技术都提供所有这些，特别是磁盘 I/O 限制。ZFS I/O 流控是为 Joyent 的公有云开发的，特别针对吵闹的磁盘邻居问题。

除了限制资源的使用，观测多租户竞争可以帮助云运营商调优限制并且更好地在可用的宿主上平衡租户。可观测的程度视虚拟化的类型而定：OS 虚拟化或硬件虚拟化。

11.2　OS 虚拟化

OS 虚拟化将操作系统划分为形同分隔的访客服务器且能独立于宿主管理和重启的实例。这为云客户提供了高性能服务器实例，并为云运营商提供高密度的服务器。图 11.4 展示了用 Solaris 分区术语表示的 OS 虚拟化访客。

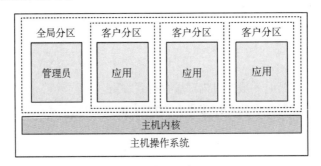

图 11.4　操作系统虚拟化

图中描绘了*全局区*，它指的是能看到所有访客分区（也称为*非全局分区*）的宿主 OS。

这种实现方法源自 UNIX 的 `chroot(8)` 命令，它将进程隔离在 UNIX 的全局文件系统的一个子目录内（改变顶层目录，"/"）。在 1998 年，FreeBSD 开发出更进一步的"FreeBSD 监狱"，提供了安全隔仓，运行起来就像自己的服务器。在 2005 年，Solaris 10 引入了一个带有多种资源控制的版本，名为 Solaris Zones。通过 OpenSolaris 及后来的 SmartOS，分区被投入到 Joyent 公有云的生产环境。最近，还有一些包括 lxc Linux Containers [2] 和 Open Virtuozzo（OpenVZ）[3] 在内的 Linux OS 虚拟化项目。OpenVZ 由 Parallels 公司支持并且需要一个修改过的 Linux 内核[4]。

相比硬件虚拟化技术，一个关键区别是仅有一个内核在运行。它有如下优势：

- 由于客户应用程序能直接向宿主内核发起系统调用，客户应用程序 I/O 仅有一些甚至没有性能开销。
- 分配给客户的内存能完全用于客户应用程序——而没有来自 OS 虚拟层或者其他访客内核的额外内核负担。
- 只有一个统一的文件系统缓存——没有宿主和访客的双重缓存。
- 所有的客户进程都可由宿主观测到，这样可以调试牵涉到它们之间的相互作用（包括资源竞争）的性能问题。
- CPU 是真实的 CPU，自适应互斥锁的假设仍然有效。

而劣势为：

- 任何 kernel panic 会影响到所有客户。
- 客户不能运行不同的内核版本。

为了运行不同的内核版本和不同的操作系统，你需要硬件虚拟化（在 11.3 节介绍）。通过提供可选的系统调用接口，操作系统虚拟化能在一定程度上满足这个需求。一个实例是 Solaris lx Branded Zones，它在 Solaris 内核下提供一个 Linux 系统调用接口和应用程序环境。

下面具体描述 OS 虚拟化：系统开销、资源控制以及可观测性。这部分内容基于一个运行多年的生产环境公有云（并且也可能是全世界范围内最大的 OS 虚拟化云）：Joyent SmartOS 的 Zones 实现。这些信息应该能适用于所有 OS 虚拟化实现，主要的区别在于如何配置相关的资源控制。例如，Linux lxc Containers 使用 cgroups，用途与这里描述的技术类似。

11.2.1 系统开销

理解何时需要以及何时不需要预期虚拟化带来的性能系统开销，对于调查云性能问题至关重要。性能系统开销可以汇总为 CPU 执行系统开销、I/O 处理系统开销和其他租户的影响。

CPU

当一个线程运行于用户模式时的 CPU 执行的系统开销为零。不需要同步仿真或者模拟——线程直接运行于 CPU 直至它们退出或者被抢占。

尽管不经常被调用——因此性能不敏感——一些活动，例如列出内核系统状态，可能会由于过滤其他租户的统计信息而引发一些额外的 CPU 系统开销。这包括用状态工具（例如 `prstat(1M)`、`top(1)`）读取 /proc，它会遍历包括其他租户在内的所有进程记录，但仅返回

过滤的列表。用于这里的内核代码来自 pr_readdir_procdir():

```
    /*
     * Loop until user's request is satisfied or until all processes
     * have been examined.
     */
    while ((error = gfs_readdir_pred(&gstate, uiop, &n)) == 0) {
            uint_t pid;
            int pslot;
            proc_t *p;

            /*
             * Find next entry.  Skip processes not visible where
             * this /proc was mounted.
             */
            mutex_enter(?dlock);
            while (n < v.v_proc &&
                ((p = pid_entry(n)) == NULL || p->p_stat == SIDL ||
                (zoneid != GLOBAL_ZONEID && p->p_zone->zone_id != zoneid) ||
                secpolicy_basic_procinfo(CRED(), p, curproc) != 0))
                    n++;
```

在当前的系统中测量，发现每 1 000 个进程记录需要额外的 40μs。对于非频繁操作，这种成本可以忽略不计。（如果它的成本更高，需要修改内核代码。）

I/O

除非配置了额外的功能，I/O 的系统开销是零。基础虚拟化的运行，不需要额外的软件栈层。如图 11.5 所示，包括 UNIX 进程的 I/O 路径与 Zone 的比较。

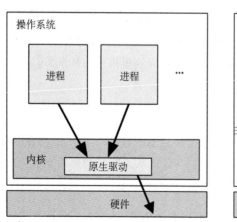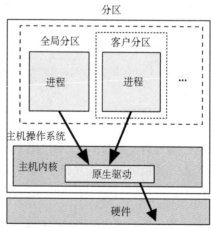

图 11.5　UNIX 进程和 Zone 的 I/O 路径比较

显示宿主（裸机）和访客传输网络数据包的两个内核栈跟踪如下（用 DTrace 获得）：

```
Host:                                    Guest:
mac`mac_tx+0xda                          mac`mac_tx+0xda
dld`str_mdata_fastpath_put+0x53          dld`str_mdata_fastpath_put+0x53
ip`ip_xmit+0x82d                         ip`ip_xmit+0x82d
ip`ire_send_wire_v4+0x3e9                ip`ire_send_wire_v4+0x3e9
ip`conn_ip_output+0x190                  ip`conn_ip_output+0x190
ip`tcp_send_data+0x59                    ip`tcp_send_data+0x59
ip`tcp_output+0x58c                      ip`tcp_output+0x58c
ip`squeue_enter+0x426                    ip`squeue_enter+0x426
ip`tcp_sendmsg+0x14f                     ip`tcp_sendmsg+0x14f
sockfs`so_sendmsg+0x26b                  sockfs`so_sendmsg+0x26b
sockfs`socket_sendmsg+0x48               sockfs`socket_sendmsg+0x48
sockfs`socket_vop_write+0x6c             sockfs`socket_vop_write+0x6c
genunix`fop_write+0x8b                   genunix`fop_write+0x8b
genunix`write+0x250                      genunix`write+0x250
genunix`write32+0x1e                     genunix`write32+0x1e
unix`_sys_sysenter_post_swapgs+0x14      unix`_sys_sysenter_post_swapgs+0x14
```

它们是完全一致的。额外的层往往显示为栈中额外的帧。

对于文件系统访问，可以设置分区挂载回环文件系统，它们本身挂载于宿主的文件系统。这个策略适用于稀疏根分区模型：一个在分区间共享只读文件（例如/usr/bin）的方法。如果使用了回环文件系统，文件系统 I/O 会产生少量的 CPU 系统开销。

其他租户

其他租户的存在对性能很可能有一些与虚拟化技术无关的负面影响：

- 由于其他租户消耗并清空记录，CPU 缓存命中率可能会降低。
- CPU 执行可能被短时间地中断以供其他租户设备（例如网络 I/O）执行中断服务例程。
- 可能会存在系统资源的竞争，源自正在被其他租户使用的资源（例如磁盘、网络接口）。

最后一个因素由资源控制管理。尽管这些影响同样存在于传统的多用户环境，它们在云计算中更普遍。

11.2.2 资源控制

OS 虚拟化基础架构管理邻居间的安全，而资源控制管理性能。表 11.1 列出了资源控制的范围并用 Joyent 公有云的 SmartOS Zone 配置作为实例。这些资源控制被分为限制和优先级，它们可按每访客由云运营商或者软件设置。

限制是资源消耗的最大值。优先级引导资源消耗，按重要值平衡邻居间的使用。两者都可以适当使用——对于一些资源，那意味着两者都需要。

表 11.1 OS 虚拟化实例资源控制

资源	优先级	极限
CPU	FSS	caps
内存容量	rcapd/zoneadmd	VM 极限
文件系统 I/O	ZFS I/O 调速	—
文件系统容量	—	ZFS 配额，文件系统极限
磁盘 I/O	见文件系统 I/O	—
网络 I/O	flow 优先级	带宽极限

CPU

因为 OS 虚拟化客户能直接"看到"系统中所有的物理 CPU，有些情况它被允许消耗 100% 的 CPU 资源。对于大部分时间 CPU 闲置的系统，这允许其他访客利用 CPU，特别为了服务那些瞬间剧增的需求。Joyent 称这种能力为爆发，它有助于云客户处理短期的高需求而不需要高成本的过度供给。

CPU 帽

设置 CPU 帽可以限制客户的 CPU 使用，避免爆发，它表示为 CPU 的总百分比。一些顾客偏好这种方式，因为它提供了简化容量规划的一致性能期望值。

对于其他的顾客，按 Joyent 的默认设置，CPU 帽自动增加到顾客期望份额的一个倍数（如 8 倍）。在 CPU 资源可用时，允许客户机爆发。假如客户机保持爆发状态达数小时或者数天（由监视系统确定），会鼓励顾客升级访客机大小，这样可以分配可靠的 CPU 供消耗，而不是依赖爆发。

当客户不知道他们正在爆发并持续数周时，这可能导致问题。在某个时间点，另一个需要大量 CPU 的租户也来消耗剩余的空闲 CPU，而减少了可供第一个租户的使用量，他就会经历性能下降并可能对此不满。这种情况类似于整月乘坐经济舱，却非常幸运地每次整排都空着，然后你登上一架满座的航班……

期望值可用前述关闭爆发的方法来限制——如同放了一袋袋的土豆在空座位上，因此乘客就不会习惯有更多的空间。你的顾客可能更倾向于你告知他们处于爆发而管理他们的期望值，而非关闭这个功能。

CPU 份额

公平分享调度器（FSS）可以在访客机之间正确地分配 CPU 份额。份额可任意分配，并用以下公式计算任意时间点繁忙访客机的 CPU 量：

访客机 CPU=所有 CPU×访客机份额 / 系统中繁忙份额总量

假如一个系统有 100 份额分配给多个访客机。在某一时间点，只有访客机 A 和 B 需要 CPU 资源，访客机 A 有 10 个份额，而访客机 B 有 30 个份额。访客机 A 因此能使用系统中 25%的 CPU 总资源：所有 CPU × 10 / (10 + 30)。

对于 Joyent，每个访客机得到的份额等于它内存大小的兆字节数（因此与支付的价格相关）。两倍大小的系统价格贵两倍，因此可以得到两倍的 CPU 份额。这确保 CPU 资源公平地在需要且付费的访客机之间分配。Joyent 还会利用 CPU 帽来限制爆发，因此期望值不会无法控制。

内存容量

内存资源有两种类型，每个有它自己的资源控制策略：主存（RSS）和虚存（VM）。它们也会利用在 resource_controls(5) Man 手册页[5]中描述的资源控制工具，这个工具提供一套资源控制的可调参数。

主存

限制主存比听上去更棘手一些——强制一个硬性的极限很难做到。一旦 Unix 系统使用超过可用的主存，它就开始换页（参见第 7 章）。

这种行为在访客机中由 SmartOS 利用每分区的管理守护进程，*zoneadmd* 的一个线程实现。它按照访客机的内存资源控制属性，zone.max-physical-memory，提早换页。它还会通过用延时来流控页面换入，让页面换出能跟得上。

这个功能过去由资源帽守护进程，*rcapd*，来完成，对于所有分区它只有一个进程（并且当存在多个分区时它无法扩展）。

虚存

虚存的资源控制属性是 zone.max-swap，在分配（malloc()）过程中会同步检查。对于 Joyent，它被设置为主存的两倍。一旦达到极限，分配就会失败（内存不足错误）。

文件系统 I/O

为应对源自吵闹邻居的磁盘 I/O，Joyent 的 Bill Pijewski 开发了一个 ZFS 功能，名为 I/O 流控，以在文件系统级别进行控制。它类似于 CPU 的 FSS，在租户间公平地平衡 I/O 资源，把份额分配到各个分区。

它的工作方式是按比例流控操作最多磁盘 I/O 的租户，以减少它们与其他租户的竞争。实际的调速机制是在 I/O 完成后返回给用户空间前插入延时。这时，线程通常处于等待 I/O 结束的阻塞中，而插入额外的延时给用户的感觉是 I/O 有点慢。

文件系统容量

本地文件系统存在一个硬性的容量上限：映射存储设备提供的总可用空间。通常我们希望将这些空间划分给系统上的访客机。它能用以下方式完成：

- 带上限的虚拟卷。
- 支持配额的文件系统（例如 ZFS）。

网络文件系统和存储也能提供文件系统容量上限。云提供商通常将之与价格挂钩。

磁盘 I/O

当前的 SmartOS 分区通过访问文件系统控制磁盘 I/O。参见之前的文件系统 I/O 部分的介绍。

网络 I/O

由于每个分区配置有自己的虚拟网络接口，吞吐率可以用 `dladm(1M)` 提供的 `maxbw`（最大带宽）连接属性来限制。更精细的网络 I/O 控制可以利用 `flowadm(1M)`。它能同时设置 `maxbw` 和 `priority` 值并能基于传输类型和端口适配流量。Joyent 目前不限制网络 I/O（所有的基础架构都是 10GbE，而且通常有充足的带宽），因此仅当有网络滥用时，才人工设置这些资源控制。

11.2.3 可观测性

对于 OS 虚拟化，底层的技术默认允许所有人看到一切，因此必须强制限制以防止不小心的安全泄漏。这些限制至少包括：

- 作为访客机，/proc 仅显示访客机的进程。
- 作为访客机，`netstat` 仅列出访客机所拥有的会话信息。
- 作为访客机，文件系统工具仅显示访客机所拥有的文件系统。
- 作为访客机，分区管理工具不列出其他分区。
- 作为访客机，不能查看内核的内部活动（没有 DTrace fbt provider 或者 `mdb -k`）。

宿主运营商能看到一切：宿主 OS 和所有访客机的进程、TCP 会话和文件系统。在宿主中可以自己直接观测访客机的活动——不需要登录每一个访客机。

以下部分演示了可用于宿主和访客机的观测工具，并介绍了分析性能的策略。SmartOS 和它的观测工具用来演示 OS 虚拟化应该有哪些类型的信息。

宿主

当登录宿主时，所有的系统资源（CPU、内存、文件系统、磁盘、网络）可以用前面章节介绍的工具检查。使用分区时，这里有两个额外因素需要检查：

- 每分区的统计信息
- 资源控制的影响

通常用选项-z 来检查每分区的统计信息。例如：

```
global# ps -efZ
    ZONE       UID    PID  PPID  C    STIME TTY      TIME CMD
   global     root      0     0  0   Oct 03 ?        0:01 sched
   global     root      4     0  0   Oct 03 ?        0:16 kcfpoold
   global     root      1     0  0   Oct 03 ?        0:07 /sbin/init
   global     root      2     0  0   Oct 03 ?        0:00 pageout
   global     root      3     0  0   Oct 03 ?      952:42 fsflush
[...]
 72188ca0 0000101  16010 12735  0 00:43:07 ?        0:00 pickup -l -t fifo -u
 b8b2464c    root  57428 57427  0   Oct 21 ?        0:01 /usr/lib/saf/ttymon
 2e8ba1ab webservd 13419 13418  0   Oct 03 ?        0:00 /opt/local/sbin/nginx ...
 2e8ba1ab 0001003  13879 12905  0   Oct 03 ?      121:25 /opt/local/bin/ruby19 ...
 2e8ba1ab    root  13418     1  0   Oct 03 ?        0:00 /opt/local/sbin/nginx ...
 d305ee44 0000103  15101 15041  0   Oct 03 ?        6:07 /opt/riak/lib/os_mon-2...
 8bbc4000    root  10933     1  0   Oct 03 ?        0:00 /usr/sbin/rsyslogd -c5 -n
[...]
```

第一列显示分区名称（截短以适配宽度）。

`prstat(1M)` 也支持选项-Z：

```
global# prstat -Zc 1
   PID USERNAME  SIZE   RSS STATE  PRI NICE      TIME  CPU PROCESS/NLWP
 22941 root      40M   23M wait     1    0  38:01:38 4.0% node/4
 22947 root      44M   25M wait     1    0  23:20:56 3.9% node/4
 15041 103     2263M 2089M sleep   59    0 168:09:53 0.9% beam.smp/86
[...]
ZONEID    NPROC  SWAP   RSS MEMORY      TIME  CPU ZONE
    21       23  342M  194M   0.4%   0:28:48 7.9% b8b2464c-55ed-455e-abef-bd...
     6       21 2342M 2109M   4.3% 180:29:09 0.9% d305ee44-ffaf-47ca-a558-89...
    16        2 1069M 1057M   2.1% 107:03:45 0.3% 361f610e-605a-4fd3-afa4-94...
    15        2 1066M 1054M   2.1% 104:16:33 0.3% 25bedede-e3fc-4476-96a6-c4...
    19        2 1069M 1055M   2.1% 105:23:21 0.3% 9f68c2c8-75f8-4f51-8a6b-a8...
Total: 391 processes, 1755 lwps, load averages: 2.39, 2.31, 2.24
```

顶部（已截短）照常显示进程列表。最高的 CPU 消耗者位于顶部。下面的部分是每个分区的总结，如下所示。

- **SWAP**：总分区虚存大小。
- **RSS**：总分区常驻集大小（主存使用）。
- **MEMORY**：使用的主存，以全系统资源的百分比展示。
- **CPU**：使用的 CPU，以全系统资源的百分比展示。

- **ZONE**：分区名称。

这是一个用于云计算的系统（称为计算节点）。它支持超过十多个动态创建的分区。每个分区有一个自动生成的 UUID 作为分区名（b8b2464c...）。

zonememstat(1M) 工具显示每个分区的内存使用：

```
global# zonememstat
                                  ZONE   RSS(MB)  CAP(MB)   NOVER   POUT(MB)
                                global       156        -       -          -
8bbc4000-5abd-4373-b599-b9fdc9155bbf       242     2048       0          0
d305ee44-ffaf-47ca-a558-890c0bbef508      2082     2048  369976    9833581
361f610e-605a-4fd3-afa4-94869aeb55c0      1057     2048       0          0
476afc21-2751-4dcb-ae06-38d91a70b386      1055     2048       0          0
9f68c2c8-75f8-4f51-8a6b-a894725df5d8      1056     2048       0          0
9d219ce8-cf52-409f-a14a-b210850f3231      1151     2048       0          0
b8b2464c-55ed-455e-abef-bd1ea7c42020        48     1024       0          0
[...]
```

部分列说明如下。

- **CAP(MB)**：配置的资源控制上限。
- **NOVER**：分区超过上限的次数。
- **POUT(MB)**：为控制分区在上限内而页面换出的数据总量。

不断增加的 POUT(MB) 值往往是一个访客机应用程序配置错误并试图使用超过客户机可用内存的征兆，因此应用程序被 rcapd 或者 zoneadmd 换出。

其他的资源控制（CPU、ZFS I/O 流控和网络帽）信息可以用 kstat(1M) 和 prctl(1) 获取。

如果需要，可以从宿主执行更深入的分析，包括检查访客机应用程序系统调用栈和内部活动。宿主管理员可以确认性能问题的根源，而不需要登录访客机。

访客机

访客机只能看到它自己的进程和活动的特定细节。修改过后支持这项功能的观测工具称为*分区感知*。ps(1) 和 prstat(1M) 使用的/proc 文件系统仅包括该分区的进程，使得这些工具也是分区感知。

只要私有的细节不泄漏，共享的系统资源就可以从客户机观测到。例如，客户机能直接观测到所有的物理 CPU 和磁盘（mpstat(1M)、iostat(1M)）以及全系统的内存使用（vmstat(1M)）。

例如，检查一个空闲分区的磁盘 I/O：

```
zone# iostat -xnz 1
                    extended device statistics
    r/s    w/s   kr/s   kw/s wait actv wsvc_t asvc_t  %w  %b device
  526.4    3.0 65714.8   27.7  0.0  0.9    0.0    1.7   1  88 sd5
                    extended device statistics
    r/s    w/s   kr/s   kw/s wait actv wsvc_t asvc_t  %w  %b device
  963.0    1.0 75528.5    8.1  0.0  1.1    0.0    1.1   1  89 sd5
[...]
```

这可能会困扰一些刚接触 OS 虚拟化的人——磁盘为什么会处于繁忙状态？这是因为 iostat(1) 显示物理磁盘，包括来自其他租户的活动。这些工具被称为是全系统的（即非分区感知）。

要检查仅由这个分区产生的磁盘使用，可以检查从 VFS 层取得的统计信息：

```
zone# vfsstat 1
   r/s    w/s   kr/s   kw/s ractv wactv read_t writ_t  %r  %w  d/s del_t zone
   1.2    6.8   17.7    0.0   0.0   0.0    0.0    0.1   0   0  0.8  81.6 b8b2464c (21)
  45.3    0.0    4.5    0.0   0.0   0.0    0.0    0.0   0   0  0.0   0.0 b8b2464c (21)
  45.3    0.0    4.5    0.0   0.0   0.0    0.0    0.0   0   0  0.0   0.0 b8b2464c (21)
[...]
```

以上确认了这个分区（几乎）是空闲的——读取为 4.5KB/s（它可能由文件系统缓存并且不产生任何磁盘 I/O）。

mpstat(1M) 也是全系统的：

```
zone# mpstat 1
CPU minf mjf xcal  intr ithr  csw icsw migr smtx   srw syscl  usr sys  wt idl
  0    1   0    0   456  177  564   10   32 17777    0 99347   53  20   0  27
  1    0   0    4  1025  437 4252  155  185 28337    0 62321   42  19   0  40
  2    0   0    1  5169 2547 3457   34   74  7037    0 28110   14   8   0  78
  3    1   0    1   400  161  798  102  127 47442    0 82525   63  23   0  14
  4    1   0    0   308  138  712   23   52 31552    0 49330   38  15   0  48
[...]
```

它显示所有的物理 CPU，包括来自其他租户的活动。

prstat -Z 的汇总信息是一种仅显示访客机 CPU 用量的方法（当在非全局分区中运行时，其他访客机不会列出）：

```
zone# prstat -Zc 1
[...]
ZONEID    NPROC  SWAP   RSS MEMORY      TIME  CPU ZONE
    21       22  147M   72M   0.1%   0:26:16 0.0% b8b2464c-55ed-455e-abef-bd...
```

另外，kstat 的计数器显示包含上限的 CPU 用量。

最后，硬件资源的可观测性向访客机提供了可用于性能分析的有用的统计信息，它可以帮助他们排除一些类型的问题（包括吵闹邻居）。这是它与硬件虚拟化的一个重要区别，后者将物理资源隐藏起来，访客机无法观测。

策略

前面的章节覆盖了物理系统资源的分析技巧并包括了多种方法。宿主运营商以及访客机在一定程度上可以使用这些方法，仅需牢记前面介绍的局限性。对于访客机，高级资源使用通常是可观测的，但不可能向下挖掘到内核层。

除去物理资源，宿主运营者和客户机租户也需要检查云附加的资源控制。这些限制（如果存在）应该首先检查，因为它们会在物理限制之前很快就达到，更可能产生影响。

由于许多传统观测工具先于资源控制出现（例如 `top(1)` 和 `prstat(1M)`），它们默认不包括资源控制信息，而用户很可能忘记用支持资源控制的工具进行检查。

下面是检查每项资源控制的一些建议和策略。

- **CPU**：对于 CPU 帽，当前的 CPU 使用率可以与帽值对比。达到帽值会导致线程处于运行状态等待，这可以通过调度延时来观测。开始时会让人困惑，因为物理系统可能有大量的闲置 CPU。
- **内存**：对于主存，与上限比较当前的用量。一旦达到上限，会产生 zoneadmd 的换页。有可能因匿名换页以及消耗于数据缺页的线程时间而被察觉。一开始时会让人困惑，因为系统页面可能是不活动的（`vmstat` 看不到 `sr`），并且物理系统可能有大量空闲内存。
- **文件系统 I/O**：高速率的 I/O 可能被流控，导致平均延时少量增加。这可以用 `vfsstat(1M)` 工具观测到。
- **文件系统容量**：这应该能像任何其他文件系统一样观测（包括使用 `df(1M)`）。
- **磁盘 I/O**：参见文件系统 I/O。
- **网络 I/O**：如果设置过，比较带宽上限和当前的网络吞吐率。租户到达上限而被限制到上限，可能导致网络 I/O 延时的增加。

开发一个针对 SmartOS Zone 的 USE 方法检查清单，首先分析资源控制，然后检查物理资源[6]。

监测软件

需要注意的是许多为独立系统编写的监测工具还未开发对 OS 虚拟化的支持。试图在客户机中使用它们的客户可能会发现它们看起来能工作但实际上却显示物理系统资源，因为这些工具是基于它们一直参考的相同计数器做出报告的。由于不支持观察云资源控制，这些工具可能会错误地报告系统还有可用富余资源，而事实上它们已经到达极限。它们也可能显示资源高使用率，但事实上是由其他租户导致的。

11.3 硬件虚拟化

硬件虚拟化创建系统虚拟机实例，它们能运行包括自己内核在内的整个操作系统。硬件虚拟化包括如下类型。

- **全虚拟化——二进制翻译**：提供一个由虚拟硬件组件组成的完整虚拟系统。在此之上可以安装未修改的操作系统。它由 VMware 于 1998 年在 x86 平台上始创，混合利用了直接处理器执行和按需翻译二进制指令[7]。相对于服务器整合带来的节省，它的性能开销通常是可接受的。
- **全虚拟化——硬件支持**：提供一个由虚拟组件组成的完整虚拟系统。在此之上可以安装未修改的操作系统。它利用处理器的支持以更有效地执行虚拟机，特别是 2005-2006 年引入的 AMD-V 和 Intel VT-x 扩展。
- **半虚拟化**：提供了包括使得访客机操作系统更有效地使用宿主资源的接口（通过 *hypercalls*）的一个虚拟系统，而不需要包括所有组件的完整虚拟化。例如，设置计时器通常需要多个必须由虚拟层模拟的特权指令。对于一个半虚拟化的客户机，这能被简化为单个超级调用。半虚拟化可能会利用访客机的半虚拟网络设备驱动将数据包更高效地传递给宿主的物理网络接口。尽管性能有所提升，但它依赖于客户 OS 对半虚拟化的支持（Windows 一直以来不提供）。

另一类硬件虚拟化，*混合虚拟化*，同时利用硬件辅助的虚拟化和更高效的半虚拟化调用，以期提供最佳性能。最常见的半虚拟化的目标是如网络板卡和存储控制器等的虚拟设备。

虚拟机由虚拟机管理程序创建和执行，它可能由软件、固件或者硬件实现。

图 11.6 展示了硬件虚拟化客户机。

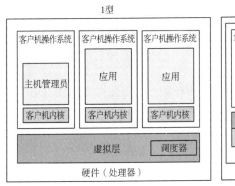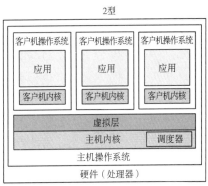

图 11.6　硬件虚拟化

图中展示了两种类型的虚拟机管理程序[Goldberg 73]：

- **1 型**　直接运行于处理器上，并且不属于其他宿主的内核或用户软件。虚拟机管理程序的管理可以由一个特权访客机实现（这里描绘为系统中的第一个：0 号）。它能创建和启动新的访客机。1 型也称为本地虚拟机管理程序或者裸机虚拟机管理程序。这类虚拟机管理程序包括了自带的用于客户 VM 的 CPU 调度器。
- **2 型**　由宿主 OS 内核运行并且可能由内核级模块和用户级进程组成。宿主 OS 有管理虚拟机管理程序和启动新访客机的特权。这类虚拟机管理程序由宿主内核调度器调度。

硬件虚拟化有许多不同的实现。主要的例子如下。

- **VMware ESX**：首次发布于 2001 年，VMware ESX 是一个用于服务器整合的企业产品，并且是 VMware vSphere 云计算产品的主要组件。它的虚拟层是一个运行于裸机的微内核，第一个虚拟机称为 *service console*。它能管理虚拟机管理程序和新的虚拟机。
- **Xen**：首次发布于 2003 年，Xen 始于剑桥大学的研究项目并且后来被 Citrix 收购。Xen 是一个为高性能运行半虚拟化访客机的 1 型虚拟机管理程序，后来添加了对未做修改的硬件辅助 OS 访客机（Windows）的支持。虚拟机称为域，而最高特权的是 dom0。它可以管理虚拟机管理程序并且启动新的域。Xen 是开源软件而且可以从 Linux 启动。（也有 Solaris 的版本，不过 Oracle 现在更倾向于 Oracle VM Server。）Amazon Elastic Compute Cloud（EC2）以及 Rackspace Cloud 都基于 Xen。
- **KVM**：由创业公司 Qumranet 开发，被 Red Hat 于 2008 年收购。KVM 是 2 型虚拟机管理程序，以一个内核模块执行。它支持硬件辅助扩展，并且在访客机 OS 支持时对于特定的设备使用半虚拟化以达到高性能。要创建一个完整的硬件辅助虚拟机实例，它与一个被称为 QEMU（Quick Emulator）的用户进程协同工作。QEMU 最初是一个由 Fabrice Bellard 编写的高质量开源 2 型虚拟机管理程序，使用二进制翻译。KVM 是开源软件并且已经被移植到 illumos 和 FreeBSD。Joyent 公有云的 Linux 和 Windows 实例使用 KVM（SmartOS 实例使用 OS 虚拟化）。Google 也使用 KVM 驱动 Google Compute Engine [8]。

下面部分描述硬件虚拟化主题：系统开销，资源控制和可观测性。这些差别与实现相关，并不止于上面列举的三个实现。具体细节请检查你的实现。

11.3.1　系统开销

硬件虚拟化由虚拟机管理程序以多种方式实现。每当它试图访问硬件时，这些硬件虚拟化技术会给访客机 OS 增加系统开销：命令必须由虚拟设备翻译为物理设备。当研究性能时，必须理解这些翻译，它们因硬件虚拟化的类型和实现而不同。系统性能开销可以通过描述 CPU 执行系统开销、I/O 处理系统开销和其他租户的影响来总结。

CPU

总地来说，访客机应用程序完全在处理器上执行。对于仅限于 CPU 的应用程序，性能接近裸机系统。可能会遇到的系统开销发生在特权处理器调用、硬件访问和主存映射时。

不同的硬件虚拟化类型如下。

- **二进制翻译**：识别和翻译访客机能在物理资源上执行的内核指令。二进制翻译在硬件辅助可用之前使用。由于缺乏虚拟化的硬件支持，VMware 使用的方案是在处理器环 0 上运行虚拟机监视器（VMM）并将客户机内核移至之前未使用的环 1（应用程序运行于环 3 而大多数处理器提供四个环）。因为一些客户机内核指令假设它们运行于环 0，为了运行于环 1，它们需要翻译，并调用 VMM 得到虚拟化。这类翻译是在运行中处理的。
- **半虚拟化**：访客机 OS 中必须被虚拟化的指令被替换为对虚拟机管理程序的超级调用。如果访客机 OS 被修改为支持超级调用，使其意识到运行于虚拟硬件中，性能就能得到提升。
- **硬件辅助**：未做修改的运行于硬件的客户机内核指令由虚拟机管理程序处理。它执行一个低于环级别 0 的 VMM。访客机 OS 内特权内核指令被强限于高特权的 VMM 内，后者能模拟特权以支持虚拟化[Adams 06]，因此不需要翻译二进制指令。

鉴于实现方式和工作负载，我们一般倾向于硬件辅助虚拟化，而假如访客机 OS 支持，半虚拟化通常用来提高一些工作负载的性能（特别是 I/O）。

举另一个实现的例子，多年来 VMware 的二进制翻译模型被不断深入地优化。他们在 2007 年写到：

由于从虚拟机管理程序到访客机之间切换的高开销和一个刚性的编程模型，VMware 的二进制翻译实现在大多数情况下比第一代的硬件辅助实现性能更好。第一代实现的刚性的编程模型没有为软件灵活性留有空间。这里的灵活性指管理虚拟机管理程序到访客机之间切换的频率或开销。

访客机与虚拟机管理程序的切换频率，以及消耗于虚拟机管理程序的时间，可以作为 CPU 开销的一个指标来研究。这些事件通常称为访客机退出，因为当它发生时，虚拟 CPU 必须停止在访客机中的执行。图 11.7 显示了关于 KVM 中访客机退出的 CPU 开销。

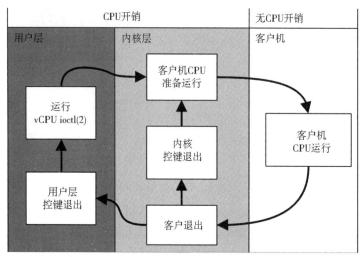

图 11.7 硬件虚拟化的 CPU 开销

上图展示了在用户进程、宿主内核以及访客机间的访客机退出流程。在访客机处理退出之外消耗的时间是硬件虚拟化的 CPU 开销；处理退出消耗的时间越多，开销越大。当访客机退出时，这些事件的一个子集可由内核直接处理。那些不能处理的必须离开内核并回到用户进程，与能由内核处理的相比，这会导致更大的系统开销。

例如，在 Joyent 使用的 KVM 实现中，这些系统开销可以通过访客机退出来研究。它们在源代码中映射为如下函数（来自 kvm_vmx.c）：

```
static int (*kvm_vmx_exit_handlers[])(struct kvm_vcpu *vcpu) = {
    [EXIT_REASON_EXCEPTION_NMI]         = handle_exception,
    [EXIT_REASON_EXTERNAL_INTERRUPT]    = handle_external_interrupt,
    [EXIT_REASON_TRIPLE_FAULT]          = handle_triple_fault,
    [EXIT_REASON_NMI_WINDOW]            = handle_nmi_window,
    [EXIT_REASON_IO_INSTRUCTION]        = handle_io,
    [EXIT_REASON_CR_ACCESS]             = handle_cr,
    [EXIT_REASON_DR_ACCESS]             = handle_dr,
    [EXIT_REASON_CPUID]                 = handle_cpuid,
    [EXIT_REASON_MSR_READ]              = handle_rdmsr,
    [EXIT_REASON_MSR_WRITE]             = handle_wrmsr,
    [EXIT_REASON_PENDING_INTERRUPT]     = handle_interrupt_window,
    [EXIT_REASON_HLT]                   = handle_halt,
    [EXIT_REASON_INVLPG]                = handle_invlpg,
    [EXIT_REASON_VMCALL]                = handle_vmcall,
    [EXIT_REASON_VMCLEAR]               = handle_vmx_insn,
    [EXIT_REASON_VMLAUNCH]              = handle_vmx_insn,
    [EXIT_REASON_VMPTRLD]               = handle_vmx_insn,
    [EXIT_REASON_VMPTRST]               = handle_vmx_insn,
    [EXIT_REASON_VMREAD]                = handle_vmx_insn,
    [EXIT_REASON_VMRESUME]              = handle_vmx_insn,
    [EXIT_REASON_VMWRITE]               = handle_vmx_insn,
    [EXIT_REASON_VMOFF]                 = handle_vmx_insn,
    [EXIT_REASON_VMON]                  = handle_vmx_insn,
    [EXIT_REASON_TPR_BELOW_THRESHOLD]   = handle_tpr_below_threshold,
    [EXIT_REASON_APIC_ACCESS]           = handle_apic_access,
    [EXIT_REASON_WBINVD]                = handle_wbinvd,
```

```
        [EXIT_REASON_TASK_SWITCH]               = handle_task_switch,
        [EXIT_REASON_MCE_DURING_VMENTRY]        = handle_machine_check,
        [EXIT_REASON_EPT_VIOLATION]             = handle_ept_violation,
        [EXIT_REASON_EPT_MISCONFIG]             = handle_ept_misconfig,
        [EXIT_REASON_PAUSE_INSTRUCTION]         = handle_pause,
        [EXIT_REASON_MWAIT_INSTRUCTION]         = handle_invalid_op,
        [EXIT_REASON_MONITOR_INSTRUCTION]       = handle_invalid_op,
};
```

尽管这些名称很简洁,它们仍可以提供一些访客机调用虚拟机处理程序而带来 CPU 开销原因的思路。

一个常见的访客机退出是 `halt` 指令,通常当内核找不到可处理的操作(它允许处理器在被中断前以低功耗模式运行)时由空闲进程调用。它由 `handle_halt()`(kvm_vmx.c)处理。为展示所涉及代码的一些大致概念,引用如下:

```
static int
handle_halt(struct kvm_vcpu *vcpu)
{
        skip_emulated_instruction(vcpu);
        return (kvm_emulate_halt(vcpu));
}
```

它调用 `kvm_emulate_halt()`(kvm_x86.c):

```
int
kvm_emulate_halt(struct kvm_vcpu *vcpu)
{
        KVM_VCPU_KSTAT_INC(vcpu, kvmvs_halt_exits);

        if (irqchip_in_kernel(vcpu->kvm)) {
                vcpu->arch.mp_state = KVM_MP_STATE_HALTED;
                return (1);
        } else {
                vcpu->run->exit_reason = KVM_EXIT_HLT;
                return (0);
        }
}
```

如同许多类型的访客机退出,为了最小化 CPU 开销,这些代码被控制得很短。本示例由 `KVM_VCPU_KSTAT_INC()` 宏开始,它设置一个 kstat 计数器以便观测停止的速率。(这是一个由 Linux 移植过来的版本,它以相同目的设置一个内置的计数器。)剩余的代码模拟硬件来处理这个特权指令。这些函数能用 DTrace 在虚拟机处理程序上研究,以跟踪它们的类型和它们退出的时间长度。

例如中断控制器和高精度计时器的虚拟化硬件设备也会引起 CPU(以及少量的 DRAM)开销。

内存映射

如第 7 章所述,操作系统与 MMU 协作创建由虚拟内存到物理内存映射的页面,将它们缓存于 TLB 以提高性能。对于虚拟化，从访客机到硬件映射一个新的内存页面（缺页）包括两个步骤：

1. 由访客机内核执行的访客机虚拟到物理的翻译。
2. 由虚拟机管理程序 VMM 执行的访客机物理到宿主物理（实际）的翻译。

由访客机虚拟到宿主物理的映射可以在 TLB 缓存，因此后续的访问能以正常速度运行——不需要额外的翻译。现代的处理器支持 MMU 虚拟化，因此存留于 TLB 的映射能很快地仅在硬件中回收（页面遍历），而不需要调用虚拟机管理程序。支持的此种特性在 Intel 中称为扩展页面表（EPT），而在 AMD 中称为嵌套页面表（NPT）[9]。

缺少 EPT/NPT 时，另一个提升性能的实现方法是维护访客机虚存到宿主物理映射的影子页面表（shadow page table）。它由虚拟机管理程序管理，并且在访客机执行时通过覆写访客机的 CR3 寄存器访问。通过这个策略，访客机内核照常维护它自己由访客机虚存到访客机物理的页表。虚拟机管理程序截获对这些页表的修改并在影子页面中创建对应的到宿主物理页面的映射。而后在访客机执行时，虚拟机管理程序覆写 CR3 寄存器以指向影子页面。

内存大小

与 OS 虚拟化不同，使用硬件虚拟化会有一些额外的内存消耗。每个访客机运行自己的内核，它消耗少量的内存。内存架构可能也会导致访客机和宿主缓存相同的数据。

I/O

虚拟化的一个重要成本是 I/O 设备的开销。与 CPU 和内存 I/O 能以类裸机方式设置执行共同的路径不同，每一个设备 I/O 必须由虚拟机管理程序翻译。对于例如 10Gb/s 的高频率 I/O，每个 I/O（packet）的少量开销能导致性能的严重下降。

利用半虚拟化可以在一定程度上缓解 I/O 开销。修改过的客户机内核驱动能更有效地在虚拟环境中运行，合并 I/O 以及执行更少的设备中断以减少虚拟机管理程序开销。

另一个技巧是 PCI 穿透，它直接给访客机分配一个 PCI 设备，因此它能像在裸机系统中一样使用。PCI 穿透能提供所有选择中最好的性能，但是它降低了配置多租户系统的灵活性，因为一些设备被访客机占用而不能被共享。这会使在线迁移更加复杂[10]。

还有一些技术提高了在虚拟化中使用 PCI 设备的灵活性，包括单根 I/O 虚拟化（SR-IOV）以及多根 I/O 虚拟化（MR-IOV）。这些术语指暴露出来的复杂 PCI 拓扑根数量，提供了不同方式的硬件虚拟化。它的使用依赖于硬件和虚拟机管理程序的支持。

图 11.8 展示了设备 I/O，Xen（1 型虚拟管理程序）以及 KVM（2 型虚拟管理程序）示例。GK 是"访客机内核"，Xen 中的 domU 运行访客机 OS。这里的一些箭头指控制路径，包括组件间同步或非同步的通知，告知对方有更多可传输的数据。一些案例中的数据通道是由共

享内存和环缓冲实现的。可能还有一些其他技术。图 11.8 演示了双方使用了为每个访客机 VM 建立的 I/O 代理进程（特别是 QEMU 软件）。

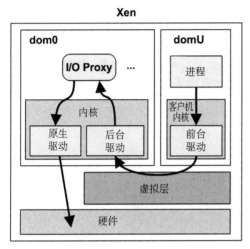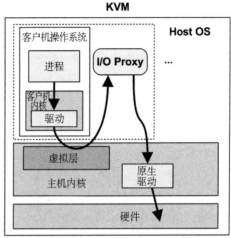

图 11.8　Xen 和 KVM I/O 路径

控制和数据 I/O 路径上的步骤数对性能至关重要：越少越好。2006 年 KVM 开发者将 KVM 与类 Xen 的特权访客机系统做了比较，发现 KVM 能只用将近一半的步骤处理 I/O（5 比 10，尽管测试未利用半虚拟化，因此并不反映最新的配置）[11]。

Xen 利用一个设备通道来提升自身的 I/O 性能———一个 dom0 与访客机域（domU）之间的共享内存传输通道。这避免了 CPU 和总线处理在域间传递一份额外 I/O 数据拷贝的开销。它也可能如 11.3.2 节所描述的那样，用不同的域处理 I/O。

在两种情况下，半虚拟化访客机驱动都可以用来提升性能。它能在虚拟 I/O 路径上应用最优缓冲和 I/O 合并。

其他租户

如同 OS 虚拟化，其他租户的存在会导致 CPU 缓存热度不够。另外，当其他租户被调度和服务时，包括设备中断，都可能会发生访客机运行时中断。资源竞争可以由资源控制管理。

11.3.2　资源控制

CPU 和内存的资源限制设置通常会作为访客机配置的一部分。虚拟机管理程序软件可能还会提供网络和磁盘 I/O 的资源控制。

对于 2 型虚拟机管理程序，宿主 OS 最终控制物理资源，而除去虚拟机管理程序提供的控制外,(如果存在)可用的 OS 资源控制也会被应用到访客机。

例如,Joyent 配置 KVM 访客机运行于 SmartOS Zone 上。这就可以应用 11.2 节列出的包括 ZFS I/O 调节在内的资源控制。这样在 KVM 限制之外,它还提供了更多的选项以及控制资源使用的灵活性。它还将每一个 KVM 实例封装在自己的高度安全的分区中,提供多个安全保护边界——一个称为双层虚拟化的技巧。

有哪些可用的限制依赖于虚拟机管理程序软件、类型,而对于 2 型虚拟机管理程序,还有宿主的 OS。宿主 OS 可用的资源控制种类参见 11.2 节。作为示例,下面描述来自 Xen 和 KVM 虚拟机管理程序的资源控制。

CPU

CPU 资源通常以虚拟 CPU(vCPU)的方式分配给访客机。这些由虚拟机管理程序来调度。分配的 vCPU 个数粗略地限制了 CPU 的资源使用。

对于 Xen,虚拟机管理程序 CPU 调度器可以对访客机实行更精细的 CPU 配额。调度器如下。([Cherkasova 07]、[Matthews 08])。

- **租借虚拟时间(BVT)**:一个基于虚拟时间分配的公平共享调度器。它能预先借用虚拟时间以支持低延时的实时和交互应用程序的执行。
- **简单最早到期优先(SEDF)**:一个可以配置保证运行时间的实时调度器。调度器将优先调度最早到期的项目。
- **基于信用**:支持 CPU 用量优先级(权重)和限制,并且在多个 CPU 间负载均衡。

对于 KVM,宿主 OS 可以使用更精细的 CPU 配额,例如使用前述的宿主内核公平共享调度器。在 Linux 中,可用 cgroup 的 CPU 带宽控制来施行。

这两个技术在如何处理访客机优先级上都有局限。访客机 CPU 的使用通常对虚拟机管理程序不透明,因此也无法看到甚至参照访客机内核线程的优先级。例如,Solaris 内核用来定期扫描内存的后台 fsflush 守护进程可能与另一个运行着关键应用服务器的访客机有着相同的虚拟机管理程序优先级。

对于 Xen 而言,dom0 中高 I/O 工作负载额外消耗的 CPU 资源使得 CPU 资源使用更加复杂。仅仅是后端驱动和访客机的 I/O 代理就有可能消耗比分配给它们更多的 CPU,但没有统计在内 [Cherkasova 05]。一个新的解决方案是隔离驱动域(IDD),可为安全、性能隔离和核算隔离 I/O 服务,如图 11.9 所示。

IDD 使用的 CPU 可被监测,而它的使用可向访客机收费。引用自[Gupta 06]:

> 我们修改的调度器,SEDF-Debt Collector 简写为 SEDF-DC,定期地从 XenMon 获取 IDD 为访客域处理 I/O 消耗 CPU 的反馈。利用这个信息,SEDF-DC 限制了分配给访客域的 CPU 以符合确定的总 CPU 使用限制。

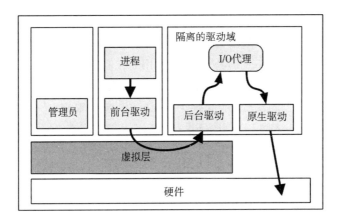

图 11.9 带隔离驱动域的 Xen

Xen 使用的最新技巧是桩域,它运行一个微型 OS。

内存容量

内存容量是访客机配置的一部分。访客机仅能看到固定设置的内存大小。访客机内核处理自己的操作(换页、交换)以确保在它的限制内。

为了增加静态配置的灵活性,VMware 开发了气球驱动[Waldspurger 02]。它通过在访客机中运行一个消耗访客机内存的"膨胀"气球模块来减少内存消耗。虚拟机管理程序可以回收内存用于其他访客机。气球也能被放气,把内存归还给访客机使用。在这个过程中,访客机内核执行它正常的内存管理程序以释放内存(例如,换页)。VMware、Xen 和 KVM 都支持气球驱动。

文件系统容量

宿主向访客机提供虚拟磁盘卷。访客机在配置过程中从存储磁盘池中(利用 ZFS)创建需要的大小。访客机在这些磁盘卷上创建文件系统,并管理它的空间,这个空间受限于配置的卷大小。这项操作的细节依赖于虚拟化软件和存储配置。

设备 I/O

硬件虚拟化的资源控制历来关注控制 CPU 用量,并间接控制 I/O 的使用。

外部的专用设备可能会流控网络吞吐率,或者对 2 型虚拟机管理程序而言,由宿主内核的功能进行流控。例如,illumos 内核支持网络带宽资源控制,它理论上能施加到访客机虚拟网络接口。Linux 的 cgroups 提供网络带宽控制,可以提供类似的功能。

Xen 的网络性能隔离曾得到研究,结论如下[Adamczyk 12]:

……考虑网络虚拟化时，Xen 的弱点是缺乏适当的性能隔离。

[Adamczyk 12]的作者提出了一个 Xen 网络 I/O 调度的解决方案，即增加网络 I/O 优先级和速率的可调参数。如果你使用 Xen，检查是否有可用的类似技术。

硬件虚拟化的磁盘和文件系统 I/O 技术也在开发中。检查你的软件版本看哪些可用，而且对于 2 型虚拟机管理程序，还要检查宿主操作系统可用的资源控制。例如，Joyent 的 KVM 访客机的磁盘 I/O 利用前述的 ZFS I/O 调速技术。

11.3.3 可观测性

哪些可观测依赖于虚拟机管理程序的类型和观测工具的实施位置。通常如下。

- **从特权访客机（1 型）或者宿主（2 型）**：所有的物理资源都可用标准 OS 工具观测，而 I/O 的观测则通过 I/O 代理。OS 或者虚拟化软件提供每访客机的资源使用统计信息。访客机的内部活动，包括它们的进程，不能直接观测。
- **从访客机**：物理资源及它们的使用通常不能观测。虚拟资源和它们的使用能从访客机观察到。

物理资源的使用可在特权访客机或者宿主上从较高的层次观测：使用率、饱和度、错误、IOPS、吞吐率、I/O 类型。这些因素通常以每访客机的方式暴露出来，因而能快速地定位重度用户。哪个访客机进程在处理 I/O 以及它们的应用程序调用栈细节不能被直接观测。可以通过登录访客机来观测（假设有授权并可配置的方法，例如，SSH）并且利用访客机 OS 提供的观测工具。

为了定位访客机性能问题的根本原因，云运营者可能需要同时登录特权访客机或者宿主以及访客机并且从两者执行观测工具。跟踪 I/O 路径由于牵涉的步骤以及可能需要分析虚拟层和 I/O 代理而变得复杂。

对于访客机，物理资源的使用可能完全不能观测。这可能会驱使访客机客户将神秘的性能问题归咎于物理资源被不可见的吵闹邻居占用。为了安抚云客户（并减少支持工单），物理资源的使用（经编辑的）可能以其他方式提供，包括 SNMP 或者云 API。

下面演示了从不同位置运行观测工具并介绍了一个分析性能的策略。Xen 和 KVM 被用来演示虚拟化软件所能提供的信息类型。

特权访客机/宿主

所有系统资源（CPU、内存、文件系统、磁盘、网络）应该通过前面章节介绍的工具进行观测。

KVM

对于 2 型虚拟机管理程序,访客机实例在宿主 OS 中可见。例如 SmartOS 上的 KVM:

```
global# prstat -c 1
   PID USERNAME  SIZE   RSS STATE  PRI NICE     TIME  CPU PROCESS/NLWP
 46478 root    1163M 1150M cpu6     1    0  9:40:15 5.2% qemu-system-x86/5
  4440 root    9432K 4968K sleep   50    0 136:10:38 1.1% zoneadmd/5
 15041 103     2279M 2091M sleep   60    0 168:40:09 0.4% beam.smp/87
 37494 root    1069M 1055M sleep   59    0 105:35:52 0.3% qemu-system-x86/4
 37088 root    1069M 1057M sleep    1    0 107:16:27 0.3% qemu-system-x86/4
 37223 root    1067M 1055M sleep   59    0  94:19:31 0.3% qemu-system-x86/7
 36954 root    1066M 1054M cpu7    59    0 104:28:53 0.3% qemu-system-x86/4
[...]
```

QEMU 进程是 KVM 的访客机,它包括每个 vCPU 的线程和 I/O 代理线程。它们的 CPU 使用可通过 `prstat(1M)` 的输出看到,并且每个 vCPU 的使用可以用其他 `prstat(1M)` 的选项(`-mL`)检查。把 QEMU 进程映射到它们的访客机实例名字通常只需要检查它们进程的参数(`pargs(1)`)并读取选项 `-name`。

另一个重要的分析范围是访客机 vCPU 退出。出现的退出类型能显示访客机在做什么:vCPU 处于闲置、处理 I/O,或者处理运算。在 Linux 中,这些收集的信息可以通过 debugfs 文件系统和类似 `perf(1)` 的工具访问。在 SmartOS 中,这些性能收集在 kstats 中并且能用 `kvmstat(1)` 工具汇总。

```
host# kvmstat 1
   pid vcpu |  exits :  haltx   irqx  irqwx    iox  mmiox |  irqs   emul   eptv
 12484    0 |   8955 :    551   2579    316   1114      0 |  1764   3510      0
 12484    1 |   2328 :    253    738     17    248      0 |   348    876      0
 12484    2 |   2591 :    262    579     14    638      0 |   358    837      0
 12484    3 |   3226 :    244   1551     19    239      0 |   343    960      0
 28275    0 |    196 :     12     75      1      0     82 |    14    107      0
[...]
```

开始的两个字段确定 vCPU 处于哪个虚拟机中。之后的列显示总退出数,将它们分解为通常的分类。最后的几列显示 vCPU 上的其他活动。在帮助中 `kvmstat(1)` 描述的这些列如下所示。

- **pid**:控制虚拟 CPU 的进程标识符。
- **vcpu**:相对于虚拟机的虚拟 CPU 标识符。
- **exits**:虚拟 CPU 的虚拟机退出。
- **haltx**:HLT 指令导致的虚拟机退出。
- **irqx**:等待中的外部中断导致的虚拟机退出。
- **irqwx**:开放中断窗口导致的虚拟机退出。
- **iox**:I/O 指令导致的虚拟机退出。
- **mmiox**:内存映射 I/O 导致的虚拟机退出。
- **irqs**:注入虚拟 CPU 的中断。

- **emul**：内核模拟的指令。
- **eptv**：扩展页表违规。

尽管操作员很难直接看到访客虚拟机的内部，但检查退出可以刻画出硬件虚拟化的开销是否影响一个租户。如果你看到退出的数量较低以及高比例的 haltx，你就可以知道访客机 CPU 非常空闲。另一方面，如果你看到大量的 I/O 操作，生成中断并被注入访客机，那么很可能访客机在它的虚拟 NIC 和磁盘上做 I/O。

Xen

对于 1 型虚拟机管理程序，访客机 vCPU 在虚拟机管理程序中退出，而标准 OS 工具不能从特权访客机（dom0）观测到这个情况。对于 Xen，可以使用 xentop(1) 工具：

```
# xentop
xentop - 02:01:05   Xen 3.3.2-rc1-xvm
2 domains: 1 running, 1 blocked, 0 paused, 0 crashed, 0 dying, 0 shutdown
Mem: 50321636k total, 12498976k used, 37822660k free    CPUs: 16 @ 2394MHz
      NAME  STATE    CPU(sec) CPU(%)     MEM(k) MEM(%)  MAXMEM(k) MAXMEM(%) VCPUS NETS
 NETTX(k) NETRX(k) VBDS   VBD_OO   VBD_RD    VBD_WR SSID
   Domain-0 -----r   6087972    2.6    9692160   19.3   no limit       n/a    16    0
        0        0    0        0        0         0
 Doogle_Win --b---    172137    2.0    2105212    4.2    2105344       4.2     1    2
        0        0    2        0        0         0
[...]
```

以上示例的字段说明如下。

- **CPU(%)**：CPU 使用百分比（多 CPU 的总和）。
- **MEM(k)**：主存使用（KB）。
- **MEM(%)**：主存占系统内存的百分比。
- **MAXMEM(k)**：主存上限大小（KB）。
- **MAXMEM(%)**：主存上限占系统内存的百分比。
- **VCPUS**：分配的 vCPU 数量。
- **NETS**：虚拟网络接口的数量。
- **NETTX(k)**：网络传输（KB）。
- **NETRX(k)**：网络接收（KB）。
- **VBDS**：虚拟块设备数量。
- **VBD_DO**：阻塞和排队（饱和）的虚拟块设备请求。
- **VBD_RD**：虚拟块设备读请求。
- **VBD_WR**：虚拟块设备写请求。

xentop 的输出默认每 3 秒更新并且可以用 -d *delay_secs* 指定。

高级可观测性

对于扩展的虚拟机管理程序分析，有一些别的办法。在 Linux 中，perf(1) 提供了 KVM 和 Xen 调查多种事件的跟踪点。下面列出了 Xen 示例跟踪点：

```
# perf list
[...]
  xen:xen_mc_batch                                  [Tracepoint event]
  xen:xen_mc_issue                                  [Tracepoint event]
  xen:xen_mc_entry                                  [Tracepoint event]
  xen:xen_mc_entry_alloc                            [Tracepoint event]
  xen:xen_mc_callback                               [Tracepoint event]
  xen:xen_mc_flush_reason                           [Tracepoint event]
  xen:xen_mc_flush                                  [Tracepoint event]
  xen:xen_mc_extend_args                            [Tracepoint event]
  xen:xen_mmu_set_pte                               [Tracepoint event]
[...]
```

另外，xentrace(8) 工具，能取回虚拟机管理程序的固定类型事件日志。日志可以用 xenanalyze 读取，并用来调查虚拟机管理程序的调度问题及使用的 CPU 调度器问题。

对于 KVM，DTrace 可以用来以自定义的方式检查虚拟机管理程序的内部工作，包括 kvm 内核宿主驱动以及 QEMU 进程、宿主内核调度器、宿主设备驱动，以及与其他租户间的互动。

例如，如下的 DTrace 脚本输出（kvmexitlatency.d[12]）跟踪 KVM 访客机退出延时并打印每个类型的分布图：

```
# ./kvmexitlatency.d
Tracing KVM exits (ns)... Hit Ctrl-C to stop
^C

  EXIT_REASON_CPUID
           value  ------------- Distribution ------------- count
            1024 |                                         0
            2048 |@@@@@@@@@@@@@@@@@@@@@@@@@@@@@@@@@@@@@@@@ 31
            4096 |@                                        1
            8192 |                                         0
[...]

  EXIT_REASON_APIC_ACCESS
           value  ------------- Distribution ------------- count
            2048 |                                         0
            4096 |                                         125
            8192 |@@@@@@@@@@@@@@@@@@@@@@@@@@@@@@@@@@@@@@@@ 11416
           16384 |@@                                       687
           32768 |                                         3
           65536 |                                         0

  EXIT_REASON_IO_INSTRUCTION
           value  ------------- Distribution ------------- count
            2048 |                                         0
            4096 |@@@@@@@@@@@@@@@@@@@@@@@@@@@@@@@@@@@@@@@@ 32623
            8192 |@                                        987
           16384 |                                         7
           32768 |                                         0
```

本示例中的所有退出是 $64\mu s$ 或者更快，其中大多数介于 $2\sim 16\mu s$ 之间。

高级虚拟层的可观测性是不断在发展的，类似 perf(1) 和 DTrace 的工具在不断拓展着可观察的边界。CR3 剖析就是一个例子。

CR3 剖析

归功于 Intel 的 VT-x 硬件辅助虚拟化指令集，每个 vCPU 都有虚拟机控制结构（VMCS）。VMCS 包含 vCPU 的寄存器状态拷贝，可被 DTrace 查询。系统中的每个进程都有它自己的地址空间以及描述虚拟到物理内存翻译的页表集。该页表的根保存在 CR3 寄存器中。

利用 DTrace 剖析 provider，你能够从访客虚拟机中采样 CR3 寄存器。如果经常看到某个特定的 CR3 值，你就能确定一个特定的进程在访客机的 CPU 上非常活跃。尽管 CR3 值目前不能映射为可读的（例如进程名），但它的数值能唯一地确定访客机上的一个进程，它能用来解读总体的系统趋势。

图 11.1 来自 Joyent 的 Cloud Analytics，是一个可视化 CR3 采样的示例。它显示出访客机内核调度两个 CPU 密集型进程的活动。

这个可视化图形是一个亚秒偏移的热图，它每秒用采样数据绘制垂直列。右侧是一个扭曲的棋盘图案，显示出两个不同的 CR3 在交替占用 CPU，这是由两个不同的访客机进程造成的。

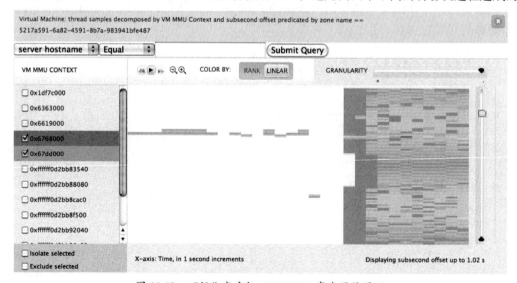

图 11.10　可视化客户机 vCPU CR3 寄存器值图形

访客机

访客机仅能看到虚拟设备。最有趣的指标是延时，显示出设备如何在虚拟化、受限和其他租户影响的环境下响应。类似忙百分比的指标在不了解下层设备的情况下很难解读。

Linux 中的 `vmstat(8)` 命令有一列显示了借用的 CPU 百分比（st），它是一个少见的虚拟化感知的统计信息：

```
$ vmstat 1
procs -----------memory---------- ---swap-- -----io---- --system-- -----cpu-----
 r  b   swpd   free   buff  cache   si   so    bi    bo   in   cs us sy id wa st
 1  0      0 107500 141348 301680    0    0     0     0 1006    9 99  0  0  0  1
 1  0      0 107500 141348 301680    0    0     0     0 1006   11 97  0  0  0  3
 1  0      0 107500 141348 301680    0    0     0     0  978    9 95  0  0  0  5
 3  0      0 107500 141348 301680    0    0     0     4  912   15 99  0  0  0  1
 2  0      0 107500 141348 301680    0    0     0     0   33    7  3  0  0  0 97
 3  0      0 107500 141348 301680    0    0     0     0   34    6100  0  0  0  0
 5  0      0 107500 141348 301680    0    0     0     0   35    7  1  0  0  0 99
 2  0      0 107500 141348 301680    0    0     0    48   38   16  2  0  0  0 98
[...]
```

本示例测试了一个 Xen 访客机的激进的 CPU 限制策略。前 4 秒内，90%的 CPU 时间处于访客机的用户模式，仅有小百分比被其他租户借用。这个行为模式之后开始剧烈变化，其大部分的 CPU 被其他租户借用。

策略

前面的章节涵盖了对物理系统资源分析的技巧。物理系统的管理员能按照它们寻找瓶颈及错误，还能检查施加于访客机的资源控制，以确定访客机是否一直达到它们的极限并通知和激励它们升级。若不登录访客机，管理员无法获得性能调查所必需的重要信息。

对于访客机，可以利用前面介绍的资源分析的工具和策略。需要注意的是这里的资源都是虚拟的。一些资源可能不会到达它的极限，这是因为无法观测到虚拟机管理程序的资源限制或者来自其他租户的竞争。理想情况下，云软件或者提供商应该给客户提供一个检查处理过的物理资源用量的方法，这样客户自己就能深入调查性能问题。否则，竞争和限制只能由增加的 I/O 和 CPU 调度延时来推断，此种延时可以在系统调用层或者访客机内核里测量。

11.4 比较

即使你无力改变你公司使用的技术，比较技术也能帮助你更好地理解它们。表 11.2 对比了本章探讨的三种技术。

表 11.2 比较虚拟化技术性能属性

属性	OS 虚拟化	硬件虚拟化，1 型	硬件虚拟化，2 型
CPU 性能	高	高（需要 CPU 支持）	高（需要 CPU 支持）
CPU 分配	灵活（FSS + "bursting"）	固定在 vCPU 极限	固定在 vCPU 极限
I/O 吞吐量	高（无内在的开销）	低或适中（需要半虚拟化）	低或适中（需要半虚拟化）
I/O 延时	低（无内在的开销）	通常有一些（I/O 代理开销）	通常有一些（I/O 代理开销）
内存访问开销	无	一些（EPT/NPT 或者影子页面表）	一些（EPT/NPT 或者影子页面表）
属性	OS 虚拟化	硬件虚拟化，1 型	硬件虚拟化，2 型
内存损失	无	一些（额外的内核，页面表）	一些（额外的内核，页面表）
内存分配	灵活（未使用的客户机内存用于文件系统高速缓存）	固定（并且有可能双重缓冲）	固定（并且有可能双重缓冲）
资源控制	许多（依 OS 而不同）	一些（依 hypervisor 而不同）	大部分（OS + hypervisor）
主机上的可观测性	最高（一切都可见）	低（资源使用，hypervisor 统计信息）	中（资源使用，hypervisor 统计信息，从 OS 审查 hypervisor）
客户机上的可观测性	中（一切允许的，包括一些物理资源状态）	低（仅限客户机）	低（仅限客户机）
hypervisor 复杂性	低（OS 分区）	高（复杂的 hypervisor）	中
不同 OS 的客户机	通常不支持（一些情况下可以使用系统调用翻译）	是	是

尽管该表格会随着这些虚拟化技术的新功能而变得过时，但它仍能指出那些需要注意的地方，即便有全新的虚拟化技术且不适用这里的任何分类。

虚拟化技术经常用微基准测试进行对比，以判断哪个的性能最好。不幸的是，这样做忽略了可观测能力，它能带来最大的性能提升（通过辨识并排除不必要的工作）。考虑如下的情况：

一个新的云客户错误地配置了一个应用程序，使得它消耗了太多的内存而被换页或者交换。对于 OS 虚拟化，云管理员能轻易地定位它（参考之前的 `zonememstat(1M)` 命令），他还能看到责任进程、应用程序栈跟踪以及通常情况下的配置文件——定位根本原因而不需要登录访客机。对于硬件虚拟化，云管理员能观察到访客机的 I/O，它看起来就像任何其他磁盘 I/O 一样，并有可能被错误地当作正常活动。在不登录访客机的情况下，无法对访客机内存耗尽以及内存正在换页或交换做识别，而登录访客机是需要认证的。

另一个需要考虑的因素是维护的复杂度。OS 虚拟化最低，由于仅有一个内核需要维护。对于半虚拟化，维护复杂度最高，因为访客机 OS 需要修改内核以提供半虚拟化支持。

对于 Joyent 公有云，只要我们客户的应用程序能运行于 SmartOS，出于高性能和提供的可观测性的原因我们倾向于 OS 虚拟化（分区）。当需要其他访客机操作系统（Linux、Windows）时，我们使用 KVM 半虚拟化，我们知道在处理 I/O 密集型负载时性能会较差。我们尝试过 Xen，不过已经用 Joyent 的 KVM 移植版替换了它。

11.5 练习

1. 回答以下关于虚拟化术语的问题：

    - 宿主和访客机的区别是什么？
    - 什么是租户？
    - 什么是虚拟层？

2. 回答以下概念问题：

    - 描述性能隔离的角色。
    - 描述硬件虚拟化的系统开销（任一类型）。
    - 描述 OS 虚拟化的系统开销。
    - 从硬件虚拟化访客机（任一类型）的角度描述物理系统的可观测性。
    - 从 OS 虚拟化访客机的角度描述物理系统的可观测性。

3. 选择一个虚拟化技术并从访客机的角度回答如下问题：

    - 描述内存限制是如何应用的，并且如何从访客机观测。（当访客机内存耗尽时系统管理员能看到什么？）
    - 如果存在 CPU 限制，描述它是如何施加的以及如何从访客机观测。
    - 如果存在磁盘 I/O 限制，描述它是如何施加的以及如何从访客机观测。

- 如果存在网络 I/O 限制，描述它是如何施加的以及如何从访客机观测。
4. 开发一个针对资源控制的 USE 方法的检查清单，包括如何收集每个指标（例如执行哪个命令）以及如何解读结果。在安装或使用附加的软件工具前，尝试使用 OS 自带的观测工具。

11.6 参考资料

[Goldberg 73]   Goldberg, R. P. *Architectural Principles for Virtual Computer Systems* (Thesis). Harvard University, 1972.

[Waldspurger 02]   Waldspurger, C. "Memory Resource Management in VMware ESX Server," *Proceedings of the 5th Symposium on Operating Systems Design and Implementation*, 2002.

[Cherkasova 05]   Cherkasova, L., and R. Gardner. "Measuring CPU Overhead for I/O Processing in the Xen Virtual Machine Monitor." USENIX ATEC'05.

[Adams 06]   Adams, K., and O. Agesen. "A Comparison of Software and Hardware Techniques for x86 Virtualization." ASPLOS'06.

[Gupta 06]   Gupta, D., L. Cherkasova, R. Gardner, and A. Vahdat. "Enforcing Performance Isolation across Virtual Machines in Xen." ACM/IFIP/USENIX Middleware'06.

[Cherkasova 07]   Cherkasova, L., D. Gupta, and A. Vahdat. "Comparison of the Three CPU Schedulers in Xen." ACM SIGMETRICS, 2007.

[Matthews 08]   Matthews, J., et al. *Running Xen: A Hands-On Guide to the Art of Virtualization*. Prentice Hall, 2008.

[Adamczyk 12]   Adamczyk, B., and A. Chydzinski. "Performance Isolation Issues in Network Virtualization in Xen," *International Journal on Advances in Networks and Services*, 2012.

[1]   http://highscalability.com/blog/2012/12/12/pinterest-cut-costs-from-54-to-20-per-hour-by-automatically.html

[2]   http://lxc.sourceforge.net

[3]   http://openvz.org

[4]   http://lwn.net/Articles/524952/

[5]	http://illumos.org/man/5/resource_controls
[6]	http://dtrace.org/blogs/brendan/2012/12/19/the-use-method-smartos-performance-checklist/
[7]	www.vmware.com/files/pdf/VMware_paravirtualization.pdf
[8]	https://developers.google.com/compute/docs/faq#whatis
[9]	http://corensic.wordpress.com/2011/12/05/virtual-machines-virtualizing-virtual-memory/
[10]	http://wiki.xen.org/wiki/Xen_PCI_Passthrough
[11]	*KVM: Kernel-based Virtualization Driver.* Qumranet Whitepaper, 2006
[12]	https://github.com/brendangregg/dtrace-cloud-tools

第 12 章

基准测试

> 有谎言，该死的谎言，然后也有性能指标
> ——Anon et al., "A Measure of Transaction Processing Power" [Anon 85]

在可控的状态下做性能基准测试，对不同的选择做比较，让我们可以在生产环境遇到性能极限之前对性能极限做了解。这些极限可能是系统资源的、虚拟化环境（云计算）中的软件限制，也可能是目标应用程序的限制。前面的章节已经考察了这些组件，介绍了这些极限的类型和分析它们所用的工具。

之前的章节还介绍了用简单的人工工作负载来做极限调查的微基准测试的工具。其它的基准测试类型还包括客户工作负载模拟，用以试图复制客户的使用模式并做跟踪重放。不论你使用何种类型，重要的是对基准测试做分析，从而才能更加清楚测量的对象。基准测试只能告诉你系统能以多快的速度运行基准测试，你需要理解这些结果并决定如何把它们应用到你的环境中。

本章探讨的是通常意义上的基准测试，提供正确测试你系统的建议和方法，帮助你避免常见错误。当你需要解释他人的结果（包括供应商和行业基准），这些都会是有帮助的背景知识。

12.1 背景

本节介绍基准测试所做的事情、有效的基准测试，以及对被称为"基准测试之罪"的常见错误的总结。

12.1.1 事情

执行基准测试出于以下原因。

- **系统设计**：对比不同的系统、系统组件或者应用程序。对于商业产品，基准测试提供的数据可以帮助进行采购决策，特别是可以了解可选项间的价格/性能比。在某些情况下，能使用发表了的行业基准，避免了客户自己执行基准测试。
- **调优**：测试可调参数及配置选项，以确定哪些值得针对生产工作负载做进一步研究。
- **开发**：产品开发过程中，会用到非回归测试和极限调查。非回归测试是一系列经常运行的自动化性能测试，可以尽早地发现性能回归并且尽快地反馈到产品的修改中。极限调查，在开发过程中会用基准测试将产品推至极限，为提高产品性能定位开发努力的重点。
- **容量规划**：为容量规划确定系统和应用程序的极限。或者是为性能模型提供数据，或者直接找到性能极限。
- **排错**：确认组件是否仍然以最高的性能运行。例如，测试主机间最大的网络吞吐量，检查是不是存在网络问题。
- **市场营销**：出于市场营销用途需要确定产品的最高性能（也被称为基准营销）。

企业环境中，在投资昂贵的硬件之前，概念验证（*proof of concepts*）期间的基准测试是一项重要的事情，并且过程可能持续数周之久。这些时间消耗在运输、上架、布线以及测试前的操作系统安装上。

在云计算环境中，不需要初期投入昂贵的硬件，资源可按需获取。然而这些环境应使用哪种应用程序编程语言；要运行哪个数据库、Web 服务器和负载均衡器，做这些选择是有成本的。其中的一些一旦应用，将来可能很难更改。当需要时，可以运行基准测试来调查这些选择的扩展性。云计算模型把基准测试变得简单：在数分钟内就能创建一个大规模的系统，用来运行基准测试，然后摧毁，完成这一切成本很低。

12.1.2 有效的基准测试

由于存在许多容易犯错和忽略的地方，要做好基准测试非常难。如论文"A Nine Year Study of File System and Storage Benchmarking"总结到[Traeger 08]：

本文中我们从 106 个近期的论文中调查了 415 个文件系统和存储的基准测试。我们发现多数受欢迎的基准测试存在漏洞并且许多研究论文没有就真实性能提出一个清晰的指标。

该论文还建议了哪些应该做到,特别是基准测试评估应该说明测试了什么以及为什么测试,并且它们应该对系统预期行为做一定的分析。

好的基准测试的本质一如[Smaalders 06]的总结。

- **可重复性**:有利于比较。
- **可观测性**:性能能被分析与理解。
- **可迁移性**:基准测试可以适用于竞争对手以及不同的产品版本。
- **简单的展示**:所有人都能理解它的结论。
- **符合现实**:测量值反映顾客体验到的现实情况。
- **可执行性**:开发人员能快速地测试修改。

当为了购买而比较不同系统时,另一个必须要考量的特征是:价格/性能比。价格可以定量为设备五年的固定资产成本[Anon 85]。

有效的基准测试还在于你如何实施基准测试:分析并得出结论。

基准测试分析

当使用基准测试时,你需要理解:

- 测试的是什么?
- 有哪些限制因素?
- 有哪些干扰会影响结果?
- 从结果可以得出什么结论?

要明白上述内容,需要深刻地理解基准测试软件的运作、系统的响应,以及结果与目标环境是如何关联的。

考虑到基准测试工具及访问其所运行的系统,满足这些需求的最佳方法是在运行基准测试时分析性能。一个常见的错误是初级员工执行了基准测试,在基准测试完成后邀请性能专家来解释结果。最好能在基准测试期间请性能专家参与进来,进而能在它运行的时候分析系统。这可能会需要向下挖掘分析,对限制因素做解释和定量。

下面是一个有趣的分析示例:

作为一个 TCP/IP 实现的性能调查实验,我们在两台不同主机上用户进程间传输 4MB 字节的数据。传输被分区为 1024B 的记录并封装在 1068B 的以太网数据包中。通过 TCP/IP 从我们的 11/750 到我们的 11/780 发送数据用了 28 秒。对于一个用户到用户 1.2M 波特的吞吐率,这包括了建立和中断连接的所有时间。在此期间 11/750 的 CPU 饱和,但是 11/780 有约 30%的空闲时间。系统中处理数据的时间分布于以太网处理(20%)、IP 数据包处理(10%)、TCP 处理（30%）、校验（25%），以及用户系统调用处理（15%），并且不存在单独的处理操作占据系统的全部时间。

该段示例描述了检查限制因素（"11/750 的 CPU 饱和"[1]），并解释了造成这一点的内核数据细节。此外，即使有类似 DTrace 这样的高级工具，能做这样的分析并对内核时间如此恰当地进行总结在如今也是不同寻常的技能。该引用源自 Bill Joy，那时（1981 年）他正在开发最早的 BSD TCP/IP 栈！[1]

除了使用现成的基准测试工具，你可能发现自己开发定制的基准测试软件会更有效，或者至少定制了负载发生器。为着力于你的测试所需，这些可以保持精简，让分析和排错变得更快。

当阅读其他人的基准测试结果时，某些情况下你没有基准测试工具或者系统的访问权限。基于可用的资料，考虑到之前的项目，然后提问，系统环境是怎样的？它是如何配置的？你可能会就这些问题向供应商寻求答案。关于更多供应商问题的内容，可参考 12.4 节。

12.1.3 基准测试之罪

下面介绍的是一份需要避免的具体问题的快速核对清单，以及避免它们的方法。12.3 节将讨论如何执行基准测试。

随意的基准测试

要做好基准测试就不能做过就不管了。基准测试工具会生成数字，但是这些数字可能并不能反映你所想的事情，你的结论可能因此是错误的。

随意的基准测试：你基准测试了 A，事实上测量了 B，而你的结论是测量了 C。

好的基准测试要求严格地检查实际测量的是什么，并且要求理解测试了什么，以此得出有效的结论。

比如，许多工具都声称或者暗示它们能测量磁盘性能但实际上测量的是文件系统性能。这二者之间的差别可能是多个数量级的，因为文件系统能利用缓存和缓冲来使用内存 I/O 代替磁盘 I/O。即便基准测试工具能正确运行并测试了文件系统，但你对于磁盘的结论可能错得离谱。

对数字是否可信的判断缺乏直觉的初学者，理解基准测试会特别困难。如果你买的温度计显示你所在的房间温度是 1000 华氏度，你会立刻知道出错了。对于基准测试你就不一定行了，因为它所提供的数字你可能不熟悉。

---

[1] 11/750 是 VAX-11/750 的简称，一个 1980 年 DEC 生产的微型计算机。

基准测试信仰

人们容易轻信流行的基准测试工具是值得信赖的，如果该工具还是开源的并且已经存在了很长一段时间，尤其如此。这种"普及等于有效"的误解被称为"诉诸群众逻辑"（拉丁语为"吸引众人"）。

分析你所使用的基准测试是非常耗时的，并且要特定的专业技能才能做这件事。并且，对于一个流行的基准测试，分析哪些肯定是有效的看起来挺浪费的。

尽管软件 bug 时有发生，但问题可能不出在基准测试软件上，而出在对基准测试结果的解读上。

缺乏分析的数字

没有提供分析细节，仅仅提供了基准测试的结果，说明基准测试作者缺乏经验并且假定了基准测试结果是可信且不会更改的。而通常这只是调查的开始，并且这个调查通常会发现结果是错误的或令人困惑的。

每个基准测试数字都应该附有说明，介绍遇到的极限和所进行的分析。我这样总结这个风险：

如果你研究一个基准测试结果的时间少于一周，它很可能是错误的。

本书的大部分内容着眼于在基准测试过程中执行的性能分析。在你没有时间做细致分析的情况下，最好列出那些没有时间去检查的假设并且把它们放在结论里，例如：

- 假设基准工具没有软件故障。
- 假设磁盘 I/O 测试实际测量的是磁盘 I/O。
- 假设基准测试工具按磁盘 I/O 推至极限。
- 假设这种类型的磁盘 I/O 与这个应用程序是相关的。

如果事后该基准测试结果被认为重要并值得投入更多精力，以上就可以作为一份待办的事项清单。

复杂的基准测试工具

基准测试工具不会由于自身的复杂性而影响基准测试分析，这点非常重要。理想情况下，该程序是开源的进而可以研究，并且足够短小能快速地阅读和理解。

对于微基准测试，建议挑选那些用 C 语言编写的工具。对于客户模拟基准测试，建议使用的工具与客户的编程语言相同，以减少差别。

一个常见的问题是基准测试的基准测试——报告的结果会受限于基准测试软件本身。复杂的基准测试套件，由于代码量巨大而难以理解和分析，很难做到这一点。

测试错误的目标

尽管有大量可用的测试多种工作负载的基准测试工具，但其中的大部分与目标应用程序可能并没有关系。

例如，一个常见的错误是测试磁盘性能——用的是磁盘基准测试工具——然而目标环境的工作负载是完全运行于文件系统缓存并且与磁盘 I/O 无关的。

类似的，一个开发产品的软件工程师团队可能标准化了一个特定的基准测试，并全力按基准测试软件测量的结果提高性能。然而如果它没有模拟客户的工作负载，努力只会用来优化错误的软件行为[Smaalders 06]。

某个基准测试曾经一度能对工作负载做正确的测试，但是因多年没有更新过，现在它测试的项目都是错误的。"Eulogy for a Benchmark"这篇文章讲述了一个在 21 世纪初经常被引用的 SPEC SFS 工业基准测试是如何基于一次 1986 年的客户应用研究的 [2]。

忽略错误

基准测试工具能产生结果并不意味着该结果反映的测试是成功的。某些，乃至全部的请求都可能导向一一个错误的结果。尽管这个问题在前述的诸罪中介绍过，但它是如此常见，值得单独提出。

在最近的一次 Web 服务器性能基准测试中，我再次碰到了这一个问题。运行测试报告 Web 服务器的平均延时对于需求来说太高了：平均超过一秒。一些快速分析确认了出错的位置：所有的请求都被防火墙阻挡，Web 服务器没有参与测试。请注意，是所有请求。显示的延时都是基准测试客户机超时后出错的时间。

忽略差异

基准测试工具，特别是微基准测试，通常所实施的一套稳定且连续的工作负载，基于的是一系列真实环境特征的测量值的平均值，诸如每天不同的时间或时间间隔。例如，一个磁盘工作负载可能的平均速率是 500 读/s 和 50 写/s。基准测试工具能模拟这个速率，或者按 10:1 的比例模拟读/写，也能测试更高的速率。

这种方式忽略了差异：操作的速率可能是可变的。操作的类型也可能变化，并且一些类型可能同时发生。例如，每 10s 可能发生突发的写入（异步的回写数据刷新），而同步的读取是稳定的。突发的写入在生产环境中可能会导致问题，例如使读取队列等待。但是如果基准测试仅施加稳定的平均速率，这些就不会被模拟出来。

忽略干扰

考虑哪些外部干扰可能会影响结果。系统定时的活动，例如系统备份，会不会在基准测试期间运行？对于云计算环境来说，干扰可能是同系统中的其它不可见的租户。

通常的解决干扰的策略是让基准测试运行更长时间——数分钟而不是数秒。一般来说，基准测试的持续时间不要少于一秒。短期的测试可能会意外地受到设备中断（处理中断服务程序时线程会挂起）、内核 CPU 调度决策（在迁移排队的线程之前做等待以保持 CPU 的亲和性），以及 CPU 缓存的热度影响。多次运行基准测试并且检查标准差。标准差应该尽可能小，以确保可重复性。

注意收集数据，以便在存在扰动时，可以对其做研究。这可能需要收集操作延时的分布——不仅仅是基准测试总的运行时间——进而观察到异常值并且记录其细节。

改变多个因素

当比较两个测试的基准结果时，要注意理解二者之间所有不同的因素。

例如，若两台主机都是通过网络做基准测试，那么它们之间的网络是否相同？如果一台主机经过更多跳的低速网络，或者一个更拥堵的网络会怎样？任何一个这样的额外因素都会导致基准测试结果错误。

在云环境中，基准测试执行需要通过创建实例、测试这些实例，然后摧毁这些实例来完成。这引入了一些不可见因素的可能性：创建实例的系统可能快一些或慢一些，或者负载更高而且还面临其它租户的竞争。建议测试多个实例并且记录平均值（记录它们的分布更佳），这样可以避免在一个特别快或者特别慢的系统中做测试所导致的异常值。

基准测试竞争对手

你的市场营销部门可能希望基准测试结果能显示你的产品可以击败竞争对手。这通常是一个糟糕的想法。下面我会解释原因。

当客户选择了一个产品，不会只用 5 分钟，他们会使用它们数月。在此期间，客户会分析和调优产品的性能，很可能在最初的几周就筛出了那些最糟糕的问题。

你并没有数周时间来分析和调优你的竞争对手的产品。在可用的时间内，你收集的结果未经调优——因此并不符合现实情况。你竞争对手的客户——市场营销活动的目标群体——很可能会发现你发布的结果都是未经调优的，因此在你们试图给予深刻印象的人们那里，你的公司损失了信誉。

如果你必须要对竞争对手的产品做基准测试，你要花大量的时间来调优它们的产品。利用前面章节介绍的技巧分析性能，还要对最佳实践、客户论坛和 bug 数据库做调查研究。可能你甚至会需要聘请外部专家来调优系统。然后，对你自己公司的产品也要花费同样的精力，最终做到的基准测试才能针锋相对。

误伤

当基准测试你自己的产品时，要尽力确保性能最佳的系统和配置已被测试，所测系统已经被推至真正的极限。在结果发布前,要与工程团队分享测试结果,他们可能会发现你遗漏的配置项。而如果你是工程团队中的一员,寻求与基准测试工程师的合作——不论这些工程师是你公司的还是来自签约的第三方——帮助他们。

考虑这么一个假想的情况:一个工程团队全力开发出了一款高性能的产品。产品性能的核心是一项他们开发出来但未做任何文档的新技术。为了产品发布,要求一个基准测试团队提供相关数值。测试团队不理解该新技术(缺乏文档),做了错误的配置,然后发布的数据不利于产品的销售。

在某些情况下,系统的配置可能正确但就是没有被推至极限。我们不禁要问,该基准测试的瓶颈是什么?可能是一种物理资源,例如 CPU、产品,或者是一个接口,该资源的使用率达到了 100%,并且通过分析我们是能够找到该种资源的。具体内容参见 12.3.2 节。

还有一种误伤的情况,基准测试的是一个旧版本软件,该版本包含的性能问题在后来的版本里得到了修复,或者,恰好找了一台可用的设备做测试,但是该设备是有某方面限制的,进而产生的结果并非最佳(可能就是预料中的一个公司基准测试)。

具有误导性的基准测试

具有误导性的基准测试结果在行业内是常见的。或者是无意疏忽了基准测试实际测量的信息,或者是故意忽视。这些基准测试结果常常在技术上是正确的,但却以错误的方式展示给了客户。

考虑这么一个假想的情况:某供应商通过定制一个极其昂贵并且不可能出售给真实客户的产品达到了一个极佳的结果。售价没有与基准测试结果一同公布,所关注的并非价格/性能比。市场营销部门故意给出了一个模糊的结果("我们快两倍!"),将这一点按公司整体或者产品线的形式与客户的认知相关联。这个例子为了有利地宣传产品而忽略细节。尽管这可能不算欺骗——数值不是假的——但是这是省略信息的欺骗。

把这些供应商的基准测试作为性能上限对你可能还是有好处的。但是这些数值你是不指望能超越的(除非出现"误伤"的情况)。

我们再考虑另一个假想的情况:某市场营销部门有一些用于推广的预算需要找一个有利的基准测试结果来用。他们请了几家第三方公司来对他们的产品做基准测试并且挑选了一组最佳的结果。挑选第三方公司时并没有基于他们的专业性,挑出来只是为了少花钱地快速交付一份结果。实际上,非专业还被认为是件好事:结果与现实偏离得越远越好。理想的结果是在正方向上偏离最远的那个!

当使用这种供应商结果时,要注意检查那些极小的字:测试的是什么样的系统、用到的是什么类型的磁盘以及用了多少块、用的是何种网络接口并且出于什么样的配置,以及其它的因素。关于具体需要警惕的内容,参见 12.4 节。

基准测试特别版

有一种卑鄙的做法———部分人认为这是罪恶的并且应当禁止的——就是开发*基准测试特别版*。供应商研究某个流行的基准测试或者某个行业的基准测试,以此校正他们的产品,产生更好的得分,而无视客户实际的性能。这也称为针对*基准测试优化*。

基准测试特别版的概念在 1993 年由于 TPC-A 基准测试而为人所知,正如事务处理性能委员会(TPC,Transaction Processing Performance Council)的历史所讲的[3]:

一家位于马萨诸塞州的咨询公司 Standish Group,控诉 Oracle 在其自己的数据库软件添加了一个特别选项(离散事务),其唯一的目的是提高 Oracle 的 TPC-A 结果。Standish Group 因为离散事务选项是通常的用户不会使用的,因此是基准测试特别版而声称 Oracle "违反了 TPC 的精神"。Oracle 坚决地否认了该指责,用一些理由说明他们遵守了基准测试规范的规定。Oracle 提出基准测试特别版,并非 TPC 的精神实质,也没有在 TPC 的基准测试规范做过说明,指责他们违反规范是不对的。

TPC 添加了一项反基准测试特别版的条款:

任何提高基准测试结果但不提高真实环境性能或价格的"基准测试特别版"的实现都是禁止的。

TPC 关注的是价格/性能比,另一个提升数值的策略是用特别定价——没有客户能真正得到的深度折扣。这与特别的软件修改一样,该结果不能匹配实际的客户购买系统得到的真实情况。TPC 在它的价格要求中也关照了这一点[4]:

TPC 规范要求客户为该配置支付的价格必须在总价的 2%以内。

尽管这些例子有助于解释基准测试特别版这个概念,TPC 多年前在它的规范里也解决了这个问题,但并不保证你如今不会碰到类似问题。

欺骗

最后一个基准测试之罪是欺骗:发布虚假的结果。幸运的是,这极其少见或者并不存在;我还没见过数据是完全编造出来的情况,即使在最血腥的基准测试混战之中。

12.2 基准测试的类型

基于所测试的工作负载,图 12.1 展示了基准测试类型的范围。生产环境工作负载也包括其中。

图 12.1　基准测试类型

下面将解释这三种基准测试类型：微基准测试、模拟,以及跟踪/回放。我们还会讨论工业标准基准测试的内容。

12.2.1　微基准测试

微基准测试利用人造的工作负载对某类特定的操作做测试，例如，执行一种类型文件系统 I/O、数据库查询、CPU 指令，或者系统调用。它的优势是简单：对组件的数量和所牵涉的代码路径做限制更能容易地研究目标从而快速地确定性能差异的根源。因为来自其它组件的变化已经尽可能地被剥离了，所以通常测试是可重复的。在不同系统上执行微基准测试一般都很快，这是因为微基准测试是特意人为的，不会轻易地与真实工作负载模拟相混淆。

能用的微基准测试结果，要能够映射目标工作负载。微基准测试可能测试多个维度，但是只有一两个可能是相关的。性能分析或者对目标系统建模有助于决定什么微基准测试结果是合适的以及合适到什么程度。

前面章节介绍过的微基准测试工具，按资源类型，如下所示。

- CPU：UnixBench、SysBench
- 内存 I/O：lmbench（第 6 章）
- 文件系统：Bonnie、Bonnie++、SysBench、fio
- 磁盘：hdparm
- 网络：iper

还有更多可用的基准测试工具。不过要记住来自[Traeger 08]的警告："多数流行的基准测试是有漏洞的。"

你也可以开发自己的工具。但要尽可能地保持工具的简单，识别那些可以单独测试的工作负载的特性。（关于这些内容，参见 12.3.6 节。）

设计示例

思考设计微基准测试来测试下面的文件系统属性：连续或者随机 I/O、I/O 大小和方向（读或写）。表 12.1 显示了五项关于这些维度的测试示例，还有每项测试的目的。

表 12.1 示例文件系统微基准测试

#	测试	目的
1	顺序 512B 读	测试（实际）最大 IOPS
2	顺序 128KB 读	测试最大读吞吐量
3	顺序 128KB 写	测试最大写吞吐量
4	随机 512B 读	测试随机 I/O 的效果
5	随机 512B 写	测试重写的效果

如果需要，可以加入更多的测试。所有这些测试要考虑如下所示的两个额外因素。

- **工作集大小**：访问的数据大小（例如，总文件大小）。
  - 大小远小于主存：数据完全缓存于文件系统缓存，可以调查文件系统软件的性能。
  - 大小远大于主存：将文件系统缓存的影响降到最低，促使基准测试向磁盘 I/O 测试靠拢。
- **线程数**：假设一个小的工作集大小。
  - 单个线程——测试的是基于当前 CPU 时钟速度的文件系统性能。
  - 多线程——使所有 CPU 饱和——测试的是系统的最大性能，即文件系统和所有 CPU。

考虑这些因素会得到一个巨大的测试矩阵。有一些统计分析的技巧能精简需要的测试集。

关注于最高速度的基准测试被称为晴天性能测试。为了避免忽视了什么问题，你可能还会考虑用到阴天性能测试，这是针对非最理想情况的测试，如竞争、干扰，以及工作负载变化。

12.2.2 模拟

许多基准测试会模拟客户应用程序的工作负载（有时称为宏基准测试），基于生产环境的工作负载特征（参见第 2 章）来决定所要模拟的特征。例如，一个生产环境的 NFS 工作负载由如下的操作类型和可能性组成：读 40%、写 7%、getattr 19%、readdir 1%，以及其它。除此之外的特征也能被测量并模拟。

模拟所生成的结果与客户在真实世界所执行的工作负载是相似的。即便不一样，至少也足够相像了。可能围绕的因素太多，用微基准测试调查会非常费时。相较于微基准测试，模拟能覆盖复杂系统相互作用的影响，这点是微基准测试可能缺失的。

第 6 章介绍过的 CPU 的 Whetstone 和 Dhrystone 基准测试就是模拟的两个例子。Whetstone 开发于 1972 年，用以模拟当时科学计算的工作负载。1984 年的 Dhrystone 模拟的是那时基于整数的工作负载。之前提到的 SPEC SFS 基准测试是另一种工作负载的模拟。

工作负载的模拟可以是*无状态的*，每个服务器请求与前一个请求是无关的。例如，前面介绍的 NFS 服务器工作负载可以基于测量出的可能性用一系列类型随机选择的操作来进行模拟。

模拟也可以是有状态的，每个请求都依赖于客户的状态，至少依赖于前一个请求。可能会发现 NFS 读和写往往是成组到达的，以至于写操作前的操作也是写的可能性相比写之前的操作是读的可能性要高很多。这样的工作负载最好用*马尔可夫模型*（Markov model）模拟。马尔可夫模型是用状态来表示请求的还能测量状态转换的可能性[Jain 91]。

模拟的问题是忽略了变化，如 12.1.3 节中介绍的。客户的使用模式会因时间的推移而变化，因而要求模拟也随之更新和调整以保证两者的关联性。这件事可能存在阻力，然而，基于旧版本基准测试的结果，（如果有），是不能拿来与新版本基准测试做对比的。

12.2.3 回放

第三种基准测试类型是试图回放目标的跟踪日志，用真实捕捉到的客户机的操作来测试性能。这看起来很理想——与在生产环境做测试一样，是这样吗？是的，不过它还是有问题的：当服务器的特征和所响应的延时发生变化时，所捕捉到的客户工作负载很可能不能反映出这些差异，与模拟客户工作负载相比，可能并不会更好。如果太信任这种方法，情况会更糟。

考虑这么一个假想的情况：某客户正在考虑升级存储基础架构。当前生产环境的工作负载被跟踪并在新的硬件上回放。不幸的是性能变差了，丢了订单。问题在于：跟踪/回放操作在磁盘 I/O 层。旧的系统配备的是 10K rpm 的磁盘，而新的系统配备的是较慢的 7200 rpm 磁盘。可是，新系统拥有 16 倍的文件系统缓存和更快的处理器。考虑到大部分的返回会来自缓存，实际的生产工作负载应该会提升——回放的磁盘事件没有模拟这一点。

这只是测试错误目标的一个例子，即便在正确的级别做了跟踪/回放，其它微妙的影响也会把结果弄糟。所有的基准测试都一样，至关重要的是要分析并理解发生了什么。

12.2.4 行业标准

行业标准的基准测试是由独立组织制定的，旨在创建公平和相关的基准测试。通常是成套的微基准测试和工作负载模拟，这些成套的微基准测试和工作负载模拟定义清晰并且记录成了文档，在确定的指导原则下执行，才能得到期望的结果。供应商可以参与（通常需要付费）。制定标准的组织会提供给供应商软件以运行基准测试。测试的结果一般需要完全公开配置的环境，以供审计。

对于客户来说，这样的基准测试能节省很多时间，因为不同的供应商和产品的基准测试结果都有了。这时你的工作就是找到与你将来或者当前的生产工作负载最接近的那个。当前的工作负载，可以用工作负载特征归纳法来确定。

基准测试的行业标准需求是在 1985 年 Jim Gray 与其他作者一同在[Anon 85]名为《事务处理能力的度量》(A Measure of Transaction Processing Power)的论文中阐述清楚的。这篇文章论述了对衡量价格/性能比的需求，和供应商可用于执行的三项详细的基准测试，分别是 Sort、Scan 和 DebitCredit。该文还建议，基于 DebitCredit 设置一个行业标准的测量值，即每秒事务处理量（TPS），其使用类似于车辆的每加仑英里数。Jim Gray 和他的著作后来促使了 TPC 的建立[DeWitt 08]。

除了 TPS 这一测量值，可做同样用途的其他测量值如下。

- **MIPS**：每秒百万指令数。不过这是一个性能的测量值，执行的操作依赖于指令的类型，难于在不同的处理器架构间比较。
- **FLOPS**：每秒浮点操作数——作用与 MIPS 类似，但是对应的是重度浮点运算的工作负载。

行业基准测试通常测量的是基于基准测试的自定义指标，它仅适用于与自身的比较。

TPC

TPC 建立并管理多种关于数据库性能的行业基准测试，如下所示。

- **TPC-C**：模拟了大量用户对一个数据库执行事务处理的完整计算环境。
- **TPC-DS**：模拟了一个决策支持系统，包括查询和数据维护。
- **TPC-E**：在线事务处理（OLTP）工作负载，建模了一个经纪公司的数据库。客户的事务涉及交易、账户查询和市场研究。
- **TPC-H**：一个决策支持基准测试，模拟了特别的查询和并发的数据修改
- **TPC-VMS**：TPC 虚拟测量单系统（Virtual Measurement Single System）也收集其它的虚拟化数据库的基准测试。

TPC 的结果是在线共享的[5]，包括价格/性能比。

SPEC

标准性能评估公司（SPEC）开发并公布了一套标准化的行业基准测试，如下。

- **SPEC CPU2006**：测量计算密集型的工作负载。这包括用于整型数性能的 CINT2006，和用于浮点数性能的 CFP2006。
- **SPECjEnterprise2010**：测量 Java 企业版（Java EE）5 或者之后版本的应用服务器、

数据库和支持基础架构的整体系统性能。
- SPECsfs2008：模拟客户对于 NFS 服务器和通用网络文件系统（CIFS）服务器的文件访问工作负载（参见[2]）。
- SPECvirt_sc2010：对于虚拟化环境，测量虚拟化硬件、平台，以及访客机操作系统和应用程序软件的性能。

SPEC 的结果是在线共享的[6]，并且包括了系统调优的细节以及组件清单，但是通常不包括价格。

12.3 方法

不论是微基准测试、模拟还是回放，本节都讨论了基准测试执行的方法和实践。表 12.2 对这些内容做了总结。

表 12.2 基准测试分析方法

方法	类型
被动基准测试	实验分析
主动基准测试	观测分析
CPU 剖析	观测分析
USE 方法	观测分析
工作负载属性	观测分析
自定义基准测试	软件开发
逐渐增加负载	实验分析
合理性检查	观测分析
统计分析	统计分析

12.3.1 被动基准测试

这是一种做过就不管了的基准测试策略——基准测试运行后忽略它直到结束。它的主要目标是收集基准测试数据。基准测试通常就是这样运行的。为了与主动基准测试做比较，被动基准测试也作为独立的方法描述。

下面是一些被动基准测试的步骤：

1. 选择一个基准测试工具。

2. 用多种选项的组合来运行它。
3. 将这些结果做成一套幻灯片。
4. 将这些幻灯片交给管理层。

前文讨论过这种方法会出现的问题。总的说来，这些结果可能会是：

- 由于基准测试软件的 bug 而无效。
- 受限于基准测试软件（例如，单线程）。
- 受限于一个与基准测试目标无关的组件（例如，一个拥堵的网络）。
- 受限于配置（没有开启性能的属性、不是最优化的配置）。
- 受干扰的影响（测试不可重复）。
- 测试了完全错误的目标。

被动基准测试容易执行但也容易出错。供应商执行被动基准测试，可能会引起假警报而浪费工程资源或者损失销售机会。客户执行被动基准测试，可能会做出错误的产品选择并在这之后长期困扰企业。

12.3.2 主动基准测试

主动基准测试，在基准测试运行的同时用其它工具分析性能——不只是在测试完成之后。你确定基准测试所要测试的对象，并且你理解它是什么。主动基准测试能确定被测试系统的真实极限，或者基准测试本身的极限。记录所遇到极限的具体细节，当分析基准测试结果时这是非常有帮助的。

作为奖赏，主动基准测试是一个让你锻炼性能观测工具使用技能的好机会。理论上，你在检查的是一个已知的负载并且能看到负载是如何在这些工具中呈现的。

最好的情况是，该基准测试能够配置并可以运行在稳定的状态，这样在数小时或数天后就可以做分析了。

示例

作为示例，我们使用微基准测试工具 Bonnie++ 来做第一个测试。它的主页是这样描述的[7]：

Bonnie++ 是一个用于执行大量简单的硬盘及文件系统性能测试的基准测试套件。

第一个测试是"顺序输出（Sequential Output）"和"按字符（Per Chr）"，在两个不同的操作系统上分别执行，进行比较。

Fedora/Linux（处于 KVM 虚拟化）：

```
# bonnie++
[...]
Version 1.03e       ------Sequential Output------ --Sequential Input- --Random-
                    -Per Chr- --Block-- -Rewrite- -Per Chr- --Block-- --Seeks--
Machine        Size K/sec %CP K/sec %CP K/sec %CP K/sec %CP K/sec %CP  /sec %CP
9d219ce8-cf52-40 2G 52384  23 47334   3 31938   3 74866  67 1009669 61 +++++ +++
[...]
```

SmartOS/illumos(处于 OS 虚拟化):

```
# bonnie++
Version 1.03e       ------Sequential Output------ --Sequential Input- --Random-
                    -Per Chr- --Block-- -Rewrite- -Per Chr- --Block-- --Seeks--
Machine        Size K/sec %CP K/sec %CP K/sec %CP K/sec %CP K/sec %CP  /sec %CP
smartos1.local   2G 162464 99 72027  86 65222  99 251249 99 2426619 99 +++++ +++
[...]
```

SmartOS 快 3.1 倍。如果我们止步于此,那就是被动基准测试了。

考虑到 Bonnie++是一个"硬盘和文件系统性能"的基准测试,我们可以从检查运行的工作负载开始。

在 SmartOS 上运行 `iostat(1M)` 以检查磁盘 I/O:

```
$ iostat -xnz 1
[...]
    r/s    w/s   kr/s    kw/s wait actv wsvc_t asvc_t  %w  %b device
                    extended device statistics
    r/s    w/s   kr/s    kw/s wait actv wsvc_t asvc_t  %w  %b device
                    extended device statistics
    r/s    w/s   kr/s    kw/s wait actv wsvc_t asvc_t  %w  %b device
    0.0  668.9    0.0 82964.3  0.0  6.0    0.0    8.9   1  60 c0t1d0
                    extended device statistics
    r/s    w/s   kr/s    kw/s wait actv wsvc_t asvc_t  %w  %b device
    0.0  419.0    0.0 53514.5  0.0 10.0    0.0   23.8   0 100 c0t1d0
[...]
```

磁盘——开始是空闲的,在基准测试过程中显示出的写入吞吐量(kw/s)比 Bonnie++报告的 K/sec 结果要低得多。

在 SmartOS 上运行 `vfsstat(1M)` 检查文件系统 I/O(VFS-level):

```
$ vfsstat 1
    r/s    w/s   kr/s     kw/s ractv wactv read_t writ_t  %r %w    d/s del_t zone
[...]
   45.3 1514.7   4.5 193877.3   0.0   0.1    0.0    0.0   0  6  412.4   5.5 b8b2464c
   45.3 1343.6   4.5 171979.4   0.0   0.1    0.0    0.1   0  7 1343.6  14.0 b8b2464c
   45.3 1224.8   4.5 156776.9   0.0   0.1    0.0    0.1   0  6 1157.9  12.2 b8b2464c
   45.3 1224.8   4.5 156776.9   0.0   0.1    0.0    0.1   0  6 1157.9  12.2 b8b2464c
```

这里吞吐量与 Bonnie++的结果是一致的,但是 IOPS 却是不对的:`vfsstat(1M)` 显示的每次写入是 128KB(kw/s 除以 w/s),这并不是"按字符"。

在 SmartOS 上用 `truss(1)` 调查文件系统写入(暂时忽略 `truss(1)` 的系统开销):

```
write(4, "\001020304050607\b\t\n\v"..., 131072) = 131072
write(4, "\001020304050607\b\t\n\v"..., 131072) = 131072
write(4, "\001020304050607\b\t\n\v"..., 131072) = 131072
```

这确认 Bonnie++ 执行的是 128KB 的文件系统写入。

在 Fedora 上用 `strace(1)` 做对比：

```
write(3, "\0\1\2\3\4\5\6\7\10\t\n\v\f\r\16\17\20\21\22\23\24"..., 4096) = 4096
write(3, "\0\1\2\3\4\5\6\7\10\t\n\v\f\r\16\17\20\21\22\23\24"..., 4096) = 4096
write(3, "\0\1\2\3\4\5\6\7\10\t\n\v\f\r\16\17\20\21\22\23\24"..., 4096) = 4096
```

以上说明 Fedora 执行的是 4KB 文件系统写入，而 SmartOS 执行 128KB 写入。

通过更多分析（利用 DTrace），能观测到数据都缓冲到了系统库的 `putc()` 中。不同的系统默认的缓冲大小不同。作为实验，把 Fedora 上的 Bonnie++ 调整到使用 128KB 的缓冲（利用 `setbuffer()`），性能提升了 18%。

主动性能分析，会从其它多种角度审视测试是如何运行的，能对结果有更好的理解[8]。结论是最终的限制是单线程 CPU 的速度，而且 85% 的 CPU 时间都用在了用户模式。

一般而言，Bonnie++ 作为基准测试工具并不糟糕；很多情况下它很有用。我选择这个作为示例（并且还挑选了最为可疑的测试做示例）是因为这个例子很出名，我曾经对此做过研究，发现类似的情况并不罕见。这仅仅是其中一例。

需要注意的是，新实验版本的 Bonnie++ 已经把"按字符（Per Chr）"测试改为 1 字节的文件系统 I/O。针对这个测试对比不同版本的 Bonnie++，会有显著的不同。关于更多 Bonnie++ 性能分析的内容，请参考 Roch Bourbonnais 的文章"Decoding Bonnie++"[9]。

12.3.3 CPU 剖析

值得把对基准测试目标和基准测试软件做 CPU 剖析单独列为一个方法，因为用这种方法能快速地得到一些发现。这常常作为主动基准测试调查的一部分执行。

目的是快速地检查所有的软件正在做什么，看看有什么有趣的事情出现。这能将研究的范围收缩到最关键的软件组件：那些正在运行基准测试的组件。

用户级的栈和内核级的栈都能做性能分析。在第 5 章中介绍过用户级的 CPU 性能分析。在第 6 章里两者的内容都做了覆盖，6.6 节还介绍了火焰图。

示例

在一个建议的新系统上执行了一次微基准测试，结果令人失望：磁盘吞吐率比旧系统更差。我被要求查清问题的原因，我预计可能是磁盘或者磁盘控制器较差并需要更换。

我采用 USE 方法作为开始（参考第 2 章），发现尽管基准测试还在执行，但磁盘不是很忙。CPU 有一些处于系统时间（内核）的使用。

对于磁盘基准测试而言，你可能不会认为 CPU 是一个有趣的分析目标。考虑到内核有一定的 CPU 使用，尽管没有什么期待，我还是认为值得快速检查一下看看有什么情况。如图 12.2 所示，我做了剖析并生成了火焰图。

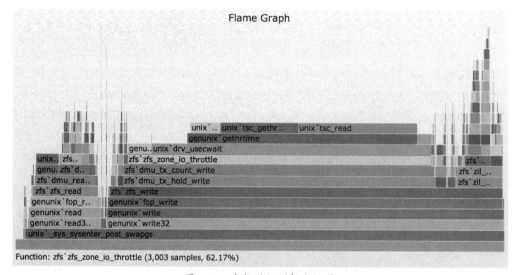

图 12.2　内核时间剖析火焰图

我们看到栈的火焰图显示 62.17%的 CPU 采样都含有 zfs_zone_io_throttle()函数。不需要阅读这个函数的代码，它的名称已经足够作为提示：有个资源控制，ZFS I/O 限流被激活了并且正在人工地对基准测试做限流！这是新系统的一个默认设置（旧系统里没有），在基准测试运行时被忽视了。

12.3.4　USE 方法

USE 方法的介绍在第 2 章，该方法在其他介绍相关资源的章里也有论述。在基准测试过程中应用 USE 方法能确保找到一个限制。该限制可能是某个组件（硬件或者软件）达到了 100%的使用率，或者你还未把系统推至极限。

在 12.3.2 节中有一个应用 USE 方法的例子。该方法帮助发现了一个没有按预期工作的磁盘基准测试。

12.3.5 工作负载特征归纳

工作负载特征归纳的介绍在第 2 章，在后续各章里也有讨论。这种方法通过对生产工作负载做特征归纳，可以确定某一给定基准测试与当前生产环境的相关性。

12.3.6 自定义基准测试

对于简单的基准测试，你自己编写代码就可以了，应尽可能保证程序短小，以避免程序太复杂而影响分析。

C 语言通常是一个不错的选择，因为这种语言能严格地映射到执行——虽然要仔细地想清楚编译优化会如何影响你的代码：如果编译器认为输出是未被使用的因而不必计算，可能它会省略简单的基准测试程序。可能需要对编译的二进制代码做反汇编看看实际执行的是什么。

相比 C 语言，涉及虚拟机、非同步垃圾回收以及动态运行时编译的语言，要做调试和可靠精确控制会难得多。如果要模拟用这些语言写就的客户端软件，你可能还是需要使用这些语言。

编写自定义的基准测试还可以揭示目标的某些微妙细节，这在将来可能是有帮助的。例如，当开发一个数据库基准测试时，你可能会发现某个支持各种选项用以提升性能的 API 在生产环境中并没有用到，这是因为生产环境在建的时候这些选项还不存在。

你的软件可能仅仅是为了生成负载（一个负载发生器），测量是其它工具的事情。处理这种情况的一种方法是逐渐增加负载。

12.3.7 逐渐增加负载

这是一个用于确定系统所能处理的最大吞吐量的简单方法。以较小的递增添加负载并测量产出吞吐量直至到达极限。结果能绘制成图以展示扩展性的特性。该扩展性的特性可以用作直观研究或者用于扩展性模型（参见第 2 章）。

作为示例，图 12.3 显示了一个文件系统以及按线程扩展。每个线程执行的都是缓存文件的 8KB 随机读取，并且线程数目一个一个地增加。

该系统大约在每秒 50 万次读取时达到峰值。这个结果用 VFS 级的统计信息检查过，确认 I/O 大小是 8KB 并且在峰值时传输超过 3.5GB/s。

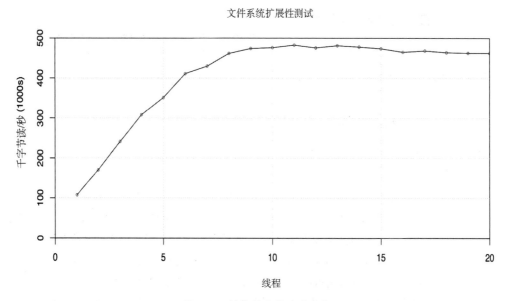

图 12.3 增长的文件系统负载

该测试的负载发生器用 Perl 编写，很简短，完全可以放在此处作为示例：

```perl
#!/usr/bin/perl -w
#
# randread.pl - randomly read over specified file.

use strict;

my $IOSIZE = 8192;                    # size of I/O, bytes
my $QUANTA = $IOSIZE;                 # seek granularity, bytes

die "USAGE: randread.pl filename\n" if @ARGV != 1 or not -e $ARGV[0];

my $file = $ARGV[0];
my $span = -s $file;                  # span to randomly read, bytes
my $junk;

open FILE, "$file" or die "ERROR: reading $file: $!\n";

while (1) {
        seek(FILE, int(rand($span / $QUANTA)) * $QUANTA, 0);
        sysread(FILE, $junk, $IOSIZE);
}

close FILE;
```

这个示例用到了 sysread() 直接调用 read() 系统调用，避免了缓冲。

写这段程序是用来对一个 NFS 服务器做微基准测试的，程序会在很多客户机上并行运行，每一个都会对 NFS 挂载的文件执行随机读取。该微基准测试的结果（每秒读取数）在 NFS 服务器上用 nfsstat(1M) 和其它工具测量。

使用的文件数及它们大小的总和是受控制的（这构成了工作集的大小），因此一些测试完全是从缓存返回而其它则从磁盘返回。（参见 12.2.1 节中的设计示例）。

在客户机中运行的实例数逐一递增，逐步增加负载直到达到一个极限。这可以连同资源使用率（USE 方法）一起绘制成图以研究扩展性的特性，确认资源确实已被耗尽。本例是 CPU 资源。这可以作为另一个调查的起点来研究如何进一步提升性能。

我用这个程序和这个方法找到了 Oracle ZFS Storage Appliance（过去被称为 Sun ZFS Storage Appliance）的极限。这些极限作为官方结果——就我们所知这创造了世界纪录。我还有一套类似的用 C 语言编写的软件，但在本例中用不到：我有足够的客户端的 CPU。即使转换为 C 语言减少了 CPU 的使用率，但并不会改变结果，因为结果在目标上还是会达到同样的瓶颈。我尝试过其它更复杂的基准测试，还有其它语言，但是这些都不能提高结果。

遵照这个实现方法，可以测量延时和吞吐量，特别是延时的分布。一旦系统接近极限，队列会显著增加，导致延时增加。如果你将负载提得过高，延时会变得过高以至于不能合理地被认为结果是有效的。这时要确认交付的延时是否能被客户接受。

例如：你用一个客户集群将一个目标系统推至 990 000 IOPS，它响应每一个 I/O 的平均延时是 5ms。你非常希望突破 1 百万 IOPS，但是该系统已经达到饱和。通过增加更多客户机，你勉强蹭到 1 百万 IOPS；然而现在所有的操作都在严重的队列等待中，平均延时超过 50ms（这是不可接受的）！你会把哪个结果交给市场营销部门？（答案：990 000 IOPS。）

12.3.8 完整性检查

有一个检查基准测试结果的方法就是调查所有的特征都没有问题。这包括检查结果是否需要某些组件超过其已知的极限，例如，网络带宽、控制器带宽、互联带宽，或磁盘 IOPS。如果有极限被超过，就值得详细调查。多数情况下，用这个方法会最终发现基准测试的结果是假的。

举个例子：对某一个 NFS 服务器做 8KB 字节的基准测试，结果是能交付 50 000 IOPS。与它相连的网络用的是 1Gb/s 的网口。要能驱动这些 IOPS 需要的网络吞吐量为 50 000 IOPS × 8 KB = 400 000KB/s，加上协议开销。这就超过了 3.2Gb/s——远大于 1Gb/s 的已知上限。肯定有什么东西出错了。

通常像这样的结果意味着基准测试的是客户端的缓存，并没有将全部的工作负载施加到 NFS 服务器上。

我曾经用这样的计算识破过许许多多的假基准测试，包括下面这些超过 1Gb/s 接口的吞吐量[11]：

- 120MB/s

- 200MB/s
- 350MB/s
- 800MB/s
- 1.15GB/s

所有这些吞吐量都是单方向的。120MB/s 可能还好——1Gb/s 的接口应该可以达到 119MB/s 左右。只有在网络两个方向都很繁忙、都加在一起，200MB/s 才有可能，不过，这是单方向的结果。350MB/s 及以上的结果都是假的。

当给定一个基准测试结果让你检查时，看看用提供的数字你能做什么样的简单相加总和来找到这类的限制。

如果你可以访问系统，就可能通过构建新的观测工具或实验做进一步的测试。可以遵循这样的科学方法：你现在所测试的问题是判断基准测试结果是否有效。基于这点，对得到的假设和预测做测试来进行验证。

12.3.9 统计分析

统计分析是一个收集和研究基准测试数据的过程，它遵循以下三个阶段：

- **选择**基准测试工具、基准测试工具的配置，以及需要捕捉的系统性能指标。
- **执行**基准测试，收集大量结果的数据集和指标。
- 用统计分析**解读**数据，生成报告。

与着眼于在运行时分析系统的主动基准测试不同，统计分析着重于分析结果。它也不同于被动基准测试，被动基准测试不做任何分析。

这种方法适用于系统访问时间受限且昂贵的大规模系统环境。例如，仅有一个"最大配置"的系统可用，而同时有多个部门都希望运行测试。

- **销售**：概念验证期间，运行一个模拟客户负载以显示最大配置的系统能有怎样的交付。
- **市场营销**：获得最好数值用于市场营销活动。
- **支持**：调查只有最大配置系统在严重的负载下才出现的异常状态。
- **软件工程**：对新功能和代码修改测试性能。
- **质量控制**：执行非回归测试和认证。

每个部门在系统里运行它们的基准测试的时间非常有限，更多的时间花在运行后结果的分析上。

由于指标收集的代价较高，要花费额外的努力确保指标是可靠的和可信的，以避免发现问题将来重做。除了从技术上检验它们是如何产生的，你还要收集更多统计信息，这样才能更快地发现问题。这些可能包括统计信息的变化、完整的分布、误差范围以及其它的信息（参考第 2 章 2.8 节）。针对代码修改做基准测试或者执行非回归测试时，理解这些变化和误差范围至关重要，这样结果才能有意义。

还有，要尽可能从运行的系统里收集性能数据（要避免收集数据的开销损害结果），这样之后才能对这些数据做取证分析。数据收集用到的工具可能有 `sar(1)`、第三方产品，还有将所有统计数据转储的可定制工具。

举个例子，在 Linux 中，可以用一个定制的 shell 脚本在运行前后复制/proc 的统计信息文件。为了将来的需要，所有可能用到的信息都可以放在其中。只要性能开销可接受，这样的脚本可以在基准测试过程中按一定的时间间隔执行。也可以用其它的统计信息工具创建日志。

在基于 Solaris 的系统中，`kstat -p` 能用来转储所有内核统计信息，统计信息可以在运行前后记录也可以按时间间隔记录。它的输出能容易地解析，也可以导入数据库中做高级分析。

针对结果和指标的统计分析包括*扩展性分析*和 把系统模型化为队列网络的*排队论分析*。第 2 章介绍过这些内容，同时也有几篇文章以这些内容为主题（[Jain 91]、[Gunther 97]、[Gunther 07]）。

12.4 基准测试问题

如果供应商给你一个基准测试，你可以通过一系列问题对其做更好的理解并应用到你自己的环境中。目的是要确定真实测量的是什么、结果的真实性如何，或者说，结果的可重复性如何。

最困难的问题可能是：我自己能不能重现该结果？

基准测试结果可能基于一套极端的硬件配置（例如，DRAM 磁盘）、对特别情况的调优（例如，条带磁盘）、一次幸运的眷顾（不可重复），或者一个测量错误。其中任意一点都是能被确认的，只要你能在自己的数据中心运行并做你自己的分析：主动基准测试。不过，这会消耗你大量的时间。

下面是一些其它可能被问到的问题。

- **总体：**
  - 测试的系统是怎样的配置？
  - 测试的是单个系统，还是一个系统集群？
  - 被测系统的成本是多少？

- 基准测试客户端的配置是怎样的？
- 测试的时长是多少？
- 结果是平均值还是峰值？平均值是什么？
- 其它的分布数据细节（标准差、百分位数，或者所有的分布细节）？
- 基准测试的限制因素是什么？
- 操作的成功/失败比是多少？
- 操作的属性是什么？
- 为模拟工作负载会选择操作的属性吗？它们是如何选择的？
- 基准测试会模拟变化吗，或者模拟的是一个平均工作负载？
- 基准测试结果是否用其它分析工具确认过？（提供屏幕截图。）
- 误差范围能否与基准测试结果一同展示？
- 基准测试结果是否具有可重现性？
- CPU/**内存**相关的基准测试：
  - 使用的什么处理器？
  - 有任何 CPU 被停用吗？
  - 安装了多少主存？是什么类型？
  - 有用到任何自定义的 BIOS 设置吗？
- **存储**相关的基准测试：
  - 存储设备的配置是怎样的（使用了多少，类型，RAID 配置）？
  - 文件系统的配置是怎样的（使用了多少，还有调优）？
  - 工作集大小是多少？
  - 工作集被缓存的程度是多少？缓存于何处？
  - 访问了多少文件？
- **网络**相关的基准测试：
  - 网络配置是怎样的（使用了多少网络接口，它们的类型和配置）？
  - TCP 设置是怎么调优的？

如果研究的对象是行业基准测试，上述的许多问题都会在披露的细节中得到回答。

12.5 练习

1. 回答以下概念问题：
   - 什么是微基准测试？

- 什么是工作集大小，它如何能影响存储基准测试的结果？
- 研究价格/性能比的原因是什么？
2. 选择一个微基准测试并完成如下任务：
   - 增加一个维度（线程、I/O 大小……）并测量性能。
   - 图形化结果（扩展性）。
   - 利用微基准测试将目标性能推至峰值，分析限制因素。

12.6 参考

[Anon 85]　　　Anon et al. "A Measure of Transaction Processing Power," *Datamation*, April 1, 1985.

[Jain 91]　　　Jain, R. *The Art of Computer Systems Performance Analysis: Techniques for Experimental Design, Measurement, Simulation, and Modeling*. Wiley, 1991.

[Gunther 97]　　Gunther, N. *The Practical Performance Analyst*. McGraw-Hill, 1997.

[Smaalders 06]　Smaalders, B. "Performance Anti-Patterns," *ACM Queue* 4, no. 1 (February 2006).

[Gunther 07]　　Gunther, N. *Guerrilla Capacity Planning*. Springer, 2007.

[DeWitt 08]　　 DeWitt, D., and C. Levine. "Not Just Correct, but Correct and Fast," *SIGMOD Record*, 2008.

[Traeger 08]　　Traeger, A., E. Zadok, N. Joukov, and C. Wright. "A Nine Year Study of File System and Storage Benchmarking," *ACM Transactions on Storage*, 2008.

[1]　　　　　　http://www.rfc-editor.org/rfc/museum/tcp-ip-digest/tcp-ip-digest.v1n6.1

[2]　　　　　　http://dtrace.org/blogs/bmc/2009/02/02/eulogy-for-a-benchmark/

[3]　　　　　　www.tpc.org/information/about/history.asp

[4]　　　　　　www.tpc.org/information/other/pricing_guidelines.asp

[5]　　　　　　www.tpc.org

[6] www.spec.org

[7] www.coker.com.au/bonnie++/

[8] http://dtrace.org/blogs/brendan/2012/10/23/active-benchmarking/

[9] https://blogs.oracle.com/roch/entry/decoding_bonnie

[10] http://dtrace.org/blogs/brendan/2009/05/26/performance-testing-the-7000-series-part-3-of-3/

[11] www.beginningwithi.com/comments/2009/11/11/brendan-gregg-at-frosug-oct-2009/

第 13 章

案例研究

本章是系统性能的案例研究：从最初的报告到最终的方案，这是一个真实世界里性能问题的故事。该问题发生在生产中的云计算环境，我选择它作为系统性能分析的一个范例。

本章中，我不是为了介绍新的技术内容，而是采用讲故事的方式说说工具和技术是如何在实际中应用到真实工作环境中的。对于还没开始与真实的系统性能问题打交道的新手而言，我从处理问题的专家的视角，讲解专家在分析过程中如何思考的，以及为什么这样思考，这应该是极其有益的。这里记录的解决方案不一定是最佳的，但确实记录了采用这一方案背后的原因。

出于保护真实情况，所有名称都已更改，如与真实服务器（在线或离线）有任何雷同，纯属巧合。

13.1 案例研究：红鲸

你有封信！

嘿，Brendan，我知道我们一直保持在这里交流信息，如果明天你有机会，能看看 NiftyFy 服务器吗？它与你的一些性能发现有些一致。Nathan 看了一下，但无法确定起因。

一切始于销售代表 James 的电子邮件，他把服务台的 ticket 复制粘贴进了电子邮件。我当时有点恼火，当时我正在试图解决其它两个问题，不希望分心。

我在 Joyent 公司工作，这是一家云计算提供商。我工作在工程领域，但同时也是性能问题（来自支持团队和运维团队）升级体系的最终处理人。客户的问题可能与任何运行在 SmartOS Zones 上或者 KVM 实例（Linux 或 Windows）上的应用程序或数据库有关。

我决定立即转到这个新问题上看个 15 分钟，希望能很快找到些答案。如果看起来需要更长时间，我需要衡量一下它与其它正在处理的问题的优先级。

第一步是阅读服务台 ticket 的问题陈述。

13.1.1　问题陈述

问题陈述是对软件的版本和配置，还有对 CPU 使用率的描述。客户最近才迁移到 Joyent 公司的 SmartMachines 上（SmartOS Zones），而且他们惊奇地发现可以用系统工具观察物理 CPU，甚至包括所有租户的使用率。

我看了一遍他们的描述，找出以下两个问题：

- 是什么让他们觉得有性能问题？
- 他们的问题（如果有）能用延时或运行时间来表述吗？

第一个问题的答案能告诉我问题的真实性，第二个问题能帮助我再次确认这一点。许多 ticket 结果证明是混淆了系统指标，而不是真正的应用程序问题，因此尽早地确认这一点能节省不少时间。然而，这两个问题的答案并不总是一开始就有的。

从客户的描述中我了解到他们正在使用某种称为 Redis 的应用程序，而且：

- 用 `traceroute(1M)` 命令检查网络路由和服务器延时，发现有丢包。
- 有时候 Redis 的返回延时会超过一秒。

客户怀疑这两个发现是相关的。不过，依我看第一点并不一定是实际的问题：在这些系统中，`traceroute(1M)` 默认使用 UDP 协议，而 UDP 本身设计是不可靠的，因此某些网络架构中丢弃 UDP 包是为了更好地传输更重要的 TCP 包。如果他们用的是基于 TCP 的测试，那么就不会丢包或者即使丢包我们也可以选择忽略。

第二点很有用——这是我可以测量的。

根据以往有类似细节的情况，我可以猜到最终结论会是以下之一，甚至还能给出每种情况发生的概率。

- **60%**：`traceroute(1M)` 丢包是条红鲱鱼（译者注——红鲱鱼是转移焦点的代名词），由于某些应用程序级别的原因，一秒的 Redis 延时是正常的。
- **30%**：`traceroute(1M)` 丢包是条红鲱鱼（译者注——红鲱鱼是转移焦点的代名词），

有一个完全与此不同的原因造成了一秒的 Redis 延时。
- **10%**：`traceroute(1M)` 丢包与问题相关——网络确实丢包了。

第一种可能情况（60%）常常是以"哦，是的，它本来就应该是这样"结束。可能对于客户来说是新问题，因为他们才开始用 Redis，不过对 Redis 专家来说则是很正常的。

13.1.2 支持

ticket 的历史记录包含了 Joyent 支持人员分析这个问题的细节。当他们了解到客户使用了一个第三方的监视工具来分析 Redis 的性能时，他们请求了该工具的访问权限，并确认了有时延时确实会像报告的那样高。他们还试图重现 `traceroute(1M)` 的丢包，不过没成功。他们写到，源地址很可能是相关的，因为可能 `traceroute(1M)` 走了不同的网络路径，毕竟某些路径要比其它路径更可靠（这个猜想很好）。他们从不同的位置尝试 `traceroute(1M)`，不过还是无法重现丢包。

运维团队的 Nathan 接着看了一下。他选择了一个邻近的主机作为客户端，用 `curl(1)` 来测量延时，这能减少涉及的网络组件。用一个调用 `curl(1)` 的循环，他最终捕获到了一个超过 200ms 的实例——不是预期的一秒，但还是比正常值（测试中找到的所有小于一秒的值）大得多。换句话说：这是一个异常值。

他还用自己专门的核对清单快速地检查了一遍系统。他发现 CPU 是正常的，有很多空闲的余量，网络 I/O 适中，没有造成问题。出于如下一些原因，该问题由网络丢包引起的可能性看起来越来越小：

- Nathan 用的是同一数据中心里邻近的客户机做的测试。200ms 的异常值可能是由网络设备的丢包或饱和造成的，而这必然是我们数据中心里交换机的路由器的问题——不过考虑到这些设备的可靠性，看起来不大可能。
- 200ms 的延时还太短，不足以导致这些系统 TCP 重传。

除此以外，还有两次输出了"TCP retransmit!"的特别的延时：一次 1.125s，一次 3.375s。这些异常数字与一段内核 TCP 代码相关（illumos 内核里的函数 `tcp_init_values()`），里面涉及了 1s 和 3s。我们其实应该修改那段代码——过去它曾经给用户带来混淆，这可不是什么好事。另一方面，这些异常的数字也很有用，可以快速指示 TCP 重传："我有这些 3.4 秒的异常值……"。不过本示例中，显然 TCP 重传并不是罪魁祸首，200ms 毕竟太短了。

虽然这在很大程度上排除了 TCP 重传（除非，他们的运维方式对于我来说还存在未知的未知），但并没有排除网络。Nathan 的数据中心测试意味着网络出问题不大可能，但是我知道可能性还是有的。

13.1.3 上手

我发了一条聊天信息给 James 说我想立即看看这个问题。James 告诉了我他想让我做的事情：在这个阶段，怀疑是 Redis 本身的问题，而我们的服务器是没问题的。James 正准备将问题推回给客户，但希望我再次确认系统是正常的，这很可能要用到一些我最近开发并得到成功应用的 DTrace 脚本。就像之前的做法，我把我的发现交给 James，他会负责与客户和支持的沟通，让我能够专注于问题本身。

我没有读完 ticket 整个的支持历史记录，就先登录目标系统（SmartOS）试了几条命令，以排除这恰好是什么异常明显的问题。我的第一条命令是 `tail /var/adm/messages`，这是我做系统管理员时养成的有用的习惯，该命令能立即找出某些问题。不过，这次没有发现什么令人担心的事情。

于是基于之前提到的丢包问题，我选择了一条统计命令运行：`netstat -s 1 | grep tcp`。该命令给出满屏的信息，显示自启动以来的信息统计，每隔一秒更新一次。这些信息如下：

```
TCP     tcpRtoAlgorithm     =         4     tcpRtoMin           =       400
        tcpRtoMax           =     60000     tcpMaxConn          =        -1
        tcpActiveOpens      =     31326     tcpPassiveOpens     =   1886858
        tcpAttemptFails     =        36     tcpEstabResets      =      6999
        tcpCurrEstab        =       474     tcpOutSegs          =4822435795
        tcpOutDataSegs      =1502467280     tcpOutDataBytes     = 320023296
        tcpRetransSegs      =     10573     tcpRetransBytes     =   3223066
        tcpOutAck           =  89303926     tcpOutAckDelayed    =  43086430
        tcpOutUrg           =         0     tcpOutWinUpdate     =      1677
        tcpOutWinProbe      =         0     tcpOutControl       =   3842327
        tcpOutRsts          =      9543     tcpOutFastRetrans   =         0
        tcpInSegs           =6142268941
        tcpInAckSegs        =         0     tcpInAckBytes       = 300546783
        tcpInDupAck         =   1916922     tcpInAckUnsent      =         0
        tcpInInorderSegs    = 904589648     tcpInInorderBytes   =3680776830
        tcpInUnorderSegs    =         0     tcpInUnorderBytes   =         0
        tcpInDupSegs        =      3916     tcpInDupBytes       =    175475
        tcpInPartDupSegs    =         0     tcpInPartDupBytes   =         0
        tcpInPastWinSegs    =         0     tcpInPastWinBytes   =         0
        tcpInWinProbe       =         0     tcpInWinUpdate      =         0
        tcpInClosed         =      3201     tcpRttNoUpdate      =         0
        tcpRttUpdate        = 909252730     tcpTimRetrans       =     10513
        tcpTimRetransDrop   =       351     tcpTimKeepalive     =    107692
        tcpTimKeepaliveProbe=      3300     tcpTimKeepaliveDrop =         0
        tcpListenDrop       =       127     tcpListenDropQ0     =         0
        tcpHalfOpenDrop     =         0     tcpOutSackRetrans   =        15
        tcpInErrs           =         0     udpNoPorts          =       579
```

我注意看了几秒，特别注意了 `tcpListenDrop`、`tcpListenDropQ0` `tcpRetransSegs`。这几个值看起来没有什么不正常。命令继续在窗口运行刷新着显示，我看完了 ticket 的历史记录（它有几页长）。我觉得不知道能否立即看到那个问题的现象。

我问 James 这个 Redis 的高延时响应多长时间会发生。他回答："任何时间"。这可不是我期望的回答！我希望的是更量化一些的结果，这样便于理解 `netstat(1M)` 的输出结果。我应该每秒看一次，每分钟看一次，还是每小时看一次？James 对此并不知情，不过他说会再问问清楚。

我读完了这个支持 ticket，又打开了几个命令窗口并行登录系统，这时几个想法闪现在我的脑海里：

- "这可能并不是利用我时间的好办法。Nathan 是个资深的性能分析师，支持团队的人看起来也做了很理性的调查。这感觉有点像钓鱼——希望我的 DTrace 工具能找出另一个问题。我可以花，比如说，15 分钟，仔细看看那个系统，如果一无所获，我还会将它交给 James。"
- "另一方面，我正打算把这些 DTrace 工具用于另一个真实的问题上，并做进一步的开发。我希望在 TCP 观测上做得更深入，而这是一个机会。不过，工具开发没有我要解决的其它客户问题的优先级高，所以这件事情可能还要放一放。"
- "额，Redis 到底是什么东西？"

我对 Redis 确实一无所知。之前听说过，但是我记不起它是做什么的了。它是一个应用服务器？数据库？还是负载均衡器？这种感觉并不好。我需要知道它大体是做什么的，好作为我检查各种统计数据的背景知识。

我先用 ps(1)看了一下系统，看看有没有 Redis 进程或参数的细节。找到了一个叫做"redis-server"的进程，我对此并无概念。从网上搜索 Redis（Google）显得更有成效，不到一分钟我就有了答案（来自维基百科）：Redis 是专门在主存里快速运行的 key-value 存储。[1]

现在问题陈述就变得清楚了："如果是在内存运行，什么样的性能问题会不时地导致超过一秒的延时呢？"

这让我想起了内核调度器的几个不寻常的 bug，处于可运行状态的线程会因此阻塞这样长的时间。我可以再次用 DTrace 跟踪内核调度器把这个弄清楚，不过这样做太费时了。我应该检查一下系统用的是不是包含那些补丁的内核版本。

13.1.4 选择征途

就此我有以下几个不同的方向可选：

- 研究 netstat 的统计数据，多数我还没有看过。到现在为止，netstat 已经运行了几分钟并输出了约 10 000 次统计。数字打印得要比我看得快。我可以花 10 分钟尽可能地看，希望能找到什么可以做进一步调查的内容。
- 使用我的 DTrace 网络工具并做进一步的开发。我可以从内核中挑出感兴趣的事件，包括重传和丢包，然后打印相关的细节。这比读 netstat 要快，还可能看到一些 netstat 统计覆盖不到的地方。为了用于其它客户，我还想进一步开发这些工具，然后公开这些工具让大家共享。
- 浏览 bug 数据库看看之前的内核调度器问题，找到修复的内核版本，然后确认系统运行的内核版本是不是对的。我还可以用 DTrace 调查是不是有新的内核调度器问题。这类问题过去曾经导致数据库查询延时一秒。
- 退一步检查系统的整体健康状况，从一开始排除瓶颈。用 USE 方法可以做到这一点，关键的组合只需要几分钟时间。
- 用排队论搭建一个 Redis 的理论模型，用它来模拟延时 vs.负载：看看什么时候等待队列会产生一秒的延时。这个过程会很有趣，但也会很耗时。
- 看看 Redis 的在线 bug 数据库，搜索已知的性能问题，尤其是一秒延时的问题。很可能有我可以寻求帮助的社区论坛或 IRC 频道。
- 使用 DTrace 深入到 Redis 的内部，以读取延时为起点开始向下挖掘分析。我可以用我的 zfsslower.d-style 脚本，让它跟踪 Redis 的读取而不是用 DTrace 的 pid provider。这样做，就可以有一个延时的参数，只跟踪慢于，比如，500ms 的读操作。做向下挖掘分析这会是一个很好的起点。

有一个方向我是不做打算的，那就是对 Redis 的负载做特征归纳，因为有可能一秒的读操作就是简单的大数据读取，那本就该花这么多时间。举个例子，刚好有个用户在做 1GB 的读取，这使得在客户的监控软件上出现了一个延时的峰值，而客户对此并不知情。我已经排除了这个方向的可能性，因为 Nathan 已经做了 `curl(1)` 测试，已经发现延时会随着读取数据的尺寸增加而变大。

我选择了 USE 方法。过去已经证明用该方法作为起点展开性能问题的分析是很有用的。这也有助于 James 向客户解释我们很严肃地看待了这个问题，并已完成了自身系统的健康检查。

13.1.5　USE 方法

我在第 2 章介绍过，USE 方法可以检查系统健康，识别瓶颈和错误。对于每项资源，我都会检查三个指标：使用率、饱和度和错误。对于关键资源（CPU、内存、磁盘、网络）只有少量需要检查的指标，这要比我从 `netstat(1M)` 得到的 10 000 次统计强得多。

CPU

我运行了 `fmdump(1M)` 查看有无可以立即排除的 CPU 错误。没有找到。接着我用 `vmstat(1M)` 检查了系统级的 CPU 的使用率和饱和度，并用 `mpstat(1M)` 检查了每一个 CPU。它们看起来都很好：充足的空间余量，没有一个很繁忙的 CPU。

考虑到客户可能已经达到云设置的 CPU 限制,我用 kstat(1M) 检查了 CPU 的使用和限制,发现都完全在限制内。

内存

物理设备的错误应该已经显示在之前的 fmdump(1M) 中了,因此我直接着手于使用率和饱和度。

之前调查系统级的 CPU 使用情况时,我还运行过 vmstat 1,发现有很多空闲的主存和虚拟内存,而且页扫描器没有工作(内存饱和的一个测量标志)。

我运行 vmstat -p 1 来检查匿名换页,即使当系统还有内存余量时,由于云设置的限制,匿名换页还是有可能发生的。匿名换页列,api,是非零的!

```
$ vmstat -p 1
     memory           page          executable      anonymous      filesystem
   swap  free  re   mf  fr  de  sr  epi epo epf   api apo apf   fpi fpo fpf
60222344 10272672 331 756 2728 688 27 0   0   0    2   5   5    4 2723 2723
48966364 1023432  208 1133 2047 608 0 0   0   0   168   0   0    0 2047 2047
48959268 1016308  335 1386 3981 528 0 0   0   0   100   0   0    0 3981 3981
[...]
```

应用程序对内存的需求大于主存(或限制)就会发生匿名换页,内存页会换出到物理的 swap 设备上(Linux 称之为,*换出*(*swapped out*))。当应用程序需要该内存页时还必须读回。这会加入极大的磁盘 I/O 延时,而不仅仅是内存 I/O 延时,这会严重地损害应用程序的性能。匿名换页很容易就能导致一秒钟的读取,乃至更糟的情况。

孤立地用单一的指标通常无法确认性能问题(除非有很多错误类型)。然而,仅"匿名换页"一个指标就能够指明真实问题,并且立即就能确认问题。不过我还是想再次确认一下,用 prstat -mLc 来检查每个线程的微状态(线程状态分析方法):

```
$ prstat -mLcp `pgrep redis-server` 1
   PID USERNAME USR SYS TRP TFL DFL LCK SLP LAT VCX ICX SCL SIG PROCESS/LWPID
 28168 103      0.2 0.7 0.0 0.0 0.0 0.0 99 0.0  41   0 434   0 redis-server/1
 28168 103      0.0 0.0 0.0 0.0 0.0 0.0 100 0.0  0   0   0   0 redis-server/3
 28168 103      0.0 0.0 0.0 0.0 0.0 100 0.0 0.0  0   0   0   0 redis-server/2
Total: 1 processes, 3 lwps, load averages: 5.01, 4.59, 4.39
   PID USERNAME USR SYS TRP TFL DFL LCK SLP LAT VCX ICX SCL SIG PROCESS/LWPID
 28168 103      0.0 0.0 0.0 0.0 98 0.0 1.8 0.0  15   0 183   0 redis-server/1
 28168 103      0.0 0.0 0.0 0.0 0.0 0.0 100 0.0  0   0   0   0 redis-server/3
 28168 103      0.0 0.0 0.0 0.0 0.0 100 0.0 0.0  1   0   0   0 redis-server/2
Total: 1 processes, 3 lwps, load averages: 5.17, 4.66, 4.41
   PID USERNAME USR SYS TRP TFL DFL LCK SLP LAT VCX ICX SCL SIG PROCESS/LWPID
 28168 103      0.2 0.3 0.0 0.0 75 0.0  24 0.0  24   0 551   0 redis-server/1
 28168 103      0.0 0.0 0.0 0.0 0.0 0.0 100 0.0  0   0   0   0 redis-server/3
 28168 103      0.0 0.0 0.0 0.0 0.0 100 0.0 0.0  0   0   0   0 redis-server/2
[...]
```

DFL 的高百分比,数据缺页时间(data fault time),显示 Redis 服务器线程把它的大多数时间都花在了从磁盘的换页上——这些 I/O 本应该发生在主存中。

检查内存的限制：

```
$ zonememstat -z 1a8ba189ba
                     ZONE      RSS      CAP    NOVER       POUT
               1a8ba189ba   5794MB   8192MB    45091    974165MB
```

虽然当前内存使用量（`RSS`）小于限制（`CAP`），但是其它列证明内存曾经频繁地超出限制：45 091 次（`NOVER`），导致了共 974 165MB 数据的页面换出（`POUT`）。

这看起来像是一个典型的服务器配置错误，尤其是考虑到客户刚刚迁移 `Redis` 到这个云上。很可能他们还没有更新配置文件来配合新的限制。我发了一条消息给 James。

虽然内存问题是严重的，但我还是要证明就是这个问题导致了一秒的延时。理想的话，我会测量 `Redis` 的读取时间并用一个比率来表示它与阻塞在 `DFL` 上的时间同步。如果一秒的读取操作花了 99% 的时间阻塞在 `DFL` 上，那么我们就确定了读操作这么慢的原因，接着检查 `Redis` 的内存配置，指出问题的根本原因。

在此之前，我要完成 `USE` 方法的确认清单。性能问题常常是祸不单行的。

磁盘

`iostat -En` 显示没有错误。`iostat -xnz 1` 说明使用率较低（`%b`），而且没有饱和（`wait`）。

我让 `iostat(1M)` 运行了一会儿，观察其变化，发现了一阵突发的写入：

```
$ iostat -xnz 1
[...]
                    extended device statistics
    r/s    w/s    kr/s    kw/s  wait actv wsvc_t asvc_t  %w  %b device
   42.6    3.0    27.4    28.4   0.0  0.0    0.0    0.5   0   2 sd1
                    extended device statistics
    r/s    w/s    kr/s    kw/s  wait actv wsvc_t asvc_t  %w  %b device
   62.2 2128.1    60.7 253717.1  0.0  7.7    0.0    3.5   3  87 sd1
                    extended device statistics
    r/s    w/s    kr/s    kw/s  wait actv wsvc_t asvc_t  %w  %b device
    3.0 2170.6     2.5 277839.5  0.0  9.9    0.0    4.6   2 100 sd1
                    extended device statistics
    r/s    w/s    kr/s    kw/s  wait actv wsvc_t asvc_t  %w  %b device
    8.0 2596.4    10.0 295813.9  0.0  9.0    0.0    3.4   3 100 sd1
                    extended device statistics
    r/s    w/s    kr/s    kw/s  wait actv wsvc_t asvc_t  %w  %b device
  251.1    1.0   217.0     8.0   0.0  0.7    0.0    2.9   0  66 sd1
```

ZFS 对事务组（TXG，transaction group）是有批量写入的，这个行为是正常的。应用程序文件系统 I/O 是异步操作的，不会受到繁忙的磁盘的影响——至少，不经常是。有某些情况应用程序 I/O 会阻塞在 TXG 上。

此处所见的磁盘 I/O 很可能不是 `Redis` 的，也许来自系统的其他租户，何况 `Redis` 是一个内存数据库。

网络

网络接口看起来是好的。我用 `netstat -i` 和 `nicstat` 做了检查：没有错误，低使用率、没有饱和。

13.1.6　我们做完了吗

基于强有力的内存使用率线索，并且还需要去完成其它工作，我将这个事情交还给 James："这个问题看起来是一个内存配置问题——阻塞在了匿名换页上。"我还附上了屏幕截图。看起来这个问题很快就能解决。

一会儿 James 转发了客户那边来的信息：

- "你确定是与内存相关吗？内存配置看起来是好的。"
- "一秒的读取还在发生"。
- "发生的频率大约是 5 分钟"（回答了我之前的问题）。

我确定吗？！如果客户是和我待在一个房间里，我还要控制自己不被愤怒左右。很明显这是一个严重的内存问题。有 api 而且还有高达 98% 的 `DFL`——系统的内存正处于地狱之中。是的，我确定！

好吧，再想想看……我确定有一个严重的内存问题。但是我并没有证明就是这个问题导致了读取延时。多个问题同时出现在这一行并不鲜见。可能还存在另一个问题导致着读取延时，而这个内存换页问题是条红鲱吗？（译者注——红鲱鱼是转移焦点的代名词）它更像一条红鲸！

客户说每 5 分钟发生一次，这看起来也和内存问题不匹配。我之前看到的，`DFL` 是几乎每秒都有。这暗示着很可能确实有第二个问题。

13.1.7　二度出击

理想的话，我需要一个工具能够显示：

- Redis 的读延时。
- 一个同步的时间组件明细，显示在读过程中最多的时间花在了哪里。

我运行该工具，找到耗时一秒的读取，看看这些读操作耗时最多的组件是什么。如果是内存问题，该工具应该显示最多的时间花在了等待匿名换页上。

我可以浏览 Redis 的在线文档看看有没有这样一款工具存在。如果存在，学习使用会花点时间，还要从客户那得到权限来运行该工具。一般来说，从全局分区用 DTrace 来只读地看一下会更快。

使用 DTrace 来测量 Redis 的读延时，这早于支持 Redis 的 DTrace provider，因此我只能基于 Redis 内部工作的机理使用自己的技术。问题在于，我不知道 Redis 内部是怎样工作的——不久前我甚至忘了它是什么。这种类型的内部知识是你只能寄希望于 Redis 开发人员或 Redis 专家所拥有的。

怎么才能快速地弄清楚 Redis？在我脑海中有了三个方法：

- 用 DTrace 系统调用 provider 检查系统调用，并尝试在此处弄清楚 Redis 的读延时。要找到这类信息有一些聪明的办法，例如对套接字跟踪 `accept()` 至 `close()`，对于数据检查 `send()` 和 `recv()`。这取决于用到的系统调用。
- 用 DTrace 的 pid provider 检查 Redis 的内部。不过对于所要跟踪的 Redis 的内部，我一无所知。我可以查看源代码，但太费时间。一个快一点的办法是*栈钓鱼（stack fishing）*：以服务与客户端 I/O 的系统调用为起点，打印用户级栈（用 DTrace 的 action `ustack()`），看看这些代码路径族谱。不需要看数千行的代码，我就能看到在使用的正在执行工作的函数，然后我研究这些函数就可以了。
- 用 DTrace 的 pid provider 检查 Redis 的内部，不过栈钓鱼的方法不是基于 I/O 的，而是以 97Hz 对用户级别栈做剖析的（例如，用 DTrace 的 profile provider）。我能用这一数据生成一幅火焰图，以此来找到频繁使用的代码路径。

13.1.8 基础

我决定从看看有哪些系统调用开始：

```
# dtrace -n 'syscall:::entry /execname == "redis-server"/ {
    @[probefunc] = count(); }'
dtrace: description 'syscall:::entry ' matched 238 probes
CPU     ID                    FUNCTION:NAME
^C

  brk                                                               1
  fdsync                                                            1
  forksys                                                           1
  lwp_self                                                          1
  rename                                                            1
  rexit                                                             1
  times                                                             1
  waitsys                                                           1
  accept                                                            2
  setsockopt                                                        2
  llseek                                                            2
  lwp_sigmask                                                       2
  fcntl                                                             3
  ioctl                                                             3
```

```
open64                                3
getpid                                8
close                                11
fstat64                              12
read                               2465
write                              3504
pollsys                           15854
gtime                            183171
```

有很多的 gtime()、pollsys() 和 write()。pollsys() 说明 Redis 没有用 event port，因为如果使用了，是会调用 portfs() 的。这让我想起，有个工程师过去碰到过这件事情，Redis 的开发人员做了修复，提升了性能。我告诉了 James 这件事情，虽然记得 event ports 能提供大约 20% 的性能提升，我还要继续寻找一秒的异常值。

出现了一个 forksys() 看起来有些奇怪，不过这种不常见的调用也可能是用于监视的（fork 一个进程执行系统 stat 命令）。输出中的 fdstat() 和 fdsync() 就更值得怀疑了，这些都是文件系统的调用，我本以为 Redis 仅仅是在内存里。如果看得到文件系统，那么也就会有磁盘，而磁盘肯定会导致高延时。

13.1.9 忽略红鲸

为了确认是否也涉及磁盘，先暂时忽略内存的问题，我决定检查这些系统调用的文件系统类型。这些调用可能用于诸如 sockfs 的伪文件系统上，而不是真正的像 ZFS 这样基于磁盘的文件系统。为了确认它造成的延时能叠加到一秒，我还要测量这些延时。

我很快地写了一些单行的 DTrace 命令，部分如下。

对文件系统种类计数，比如说，针对进程 "redis-server"（在系统上叫这个名字的只有一个进程）跟踪系统调用 write()：

```
syscall::write:entry /execname == "redis-server"/ { @[fds[arg0].fi_fs] = count(); }
```

测量所有系统调用的延时，计算总和（ns）：

```
syscall:::entry /execname == "redis-server"/ { self->ts = timestamp; }
syscall:::return /self->ts/ { @[probefunc] = sum(timestamp - self->ts);
    self->ts = 0; }
```

第一条命令显示多数时间写入的都是"sockfs"，即网络。有时会有"zfs"的写入。

第二条单行命令显示有时在诸如 write()、fdsync() 和 poll() 这些系统调用上会有几百毫秒的延时。poll() 的延时很可能是正常的（等待任务——还要检查一下文件描述符和用户级栈），但是其它的系统调用，尤其是 fdsync()，是值得怀疑的。

13.1.10 审问内核

这时，我编写了一系列定制的 DTrace 单行命令，来回答各种我对内核的问题。这包括用 fbt provider 跟踪系统调用层到 VFS 层，这里通过改变探针的参数，我还可以检查内核内部其它的内容。

单行命令很快就变成了下面这样，较长需要放在脚本中：

```
# dtrace -n 'fbt::fop_*:entry /execname == "redis-server"/ {
    self->ts = timestamp; }
fbt::fop_*:return /self->ts/ { @[probefunc] = sum(timestamp - self->ts);
    self->ts = 0; }
fbt::fop_write:entry /execname == "redis-server"/ {
    @w[stringof(args[0]->v_op->vnop_name)] = count(); }
tick-15s { printa(@); trunc(@); printa(@w); trunc(@w); }'
[...]
  7  69700                       :tick-15s
  fop_addmap                                              4932
  fop_open                                                8870
  fop_rwlock                                           1444580
  fop_rwunlock                                         1447226
  fop_read                                             2557201
  fop_write                                            9157132
  fop_poll                                            42784819

  sockfs                                                   323
[...]
```

这个脚本每 15s 打印一次总结。第一部分显示的是 Redis 用到的 VFS 层调用，延时总和的单位是 ns。在这个 15s 总结里，只有 42ms 花在了 `fop_poll()` 上，9ms 花在了 `fop_write()` 上。第二部分的总结显示的是写入的文件系统类型——对于这次的 15s，都是网络的"`sockfs`"。

大约每 5 分钟，会出现下面的内容：

```
  7  69700                       :tick-15s
  fop_ioctl                                               1980
  fop_open                                                2230
  fop_close                                               2825
  fop_getsecattr                                          2850
  fop_getattr                                             7198
  fop_lookup                                             24663
  fop_addmap                                             32611
  fop_create                                             80478
  fop_read                                             2677245
  fop_rwunlock                                         6707275
  fop_rwlock                                          12485682
  fop_getpage                                         16603402
  fop_poll                                            44540898
  fop_write                                          317532328

  sockfs                                                   320
  zfs                                                     2981

  7  69700                       :tick-15s
  fop_delmap                                              4886
  fop_lookup                                              7879
```

```
fop_realvp                                              8806
fop_dispose                                            30618
fop_close                                              95575
fop_read                                              289778
fop_getpage                                          2939712
fop_poll                                             4729929
fop_rwunlock                                         6996488
fop_rwlock                                          14266786
fop_inactive                                        15197222
fop_write                                          493655969
fop_fsync                                          625164797

sockfs                                                    35
zfs                                                     3868
```

第一次间隔输出显示 `fop_write()` 的时间有所上升，15s 的间隔内达到了 317ms，还有 2981 次 zfs 的写入。第二次间隔显示 `write()` 花了 493ms，`fsync()` 花了 625ms。

判断 ZFS 文件是不是正在被写入和同步很简单，并且我已经用一个我喜爱的 DTrace 脚本发现了该文件：

```
# zfsslower.d 1
TIME                    PROCESS           D   KB      ms FILE
2012 Jul 21 04:01:12    redis-server      W  128       1 /zones/1a8ba189ba/root/var/db/
redis/temp-10718.rdb
```

输出显示了多次对 `temp-10718.rdb` 文件的 128KB 字节写操作。我设法在该文件被删除之前运行了 `ls(1)`，看看其大小：

```
# ls -lh /zones/1a8ba189ba/root/var/db/redis/
total 3473666
-rw-r--r--   1 103     104        856M Jul 21 04:01 dump.rdb
-rw-r--r--   1 103     104           6 Jul 18 01:28 redis.pid
-rw-r--r--   1 103     104        856M Jul 21 04:07 temp-12126.rdb
```

如果用了 `ls(1)` 还是时间太短而看不到该文件，我会用 DTrace 来跟踪文件的信息（我已经写了一个脚本来做这件事情，参见 *Dtrace* 一书的第 5 章[Gregg 11]。）

文件名称含有 `dump` 和 `temp-`，而且大小超过了 800MB（通过 `fsync()`）。这看起来不妙。

13.1.11 为什么

写一个大于 800MB 的临时文件，然后进行 `fsync()`，合起来的延时超过一秒，看来这就是 Redis 延时的原因。频率是 5 分钟，与客户的描述相符。

我在互联网上搜索到下面一篇 Didier Spezia 所写[2]的关于临时文件的解释：

RDB 就像是一个写入到磁盘里的内存快照。在 BGSAVE 操作期间，Redis 会生成一个临时文件。一旦文件写完并同步好，就会重命名为转储文件。因此如果在转储的过程中出现崩溃，现有的文件不会被修改。所有最近的更改都会丢失，但是文件本身是安全的，不会被损坏。

我也了解到 Redis 可以 `fork()` 这个 BGSAVE 操作，让它在后台运行。我之前看到了一个 `forksys()`，但是没有做检查。

Redis 的维基百科页面说的更清楚[3]：

持久化是由两种方式实现的：一种称为快照，这是一个半持久模式，数据集会不时地从内存异步写入磁盘。版本 1.1 之后，更安全的选择是用一个只追加文件（日志），把对内存数据的修改操作写在里面。Redis 还能够在后台重写这个只追加文件，以避免日志的无止境的增加。

这意味着该软件的行为能做从转储变成日志这样显著的改变。检查 Redis 的配置文件：

```
############################## SNAPSHOTTING ###############################
#
# Save the DB on disk:
#
#   save
#
#   Will save the DB if both the given number of seconds and the given
#   number of write operations against the DB occurred.
#
#   In the example below the behaviour will be to save:
#   after 900 sec (15 min) if at least 1 key changed
#   after 300 sec (5 min) if at least 10 keys changed
#   after 60 sec if at least 10000 keys changed
#
#   Note: you can disable saving at all commenting all the "save" lines.

save 900 1
save 300 10
save 60 10000
[...]
```

哦，5 分钟的间隔就是这么来的。

下面还有：

```
############################## APPEND ONLY MODE ###############################
[...]
# The fsync() call tells the Operating System to actually write data on disk
# instead to wait for more data in the output buffer. Some OS will really flush
# data on disk, some other OS will just try to do it ASAP.
#
# Redis supports three different modes:
#
# no: don't fsync, just let the OS flush the data when it wants. Faster.
# always: fsync after every write to the append only log . Slow, Safest.
# everysec: fsync only if one second passed since the last fsync. Compromise.
#
# The default is "everysec" that's usually the right compromise between
# speed and data safety. It's up to you to understand if you can relax this to
# "no" that will will let the operating system flush the output buffer when
# it wants, for better performances (but if you can live with the idea of
# some data loss consider the default persistence mode that's snapshotting),
```

```
# or on the contrary, use "always" that's very slow but a bit safer than
# everysec.
#
# If unsure, use "everysec".

# appendfsync always
appendfsync everysec
# appendfsync no
```

我把这个通过 James 发给了客户，从此就再没听到过关于这个问题的消息了。

13.1.12 尾声

综上，在处理这个问题的过程中，我一共发现了三个性能问题，并且发给客户可执行的建议。

- **内存换页**：重新配置应用程序，让其保持在内存限制之内（可以发现该内存问题是由 `fork()` 和 BGSAVE 操作引起的）。
- **pollsys()**：升级 Redis 软件到采用 event port 的版本，以提升性能。
- **BGSAVE 配置**：Redis 每 5 分钟调用 `fsync()` 处理一个 800+ MB 的文件来做持久化，这是导致异常值出现的原因，对该行为可以做很大的调整。

我还很惊奇于竟然还有比内存换页还要严重的问题。一般来说，一旦我发现那么多 DFL 时间，告知客户去修改配置，后面就不会有什么问题了。

我还和其他在 Joyent 工作的工程师聊过此事，算是对性能问题的通气。其中一个有 Redis 经验的工程师说"这是个不好的配置，Redis 就应该做小型对象的存储，像 name service，而不是 800MB 的数据库。"

我之前 60%的预感是正确的："哦，是的，它本来就应该是这样。"我已经知道 Redis 更多的细节了，下次如果再遇到，我可能会实现我之前的一些想法，包括写一个跟踪 Redis 读取时间的跟踪脚本，对同步延时做明细。

（更新：是的，我再次碰到了 Redis。我编写了如下脚本：redislat.d 用来总结 Redis 的延时，redisslower.d 用来跟踪异常值[4]。）

13.2 结语

这个案例的研究显示了我在性能调查时的思考过程，我是如何应用前面各章介绍的工具和方法的，以及这些工具和方法的使用顺序。另外，还有性能分析实践中的一些体会，归纳如下：

- 一开始,对于目标应用程序所知甚少是很正常的,但是你应该很快地找到更多的信息,并加深对此应用程序的专业知识。
- 犯错和弄错方向,然后再掉头回到正确的轨道上,这在性能分析里是常有的事情。
- 在你击中问题之前,找到了多个其它问题也是正常的。
- 所有这些都是在时间压力下完成的!

对于初学者而言,在你研究性能问题时迷失方向会令人沮丧,这种感觉,也是正常的:你会感觉迷失,你会犯错误,你的想法经常会是错的。这里引用 Niels Bohr,一位丹麦物理学家的话:

所谓专家,就是即使在很狭小的领域也犯过了所有错误的人。

通过给你们讲这个故事,我希望能安慰你们,犯错误和走错方向是正常的(即便是我们中最杰出的人),并希望这些技术和方法能帮助你们找到自己的道路。

13.3 附加信息

关于系统性能分析更多的案例研究,可以查看你公司的 bug 数据库(或者 ticket 系统),看看之前与性能相关的问题,也可以看看你使用的应用程序和操作系统的公共 bug 数据库。这些问题一般都是以问题陈述作为开始,以最终的修复为结束。许多 bug 数据库系统还有带有时间戳的评论历史,可以研究看看分析的进展,包括假设的展开,乃至走错的方向。

还有些系统性能的研究案例会不时地公布出来,例如,在我的博客[5]。还有一些着眼于实践的技术期刊,像 *ACM Queue[6]*,常常用案例研究作为上下文来介绍新技术的问题解决方案。

13.4 参考

[Gregg 11]   Gregg, B., and J. Mauro. *DTrace: Dynamic Tracing in Oracle Solaris, Mac OS X and FreeBSD*. Prentice Hall, 2011.

[1]   http://redis.io

[2]   https://groups.google.com/forum/?fromgroups=#!searchin/redis-db/temporary$20file/redis-db/pE1PloNh20U/4P5Y2WyU9w8J

[3] http://en.wikipedia.org/wiki/Redis
[4] https://github.com/brendangregg/dtrace-cloud-tools
[5] http://dtrace.org/blogs/brendan
[6] http://queue.acm.org

附录 A

USE 法：Linux

本附录[1]包含了一张源自 USE 法的 Linux 检查清单。这是一个检查系统健康状态，发现常见资源瓶颈和错误的方法，在第 2 章里曾经介绍过。后面的章节（5、6、7、9、10）通过特定场景描述了这个方法，并介绍了一些支持这个方法的工具。

性能工具常有改进并不断有新工具问世，因此你应当把这些工具当作需要更新的起点。同样，也可以开发出新的观测框架和工具，使得使用 USE 法更加容易。

物理资源

模块	类型	指标
CPU	利用率	每个 CPU：`mpstat -P ALL,`（取剩下部分）`%idle`；`sar -P ALL, %idle` 系统范围：`vmstate 1, id`项；`sar -u, %idle`项；`dstat -c, idl`项 每个进程：`top, %CPU`项；`htop, CPU%`项；`ps -o pcpu`；`pidstat 1, %CPU`项 每个内核线程：`top/htop`（按 K 转换显示），找到 `VIRT==0`（启发式）
CPU	饱和度	系统范围：`vmstat 1, r` > CPU 数量 [1]；`sar -q, runq-sz` > CPU 数量；`dstat -p, run` > CPU 数量 每个进程：`/proc/PID/shedstat` 第二项（sched_info.run_delay）；getdelays.c, CPU [2]；`perf sched latency`（显示每次调度的平均和最大延时）；动态跟踪，例如 SystemTap 中 schedtimes.stp.queued(us) [3]

续表

模块	类型	指标
CPU	错误	如果处理器特定错误事件（CPC）可用，使用 `perf(LPE)`；例如，AMD64 的 "04Ah Single-bit ECC Erros Recorded by Scrubber"[4]
内存容量	利用率	系统范围：`free -m`,Mem：（主存），Swap：（虚存）；`vmstat 1, free` 项（主存），swap 项（虚存）；`sar -r`, `%memused`项；`dstat -m`, free 项；`slabtop -s c` 检查 kmem slab 使用情况 每个进程：`top/htop`, RES 项（驻留主存），VIRT 项（虚存），Mem 项为系统范围内的总计
内存容量	饱和度	系统范围：`vmstat 1`, si/so 项（交换）；`sar -B`, pgscank 项+pgscand 项（扫描）；`sar -W` 每个进程：`getdelays.c`, SWAP 项[2]；`/proc/PID/stat` 中第 10 项（min_flt）可以得到次要缺页率，或者使用动态跟踪[5]；`dmesg	grep killed`（OOM 进程终结者）
内存容量	错误	`dmesg` 可以得到物理失效；动态跟踪，例如，使用 uprobes 获得失败的 `malloc()` 数量（DTrace/SystemTap）
网络接口	利用率	`ip -s link`, RX/TX 吞吐量除以最大带宽；`sar -n DEV` 项, rx/tx kB/s 除以最大带宽；/proc/net/dev, RX/TX 吞吐量字节数除以最大值
网络接口	饱和度	`Ifconfig`, overruns 项, dropped 项[6]；`netstat -s`, 重新传输段数；`sar -n EDEV` 项, *drop/s 项, *fifo/s 项；/proc/net/dev, RX/TX 丢包；动态跟踪其他 TCP/IP 栈排队情况
网络接口	错误	`ifconfig`, errors 项, dropped 项[6]; `netstat -i`, RX-ERR/TX-ERR；`ip -s link`, errors 项, `sar -n EDEV` 所有项；/proc/net/dev, errs, drop；其他计数器可能可以在/sys/class/net/...下找到；动态跟踪驱动函数的返回值
存储设备 I/O	利用率	系统范围：`iostat -xz 1`, %util; `sar -d %util`; 每个进程：`iotop`; `/proc/PID/sched` se.statistics.iowait_sum
存储设备 I/O	饱和度	`iostat -xnz 1`, avgqu-sz > 1, 或者较高的 await; `sar -d` 的相同项；LPE 块探针以获取队列长度/延时；动态/静态跟踪 I/O 子系统（包括 LPE 块探针）
存储设备 I/O	错误	/sys/devices/.../ioerr_cnt; `smartctl`; 动态/静态跟踪 I/O 子系统响应代码[7]
存储容量	使用率	swap: `swapon -s`; `free`; /proc/meminfo SwapFree/SwapTotal; 文件系统：`df -h`
存储容量	饱和度	不太确定这项是否有意义——一旦满会返回 ENOSPC
存储容量	文件系统：错误	`strace` 跟踪 ENOSPC；动态跟踪 ENOSPC; /var/log/messages errs, 取决于文件系统；应用程序日志错误
存储控制器	使用率	`iostat -xz 1`, 把设备的数值加起来与已知的每张卡 IOPS/吞吐量进行对比

续表

模块	类型	指标
存储控制器	饱和度	参见存储设备 I/O 饱和度
存储控制器	错误	参见存储设备 I/O 错误
网络控制器	使用率	从 `ip -s link`（或者 sar，或者/proc/net/dev）和已知控制器的最大吞吐量推断出接口类型
网络控制器	饱和度	参见网络接口，饱和度……
网络控制器	错误	参见网络接口，错误……
CPU 互联	使用率	LPE（CPC）获得 CPU 互联端口，用吞吐量除以最大值
CPU 互联	饱和度	LPE（CPC）获得停滞周期
CPU 互联	错误	LPE（CPC）得到的所有信息
内存互联	使用率	LPE（CPC）获得内存总线，用吞吐量除以最大值；或者大于 10 的 CPI；CPC 可能有本地和远程计数器的对比
内存互联	饱和度	LPE（CPC）获得停滞周期
内存互联	错误	LPE（CPC）得到的所有信息
I/O 互联	使用率	LPE（CPC）获得吞吐量除以最大值（如果能够获得）；通过 iostat/ip/…获得的已知吞吐量进行推断
I/O 互联	饱和度	LPE（CPC）获得停滞周期
I/O 互联	错误	LPE（CPC）得到的所有信息

1. 列 r 报告了那些正在等待以及正在 CPU 上运行的线程。参见第 6 章中关于 `vmstat(1)` 的描述。
2. 使用延时核算，参见第 4 章。
3. 还有一个为 `perf(1)` 服务的跟踪点 sched:sched_process_wait；由于调度事件很频繁，跟踪时注意额外的开销。
4. 在最新的 Intel 和 AMD 处理器手册中没有很多错误相关的事件。
5. 可以通过查看谁造成了次要缺页，来展示谁正在消耗内存并导致饱和。在 `htop(1)` 中应该可以通过 MINFLT 一项得到。
6. 丢弃的报文被包含在了饱和度和错误的指标内，因为饱和及错误都有可能造成报文的丢弃。
7. 这包括了跟踪 I/O 子系统中不同层次的函数：块设备、SCSI、SATA、IDE……有些静态探针可用（LPE `scsi` 和 `block` 跟踪事件），否则就使用动态跟踪。

　　一般说明：上面并未包含 `uptime` 命令的 load average 项，原因是 Linux 的负载均衡包括了处于无法中断状态的 I/O 任务。

　　LPE：Linux 性能事件（Linux Performance Events）是一个强大的观测工具，它读取 CPC 并且可以使用动态和静态跟踪技术。它的接口即 `perf(1)` 命令。它在第 6 章中有介绍。

CPC：CPU 性能计数器（CPU performance counter）。参见第 6 章，用法参考 `perf(1)`。

I/O 互联：包括了 CPU 到 I/O 的控制器总线、I/O 控制器，以及设备总线（例如 PCIe）。

动态跟踪：可以开发自定义的指标。参见第 4 章以及后面几章内的例子。Linux 上的动态跟踪工具包括了 LPE、DTrace、SystemTap 和 LTTng。

对于任何对资源施加限制的环境（例如云计算），对每一种资源控制采用 USE 法。这些资源控制——和资源限制——有可能在物理资源完全耗尽之前就被触发。

软件资源

模块	类型	指标
内核态互斥量	使用率	内核编译带 CONFIG_LOCK_STAT=y 的情况下，使用/proc/lock_stat 里的 `holdtime-total` 项除以 `acquisitions` 项（另外参考 `holdtime-min`、`holdtime-max`）[1]；对锁函数或者指令（可能有）进行动态跟踪
内核态互斥量	饱和度	内核编译带 CONFIG_LOCK_STAT=y 的情况下，使用/proc/lock_stat 里的 `waittime-total` 项除以 `contentions` 项（另外参考 `waittime-min`、`waittime-max`）；对锁函数或者指令（可能有）进行动态跟踪；旋转情况也可以通过剖析显示出来（`perf record -a -g -F 997…`、`oprofile`、`DTrace`、`SystemTap`）
内核态互斥量	错误	动态跟踪（例如递归进入互斥量）；其他错误可能会造成内核锁起/恐慌，可以使用 `kdump`/`crash` 进行调试
用户态互斥量	使用率	`valgrind --tool=drd --exclusive-threshold=……`（持有时间）；对加锁到解锁这段的函数时间进行动态跟踪
用户态互斥量	饱和度	`valgrind --tool=drd` 可以根据持有时间推断竞争的情况；对同步函数进行动态跟踪得到等待时间；进行剖析（`oprofile`、`PEL`……）用户调用栈得到旋转等待的情况
用户态互斥量	错误	`valgrind --tool=drd` 提示的各种错误；动态跟踪 `pthread_mutex_lock()` 的返回值，如 EAGAIN、EINVAL、EPERM、EDEADLK、ENOMEM、EOWNERDEAD 等
任务容量	使用率	`top/htop, Tasks` 项（当前）；`sysctl kernel.threads-max` 项，`/proc/sys/kernel/threads-max`（最大值）
任务容量	饱和度	被阻塞在内存分配上的线程数；这个时候页面扫描器应该正在运行（`sar -B, pgscan*`），或者使用动态跟踪检查

续表

模块	类型	指标
任务容量	错误	"can't fork()"错误；用户态线程：pthread_create()错误返回值如 EAGAIN、EINVAL……；内核级：动态跟踪 kernel_thread() 函数的 ENOMEM 返回值
文件描述符	使用率	系统范围：sar -v, file-nr 项 和/proc/sys/fs/file-max 相比较；dstat --fs, files 项；或者是/proc/sys/fs/file-nr 每个线程：ls /proc/PID/fd | wc -l 对比 ulimit -n
文件描述符	饱和度	这一项没有意义
文件描述符	错误	在返回文件描述符的系统调用上（例如 open()、accept()……）使用 strace errno == EMFILE

1. 内核锁分析以前是通过 lockmeter 进行的，它有一个接口调用 lockstat。

参考资料

[1] http://dtrace.org/blogs/brendan/2012/03/07/the-use-method-linux-performance-checklist

附录 B

USE 法：Solaris

出于和附录 A 同样的原因，本附录[1]包含了一张源于 USE 法的 Solaris 检查清单，另外还有一些注意事项。

物理资源

模块	类型	指标
CPU	利用率	每 CPU：`mpstat 1`, `idl` 项 系统范围：`vmstat 1`, `id` 项 每个进程：`prstat -c 1` (CPU == 最近值), `prstat -mLc 1` (USR + SYS) 每个内核线程：`lockstat -Ii rate`, DTrace profile `stack()`
CPU	饱和度	系统范围：`uptime`, `load averages` 项；`vmstat 1`, `r` 项；DTrace `dispqlen.d`（DTT）的输出更优于 `vmstat r` 项 每个进程：`prstat -mLc 1`, `LAT` 项
CPU	错误	`fmadm faulty`; `cpustat`（CPC）里支持的所有错误计数器（例如温度热控）
内存容量	利用率	系统范围：`vmstat 1`, `free` 项（主存），`swap`（虚存） 每个进程：`prstat -c`, `RSS` 项（主存），`SIZE` 项（虚存）

续表

模块	类型	指标
内存容量	饱和度	系统范围：`vmstat 1`，sr（正在扫描：现在糟糕了），w（已经交换出去的：曾经很糟糕）；`vmstat -p 1`，api 项（匿名页换入==痛苦），apo 每个进程：`prstat -mLc 1`，DFL 项；对可执行程序名执行 DTrace anonpgpid.d 脚本（DTT），vminfo:::anonpgin
内存容量	错误	物理错误查看 `fmadm faulty` 和 `prtdiag`；`fmstat -s -m cpumem-retire`（ECC 事件）；DTrace 跟踪失败的 `malloc()`
网络接口	利用率	`nicstat`[1]；`kstat`；`dladm show-link -s -i 1 interface`
网络接口	饱和度	`nicstat`；`kstat` 查看所有可用的自定制统计信息（例如 "nocanputs"、"defer"、"norcvbuf"、"noxmtbuf"）；`netstat -s`，retransmits 项
网络接口	错误	`netstat -I`，错误计数器；`dladm show-phys` 项；`kstat` 查看扩展错误，在接口和"链接"的统计信息中查找（通常特定的网卡有自定义的计数器）；DTrace 跟踪驱动内部状态
存储设备 I/O	利用率	系统范围：`iostat -xnz 1`，%b 项 每个进程：`iotop`（DTT）
存储设备 I/O	饱和度	`iostat -xnz 1`，wait 项；DTrace iopending（DTT），sdqueue.d（DTB）
存储设备 I/O	错误	`iostat -En`；DTrace 跟踪 I/O 子系统，例如 ideerr.d（DTB），satareasons.d（DTB），scsireasons.d（DTB），sdretry.d（DTB）
存储容量	利用率	swap：`swap -s`；文件系统：`df -h`；加上其他命令，具体取决于文件系统类型
存储容量	饱和度	不太确定这一项是否有意义——一旦满了以后，跟踪 ENOSPC
存储容量	错误	DTrace；/var/adm/messages 中寻找文件系统满的消息
存储控制器	利用率	`iostat -Cxnz 1`，和已知的每张卡的 IOPS/吞吐量上限进行对比
存储控制器	饱和度	寻找内核排队的迹象：sd（`iostat` wait 项），ZFS zio pipeline
存储控制器	错误	DTrace 跟踪驱动程序，例如 mptevents.d（DTB）；/var/adm/messages
网络控制器	利用率	从 `nicstat` 和已知的控制器最大吞吐量进行推测
网络控制器	饱和度	参见网络接口饱和度部分
网络控制器	错误	查看 kstat 中所有有关的信息/DTrace
CPU 互联	利用率	`cpustat`（CPC）获得 CPU 互联端口，用吞吐量除以最大值（例如，参考 amd64htcpu 脚本[2]）
CPU 互联	饱和度	`cpustat`（CPC）获得停滞周期
CPU 互联	错误	`cpustat`（CPC）得到的所有信息

续表

模块	类型	指标
内存互联	利用率	cpustat（CPC）获得内存总线，用吞吐量除以最大值；或者大于 10 的 CPI；CPC 可能有本地和远程计数器的对比
内存互联	饱和度	cpustat（CPC）获得停滞周期
内存互联	错误	cpustat（CPC）得到的所有信息
I/O 互联	利用率	busstat（仅 SPARC）；cpustat（CPC）获得吞吐量除以最大值（如果有）；通过 iostat/nicstat/…获得的已知吞吐量进行推断
I/O 互联	饱和度	cpustat（CPC）获得停滞周期
I/O 互联	错误	cpustat（CPC）得到的所有信息

1. https://blogs.oracle.com/timc/entry/nicstat_the_solaris_and_linux
2. http://dtrace.org/blogs/brendan/2009/09/22/7410-hardware-update-and-analyzing-the-hypertransport/

一般说明如下。

lockstat(1M) 和 plockstat(1M) 是基于 DTrace 的脚本，在 Solaris 10FCS 之后的版本可以找到，参见第 5 章。

vmstat r：粒度较粗，仅一秒更新一次。

CPC：CPU 性能计数器（CPU Performance Counter），参见第 6 章。用法参考 cpustat(1M)。

内存容量利用率：在不同的 Solaris 版本上解读 vmstat 的 free 项一直以来较为棘手，因为它们的计算方式不同[McDougall 06b]。它也会因为内核使用了未使用的内存作为缓存而下降（ZFS ARC），参见第 7 章。

DTT：DTrace Toolkit 脚本[2]。

DTB：DTrace book 脚本 [3]。

I/O 互联：包括 CPU 到 I/O 控制器总线、I/O 控制器以及设备总线（例如 PCIe）。

动态跟踪（DTrace）可以开发自定义的指标，即时生效并应用在生产环境中，参见第 4 章以及后面章节中的示例。

对于任何对资源施加限制的环境（例如云计算），对每一种资源控制采用 USE 法。这些资源控制——和资源限制——有可能在物理资源完全耗尽之前就被触发。

软件资源

模块	类型	指标
内核态互斥量	利用率	`lockstat -H`（持有时间）；DTrace lockstat provider
内核态互斥量	饱和度	`lockstat -C`（竞争时间）；DTrace lockstat provider；旋转状况可以通过 `dtrace -n 'profile-997 { @[stack()] = count();}` 进行展现
内核态互斥量	错误	`lockstat -E`，例如递归进入互斥量（其他错误可以引发内核锁死/恐慌，使用 `mdb -k` 进行调试）
用户态互斥量	利用率	`plockstat -H`（持有时间）；DTrace plockstat provider
用户态互斥量	饱和度	`plockstat -C`（竞争时间）；`prstat -mLc 1`，LCK 项；DTrace plockstat provider
用户态互斥量	错误	DTrace plockstat 和 pid provider，跟踪 EAGAIN、EINVAL、EPERM、EDEADLK、ENOMEM、EOWNERDEAD 等，参见 `pthread_mutex_lock(3C)`
进程容量	利用率	`sar -v`，`proc-sz` 项；kstat，`unix:0:var:v_proc` 得到最大值，`unix:0:system_misc:nproc` 得到当前值；DTrace (`nproc` 对比 `max_nprocs`)
进程容量	饱和度	不确定这一项是否有意义；你可能会在 `pid_allocate()` 的 pidlinklock 上排队，因为一旦表满了，它会扫描空闲的栏位
进程容量	错误	"can't fork()" 消息
线程容量	利用率	用户级别：kstat，`unix:0:lwp_cache:buf_inuse` 得到当前值，`prctl -n zone.max-lwps -i zone ZONE` 得到最大值 内核：`mdb -k` 或者使用 DTrace，`nthread` 得到当前值，受到内存的限制
线程容量	饱和度	线程被阻塞在内存分配上；这时页面扫描器应该正在运行（`vmstat sr`），或者使用 DTrace/mdb 检查
线程容量	错误	用户级别：`pthread_create()` 失败返回 EAGAIN、EINVAL 等 内核：`thread_create()` 会阻塞在内存上，但不会失败
文件描述符	利用率	系统范围：唯一的限制是主存的容量 每个进程：`pfiles` 对比 `ulimit` 或者 `prctl -t basic -n process.max-file-descriptor PID`；一个更快的检查 pfiles 的方法是 `ls /proc/PID/fd | wc -l`
文件描述符	饱和度	这一项可能没有意义

续表

模块	类型	指标
文件描述符	错误	`truss` 或者使用 DTrace（更好）在返回文件描述符的系统调用上（例如 `open()`、`accpet()` 等）寻找 errno == EMFILE

一般说明：

lockstat/plockstat 可能会因为负载而丢弃事件，试着直接使用一组小范围的 DTrace。

文件描述符利用率：其他操作系统可能有一个系统级的限制，但 Solaris 没有。

参考资料

[McDougall 06b]   McDougall, R., J. Mauro, and B. Gregg. *Solaris Performance and Tools: DTrace and MDB Techniques for Solaris 10 and OpenSolaris*. Prentice Hall, 2006.

[1]   http://dtrace.org/blogs/brendan/2012/03/07/the-use-method-linux-performance-checklist

[2]   www.brendangregg.com/dtrace.html#DTraceToolkit

[3]   www.dtracebook.com

附录 C

sar 总结

这是一份系统活动报告器（system activity reporter）sar(1)的主要选项和指标的总结。你可以利用这份总结来回想一下哪些指标可以用哪些选项获得。完整的列表参见 man 手册页。

第 4 章介绍了 sar(1)，后面的一些章节（6、7、8、9、10）中也总结了部分选项。

Linux

选项	指标	描述
-P ALL	%user %nice %system %iowait %steal %idle	每个CPU利用率
-u	%user %nice %system %iowait %steal %idle	CPU利用率
-q	runq-sz	CPU运行队列长度
-B	pgpgin/s pgpgout/s fault/s majflt/s pgfree/s pgscank/s pgscand/s pgsteal/s %vmeff	换页统计信息
-H	hbhugfree hbhugused	大页面
-r	kbmemfree kbmemused kbbuffers kbcached kbcommit %commit kbactive kbinact	内存利用率
-R	frpg/s bufpg/s campg/s	内存统计信息

续表

选项	指标	描述
-S	kbswpfree kbswpused kbswpcad	交换区利用率
-W	pswpin/s pswpout/s	换页统计信息
-v	dentused file-nr inode-nr	内核表
-d	tps rd_sec/s wr_sec/s avgrq-sz avgqu-sz await svctm %util	磁盘统计信息
-n DEV	rxpck/s txpck/s rxkB/s txkB/s	网络接口统计信息
-n EDEV	rxerr/s txerr/s coll/s rxdrop/s txdrop/s rxfifo/s txfifo/s	网络接口错误
-n IP	irec/s fwddgm/s orq/s	IP统计信息
-n EIP	idisc/s odisc/s	IP错误
-n TCP	active/s passive/s iseg/s oseg/s	TCP统计信息
-n ETCP	atmptf/s retrans/s	TCP错误
-n SOCK	totsck ip-frag tcp-tw	套接字统计信息

有些 sar(1) 选项可能要求打开某些内核功能（例如大页面），而有些指标是在后期版本的 sar(1) 中才被加入的（这里显示的是版本 10.0.2）。

Solaris

选项	指标	描述
-u	%usr %sys %idl	CPU利用率
-q	runq-sz %runocc	运行队列统计信息
-g	pgout/s pgpgout/s pgfree/s pgscan/s	换页统计信息1
-p	atch/s pgin/s pgpgin/s pflt/s vflt/s slock/s	换页统计信息2
-k	sml_mem lg_mem ovsz_alloc	内核内存
-r	freemem freeswap	未使用内存
-w	swpin/s swpout/s	交换区统计信息
-v	inod-sz	inode大小
-d	%busy avque r+w/s blks/s avwait avserv	磁盘统计信息

Solaris 的版本很久没有更新了，我希望你们看到这段文字时已经更新过了。

附录 D

DTrace 单行命令

本附录包含了一些便利的 DTrace 单行命令。除了学会使用这些命令，你还可以通过这些命令来学习 DTrace，一次学一条。其中的一部分已经在之前的章节中演示过。有一部分命令不是直接可用，这些命令可能依赖于特定的 provider，或者特定的内核版本。

关于 DTrace 的介绍，参见第 4 章。

syscall Provider

列出系统调用 provider 的入口探针：

```
dtrace -ln syscall:::entry
```

按进程名统计系统调用次数：

```
dtrace -n 'syscall:::entry { @[execname] = count(); }'
```

按系统调用名统计系统调用次数：

```
dtrace -n 'syscall:::entry { @[probefunc] = count(); }'
```

对 ID 为 123 的进程，按系统调用名统计系统调用次数：

```
dtrace -n 'syscall:::entry /pid == 123/ { @[probefunc] = count(); }'
```

对所有名为"httpd"的进程，按系统调用名统计系统调用次数：

```
dtrace -n 'syscall:::entry /execname == "httpd"/ { @[probefunc] = count(); }'
```

按时间和进程名对 exec() 的返回做跟踪：

```
dtrace -n 'syscall::exec*:return { printf("%Y %s", walltimestamp, execname); }'
```

按进程名和路径名跟踪文件的 open()：

```
dtrace -n 'syscall::open:entry { printf("%s %s", execname, copyinstr(arg0)); }'
```

按进程名和路径名跟踪文件的 open()（Oracle Solaris 11）：

```
dtrace -n 'syscall::openat:entry { printf("%s %s", execname, copyinstr(arg1)); }'
```

对正在执行的"读"系统调用统计次数：

```
dtrace -n 'syscall::*read*:entry { @[probefunc] = count(); }'
```

根据文件系统类型统计系统调用 read() 的次数：

```
dtrace -n 'syscall::read:entry { @[fds[arg0].fi_fs] = count(); }'
```

根据文件系统类型统计系统调用 write() 次数：

```
dtrace -n 'syscall::write:entry { @[fds[arg0].fi_fs] = count(); }'
```

根据文件描述符路径名来统计 read() 调用次数：

```
dtrace -n 'syscall::read:entry { @[fds[arg0].fi_pathname] = count(); }'
```

按照进程名，按 2 的幂次方统计 read() 请求的尺寸分布：

```
dtrace -n 'syscall::read:entry { @[execname, "req (bytes)"] = quantize(arg2); }'
```

按照进程名，按 2 的幂次方统计 read() 返回的尺寸分布：

```
dtrace -n 'syscall::read:return { @[execname, "rval (bytes)"] = quantize(arg1); }'
```

按照进程名，统计 read() 返回的字节总数：

```
dtrace -n 'syscall::read:return { @[execname] = sum(arg1); }'
```

对 mysqld 进程，按 2 的幂次方统计 read() 的延时：

```
dtrace -n 'syscall::read:entry /execname == "mysqld"/ { self->ts = timestamp; }
    syscall::read:return /self->ts/ { @["ns"] =
    quantize(timestamp - self->ts); self->ts = 0; }'
```

对 mysqld 进程，统计 read() 的 CPU 时间：

```
dtrace -n 'syscall::read:entry /execname == "mysqld"/ { self->v = vtimestamp; }
    syscall::read:return /self->v/ { @["on-CPU (ns)"] =
    quantize(vtimestamp - self->v); self->v = 0; }'
```

对 mysqld 进程，统计 read() 延时的从 0~10ms 的线性分布（1ms 为步进间隔）：

```
dtrace -n 'syscall::read:entry /execname == "mysqld"/ { self->ts = timestamp; }
    syscall::read:return /self->ts/ { @["ms"] =
    lquantize((timestamp - self->ts) / 1000000, 0, 10, 1); self->ts = 0; }'
```

针对 ZFS 文件的读取，按 2 的幂次方统计 read() 的延时分布：

```
dtrace -n 'syscall::read:entry /fds[arg0].fi_fs == "zfs"/ { self->ts = timestamp; }
    syscall::read:return /self->ts/ { @["ns"] =
    quantize(timestamp - self->ts); self->ts = 0; }'
```

根据进程名统计套接字 accept() 的次数：

```
dtrace -n 'syscall::accept:return { @[execname] = count(); }'
```

根据进程名统计套接字 connect() 的次数：

```
dtrace -n 'syscall::connect:entry { @[execname] = count(); }'
```

根据进程名跟踪套接字 connect() 和用户级的栈跟踪：

```
dtrace -n 'syscall::connect:entry { trace(execname); ustack(); }'
```

根据进程名，通过 read() 或 recv() 统计套接字读操作的次数：

```
dtrace -n 'syscall::read:entry,syscall::recv:entry
    /fds[arg0].fi_fs == "sockfs"/ { @[execname] = count(); }'
```

根据进程名，通过 write() 或 send() 统计套接字写操作的次数：

```
dtrace -n 'syscall::write:entry,syscall::send:entry
    /fds[arg0].fi_fs == "sockfs"/ { @[execname] = count(); }'
```

对 `mysqld`，用用户栈统计 `brk()`（堆增长）的次数：

```
dtrace -n 'syscall::brk:entry /execname == "mysqld"/ { @[ustack()] = count(); }'
```

proc provider

根据进程名和参数跟踪新进程：

```
dtrace -n 'proc:::exec-success { trace(curpsinfo->pr_psargs); }'
```

统计进程级的事件：

```
dtrace -n 'proc::: { @[probename] = count(); }'
```

跟踪进程信号：

```
dtrace -n 'proc:::signal-send /pid/ { printf("%s -%d %d", execname,
    args[2], args[1]->pr_pid); }'
```

profile Provider

按 997Hz 对内核栈采样：

```
dtrace -n 'profile-997 /arg0/ { @[stack()] = count(); }'
```

按 997Hz 对内核栈采样，只显示前十行：

```
dtrace -n 'profile-997 /arg0/ { @[stack()] = count(); } END { trunc(@, 10); }'
```

按 997Hz 对内核栈采样，只采样五帧：

```
dtrace -n 'profile-997 /arg0/ { @[stack(5)] = count(); }'
```

按 997Hz 采样 CPU 上的内核函数：

```
dtrace -n 'profile-997 /arg0/ { @[func(arg0)] = count(); }'
```

按 997Hz 采样 CPU 上的内核模块：

```
dtrace -n 'profile-997 /arg0/ { @[mod(arg0)] = count(); }'
```

对 PID 为 213 的进程，按 97Hz 采样用户栈：

```
dtrace -n 'profile-97 /arg1 && pid == 123/ { @[ustack()] = count(); }'
```

对所有名为 sshd 的进程，按 97Hz 采样用户栈：

```
dtrace -n 'profile-97 /arg1 && execname == "sshd"/ { @[ustack()] = count(); }'
```

对系统上所有的进程，按 97Hz 采样用户栈（输出包含进程名）：

```
dtrace -n 'profile-97 /arg1/ { @[execname, ustack()] = count(); }'
```

对 PID 为 123 的进程，按 97Hz 采样用户栈，只显示前十行：

```
dtrace -n 'profile-97 /arg1 && pid == 123/ { @[ustack()] = count(); }
    END { trunc(@, 10); }'
```

对 PID 为 123 的进程，按 97Hz 采样用户栈，只采样五帧：

```
dtrace -n 'profile-97 /arg1 && pid == 123/ { @[ustack(5)] = count(); }'
```

对 PID 为 123 的进程，按 97Hz 采样用户栈，采样 CPU 上的用户函数：

```
dtrace -n 'profile-97 /arg1 && pid == 123/ { @[ufunc(arg1)] = count(); }'
```

对 PID 为 123 的进程，按 97Hz 采样用户栈，采样 CPU 上的用户模块：

```
dtrace -n 'profile-97 /arg1 && pid == 123/ { @[umod(arg1)] = count(); }'
```

对 PID 为 123 的进程，按 97Hz 采样用户栈，包含用户栈冻结时候（通常由于系统调用）的系统时间：

```
dtrace -n 'profile-97 /pid == 123/ { @[ustack()] = count(); }'
```

对 PID 为 123 的进程，按 97Hz 对进程运行在哪个 CPU 做采样：

```
dtrace -n 'profile-97 /pid == 123/ { @[cpu] = count(); }'
```

sched Provider

按 2 的幂次方统计进程 sshd 在 CPU 上的时间：

```
dtrace -n 'sched:::on-cpu /execname == "sshd"/ { self->ts = timestamp; }
    sched:::off-cpu /self->ts/ { @["ns"] = quantize(timestamp - self->ts);
    self->ts = 0; }'
```

按 2 的幂次方统计进程 sshd 离开 CPU 的时间（阻塞时间）：

```
dtrace -n 'sched:::off-cpu /execname == "sshd"/ { self->ts = timestamp; }
    sched:::on-cpu /self->ts/ { @["ns"] = quantize(timestamp - self->ts);
    self->ts = 0; }'
```

统计进程 sshd 离开 CPU 的事件，并显示内核栈：

```
dtrace -n 'sched:::off-cpu /execname == "sshd"/ { @[stack()] = count(); }'
```

统计进程 sshd 离开 CPU 的事件，并显示用户栈：

```
dtrace -n 'sched:::off-cpu /execname == "sshd"/ { @[ustack()] = count(); }'
```

fbt Provider

统计 VFS 调用次数（Linux）：

```
dtrace -n 'fbt::vfs_*:entry'
```

对名为 mysqld 的进程统计 VFS 调用次数（Linux）：

```
dtrace -n 'fbt::vfs_*:entry /execname == "mysqld"/ { @[probefunc] = count(); }'
```

统计 VFS 调用次数（基于 Solaris 的系统，使用 fsinfo provider 以确保稳定性）：

```
dtrace -n 'fbt::fop_*:entry { @[probefunc] = count(); }'
```

列出 ext4_*() 的函数调用：

```
dtrace -ln 'fbt::ext4_*:entry'
```

统计 ext4_*() 函数的调用次数：

```
dtrace -n 'fbt::ext4_*:entry { @[probefunc] = count(); }'
```

统计 ZFS 的函数调用次数（匹配 zfs 内核模块）：

```
dtrace -n 'fbt:zfs::entry { @[probefunc] = count(); }'
```

按 2 的幂次方统计 zio_checksum_generate() 的延时分布：

```
dtrace -n 'fbt::zio_checksum_generate:entry { self->ts = timestamp; }
    fbt::zio_checksum_generate:return /self->ts/ { @["ns"] =
    quantize(timestamp - self->ts); self->ts = 0; }'
```

统计 zio_checksum_generate() 的 CPU 时间：

```
dtrace -n 'fbt::zio_checksum_generate:entry { self->v = vtimestamp; }
    fbt::zio_checksum_generate:return /self->v/ { @["on-CPU (ns)"] =
    quantize(vtimestamp - self->v); self->v = 0; }'
```

对名为 mysqld 的进程统计 VFS 调用延时（Solaris）：

```
dtrace -n 'fbt::fop_*:entry /execname == "mysqld"/ { self->ts = timestamp; }
    fbt::fop_*:return /self->ts/ { @["ns"] =
    quantize(timestamp - self->ts); self->ts = 0; }'
```

统计通向 tcp_sendmesg() 的内核栈跟踪：

```
dtrace -n 'fbt::tcp_sendmsg:entry { @[stack()] = count(); }'
```

根据缓存名和内核栈（基于 Solaris 的系统）统计内核的 slab 分配：

```
dtrace -n 'fbt::kmem_cache_alloc:entry {
    @[stringof(args[0]->cache_name), stack()] = count(); }'
```

pid Provider

对 PID 为 123 的进程，列出加载的 libsocket 库中的所有函数：

```
dtrace -ln 'pid$target:libsocket::entry' -p 123
```

对 PID 为 123 的进程，统计 libsocket 函数调用次数：

```
dtrace -n 'pid$target:libsocket::entry { @[probefunc] = count(); }' -p 123
```

对 PID 为 123 的进程，按 2 的幂次方统计 malloc() 请求的空间大小的分布：

```
dtrace -n 'pid$target::malloc:entry { @["req bytes"] = quantize(arg0); }' -p 123
```

对 PID 为 123 的进程，根据用户级栈跟踪，按 2 的幂次方统计 malloc() 请求的空间大小的分布：

```
dtrace -n 'pid$target::malloc:entry {
    @["req bytes, for:", ustack()] = count(); }' -p 123
```

io Provider

按 2 的幂次方统计块 I/O 的尺寸分布：

```
dtrace -n 'io:::start { @["bytes"] = quantize(args[0]->b_bcount); }'
```

根据进程名，按 2 的幂次方统计块 I/O 的尺寸分布（只对某些同步代码路径有效）：

```
dtrace -n 'io:::start { @[execname] = quantize(args[0]->b_bcount); }'
```

通过内核栈跟踪统计块 I/O 次数：

```
dtrace -n 'io:::start { @[stack()] = count(); }'
```

按 2 的幂次方统计块 I/O 延时分布：

```
dtrace -n 'io:::start { ts[arg0] = timestamp; }
    io:::done /this->ts = ts[arg0]/ { @["ns"] =
    quantize(timestamp - this->ts); ts[arg0] = 0; }'
```

sysinfo Provider

根据进程名统计 CPU 交叉调用次数：

```
dtrace -n 'sysinfo:::xcalls { @[execname] = count(); }'
```

根据内核栈跟踪统计 CPU 交叉调用次数：

```
dtrace -n 'sysinfo:::xcalls { @[stack()] = count(); }'
```

根据进程名，按 2 的幂次方统计系统调用读的尺寸分布：

```
dtrace -n 'sysinfo:::readch { @dist[execname] = quantize(arg0); }'
```

根据进程名，按 2 的幂次方统计系统调用写的尺寸分布：

```
dtrace -n 'sysinfo:::writech { @dist[execname] = quantize(arg0); }'
```

vminfo Provider

根据进程名统计轻微错误数目：

```
dtrace -n 'vminfo:::as_fault { @[execname] = sum(arg0); }'
```

对于名为 `mysqld` 的进程通过栈跟踪统计轻微错误数目：

```
dtrace -n 'vminfo:::as_fault /execname == "mysqld"/ { @[ustack()] = count(); }'
```

根据 PID 和进程名统计匿名换页：

```
dtrace -n 'vminfo:::anonpgin { @[pid, execname] = count(); }'
```

ip Provider

根据主机地址统计接收到的 IP 包：

```
dtrace -n 'ip:::receive { @[args[2]->ip_saddr] = count(); }'
```

根据目标地址，按 2 的幂次方统计 IP 发送有效载荷的大小分布：

```
dtrace -n 'ip:::send { @[args[2]->ip_daddr] = quantize(args[2]->ip_plength); }'
```

tcp Provider

根据远端地址跟踪 TCP 的入站连接：

```
dtrace -n 'tcp:::accept-established { trace(args[3]->tcps_raddr); }'
```

根据远端地址和本地端口统计入站连接次数：

```
dtrace -n 'tcp:::accept-established {
    @[args[3]->tcps_raddr, args[3]->tcps_lport] = count(); }'
```

根据远端地址和本地端口统计拒绝的入站连接次数：

```
dtrace -n 'tcp:::accept-refused {
    @[args[2]->ip_daddr, args[4]->tcp_sport] = count(); }'
```

根据远端地址和远端端口统计出站连接次数：

```
dtrace -n 'tcp:::connect-established {
    @[args[3]->tcps_raddr , args[3]->tcps_rport] = count(); }'
```

根据远端地址统计 TCP 接收包数目：

```
dtrace -n 'tcp:::receive { @[args[2]->ip_saddr] = count(); }'
```

根据远端地址统计 TCP 发送包数目：

```
dtrace -n 'tcp:::send { @[args[2]->ip_daddr] = count(); }'
```

按 2 的幂次方统计 IP 包有效载荷的大小分布：

```
dtrace -n 'tcp:::send { @[args[2]->ip_daddr] = quantize(args[2]->ip_plength); }'
```

根据类型统计 TCP 事件：

```
dtrace -n 'tcp::: { @[probename] = count(); }'
```

udp Provider

根据远端地址统计 UDP 接收包的数目：

```
dtrace -n 'udp:::receive { @[args[2]->ip_saddr] = count(); }'
```

根据远端地址统计 UDP 发送包的数目：

```
dtrace -n 'udp:::send { @[args[4]->udp_dport] = count(); }'
```

附录 E

从 DTrace 到 SystemTap

本附录是一个将 DTrace 单行命令或脚本转换为 SystemTap 的简易指南。DTrace 和 SystemTap 的介绍都在第 4 章中,该章作为背景知识应该加以学习。

DTrace 和 SystemTap 在功能、术语、探针、内置变量以及函数上的区别都罗列在这里。还有一些单行命令做转换的示例附在后面。

关于进一步的参考,详见 SystemTap 维基百科上的 "Translating Exiting [sic] DTrace Scripts into
SystemTap Scripts" 一文[1]。这个维基百科页面也放了单行命令转换的示例(一部分出自我之手)。

功能

SystemTap 与 DTrace 的功能非常相近(设计如此)。下面是一些你在移植脚本时可能会碰到的关键的不同点。

DTrace	SystemTap	描述
探针名	probe 探针名	探针需要 probe 关键字
probe { var[a] =	global var; probe { var[a] =	某些变量类型，例如聚合数组，需要预先声明为"全局变量"
self->var	var[tid()]	SystemTap没有线程局部变量（self->）。相同的功能是用关联数组实现的，键值为线程ID
/predicate/ { …	{ if (test) { … }	SystemTap能在探针action中使用条件语句，而不是使用谓词（predicate）
@a = count(x); … printa(@a);	a <<< x; … print(count(a));	SytemTap用统计聚合变量（<<<）在需要的时候做处理，而不是将聚合变量与函数绑定（例如，count）
arg0 … argN args[0] … args[N]	取决于 tapset	DTrace探针有一套标准的参数变量和类型化数组，SystemTap提供的类型化变量取决于tapset和探针（参见[2]）

这些不同点会在后面的例子中有所展示。

术语

DTrace	SystemTap
provider	tapset
聚合变量	统计聚合变量（功能更多）

探针

DTrace	SystemTap
BEGIN	begin
END	end
syscall:::entry	syscall.*
syscall:::return	syscall.*.return
syscall::read:entry	syscall.read

DTrace	SystemTap
syscall::read:return	syscall.read.return
proc:::exec-success	process.begin
sched:::on-cpu	scheduler.cpu_on
sched:::off-cpu	scheduler.cpu_off
profile:::profile-100	timer.profile
profile:::tick-10s	timer.s(10)
fbt::foo:entry	kernel.function("foo")
fbt::foo:return	kernel.function("foo").return
io:::start	ioblock.request
io:::done	ioblock.end

内置变量

DTrace	SystemTap
execname	execname()
uid	uid()
pid	pid()
cpu	cpu()
timestamp	gettimeofday_ns()
vtimestamp	N/A
walltimestamp	gettimeofday_s()
arg0..N	*custom variable (see tapset docs [2])*
args[0]..[N]	*custom variable (see tapset docs [2])*
curthread	task_current()
probename	N/A
probefunc	probefunc()
probemod	probemod()
curpsinfo->pr_psargs	cmdline_str()
$target	target()

函数

DTrace	SystemTap
copyinstr()	user_string()
stack()	print_backtrace()
ustack()	print_ubacktrace()
quantize()	@hist_log()
lquantize()	@hist_linear()
exit(*status*)	exit()

示例 1：列出系统调用入口探针

DTrace：

```
# dtrace -ln syscall:::entry
   ID   PROVIDER            MODULE                          FUNCTION NAME
   24   syscall                                                nosys entry
   26   syscall                                                rexit entry
   28   syscall                                                 read entry
   30   syscall                                                write entry
[...]
```

SystemTap：

```
# stap -l 'syscall.*'
syscall.accept
syscall.access
syscall.acct
syscall.add_key
[...]
```

示例 2：统计 read() 返回大小

DTrace：

```
# dtrace -n 'syscall::read:return { @bytes = quantize(arg1); }'
dtrace: description 'syscall::read:return ' matched 1 probe
^C
```

```
        value  ------------- Distribution ------------- count
           -2 |                                              0
           -1 |                                              1
            0 |                                              0
            1 |@@@@@@@@@@@@@@@@@@@                          94
            2 |@@@@                                         22
            4 |                                              0
            8 |                                              0
           16 |@                                             5
           32 |@@@@@@@@@@@                                  56
           64 |                                              1
          128 |                                              1
          256 |@                                             4
          512 |@@@                                          15
         1024 |                                              0
```

DTrace 统计了 `arg1` 作为系统调用 `read()` 的返回。对于 SystemTap 来说，这要用到 `syscall.read.return` 探针的一个定制变量，在 *SystemTap Tapset Reference Manual* [2]里应该是有相应文档的。另一种查找探针的方式是用-L 选项列出它们，这将显示探针和它们的类型：

```
# stap -L syscall.read.return
syscall.read.return name:string retstr:string $return:long int $fd:unsigned int
$buf:char* $count:size_t
```

输出包括`$return:long` 和`$count:size_t`，两者看起来都像是我们要的。目前，`$count`在 tapset 的参考文档 tapset source[3]或 *SystemTap Language Reference*[4]里都是没有记录的。在 *System-Tap Beginners Guide* [5]里有所提及：这是请求的大小。在本例中`$return` 才是返回值：实际的读取字节大小，是我们这里要用到的变量。

SystemTap 默认的输出如下：

```
# stap -e 'global bytes; probe syscall.read.return { bytes <<< $return; }'
^Cbytes @count=125 @min=-11 @max=1027 @sum=10935 @avg=87
```

默认的输出是一行简练的统计聚合变量。这应该包括了你所要的信息(`count`、`min`、`max`、`sum`、`avg`)。由于我们希望看到 2 的幂次方的分布图，用`@histlog()`函数来打印。

SystemTap 下，2 的幂次方的分布图：

```
# stap -e 'global bytes; probe syscall.read.return { bytes <<< $return; }
    probe end { print(@hist_log(bytes)); }'
^Cvalue |-------------------------------------------------- count
   -32 |                                                      0
   -16 |                                                      0
    -8 |@@@@@@@@@@@@@@@@@@@                                  19
```

```
    -4 |                                                        0
    -2 |                                                        0
    -1 |                                                        0
     0 |@@@@@@@@@@@@@@@@@@@@@@@@@@                             32
     1 |@@@@@@@@@@@@@@@@@@@@                                   25
     2 |@@@@@@@@@@                                             13
     4 |@                                                       1
     8 |                                                        0
    16 |@                                                       1
    32 |@@@@@@@@@@@@@@@@@@@@@@                                 27
    64 |@                                                       1
   128 |@                                                       1
   256 |@@@@@@@                                                 8
   512 |@@@@@@@@@@@@@@@@@@@@@@@@@@@@@@                         36
  1024 |@@@                                                     3
  2048 |                                                        0
  4096 |                                                        0
```

现在这个就相当于 DTrace 的版本了。SystemTap 的 ASCII 柱状图水平空间利用得更好，显示的细节更多。

示例 3：根据进程名统计系统调用

DTrace：

```
# dtrace -n 'syscall:::entry { @[execname] = count(); }'
dtrace: description 'syscall:::entry ' matched 233 probes
^C
  svc.configd                                                   1
  mysqld                                                       10
  sshd                                                         59
  dtrace                                                     1108
  gzip                                                      12105
  tar                                                       33833
```

SystemTap 默认的输出如下：

```
# stap -e 'global ops; probe syscall.* { ops[execname()] <<< 1; }'
^Cops["date"] @count=18686 @min=1 @max=1 @sum=18686 @avg=1
ops["tar"] @count=16652 @min=1 @max=1 @sum=16652 @avg=1
ops["gzip"] @count=1323 @min=1 @max=1 @sum=1323 @avg=1
ops["stapio"] @count=370 @min=1 @max=1 @sum=370 @avg=1
ops["stap"] @count=4 @min=1 @max=1 @sum=4 @avg=1
ops["rsyslogd"] @count=4 @min=1 @max=1 @sum=4 @avg=1
ops["rs:main Q:Reg"] @count=4 @min=1 @max=1 @sum=4 @avg=1
ops["rpcbind"] @count=2 @min=1 @max=1 @sum=2 @avg=1
```

在这个例子里，用的变量是一组统计聚合变量的关联数组，SystemTap 默认输出也确实给出了我们想要的信息——系统调用的名字和次数——不过阅读有点不便。可以整理成 `printf()` 循环的形式，从关联数组里依次遍历每个键值。

整理后的 SystemTap 输出：

```
# stap -e 'global agg; probe syscall.* { agg[execname()] <<< 1; }
    probe end { foreach (k in agg+) {
    printf("%-36s %8d\n", k, @count(agg[k])); } }'
^Cstap                                        4
rsyslogd                                      4
rs:main Q:Reg                                 4
sshd                                         74
stapio                                      148
gzip                                      70091
tar                                       83697
```

现在二者等同了，如果需要，`printf()` 可以做进一步的定制。注意在 `foreach` 里 "+"
的用法（`k in agg+`）：这是按照键值升序遍历统计聚合变量。用 "-" 的话就是降序，如果
顺序不重要，可以不做指定。

后面的一个例子使用了统计聚合变量的默认输出，仅仅给出了命令。当需要的时候，可以
像示例 2 和示例 3 那样加入一些代码，让输出更加易读。

示例 4：对 ID 为 123 的进程，根据系统调用名统计系统调用的次数

DTrace：

```
dtrace -n 'syscall:::entry /pid == 123/ { @[probefunc] = count(); }'
```

SystemTap：

```
stap -e 'global ops; probe syscall.* { if (pid() == 123) {
    ops[probefunc()] <<< 1; } }'
```

此处用到的 `probefunc()`，能打印出探针所在位置的内核函数名称（例如，`write()` 对
应 "`sys_write`"）。你可以将 `probefunc()` 赋值，这样输出的仅仅是系统调用的名字（例
如，`write()` 就是 "`write`"，虽然 *Language Reference* 建议这可能只是在多数时候有用）。

示例 5：对 httpd 进程，根据系统调用名统计系统调用的次数

DTrace：

```
dtrace -n 'syscall:::entry /execname == "httpd"/ { @[probefunc] = count(); }'
```

SystemTap：

```
stap -e 'global ops; probe syscall.* { if (execname() == "httpd") {
    ops[probefunc()] <<< 1; } }'
```

示例 6：用进程名和路径名跟踪文件的 open( )

DTrace：

```
dtrace -n 'syscall::open:entry { printf("%s %s", execname, copyinstr(arg0)); }'
```

SystemTap：

```
stap -e 'syscall.open { printf("%s %s", execname(), user_string($filename)); }'
```

注意
实际上我不曾看到这个命令起效。

示例 7：对 mysqld 进程统计 read( )延时

DTrace：

```
dtrace -n 'syscall::read:entry /execname == "mysqld"/ { self->ts = timestamp; }
    syscall::read:return /self->ts/ { @["ns"] =
    quantize(timestamp - self->ts); self->ts = 0; }'
```

SystemTap：

```
stap -ve 'global t, s; probe syscall.read { if (execname() == "mysqld") {
    t[tid()] = gettimeofday_ns(); } }
    probe syscall.read.return { if (t[tid()]) {
    s <<< gettimeofday_ns() - t[tid()]; delete t[tid()]; } }
    probe end { printf("ns\n"); print(@hist_log(s)); }'
```

在 SystemTap 使用 @entry：

```
stap -e 'global s; probe syscall.read.return { if (execname() == "mysqld") {
    s <<< gettimeofday_ns() - @entry(gettimeofday_ns()); } }
    probe end { printf("ns\n"); print(@hist_log(s)); }'
```

目前 @entry 在 *SystemTap Language Reference* 里没有记载，但是确实出现在一些示例里。它在此处用来获得系统调用入口时 gettimeofday_ns() 的值，进而计算延时。

知道跟踪的是哪个探针用的是什么变量，对于估计脚本的开销是很重要的。对于 `@entry` 的工作，我认为它是自动实例化了一个 syscall.read 的入口探针，这个探针调用 `gettimeofday_ns()` 将结果保存在线程相关的变量里，并在使用后加以释放。

示例 8：根据进程名和参数跟踪新进程

DTrace：

```
dtrace -n 'proc:::exec-success { trace(curpsinfo->pr_psargs); }'
```

SystemTap：

```
stap -e 'probe process.begin { printf("%s\n", cmdline_str()); }'
```

这个探针可能与新进程执行的时间并不完全一致，但应该已经足够接近了。

示例 9：以 100Hz 对内核栈采样

DTrace：

```
dtrace -n 'profile-100 { @[stack()] = count(); }'
```

SystemTap：

```
stap -e 'global s; probe timer.profile { s[backtrace()] <<< 1; }
    probe end { foreach (i in s+) { print_stack(i);
    printf("\t%d\n", @count(s[i])); } }'
```

参考资料

[1] http://sourceware.org/systemtap/wiki/PortingDTracetoSystemTap

[2] http://sourceware.org/systemtap/tapsets

[3] /usr/share/systemtap/tapset

[4] http://sourceware.org/systemtap/langref/langref.html

[5] https://access.redhat.com/site/documentation/en-US/Red_Hat_Enterprise_Linux/5/html-single/SystemTap_Beginners_Guide

附录 F

精选练习题答案

以下是精选练习题的建议答案。

第 2 章

问题：什么是延时？
答案：对时间的衡量，通常是等待某件事情完成所需的时间。在 IT 行业内，使用方法会因为使用场景而有所不同。

第 3 章

问题：列数线程离开 CPU 的原因。
答案：阻塞于 I/O、阻塞于锁、yield 调用、时间片过期、被其他线程抢占、设备中断、退出。

第 6 章

问题：计算平均负载。

答案：34

问题：单从这个 Solaris 系统的截图，描述可见 CPU 行为。

答案：CPU 上有许多来自同一进程（多线程）的 mysqld 线程，它们大部分时间处于睡眠状态或者阻塞于锁——这多半是正常的（取决于 mysqld 如何等待工作）。最有趣的细节是 CPU 运行队列延时时间（LAT）介于每线程 5% 和 11% 之间，这是 CPU 饱和的证据。32 及更高的系统平均负载要综合考虑 CPU 数量以及 mysqld 可用的 CPU 配额（如果存在资源控制）。因为处理方法要么是增加 CPU，增加 CPU 配额，要么是调整 mysqld 减少 CPU 消耗——这会要将一些负载迁移到另一个系统。USR/SYS 分析下来大约是 2.5/1%。相对于超过 10K 的 syscalls/s（SCL），这看起来是合理的。

第 7 章

问题：UNIX 术语中，换页与交换的差别？

答案：换页是移动小页面，交换是移动整个进程。

问题：描述内存使用率和饱和度。

答案：对于内存容量而言，使用率是使用中的部分，除以总可用内存来计算。这可以用百分比显示，类似于文件系统容量。饱和度衡量的是对于可用内存的需求超出内存大小的部分，这部分需求通常是通过调用内核例程释放内存来予以满足的。

第 8 章

问题：逻辑 I/O 和物理 I/O 有什么区别？

答案：逻辑 I/O 发给文件系统接口，物理 I/O 发给存储设备（磁盘）。

问题：解释文件系统写时复制如何能够提高性能。

答案：因为随机写入能写入新的位置，所以能够将它们合并（通过增加 I/O 大小）并顺序写入。具体取决于存储设备的类型，这两点通常能够提高性能。

第 9 章

问题：描述当磁盘过载时会发生什么，包括对应用程序性能的影响。

答案：磁盘持续地运行于高使用率（直到 100%）并且保有一定程度的饱和度（队列）。它的 I/O 延时会由于排队的可能性而增加（这点可以模型化）。如果应用程序正在处理文件系统或者磁盘 I/O，延时的增加会损害应用程序的性能，这里假设应用程序是同步 I/O 的类型：读，或者同步写入。它还必须发生在应用程序的关键代码路径上，比如请求处理，不是后台的异步任务（它只可能间接地损害应用程序性能）。通常增加的 I/O 延时产生的反压力能控制住 I/O 请求率，不会引起延时无限制地增长。

第 11 章

问题：从 OS 虚拟化客户机的角度描述物理系统的可观测性。

答案：客户机能否观察到所有物理资源的高级指标，包括 CPU 和磁盘，以及能否观测到何时这些资源被其他租户使用，这些都取决于宿主的内核实现。内核会限制所有被认为是可能的信息泄露，例如，能观察到 CPU 的使用率（如 50%），但是不能观察到其他租户启动的进程 ID 和名称。

附录 G

系统性能名人录

有些时候知道是谁开发出我们使用的这些技术是很有帮助的。以下是一张系统性能领域的名人录，所基于的是本书中 Linux 和 Solaris 的相关技术。确认到每个人并非易事，这是受 UNIX 名人录的启示而做的初次尝试[Libes 89]。对于那些未收录的或者信息不正确的人，我们表示歉意。若读者希望进一步挖掘人物和历史，可以参考文献部分，Linux 源代码中列出的姓名，以及 illumos 代码库中的作者。

John Allspaw：容量规划 [Allspaw 08]。

Jens Axboe：CFQ I/O 调度程序、fio、blktrace、存储设备回写。

Jeff Bonwick：发明了内核块分配器，联合发明了用户级块分配器，联合发明了 ZFS、kstat，初次开发了 `mpstat`。

Tim Bray：Bonnie 磁盘 I/O 微基准的作者，以 XML 著称。

Bryan Cantrill：DTrace 的发明人，Solaris 内核高精度循环，指出 Solaris n:m 实现的错误，编写了 Oracle ZFS Storage Appliance Analytics。

Rémy Card：ext2 和 ext3 文件系统的主要开发者。

Nadia Yvette Chambers：Linux hugetlbfs。

Guillaume Chazarain: Linux 中的 `iotop(1)`。

Adrian Cockcroft：性能书籍 ([Cockcroft 95]、[Cockcroft 98])，Virtual Adrian (SE Toolkit)。

Tim Cook：Linux 中的 `nicstat(1)` 及其改进。

Alan Cox：Linux 网络栈性能。

Mathieu Desnoyers：Linux Trace Toolkit (LTTng)、Linux Trace Toolkit Viewer (LTTV)、内核 tracepoints、用户空间 RCU 主要作者。

Srikar Dronamraju：Linux uprobes。

Frank Ch. Eigler：SystemTap 主要开发者。

Kevin Robert Elz：DNLC。

Roger Faulkner：为 UNIX System V 开发了 /proc, Solaris 的线程实现，以及 `truss(1)` 系统调用跟踪器。

Thomas Gleixner：多种多样的 Linux 内核性能方面的工作，包括 hrtimers。

Sebastien Godard：Linux 中的 sysstat 包，其中包含多种性能工具 `iostat(1)`、`mpstat(1)`、`pidstat(1)`、`nfsiostat(1)`、`cifsiostat(1)`，以及增强版本的 `sar(1)`、`sadc(8)`、`sadf(1)`（附录 C 中的指标）。

Brendan Gregg：`nicstat(1)`, psio, DTraceToolkit（最初的 `iosnoop`、`iotop`、`rwtop`、`tcptop`、`dtruss`、`execsnoop` 等），最初的 DTrace ip、tcp、udp、javascript 提供程序, ZFS L2ARC; USE 方法, TSA 方法等；延时、使用率，以及低于秒级的热图、火焰图；书籍：[McDougall 06b]、[Gregg 11]、本书。

Dr. Neil Gunther：通用扩展定律，CPU 使用率三元图，以及性能著作 [Gunther 97]。

Van Jacobson：`traceroute(8)`、`pathchar`、TCP/IP 性能。

Raj Jain：系统性能理论 [Jain 91]。

Jerry Jelinek：Solaris Zones。

Bill Joy：`vmstat(1)`、BSD 虚拟内存工作、TCP/IP 性能、FFS。

Vamsi Krishna S：kprobes。

Christoph Lameter：SLUB 分配器。

William LeFebvre：开发了初版的 `top(1)`，为许多其他工具启发了灵感。

John Levon：OProfile、Python 的 DTrace ustack 的帮助文档。

Mike Loukides：UNIX 系统性能的第一本书 [Loukides 90]，它或者开创了或者激励了传统的基于资源的分析：CPU、内存、磁盘、网络。

Robert Love：Linux 内核性能工作，包括抢占（多任务）。

Marshall Kirk McKusick：BSD 上的 FFS。

David S. Miller：Linux 网络栈改进。

Cary Millsap：R 方法。

Ingo Molnar：O(1) 调度器、完全公平调度器、自愿内核抢占、ftrace、perf，以及实时抢占中的工作，mutexes、futexes、调度器剖析、工作队列。

Andrew Morton：fadvise、预读。

Mike Muuss：`ping(8)`。

Shailabh Nagar：延时核算、taskstats。

Dave Pacheco：V8/Node.js 的 DTrace ustack helper。

Rich Pettit：SE Toolkit。

Nick Piggin：Linux 调度器域。

Bill Pijewski：`vfsstat(1M)`、ZFS I/O 调速。

Dennis Ritchie：UNIX，以及它最初的性能特征：进程优先级、交换、缓冲高速缓存等。

Tom Rodriguez：Java 的 DTrace ustack helper。

Steven Rostedt：自适应自旋 mutexes、ftrace、KernelShark。

Rusty Russell：最初的 futexes，多种 Linux 内核工作。

Eric Saxe：Solaris 内核性能改进。

Michael Shapiro：合作创造了 DTrace、Solaris /proc 改进。

Balbir Singh：Linux 内存资源控制器、延时核算、taskstats、cgroupstats、CPU 核算。

Ken Thompson：UNIX，以及它最初的性能特征：进程优先级、交换、缓冲高速缓存等。

Linus Torvalds：Linux 内核以及多种系统性能必需的核心组件，Linux I/O 调度器。

Arjan van de Ven：latencytop、PowerTOP、irqbalance、Linux 调度器剖析方面的工作。

Dag Wieers：`dstat`。

Peter Zijlstra：adaptive spinning mutex 实现，hardirq callbacks framework，其他 Linux 性能方面的工作。

博文视点诚邀精锐作者加盟

《C++Primer（中文版）（第5版）》、《淘宝技术这十年》、《代码大全》、《Windows内核情景分析》、《加密与解密》、《编程之美》、《VC++深入详解》、《SEO实战密码》、《PPT演义》……

"圣经"级图书光耀夺目,被无数读者朋友奉为案头手册传世经典。

潘爱民、毛德操、张亚勤、张宏江、昝辉Zac、李刚、曹江华……

"明星"级作者济济一堂,他们的名字熠熠生辉,与IT业的蓬勃发展紧密相连。

十年的开拓、探索和励精图治,成就**博**古通今、**文**圆质方、**视**角独特、**点**石成金之计算机图书的风向标杆:博文视点。

"凤翱翔于千仞兮,非梧不栖",博文视点欢迎更多才华横溢、锐意创新的作者朋友加盟,与大师并列于IT专业出版之巅。

十载耕耘奠定专业地位

以书为证彰显卓越品质

英雄帖

江湖风云起,代有才人出。
IT界群雄并起,逐鹿中原。
博文视点诚邀天下技术英豪加入,
指点江山,激扬文字
传播信息技术,分享IT心得

• 专业的作者服务 •

博文视点自成立以来一直专注于IT专业技术图书的出版,拥有丰富的与技术图书作者合作的经验,并参照IT技术图书的特点,打造了一支高效运转、富有服务意识的编辑出版团队。我们始终坚持:

善待作者——我们会把出版流程整理得清晰简明,为作者提供优厚的稿酬服务,解除作者的顾虑,安心写作,展现出最好的作品。

尊重作者——我们尊重每一位作者的技术实力和生活习惯,并会参照作者实际的工作、生活节奏,量身制定写作计划,确保合作顺利进行。

提升作者——我们打造精品图书,更要打造知名作者。博文视点致力于通过图书提升作者的个人品牌和技术影响力,为作者的事业开拓带来更多的机会。

联系我们

博文视点官网: http://www.broadview.com.cn   CSDN官方博客: http://blog.csdn.net/broadview2006/

投稿电话: 010-51260888 88254368   投稿邮箱: jsj@phei.com.cn